国家出版基金项目
NATIONAL PUBLICATION FOUNDATION

"十四五"时期国家重点出版物出版专项规划项目
新一代人工智能理论、技术及应用丛书

泛逻辑理论

——统一智能理论的逻辑基础

何华灿　何智涛　崔铁军　著

科 学 出 版 社

北 京

内 容 简 介

智能化时代大潮已动摇标准逻辑一统天下的地位，暴露了基于标准逻辑的传统逻辑范式的局限性，即它只能处理具有非此即彼性的理想问题。针对各种具有亦此亦彼性的现实问题，近几十年来提出了数十种非标准逻辑，虽然能解决人工智能中的某些实际问题，但常会出现违反常识的异常结果，说明它们在理论上并不成熟，缺乏普适性。当前智能科学的发展迫切呼唤逻辑范式的变革。

本书是作者及其研究团队 20 多年来研究泛逻辑的系统总结。我们高举逻辑范式变革的大旗，勇闯无人区，逆势而上，建立了能统一标准逻辑和各种非标准逻辑的命题泛逻辑理论体系。这是站在智能科学的全局高度，针对人工智能发展过程中遇到的瓶颈，从逻辑学层面给出的一个积极有效的回应。本书内容将围绕三个问题展开：①为什么要研究泛逻辑学；②如何根据应用需求生成相应的命题泛逻辑；③如何准确应用命题泛逻辑解决现实问题。同时，本书还展望了泛逻辑的未来发展。

具有高等数学、数理逻辑和神经网络基础知识的读者均可以顺利阅读本书。本书可作为高等院校智能科学专业、人工智能专业、计算机专业、信息专业、控制专业和逻辑专业的研究生及高年级本科生的参考读物，也可供相关领域的科技人员及其他有关人员参阅。

图书在版编目（CIP）数据

泛逻辑理论：统一智能理论的逻辑基础 / 何华灿，何智涛，崔铁军著. -- 北京：科学出版社，2024.12. --（新一代人工智能理论、技术及应用丛书）. -- ISBN 978-7-03-080907-0

Ⅰ．TP18

中国国家版本馆 CIP 数据核字第 202404P6G7 号

责任编辑：孙伯元 / 责任校对：胡小洁
责任印制：师艳茹 / 封面设计：陈　敬

科 学 出 版 社 出版

北京东黄城根北街 16 号
邮政编码：100717
http://www.sciencep.com

北京中科印刷有限公司印刷
科学出版社发行　各地新华书店经销

*

2024 年 12 月第 一 版　开本：720×1000　1/16
2024 年 12 月第一次印刷　印张：34 3/4
字数：700 000

定价：298.00 元
（如有印装质量问题，我社负责调换）

"新一代人工智能理论、技术及应用丛书"序

　　科学技术发展的历史就是一部不断模拟和扩展人类能力的历史。按照人类能力复杂的程度和科技发展成熟的程度，科学技术最早聚焦于模拟和扩展人类的体质能力，这就是从古代就启动的材料科学技术。在此基础上，模拟和扩展人类的体力能力是近代才蓬勃兴起的能量科学技术。有了上述的成就做基础，科学技术便进展到模拟和扩展人类的智力能力。这便是 20 世纪中叶迅速崛起的现代信息科学技术，包括它的高端产物——智能科学技术。

　　人工智能，是以自然智能(特别是人类智能)为原型、以扩展人类的智能为目的、以相关的现代科学技术为手段而发展起来的一门科学技术。这是有史以来科学技术最高级、最复杂、最精彩、最有意义的篇章。人工智能对于人类进步和人类社会发展的重要性，已是不言而喻。

　　有鉴于此，世界各主要国家都高度重视人工智能的发展，纷纷把发展人工智能作为战略国策。越来越多的国家也在陆续跟进。可以预料，人工智能的发展和应用必将成为推动世界发展和改变世界面貌的世纪大潮。

　　我国的人工智能研究与应用，已经获得可喜的发展与长足的进步：涌现了一批具有世界水平的理论研究成果，造就了一批朝气蓬勃的龙头企业，培育了大批富有创新意识和创新能力的人才，实现了越来越多的实际应用，为公众提供了越来越好、越来越多的人工智能惠益。我国的人工智能事业正在开足马力，向世界强国的目标努力奋进。

　　"新一代人工智能理论、技术及应用丛书"是科学出版社在长期跟踪我国科技发展前沿、广泛征求专家意见的基础上，经过长期考察、反复论证后组织出版的。人工智能是众多学科交叉互促的结晶，因此丛书高度重视与人工智能紧密交叉的相关学科的优秀研究成果，包括脑神经科学、认知科学、信息科学、逻辑科学、数学、人文科学、人类学、社会学和相关哲学等学科的研究成果。特别鼓励创造性的研究成果，着重出版我国的人工智能创新著作，同时介绍一些优秀的国外人工智能成果。

　　尤其值得注意的是，我们所处的时代是工业时代向信息时代转变的时代，也是传统科学向信息科学转变的时代，是传统科学的科学观和方法论向信息科学的科学观和方法论转变的时代。因此，丛书将以极大的热情期待与欢迎具有开创性的跨越时代的科学研究成果。

　　"新一代人工智能理论、技术及应用丛书"是一个开放的出版平台，将长期为我国人工智能的发展提供交流平台和出版服务。我们相信，这个正在朝着"两个一百年"奋斗目标奋力前进的英雄时代，必将是一个人才辈出百业繁荣的时代。

　　希望这套丛书的出版，能给我国一代又一代科技工作者不断为人工智能的发展做出引领性的积极贡献带来一些启迪和帮助。

李衍达

前　言

路漫漫其修远兮，吾将上下而求索。

————〔战国〕屈原

望　岳

〔唐〕　杜甫

岱宗夫如何？齐鲁青未了。造化钟神秀，阴阳割昏晓。
荡胸生层云，决眦入归鸟。会当凌绝顶，一览众山小。

一、关于本书

1. 作者为什么要编撰出版这本书？

和读者分享几点自己的感悟。

1) 为什么作者要参与在人工智能研究中进行科学范式变革的工作？因为传统科学范式是决定论的，它是适应动力工具时代的需要，针对封闭的简单机械系统的本质属性而创立的科学范式。而当前智力工具的本质属性是开放的复杂性巨系统，它自身的功能是可不断学习演化的，需要用演化论的科学范式来统帅。显然，作者并没有否定决定论科学范式的存在价值，而是说它不能满足智能科学和人工智能研究的需要。

2) 作者为什么会从一个数理形式逻辑范式的信仰者和践行者转变成为一个数理辩证逻辑范式的倡导者和创立者？因为人工智能的早期实践已经证明，数理形式逻辑范式全面受到非此即彼性的约束，它只具有理想世界的普适性，无法满足必须面向现实世界的人工智能研究的需要。现实世界是一个对立统一体，处处充满各种辩证矛盾、不确定性和演化过程，一般的应用场景都具有亦此亦彼性，甚至非此非彼性，必须使用能够满足这些应用场景需求的数理辩证逻辑范式来处理。可是，当时还没有成熟的数理辩证逻辑范式，这是人工智能向前发展绕不过去的一个大坑。作者是资深的人工智能领域工作者，不下去填坑谁去！于是就这样在坑中摸爬滚打了几十年，成为敢于吃螃蟹的先驱者。

3) 为什么作者要选择走包容所有逻辑的最烦琐的创立泛逻辑之路？因为作者创立泛逻辑理论是为人工智能研究服务的，机器最强大的地方就是可按照程序的规定快速高效地执行，最薄弱的地方就是自己没有理解能力，只会照章办事。

如果要它模拟人的理解能力，将耗费巨大，得不偿失。有了能够包容所有逻辑的泛逻辑理论后，不管它多么复杂，都可以用计算机软硬件系统事先实现出来，放在计算机的后台备用，用户只需要通过简单地调用命令，就可以获得相应的逻辑运算结果(如同查三角函数表一样)，何其简单方便！所以，这条道路虽然对建设者来说是任务艰巨的，但对使用者(计算机和用户)来说是简单方便的。更重要的是我国有辩证思维的优良传统(道德经、孙子兵法、中医药理论等)，且有史以来都是数学大国，这是我们得天独厚的有利条件。

4) 如何创建泛逻辑。20 世纪末，随着人工智能研究的深入和复杂性科学的进展，人们对数理逻辑提出了许多新的需求，促进了非标准逻辑和现代逻辑的迅速发展。作者从数十年的计算机科学和人工智能的科研和教学实践中，感悟到人工智能要从实证科学上升到理论科学，首先要建立逻辑学基础。而思维逻辑玄妙之处在于其柔性和辩证关系，这也是人工智能常识推理的难点所在。人类的思维规律是客观世界规律的反映，复杂性科学也需要有柔性和辩证关系的数理逻辑。作者发现，任何一个逻辑学体系都至少由四个相互独立而又关联的部分组成，每部分都有自己的变化规律，组合起来就形成了逻辑学的语法规则。用特定的语义解释这些语法规则，就得到了特定的逻辑。这就是说，可以构造一个逻辑生成器，利用它可以按需要生成各种具体的逻辑，就像自然界通过不同的 DNA 分子构造不同的生物体那样。这个逻辑生成器就是泛逻辑学。泛逻辑学的研究目标是探索逻辑的一般规律，建立能包容各种逻辑形态和推理模式的数理逻辑学理论新构架：柔性逻辑能根据应用需要自由伸缩变化于其中，刚性逻辑是构架的中心内核。泛逻辑学中允许真值柔性、关系柔性、程度柔性和模式柔性存在，可描述矛盾的对立统一及矛盾的转化过程，为辩证关系的形式化描述提供了一种新途径，可满足研究认识的发生、发展、应用和完善全过程的需要。

如果你对这四点有兴趣(无论是想深入了解它，还是想批判反驳它)，你就与本书有缘了，欢迎细细品读，欢迎批评指正。

有的读者在读第一篇内容时，会产生读哲学著作的感觉，质疑这是逻辑学著作吗。其实，后面都是一些完全不同于传统逻辑的数学运算公式，你读起来会产生读数学著作的感觉，同样会质疑这是逻辑学著作吗。所以，作者有意安排在第一篇中把要研究数理辩证逻辑的理由都说透彻，让读者彻底从理想世界中走出来，回到现实世界中。然后才能抱着建立数理辩证逻辑的目标去阅读那些复杂的数学运算公式。因为要创立数理辩证逻辑光靠哲学思辨不行，还要全部落实到数学运算之上，二者相辅相成，缺一不可。而决定论科学范式和逻辑范式在人们的心目中根深蒂固，一下子转变到演化论科学范式和逻辑范式上来，不从天、地、人、我一层层地阐述透彻，并拿人工智能 80 多年来的成功经验和失败教训作为背景，是不可能撼动其基本信念的。不信你看历史事实，第一部现代辩证逻辑著作是黑格尔写的两卷本《小逻辑》，200年来逻辑学界对它的评价一直是：没多少人认为它是一部逻辑著作，一般人都认为它是思辨哲学的经典之作。当然，如果你已经是数理辩证逻辑工作者，不存在任何思想阻碍，可直接进入第二篇的阅读。

2. 本书内容分三大篇章，分别围绕"道""术""行"展开论述

第一篇从"道"的层面论述为什么要进行逻辑范式变革；第二篇从"术"的层面论述如何进行逻辑范式变革；第三篇从"行"的层面论述如何应用新的逻辑范式为智能科学服务。第一篇中的第1章至第3章全部由何智涛负责收集整理资料，起草初稿，由何华灿最后定稿。第三篇中的第15章由崔铁军负责编写定稿，何华灿参与了讨论。其他部分由何华灿负责编写定稿。本书的文责由何华灿承担，其科学贡献属于何华灿本人和整个泛逻辑研究团队。

3. 本书的核心指导思想

2500多年前的中国先哲老子在《道德经》中说："道生一，一生二，二生三，三生万物。"(42章)"人法地，地法天，天法道，道法自然。"(25章)根据"道法自然"即可明白原理(道)和方法(术)之间的辩证关系：有道无术，术尚可求，有术无道，止于术。"上士闻道，勤而行之。"(41章)"道常无为而无不为"(37章)，这些正是作者编写本书的核心指导思想。

1) 无用之用最有用。世间的事物是从何而来？它为什么会这样而不是那样？因为"道"是世间万事万物的本质，是它决定了万事万物的存在和演化，而人仅仅是万事万物中的普通一员，人可以感悟"道"，遵循"道"去做事，但是无法改变"道"。所以，"道"本来就是"无用之用"，一旦有了目的，带着偏执的功利心去观察事物，就无法静心感悟事物的内在本质和演化规律(逻辑)，也就很难发现蕴含其中的"道"。人对"道"的感悟只能在自由的学术氛围中，根本不能带有任何偏执心和功利心，完全是基于兴趣和爱好的求知欲所驱使，经过漫长的苦苦寻觅、辗转反复、猛然开悟等一系列复杂的试错过程才能完成，根本不可能有预期的目标和预定的日程。所以，真正的"道"必然具有两个最基本的特征：①纯粹为自身而存在，没有任何功利和实用的目的；②不受外部环境影响，纯粹依靠内在的本质特性自我发展。正是这两个基本特征，才使科学成为技术和工程坚不可摧的理论基础。

2) 古人云：有道无术，术尚可求，有术无道，止于术。意思是说：知道基本原理而不知道具体方法，尚可探索出方法来；如只知方法而不知其原理(即知其然而不知其所以然)，就只能停留在这个方法上止步不前了。我们当前遇到的严重问题是：有太多的人把"术"看得高于一切，他们只知道在目标牵引下寻找解决问题的具体方法，追求立竿见影，急功近利，忽视对客观事物基本原理的预先研究，结果始终处在"术"的层次跟踪学习和模仿，最终无法摆脱被人"卡脖子"的被动局面。由此可见，科学发展的核心动力，主要不是技术的提升和产品的丰富，而是对"无用之用"的自觉重视，所有的技术和产品都建立在"无用之用"的基础上。对自然规律的归纳发现是源，技术、产品、经济效益和社会影响都是流，世界上没有无源之水，没有无本之木。这才是大局观，有大局观才能统揽全局。

二、关于科学和逻辑

1. 从科学的内涵说起

科学(science)是近现代非常时髦的概念，它的对立面就是迷信、谬误和伪科学。但科学的内涵到底是什么，许多人一直没有真正搞清楚，以至于国际科学界的主流观点一直认为，科学诞生于文艺复兴时期的欧洲，主要源于以下两个部分的密切结合：①严谨的形式逻辑系统；②实证的方法。两者的密切结合才诞生了科学。众所周知，严谨的形式逻辑系统起源于古希腊，而实证的方法则起源于文艺复兴时期的欧洲，于是，他们就认为是西方人把实证的方法加到严谨的形式逻辑系统(或纯粹的哲理思辨)上之后，才形成了科学。据此，西方科学界都把1632年伽利略发表《关于托勒密和哥白尼两大世界体系的对话》这本书作为科学诞生的标志，甚至得出了中国古代没有逻辑和科学的结论，这是欧洲中心主义的典型表现，遗憾的是不少中国学者都相信了这个结论，认为逻辑和科学都是近代从西方传入中国的。照此说法，难道在1632年之前，世界上就根本没有科学，只有迷信、谬误和伪科学，是欧洲人给人类带来了科学和现代文明？

2. 从狭义科学观到广义科学观

如此狭隘的西方科学观显然不符合客观事实，是不正确的。到底什么是符合客观实际的科学观？作者认为，西方人提出的科学观充其量是一种狭义的科学观，他们只相信建立在形式逻辑基础上的理论学说才是科学，这是十分狭隘的自我膨胀。自从人类诞生以来，人们一直在努力地认识客观世界，并根据已经掌握的客观规律在努力地改造世界，人类就是这样生存和繁衍起来的。如原始人在用火，农业种植，驯养动物，制造石器、陶器、青铜器、铁器等活动中，难道就没有使用当时最先进的科学知识？其中没有逻辑和实证的因素存在？所以，在人对客观世界的认识过程中，不可能在1632年就突然冒出一个"科学"来。科学本来就应该是一个由无到有、由近及远、由浅入深、由表象到本质的演变过程。是人类在相对正确地认识了一类事物的本质和变化规律，产生了某种近似性理论或学说(假说)，并应用于改造世界的实践中去发挥效用后，才有了原始人钻木取火，用火制造陶器、青铜器、铁器等，才有了农业种植、驯养动物、纺纱织布等。这种近似性假说及其应用从古就有，今天也只是近似性假说及其应用，未来也只能是近似性假说及其应用。改变的仅仅是人类理解的广度、深度和精细度。历史上所有科学，其研究对象都是客观事物，研究内容都是事物的本质与变化规律，描述形式都是自然语言、符号语言及更精确的数学语言。不同时期的科学之间的区别，是相对的而不是绝对的。如远古的人类处在原始社会和奴隶社会中，他们对自然的一些观察和认识只能以神话故事的形式口口相传下来，后来有很多被记载在著名史诗(如荷马史诗、吉尔伽美什史诗、格萨尔王传等)和宗教典籍(如在圣经和佛教典籍中就有许多反映客观规律的论述)中，这些都是科学的原始形态(雏形)。古代科学的范围与农业社会(古典科学形态)相对应，近代科学的范围与工业社会(确定性科学形态)相对应，现代科学的范围与信息社会(复杂性科学形态)相对应。可见，科学仅仅是对客观真理的一种近似性理解(假说)，它越接近客观真理就越现代、越先进、越精确；反之则越原始、越落后、越粗糙。但是，不能说古代人就没有科学，只有迷信、谬误和伪科学。

对于科学的演化进程，有两个因素必须考虑：如果其研究对象是确定不变的，科学只要不断地逼近它即可；如果科学的研究对象本身也处在不断的演化中，科学还需要对对象的演化过程进行不断地逼近，属于二阶逼近。众所周知，现代科学已经证实，宇宙中的万事万物都处在不断的演化发展过程中，确定不变只是事物在局部时空中呈现的虚假现象，例如万年历和潮汐表只能供现代居住在地球上的人类使用，有效期不过上下五千年。所以科学的演化进程是永远不会终结的，试图成为科学终结者的人才是在搞伪科学。世界上没有永动机存在是人类在地球上研究动力工具时得出的局部有效的结论：失去动力驱动的机器，虽然在惯性的作用下能够继续运动，但在摩擦力的制动下，必然会停止下来，不会永远地运动下去。而宇宙倒是一个真正的永动机，它不仅现在正不断地膨胀，就算是将来我们的宇宙塌陷到黑洞中，运动也不会停止，因为在黑洞的另一边，新的宇宙大爆炸又开始了(如同拉风箱，是一种周而复始的循环运动)。这就是广义科学观，它不反对形式逻辑在科学中的作用和价值，但是它更重视辩证逻辑在发现客观规律中的主角和统领作用。喧宾夺主的现象必须纠正过来！

现在有一些人，他们相信客观世界是不断演化发展的，却不相信科学是不断演化发展的，总想充当科学终结者的角色；他们相信爱因斯坦的相对论，却不相信科学的相对真理性，总喜欢用今天的科学认识，去否定前人的科学贡献，或者去排斥现在的原始理论创新。他们仍然想充当前无古人、后无来者的科学终结者。其实，科学理论的提出，起源于人类在生产实践和科学实验中对自然现象的观察，获得了丰富的感性认识之后，才有可能进入后面的归纳、抽象、演绎等深加工过程，其结果仍然需要回到生产实践中去接受应用检验。这是一个无限循环的上升过程，离开了这个过程，就是闭门造车，就是无的放矢，就是异想天开。离开了实践，就没有科学，如果不是谬误和伪科学，最多也就算是个可能世界理论，如果没有应用实践的背书，谁也不敢承认它是科学。

3. 从狭义逻辑观到广义逻辑观

如果说只能有了形式逻辑演绎才有科学，那么，形式演绎的基础和出发点从何而来？众所周知，形式演绎只对推理的前件负责，如果推理前件是真命题，那么结论一定是真命题；如果推理的前件是假命题或者是空，那么结论是真、假命题都可以。这个性质搞形式逻辑的人一开始就一清二楚、明明白白。早期的数学家利用形式逻辑把几个已经归纳发现的数学知识 A、B、C，用来相互证明或验证(如 A∧B→C)，甚至他们能够将全部已知知识用形式演绎形成一个知识链条。但是，如果什么已知知识都没有，从为空的前提条件开始，如何通过形式演绎发现新的知识？数学家和逻辑学家都束手无策。在欧几里得的《几何原本》出现后，公理系统登上了科学的舞台，使通过形式演绎建立科学理论体系成为可能，而且这是一个完全可操作的过程。

由《几何原本》这个科学理论范本可知，建立形式演绎系统必须事先定义一个公理系统作为生成理论的基础平台和演绎过程的出发点。这时，一个根本问题就冒出来了，公理系统从何而来？它显然不能通过形式演绎得来，唯一的途径只能是对观测经验的归纳抽象。而人类所有的观测经验都是有限的，不可能达到无穷，所以不符合形式逻辑关于完全归纳法的定义，自然不能属于形式逻辑，只能属于辩证逻辑。这样一来，从表面上看科学好像是建立在形式逻辑的基础上，而实质上形式演绎的基础平台和出发点必须建立在辩证逻辑上，说到底科学还是建立在辩证逻辑基础上。这说明西方的狭义(狭隘)科学观是在掩耳盗铃(盗用辩证逻辑归纳出的知识，定义为自己的公理系统)，甚至是喧宾夺主(然后公然排斥辩证逻辑在科学认识中的地位)，这根本不符合客观事实和认识规律。科学必须从实践中来，经过归纳、抽象和演绎，形成理论体系，再回到实践中去接受检验，它是辩证逻辑的产物，形式逻辑的作用是辅助性的，即通过公理化的形式演绎，挖掘潜在的真命题，并把所有的真命题串成一个完整的知识链条。这就是广义逻辑观对逻辑的正确认识，实践是检验真理的唯一标准，形式逻辑属于狭义逻辑观，它根本无法发现新的真理，只能根据已知的真理去挖掘蕴含在这些已知真理背后的潜在真理。这实质上是在运用知识，而不是发现新的知识。数学界和逻辑学界在这一点认识上是很不到位的，需要提高。理论与实践的统一，是马克思主义的一个最基本的原则，毛泽东不仅在《实践论》中系统论述了理论与实践统一的方方面面，而且在 1963 年明确提出了"实践是检验真理的唯一标准"的论断。狭义逻辑观是理想化的，它脱离客观实际，客观实际需要的是广义逻辑观，它是基于辩证逻辑的。

4. 大学者以自然万物为师

1) 做小学问的人向人学习，做中学问的人向智慧学习，做大学问的人向大自然学习。最高的学问在大自然，这是古人告诉我们的智慧。可很多当今的人，失去了对"无用之用"学习的智慧。

2) 人类始终热衷于"起源"这个话题有诸多原因，既有逻辑上的原因，也有感情上的原因。因为一个人如果不知道事物的起因，他就很难理解其实质。本书会引导读者去探讨许多事物的起源，看一看它们是如何从无到有、从小到大、从弱到强、从强到衰的，宇宙的基本规律就是无中生有、有还于无、生生灭灭、无限循环不息。逻辑学的最基本含义就是规律，后来才衍生出必然推出的含义。科学研究事物存在和变化的客观规律，逻辑必须反映这些客观规律。科学和逻辑都必须以自然万事万物为师，试图用某个科学假说和逻辑去塑造自然界的万事万物，是注定会碰得头破血流的。

3) 下面用一句话来概括本书的主题思想：21世纪的科学主题是复杂性，对复杂事物不能作"是""否"这样的刚性判断，它要求刚性的数理逻辑柔性化，泛逻辑学研究逻辑的柔性化原理，它就是面向现实世界的数理辩证逻辑。

三、致谢

泛逻辑的探索之路迂回曲折，时不时有"反逻辑""伪科学""永动机"的棒骇，也有亲切的关怀和大力支持，作者对他们都深怀感激之情。

感谢各基金项目的大力支持，真是雪中送炭。它们是：

航空部基金项目。何华灿主持，智能多媒体在航空中的应用研究。

国家教委博士学科点专项科学基金项目。何华灿主持，人工智能基础理论(泛符号主义)研究。

陕西省自然科学研究计划项目基金项目。何华灿主持，泛逻辑控制器及其应用研究。

国家自然科学基金面上项目。何华灿主持，经验知识推理理论研究。

西北工业大学基础研究基金重点项目。何华灿主持，智能科学的逻辑基础研究。

国家自然科学基金青年项目。崔铁军主持，煤(岩)体压应力型冲击地压发生全过程机理研究。

在数十年的泛逻辑学研究过程中，曾获得李衍达、何新贵、汪成为、李未、郑南宁、沈绪榜、赵沁平、怀进鹏、钱德沛等院士和康继昌、郑守琪、涂序彦、钟义信、汪培庄、史忠植、刘志勇、林作铨、黄顺基、杜国平、张建军、刘增良、何明一、赵红洲、蔡经球等教授的关心、鼓励和支持。与哲学和逻辑学界的赵总宽、苗东升、马佩、李廉、罗翊重、王雨田、苏越、刘晓力、桂起权、万小龙、杨武金、陈波、陈慕泽、周北海、黄华新、鞠实儿等教授的交流讨论，让作者受益匪浅，特在此一并表示感谢！

感谢西北工业大学前校长寿松涛、姜澄宇，前副校长翁志黔，以及张艳宁副校长的关心、鼓励和大力支持！

感谢发表我们第一篇泛逻辑论文《经验性思维中的泛逻辑》的《中国科学》(E 辑)杂志的审稿人、主编及其责任编辑，感谢出版我们第一部泛逻辑著作《泛逻辑学原理》的科学出版社领导和责任编辑。

感谢没有机会见面交流的几位朋友，作为我的项目申请书或论文的匿名评审人出现。我一直想告诉你们：评价泛逻辑是"反逻辑"和"反科学"没错，因为目前占统治地位的是狭义逻辑观(唯有数理形式逻辑才是逻辑)和狭义科学观(唯有在数理形式逻辑基础上建立的理论才是科学)，泛逻辑要实现逻辑范式和科学范式变革，以便适应智能化时代的发展需求，必然属于"反逻辑"和"反科学"行为。其实，我们反对的仅仅是数理形式逻辑的一统天下地位，把现实世界让位于数理辩证逻辑，而数理形式逻辑并没有被废除，是各就各位、各司其职。

感谢我的家人，她(他)们对我的这种可能在有生之年都见不到任何收获的垦荒抉择表示完全的理解，对我们的研究工作给予了极大的关心和毫无保留的支持，帮助我度过了最艰难的日子。没有这些理解、支持和鼓舞，作者是难以支持到今天的！

由于作者的学术水平和研究视角有限，疏漏和不妥之处在所难免，衷心欢迎广大读者批评指正。

何华灿

2022 年 11 月于北京温泉花园

本书符号说明

1. 关于论域、集合及推理

1) U 是谓词的个体变域或集合的论域，$A, B{\subseteq}U$ 是 U 中的刚性集合或柔性集合。
2) E 是命题的因素空间，$X, Y{\subseteq}E$ 是 E 中的刚性集合或柔性集合，$\varnothing$ 是空集。
3) $\mathbf{R}=(-\infty, \infty)$ 是实数域，$\mathbf{R}_+=(0, \infty)$ 是正实数域，$\mathbf{R}_-=(-\infty, 0)$ 是负实数域。
4) ¬, ∩, ∪是集合的补、交、并运算。
5) 推理符号⊢，有效推理符号⊨，存在符号⊤，不存在或无定义符号⊥。

2. 关于逻辑符号

1) 一般用 p, q, r 表示柔性命题，$x, y, z{\in}[0, 1]$ 表示它们的真度。如果需要特别标明是有误差的真度，则用 $x^*, y^*, z^*{\in}[0, 1]$ 表示。在有些情况下，也用 p, q, r 同时表示命题和它们的真度。

2) 用∼, ∧, ∨, →, ↔表示刚性逻辑和模糊逻辑中的命题连接词。用 $\sim_k$, $\wedge_{h, k}$, $\vee_{h, k}$, $\rightarrow_{h, k}$, $\leftrightarrow_{h, k}$, $ℙ_{h, k}$, $©_{h, k}$ 表示泛逻辑学中的命题连接词，用∼, ∧, ∨, →, ↔, ℙ, $©^e$ 表示它们的基模型。它们的运算模型分别用大写斜体字母表示。

基模型和三角范数：$N(x), T(x, y), S(x, y), I(x, y), Q(x, y), M(x, y)$ 和 $C^e(x, y)$。

零级模型：$N(x), T(x, y, h), S(x, y, h), I(x, y, h), Q(x, y, h), M(x, y, h)$ 和 $C^e(x, y, h)$。

一级模型：$N(x, k), T(x, y, h, k), S(x, y, h, k), I(x, y, h, k), Q(x, y, h, k), M(x, y, h, k)$ 和 $C^e(x, y, h, k)$。

3) 用 $♂^\alpha$, $\oint^\alpha$, $♀^\alpha$, $\int^\alpha$, $\$^\alpha$ 表示泛逻辑学中的柔性量词：$♂^\alpha$ 表示阈元量词，$\oint^\alpha$ 表示范围量词，$♀^\alpha$ 表示位置量词，$\int^\alpha$ 表示过渡量词，$\$^\alpha$ 表示假设量词。其中 $\alpha=x*c$ 表示量词的约束条件：x 表示被约束变元，$*$ 表示约束关系，c 表示约束值，它刻画了量词的柔性。

4) 如果 $x{\leqslant}y$ 为真，则用 $p{\Rightarrow}q$ 表示；如果 $x=y$ 为真，则用 $p{\Leftrightarrow}q$ 表示。

5) 条件表达式 ite$\{\beta|\alpha; \gamma\}$ 表示：如果 α 为真，则 β；否则 γ。ite$\{\beta_1|\alpha_1;$ ite$\{\beta_2|\alpha_2;$ $\gamma\}\}$=ite$\{\beta_1|\alpha_1; \beta_2|\alpha_2; \gamma\}$。

6) $[a, b]$ 上的上下限幅函数 $\Gamma_a^b[x]$=ite$\{b|x{>}b; a|x{<}a$ 或虚数; $x\}$。当 $a=0$ 时简写为 $\Gamma^b[x]$；当 $b=1$ 时简写为 $\Gamma_a[x]$；当 $a=0$ 且 $b=1$ 时简写为 $\Gamma[x]$。

3. 关于命题的真值域和不确定性参数

1) 泛逻辑学的真值域是分维超序空间 $W=\{\perp\}{\cup}[0, 1]^n{<}\alpha$, $n{>}0$，其中：$W=[0, 1]$

是线序空间，$W=[0, 1]^n$，$n=2, 3, \cdots$ 是偏序空间，$W=\{\perp\}\cup[0, 1]^n<\alpha>$，$n=1, 2, 3, \cdots$ 是多维超序空间。

2) 不确定性参数：$h\in[0, 1]$ 是广义相关系数；$k\in[0, 1]$ 是广义自相关系数，又称为误差系数；$\beta\in[0, 1]$ 是相对权重系数，又称为偏袒系数。

3) 特殊真值域：$[0, 1]$ 是单位全域，简称全域；$(0, 1)$ 是单位开域，简称开域。

在泛逻辑中，$1=t$ 表示真，$0=f$ 表示假，区分偏真、偏假的分界点不是 0.5，而是 k，除非是 $k=0.5$ 的特殊情况。本书称 k 为一级阈元，称 $k=e=0.5$ 为零级阈元(中元)。

所以，利用不偏真也不偏假的中立点 k，可将$[0, 1]$区间分成不同的子域：如$(k, 1)=pt$ 是偏真域；$(0, k)=pf$ 是偏假域；$[k, 1]=nf$ 是不假域；$[0, k]=nt$ 是不真域。关系：$[0, 1]=\{t\}\cup(0, 1)\cup\{f\}=\{t\}\cup pt\cup\{k\}\cup pf\cup\{f\}=nt\cup nf$。

$\{0, 1\}$ 是二值域，$\{0, u, 1\}$ 是三值域，其中 u 有三种不同的含义：中立点 k；$(0,1)$；不知道。

4. 函数特殊点的定义式

1) 生成元的特殊点和上下极限：

$\Phi_3=\Phi(x, 1)=\text{ite}\{1|x=1; 0\}$；$\Phi_1=\Phi(x, 0.5)=x$；$\Phi_0=\Phi(x, 0)=1+\log x=\text{ite}\{0|x=0; 1\}$

$F_3=F(x, 1)=\text{ite}\{1|x=1; \pm\infty\}$；$F_2=F(x, 0.75)=1+\log x=\text{ite}\{0|x=0;1\}$；$F_1=F(x, 0.5)=x$；$F_0=F(x, 0)=\text{ite}\{1|x=1;0\}$

$G_3=F(x, 1)=\text{ite}\{0|x=0;\pm\infty\}$；$G_2=F(x, 0.75)=-\log(1-x)=\text{ite}\{1|x=1;0\}$；$G_1=G(x, 0.5)=x$；$G_0=F(x, 0)=\text{ite}\{0|x=0;1\}$

2) 范数和命题连接词运算模型的先验验证点：

泛非运算：$N_3=N(x, 1)=\text{ite}\{0|x=1; 1\}$；$N_1=N(x, 0.5)=1-x$；$N_0=N(x, 0)=\text{ite}\{1|x=0; 0\}$。

泛与运算：$T_3=T(x, y, 1)=\min(x, y)$；$T_2=T(x, y, 0.75)=xy$；$T_1=T(x, y, 0.5)=\max(0, x+y-1)$；$T_0=T(x, y, 0)=\text{ite}\{\min(x, y)|\max(x, y)=1; 0\}$，其中通过形式参数 k 扩张出来的算子簇用 $T\Phi_k$ 表示。

泛或运算：$S_3=S(x, y, 1)=\max(x, y)$；$S_2=S(x, y, 0.75)=x+y-xy$；$S_1=S(x, y, 0.5)=\min(1, x+y)$；$S_0=S(x, y, 0)=\text{ite}\{\max(x, y)|\min(x, y)=0; 1\}$，其中通过形式参数 k 扩张出来的算子簇用 $S\Phi_k$ 表示。

泛蕴含运算：$I_3=I(x, y, 1)=\text{ite}\{1|x\leqslant y; y\}$；$I_2=I(x, y, 0.75)=\min(1, y/x)$；$I_1=I(x, y, 0.5)=\min(1, 1-x+y)$；$I_0=I(x, y, 0)=\text{ite}\{y|x=1; 1\}$，其中通过形式参数 k 扩张出来的算子簇用 $I\Phi_k$ 表示。

泛等价运算：$Q_3=Q(x, y, 1)=\text{ite}\{1|x=y; \min(x, y)\}$；$Q_2=Q(x, y, 0.75)=\min(x/y, y/x)$；$Q_1=Q(x, y, 0.5)=1-|x-y|$；$Q_0=Q(x, y, 0)=\text{ite}\{x|y=1; y|x=1; 1\}$，其中通过形式参数 k 扩张出来的算子簇用 $Q\Phi_k$ 表示。

泛平均运算：$\mathbf{M_3}=M(x, y, 1)=\max(x, y)=\mathbf{S_3}$；$\mathbf{M_2}=M(x, y, 0.75)=1-((1-x)(1-y))^{1/2}$；$\mathbf{M_1}=M(x, y, 0.5)=(x+y)/2$；$\mathbf{M_0}=M(x, y, 0)=\min(x, y)=\mathbf{T_3}$，其中通过形式参数 k 扩张出来的算子簇用 $\mathbf{M}\Phi_k$ 表示。

泛组合运算：$\mathbf{C}\Phi_{e,3}=C^{\,e}(x, y, 1)=\text{ite}\{\min(x, y)|x+y<2e; \max(x, y)|x+y>2e; e\}$；$\mathbf{C}\Phi_{e,2}=C^{\,e}(x, y, 0.75)=\text{ite}\{xy/e|x+y<2e; (x+y-xy-e)/(1-e)|x+y>2e; e\}$；$\mathbf{C}\Phi_{e,1}=C^{\,e}(x, y, 0.5)=\Gamma[x+y-e]$；核心组合算子：$\mathbf{C_1}=\Gamma[x+y-0.5]$，$\mathbf{C}\Phi_{e,0}=C^{\,e}(x,y,0)=\text{ite}\{0|x, y<e; 1|x, y>e; e\}$，其中通过形式参数 k 扩张出来的算子簇用 $\mathbf{C}\Phi_{e,k}$ 表示。

3）变换函数：

冒险的变换函数 $\Delta_0(x)=\text{ite}\{0|x=0; 1\}$

保险的变换函数 $\Delta_1(x)=\text{ite}\{1|x=1; 0\}$

5. 泛逻辑运算模型的生成元完整簇

1）三角范数的 N 性生成元完整簇。$\Phi(x, k)$ 是一级泛非运算模型的 N 性生成元完整簇，它的先验验证点是 $\mathbf{\Phi_3}$、$\mathbf{\Phi_1}$ 和 $\mathbf{\Phi_0}$。常用的模型有两个，虽然差别很大，但是生成的 $N(x, k)$ 几乎相同。主要用指数模型。

指数模型：$\Phi_1(x, k)=x^{\,n}$，$n=-1/\log_2 k$，$k=2^{-1/n}$

多项式模型：$\Phi_2(x, k)=x(1+\lambda)^{1/2}/(1+((1+\lambda)^{1/2}-1)x)$，$\lambda=(1-2k)/k^2$，$k=((1+\lambda)^{1/2}-1)/\lambda$

2）三角范数的 T 性生成元完整簇。$F_0(x, h)$ 是零级泛逻辑运算模型 T 性生成元完整簇，$F(x, h, k)=F_0(\Phi(x, k), h)$ 是一级泛逻辑运算模型 T 性生成元完整超簇，它的先验验证点是 $\mathbf{F_3}$、$\mathbf{F_2}$、$\mathbf{F_1}$ 和 $\mathbf{F_0}$。常用指数模型：

$F_0(x, h)=x^{\,m}$，其中 $m=(3-4h)/(4h(1-h))$，$h\in[0, 1]$；$h=((1+m)-((1+m)^2-3m)^{1/2})/(2m)$，$m\in\mathbf{R}$

$F(x, h, k)=F_0(\Phi(x, k), h)=x^{\,nm}$，$n=-1/\log_2 k$，$k=2^{-1/n}$

3）三角范数的 S 性生成元完整簇。$G_0(x, h)$ 是零级泛逻辑运算模型 S 性生成元完整簇，$G(x, h, k)=G_0(\Phi(x, k), h)$ 是一级泛逻辑运算模型 S 性生成元完整超簇，它的先验验证点是 $\mathbf{G_3}$、$\mathbf{G_2}$、$\mathbf{G_1}$ 和 $\mathbf{G_0}$。常用指数模型：$G_0(x, h)=1-(1-x)^{\,m}$，其中 $m=(3-4h)/(4h(1-h))$，$h\in[0, 1]$；$h=((1+m)-((1+m)^2-3m)^{1/2})/(2m)$，$m\in\mathbf{R}$。$G(x, h, k)=G_0(\Phi(x, k), h)=1-(1-x^n)^m$，$n=-1/\log_2 k$，$k=2^{-1/n}$。

两者的关系是：$G_0(x, h)=N(x, F_0(N(x, 0.5), h)\ 0.5)=1-F_0(1-x, h)$

6. 生成泛逻辑运算完整簇的形成机制

1）k 对一元运算的调整机制：$N(x, k)=\Phi^{-1}(N(\Phi(x, k)), k)$

2）k 对二元运算 $L(x, y)$ 的调整机制：$L(x, y, k)=\Phi^{-1}(L(\Phi(x, k), \Phi(y, k)), k)$

3）h 对二元运算 $L(x, y)$ 的调整机制：$L(x, y, h)=F^{-1}(L(F(x, h), F(y, h)), h)$

4）β 对二元运算 $L(x, y)$ 的调整机制：$L(x, y, \beta)=L(2\beta x, 2(1-\beta)y)$

5) k、h 对二元运算 $L(x, y)$ 的共同调整机制:

$$L(x, y, h, k)=\Phi^{-1}(F^{-1}(L(F(\Phi(x, k), h), F(\Phi(y, k), h), h), k)$$

6) k、β 对二元运算 $L(x, y)$ 的共同调整机制:

$$L(x, y, k, \beta)=\Phi^{-1}(L(2\beta\Phi(x, k), 2(1-\beta)\Phi(y, k)), k)$$

7) h、β 对二元运算 $L(x, y)$ 的共同调整机制:

$$L(x, y, h, \beta)=F^{-1}(L(2\beta F(x, h), 2(1-\beta) F(y, h), h)$$

8) h、k、β 对二元运算 $L(x, y)$ 的共同调整机制:

$$L(x, y, h, k, \beta)=\Phi^{-1}(F^{-1}(L(2\beta F(\Phi(x, k), h), 2(1-\beta)F(\Phi(y, k), h), h), k))$$

目　　录

第三篇　知行篇　泛逻辑理论的应用及展望

第一篇　开　慧　篇
建立泛逻辑学是历史发展的必然

人法地，地法天，天法道，道法自然。

——〔春秋〕老子

本篇将遵循我国春秋末期的哲学家和思想家老子的朴素宇宙观"道法自然"和朴素宇宙生成论"道生一，一生二，二生三，三生万物"的思想精髓，结合当前人工智能发展面临的各种瓶颈问题，论述为什么研究智能科学需要科学范式变革，为什么科学范式变革需要相应的逻辑范式变革来支撑。其中，将进一步阐述什么是科学，什么是逻辑。只有近现代在西方出现的基于公理系统和形式演绎的"科学"和"逻辑"才是科学和逻辑吗？难道曾经为人类文明做出过重大贡献的中国古代就没有科学和逻辑吗？智能化时代的全面实现到底需要什么样的科学和逻辑？

作者认为，智能科学工作者不在思想深处真正确立基于老子"道"的科学观和逻辑观，很难理解和接受本书第二篇在"术"的层面上逻辑范式的具体变革。其实古人"有道无术，术尚可求，有术无道，止于术"的论断已明确告知后人，知道原理而不知道方法，仍可探索出方法来；只知方法而不知原理，就永远只能停留在方法上。知其然而不知其所以然，非真知也。当前人工智能发展的核心问题不是那些技术细节层面的各种瓶颈，而是基于决定论的传统科学范式和基于标准逻辑的传统逻辑范式并不完全适合人工智能研究的需要，反而约束了人们的视野和想象力。社会科学、自然科学和人工智能的长期实践已经充分表明，智能科学(包括人类智能和人工智能)研究真正需要的指导思想是：基于演化论的新科学范式和基于辩证逻辑的新逻辑范式。传统科学范式和传统逻辑范式是新科学范式和新逻辑范式的一个特例，只能在完全理想化的各向同性的环境中有效使用，根本不能在各向异性的现实环境中使用，只有理想世界的普适性，没有现实世界的普适性。而智能恰恰是为了解决现实世界中各种复杂问题而形成的能力，所以在传统范式指导下研究智能，必然是智能的名存实亡：由能随机应变与时俱进的活精灵，沦落为仅会照章办事的死机器。唯有在新范式的指导下，智能才能在处理各种现实矛盾冲突和不确定性问题中显现聪明才智和超凡能力。现在已经到了必须清楚明确地转换各种大小观念的关键时刻，刻不容缓！

文明发展到今天，人类已不再满足于知道"种瓜得瓜种豆得豆""鸡生蛋蛋孵鸡"等在封闭环境中的、具有确定因果关系的、可机械重复的简单问题，而是需要探索类似于宇宙的起源和物质的本质、物种的起源和生命的本质、人类的起源和智能的本质等一系列在开放环境中的、具有不确定性演化能力的复杂性问题，这是人类面临的一场全新挑战和走向更高阶段文明的发展机遇期。学术界的朋友们，让我们积极响应时代的召唤，大胆地冲破基于公理系统和形式演绎的传统科学范式和逻辑范式的理论局限性，勇敢地拥抱基于老子"道"的宇宙观和宇宙生成论的新科学范式和新逻辑范式。我们研究团队这次推出的统一智能理论及其数学基础和逻辑基础，就是在新科学范式和新逻辑范式指导下的一些阶段性研究成果，欢迎读者批评指正。

第1章　客观世界的基本发展规律是演化

1.1　引　　言

我们人类生存的客观环境到底是确定不变的还是不断演化发展的？从每一个人的个人感受来看，我们的小日子确实是在"日复一日、日出日落、周而复始"地过着。处处都是"种豆得豆、种瓜得瓜，鸡生蛋、蛋孵鸡"的确定性因果循环。但是从大范围的时空观察经验和数据看，情况却恰恰相反，宇宙中的一切事物都是从无到有、从少到多、从简单到复杂演化发展而来的，没有一样东西是亘古就有、永远不灭的。由此可见，人类要更好地生存和发展，必须掌握顶天立地的辩证法：一方面，在地上，在当下，充分利用好"种豆得豆、种瓜得瓜，鸡生蛋、蛋孵鸡"的短期确定性，稳定获得更多的生存资源；另一方面，看天空，想未来，知道"道生一，一生二，二生三，三生万物"辩证法，趋利避害，防患未然，追求更加美好的未来。

1.2　宇宙万物都在不断地演化

正是宇宙时空的存在才有了万事万物的起源与演化，使人类有了登台献智的舞台。自古以来先贤们都把"天-地-人"归结为人类必须十分关注的最重要的关系，"天时、地利、人和"是人类成就一切丰功伟绩的必要条件。故而，关于宇宙的结构、起源与演化过程，东西方都有许多的思考和研究，形成各种不同的学说。

1.2.1　宇宙在不断地演化

时至今日，宇宙在不断地演化是一个被广泛接受的科学观点[1]，这一观点基于大量的天文观测、物理实验以及理论推导。以下是关于宇宙不断演化的几个主要方面的情况。

1. 天文观测证据

1) 恒星与星系的变化：通过望远镜观测，天文学家发现恒星会经历诞生、主序星阶段、红巨星阶段以及最终的死亡过程，如成为白矮星、中子星或黑洞。同时，星系也会经历合并、碰撞和形态变化。

2) 宇宙背景辐射：宇宙微波背景辐射的发现提供了宇宙大爆炸后不久时期的直接证据，表明宇宙从一个极热、极密集的状态开始演化。

3) 宇宙膨胀：通过观测遥远星系的光谱，科学家发现宇宙正在膨胀，且膨胀速度在加快。这进一步支持了宇宙在不断演化的观点。

2. 科学理论支持

1) 大爆炸理论：该理论认为，大约 138 亿年前，我们的宇宙从一个极热、极密集的初始状态开始膨胀，形成了我们今天所见的宇宙。这一理论为宇宙的起源和演化提供了基本框架。

2) 宇宙学常数与暗能量：科学家发现宇宙学常数(或暗能量)在推动宇宙加速膨胀。这表明宇宙不仅在膨胀，而且其膨胀速度在不断增加。

3) 物质与能量的转化：根据爱因斯坦的质能方程，物质和能量之间可以相互转化。这一原理在宇宙演化中起着重要作用，如恒星内部的核聚变过程。

3. 宇宙演化的具体过程与阶段[2]

1) 初始阶段：宇宙从一个极热、极密集的初始状态开始，经历了大爆炸后的快速膨胀和冷却。

2) 星系与恒星的形成：随着宇宙的膨胀和冷却，物质开始聚集形成星系和恒星。这些天体进一步演化，形成了我们今天所见的宇宙结构。

3) 生命的起源与演化：生命的起源是宇宙演化中的一个特殊事件。有极少数行星具有诞生生命的条件，例如地球。一旦生命在地球上诞生，它就经历了从简单到复杂、从单细胞到多细胞的漫长演化过程，形成一个庞大的生命王国。生命的演化不仅受地球环境的影响，还与宇宙中其他天体的相互作用有关。地球上的生物系统经历了几次大毁灭和大爆发，现在已经是一个庞大的生物体系，包括万物之灵的人类。

4. 宇宙演化的意义与影响

1) 对宇宙起源与结构的理解：宇宙演化理论帮助我们理解宇宙的起源、结构和演化过程。

2) 对生命起源与演化的启示：宇宙的演化环境为生命的起源和演化提供了必要的条件。研究宇宙演化有助于我们更深入地了解生命在宇宙中的地位和作用[3]。

3) 对未来的预测与探索：通过了解宇宙的演化历史，我们可以更好地预测未来的宇宙状态，并指导对未知宇宙的探索。

由此可见，宇宙在不断地演化是一个基于广泛天文观测和科学理论得出的确凿结论。这一演化过程涉及恒星、星系、宇宙结构以及生命的起源与演化等多个方面，对于我们理解宇宙的本质和未来具有深远的意义。

1.2.2 宇宙的演化何时结束

关于宇宙还要膨胀多少年的问题，目前实际上并没有一个确定的答案。这是因为宇宙的膨胀是一个持续且动态变化的过程，其未来走向受到多种因素的影响，包括暗物质、暗能量等尚未完全理解的宇宙成分。

1) 需要明确的是，宇宙的膨胀自大爆炸以来一直在进行，而且根据目前的观测和理论，宇宙正在加速膨胀。这种加速膨胀主要由暗能量驱动，而暗能量的性质和分布目前还知之甚少。

2) 关于宇宙膨胀的持续时间，这取决于多种因素的综合作用。例如，暗能量的密度和状态方程参数将直接影响宇宙的膨胀速率和未来的演化趋势。如果这些参数保持不变，那么宇宙可能会继续无限期地膨胀下去。然而，如果这些参数随时间发生变化，或者宇宙中发生了其他未知的物理过程，那么宇宙的膨胀速率和持续时间都可能会受到影响。

3) 还需要考虑宇宙的大尺度结构和动力学演化。宇宙中的星系、星系团等天体结构对宇宙的膨胀速率和动力学演化也有重要影响。这些结构之间的引力相互作用可能会减缓宇宙的膨胀速率，或者在某些情况下甚至可能引发宇宙的收缩(尽管这种情况在目前的宇宙学模型中并不被看好)。

由此可知，由于宇宙膨胀的复杂性和不确定性，我们无法准确估计宇宙还要膨胀多少年。不过，可以肯定的是，只要暗能量持续存在并驱动宇宙的加速膨胀，那么宇宙就可能会继续膨胀下去。未来随着天文学和宇宙学研究的深入，我们或许能够更准确地理解宇宙的膨胀机制和未来演化趋势。

1.3 人类社会文明的演化进程

1.3.1 人类的诞生是演化的产物

人类的起源和演化至少经历了 200 万～400 万年的漫长时间，整个过程分为两个不同的阶段[4]。

1) 200 万～20 万年前，是黑猩猩演化成猿人再演化成能人和直立人的时期(这时候智人尚未出现)，其进化特征是：以人的生物学进化为主(如下树适应直立行走，手足开始分工，从素食转变成杂食，脑容量不断增加等)，以人的社会学进化为辅(如制造简单的木石骨工具，寻找洞穴群居，复杂的语言交流等)。

2) 20 万年前至今是智人形成后的时期，其进化的特征是：以人的社会学进化为主(如创造各种复杂的劳动工具,从事各种劳动生产,社会分工越来越复杂,语言文字文化快速发展等),而人的生物学特征几乎没有什么变化。这期间工具的发明创造和广泛应用起到了决定性影响,所以,我们专门用一些篇幅来讨论人类社会文明的进化规律,它与客观世界的演化规律有许多共同的地方,但最大的不同是人类的主观能动性和创造力对人类社会的进化甚至整个自然环境有重大的影响。

智人是现代人类的直接祖先,其演化过程可按社会文明程度的不同分为两个时期:

1) 20万~1万年前的旧石器时期;

2) 1万年前至今的新石器时期及各种工具不断涌现的时期。

前19万年是没有文字记录的远古文明时期,创造了旧石器工具,但进展十分缓慢,属于原始社会的野蛮时期。到了最近1万年,属于社会文明时期,它又可细分为古代、近代和现代三个阶段:

1) 在古代,智人已有复杂的语言文字交流,能制造各种复杂的人力工具,大大地增强了人类肢体的工作能力。通过发明种植业、畜牧业、手工业,冶炼各种金属、烧制陶瓷等,创造了农业社会文明。

2) 到了近代,爆发了两次工业革命,通过创造各种动力工具,大大减轻了人的体力劳动强度,大型机器和工厂生产的出现,使人类制造产品的能力增加了几个数量级。

3) 现代正在进行信息革命,通过创造各种智力工具大大减轻人类的脑劳动强度。智力机器、智能化产业和智能化社会的出现,又将使人类制造产品、管理社会和利用自然资源的能力增加几个数量级,人类的潜能正在不断地开发出来。所以,我们讨论人类演化的重点应该放在人类社会文明的演化方面。考古资料表明,推动人类社会文明进步的原动力是生产劳动,而劳动工具的不断创新是促使人类不断跨越更高文明层次的主要推手。

1.3.2　人类主观世界的基本属性分析

人类是万物之灵,具有最复杂的思维和高级的智商。人类主观世界又可分为人脑思维层次的个人认知空间和人类社会层次的集体认知空间。

1. 人脑思维进化的三个层次(阶段)

要研究广义思维(包括各种认识主体的信息处理能力)的规律,人脑是最完美的参考对象。根据人脑思维的层次结构,可对比分析自然形成的动物脑的思维水平、生物体的信息处理水平和人造计算机的信息处理水平。

1) 感性思维阶段。感性思维是脑思维发展的初级阶段,是动物和人类都具有的感知阶段。不同动物的感知能力各有所长,人类的感知能力最全面。在这个阶段,思维主体面对的是客观世界中的具体事件域,它具有最原始的条件反射属性。思维主体通过关注个别事件的具体表现,记住各种事物的各种表象、自己的应对行为和效果等,其思维的全过程就是对一个一个具体事件的观察、记忆和联想。用计算机来模拟这个阶段的思维过程就是:在数据库中记录下整个事件的输入 A 和输出 B,一旦再次出现输入条件 A,就直接在数据库中提取对应的输出 B。这类操作过程可用刚性逻辑完全描述,通过传统的计算机程序来按部就班地完成,没有任何困难。

2) 知性思维阶段。知性思维是脑思维发展的中级阶段,主要是人类拥有,其他高智商动物也只有少许萌芽,植物、微生物和计算机根本没有(计算机可接受人的部分赋予)。在这个阶段,思维主体面对的是客观世界中具有某种固定规律的理想对象域,它具有各向同性的理想化属性。主体通过对概念的抽象和概念之间关系的分析综合进行思维,完成从对个体群的感知到群体概念的抽象,从完整的表象群到抽象概念因果关系的规定。其思维的全过程是概念、判断和推理三部曲,所以仅在理想化的环境中具有普适性。用计算机模拟这个阶段的思维过程,首先是在知识库中记录下因果关系 A→B,如果输入条件是 A,就调用知识库中相应的规则 A→B,通过逻辑演绎得出结论 B。这类操作过程可用刚性逻辑完全描述,通过传统计算机程序按部就班地完成。

3) 理性思维阶段。理性思维是思维发展的高级阶段,只有生活在人类社会中的现代人类才有可能拥有(计算机可接受人的部分赋予)。思维主体面对的是由各种复杂性系统构成的整个客观世界,它具有各向异性的非线性属性。思维主体通过对概念辩证本质的分析综合进行思维,完成从思维抽象到思维具体、从抽象规定到抽象具体的回归。其思维全过程是在划分与时空定位机制控制下的概念、判断和推理四部曲,可在各种现实的环境中具有普适性。用计算机来模拟这个阶段的思维过程,需要首先确定对象所在的时空环境,按照对象的具体情况进行辩证论治,对症下药。这个过程必须通过数理辩证逻辑来精确描述,通过智能计算机完成。

讨论 1:关于生物的信息处理能力。植物和微生物都没有神经网络,所以没有动物那样的脑思维能力。这些生物的信息处理能力储存在生物的基因组中,属于生物本能的一部分,表现为对生存环境的识别和适应能力、在生长发育过程中的自组织和自协调能力、抵抗病虫害的能力等。

讨论 2:关于计算机的信息处理能力。当今所有的智能机,其核心信息处理部件都是电子数字计算机。计算机的全部信息处理能力都是人设计制造出来的,如计算机的基本信息处理能力是在设计制造时由有关人员按照既定的规则赋予的,它由硬件结构和操作系统两部分相互配合共同完成。使用计算机解决某个特定问题的信息处理能力是由使用者赋予的,其必要条件是使用者需要知道这个特定问题的算法解，能用操作系统可接受的语言编写实际可计算的程序，事先存入计算机内。这样，计算机在开机运行后就可按照程序的安排，按部就班快速有效地解决问题，输出结果。计算机的信息处理能力就是按照使用者的程序安排快速执行，它自己无法在自然条件下自动生成，更不能在工作过程中自我演化。也就是说，计算机就是一个只会照章办事的呆板机器，这是计算机信息处理能力与生物信息处理能力的本质差别。要让呆板的计算机具有智能，至少需要它具有自我学习能力。

2. 工具的创新是人类文明进步的主要推手

1) 工具和人类文明进步的关系。从黑猩猩到智人的演化主要靠生物学进化，这期间人体各个器官特别是大脑皮层有了明显的改变。此后人类进化的速度呈指数级加快，主要表现在社会学进化方面：数千年来，是工具的发明和广泛应用推动人类文明的不断进步，大大提高了人类认识世界和改造世界的能力，提高了人脑的智能水平，丰富了人类文明的内涵。可见工具的创新和广泛应用，是推动人类社会文明进步最活跃的革命性力量。

2) 工具演变的三个时期。人类发明工具的历史有三个明显不同的时期：人力工具时期(human tool period)：对应工具如旧石器、新石器、木器、陶器、青铜器、铁器等。动力工具时期(power tool period)：对应工具如蒸汽机、机床、火车、轮船、电动机、汽车、飞机、核动力装置等。信息工具时期(information tool period)：对应工具如电报机、电话机、计算机、机器人、通信网、互联网、物联网、各种人工智能系统、智能机器人、自主机器人等。

3) 人和工具的关系分析。人-机关系满足四大定律(图 1.1)。

① 辅人律。人的能力在理论上是可不断增长的，没有上限。那人类为什么还要创造工具呢？因为人是一种生物，某些能力的增长必然受到生物学基本属性的约束，如人的寿命、肢体强度和力量、持续工作时间、响应刺激的速度、大脑记忆力、思维速度都有限，人类能力增长的速度远远跟不上需求增长的速度，人无法在恶劣有害环境下工作等，而人创造工具的速度远远高于人类自身能力增长的速度。人类发明各种工具的目的是延伸和增强人的某种能力，突破人类自身的局限性，以便代替人去完成那些自己无法独立完成的任务，把人从烦琐的、简单的、危险的体力劳动和脑力劳动中解放出来，把人类的有限精力集中用于更加富有创造性、更加安全有效、更加轻松愉快的工作中去。这种人-机分工一定会极大增强人的综合能力。工具的某些能力大大地超越人类是理所当然的，这是人类发明各种工具的初衷。但是再强大的能力都是辅助人类工作的，不能本末倒置。

② 拟人律。人设计工具的基本工作原理首先会参考需要延伸和增强的人类器官的工作原理，但没必要完全模仿这些器官。例如，飞机设计就未模仿鸟类翅膀，

仅利用了翅膀产生升力的空气动力学原理。所以，拟人律的含义是广义的，一般指基本功能和基本原理。当然，有些特殊应用场景可能需要直接仿真人的外形、结构、动作、声音和表情等。

③ 共生律。人-机之间的关系是不平等的，人驾驭工具，工具直接作用于加工对象上，人是主宰，工具是执行，两者共存，但主从关系不能颠倒。工具的某些能力超过人类的对应能力是必然的，这是人类创造工具的初心。由于工具的能力纯粹是人赋予的，它只能在人直接或间接驾驭下工作，所以，工具的能力绝对超越不了人类的综合能力，更不可能反过来统治人类。任何事物都有一个基本属性和正反两个应用属性，正确使用工具它就能够辅人，不当使用工具它就会伤人，这是改变不了的客观规律。错误使用工具的问题，是人类自己的问题，与工具本身无关。

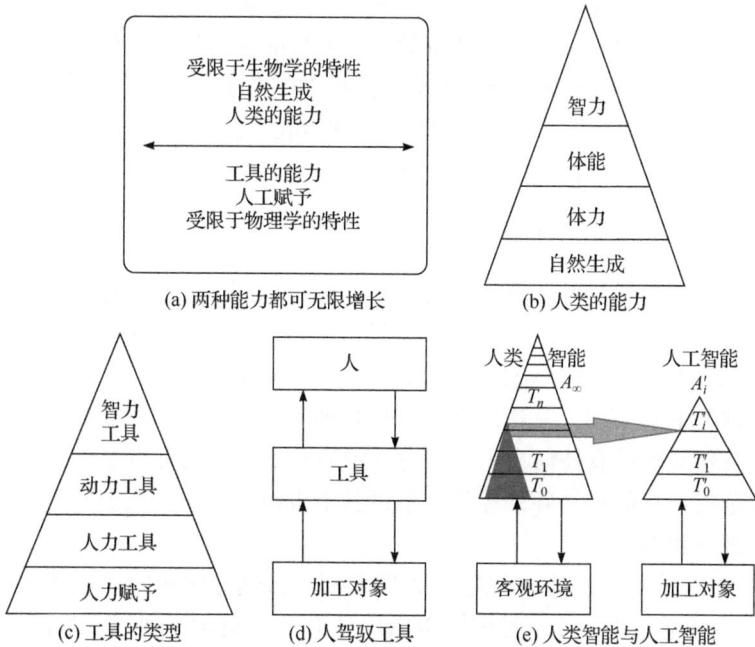

图 1.1　人-机关系的分析用图

④ 简约律。尽管发明各种工具的目的是延伸和增强人的某种能力，但任何工具的功能设定都应遵循简单实用原则，能突出模拟重点功能即可，不必全面模仿人的能力。如"刀"用于切割，"剑"用于杀伤，"弓箭"用于穿透等。所以，任何一个人工智能系统的功能设定，都是人类智能的真子集。比如起重机的功能是代替人搬运重物，但它没有完全模拟人的手提、肩挑、背扛等形式，而是采用了大吊车、桁吊、叉车等最简约的形式。

4) 智力工具的最大特征。智力工具不同于人力工具、动力工具和初级信息化工具，这些工具的共同特点是确定性：它们面对的应用需求、工作职能、工作原理、内部结构、行为方式都是确定不变的。在设计、生产、使用和维护过程中都可用决定论科学观完全把握，用还原论方法论有效处理，用"非真即假"的语言严格描述，用刚性逻辑精确求解。而智能工具的最大特点是不确定性，所谓"智能"是人脑认识世界、改造世界进而改造自身的能力，它可通过社会实践和科学研究而不断提高，永远不会停留在一个原始状态而一成不变。它不仅能处理各种不确定性和演化，且本身的智能水平也可不断演化。可见，研制能演化的智力工具是人类面临的前所未有的巨大挑战，仍然沿用研制人力工具、动力工具甚至普通计算机的传统科学范式和逻辑范式根本不行，需要量身定做一套全新的科学范式和逻辑范式，这是一场科学范式和逻辑范式的大变革！试想，人为什么是万物之灵，能够统治全世界，就是因为人有灵性，能够掌握万事万物的变化规律，并将这些规律为我所用，达到自身利益最大化的目的。而自然之物包括动植物，都只能是适时而生、适时而长、适时而灭，其最大的本事只有适者生存，顺其自然。如果人类完全掌握了智能化工具，其认识自然和改造自然的能力将空前提高，人类社会文明将进入全面智能化的新高度。

3. 科学范式演变的三个时期

所谓科学范式就是科学观和方法论的总称。按照占统治地位的哲学观念不同，人类有史以来科学范式的演变大致经历了三个完全不同的时期。

1) 神授论时期。17 世纪以前，人们普遍认为自然界的一切都是神灵的意志和安排：神灵主宰一切，人和万物一样都是神灵的奴仆；人只能默默承受神灵的惩罚，在自然面前没有任何自由。当时还没有形成科学观和方法论的概念，更谈不上科学范式，有的只是各种神学，不过其中也包含了古人认识自然和社会的朴素的哲学观念和方法。

2) 决定论时期。17 世纪以后，人们发现了自然变化的内在规律，确立了自然法则(如牛顿的三大定律、爱因斯坦的相对论等)，奠定了现代科学技术的基础，于是决定论科学观和还原论方法论正式形成。决定论明确提出确定的自然法则决定了世间的一切事物，时间没有方向性，是可逆的。不确定性是一种近似认知，科学将终结于确定性。还原论明确主张在认识和解决一个复杂事物时，可用分析与综合法，把整体分解开来进行部件分析，然后把部件的功能再综合起来成为整体的功能，简称为分而治之。

3) 演化论时期。20 世纪中叶以来，以普里高津等为代表，发现了非平衡物理学和不稳定系统动力学的规律，确立了以演化为中心的新自然法则[5]，证明了时间的方向性，它不可逆(任何人的生命轨迹只能是诞生→成长→衰老→死亡，无人逆袭)。演化论认为不确定性是自然的本质属性,确定性是一种近似性认知,科学永远不会终结。辩证论主张在解决复杂问题时要把对象看成是不可分割的整体,用辨证论治、对症下药的方法进行个性化处理。演化论为复杂性科学、信息科学和智能科学的形成和发展奠定了思想基础。

由此可见,哲学上只有两种不同的科学范式:一种是机械唯物主义的科学范式,它由决定论科学观和还原论方法论组成,简称为决定论科学范式。其适用的对象是封闭的简单机械系统,在工业革命时期特别盛行;另一种是辩证唯物主义的科学范式,它由演化论科学观和辩证论方法论组成,简称为演化论科学范式。其适用的对象是开放的复杂性巨系统,在信息革命时期开始盛行。这两种哲学层面的科学范式广泛适用于指导人类社会生活的方方面面,如战争、商业、医疗、科研、生态等,具体到不同学科和各行各业的研究对象,会特化为不同的学科范式或行业范式。由于各个学科和行业研究对象的特殊性,其范式必然会有其特殊的丰富内涵。

值得注意的是:不管什么学科或行业,只要是封闭的简单机械系统(如电话机、电报机、计算机等)都必须接受决定论科学范式的指导。只要是开放的复杂性巨系统(如宇宙时空、生态系统,全球气候系统等)都必须接受演化论科学范式的指导。不管是什么学科和行业的特殊范式,都绝对不能凌驾于科学范式之上。也就是说,哲学层面的科学范式是至高无上的,两种不同的科学范式是对立统一的,必须同时并存,各司其职。

信息化时代和工业化时代科学发展的趋势正好相反:工业化带来的是科学体系从上而下越分越细的专业化分割研究;信息化带来的是科学体系从下而上越来越广的整体综合研究,建立大一统理论体系成为每一个大学科发展的使命和归宿,这必然促进科学研究范式正在发生深刻的变革,从决定科学范式转换到演化论科学范式。

1.3.3　智能只能在现实环境中形成和演化发展

在理想世界中,因为一切都是由确定不变的规律控制的,有者恒有、无者恒无、真者恒真、假者恒假,所以,只要能判断有-无、真-假,一切按照既定的规则办事即可,不需要什么智能。人类之所以会产生智能,因为人有目的性,有在目的驱使下的主观能动性,需要根据周围环境的状况和变化趋势,在已有经验启发下选择最有效的途径和方法,对环境做出对自己最有利的响应。如响应失败了,还可从头再来反复试探下去,并通过这些经验教训的积累进行学习提高,不断完善自身的智能。所以,人的智能就是在不断地"识变、用变、求变、自变"中形成的,目的是有利于人类自身的生存和发展。如果一切都确定不变了,智能也就没有存在的必要了。更深层的哲学信念是:人们相信世间万事万物都处在不断演化发展过程中，时间是矢量，过去、现在和未来扮演着完全不同的角色，不确定性是客观世界的本质属性，确定性才是人在局部环境中的短暂时间内产生的"近似性"认知。人类认知的前进大方向是不断消除这些"近似性"认知，精准把握各种不确定性在生态平衡中的演化发展规律和各种影响，理想化只是一种在特殊情况下允许使用的权宜之计，根本不可能"放之四海而皆准"。

1. 在理想世界中

论域是各向同性的封闭时空，其中的万事万物都是一些对立充分的真/假分明体，真者恒真、假者恒假，有者恒有、无者恒无，动者恒动、静者恒静，即其中的一切逻辑要素都严格受到"非此即彼性"约束。所以，其中任何一个事物(概念)都可用刚性集合 A 描述：如点 u 落在集合 A 中，则 $u \in A$ 是真命题；如点 u 落在集合 A 外，则 $u \in A$ 是假命题；如点 u 落在论域之外，则 $u \in A$ 无定义($\perp$)。刚性逻辑就建立在这样的逻辑环境中，它排除了真(1)、假(0)之间的所有中间过渡值，大大简化了逻辑推理的复杂性，在传统数学和计算机科学等方面有广泛和有效的应用，具有理想环境中的普适性。

2. 在现实世界中

现实情况要复杂许多。因为世间万事万物都是不断演化发展的对立统一体，推动其演化发展的原动力是内在的辩证矛盾，其外在表现是不确定性(包括亦真亦假和非真非假性)。所以与数学和计算机科学不同，在智能科学中，一般不允许把现实问题抽象为全部逻辑要素都受"非此即彼性"约束的理想问题，某些重要的不确定性必须保留，否则就不称其为智能问题了。所以，在现实世界中，不仅存在可用刚性集合和刚性逻辑描述的真/假分明体，且存在更多的是真/假共存的对立统一体，它们一般都具有"亦此亦彼性"，需要用柔性集合和柔性逻辑来刻画；由于复杂性系统中的涌现效应，偶尔还会出现新生的变异体，它与原来系统中的元素完全不同，具有"非真非假性"，属于域外不动项，需要用超协调逻辑来刻画。如在实数域中解一元二次方程，会突然冒出并非实数的方程解(含有 $\sqrt{-1}$ 的成分)。从运算的封闭性看，方程的所有解都应该是实数(真)；但按实数的定义看，这种解根本不是实数(假)。又如电子商务，它是在网络时代涌现出来的新生事物，在原来的商业模式中它既不合法(假)，也不违法(真)。

1.4　逻辑学的形成和演变过程

本书是逻辑学专著，有必要专门研究一下逻辑学概念的形成、研究对象、研究内容和基本规律，以便有一个系统全面的认识。

1.4.1 逻辑学的一般性知识

1. 逻辑是一门古老而又年轻的基础性学科

逻辑学是从哲学中逐步分离出来的一门古老而又年轻的基础性学科，"古老"是因为它诞生于 2800 多年前，其发源地主要有三个：东方的古代中国和古印度，西方的古希腊。"年轻"是因为它现在正在蓬勃发展之中，由于信息时代智能工具的迫切需求，它正在从狭义的数理形式逻辑快速扩张为广义的数理辩证逻辑。逻辑学具有基础性、工具性、与时俱进性和全人类性，人类的文明进步始终离不开它[6]。可毫不夸张地说，任何时间和地域，任何国家和民族、任何单位和个人，要生存和发展，都离不开逻辑学的指导，不是自觉的，就是自发的，否则都无法存活下来。不过这里说的逻辑学是广义的，它包含形式逻辑、辩证逻辑、博弈逻辑(诡辩术)，而只承认形式逻辑的逻辑观是狭义的。它只是初等逻辑(仅仅适用于理想世界的基本逻辑)，而普遍适用于现实世界的辩证逻辑和博弈逻辑是高等逻辑。而且理想世界仅仅是现实世界的一个抽象化特例，包含在其中。有许多人从感情上接受不了这个说法，其实在数学上早有先例。如常量数学是初等数学，变量数学是高等数学，而且常量是变量的一个理想化特例，包含在其中。

2. 逻辑学概念的形成和演变

1) 现在常用的"逻辑"(logic)一词，其来源可追溯到古希腊语中的"逻各斯"(λόγος)。λόγος 在古希腊语中是一个多义词，其基本含义包括"话语""理性""规律"等。在哲学语境中，它常被用来指代事物的普遍规律或秩序。随着时间的推移，λόγος 逐渐被赋予了更多与思维、推理相关的含义，成为了探讨思维规律和推理方法的哲学术语[7]。

2) 逻辑学作为一门学科，其起源可以追溯到古希腊时期。古希腊学者对逻辑进行了深入的探讨和研究，形成了较为系统的逻辑理论。亚里士多德被公认为是西方逻辑学的奠基人，他提出了直言三段论等重要的逻辑理论，并建立了形式逻辑的基本框架。他的著作《工具论》对后世逻辑学的发展产生了深远影响。

3) 在英语中，logic 作为古希腊语的音译词，逐渐成为了表示逻辑学及其相关概念的通用词汇。随着逻辑学的发展，logic 一词的含义也不断丰富和拓展，涵盖了思维规律、推理方法、论证技巧等多个方面。西方主流的逻辑学界长期主张逻辑专指形式逻辑，而事实上逻辑家族中除了形式逻辑外，还包括辩证逻辑和博弈逻辑。由此可见，逻辑学的内涵是非常丰富多彩的，形式逻辑仅仅是其中的一个最简单、最基本的成员。独尊形式逻辑，排斥其他逻辑是一种狭隘的逻辑观念。

4) 在现代社会中，逻辑一词广泛应用于各个领域，如计算机科学、人工智能、语言学、心理学、各种博弈理论和战略战术研究等。它不仅是这些学科研究的重要工具和方法论基础，也是人们日常思维和交流中不可或缺的一部分。

3. 命题的内容和形式

所有逻辑的命题都有内容和形式两个不同的方面。内容是指信息处理对象的属性，形式是指抽去内容之后留下的对象外壳(只有真或假的差别，没有内容差异)。简单地说，仅根据命题的形式的推理是形式逻辑，需要根据对象形式和内容差异的推理是辩证逻辑，由于对象内容的差异千奇百怪，所以辩证逻辑有无限多种，如同一个洋葱结构。逻辑的一个特殊变种是诡辩术(博弈逻辑)，其中的某些逻辑要素被人为设定改变了，目的是在博弈的场景下，双方的利益都能达到最大化，形成互利双赢的平衡解。古希腊先贤一开始就非常反感诡辩术，把它排斥在逻辑之外。而古代中国人则通过孙子兵法和三十六计，将博弈逻辑的威力发挥得淋漓尽致，对后世产生了深远影响。

4. 逻辑学发展的三个时期

按照人类文明的发展水平和时代的应用需求，逻辑学发展经历了三个不同的发展阶段。

1) 古代的具象逻辑阶段(18世纪中期以前，历时2600多年，前工业化时代)，其特征是从朴素的经验事实出发，按照具象思维进行推理，获得符合经验事实的结论。它适用于人类文明初期通过经验事实来认识世界和改造世界的需求，其中的形式逻辑、辩证逻辑和博弈逻辑(诡辩术)同时存在，各司其职。

2) 近代的独尊数理形式逻辑阶段(18世纪中期～20世纪初，工业化时代)，其特征是从假设为真的公理系统出发，根据命题的形式按照形式演绎规则进行推理，以便获得相对于公理系统来说逻辑为真的结论，其中有概念、判断和推理三个核心环节。数理形式逻辑仅适用于具有各向同性的理想环境，面向现实世界的辩证逻辑和诡辩术被人为地排斥在逻辑之外，理由是它们不能"必然地推出结论"。

3) 现代的泛逻辑学诞生阶段(20世纪初以后，信息化时代)。实践已经证明数理形式逻辑只能解决各向同性环境中的理想问题，数理辩证逻辑可根据命题的内容和形式按照辩证推理规则进行推演，解决客观环境中具有各向异性的实际问题，其中有时空定位机制下的概念、判断和推理四个基本环节。由于理想环境是各种现实环境的特例，所以两者必须同时并存，各司其职。博弈逻辑(诡辩术)与辩证逻辑十分相似，也包含时空定位机制下的概念、判断和推理四个基本环节。差别是辩证逻辑的四个基本环节是客观存在的，没有推理者的主观诉求渗透；诡辩术的四个基本环节中渗入了推理者的主观诉求，具有人为设定的因素。所以，博弈逻辑(诡辩术)是主-客互动背景下的特殊逻辑，适用于各种博弈对抗的环境(如生存竞争、战争、商业竞争、大辩论等)。泛逻辑是能够根据应用需求生成各种逻辑的生成器，它可以作为后台软件植入计算机，供应用程序使用。

1.4.2　古代的具象逻辑阶段

1. 东方逻辑学的起源和早期成就

在全球范围内，中国的具象逻辑起源是最早的。春秋战国时期是百家争鸣的高潮时期，诸子百家在大辩论中激发了各种聪明才智，诞生出许多光耀史册的学说。古代中国的知识体系与西方差别很大，中国以整体观和辩证论为主，崇尚中庸之道和互利双赢，而还原论和形式逻辑处于辅助地位。西方则相反，以还原论和形式逻辑为主，崇尚是非分明和赢者通吃，而整体观和辩证论处于辅助地位。

(1) 在形式逻辑方面

中国很早就产生了"名学""辩学"的形式逻辑思想。成书于战国时期的《墨经》系统地研究了名、辞、说、辩等关于词项、命题、推理与论证之类的形式逻辑论述。古印度的形式逻辑学说称为"因明"，它隐含在佛教学说之中，"因"指推理的根据和理由；"明"指推理的知识和智慧。公元 6 世纪陈那的《因明正理门论》和公元 7 世纪商羯罗主的《因明人正理论》是其代表著作。

(2) 在辩证逻辑方面

春秋时期的老子在《道德经》中系统论述了关于宇宙形成和演化、辩证逻辑和博弈逻辑的诸多基本原理。这部伟大的著作不仅深刻地影响中国的文化基因(被誉为"中华文化之源""万经之王")，而且对世界各国也有深刻的影响(据联合国教科文组织统计，《道德经》是除了《圣经》以外被译成外国文字发行量最多的文化名著)[8]。

(3) 在兵法战策方面

春秋末期的《孙子兵法》不仅是中国传统兵学的奠基之作，也是人类历史上第一部完备论述军事理论和战略思想的兵书，被誉为"世界古代第一兵书"。它主要讲述了战争的本质、目的、原则、方法、规律等方面，强调了道、天、地、将、法五个因素对战争胜负的影响，提出了诸如"知己知彼，百战不殆""以正合，以奇胜""攻心为上，攻城为下"等著名的战略思想。根据"兵者，诡道也"的论述可知，《孙子兵法》也是第一部正面肯定诡辩术价值的经典著作，即是最早的博弈逻辑著作，适用于所有博弈环境的逻辑推理。孙子兵法的原著早已失传，历代后人通过考古发现，不断补充完善和注释，形成诸多版本。《三十六计》来源于南北朝时期，成书于明清时期，此书系统总结了中国历史上各种军事和政治上的诡计和智慧。在《三十六计》中，每六计为一套，共六套：胜战计、敌战计、攻战计、混战计、并战计、败战计。前三套是处于优势时所用之计，后三套是处于劣势时所用之计。该书影响范围早已超越了军事领域，广泛运用在经济、生活、外交等各个领域, 对后世有着深远的影响。

2. 西方逻辑学的起源和早期成就

(1) 贬智者尊哲人传统的起源

公元前 594 年开始的古希腊民主改革, 加上希波战争的胜利, 使古希腊的民主制度逐渐完善。由于民主制度下的竞争主要通过辩论和演讲进行, 因此辩论逐渐发展成为带有强烈的功利性的诡辩(sophistry)。雅典战胜波斯之后, 希腊城邦进入繁荣状态, 这种功利性的辩论愈演愈烈, 出现了一批专门传授辩论和演讲技巧的智者(sophist), 他们无视真理和事实, 不遵守正确的推理规则, 通过引入一些似是而非的, 甚至是虚假的前提, 以便推出对自己有利的结论。总之, 一切以驳倒对方为辩论的目的, 所谓智者就是这一批诡辩者的自称。古希腊的三贤之首苏格拉底(Socrates)很鄙视这些功利心很重的智者, 为将自己与智者区别, 他自称为philosopher(其中 "philo-" 表示爱, "-soph" 表示智慧), philosopher 直译为爱智慧的人, 后人称为哲学家, 苏格拉底是西方哲学(philosophy)的奠基人。由此可见, 在西方文化基因里为什么如此排斥辩证思维和诡辩术。

(2) 在形式逻辑方面

古希腊三贤之一的亚里士多德(Aristotle)把逻辑学从西方哲学中有效分离出来, 成为形式逻辑的创始人。亚里士多德的主要贡献是提出了形式逻辑的三大基本规律(同一律、矛盾律和排中律), 研究了概念、判断和推理等逻辑形式, 首创了三段论推理的主要规律和形式, 阐明了演绎法及归纳法的关系。欧几里得(Euclid)在亚里士多德形式逻辑基础上, 引入公理化方法, 建立了一套从公理、定义出发, 将待证命题变成定理的演绎方法, 形成了一个严密的逻辑体系《几何原本》[9], 获得巨大成功, 流芳百世。后来伽利略(Galileo)将上述公理化形式逻辑演绎模式运用到物理学研究里面, 取得重大成果。直到 19 世纪末之前, 亚里士多德的形式逻辑一直在西方处于统治地位。

(3) 西方的辩证逻辑思想

辩证逻辑存在的哲学基础是承认客观世界是一个对立统一体, 绝对的对立只存在于理想世界之中。辩证逻辑中包含归纳推理、类比推理、缺省逻辑、假设推理等。一直以来形式逻辑在西方占据绝对的统治地位, 在这种背景下, 17 世纪英国实验哲学之父培根(Bacon)在《新工具》中提出 "三表法" 和 "排除法", 奠定了归纳逻辑的基础。到 19 世纪, 英国哲学家密尔(Mill)在《逻辑体系》中总结前人成果, 系统阐述了求因果五法, 丰富完善了归纳逻辑, 使传统的逻辑范畴自此基本定型, 即逻辑学主要由演绎与归纳两大部分组成。

德国哲学家黑格尔(Hegel)的《小逻辑》[10]是他的代表作, 其中包括逻辑学概念的初步规定、存在论、本质论和概念论四部分。他把存在论中的质、量、尺度作为论证的事实基础；把概念论中的绝对理念作为论证的最终结果，其基本思路就是探讨由这两者形成的思维(理念)和存在(现实)的关系。《小逻辑》是西方最早的辩证逻辑著作，遗憾的是西方逻辑学界认为它仍然属于哲学范畴，不是逻辑学。理由很简单，因为它没有使用符号演算，更不能必然地推出结论。其实，西方形式逻辑的初期形态也是没有使用符号的纯文字描述，之所以能够必然地推出结论，是因为它只研究全面受到"非真即假性"约束的理想问题，其结论只能是"非真即假"的。而辩证逻辑研究的是具有某些"亦真亦假性"甚至"非真非假性"的现实问题，其推理结果必然带有"亦真亦假性"甚至"非真非假性"，这是由辩证逻辑研究对象的属性决定的，不能张冠李戴。作者认为，黑格尔的《小逻辑》是西方古代辩证逻辑研究当之无愧的重大成就，不足之处是它带有主观唯心主义的因素。把辩证法引入逻辑领域是《小逻辑》这部书最突出的特色和成就。而正-反-合的辩证方式，构成了黑格尔整个逻辑体系的基本方法。

1.4.3　近代的独尊数理形式逻辑阶段

1. 《自然辩证法》奠定了辩证逻辑的哲学基础

(1) 自然科学的三大发现

19 世纪，自然科学有了一系列重大发现，其中能量守恒和转换定律、细胞学说和进化论，被德国哲学家恩格斯(Engels)称为自然科学中彻底动摇了形而上学自然观的三大发现。《自然辩证法》是恩格斯生前未完成的一部哲学著作，他用辩证唯物主义的方法将这些自然科学成就进行概括，并批判了自然科学中的形而上学和唯心主义观念。《自然辩证法》书稿框架的确立是 1873～1883 年恩格斯写作《自然辩证法》[11]的手稿，因为各种原因，该书未能最后完稿他就不幸去世了。在恩格斯去世后的 1896 年，手稿中的一篇论文《劳动在从猿到人转变过程中的作用》发表；1898 年，另一篇论文《神灵世界中的自然科学》发表。直到 1925 年，手稿才在苏联出版的德文和俄文译本对照的《马克思恩格斯文库》中全文发表。恩格斯的《自然辩证法》是马克思主义哲学的一个重要组成部分。它继承了黑格尔《小逻辑》辩证逻辑的合理部分，摈弃了其中的唯心主义，代之以唯物主义，是一部辩证唯物主义的哲学著作，它为辩证逻辑的合法存在奠定了哲学基础。《自然辩证法》的主要思想可概括为：统一性与辩证法；有机整体观念；动态发展与进化；阶段性的历史观；思维与现实的关系。

(2) 自然辩证法的科学观

自然辩证法是一门科学。科学是让人研究的，而不是让人供奉起来顶礼膜拜的。科学来源于实践，并随时接受实践的检验。它不是僵化的教条和空洞的说教，而是实际行动的指南。它是要使人扩大眼界，活跃思想，而不是要使人墨守成规、故步自封。自然辩证法是自然科学的前哨和后卫，并且要不断从自然科学中吸取养料，随着自然科学的发展而发展。恩格斯认为，随着自然科学领域中每一个划时代的发现，唯物主义必然要改变自己的形式。

(3) 形式逻辑和辩证逻辑的关系

可见，继黑格尔《小逻辑》之后，恩格斯的《自然辩证法》进一步奠定了数理辩证逻辑的哲学基础。数理辩证逻辑这个描述世间万事万物存在和运动规律的高等逻辑已呼之欲出。由于形式逻辑只能描述理想事物的存在和运动规律，它处于基本逻辑的地位。如果有人试图用基本逻辑的属性来排斥高等逻辑的存在，则是一种"劣币驱逐良币"行为，会有碍逻辑学的健康发展。因为形式逻辑和辩证逻辑的关系如同代数和微积分的关系，前者的研究对象是常量，后者的研究对象是变量。辩证逻辑来源于客观实践的逻辑抽象，形式逻辑是理想世界的逻辑抽象，到底是客观世界定义逻辑，还是逻辑定义客观世界，这是一目了然的事情。

2. 从形式逻辑到数理形式逻辑的演变

(1) 自然语言的多义性瓶颈

从公元前 4 世纪亚里士多德提出古典三段论的演绎推理开始，经过公元前 3 世纪欧几里得在《几何原本》中开创第一个公理化形式演绎体系，至公元 17 世纪后期的漫长岁月沉淀，古典形式逻辑业已形成，包含几种常见的演绎推理和最简单的量词理论，也使用了一些特有的符号。由于逻辑用语主要还是自然语言，其多义性常常会影响形式演绎结果的正确性，妨碍了形式逻辑在数学中的正常使用，称为多义性瓶颈。例如，"苹果"通常指水果，也可指苹果公司或其产品；"红色外套"常指红色的外套，也可指某种身份标志；"打开窗户"常指物理上打开窗户的动作，也可指开始一个新的可能性；"我喜欢吃苹果，特别是绿色的。"可能指的是绿色的苹果，也可能指的是无公害的苹果；在东方文化中，"龙"是吉祥和力量的象征，在西方文化中，"龙"可能代表邪恶或危险。

(2) 形式逻辑的数学化

为了突破这个瓶颈，17 世纪后期德国数学家莱布尼茨(Leibniz)提出"万能符号"和"思维演算"构想，以期实现形式逻辑的数学化。这标志着数理形式逻辑思想的萌芽，开始了探索用数学语言描述形式逻辑规律的探索。1854 年，英国数学家布尔(Boole)提出一种基于逻辑运算符的代数系统，使该设想成为现实，后人称为布尔代数。英国数学家德摩根(de Morgan)提出的德摩根定律、康托尔(Cantor)提出集合论，是对布尔代数的重要补充。后来，帕施(Pasch)、希尔伯特(Hilbert)等提出公理系统，在弗雷格(Frege)、佩亚诺(Peano)研究的基础上，罗素(Russell)和怀特海(Whitehead)在《数学原理》中建立了完整的命题演算系统和谓词演算系统，确立了数理逻辑的坚实基础，这是形式逻辑数学化探索的重大成果。到了 20

世纪 30 年代，数理逻辑已经发展成熟，成为一个包含命题演算系统、谓词演算系统、证明论、公理集合论、递归函数论、模型论的庞大家族(简称"两算四论")。数理逻辑不仅是数学的一个重要分支，也是整个数学的基础理论之一，在其他数学分支、计算机科学、形式语言与自动机、心理学等学科都有广泛的应用，这是逻辑学领域的一个划时代的成就。

(3) 现代逻辑的不断涌现

数理逻辑是从形式逻辑数学化发端的，但并不是只有形式逻辑才能数学化。在数理形式逻辑(称为标准逻辑)成熟后，在时代需求的牵引下，各种现代逻辑蓬勃发展：在演绎部分出现了模态逻辑、时态逻辑、多值逻辑等非标准逻辑分支群，归纳逻辑也与概率、统计等方法相结合，开拓了许多新的研究领域，如概率逻辑、模糊逻辑、灰色逻辑、未确知逻辑等。这是数理逻辑研究从形式逻辑向辩证逻辑扩张的良好势头。

3. 数理形式逻辑何以能一统天下

黑格尔的辩证逻辑体系，还孕育在哲学之中未能分娩成为逻辑形态，西方逻辑学界一般都不承认它是一种逻辑，只是辩证法。马克思主义哲学摒弃了黑格尔辩证法中的主观唯心主义观念，引入唯物主义观念，科学的辩证逻辑从此有了可靠的哲学基础，辩证逻辑开始进入新的发展轨道。就在此时，西方某些逻辑学家在零和博弈、赢者通吃心态的驱使下，发动了一场以数理形式逻辑"一统天下"的全面"圣战"，从而使逻辑学历史走向发生了偏移。这场"圣战"有环环相扣的三个阶段。

(1) 定义只有形式逻辑才是逻辑

东西方逻辑学的出现最初都是为了研究世间万事万物存在和变化的内在规律，其中朴素的形式逻辑、朴素的辩证逻辑和博弈逻辑并存不悖、各司其职。后来西方有人把逻辑的研究对象特定为人脑的思维理性，并且缩小逻辑的范围为形式逻辑。而形式逻辑是一种各种逻辑要素都受到"非此即彼性"约束的基本逻辑，必须全面满足"三律一性"(二值律、排中律、矛盾律、封闭性)，并能够在演绎过程中"必然推出"结论。这是狭义逻辑观中的数理形式逻辑(标准逻辑、刚性逻辑)，只能描述理想环境中的是、非类问题。而客观环境(包括人脑思维)中的现实问题一般都具有"亦此亦彼性"，甚至"非此非彼性"，需要用广义逻辑观中的高等逻辑(非标准逻辑、柔性逻辑、数理辩证逻辑)才能描述。用数理形式逻辑捆绑"逻辑"概念，必然把能够描述客观世界的数理辩证逻辑和博弈逻辑排斥在"逻辑"之外。这显然是违反客观规律的主观臆断，如果局限在人脑思维理性的领域而不深入现实世界，一时还难以发现其错在何处。到了信息化时代，必须处理各向异性世界中的各种问题，而各向同性问题仅是其中的一种特例。可见这样做是在干逆历史潮流而动的蠢事。

(2) 用狭义逻辑概念捆绑科学概念

"科学"一词源于拉丁文 scientia(原意是知识)，不但汉语中没有这个词汇，希腊文中也没有。1830 年左右，法国实证主义创始人孔德(Comte)在研究学科分类时才开始使用 science 一词，以便用来代表研究各种自然学科(如物理、化学、生物等)的学问，而原来习惯使用的学问(philosophy)则用来专指所有学科的通用学问(即哲学)。为了向西方学习，日本学者于 1874 年将 science 译成科学(分科之学)，将 philosophy 译成哲学(通用学问)。康有为是将"科学"一词从日本引入中国的第一人，以后不断获得广泛使用。在"科学"一词未引入中国之前，中国传统文化中与此大致类似的一个词是"格致"，取南宋著名理学家朱熹的"格物穷理致知"，意思是通过持续不断地探究一类事物的基本原理，直至获得该类事物的全部知识。可见"格致"就是今天的自然科学，如京师同文馆(北京大学外国语学院前身)开设的自然科学课程就叫"格致学"。"格致学"与"science"是什么关系？① "格致"比"science"至少早 600 多年被提出。②中国人在"格物穷理致知"过程中，并没有刻意与形式逻辑捆绑，允许使用归纳法或演绎法；而西方的"science"必须是建立在公理化形式演绎基础上的。由此可见中国的"格致"比西方的"science"更古老、更广义。

(3) 用西方的狭义科学概念抹杀中国古代的文化成就

中国是人类文明四大发源地之一，数千年历史传承从未被中断的。中华民族曾经经历过无比辉煌的时代，也曾经有着近代任人欺凌的不堪回首的记忆。中华文明的博大精深，全球公认。

1) 数说中华文明成果。由于东西方远古的文字资料都很少，无法用统计数据进行对比，所以只能从汉朝的数据开始对比。对比方式是：中国/世界[12]。

汉朝：占世界 GDP 的 26%，是东方的经济中心，与当时罗马帝国并驾齐驱。

唐朝：占世界 GDP 的 58%，同时期的东罗马帝国占 9% ，阿拉伯帝国占 7%。

宋朝：北宋占世界 GDP 的 80%，南宋占 50%，整个宋朝占 60%。并拥有十个世界第一，分别为农业生产力、手工业生产、采矿冶炼技术、铁的产出量、造船业、娱乐业、城镇化程度、财政税收、百姓平均收入、房价。宋朝科技(炼钢、矿冶、造纸、制瓷、丝织、航海、印刷、火药、罗盘)代表了那个时代科技最高峰。10 万户以上的城市有 50 个，汴京、临安都是人口超百万的大城市。而当时的伦敦只有 4 万人，巴黎 6 万人，西方最大最繁华的城市威尼斯也只有 9 万人口。

元朝：约占世界 GDP 的 30%～35%。元帝国版图遍横跨亚欧，经济文化上很强势。

明朝：万历时期占世界 GDP 的 80%，其后迅速下滑至一半。整个明朝的 GDP 平均水平是 45%。在明朝中后期资本主义萌芽发展迅猛，江南部分地区已恢复至宋朝水平。

清朝：鼎盛时期占世界 GDP 的 35%，鸦片战争之后快速下降到 10%左右。

中华文明的博大精深，是全球都承认的事实。我们的天文观测记录之详，花鸟鱼虫记录之早，百草记录之全，即使是外国需要古时候的某些数据(比如天文、太阳黑子记录、彗星记录)，都需要来中国寻找。

2) "李约瑟之问"。英国著名科技史学家李约瑟(Joseph Needham)在 20 世纪中叶提出了一个著名的"李约瑟之问"[13]：为什么现代科学没有在东方诞生？他自己在《文明的滴定》一书中，用 8 篇论文演讲和随笔来表述和回答这个两难问题。①所谓现代科学是与数学结合的自然科学，科学的应用叫技术，两者统称为科技。在人类历史的最初阶段，科技树出现了分岔：中国偏向辩证归纳法(即非数学)，西方偏向形式演绎法(即建立在逻辑基础上的数学)。②科技对社会的影响在东西方也不同，在西方火药炸碎了骑士阶层，在东方火药却什么都炸不碎。③东西方对科技创造发明的需求截然不同，东方社会超稳定结构对创造发明的需求是维持社会和谐，西方则是征服自然、征服世界并促进社会的巨大飞跃。

3) 爱因斯坦的权威解释。著名物理学家爱因斯坦(Einstein)曾在 1953 年公开发声，回答"李约瑟之问"，论证中国为什么没有科学。他的回答是这样的：西方科学的发展是以两个伟大成就为基础的，分别是发明形式逻辑体系，以及发现通过系统的实验可能找出因果联系，而中国的先哲并没有走出这两步，那是用不着惊奇的。简而言之，爱因斯坦的意思就是，因为中国不具备产生科学的两大条件，所以中国古代不存在科学。但是，他们都无法回答一个反问题：既然东西方学者都承认，在科-技关系中，科学是在上面起指导作用，技术在下面起应用的作用，没有科学就没有技术，没有先进的科学更没有先进的技术。那么古代中国根本没有科学，为什么会产生如此先进的技术成就？难道是在中国这块热土上有什么"暗科学"的东西存在？如此反向思维，问题就不攻自破。

4) 作者的"反李约瑟之问"。本书第一作者(简称"作者")作为逻辑学的大一统理论(泛逻辑学)的创始人，有资格在此提出一个"反李约瑟之问"：为什么在中国古代就不能诞生科学？作者的回答是不仅能，而且已经诞生很多古朴形式的科学理论。其实"正反两个科学之问"的结论之所以完全相反，关键是东西方对"科学"的理解有巨大的差异：西方的科学概念是狭义的，认为唯有公理化的形式演绎系统才是科学，这是一个绝对排他的狭义科学观。中国的科学概念是广义的，承认按照各种逻辑体系建立的理论体系都是科学(即形式逻辑、辩证逻辑、博弈逻辑都是逻辑，由它们建立的知识体系都是科学)，这是具有最大包容性的广义科学观。现代科学共同体都已经认识到，宇宙和太阳系统处在不断的演化发展过程中，生物系统和人类文明系统都处在不断的演化发展过程中，整个宇宙时空都是各向异性的，各向同性只是在极小的局部时空范围内，勉强可以成立的一个理想化的近似性假设。如在日-地-月系统的生命周期内，由于一万年的变化可忽略不计，所以万年历和潮汐表可以在现在的地球人中使用；由于地球表面一万平方米内的曲率可以忽略不计，看成是一个平面，所以利用欧几里得几何可以在地球上随便盖房子。而航空和航海只能用拟球面几何才能描述。由此可知，用在极小的局部时空范围内，根据理想化近似假设建立的狭义科学理论，去否定根据全部时空属性建立的广义科学理论，难免出现坐井观天的谬误。

1.4.4 现代的泛逻辑学诞生阶段

20 世纪是一个重要的转折点，人类社会已经跨入了崭新的信息时代。开始出现的是各种初级信息化工具，如计算机、互联网等，后来出现了各种智能化工具，如智能机器人，专家系统等。工业化时代面对的是简单机械系统，其功能和工作原理是确定不变的，可以用传统的科学范式(决定论科学观+还原论方法论)指导。但是，到了信息化时代，人类面对的主要是智能化工具，它们都是一些开放的复杂性巨系统，其中充满各种不确定性和演化，必须为智能科学创立新的科学范式(整体论科学观+辩证论方法论)来指导。

如果说工业化时代是一个以分析为主的时代，学科从上到下越分越细，领域是越来越小，如专门研究某类果蝇、某类病毒等，于是造成了学者的眼光越来越狭窄、片面。随着信息时代的到来，特别是工具智能化研究的深入，今后的数十年将是一个以综合为主的大学科时代，学科将从下到上越聚越广，领域是越来越大，将出现越来越多大学科统一理论。从逻辑角度看，工业化时代促进了形式逻辑的数学化，推动了公理化形式演绎方法的广泛应用，造就了一大批相容性知识纵向聚集的知识小模块(认识井)；信息化时代必将促进辩证逻辑的数学化，必将推动基于领域内在生成基因的大一统知识发现方法的广泛应用，造就领域内全部知识横向聚集的知识大模块(领域的大一统理论体系)。这一切必将造就一批眼光越来越宽广、思维越来越缜密的大学者。

下面首先用对立统一的观点看一看建立在公理化形式演绎基础上的科学理论体系的优势及其局限性，对比认识建立在数理辩证逻辑基础上的学科大一统理论的优越性。这两种有效组织知识的理论体系，在结构原理、内部相容性、规模大小上都不相同，但都是人类需要的，不可偏废。

1. 对公理化形式演绎系统的全面评价

1) 数学的起源很早。从远古到公元前 5 世纪是数学的形成时期。它最早起源于东方各文明古国(古代中国、古埃及、古巴比伦和古印度)，内容包括算术、代数、几何和三角，都是一些实践经验的归纳总结，属于兼收并储的松散知识结构，并没有形成系统的理论体系。从公元前 6 世纪开始，后起之秀古希腊人从古埃及、古巴比伦、古印度和古代中国那里学习数学知识，并引入了逻辑证明的思想，将松散的知识结构逐步变成了系统的经典数学理论，内容包括算术学、代数学、几何学和三角学。其中最突出的是古希腊数学家欧几里得创作的一部《几何原本》，它成书于公元前 300 年左右。西方人以古希腊人为自己的人文鼻祖，不仅用公理化形式演绎发展了经典数学，还把它作为建立各种科学理论体系的范本。

2) 公理化形式演绎法。是公理化方法和形式逻辑的有机结合，因为基于三段论的形式演绎是："如大前提为真，小前提也真，则结论为真"。如两个前提出现不真或空，则结论可真可假，即形式演绎只能用真命题去挖掘真命题，不能凭空发现真命题，这是形式演绎的启动难题。为了解决这个难题，欧几里得提出了公理化方法，他在过去人类通过经验积累归纳抽象出来的几何知识中，精挑细选若干条知识作为先天为真的公理(包括公设和定义)，人为规定其真理性无需证明，形成公理组，组内的公理之间必须满足独立性、相容性和完备性。这就避开了形式逻辑的先天缺陷。知道了这个来龙去脉后，读者不难看出，形式逻辑借用辩证逻辑归纳抽象出来的有用知识，将其定义为无需证明的公理，从而解决了自己的启动难题。这是两种逻辑不可或缺的证明，可以互利双赢。

3) 数学在公理化形式演绎框架下的坎坷历程。公理是人类信念的数学表达，它实质上是对研究论域的一种属性界定，满足公理的对象应该在域内，不满足公理的应该在域外。这种人为界定的风险是：论域可以封闭，但是在论域内定义的数学运算却不一定能够封闭，于是有时会不小心地计算出域外项 χ 来，χ 合法地出生在论域内，却不是论域内的相容成员，而是一个"怪胎"(如在有理数域内算出了 $\sqrt{2}$，在实数域内算出了 $\sqrt{-1}$)，于是出现悖论，引起或大或小的理论危机。数学论域的每一次扩张，都是 χ 悖论的意外功劳：因为每一次对 χ 悖论的解悖，结果必然引起论域的扩张。建立在公理化形式演绎基础上的数学，就是这样一次次意外扩张的结果。直到哥德尔(Gödel)于 1931 年证明并发表了哥德尔不完备性定理，我们才知道任何足够丰富(即包含自然数算术)的形式系统，如果是相容的(即无矛盾的)，则必定存在至少一个在该系统内既不能被证明为真也不能被证明为假的命题。由此可知，形式系统并不是完美无瑕的，它存在理论上的缺陷。

2. 概率论的提出为辩证逻辑的数学化奠定了理论基础

1) 概率论的诞生可以追溯到 17 世纪中叶，与赌博问题的数学探讨密切相关。如在 1654 年，法国数学家帕斯卡(Pascal)和德·费马(de Fermat)在一系列信件往来中讨论了一个关于赌金分配的问题。这一问题引发了他们对机会性游戏的数学规律的深入探讨，这些信件往来被公认为是概率论诞生的标志。

2) 1657 年，荷兰数学家惠更斯(Huygens)发表了《论赌博中的计算》(也译为《论赌博中的机会》)一书，这是最早的概率论著作。他在书中引入了数学期望的概念，并提出了"赌徒输光问题"，这些工作为概率论的发展奠定了基础。

3) 瑞士数学家伯努利(Bernoulli)是概率论作为一门独立数学分支的真正奠基人。他在著作《推测术》(也译为《猜度术》)中首次提出了后来以"伯努利定理"著称的极限定理，即大数定律的最早形式。这一定理描述了独立重复试验中事件发生的频率的稳定性。

4) 法国数学家棣莫弗(de Moivre)和拉普拉斯(Laplace)等进一步推动了概率论的发展。棣莫弗提出了概率乘法法则和正态分布的概念，拉普拉斯则在《概率的分析理论》一书中系统地总结了概率论的基本内容，并给出了概率的古典定义。

5) 概率论的诞生是数学史上的一次重要事件，它源于对赌博问题的数学探讨，并逐步发展成为一门严谨的数学学科。在形式逻辑数学化中，布尔代数起了关键作用。在辩证逻辑数学化中，概率论将发挥关键作用。因为辩证逻辑面对的是一些对立不充分的柔性命题，其命题的真度正好用概率测度描述，概率论还直接给出了柔性非命题、柔性与命题、柔性或命题和柔性蕴含命题的运算法则等，甚至已经直接展示了模糊逻辑、概率逻辑和有界逻辑的存在。

3. 三角范数理论的兴起

三角范数(triangular norms)，也称为 t-范数，其理论起源可以追溯到 1942 年，由德国数学家门格尔(Menger)在研究统计度量空间时首次提出。他的本意是构造度量空间，使得概率分配而非数值用于其中，以便刻画所提问题中空间元素的距离。在概括经典的范数不等式到这种更一般的情形时，三角范数自然就引起了人们的关注。

然而，三角范数的理论并非由门格尔一人独自创立，而是在后续的研究中，尤其是在 Schweizer 和 Sklar 等的工作基础上得到了进一步的发展和完善。Schweizer 和 Sklar 在 1983 年给出了现今常用的三角范数的定义，该定义融入了结合律和中性元 $e=1$，从而将三角不等式扩展到多边形不等式，进而使得三角范数可以应用到任意有限个输入的情形。

我们的泛逻辑理论就是在 Schweizer 范数完整簇及其生成元完整簇基础上，通过定义泛非、泛与、泛或、泛蕴含、泛等价、泛平均和泛组合实现的。

4. 非标准逻辑的集中涌现

与某些人试图用标准逻辑(数理形式逻辑)一统天下的主观愿望相反，最近 100 年以内，由于各种信息处理的需要，在世界范围内集中涌现出近 100 种非标准逻辑，这是逻辑学领域的一个重大事件，它暴露了标准逻辑的应用局限性，反映了信息时代对数理辩证逻辑的迫切需求。

1) 非标准逻辑(non-standard logic)是与标准逻辑(standard logic)相对的一个概念。标准逻辑包括命题演算和谓词演算系统，而非标准逻辑则是指那些不同于标准命题演算和标准谓词演算的逻辑系统。大体上，非标准逻辑可以分为两大类：一类是与标准逻辑平行的逻辑，如多值逻辑、模糊逻辑和直觉主义逻辑等；另一类是对标准逻辑做了扩充的逻辑，如模态逻辑和时态逻辑等。非标准逻辑的涌现有多重背景因素。①随着科学技术的进步，计算机科学、人工智能、认知科学等领域的发展，对逻辑系统的需求日益多样化。经典逻辑在某些情况下无法满足这些需求，因此催生了非标准逻辑的产生。②在现实生活中，许多问题涉及不确定性、模糊性、动态性等复杂因素，这些因素在标准逻辑中难以得到妥善处理。非标准逻辑通过引入新的逻辑运算和规则，为处理这些问题提供了新的方法和工具。③逻辑学作为一门独立的学科，其研究对象和方法需要不断得到拓展和深化。非标准逻辑的出现是逻辑学自身演进的结果，它反映了逻辑学家们对逻辑系统多样性和复杂性的认识不断深入。非标准逻辑的形式及其特点如下。①多值逻辑，它突破了经典逻辑中命题真值只能是真或假的二值限制，允许命题取多个真值。这种逻辑在处理具有中间状态或模糊性的问题时具有优势。②模糊逻辑，它是基于模糊集合论的逻辑系统，允许命题的真值在 0 和 1 之间连续变化。这种逻辑在处理具有模糊性、不确定性或主观性的问题时非常有用。③直觉主义逻辑，它强调数学构造性证明的重要性，认为只有那些可以通过有限步骤构造出来的数学对象才是存在的。这种逻辑在处理数学基础和证明论问题时具有重要意义。④模态逻辑，它引入了模态算子(如"必然""可能"等)来描述命题之间的模态关系。这种逻辑在处理涉及时间、知识、信念等模态概念的问题时非常有用。⑤时态逻辑，它将时间因素引入逻辑系统，允许对命题在不同时间点的真值进行描述和推理。这种逻辑在处理涉及时间顺序、因果关系等动态性问题时具有重要意义。

2) 《哲学逻辑手册》(Handbook of Philosophical Logic)是一部在哲学逻辑领域具有重要影响力的学术著作，由多位国际知名逻辑学家共同编撰。根据后续信息，逻辑学家 Gabbay 和 Guenthner 从 1983 年开始共同主编，并持续至今。首版出版时间为 1983~1989 年，后续版本持续更新，至今已出版多卷。如第 18 卷于 2018 年出版。手册分为多卷，每卷包含多个章节，每个章节由该领域的权威学者撰写，专注于特定的哲学逻辑主题或研究领域。内容特点如下。①全面性，手册覆盖了哲学逻辑的多个领域，包括经典逻辑、模态逻辑、时态逻辑、道义逻辑、多值逻辑、相干逻辑、直觉主义逻辑、对话逻辑、自由逻辑、量子逻辑等，以及语言哲学方面的论题。这种全面性使得手册成为从事哲学逻辑研究的学生与学者的必读书目。②新颖性，除了作为预备知识的第一卷内容具有较长的历史外，其他各卷所概述的内容都是相当新颖的，反映了近几十年哲学逻辑领域的发展成果。③权威性，邀请国际逻辑学界的权威学者撰写各章节，确保了手册内容的权威性和学术价值。

3) 这些非标准逻辑或者哲学逻辑，为我们制定泛逻辑研究纲要提供了丰富的素材，数理辩证逻辑已经呼之欲出了。

5. 命题泛逻辑理论的研究成果

自古以来东西方的逻辑思维习惯一直不同，古希腊人以形式逻辑演绎为主，辩证归纳为辅；古代中国人则以辩证归纳为主，形式逻辑演绎为辅。两者一直并行不悖，相互补充，相互支撑。工业时代带来动力，促进了形式逻辑的数学化，推动数学产生了井喷式的大发展。于是在这里出现了唯有形式逻辑才是逻辑，辩证逻辑不是逻辑的错误主张，一时间逻辑学的发展步入歧途。

作者在研究人工智能中发现标准逻辑的应用局限性，迫切需要各种非标准逻辑的支撑，而这些非标准逻辑在理论上并不成熟，于是独立创立了研究逻辑学一般规律的泛逻辑学理论。下面直接利用命题泛逻辑的研究成果来回答形式逻辑是不是唯一存在的逻辑。辩证逻辑是不是逻辑？它能不能数学化？作者1996年提出泛逻辑概念，2001年出版专著《泛逻辑学原理》，其中提出了泛逻辑研究纲要，明确了实现命题泛逻辑和谓词泛逻辑的目标和具体步骤。整体来说，本纲要是在承认各种能有效使用的逻辑推理(形式的、辩证的和博弈的，已有的和可能存在的)合法存在的基础上，通过数学手段建立的一个逻辑生成器，它能够按照应用场景的需求，自动生成相应的具体逻辑进行推理。换一个角度说，也就是建立了一个连续的逻辑谱(即泛逻辑框架，如同门捷列夫元素周期表)，它能够把各种具体逻辑都安放在逻辑谱的特定位置上，位置的坐标参数就是这个具体逻辑的健全性使用条件(即具体适用的场景)。目前我们已经建立了命题级泛逻辑和柔性神经元理论体系，数理形式逻辑中的命题逻辑是命题级泛逻辑理论体系的中心点(图1.2中的桃核，刚性逻辑，$x\in\{0,1\}$)。

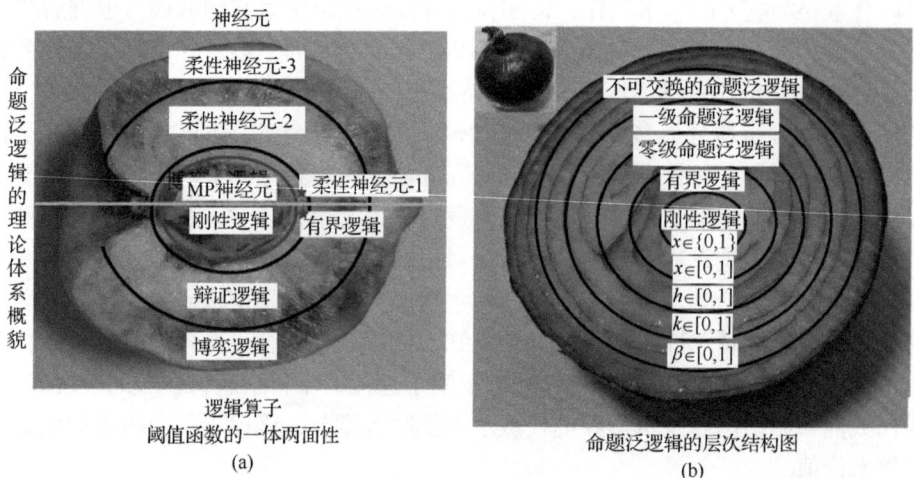

图 1.2　命题泛逻辑理论框架及层次结构图

逐步放开中心点的各个逻辑要素的"非此即彼性"约束，就可从中心点出发，逐步扩张为

　　→有界逻辑(离开桃核，允许命题的真度 $x\in[0, 1]$，成为连续值逻辑)；

　　→零级命题泛逻辑(进一步允许两个连续值命题之间的广义相关系数 $h\in[0, 1]$，$h=0.5$ 时退化为有界逻辑)；

　　→一级命题泛逻辑(进一步允许命题真度的测度误差系数 $k\in[0, 1]$，$k=0.5$ 时退化为零级命题泛逻辑)；

　　→不可交换的命题泛逻辑(进一步允许两个命题之间的相对权重系数 $\beta\in[0, 1]$，$\beta=0.5$ 时退化为一级命题泛逻辑)。

　　到此为止，命题级的数理辩证逻辑全部生成出来，它们的位置参数是模式参数$<a, b, e>$+不确定性参数$<k, h, \beta>$。这 6 个参数就是逻辑的生成基因，它决定了一个具体逻辑的基本属性。除了中心点是数理形式逻辑外，其他外围部分都是数理辩证逻辑。数理辩证逻辑有两种不同级别，最外层是级别最高的博弈逻辑，它允许博弈双方的主观能动性介入推理过程(如各种兵法战策、诡辩术)，以便保证双方的利益都实现最大化。如果不允许任何主观因素的介入，纯粹按照客观条件办事，就是辩证逻辑。

　　命题泛逻辑理论还有一个非常重要的性质，那就是刚性神经元(MP 模型)的阈值函数 $z=\Gamma[ax+by-e]$ 在柔性扩张时，如果始终保持不变，那么柔性逻辑算子和柔性神经元就可以一直保持元-子二相的等价关系，这对恢复神经网络的可解释性至关重要[见图 1.2(a)的上下部分]。

　　6. 据命题泛逻辑的研究成果已可断言以下结论

　　1) 必须坚持广义逻辑观。数理形式逻辑虽然是一个可有效使用的完善理论体系，但它只能适用于全面具有"非此即彼性"约束的理想环境。一旦面对具有"亦此亦彼性"，甚至"非此非彼性"的现实环境，它就完全失效了，只能使用数理辩证逻辑才能有效处理，所以两者不可或缺，是相互补充的关系。由于理想环境是现实环境的特例，所以数理形式逻辑是数理辩证逻辑的一个理想化特例，两者不是平起平坐的关系。据此可理清什么是真正的逻辑，什么是真正的科学，从根源上揭穿西方学者的片面之词，达到拨乱反正、尊重事实和科学的目的。

　　2) 必须为博弈逻辑正名。客观环境是一个生态系统，物竞天择适者生存是一条天律，无人能改。从博弈角度看，形式逻辑是你死我活的刚性逻辑，生态平衡原理告诉我们，如果对手最后都死光了，那么最后一个死亡的一定是自己。辩证逻辑是客观存在的双方可以共存的柔性逻辑，在生存竞争中必不可少。最有利于人类生存发展的博弈逻辑，是允许博弈双方发挥主观能动性，可实现双方利益最大化的最强大的交互逻辑。历史上有人把它贬为诡辩术，长期排斥在逻辑之外，

这是一种损人不利己的错误认知，必须为其正名。有人试图独尊形式逻辑，排斥其他逻辑，实在愚蠢之极。

3) 泛逻辑是大一统的逻辑理论。命题泛逻辑理论体系的成功建立和应用验证还证明：在形态各异、性质千差万别的逻辑学范畴内，完全可建立一个统一理论体系，它是一个异质同体的有机整体，由逻辑学的基因主导生成，允许各种不相容的逻辑算子并存一体。泛逻辑理论体系的成功建立，可为各门各类的大学科提供建立统一理论体系的有效借鉴。

4) 两种不同规模的知识生成方法。形式逻辑之所以能够在数学家和逻辑学家心目中占有无比崇高的地位，是因为公理化形式演绎系统为人类建立了不少的理论系统，它凭借几条公理和原始定义，加上几条形式推理规则的配合，就可以在一个领域内快速建立一整套相容的理论体系来。但是，人们深入研究后发现，公理化形式演绎系统也存在理论局限性。①一个确定的公理系统只能对应于一个确定的论域，它只能生成这个论域内与公理系统相容的知识，对于本领域内其他不相容的知识无能为力。如欧几里得公理系统只能生成几何领域内的欧几里得几何，不能生成几何领域内的非欧几何，要生成所有的几何知识(线性空间和各种不同的非线性空间)，需要许多不同的公理系统来完成。所以，公理化形式演绎系统只能完成小规模相容知识的生成工作，成为相容知识的小模块(如欧几里得几何)，一个领域的全部知识只能用无数相容小模块的集合(如无数几何小模块的集合)来组织。②哥德尔不相容定理告诉我们，任何一个足够强大的公理化形式演绎系统，其可靠性和完备性是不可兼得的。所以，单纯依靠公理化形式演绎系统无法为数学奠定坚实可靠的基础。

另外一种生成全领域所有知识(相容和不相容)的方法是为一个领域建立一个大一统理论体系。如在化学领域，门捷列夫的化学元素周期表，它按照元素的原子序数(即核中的质子数)对元素进行排序，并将具有相似化学性质的元素归入同一族中。这使得元素周期表成为化学领域的一个核心工具，不仅可以帮助科学家理解元素的性质和行为，还能指导新元素的发现、化学反应的研究以及工业应用的发展。在生物学领域，基因的发现在很大程度上统一了人们对生物的认识。生物体的所有特征都是由基因决定的，而这些基因又通过遗传的方式在生物体之间传递，并为生物学研究提供了新的方向和动力。这一发现不仅具有理论意义，还为实际应用如基因工程、遗传改良等提供了重要的理论基础和技术支持。在现代，钟义信提出的机制主义人工智能通用理论就是基于智能生成机制的大一统智能科学理论体系。何华灿的泛逻辑学理论就是基于逻辑学内在基因建立的大一统逻辑理论体系。它们都不是基于公理化形式演绎生成的相容性小模块，而是包含一个领域全部知识的大系统(当然，能够包含全部知识的大系统一定是开放的系统)。

1.5　小　　结

　　本章从宇宙的演化规律介绍到人类社会的演化规律，阐述了具有主观能动性的人类为更好地生存和发展，不但选择了群居、杂食、熟食等生活方式，而且制造了各种人力工具，创立了各种养殖业，把自己变成了有别于其他动物的自养型动物。这一方面大大地加快了人口的繁衍和人脑的进化，另一方面也大大地增加了人类的生存压力。这种生存压力又进一步激发了人类的创造动力，人脑的智能水平快速增长，在动力工具的驱动下进入到工业社会，在智力工具的驱动下进入到信息社会。从人类社会文明的演化规律可看出，随着数学的一步步发展、逻辑的一步步发展、计算机学科的一步步发展、人工智能的一步步发展，到了今天，一个主要矛盾及其主要方面已凸显出来：主要矛盾是智能模拟急需具有认知能力和辩证思维的机器智能模拟方法，而描述认知能力和辩证思维的逻辑范式却没有服务到位。主要矛盾是逻辑范式的变革不够坚强有力：一方面是传统的刚性逻辑范式和狭义逻辑观在人工智能发展过程中频频遭遇滑铁卢，但没有人敢于一查到底，致使其思想禁锢无法在人工智能研究中彻底清除；另一方面是尽管柔性逻辑范式和广义逻辑观已初步成形，但仍然处在学科的边缘位置，无人敢于青睐。所以，在以往的人工智能应用中很难找到柔性逻辑的身影，相应的应用实例、关键技术、典型算法、开源代码、开放平台等都无法在传统的人工智能研究生态环境中形成。现在的情况发生了颠覆性变化，一方面国家决心要在人工智能基础理论方面达到引领世界潮流的高度；另一方面，美国在人工智能等前沿科技和产品方面对我国实行全面封锁，束缚我国人工智能研究的传统生态环境被美国人自己打破了，过去在中国盛行的拿来主义、跟踪主义、机会主义失去了存在的空间。这是我们加快完成科学范式变革和逻辑范式变革的大好时机，希望本书能够助一臂之力，成为促进科学范式变革和逻辑范式变革的宣言书，成为实施科学范式变革和逻辑范式变革的行动纲领。当然，这一切还需要智能数学的积极配合，没有数学家的全身心投入，完成数学范式变革，把主观能动性和主体的目的性引入数学之中，改变目前纯客观数学一统天下的局面，智能科学的研究就难以有量身定做的基础理论出现。

第 2 章　人脑思维层次与逻辑学发展规律

前述内容从宇宙和人类社会两个层次讨论了事物的发展规律，阐述了一切主客观事物都在不断地演化发展，不变是暂时的，变化是持久的。本章将聚焦在人脑的思维层次上观察其特殊的活动规律，包括制约思维活动的逻辑规律。按照认识论的观点，人脑的思维是对其观察到的客观世界的一种映射。那么，这种映射是如何描述客观世界和人类社会中万事万物及其演化过程的呢？思维本身又有什么演化规律可循？这是本章要回答的主要问题。如果说前面内容是在谈天地人，那么本章就要说人的思维活动了，是个体的人的大脑活动规律。

2.1　引　　言

首先，作为本章的导读，作者要发表逻辑范式变革宣言。其中介绍了作者作为一个刚性逻辑范式的崇拜者、传授者、践行人和卫道士，为什么会义无反顾地转变成一个柔性逻辑范式的倡导者和柔性逻辑范式理论的奠基人。一切都源于作者早年主持过两个不同型号的航空机载计算机研制，参与了设计、生产、调试、系统试飞打靶和修改完善等一整套过程，对计算机的软硬件原理已经了然于心，然后才转入人工智能研究。开始是从事实用专家系统研制，先后主持完成航空空气动力学数学专家系统、石油化工生产过程优化控制专家系统、石油化工装置故障诊断专家系统、解放军制式服装拼版专家系统等八个型号的任务，对专门知识和经验性知识有深入理解，后来又深入到智能的逻辑基础研究之中。在矛盾重重的探索过程中，作者无意间推开了一扇小窗户，发现了一个大世界，眼前豁然开朗。消息不胫而走，一批志愿者(本科生、硕士生和博士生)来到作者身边一起耕耘，收获满满。二十多年过去了，我们在其中流连忘返。那是一个什么样的乐土？感兴趣的读者请一起进来看看吧！

下面是逻辑范式变革宣言的具体内容，包括发现问题、分析原因、变革之路等。

2.1.1　数理形式逻辑是理想国里的逻辑范式

600 多年前数理形式逻辑形成时，许多大数学家和大逻辑学家都相信它就是思维的准绳，是判断一切是非的标准，是科学思维的典范，是放之四海而皆准的普适性真理，他们甚至认为，整个数学都不过是应用逻辑而已，数理形式逻辑在科学中的地位至高无上。经过 80 多年人工智能研究的实际检验，作者开始认识到西方人所说的"普适性"只是在理想国内有效的普适性，西方人心目中的"至高无上"地位只是理想国中的九五之尊。一旦来到现实世界，它就什么都不是了，处处显得与智能问题格格不入。信念和现实的反差为何如此巨大？真是让世人震惊，让作者这个虔诚的信徒和践行者难以置信！作者本来在计算机里已经把数理形式逻辑玩得得心应手，从来没有出现过任何问题，为什么到了人工智能里就完全失灵了？于是作者开始追问到底什么是真正的逻辑，为什么一个号称具有普适性的严格理论，到了现实世界里却处处碰壁[14]。

作者追根溯源，发现数理形式逻辑实际上是数学化的形式逻辑(常称标准逻辑，本书称刚性逻辑)，它的立论基础本来就是"封闭全息的确定性世界假设"，其中已排除了客观存在的一切形式的辩证矛盾、不确定性和演化过程，严格要求所有逻辑要素都必须满足"非此即彼性"约束。这就导致了刚性逻辑的本质属性是三律一性：

1) 二值律 $p \in \{0, 1\}$，命题的真值域是二值的，一个命题要么为真，要么为假；
2) 矛盾律 $\neg p \wedge p = 0$，命题和它的否定命题只有一个为真；
3) 排中律 $\neg p \vee p = 1$，命题和它的否定命题必有一个为真；
4) 封闭性，推理所需要的证据完全已知且固定不变。

"三律一性"的先天秉性决定了刚性逻辑的适用范围只能是确定性世界中的封闭全息的二值类推理问题(如数学定理证明、计算机逻辑结构设计等)，这是对现实世界的一种高度近似的抽象。根源就在这里，在理想国内有效的律法，怎么能够管得了现实世界中的经验知识、常识、情感、辩证矛盾、不确定性、演化涌现等推理问题。作者在计算机里能把数理形式逻辑用得得心应手，是因为作者已经把现实的脉冲信号做了理想化改造(图 2.1)。由于受到各种环境因素的影响，现实的脉冲信号前后沿有坡度和振荡，高低电压有波动，影响计算机硬件的工作可靠性，所以必须进行理想化改造，其基本方法无非是在时间上引入不应期，避开前后沿的坡度和振荡，规定从 T_0 到 T_1 是响应期，从 T_1 到 T_0 是不应期；在电压上规定大于 0 的某个电压 V_0 是理想的 0，小于额定电压的某个电压 V_1 是理想的 1。现在想

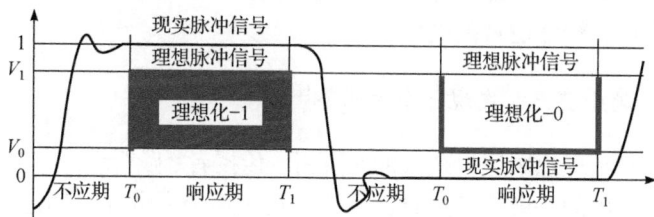

图 2.1　现实脉冲信号的理想化改造

来，如果没有这个削足适履的理想化改造，数理形式逻辑在计算机硬件设计中根本玩不转！

而那些无法理想化改造，而现实世界又离不开的日常生活中的推理问题是人工智能的天，人造的理想国只是这个广阔天地中的一个古城堡，城堡内的法律法规怎么能和整个现实世界法律法规相提并论！是人工智能的实践检验，让作者这个仍然生活在计算机科学技术里的人如梦初醒，重新观察周围的一切。于是开始思考，通常将不满足"三律一性"的日常生活中的推理问题称为非逻辑问题，把它们排斥在逻辑之外的做法合理吗？人类在智能活动中要无时无刻地面对这些问题，它们却没有逻辑规律可循，这正常吗？

2.1.2 现实世界需要辩证逻辑推理范式

1. 人工智能学科的存在价值是服务于现实世界

居住在理想国的雅士们可不食人间烟火，宣布凡是不全面接受非此即彼性约束的问题都不是逻辑问题，这样一来刚性逻辑在处理逻辑问题中就能百发百中，具有了无可置疑的"普适性"。但人工智能学科的诞生就是为了服务于现实世界，去解决那些刚性逻辑已宣布不管的"非逻辑"问题。前面已经介绍过，是计算机应用的理论危机导致了人工智能学科的诞生，其目的就是要让计算机模拟人脑智能的活动机制，解决现实世界的各种问题。所以，人工智能必须食人间烟火，按照辩证逻辑范式解决问题。其实，现实世界中只有极少数推理问题允许高度抽象化，成为理想国中的刚性逻辑问题。而大多数推理问题是必须保有客观存在的主要矛盾和矛盾的主要方面、起主要作用的某些不确定性、演化过程中涌现出来的新事物等因素。想到这里，作者的立场发生了180°的大转变：开始是站在计算机的立场上要求人工智能服从刚性逻辑的约束；现在是站在人工智能的立场上要求摆脱刚性逻辑的约束。既然刚性逻辑对这些现实问题不感兴趣，判定为"非逻辑问题"而拒之门外，那么人工智能学科出来弥补这个空白，专门模拟人脑是如何在现实世界中机动灵活、恰如其分地处理好各种具有辩证矛盾、不确定性和新生事物涌现等的推理问题，这是理所当然的。所以，人工智能学科的存在价值决定了它不可能削足适履，相反，它必须创立新的有关现实世界的逻辑新范式(本书称为柔性逻辑范式、辩证逻辑范式)。

2. 推开一扇小窗户，发现一个大世界[15]

作者本人原是理想国逻辑范式的崇拜者、传授者、践行者。一次偶然的机会，当作者推开理想国的一扇小窗户时，猛然发现了一个大世界，那是一个完全不同于刚性逻辑的柔性逻辑世界。是人工智能理论危机的驱使，是探索智能科学逻辑基础的强烈使命感,让作者踏进了这个无人区——柔性逻辑世界。从命题真值的柔性(代表客观事物是一个对立统一体的亦真亦假性),到命题之间关系的各种柔性(命题真度误差、命题之间的广义相关性——代表事物之间相生相克的辩证关系、命题之间的相对权重),再到命题真值可以非真非假(代表演化涌现出的新生事物),都是柔性逻辑可以研究的对象,都有自己的逻辑规律可循。至此,理想国中关于逻辑的各种清规戒律基本上都被突破了,现实世界中的万事万物都有了自己的逻辑规律可循,只是理想国中非礼勿视的戒律不允许信徒们去亲近它们而已。尽管进入无人区后的感觉是无路可循,无人可问,只有勇于探索的先行者们留下的时隐时现的足迹和遗物,高处不胜寒。可无限风光在险峰的景致,遍地奇珍异宝的发现确实让人流连忘返。一批硕士生和博士生在得到消息后逐渐聚集到了作者的身边,因为研究方向关乎人工智能的急需,研究课题是全新的,很有吸引力,他们像志愿者一样集合在作者的研究团队里,个个献计献策,发挥自身特长,为泛逻辑添砖加瓦。是火热的人工智能战场血与火的教训,是团队的研究成果,一次次帮作者在这个无人区中完成了逻辑观的彻底改变,使作者从一个坚定的理想国逻辑范式的信仰者和践行者,蜕变成了一个辩证逻辑范式的奠基人和倡导者。目前,在辩证逻辑范式中,在命题级泛逻辑学原理层面上,已建立了能全面描述具有零级和一级不确定性的命题泛逻辑理论体系,这些理论体系既可以有效支撑知识工程中的经验性知识推理,又可以有效支撑柔性神经网络的信息变换过程,两者是元-子二相的关系。至于能全面描述具有更高级不确定性的命题泛逻辑理论体系,还有待于允许命题真度的上下限可自由独立变化的灰度逻辑(或程度逻辑)和允许命题的真度有上下偏差的未确知逻辑的研究成熟,目前没有可公布的成果。

3. 辩证逻辑范式能够一把钥匙开一把锁

就是这些阶段性成果,已可包容现有的各种逻辑算子或者神经元信息变换函数,它们作为命题泛逻辑运算完整簇中的一些特殊点出现,在这些特殊点中间,还有无穷多个逻辑算子或者神经元信息变换函数,它们都可以被生成出来,供需要的地方使用。这是当前新一代人工智能研究急切需要的最理想的逻辑范式,它可无差别地应用到各种不同的实际场合,然后根据现场的推理需要,精准地生成你需要的任何一个算子,按照一把钥匙开一把锁的原则安全使用,不必担心用错算子出现违反常识的异常结果。

基于这种真正普适性的逻辑属性,作者变成了辩证逻辑范式的积极推行者,真诚欢迎广大人工智能、信息科学、哲学与逻辑、社会科学、管理科学和军事科学工作者前来关注辩证逻辑范式,尽早地完成从理想国逻辑范式到辩证逻辑范式的思想蜕变。

下面还是从人脑思维的演化规律和逻辑学自身的演化规律来考察逻辑学的演

变吧，它毕竟是客观存在的逻辑规律，而非个人的主观臆想。

2.2　人脑思维的三个不同层次及逻辑描述

与狭义逻辑观不同，作者提倡广义逻辑观。认为人脑的全部思维过程都有逻辑规律可循，逻辑是各种思维阶段的准绳，是判断认知过程中一切是非的最高标准[16]。

2.2.1　人脑思维的层次结构

人是万物之灵，人相比于其他动物的最大优势是大脑发育非常充分，智商特别高，在世界上已知的 150 万种动物物种中，智商比较高的动物如猩猩、大猩猩、黑猩猩、狒狒、长臂猿、猴子、细齿鲸、海豚、大象等，都只有相当于人类婴幼儿的智商水平。所以，要研究思维的规律，人脑是最全面和最完整的研究对象。从人脑思维的层次结构及其逻辑规律看，数理形式逻辑仅是思维层次中级阶段的逻辑规律，辩证逻辑才是思维层次高级阶段的逻辑规律。具体参见图 2.2。

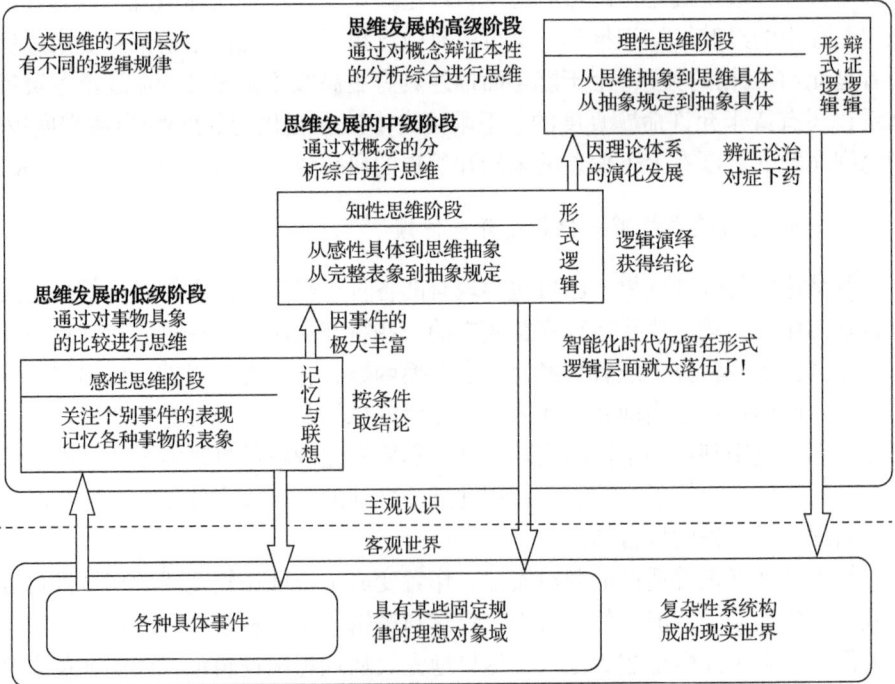

图 2.2　人脑思维的层次结构及其逻辑规律

1. 感性思维阶段

感性思维是思维发展的初级阶段，是动物和人类都具有的阶段，动物各有所长，但人类的发展最全面。在这个阶段，思维主体面对的是客观世界中的具体事件域，它具有最原始的条件反射属性。思维主体通过关注个别事件的具体表现，记住各种事物的各种表象，自己的应对行为、效果等，其思维的全过程就是对一个一个具体事件的观察、记忆和联想。如"见到有老虎出没"(A)，要"赶快离开这个地方去躲避"(B)，不能"过去陪它玩"(C)。神经网络会形成两个反射弧：A 事件⊂B 事件；A 事件⊄C 事件来记住遇到老虎后应该做什么，不能做什么。用机器来模拟这个阶段的思维过程就是：在数据库中记录下整个事件的两个条件反射对 A⊂B；A⊄C。以后如果出现输入条件 A，就直接在数据库中提取对应的输出 B 且¬ C，即"赶快离开老虎出没的地方去躲避，不能过去陪它玩"。这类操作过程可用刚性逻辑完全描述，通过传统的计算机程序来按部就班地完成，没有任何困难。

2. 知性思维阶段

知性思维是思维发展的中级阶段，主要是人类拥有，其他高智商动物也只有少许萌芽。在这个阶段，思维主体面对的是客观世界中具有某种固定规律的理想对象域，它具有各向同性的理想化属性。主体通过对概念的抽象和概念之间关系的分析综合进行思维，完成从对个体群的感知到群体概念的抽象，从完整的表象群到抽象概念因果关系的规定。其思维的全过程是概念、判断和推理三部曲，所以仅在理想化的环境中具有普适性。如我们看到身边的人一个个先后去世，寿命有长有短，去世方式五花八门，但没有一个不死的。于是知性思维就从张三李四等的具象概念中归纳出"人"的抽象概念，从五花八门的去世方式的具象概念中归纳出"死"的抽象概念，然后建立一条逻辑规则："凡人必死"($\forall x \in A \Rightarrow x \in B$)。神经网络的记忆过程就是形成三个大型的反射弧：①众多具象的人 a⊂抽象的人 A；②众多具象的去世 b⊂抽象的死 B；③"凡人必死"($\forall x \in A \Rightarrow x \in B$)。遇到苏格拉底会死吗? ($s \in B$ 否?)的问题后，人脑的思维过程是：按照反射弧①可知苏格拉底是人($s \in A$)，根据反射弧③"凡人必死"($\forall x \in A \Rightarrow x \in B$)，按照反射弧②可知苏格拉底必死无疑($s \in B$)。用机器模拟这个阶段的思维过程，首先是在知识库中记录上述三个反射弧，如果输入条件是问某个人会不会死($s \in B$ 否?)，就调用知识库中相应的这三条规则，通过逻辑演绎得出结论 $s \in B$。这类操作过程可用刚性逻辑完全描述，通过传统计算机程序按部就班地完成。

3. 理性思维阶段

理性思维是思维发展的高级阶段，只有生活在人类社会的现代人类才有可能拥有。思维主体面对的是由各种复杂性系统构成的整个客观世界，它具有各向异性的非线性属性。思维主体通过对概念辩证本质的分析综合进行思维，完成从思维抽象到思维具体、从抽象规定到抽象具体的回归。其思维全过程是在划分与时空定位机制控制下的概念、判断和推理四部曲，可在各种现实的环境中具有普适性。用机器来模拟这个阶段的思维过程，需要首先确定对象所在的时空环境，按照对象的具体情况进行辩证论治、对症下药。这个过程必须通过柔性逻辑来完全描述，通过智能计算机才有可能完成。下面再详细展开说明。

2.2.2　关于思维层次结构的几个问题

1. 后天发育的外部环境条件很重要

关于思维层次的后天发育，对于人与动物来说，大脑的生理结构差别是最关键的，动物的先天脑结构决定了其后天再怎么训练都达不到人类的水平。对于人类自己来说，大脑的先天生理结构差别不大，且潜力巨大。但是要把人脑的思维层次提升到高级阶段，是需要后天外部条件保证的：因为只有大脑面对的事件极大丰富，感性思维阶段才得以发育到知性思维阶段；只有大脑面对的各种理论体系演化发展，知性思维阶段才得以发育到理性思维阶段。环顾整个动物界，只有现代人类具有如此丰富多彩的外部环境刺激，促使人脑思维不断地发育完善。如果把一个现代人的婴儿直接放在狼群中去长大，他虽然具有了大脑发育的先天条件，但在后天发育的时候根本无法获得思维层次提升的外部条件刺激，结果只能按照狼群的生活习性，发育达到初步的知性思维阶段为止。

2. 从"削足适履"到"为足制履"的转变

知性思维阶段追求的是理性的思维，它片面地把思维分成理性的和非理性的，强制地把现实问题抽象为理性问题求解，实为"削足适履"，根本不考虑足的千姿百态和千变万化，试图用一只履去配天下所有的足，实为闭门造车，异想天开。

而理性思维阶段追求的是思维的理性，它承认整个人脑的思维过程都有逻辑规律可循，尊重客观世界的多样性和复杂性，承认这个宇宙的万事万物都处在不断演化发展中，应该"为足制履"，随着足的不断演变发展，履也应该不断地演变发展。这叫辩证论治，对症下药。现在我们已生活在智能化时代，如果思想仍停留在知性思维阶段和刚性逻辑层面，仍然坚持削足适履，那就要贻笑大方了。

2.3　逻辑学自身发展的基本规律及逻辑要素

2.3.1　逻辑学不应排斥一切矛盾

1. 存在两类不同的逻辑

按照标准的说法，逻辑是思维的法则，是判断一切是非的标准。但如何对逻辑进行分类，却有许多不同的分类体系，以满足不同的需要。根据本书的实际需要，只讨论最基本、最简单的分类体系：逻辑学可分为形式逻辑和辩证逻辑两类。形式逻辑只考虑命题的外在形式(真或者假)，而不管命题的具体内容，其立论基础是排斥一切矛盾和不确定性，只研究满足"非真即假"的确定性命题。而辩证逻辑则要同时考虑命题的形式和命题的内容，以及命题之间的关系。

2. 存在两类不同的矛盾

在西方的逻辑思维习惯中，是排斥所有矛盾的，无一例外。而现实世界中的所谓"矛盾"其实有逻辑矛盾和辩证矛盾两种，不能不加区别地一概排除。逻辑矛盾是形式理论体系中的逻辑缺陷，理应排除；而辩证矛盾是客观事物的存在状态，是一种必须考虑的逻辑要素，通常不允许排除。如在一次判定中说一个学生是优等生，同时又说他不是优等生，这是自相冲突的逻辑矛盾，应该排除。而在分析一个学生的学习潜能时，说他很聪明，有成为优等生的潜力，同时又说他很贪玩，有荒废学业的可能。这是把学生看作一个正在成长过程中的年轻人，具有成长过程中客观存在的辩证矛盾属性，是一种对立统一的辩证思维方式，不应该被排除在逻辑思维之外。更重要的是辩证矛盾是事物发展变化的内在动力，不确定性和演化是辩证矛盾的外在表现，矛盾双方是同时存在的，根本不可分割。不然好学生永远是好学生，差学生永远是差学生，学校教育就僵化了，整个社会也会停滞不前。

3. 逻辑学的发展方向

由于现实世界是一个开放的复杂性巨系统，处处存在涌现效应。把涌现出来的新事物，放在原来的系统中去判定真假，必然会出现非真非假的结果。如互联网的普及涌现出一个从来没有的"电子商务"来，很长时间管理部门无法确定"电子商务"是合法，还是非法，是发它营业执照，还是打击取缔它。这就是非真非假的实例。

所以，逻辑学不能只处理具有非真即假性的理想问题，它必须直面现实世界中具有亦真亦假性和非真非假性的各种实际问题。现在，数理形式逻辑在处理现实问题中的应用局限性已经充分暴露。因此，逻辑学自身发展的方向应该是：在排除逻辑矛盾的同时，应该根据现实问题的需要，包容各种不同形式的辩证矛盾(不确定性和演化)，这就是逻辑学界渴望多年的数理辩证逻辑的使命。

2.3.2　两类逻辑的对比分析

1. 两类四种逻辑

表 2.1 给出的是最简单的逻辑学理论体系，其中按照研究对象的不同分为形式逻辑和辩证逻辑。它们的原始形态都是用自然语言描述的，如果改用数学语言描述，就是数理形式逻辑和数理辩证逻辑。

表 2.1　逻辑学的理论体系

语言形态	研究对象	
	理想世界	现实世界
数学语言	数理形式逻辑 刚性逻辑 标准逻辑	数理辩证逻辑 柔性逻辑 超协调逻辑 (非标准逻辑)
自然语言	形式逻辑	辩证逻辑

2. 两类逻辑的详细对比

表 2.2 给出的是两类逻辑的详细对比，包括研究对象、研究状况和应用需求等。

表 2.2　两类逻辑的详细对比

对比内容	形式逻辑	辩证逻辑
研究对象	具内在同一性和外在确定性的世界	具内在矛盾性和外在不确定性的世界
自然语言描述	形式逻辑	辩证逻辑
数学语言描述	数理形式逻辑、标准逻辑、刚性逻辑	数理辩证逻辑、柔性逻辑、超协调逻辑
研究状况	已形成完整理论体系，达到成熟状态	正在形成中，尚无统一完整的理论体系
应用需求	定理证明，确定性的各种逻辑推理	不确定性的各种逻辑推理和演化过程

3. 两类逻辑的关键差别和关系

图 2.3 对比分析了两类逻辑基本问题的不同。

```
┌──────┐      ┌──────┐      ┌──────┐
│ 概念 │ ───▶ │ 判断 │ ───▶ │ 推理 │
└──────┘      └──────┘      └──────┘
```
形式逻辑的三大基本问题

```
┌────────────────────────────────┐
│        划分与时空定位机制        │
└────────────────────────────────┘
     │             │             │
     ▼             ▼             ▼
┌──────┐      ┌──────┐      ┌──────┐
│ 概念 │ ───▶ │ 判断 │ ───▶ │ 推理 │
└──────┘      └──────┘      └──────┘
```
辩证逻辑的四大基本问题

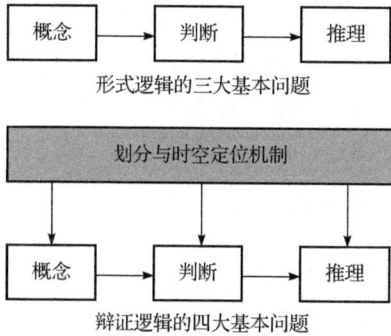

图 2.3　两类逻辑基本问题的不同

形式逻辑是各向同性的，它只有概念、判断、推理三个基本环节，而且其中的概念是原子概念，只有真假两种状态，判断只有真或者假两个结果，推理也是二值推理。

而辩证逻辑的研究对象因为是各向异性的，不同的区域、不同的时空性质会有所差异，所以增加了第四个基本环节——划分与时空定位机制，而且其中的概念是分子概念，真假之间存在中间过渡状态，判断结果是多值的，推理也是多值推理。辩证逻辑能够处理不确定性问题，其核心机制就在这里。

例如，在中医理论中早就有相生相克的理论，类比到人际关系中就是朋友(相生)关系和敌我(相克)关系，而在朋友关系中又可分为相互吸引关系和相互排斥关系；在敌我关系中又可分为冷战关系和热战关系。这些不同关系的性质显然是不同的，服从不同的逻辑运算。所以，需要用划分与时空定位机制来区别对待。如果不这样，就需要建立无穷多个形式逻辑来分别描述，那是根本不可能做到的。如"万年历和潮汐表"对今天的地球人很管用，但是，如果始终有一个"人"在关注宇宙大爆炸的变化细节的话，类似的"万年历和潮汐表"需要多少个才能管用？正确的认知只能是这样：整个宇宙时空是各向异性的非线性系统，其中的局部时空可近似看成是各向同性的线性系统，如同欧几里得几何只能在各种非欧几何的局部空间内近似有效一样。

2.4　抽象思维的本质是引入不确定性

本节讨论抽象思维的本质[16,17]。

2.4.1　两种不同的认知方向

1. 传统逻辑思维的认知方向

在传统的逻辑思维里，学者们最强调的是确定性，最排斥的是不确定性，他们认为世界万事万物都是受确定规律控制的，在人们的认知中出现不确定性，是因为掌握信息不充分造成的错觉，科学和逻辑的目标是尽可能消除这些近似性认知，最终达到绝对的确定。这如同掷骰子一样，如果你精确掌握了影响骰子运动的所有物理参数和运动方程，一定可预先计算出结果来，所以他们片面地认定这个概率问题本质上是一个确定性问题。事实果真如此吗？

2. 人类思维的实际认知方向

我们来看看万物之灵的人类是如何对待不确定性的。人类的智能之所以能够处理越来越复杂的问题而不遭遇组合爆炸的阻碍，就是面对复杂性越来越高的问题，人类不是强力硬闯组合爆炸，而是在不断归纳抽象的过程中，牺牲一部分精确性，主动引入一些不确定性，极力避免组合爆炸。即把只具有确定性的原子概念抽象成为具有一部分不确定性的分子概念，把粒度小的分子概念抽象成为粒度大的分子概念，并且分层分区分块地存储和使用这些概念和知识，从而大大提高了处理复杂问题的效率，避免在信息处理过程中出现无法承受的组合爆炸。在这里，智能的核心理念不是凭借力度而是凭借巧度来解决问题。计算机科学工作者的思路似乎是背道而驰的，他们试图凭借力度而不是凭借巧度来解决复杂问题。下面具体看看人脑是如何选择的。

2.4.2 通过归纳抽象主动引入不确定性

1. 多原子信息系统中的组合爆炸

首先来看看比较简单的原子系统中的信息压缩规律(图 2.4)。

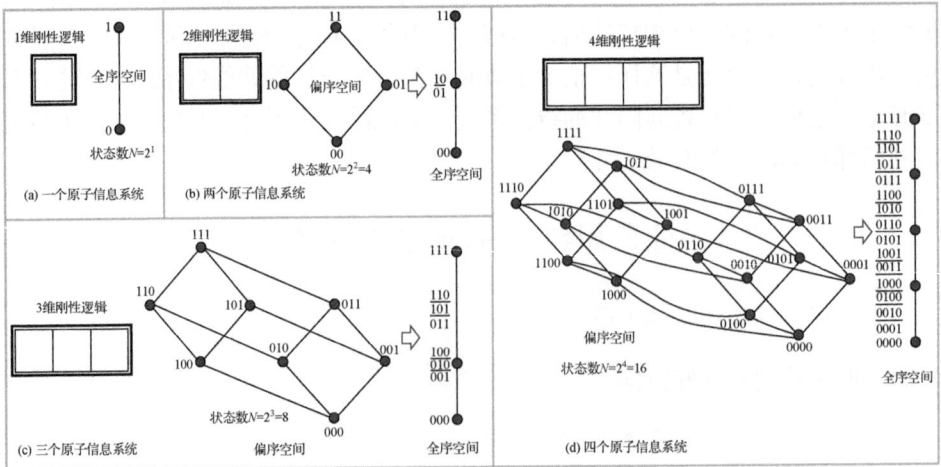

图 2.4 多原子系统中的状态空间

一般规律：n 原子信息系统的状态数 $N=2^n$，把偏序空间退化为全序空间，状态数退化为 $N=1+n$

1) 如果整个信息系统中只有 1 个原子, 可用 1 维刚性逻辑来精确描述, 其状态空间是一个全序空间, 只有 2 个分明状态{1, 0}, 其中 1 比 0 真。

2) 如果整个信息系统中有 2 个原子, 可用 2 维刚性逻辑精确描述, 其状态空间是一个偏序空间, 有 4 个分明状态{ (1, 1), (1, 0), (0, 1), (0, 0)}, 把它映射到全序空间后有 3 个柔性状态{全 1<(1, 1)>, 1 个 1<(1, 0)或(0, 1) >, 全 0<(0, 0)>}, 其逻辑含义是：全 1 真于 1 个 1, 1 个 1 真于全 0。

3) 如果整个信息系统中有 3 个原子, 可用 3 维刚性逻辑精确描述, 其状态空间是一个偏序空间, 有 8 个分明状态{ (1, 1, 1), (1, 1, 0), (1, 0, 1), (1, 0, 0), (0, 1, 1), (0, 1, 0), (0, 0, 1), (0, 0, 0)}, 把它映射到全序空间后有 4 个不分明状态{全 1<(1, 1, 1)>, 2 个 1<(1, 1, 0)或(1,0, 1)或(0, 1, 1)>, 1 个 1<(1, 0, 0)或(0, 1, 0)或(0, 0, 1)>,全 0<(0, 0, 0)>}, 其逻辑含义是：全 1 真于 2 个 1, 2 个 1 真于 1 个 1, 1 个 1 真于全 0。

4) 如果整个信息系统中有 4 个原子, 可用 4 维刚性逻辑精确描述, 其状态空间是一个偏序空间, 有 16 个分明状态{ (1, 1, 1, 1), (1, 1, 1, 0), (1, 1, 0, 1), (1, 1, 0, 0), (1, 0, 1, 1), (1, 0, 1, 0), (1, 0, 0, 1), (1, 0, 0, 0), (0, 1, 1, 1), (0, 1, 1, 0), (0, 1, 0, 1), (0, 1, 0, 0), (0, 0, 1, 1), (0, 0, 1, 0), (0, 0, 0, 1), (0, 0, 0, 0)}, 把它映射到全序空间后有 5 个不分明状态{全 1<(1, 1, 1, 1)>, 3 个 1<(1, 1, 1, 0)或(1, 1, 0, 1) 或(1,0, 1, 1)或(0, 1, 1, 1)>, 2 个 1<(1, 1, 0, 0)或(1, 0, 1, 0)式(0, 1, 1, 0)或(0, 1, 0, 1)或(1,0, 0, 1)或(0, 0, 1, 1)>, 1 个 1<(1, 0, 0, 0)或(0, 1, 0, 0)或(0, 0, 0, 1) 或(0, 0, 1, 0)>,全 0<(0, 0, 0, 0)>}, 其逻辑含义是：全 1 真于 3 个 1, 3 个 1 真于 2 个 1, 2 个 1 真于 1 个 1, 1 个 1 真于全 0。

……

5) 归纳上述情况, 可得以下结论。

① 整个信息系统 S 的状态空间数与独立原子数 n 有关, 其状态空间的分明状态数 $Ps=2^n$, 当 $n \geq 2$ 时, 状态空间是偏序空间, 把它映射到全序空间后, 其不分明状态数 $Qs=1+n$。

② 对于原子数较少的信息系统来说, 直接用偏序空间描述系统的状态较合适, 这样能精确知道每一个原子的变化状态, 便于精确处理。

③ 如果整个信息系统的原子的数目 n 太大, 按照分明状态的 2^n 规律组合爆炸下去是难以承受的, 如在 $n=10$ 的系统中已经有 $2^{10}=1024$ 个分明状态, 人还可以勉强对付, 到了 $n=100$ 的系统中, 分明状态数已达到一个巨大的天文数字, 人们一般无法想象其宇宙尺度的大小到底是多大。

④ 人类的本能是趋利避害, 不会去招惹那个拦路虎。因为事实上人们并不需要知道那些细枝末节的原子信息, 只需要掌握全局的整体概貌即可有效地做出决策。

2. 理想试卷模型

下面再来看一个最常见的各种考试试卷的理想模型(图 2.5)，它可进一步帮助读者算清楚是精确地把握分明状态数好，还是粗略地把握不分明状态数好。

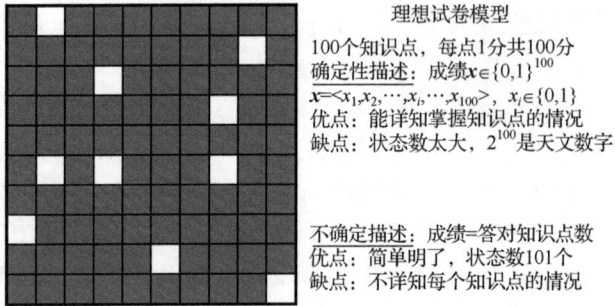

理想试卷模型
100个知识点，每点1分共100分
确定性描述：成绩 $x\in\{0,1\}^{100}$
$x=\langle x_1,x_2,\cdots,x_i,\cdots,x_{100}\rangle$, $x_i\in\{0,1\}$
优点：能详知掌握知识点的情况
缺点：状态数太大，2^{100} 是天文数字

不确定描述：成绩=答对知识点数
优点：简单明了，状态数101个
缺点：不详每个知识点的情况

图 2.5　理想试卷模型知识的树形层次结构

在学习标准逻辑时，老师告诉作者数理逻辑是非分明，真就是真，假就是假，不拖泥带水，十分精确和严格。作者当时站在逻辑的角度想确实是这样，因而深信不疑。可当学生的经历又从另一个角度告诉作者，现实世界的事物正好是相反的。如数学是主修课，实行精确的百分制。老师评分非常仔细，一点一点地抠，半分半分地扣，虽然从 0 到 100 分都有可能出现，但 99.5 分和 100 分的差别只能属于两个层次的学霸，不能同日而语。而体育是辅修课，实行粗放的通过制，能达标的就通过，否则重修。分界线虽然很清楚，但是通过的人却参差不齐，无法细分。自己当了老师后，发现重要的理论课程必须严格要求学生，每一个基本知识点都不能马虎，否则会影响后面知识的掌握。所以，在阶段测试中总是把重要的知识点都列入试卷中，以便达到全面考核的目的。现在把这个思想抽象为一个理想试卷模型。其中假设总共有 100 个彼此独立的知识点，每个知识点都是 1 分，全部回答正确就是 100 分，一个也回答不了就是 0 分。它可以看成是包含 100 个原子命题的信息系统，每一个原子都有两个分明状态 $x_i\in\{0,1\}$, $i=1,2,3,\cdots,100$。整个系统的分明状态 $x\in\{0,1\}^{100}$ 是 $2^{100}=1267650600228229401496703205376$ 个。这是一个天文数字！

为了让读者感性认识 $2^{100}=1267650600228229401496703205376$ 是个什么天文数字，我们用一个折纸游戏来形象地比喻：将一张厚度为 0.1mm 的足够大的纸反复对折，对折 1 次的厚度是 0.2mm，对折 2 次的厚度是 0.4mm，……，对折 n 次的厚度是 $2^n\times0.1$mm。如果说平均对折 1 次只需要 1 分钟的话，那么对折 100 次就是 1 小时 40 分，任何人都不难完成。可当你真折到 100 次后，厚度却达到了 1268 万亿亿千米，换算成光年就是 134 亿光年。大家好好想想，你开始折纸，花了 1 小时 40 分折到 100 次时，你已离开地球到达 134 亿光年之外的外太空。而一个人的寿命才不过百岁，人类可观测的宇宙半径才不过 138 亿光年。你却通过轻松地对折一张纸，飞到 134 亿光年之外的外太空。这个最弱的组合爆炸 2^{100} 尚且如此迅猛，那 10^{100}、100^{100} 更是无法想象！

如果我们放弃对这种对分明状态描述的无畏追求，改用全序空间描述，其状态数一下子降到 101，其信息压缩比可达到 $2^n/(1+n)$ 倍！这简直是天和地的差别。其实，除了极个别的人(如评分老师、学生本人、家长)外，其他人是根本不关心卷面状态的细枝末节，知道考试的分数就足够精确了。所以，盲目崇拜分明状态描述是不明智的愚蠢选择。

3. 超级理想试卷模型

从更广泛的应用背景看，上面的理想试卷模型还可以嵌套升级成为超级理想试卷模型，即试卷中的每一个知识点可不是原子题，而是具有中间过渡分数的分子题，相当于每一个 1 分的题都变成了理想试卷模型，由 100 个原子题目组成，其得分可在 $0, 0.01, 0.02, \cdots, 0.99, 1$ 分之间变化，有 101 种不分明状态。这种超级理想试卷模型的用处非常广泛，它在社会生活中几乎无处不在。如我国教育部正在考虑从幼升小到高考都要全面改革，把综合素质教育和评价纳入其中。在高考录取中对学生综合素质评价的规定如下。①学业水平。重点是学业水平考试成绩、选修课程内容和学习成绩、研究型学习与创新成果等，特别是具有优势的学科学习情况。②艺术素养。重点是在音乐、美术、舞蹈、戏剧、戏曲、影视、书法等方面表现出来的兴趣特长，参加艺术活动的成果等。③思想品德。重点是学生参与党团活动、有关社团活动、公益劳动、志愿服务等的次数、持续时间。④身心健康。重点是《国家学生体质健康标准》测试主要结果，体育运动特长项目，参加体育运动的效果，应对困难和挫折的表现等。⑤社会实践。重点是学生参加实践活动的次数、持续时间，形成的作品、调查报告等。这个评价模型就是超级理想试卷模型，它需要考查学生 5 个关键信息，如果每个关键信息又分 20 方面，一共是 100 个方面(相当于 100 个 1 分题)。而这 100 个方面又是由学生过去在学校学习各种课程的历次成绩、在社会实践和公益活动中的历次表现、在科研活动中的创新性表现、本人的团队精神、在经受挫折时表现出坚韧性、面试中获得的各种印象等组成(其中的每一个原子事件都相当于 0.01 分题)。所以这个超级理想试卷模型也是从原子信息开始评分的，不同的是评分者不是一个人，而是由不同时期的负责人或任课老师一级一级不断抽象上来的，大部分的中间分数已经反映在学生的档案材料之中，招生录取老师只是完成最后的分数汇总，一般不需要深入到原子信息层面去了解详细细节。

上述考试中的百分制描述，完全是学校管理上的习惯，如果把它看成是 100%=1 的意思(即归一化处理)，那么试卷考核成绩的评判和逻辑命题真度的评判就相通了, 它们是同一个机制。

上述这些事实都一再表明, 在现实生活中, 有必要不断主动地引入不确定性, 让人们在自己的岗位上, 利用粒度合适的抽象信息和知识进行决策, 岗位层次越高, 信息粒度越大, 包含的不确定性越多, 越需要柔性逻辑范式支撑。

2.4.3　分层分块管理知识方便使用

1. 人类智能的另外两个重要特征

第一个重要特征是: 在智能活动中需要机动灵活且恰如其分地使用各种行之有效的方法, 相互配合起来才能取得事半功倍的效果。如人在识别汉字的过程中, 会合理使用数据统计法(模式识别)和结构分析法(逻辑关系)于不同场合, 以便获得最佳识别效果。如在认识汉字的基本笔画(如"一""丨""丿""丶""乙")阶段, 最有效的方法是图像数据统计识别法, 而在此基础上进一步有效区分不同的汉字(如"一""二""三""十""土""王""玉""五""八""人""入""大""太""天""夫"等)阶段, 最有效的方法则是结构分析法(逻辑关系), 如果一味使用图像数据统计识别法, 在区分复杂结构的汉字(如"逼""通""迥""遒")时, 速度和识别准确率会严重下降, 事倍功半。

第二个重要特征是: 为有效管理和使用已知的各种知识, 必须把它们分门别类地一层一层向上分类、归纳、抽象, 形成由不同粒度知识组成的多层次树形结构(图2.6)。

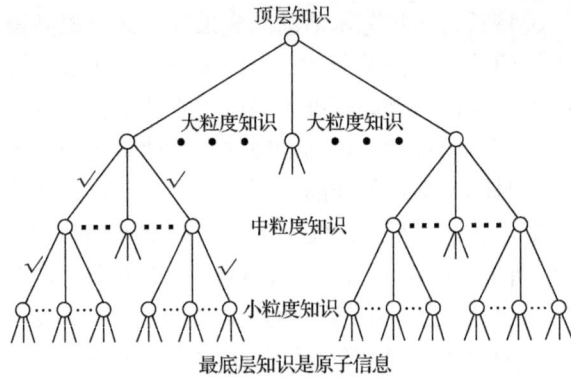

图 2.6　知识的分层分块树形结构

比如大家熟悉的地图知识, 在范围最小的村落里, 每户人家可是一个原子结点, 它们通过原子道路相互连通。在一个自然村落范围内, 可用原子级关系网络诱导出与/或决策树来寻找最佳路径, 并在理论上有刚性逻辑和二值神经网络的支撑。那么, 是否能够无限制扩大这种绝对有效方法的应用范围呢? 人类的社会实践早已作出了否定的回答, 因为随着决策范围的不断扩大, 涉及的原子信息(结点和边)会成几何级数地增多，其中绝大部分是与待解问题毫无关系的因素，如果把它们全部牵扯进来，不仅于事无补，反而使问题的复杂度成几何级数地快速增加，成为一个实际难解、解了也无法说清楚的笨方法。人类使用的有效方法是：在有关村落级地图的基础上，进一步利用粒度更大的乡镇级地图(其中的观察粒度增大到一个村落)和地市级地图(其中的观察粒度增大到一个乡镇)来分层次地逐步解决相互联系的最佳路径规划问题。这样就把一个在原子层面十分复杂的最佳路径规划问题，转化成相对简单得多的三个不同层面内部和层面之间的最佳路径规划子问题进行求解，整体的复杂度大大降低。

2. 在复杂问题中多种知识的配套使用

当今社会每天都在无数次地发生制定国际国内旅游路径规划的问题，对人类社会来讲这个过程已经十分轻松，没有太大的困难。这是如何做到的？首先是因为各国已经事先准备好了各个地区不同层面的交通路线图以备用户使用，其次是因为各个业务部门都有实时更新的交通工具运营时间和价格等信息发布。有这些背景知识和信息的存在，即可快速支持任意范围内任意两点之间的旅游路径规划问题。如有人要从中国西安市西北工业大学去美国匹兹堡市匹兹堡大学讲学，其旅游路径规划不必从包含每家每户的全球村落地图上去寻找。尽管当今世界每一个自然村落都有详细的地图，只要你不计成本和时空开销，一定可把它们全部拼接在一张全球村落地图上。因为这个"最佳解"即使你用深度神经网络和云计算不计成本地在全球村落地图找到了，它肯定是人类难以理解和解释清楚的"黑箱解"，在这个"黑箱解"的某个小环节突然出现异常时，更无法知道如何调整这个最佳路径规划。人类的做法不会如此愚钝，首先会根据顶层子任务"从中国到美国"在世界级地图和国际航空信息网站上找到从中国到美国的最佳航线和最佳航班信息，比如选择了某日某航班从北京市的首都国际机场飞往美国纽约都会区的纽瓦克机场；其次是根据两个中层子任务"从西安市到北京市首都国际机场"和"从纽瓦克机场到匹兹堡市"，分别在两个国家级地图和国内航空信息网站上找到最佳航线和最佳航班信息；最后根据两个底层子任务"从西北工业大学到西安市咸阳机场"和"从匹兹堡机场到匹兹堡大学"，分别在两个城市级地图上根据当地实时发布的道路交通状况找到最佳的开车路线。如此一来，问题轻松解决了，根本不需要大数据和云计算，其结果可解释，易修改。

2.4.4 因素空间理论与知识的粒度提升

1. 主动引入和合理利用不确定性

上述归纳抽象、知识按照性质和粒度不同分层分块存储，通过多层规划来解决复杂问题等聪明的做法本质上是一种主动引入和合理利用不确定性的方法，它突破了传统问题求解观念的约束。传统问题求解观念认为，在解决问题时应努力消除各种不确定性，实在不能消除也要尽可能地避免不确定性推理，以便使用有可靠数学基础的刚性逻辑或二值神经网络解决。但是随着问题复杂度的不断增长，其时空开销会迅速达到无法实际操作的程度，人们不得不主动离开具有最细粒度和确定性的原子信息状态，果断进入具有较粗粒度和不确定性的分子信息状态，这种归纳抽象过程需要借助因素空间理论寻找不同粒度的因素来完成。这是人类智慧的高度体现，深度神经网络忽略了这个重要的人类智慧。当然，要解决比原子信息处理层次更高的分子信息处理问题，就需要抽象层次更高的柔性逻辑和柔性神经元的参与，抽象层次越高，知识粒度越大，包含的不确定性就越多。

2. 因素空间理论[18]

数学家汪培庄教授很早就开始了人工智能数学基础的研究，他认为以往的数学都是针对客观对象的数学，它需要排除一切主观因素，才能准确把握客观事物的本质属性。而智能数学则不同，它研究的对象是智能主体，这类对象有自我意识和目标，面对周围环境有主观能动性，能主动识别环境，趋利避害，让自己的利益最大化。智能主体是如何识别环境并趋利避害的呢？汪教授认为，主体是通过因素空间来评价利害得失。所谓因素就是智能主体根据自己的目标来评价环境条件，选择那些影响自己目标实现的独立事物的属性为因素，忽略那些不影响自己目标实现的事物和由因素衍生出来的事物。在各种类型的信息(包括概念、知识)中，只有一个因素的概念是原子信息，由它形成的命题只有两个不同状态(1，0)，是刚性质命题。有 $n>1$ 个因素的概念是分子信息，由它形成的命题有 $n+1$ 个不同的状态($1, (n-1)/n, (n-2)/n, \cdots, 1/n, 0$)，是柔性质命题。图 2.7 介绍了因素空间理论是如何确定不同粒度概念下形成的命题的真度的，它实际上就是前面介绍过的考核一群学生或者应聘者成绩的三种方式的数学化操作。设对象空间 U 是全体被考核者的集合，考核他们的方式有三种：①单因素达标考核(类似于体育课的达标考核过程)，结果是1(通过)或0(不通过)；②多因素全面考核(类似于理想试卷模型描述的考核过程)，结果可以是 1、0 之间的任意值；③多层多因素综合考核(类似于超级理想试卷模型描述的考核过程)，结果是 1、0 之间的任意值。可想而知，方式③最全面和细致，方式①最粗略。下面详细讨论。

(1) 刚性命题真值的确定[图 2.7(a)]

通常的判断方法是：一个刚性概念用对象空间 U 中的刚性集合 A 表示，命题 p："对象 u 是集合 A 中的元素"是真是假，取决于 u 的位置，如果 u 在 A 内，则 $p=1$；如果 u 在 A 外，则 $p=0$。因素空间理论的判断方法是：刚性命题都是单因素命题，该因素如果出现，$p=1$，如果不出现，$p=0$。

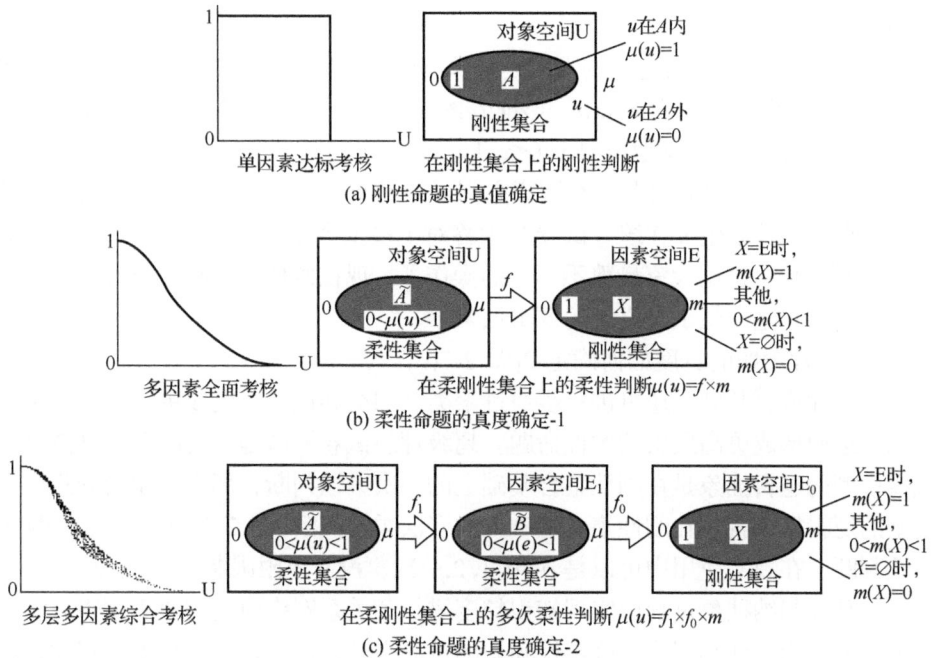

(a) 刚性命题的真值确定

(b) 柔性命题的真度确定-1

(c) 柔性命题的真度确定-2

三种不同命题真度的确定方式

图 2.7　柔性命题真度的确定方法

例如对于命题 q: "张三考上清华大学了",通常的判断方法是查看清华大学的录取名单 A,如果张三在 A 中,则 $q=1$;如果张三不在 A 中,则 $q=0$。因素空间的判断方法是查看命题的单一因素(即清华大学录取张三的通知书),如果收到通知书,则 $q=1$,如果没有收到通知书,则 $q=0$。

(2) 柔性命题的真度如何确定-1[图 2.7(b)]

在刚性概念基础上通过聚类、归纳和抽象,会生成一些柔性概念,进而形成柔性命题。一个柔性概念用对象空间 U 中的柔性集合 $\tilde{A}$ 表示,对象 u 属于集合 $\tilde{A}$ 的程度用隶属度来刻画,可在 1、0 之间连续变化。所以,柔性命题 p: "u 是集合 $\tilde{A}$ 的元素"的真度是多少,也取决于 u 对 $\tilde{A}$ 的隶属度。

那么,隶属度应该如何确定呢? 过去没有统一的方法,凭经验估计或数据统计。因素空间理论给出了统一的确定方法是: 如果你已经通过某种途径获得一个完整的类 E,它是决定对象 u 属于柔性集合 $\tilde{A}$ 的隶属度的因素空间、也是确定柔性命题 x 的真度的因素空间(类似于数学老师根据数学的知识体系和教学经验、根据大学二年级上学期学生应该掌握的基本知识点,拟定了试卷 E),令对象 u 在 E 中的 f 映射结果是刚性集合 X(类似于找到 u 在 E 上的答卷),于是有评价规则 m: 当 $X=E$ 时命题的真度是 $x=1$;当 $X=\varnothing$ 时命题的真度是 $x=0$;否则是 $x=\mathrm{mzd}(\forall eP(e))$,$e \in E$,其中 $\mathrm{mzd}(*)$ 是谓词公式 $\forall eP(e)$ 的满足度(即 u 在 E 上回答正确的百分比)。

定义 2.4.1 柔性命题 x 的真度是对象空间 U 中事件 u 属于柔性集合 $\tilde{A}$ 的隶属度。即柔性命题的真度 $x=\mu(u)=\text{mzd}(\forall eP(e))$，$e\in E$。当 P($e$) 是永真命题时，$x=1$，是永假命题时，$x=0$，其他情况下 $0<x<1$。

这个定义的物理意义是：在因素空间 E 中统计，有多少因素出现在 X 中。这类似于老师统计学生 u 在统一试卷 E 中答对了多少个知识点 X，然后计算 X 相对于 E 的百分比。这是大家最熟悉不过的操作了。现在概括为在刚性集合基础上的柔性判断，它是理想试卷模型的逻辑抽象。

(3) 柔性命题的真度如何确定-2[图 2.7(c)]

在柔性概念基础上还可进一步通过聚类、归纳和抽象，生成更大粒度的柔性概念，进而形成更高层次的柔性命题。超级理想试卷模型是它的原型。既然理想试卷模型的逻辑抽象是在刚性集合基础上的一次柔性判断，那么，超级理想试卷模型的逻辑抽象就是在刚性集合基础上的多次柔性判断，图 2.7(c) 中画的是两次柔性判断。在现实应用中可以是 $n=0,1,2,\cdots$ 次，没有上限限制。

这是在归纳抽象过程中实现知识粒度增长和关系网络简化的通用逻辑方法，既可完成从确定性知识到不确定性知识的可靠提升，也可以完成从不确定性知识到更高层不确定性知识的可靠提升，即因素空间集合 E 既可是刚性因素，也可是柔性因素。图 2.8 是因素空间和知识组织的多层多块结构示意图。

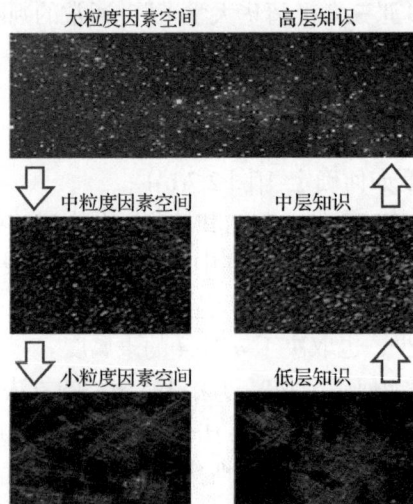

图 2.8　因素空间的层次结构

2.5　小　结

本章从人脑思维的角度进一步论述了科学范式和逻辑范式的关系，决定论科学范式和刚性逻辑范式是配套的，它们的研究对象都是各向同性的事物，具有确定的非此即彼性，在研究封闭的简单机械系统时获得非常成功的应用，所向披靡 600 年；而演化论科学范式和柔性逻辑范式是配套的，它们的研究对象都是各向异性的事物，具有不确定的亦此亦彼性甚至非此非彼性，在当前研究开放的复杂性巨系统时非它莫属，遗憾的是人的思想落后于实践，人已进到研究复杂性系统的新时代，思想还停留在研究机械系统的老时代。下一章将进一步通过人工智能 80 多年的研究实践，看一看两种科学范式和逻辑范式的现场交锋，跌宕起伏、扣人心弦。尽管 80 多年的人工智能研究成绩巨大，但是仍然停留在人脑智能活动结果的表象模拟阶段，无法进入人脑智能活动机制模拟阶段。从历史发展的循序渐进过程看，这没有什么值得大惊小怪的，人类的认识过程就是由表及里、由现象到本质不断深入的，特别是在工具的大转型带来社会的大转变时期。

第 3 章 人工智能：80 年的得失与未来

前两章的论述范围和视角是天-地-人，从宇宙的大环境、到地球的中环境、再到地球生物系统的小环境；从人类的大环境、到人类社会的中环境、再到人脑思维的小环境。一层一层缩小时空范围并聚焦观察视野，都能发现一个共同的发展规律，那就是演化。也就是说，客观世界的万事万物都处在不断地演化发展过程中，具有明显的不确定性。传统认识中的确定性事物，并不是真实的客观存在状态，而是观察者处在局部时空中形成的近似性认知。本章的任务是进一步缩小时空范围、聚焦观察视野，深入到人工智能研究的具体实践活动中，用事后的实际效果看：人工智能工作者在哪些方面符合智能活动的客观规律，取得了阶段性成果；在哪些方面违背了智能活动的客观规律，遇到了发展瓶颈。毕竟用事实说话才客观，最有说服力。

3.1 引　　言

作者本人是人工智能工作者，从 1978 年就开始从计算机科学技术转入人工智能研究，参与发起成立中国人工智能学会，是学会第 1 届理事会常务理事、第 2～5 届理事会副理事长，可以说是和中国的人工智能研究一同成长起来的。对在计算机科学的"算法危机"基础上诞生人工智能学科的背景十分清楚，对各个时期的人工智能成就和应用效果，作者能清楚知晓，为此自豪，对各个时期遇到的发展瓶颈感同身受[19-21]。如今深度神经网络的成果已可赋能改造整个产业，最近几年出现的基于深度学习和强化学习的自然语言大模型，可以为各行各业各个工作岗位提供机器辅助，表现非常优秀。但是，作者一直坚持认为，人工智能学科的目标只能是为人类研制得心应手的智能工具，让人类站得更高、走得更远；而不应该是制造奴役人类的超级智能机器，让人类走向衰亡。所以，作者总感觉有些美中不足，甚至是存在方向性偏离。作者认为，过去的 80 多年应该是人工智能研究的第一阶段——从 0 到 1 的探索积累经验的初级阶段，其基本特征是直接利用计算机的程序设计能力进行人类智能活动的计算机模拟，但是缺乏信息学科范式和智能科学基础理论的指导。未来若干年的人工智能研究是第二阶段——在信息学科范式和智能科学基础理论指导下进行精准设计的高级阶段[15,22,23]。

3.2 创建人工智能学科的初衷

3.2.1 计算机奠定了人工智能的物质基础

20 世纪 30 年代是计算机科学形成的关键时期，应第二次世界大战对快速自动计算的迫切需求，哥德尔、丘奇、图灵、波斯特、冯·诺依曼等一批数学家先后投身到可计算性(能行性)理论和理论计算机的研究。在电子工程师们的助力下，电子数字计算机也在 20 世纪 40 年代问世，让快速自动计算的梦想成为现实，开创了用机器代替人快速自动完成复杂计算过程的先河，并为人工智能学科的诞生奠定了物质基础。

1. 图灵的理想计算机模型

英国数学家图灵(Turing)观察人用笔进行数学运算的过程，发现其运算过程中只有两种简单的操作：①在纸上写上或擦除某个符号；②把注意力从纸的一个位置移动到另一个位置。而在每步操作过程中，人还需要决定下一步的操作，其决定依据是：①人当前在纸上所关注的符号；②人当前的思维状态。据此，图灵提出一个理想计算机模型，其基本思想是用机械装置来模拟人用书写工具进行数学运算的上述过程，但需要忽略其中的时间开销、能量开销和书写工具等物质开销。这个模型被后人称为图灵机模型，典型的图灵机模型组成如下。

带字母表 Γ。Γ 是由有限个字母组成的非空集合，其中有一个特殊的符号 Δ 表示空白。

纸带 A。纸带 A 包含有无穷多个单元，其编号从左到右为 a_0, a_1, a_2, $\cdots$, a_i, $\cdots$，右端可无限伸展，没有上限限制。每格必须包含带字母表 Γ 中的一个符号 s_i。

读写头 H。读写头 H 可在纸带 A 上左右移动，读取所在单元 a_i 上的符号 s_i，并根据控制规则 B 的规定改变 s_i 为 s'_i。

控制规则 B。控制规则 B 是一个由有限多个确定不变的逻辑规则组成的非空集合，每一条规则都规定一种变换：<当前状态 q_i，当前单元符号 s_i>→<读写头的下一步动作 L 或者 R，新的状态 q'_i>。

状态寄存器 Q。状态寄存器 Q 负责保存图灵机当前的状态 q_i。图灵机的状态数是有限的，其中包含停机状态 τ。

同年美国数理逻辑学家波斯特(Post)在 1936 年也独立提出一个简单的计算模型，并猜想它逻辑上等价于递归函数(recursive function)。该模型与典型图灵机模型的差别是：采用双向无限的纸带，每个单元只有两个不同的状态之一(有/无)，最初，有限多的单元有标记，余下的无标记。其他都类似，仅是名称不同。后人称为波斯特机。可证明图灵机和波斯特机的能力等价，下面继续讨论图灵机。

2. 典型图灵机的运行过程

1) 一台典型图灵机 M 是一个七元组，$\{Q, \Sigma, \Gamma, \delta, q_0, js, jj\}$，其中 Q、Σ、Γ 都是有限非空集合，且满足：

Q 是状态集合；

Σ 是输入字母表，其中不包含特殊的空白符 Δ；

Γ 是带字母表，其中 $Q \in \Gamma$ 且 $\Sigma \in \Gamma$；

δ：$Q \times \Gamma \to Q \times \Gamma \times \{L, R\}$ 是转移函数，其中 L、R 表示读写头是向左移还是向右移；

$q_0 \in Q$ 是起始状态；

js 是接受状态；

jj 是拒绝状态，且 js≠jj。

2) 典型图灵机 $M = (Q, \Sigma, \Gamma, \delta, q_0, js, jj)$ 的运作方式如下。

开始时将包含 n 个符号的输入串 ε 从左到右依此填在纸带的 a_0, a_1, a_2, ..., a_{n-1} 单元上，其他单元保持空白(即全部是 Δ)。A 指向 a_0 单元，状态寄存器 Q 处于 q_0 状态。M 开始运行后，按照转移函数 δ 所描述的规则进行操作：①若当前的状态为 q，读写头所在单元的符号为 x，设 $\delta(q, x)=(q', x', L)$，则 M 进入新状态 q'，将该单元中的符号改为 x'，然后将读写头向左移动一个单元；②若在某一时刻，读写头所指的是 a_0 单元，根据转移函数它下一步将继续向左移，这时它将停在原地不动，换句话说，读写头始终不能移出纸带的左边界；若在某个时刻 M 根据转移函数进入了 js 状态，则它立刻停机并接受输入的字符串；若在某个时刻 M 根据转移函数进入了 jj 状态，则它立刻停机并拒绝输入的字符串。

3) 注意，转移函数 δ 是一个部分函数，换句话说对于某些 q, x, $\delta(q, x)$ 可能没有定义，如果在运行中遇到下一个操作没有定义的情况，机器将立刻停机。

为什么说典型图灵机是计算机的理想模型，图灵何以成为计算机科学之父，请看下面的介绍。

3. 典型图灵机的包容能力

1) 通用图灵机。对于任何图灵机，因为的描述是有限的，总可用某种方式将其编码为字符串。设 ε 为某图灵机 M 的编码字符串。现构造一图灵机 U，它可接受任何图灵机 M 的编码 ε，然后模拟 M 的运算过程，这个图灵机 U 就是通用图灵机(universal Turing machine)。上述典型图灵机就具有这一功能。现代电子计算机其实就是通用图灵机的具体实现，它能接受代表任何图灵机的程序，并运行程序实现该程序所描述的算法。因为现实中的计算机的存储都是有限的，所以都无法超越典型图灵机的能力。

2) 根据乔姆斯基(Chomsky)分类体系，形式语言与自动机是等价的，其中：能力最强的 0 型语言 PSG⇔典型图灵机 TM；其次是 1 型语言 CSG⇔线性有界自动机 LBA；再其次是 2 型语言 CFG⇔下推自动机 FDA；能力最弱的 3 型语言 RG⇔有限状态自动机 FA。由此可见，从自动机的能力角度看，典型图灵机是能力最强的自动机，其他自动机的能力都是它的真子集，典型图灵机可模拟任何自动机的运行。

4. 典型图灵机的扩张变体

典型图灵机不仅向内可退化为不同的自动机，还可向外扩张为结构更加复杂的变体，形成很多不同结构的图灵机。典型图灵机向外扩张的方法主要有：①带字母表 Γ 中字母数量的变化；②纸带的两端都可无限伸展；③允许读写头在某一步保持原地不动(相当于移出后又回来)；④多纸带多读写头图灵机；⑤非确定型图灵机；⑥交替式图灵机；⑦枚举器等。

这些典型图灵机扩张变体的能力都是与典型图灵机的能力等价的，即它们都可识别同样的 0 型语言 PSG，被改变的仅是描述和识别的效率。证明两个图灵机能力等价的基本方法是 A 和 B 之间能相互模拟，即若 A 可模拟 B，且 B 可模拟 A，则它们的能力等价。在这里只考虑计算在理论上的可行性，并不关心计算效率的高低。可见，图灵机的能力和现实计算机的能力是两个不同的概念。

5. 图灵被誉为计算机科学之父

图灵提出理想计算机模型并不是为了现实计算机的具体设计，它有更加深远的理论意义。

1) 图灵机模型证明了通用计算理论，肯定了计算机实现的可能性，并给出了计算机的主要架构。

2) 图灵机模型引入了读写、算法、程序语言的概念，极大地突破了过去计算机器的设计理念。

3) 图灵机模型是计算学科最核心的理论，计算机的极限计算能力就是图灵机模型的计算能力，很多复杂的理论问题都可转化到简单的图灵机模型来研究。

4) 丘奇-图灵论题(可计算性假设)。20 世纪上半叶，对可计算性进行公式化表示的尝试有：美国数学家丘奇创建了称为 λ-演预算的方法来定义函数；英国数学家图灵创建了理想计算机模型；数学家丘奇、克莱尼和逻辑学家罗歇尔一起，定义了一类可使用递归方法计算的函数(即递归函数)。这三个理论在直觉上似乎是等价的(它们都定义了同一类函数)。因此，计算机科学家和数学家们相信，可计算性的精确定义已经出现。丘奇-图灵论题的非正式表述是：如果某个算法是可行的，那这个算法同样可被图灵机、λ-演预算和递归函数实现。虽然这个假说已接近完全，但仍不能通过公式来证明。目前，大多数数学家已确信：一切可计算函数都是图灵可计算的，图灵可计算的函数都是可计算函数。

6. 电子数字计算机的问世

二战期间，美国国防部不惜巨资研制电子数字积分计算机 ENIAC。1946 年 2 月 14 日，ENIAC 在宾夕法尼亚大学问世，它是世界公认的第一台电子数字计算机，主要用于弹道计算。研究小组由莫希利(Mauchly)主要负责，总工程师由年仅 24 岁的埃克特(Eckert)担任，组员格尔斯是位数学家，另外还有逻辑学家勃克斯。弹道研究所顾问、正参与美国第一颗原子弹研制的冯·诺依曼(von Neumann)，也带着大量计算问题加入研制小组，对 ENIAC 的许多关键问题做出了重要贡献。ENIAC 由 18000 个电子管、1500 个继电器、70000 个电阻器、10000 个电容器、6000 多个开关及其他器件组成。ENIAC 十分庞大，长 30.48 m、宽 6 m、高 2.4 m，占地面积约 170 m^2，有 30 个操作台，重达 30 英吨(1 英吨=1016.0469 千克)。每秒执行 5000 次加法或 400 次乘法，是继电器计算机的 1000 倍、手工计算的 20 万倍。每次使用耗电量 150 千瓦。英国无线电工程师协会的蒙巴顿将军把 ENIAC 的出现誉为"诞生了一个电子的大脑"，"电脑"的名称由此流传开来。

至此，人工智能学科诞生的物质载体已经建立起来。人工智能学科能否突破计算机应用的硬壳脱颖而出，还缺少一声春雷。

3.2.2　算法危机催生了人工智能学科诞生

1. 人工智能的图灵测试定义

人脑是信息处理装置，计算机也是信息处理装置。人脑是人类智能的载体，把计算机称为电脑，就是希望它能够代替人进行智能活动。但人脑的思维智能是什么，计算机能模拟什么智能活动、不能模拟什么智能活动，这些在哲学上都没有搞清楚的问题，怎么用计算机来实现！为回避这一困局，图灵 1950 年发表"Computing Machinery and Intelligence"一文，大胆提出用猜游戏模型来评判机器有没有智能。其具体方法是：让测试者 C 与被测试者(一个人 B 和一台机器 A)彼此隔开，不能直接见面。C 通过一些装置(如电传打字机)与被测试者 A 或 B 随意交谈，机器 A 的任务是尽一切可能不让测试者 C 知道自己是机器，而是人。在进行了多次测试后，如果有超过 30% 的测试者 C 不能确定出被测试者谁是人谁是机器，那么这台机器 A 就通过了测试，被确认为是具有人工智能的机器。

后人称这个猜游戏模型为图灵测试模型，并尊称图灵为人工智能之父。然而，图灵测试模型并没有引导人们去探讨智能活动的本质，然后用计算机去模拟，而是满足于像魔术师一样制造智能假象去误导测试者。从积极意义上看，图灵是在鼓励人们，现在有了计算机这个物质载体，可大胆地去探索人工智能的实现途径，不必等待哲学家和心理学家搞清楚什么是智能后再进行。但这只是鼓舞士气的一种比喻，不能照此作为研究人工智能的目标，而应该按照智能的生成机制去模拟智能。如果真正按照图灵测试模拟来研究人工智能就是在玩骗术，其实际效果是抹除了智能活动的本质(理解问题和环境条件，根据自身目标做出最有利的响应等)。这不是危言耸听，确实有一些自然语言理解和对话系统就是根据模式匹配进行机械式的形式问答，表面上看起来很光鲜，本质上看毫无智能(理解)可言。请看实例。

1) 1966 年麻省理工学院的维森鲍姆发明了一个可以和人对话的程序 Eliza。它被设计成一个心理治疗师，可通过谈话帮助有心理疾病的人进行调理。实验结果是它能够像真人一样与人交流几十分钟，当时人们十分惊讶。但它实际上没有理解谈话的内容，仅用一些语言技巧来装作理解了对方说的话，进行不疼不痒的聊天。下面是一段 Eliza 和患者的对话。

Eliza："我是心理治疗师，请问有什么问题。每次说完话，请按两次回车键。"

患者："你好吗？"

Eliza："还不错，跟我讲讲你自己。"

患者："我感觉好孤独，好忧伤。"

Eliza："为什么你感觉好孤独，好忧伤？"

患者："家人和朋友都不关心我。"

Eliza："跟我讲讲你的家庭。"

……

在这里，Eliza 显然是没有理解患者说的话后来进行回应，而是用引导性的谈话技巧让对话能够延续下去。现在流行的微软小冰、苹果 Siri、谷歌 Allo 以及亚马逊 Alexa 都是运用了类似的语言技巧，它们都不过是 Eliza 的现代加强版而已，没有任何本质进步。

2) 到了 2014 年，雷丁大学进行了一场图灵测试。一个叫 Eugene Goostman 的聊天机器人达到了 33% 的成功率，即在场有 33% 的评判员误认为它是一个真人。这是第一次通过图灵测试的人工智能系统，相信以后还会有越来越多的聊天系统获得越来越高的成功定率。

但这不是人工智能真正需要的发展方向，这种人工智能系统，作为小朋友玩具或者帮助孤独的老年人度过寂寞时光有一定用处，但真正要把它作为心理治疗师给病人调理，或者作为询问病人病情的问诊系统，必然会出现事故。众所周知，智能系统首先要知道自己正在干什么，其次要理解别人说了些什么，然后才能决定我回答什么。目前市场上的许多"智能产品"都是这种骗人的"智能玩具"，如果在学术上不严格区分开来，很不利于公众建立对人工智能的正确认知。

更深入地说，计算机程序能展示智能活动的结果(如根据求一元二次方程根的公式自动计算出解来)，并不等于它模拟了智能活动过程(如寻找到求一元二次方程根的公式，并自动计算出解来)。打一个比方，如果智能是在井下发现煤层并开采出煤炭的能力，那么在井口展示一堆煤炭的能力就不是智能，因为它没有模拟采煤过程，只展示了采煤的最后结果。

2. 算法危机促使人工智能学科诞生

人工智能学科的诞生得益于计算机科学中的算法危机[19-21]。因为计算机应用遵循的模式是"数学+程序"，其解决问题需满足三个先决条件：

1) 能建立该问题的数学模型；
2) 能找到该数学模型的算法解；
3) 能根据算法解编写实际可运行的程序。

这计算机应用必需的"三能"，都没逾越刚性逻辑的约束，理论计算机科学却发现了算法的"三绝"：

1) 绝大部分人的智能活动无法建立数学模型；
2) 绝大部分数学模型不存在算法解；
3) 绝大部分算法解是指数型的，其程序实际不可计算。

"三绝"对应"三能"，这就是 20 世纪 50 年代困扰理论计算机科学和计算机应用的"算法危机"。

人脑可解决的许多问题，电脑的数学+程序应用模式却无能为力，这说明什么？说明电脑相对于人脑来说确实很不聪明。同样都是在进行信息处理，为什么会有如此大的差异？因为图灵机(递归函数)只是按照程序的规定机械执行的呆板机器，根本没有主观能动性。而人脑有主观能动性，能够见机行事，机动灵活地处理现实问题。照章办事和见机行事是办事能力的两个极端，所以电脑和人脑不可混为一谈。由于单纯依靠电脑来完成部分脑力劳动机械化的愿望落空了，人们必须突破计算机应用的硬壳，另外寻找机器模拟智能的原理和方法，这直接导致了 1956 年人工智能学科的正式诞生。人工智能学科创始人的初心很明显，就是希望通过对人脑智能活动规律的探索和机器模拟，来克服计算机科学的算法危机，使计算机变得更加聪明起来，这明显是要突破传统计算机应用的理论框架，另起炉灶创立全新的学科。

由此可见，人工智能学科诞生的直接目的，就是要通过模拟人脑智能活动规律来弥补计算机应用的不足。由于人类对自己智能的奥秘知之甚少，所以整个人工智能学科的发展史就是在探索人脑在哪些方面比计算机更"聪明"，这是我们考察人工智能学科发展过程和未来方向的核心线索，离开了这个核心线索，就会偏离人工智能学科发展的正常轨道，不是用骗术来代替理解，就是用蛮干来代替巧干。现已经清楚，组合爆炸是算法的本质特征，理解和巧干是人脑避免组合爆炸的唯一良策，抹除理解和巧干，就是在抹除智能。

当然，这些都是人工智能初级阶段需要反复强调的内容，到了人工智能高级阶段，有了巨大的智能能力之后，还需要反复防止一种相反倾向反客为主——既然人工智能系统的能力已经超过人类的几十个数量级，人类应该把自己的主宰地位让给人工智能系统。这是严重违反创立人工智能学科初心的行为，更是违背人类制造和使用工具的初衷。因为，人类研制各种智能工具的目的是扩展人的智能能力，如同研制各种动力工具是为了扩展人的身体能力一样。人类借助这些工具的支撑，可以完成各种更加伟大的事业。归根结底，各种各样的工具都是人类研究的，发明权、使用权、控制权都属于人类自己。所以，没有主客异位、反客为主的必要性和可能性。

3.3　人工智能必须面对的现实环境

3.3.1　智能产生于现实世界

1. 没有现实环境就没有智能

在理想世界中，因为一切都是由确定不变的规律控制的，有者恒有、无者恒无、真者恒真、假者恒假，所以只要能判断有-无、真-假，一切按照既定的规则办事即可，不需要什么智能。人类之所以会产生智能，因为人有目的性，有在目的驱使下的主观能动性，需要根据周围环境的状况和变化趋势，在已有经验启发下选择最有效的途径和方法，作出对自己最有利的响应(趋利避害)。如响应失败了，还可从头再来反复试探下去，并能通过这些经验教训的积累进行学习提高，不断完善自身的智能。所以，人的智能就是在不断地"识变、用变、求变"中形成的，目的是有利于人类自身的生存和发展。如果一切都确定不变了，智能也就没有存在的价值了。更深层的哲学信念是：人们相信世间万事万物都处在不断演化发展过程中，时间是矢量，过去、现在和未来扮演着完全不同的角色，不确定性是客观世界的本质属性，确定性才是人在局部环境中的短暂时间内产生的"近似性"认知。人类认知的前进大方向是不断消除这些"近似性"认知，精准把握各种不确定性在生态平衡中的演化发展规律和各种影响，理想化只是一种在特殊情况下允许使用的"权宜之计"(如地球人确信无疑的万年历和潮汐表，其实仅是局部时空中日、地、月三体运动的近似规律)，根本不可能"放之四海而皆准"。

2. 两个世界面对的问题截然不同

图 3.1 进一步对比分析了理想世界和现实世界的差异。

1) 如图 3.1(a)所示，在理想世界中，论域是各向同性的封闭时空，其中的万事万物都是一些对立充分的真/假分明体，真者恒真，假者恒假；有者恒有，无者恒无；动者恒动，静者恒静；……，即其中的一切逻辑要素都严格受到"非此即彼性"约束。所以，其中任何一个事物(概念)都可用刚性集合 A 描述：如点 u 落在集合 A 中，则 $u \in A$ 是真命题；如点 u 落在集合 A 外，则 $u \in A$ 是假命题；如点 u 落在论域之外，则 $u \in A$ 无定义($\perp$)。刚性逻辑就建立在这样的逻辑环境中，它排除了真(1)、假(0)之间的所有中间过渡值，大大简化了逻辑推理的复杂性，在传统数学和计算机科学等方面有广泛和有效的应用，具有理想环境中的普适性。

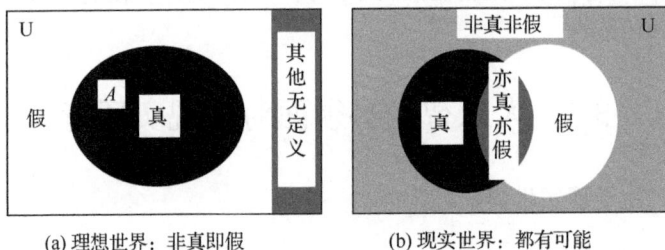

(a) 理想世界：非真即假　　　　　　(b) 现实世界：都有可能

图 3.1　两个不同世界的差异分析

2) 如图 3.1(b)所示。在现实世界中，情况要复杂许多。因为世间万事万物都是不断演化发展的对立统一体，推动其演化发展的原动力是内在的辩证矛盾，其外在表现是不确定性(包括亦真亦假和非真非假性)。所以与数学和计算机科学不同，在智能科学中，一般不允许把现实问题抽象为全部逻辑要素都受"非此即彼性"约束的理想问题，某些重要的不确定性必须保留，否则就不成其为智能问题了。如戒烟问题就是一个：从不抽烟→抽烟→再不抽烟→再抽烟→……的辩证演变过程，需要用"抽烟强度" $x \in [0, 1]$ 来刻画才能精准描述，如果抽烟强度的波动幅度是不断收敛的，这个烟民就有可能被治愈，如果抽烟强度的波动幅度是不断发散的，这个烟民就不可能被治愈。而按照不抽者恒不抽(0)，抽者恒抽(1)的理想真度 $x \in \{0, 1\}$ 来刻画，戒烟问题就是一个根本不存在的问题。所以，在现实世界中，不仅存在可用刚性集合和刚性逻辑描述的真/假分明体，且存在更多的是真/假共存的对立统一体，它们一般都具有"亦此亦彼性"，需要用柔性集合和柔性逻辑来刻画。由于复杂性系统中的涌现效应，偶尔还会出现新生的变异体，它与原来系统中的元素完全不同，具有"非真非假性"，属于域外不动项，需要用超协调逻辑来刻画。如在实数域中解一元二次方程，会突然冒出并非实数的方程解(含有 $\sqrt{-1}$ 的成分)。从运算的封闭性看，方程的所有解都应该是实数(真)；但按实数的定义看，这种解根本不是实数(假)。又如电子商务，它是在网络时代涌现出来的新生事物，在原来的商业模式中它既不合法(假)，也不违法(真)。

3.3.2 程序体是智慧度最低的智能体

现在仍有些学者无视前面列举的种种事实，站在计算机科学的局部立场上坚持认为：人工智能不是一个独立学科，它不过是计算机应用的一个分支而已。人工智能并没有自己的基础理论，不过是一些适用技术的集成而已。这是个学术观念会葬送人工智能的大好前程，贻误智能科学的发展和智能化社会的全面实现。请看下面的进一步分析。

1. 程序体是最呆板的智能机

众所周知，无论是面对简单问题还是复杂问题，图灵机(递归函数)都只会按照预先编制好的程序"照章办事"地机械执行，没有在工作现场随机应变处理问题的能力，因为它的本质属性就是"能精准做事，但行事呆板"，根本无法在现场灵活机动地处理突发问题。而智能机之所以具有智能，是因为它可以模拟人脑在工作中见机行事和不断学习提高的进化能力，绝对不是一成不变地呆板行事。这是一个利用计算机实现智能化必须克服的属性瓶颈，它既是促使人工智能学科诞生的理论根据，也是人工智能学科的历史使命。对于这个历史使命，每一个人工智能工作者都应牢记于心，不能些许忘怀！如果说计算机应用可直接呈现智能活动结果的话，那么它只能算是智慧度最低(0)的智能机，特称其为程序体(program body)。

2. 智能需用高阶图灵机模拟

作者根据多年从事计算机科学研究的经验，特别是后来从事人工智能和实用专家系统研究的体会，认识到要改变计算机"能精准做事，但行事呆板"的本质属性，必须从根本上改造图灵机(递归函数)的体系结构，把它提升为高阶图灵机 A_n(泛递归函数)。具体的提升方法如图 3.2 所示。

1) 首先把典型图灵机等价地变换成双带图灵机，然后借助新增加的磁带为中介，实现两个图灵机的串联：底层图灵机 T_0 仍然面向客观环境中的问题，但在上层图灵机 T_1 中存有修改图灵机 T_0 中控制规则的规则。T_1 实时监测 T_0 的工作情况，在发现意外状况时随时依规修改 T_0 的控制规则，这个串联体称为二阶图灵机 A_2。

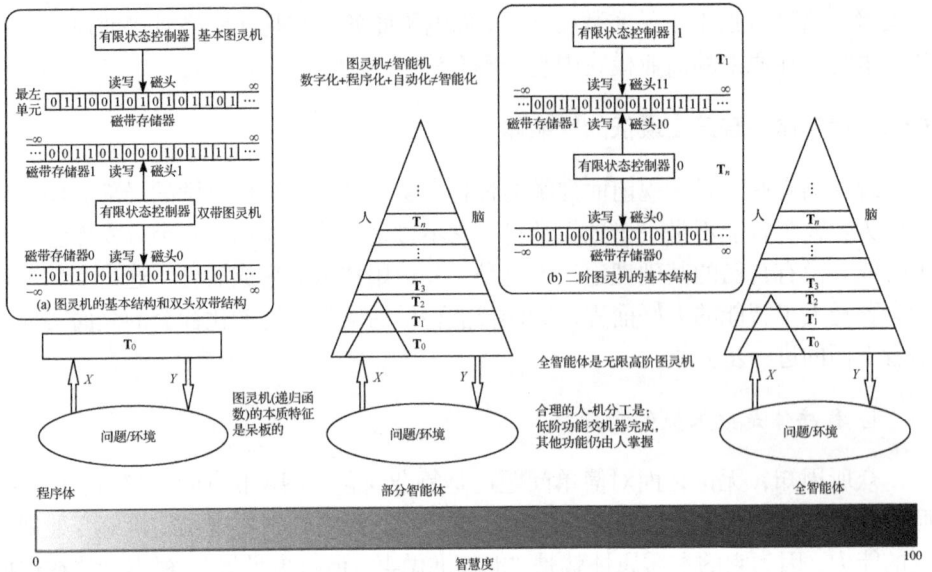

图 3.2　程序体和智能体的关系

由于增加了 T_0 控制规则随机应变的能力，A_2 的能力强于典型图灵机 T_0 的能力(注意：前面已证明，典型图灵机任何形式的并联和变体，其能力仍然等价。现在是通过串联，可增加其控制规则现场变化的能力)。如此一来 A_2 就克服了图灵机的属性瓶颈，可以部分地模拟随机应变的智能活动，具有了最简单的学习能力，这是计算机升级为智能计算机的开端。

2) n 阶图灵机 A_n 的串联方式是：T_0 面向问题，T_1 中存有修改 T_0 规则的规则，它实时监测 T_0 的工作，可随时依规修改 T_0 的规则；T_2 中存有修改 T_1 中规则的规则，它实时监测 T_1 和 T_0 的工作，可随时依规修改 T_1 的规则；……；T_{n-1} 中存有修改 T_{n-2} 中规则的规则，它实时监测 T_{n-2}，……和 T_0 的工作，可随时依规修改 T_{n-2} 的规则。这是高级智能计算机的基本结构模式。

3) 理论上允许 $n \rightarrow \infty$，称 A_∞ 为无限高阶图灵机，它代表全部人类智慧的总和。

为定量刻画智能机的智慧度，首先需要明确其上下极限。规定：程序体的智慧度为 0，由于它只会照章办事(复述人脑智能活动的最后结果)，所以是人类智慧的下极限；全智能体(full intelligence body)代表过去、现在和未来全体人类智慧的总和，它肯定是人类智慧的上极限，其智慧度为 100。全智能只能用无限高阶图灵机来模拟，这是无法用现实技术实现的理想模型。在现实环境中，不需要也不可能用机器来模拟全智能，只能根据问题的实际需要和现实的可能性，实现较低层次中较重要功能的模拟，称为实用智能体(practical intelligence body)。人工智能系统的演化发展，都只能在智慧度≥0 且<<100 的区间内变化。由此可知，把智能机局限在单纯的计算机应用的一个分支中，对人工智能学科的发展是极其有害的。

3.4　人工智能发展史的重要启示

古人云：以铜为镜，可以正衣冠；以史为镜，可以知兴替；以人为镜，可以明得失。

人工智能、原子能和空间技术一起被誉为 20 世纪的三大科学技术成就。回顾 80 多年来人工智能学科发展的人和事，可帮助读者感悟出一些关于人工智能学科和智能科学的内在本质和未来的发展方向。从总体上看，人工智能学科的形成和发展大致经历了三个不同的探索时期(其总体发展态势如图 3.3 所示)。每个探索时期探索的重点和方法不同，但都有重大突破，推动人工智能研究和应用上升到一个新的台阶，说明这时期关注的模拟对象确实是智能因素，可完成部分智能模拟任务，推动人工智能上升到一个新的台阶；但同时也暴露出新的发展瓶颈，难以逾越，不得不改弦易辙，寻找新的出路[19-22]。这些事实都说明，各个探索时期关注的模拟对象都是智能因素的重要组成部分，但是都不够全面，明显顾此失彼，存在片面性。这些从实践中获得的得失经验为我们建立智能科学基础理论提供了丰富的素材，非常宝贵。

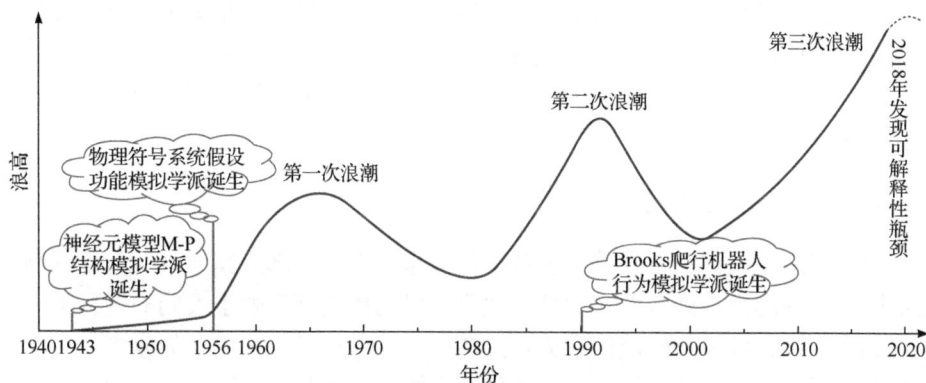

图 3.3　人工智能学科发展的总体态势图

80 多年来起伏跌宕、三起三落的探索经历，值得后人认真总结。有些规律现在回过头来看很清楚。①智能不是单一因素决定的，它是由众多因素形成的综合效应。如果仍然按照传统习惯分而治之、单打独斗地进行模拟，一定是顾此失彼，难以奏效。②如一味地坚持用骗术来代替理解，用蛮干来代替巧干，那就会毁掉人工智能学科。因为智能模拟离不开算法，而组合爆炸是算法的本质属性，理解和巧干是人类智能避免或者缓解组合爆炸的唯一良策，抹除了理解和巧干，就是在抹除智能。③可以这样说，任何现实计算机的算力(包括网络的整体算力)在组合爆炸面前都不堪一击，所以试图依靠大数据和云计算来解决一切智能模拟问题，初看起来很有效，成果光鲜亮丽，但是再扩展几步，就立刻会发现，这完全是妄想。就拿最缓慢的组合爆炸 2^n 来说，当算法的复杂度是 n=1,2,3 时，只需要分别计算 2、4、8 个循环，就可轻松解决；当 n=10 时，需要计算 4096 个循环，属于千级水平，仍然可以解决；当 n=20 时，需要计算 4194304 个循环，属于百万级水平，就不是那么容易解决的困难问题了；你再往前跨两步试试，n=22 时，需要计算 16777216 个循环，属于千万级水平，你还能硬碰硬地干下去吗？例如 n=100 时，需要计算 1267650600228229401496703205376 个循环，属于天文数字级水平，可见硬碰硬是行不通的，这是智能体和程序体的最大区别，不知道巧干就不是智能。

3.4.1　人工智能的孕育时期(1956 年以前)

1. 历史久远的人类梦想

人工智能的出现不是偶然的，从思想基础上讲，它是人们长期以来探索能进行计算、推理和其他思维活动的智能机器的必然结果；从理论基础上讲，它是由控制论、信息论、系统论、计算机科学、脑科学、神经生理学、心理学、数学和哲学等多种学科相互渗透的结果；从物质技术基础上讲，它是电子数字计算机的出现和广泛应用的结果。人工智能学科的孕育期大致可认为是在 1956 年以前的漫长时期，特别是 19 世纪到 20 世纪上半叶这段加速发展时期。可以说脑力劳动机械化是久远的人类梦想。

2. 古近代的漫长努力

自古以来，人们一直在试图用各种机器来代替人的部分脑力劳动，以提高人类征服自然的能力。许多国家的神话故事和民间传说都反映了人们的这种美好愿望。如在中国，西周年间流传有关巧匠偃师献给周穆王"艺伶"的故事。东汉年间张衡发明的指南车是世界上最早的机器人雏形。唐代有记载："将作大匠杨务廉甚有巧思。尝于沁州市内刻木作僧，手执一碗，自能行乞。碗中钱满，关键忽发，自然作声云'布施'。市人竞观，欲其作声。施者日盈数千矣。"这是一个实用的机械式语音生成器，比西方的肯佩伦(Kempelen)的讲话机早近千年。在古希腊，亚里士多德是研究人类思维规律的鼻祖，他的《工具论》为研究思维的逻辑规律奠定了理论基础。

在近代关于研究人的思维规律，制造可完成计算、推理和其他智能行为的机器的记载更是不胜枚举。西班牙逻辑学家卢乐(Luee)最早提出了制造可以解决各种问题的通用逻辑机。法国物理学家和数学家帕斯卡(Pascal)制成了世界上第一台机械式加法器，并得到广泛的应用。德国的数学家和哲学家莱布尼茨(Leibniz)在帕斯卡加法器的基础上又制成了可进行四则运算的计算器。英国数学家巴贝奇(Babbage)毕生致力于差分机和分析机的研究，其设计思路与现代电子数字计算机十分相似，但终因种种条件的限制未能成功，其超越时代的设计思路也一并被埋进了坟墓，致使一百年后科学家们不得不重走一遍他已走过的道路，成为科学史上的一大憾事。

3. 20 世纪初的紧锣密鼓探索

到了信息化时代，探索活动更是紧锣密鼓地展开，主要成就包括：

1936 年图灵创立理想计算机模型，提出以离散量的递归函数作为智能描述的数学基础，为人工智能的诞生提供了计算理论的必要基础。

1943 年麦卡洛克(McCulloch)和皮茨(Pitts)在《数学生物物理公报》上发表神经元的数学模型(M-P 模型)，为人工智能的诞生提供了结构模拟的基础。

1945 年冯·诺依曼提出存储程序概念，1946 年与莫希利、埃克特等合作研制成功第一台电子数字积分计算机 ENIAC，为人工智能的诞生奠定了物质条件的基础。

1948 年香农(Shannon)发表了《通信的数学理论》，后人称之为信息论。他研究了信息度量的方法，建立了信息传递的基本理论，为人工智能的诞生提供了信息理论的基础。

1948 年维纳(Wiener)创立了控制论，深入探讨了动物和机器中的通信、学习与控制的规律，为人工智能提供了学习与控制的理论基础。

1949 年伯克利(Berkeley)出版了 *Giant Brains: Or Machines That Think*，认为：如果一台机器可计算、总结和选择、作出合理操作，称这台机器能思考并不为过。

1949 年赫布(Hebb)发表 *Organization of Behavior: A Neuropsychological Theory*，描述了学习过程中人脑神经元之间连接的规律。

1950 年香农发表 *Programming a Computer for Playing Chess*，这是人类第一篇研究计算机象棋程序的文章。

1950 年图灵发表 *Computing Machinery and Intelligence*，提出图灵测试模型。

1951 年明斯基(Minsky)和爱德蒙(Edmunds)建立了随机神经网络模拟加固计算器 SNARC。这是人类研制的第一个人工神经网络，其用 3000 个真空管来模拟 40 个神经元规模的网络。

1956 年初香农和麦卡锡(McCarthy)广泛收集了关于"思维"机器研究的十三篇论文，汇编成《自动机研究》一书。

这些成果充分显示出人工智能学科已是躁动于腹中的即将出世的婴儿。

4. 对智能认识的局限性

这时期学者们对电脑思维(计算机信息处理过程)和人脑思维(智能活动过程)有什么关系和差别,是有些模糊不清的。计算机是人设计制造的,人们知道它能够计算+推理;对于人脑,人们只知道人的智能=计算+推理+其他行为,以为只要用计算机模拟了人的"其他行为",就算模拟了人的智能。对于智能的本质到底是什么,由哪些因素组成,刚性逻辑能不能精确刻画智能活动过程等问题浑然不知,这是人工智能学科诞生以后首先需要突破的认识阻碍。

3.4.2　人工智能的第一探索时期(1956~1985)

人工智能的第一个探索时期是从 1956 年开始到 1985 年前后结束,其时代特色是:①学科刚刚起步,先驱者们雄心勃勃,但对智能知之甚少,认为计算机能像人一样完成计算、推理、解决问题、用自然语言交流、博弈、完成操作等就是人工智能;②主要依靠逻辑和知识进行人工智能研究;③仅有几十个科学家在实验室进行一般性原理和方法研究。主要研究成果包括 1956 年在美国的达特茅斯学院召开的为期两个月的学术研讨会,探讨如何利用计算机等技术来模拟人类的智能功能,并提出了"Artificial Intelligence"这一专门术语,标志着人工智能学科的正式诞生;此后在机器定理、机器证明、问题求解、LISP 语言、模式识别、专家系统、知识工程等关键领域所取得的重大突破,也爆发了人工智能的理论危机。这一时期的人工智能主流学派称为功能主义学派(functionalism school),他们集中精力于智能功能的计算机模拟,主要依靠的是逻辑和知识。这时期的主要研究成就和发展瓶颈如下。

1. 人工智能学科的正式诞生

1955 年 8 月 31 日,"Artificial Intelligence"一词在一份关于召开学术研讨会的提案中被正式提出。该份提案由达特茅斯学院的麦卡锡、哈佛大学的明斯基、IBM 公司的罗彻斯特和贝尔电话实验室的香农联合递交。1956 年 8 月,会议在达特茅斯学院正式召开,邀请 IBM 公司的莫尔(More)和塞缪尔(Samuel)、麻省理工学院的赛尔夫利奇(Selfridge)和索罗孟夫(Solomonff)以及兰德公司和卡内基梅隆大学的纽厄尔(Newell)和西蒙(Simon)等参加。与会的十人是研究数学、心理学、神经学、信息论和计算机方面的科学家或工程师,他们在一起共同学习和探讨用机器模拟智能的各方面问题,历时两个月之久。这次具有历史意义的会议,标志着人工智能这门新兴学科的正式诞生。这次会议之后在美国很快形成了三个以人工智能为目标的研究组织。并迅速在实验研究上取得许多重大突破,这是全球人工智能研究的开端,美国是人工智能学科的发源地,带动了世界各国人工智能研究的发展，开始是西欧各国和日本。苏联在很长一段时间对人工智能是持批判态度的，我国也是到 1978 年才有条件地接受"智能模拟"研究。

2. 刚性逻辑成就辉煌的十年

1956～1975 年是人工智能学科正式诞生后，刚性逻辑大显身手的辉煌十年，很快在自动定理证明、问题求解、博弈和 LISP 语言及模式识别等领域取得重大突破，人工智能作为一门新兴学科受到世人瞩目。

纽厄尔、肖(Shaw)和西蒙合作编制了一个名为 The Logic Theory Machine 的程序系统(简称"LT 程序")。该程序模拟了人用数理逻辑证明定理时的思维规律，它用分解(把一个问题分解为若干子问题)、代入(用常量代入变量)和替换(用一个逻辑符号替换另一个逻辑符号)等方法来处理待证的定理。如果这些子问题最终能变换成已知的公理或已证明过的定理的形式，那么该定理就得证了。分解、代入和替换属于推理规则，先解决子问题然后解决总问题是程序给定的解题步骤。只要事先在机器中存入一组公理和一组推理规则，LT 程序就可在探索中求解问题。用 LT 程序纽厄尔等证明了罗素(Russel)和怀特海(Whitehead)的名著《数学原理》第二章中的 38 条定理(1963 年在一部较大的计算机上终于完成了该章中全部 52 条定理的证明)。学者们普遍认为，这是用计算机对人的高级思维活动进行研究的第一个重大成果，是人工智能研究的真正开端。

另一个重大突破是塞缪尔 1956 年研制成功的具有自学习、自组织和自适应能力的跳棋程序。它和 LT 程序都是第一次在计算机上运行的人工智能程序。这个跳棋程序可像一个优秀的棋手那样向前看几步后再走棋，可向人学习下棋经验或自己积累经验，还可学习棋谱。它在分析了 175000 幅不同棋局后，归纳出书上推荐的走法，准确率达 48%。这是模拟人类学习过程的一次卓有成效的探索。1959 年这个程序已击败了它的设计者，1962 年又击败了美国的一位州级冠军。

另一个有深远影响的成就是乔姆斯基提出了一种文法的数学模型，开创了形式语言的研究。形式语言和自动机是等价的，它们都可以用来研究思维过程。

1958 年美籍华裔学者王浩在 IBM 实验室的一台 IBM704 机器上用汇编语言编写了 3 个程序，证明了罗素和怀特海《数学原理》中的 200 多个定理。

1958 年中国科学院电子所马大猷等开始自动语音识别研究，1959 年建成汉语 10 个元音的识别装置。

1959 年塞缪尔创造"机器学习"一词说："给计算机编程，让它能通过学习比编程者更好地下跳棋。"

1959 年，赛尔夫利奇等发表了模式识别程序。

1960 年纽厄尔、肖和西蒙等又通过心理学实验，发现人在解题时的思维过程都大致可以分为三个阶段：①首先想出大致的解题计划；②根据记忆中的公理、定理和解题规则，按计划实施解题过程；③在实施解题的过程中不断进行方法和目的的分析，修订解题计划。这是一个具有普遍意义的启发式搜索(heuristically search, HS)的思维活动过程，其中最活跃的是方法和目的的分析。基于这一发现他们编制了一个名为 GPS(General Problem Solving)的程序，该程序可以解十一种不同类型的课题，使启发式程序有了较大的普适性。这是第一次提出了 HS 的概念，HS 策略用待解决问题本身拥有的启发信息来引导搜索，达到减少搜索范围、降低问题复杂度、延缓组合爆炸目的的一种探索策略，是人类最擅长使用的一种高效率、高风险的策略。

同年，麦卡锡研制出表处理语言 LISP，它不仅能处理数值，而且可以更方便地处理符号，在人工智能的各个研究领域中都得到广泛的应用。早期的人工智能程序大部分都是用 LISP 语言写成的，它武装了一代人工智能科学家。至今 LISP 语言仍然是研究人工智能的重要工具。

1961 年明斯基发表了题为"走向人工智能的步骤"的论文，对人工智能研究起了巨大的推动作用。

1961 年世界第一台工业机器人 Unimate 开始在新泽西州通用汽车工厂的生产线上工作。

1965 年罗宾逊(Robinson)提出归结法，被认为是一个重大的突破，也为机器定理证明的研究带来了一次新高潮。但是很快发现，自动机器定理证明的组合爆炸十分严重，大量无用的子句的疯狂繁殖会迅速吞噬掉任何计算机的时空资源，但是计算机却不知所措。

1966～1972 年斯坦福研究院的罗森(Rosen)等研发出自主移动机器人 Shakey，可在复杂环境下自主推理、规划和控制，实现了智能机器人研究的开端。

1968 年奎廉(Quillian)提出知识表示的"语义网络"。明斯基从信息处理的角度对语义网络的使用作出了新的贡献。

1968 年威诺格拉德(Winograd)开发了 SHRDLU，这是一种早期的自然语言理解程序。

1969 年，由国际上许多学术团体共同发起，成立了国际人工智能联合会议(International Joint Conferences on Artificial Intelligence, IJCAI)，两年召开一次国际学术会议，宣读论文，讨论和交流研究成果，探讨研究方向。

1970 年国际性人工智能专业杂志 *Artificial Intelligence* 创刊，它是由 IJCAI 主办的双月刊。

1972 年法国马赛大学的 Colmerauer 在 Horn 子句的基础上提出逻辑程序设计语言 PROLOG。开始不被人重视，后经 Kowalski 等改进，逐渐被人承认。现在已成为继 LISP 语言后的最主要的人工智能语言，特别适于知识信息处理，后被日本列为第五代计算机的核心语言。

3. 组合爆炸瓶颈的发现

上述成就的获得，证明先驱者们感悟到的计算、推理和行为都是智能中的重要因素，在人工智能中不可或缺。在人工智能早期成功势头的鼓舞下，曾有先驱者乐观地预言：未来 10 年内，依靠有待发现的几个推理定律，依靠计算机的高速度和大容量，人工智能可达到甚至超过人类智能的水平。但这些预言不仅未能实现，还出现了人工智能的第一个发展瓶颈——组合爆炸。人可以有效避免组合爆炸而人工智能程序不能，这说明在智能模拟的因素中，仅仅考虑计算、推理和行为是不够的，还有其他因素有待人们去研究发现。同时也表明受思维惯性约束，人工智能研究一开始就是在决定论科学范式和刚性逻辑范式的指导下进行的，人们习惯于只管命题形式，不管命题内容，只管模式匹配，不管内容理解。而计算机执行的所有算法(递归函数)都是基于规则的信息变换过程，它本质上都是组合爆炸的。如果你能够像经验丰富的数学家那样，根据被证命题的内容特征，利用启发式经验信息，有选择地调用规则，就可快速获得证明结果；如果像自动定理证明那样没有目的地盲目调用规则，理论上虽然没有犯错误，但实际上会让无用子句迅速大量繁殖，加剧组合爆炸的烈度，使得任何计算机的时空资源都会被吞噬殆尽。可惜由于程序只管命题形式，不管命题内容，所以它无法像数学家那样有效地使用启发式搜索策略。这是一个死结，在计算机学科内部无法解开。于是有人考虑，既然通用问题求解效率不高，容易组合爆炸，改用专业领域的专门知识，会不会好一些。

4. 领域知识大显身手的十年

人工智能学科诞生后的前十年，先驱者们研究的主要问题是一批可确切定义并具有良性结构的难题，以为依靠刚性逻辑和机器的高速度大容量，就可解决智能模拟问题。所以十分重视具有一般意义的推理算法和搜索策略的研究，轻视与问题直接有关的领域知识。后来发现这些缺乏领域知识支撑的弱方法存在致命的弱点：组合爆炸会迅速地吞噬掉计算机的时空资源。于是不得不改弦易辙，开始重视领域知识的高效率运用。后十年的主要成就是确定了知识在人工智能中的重要地位，知识工程的方法很快渗透到人工智能的各个分支领域的研究中，人工智能开始从理论研究走向现实问题研究，并迅速地产生了许多奇迹般的效果。但事物一分为二，很快又出现了经验性知识推理理论的缺失和知识获取的发展瓶颈，并导致了 20 世纪 80 年代中后期爆发的人工智能理论危机。下面请看历史事实。

初期的人工智能学者主要是在实验室中进行人工智能基本原理和方法的理论研究。他们认为：如何将这些普适性理论应用到各个实际领域中去，是领域工程师的事，人工智能科学家如果陷入各个应用领域，将会妨碍学科自身的发展。美国斯坦福大学的费根鲍姆(Feigenbaum)力排众议，积极倡导将人工智能的原理和方法应用于解决实际领域中的问题。1965 年在他领导的研究小组内开始了第一个专家系统 DENDRAL 的研究，1968 年投入使用。该系统是一个化学质谱分析系统，能根据质谱仪的数据和核磁谐振的数据并利用有关知识推断出有机化合物的分子结构，其能力相当于一个年轻的博士。DENDRAL 系统的成功，为人工智能开拓了一个新的研究领域——专家系统。1972 年费根鲍姆研究小组又开始了医疗专家系统 MYCIN 的设计，该系统是为协助内科医生诊断细菌感染病人，为患者选择适当的抗菌药物而设计的。它的工作过程分四步：确定患者是否有重要的病菌感染并确定是否需要治疗；对致病细菌进行分类；判断哪些抗菌素对该病菌起作用；为患者选择最佳处方。该系统能识别 51 种病菌、正确使用 23 种抗菌素；它的全部医学知识包含在 200 条产生式规则之中，它还能够向医生学习新的规则，修改已有规则，向用户解释自己的诊断过程。无论从人工智能角度还是从医学角度看，MYCIN 系统的设计都是相当成功的。1976 年前后，美国对 MYCIN 系统组织了两次严格的考核，特别是第二次由八名医学专家组成的考核组，对包括医学教授、临床医师、医科大学生和 MYCIN 系统在内的众对象进行了一次统考，结果 MYCIN 荣获冠军。MYCIN 系统的成功使它几乎成了专家系统的标准模式。从此，人工智能研究进入了一个新的发展阶段，各个人工智能研究中心开始了实验性专家系统的开发，各种不同领域的专家系统相继涌现，比较著名的有斯坦福人工智能研究中心的地质专家系统 PROSPECTQR，匹兹堡大学的内科诊治系统 INTERNIST，罗格斯大学的青光眼诊治系统 CASNET，麻省理工学院的肾脏疾病专家系统 PIP 等。

　　1977 年在第五届国际人工智能会议上，费根鲍姆进一步提出了知识工程 (knowledge engineering)的概念，并预言 20 世纪 80 年代是专家系统发展的黄金时代。事实的发展证实了这一预言，进入 80 年代以来，专家系统的研究和应用已经迅速地渗透到各个产业部门。据 1983 年的一个统计资料表明，仅美国就建造了或正在建造 50 多个专家系统，从事专家系统的研究机构仅美、日两国就有 70 多个，且其中 80%属于企业界。费根鲍姆已被誉为知识工程之父。

　　专家系统的成功、使人们清楚地认识到：知识是人类智慧的源泉。人工智能系统应该是一个知识信息处理系统，知识表示、知识利用和知识获取是其中的三个基本问题。这一思想已经逐渐为人工智能的各个研究分支所接受，如自然语言理解、物景分析、文字识别和机器翻译等。在专家系统的带动下，出现了专家系统开发工具、非精确性推理和学习理论的研究。

　　专家系统开发工具的研究，可为一类专家系统的建立提供支持环境。如斯坦福大学的 EMYCIN，罗格斯大学的 EXPERT、卡内基梅隆大学的 OPS-5、斯坦福大学的 AGE、国际系统研究所的 KAS、兰德公司的 ROSIE、智能终端公司的 AL/X 等。

非精确性推理理论的研究，其核心问题是研究在推理过程中，如何处理专家知识的不精确性和推理证据的不精确性，并给出这些不精确性在推理过程中的传播规律。如 1976 年杜达(Duda)提出的主观贝叶斯理论，1975 年肖特里夫(Shortliffe)提出的确定性理论，1978 年扎德(Zadeh)提出的可能性理论，1981 年巴尼特(Barnett)引入专家系统的证据理论，1984 年邦迪(Bundy)提出的发生率计算以及假设推理、定性推理和证据空间理论等。

机器学习理论的研究。近几年随着知识获取系统研究的深入，机器学习理论研究再次形成高潮。如能有新的突破，将会把人工智能研究推向一个新的时期。

这期间的还有如下成果。

1976 年计算机科学家 Raj Reddy 发表 *Speech Recognition by Machine: A Review*，对自然语言处理的早期工作做了总结。

1976 年中国科学院声学所俞铁城在丹麦 B&K 频谱仪附带的小型计算机上完成了汉语有限指令识别系统，这是第一个基于计算机的汉语语音识别系统。

1977 年涂序彦、郭荣江等基于北京市中医院关幼波先生的经验，研制成功"中医肝病诊治专家系统"。

1979 年斯坦福大学的自动驾驶汽车 Stanford Cart 在无人干预的情况下，成功驶过一个充满障碍的房间。这是自动驾驶汽车最早的研究范例之一。

1979 年美国人工智能协会(American Association of Artificial Intelligence, AAAI)成立，成为世界上第一个人工智能学术团体。

5. 人工智能理论危机的大爆发

从世界范围看，人工智能的许多学术思想源于英国，但英国当时的学术界十分保守，没有它生根发育的合适土壤。美国为人工智能的形成和发展提供了良好的环境，成了信息革命的先驱。日本的人工智能研究起步较晚，但认识明确，措施得力，因而发展较快，许多方面大有超过美国之势。1973 年英国人工智能专家莱特希尔(Lighthill)专门为本国政府写了一份英国人工智能研究现状的报告，非常激烈地批评了人工智能研究。他指出：由于自然语言理解研究进展缓慢，且面临组合爆炸的困难，人工智能难以解决真实世界的问题，只能制造玩具。于是英国政府取消了所有人工智能研究经费。美国国防部曾在人工智能研究上投入了大量资金，同样由于人工智能能力的夸大，高成本且无回报，以及在现实环境中价值前景存疑等原因，几乎取消了所有的资金。20 世纪 80 年代日本积极尝试用第五代计算机项目大力刺激本国人工智能的发展，以图一举赶超美国，夺取世界冠军，结果也只是一次耗资 8.5 亿美元的彻底失败而已。于是，在 80 年代末迎来了全球范围内第一轮人工智能的寒冬。显然，这些都是从投资者视角做出的评价，资本的本性决定了它只看近期回报，不管长远效果。官方投资和私人投资都是资本运作，没有根本差别。

从学术视角看，人工智能学科是智能化时代的迫切需要，它目前却遇到了巨大的发展瓶颈，那就是 20 世纪 80 年代中后期爆发的人工智能理论危机。人工智能 20 多年的研究实践，虽然取得了许多重大成果，但也反复证明了以下事实。①数理形式逻辑(简称刚性逻辑)推理范式本身工作效率十分低下，如机械式的自动应用，根本无法克服因算法复杂度带来的组合爆炸，它会迅速吞噬掉计算机的时空资源。数学家能有效使用它的奥秘是通过启发式搜索发现推理捷径，但这是专家个人的经验知识，因人而异，难以形成形式化规则供计算机使用。②专家系统和知识工程虽然可利用领域知识高效率地解决现实问题，但面对专家经验知识中包含的各种客观存在的辩证矛盾和不确定性，刚性逻辑对它们更是束手无策，超出其理论适用范围。③领域的专业知识获取异常困难，在领域之间没有可移植性，属于极其稀有的资源。④经验性知识推理缺乏成熟的逻辑理论支撑，按照现有的各种非标准逻辑和不确定性推理理论，常常会出现违反常识的异常结果而无法排除。⑤常识获取困难，常识推理没有逻辑理论支撑。这些都是人工智能向前发展必须克服的阻碍，按道理有眼光的官方投资者应该组织力量集中攻关，从基础理论上扫除前进阻碍，推动人工智能学科快速向前发展，绝对不应该取消所有投资。失去了资金支撑的学者们只能改弦易辙，寻找有近期回报的项目。这是 70 多年来人工智能发展轨迹左右摇摆、顾此失彼的重要根源。现在我国制定了发展目标，要在近期内达到引领世界人工智能发展潮流的水平，这是一个鼓舞人心的规划。我国有集中力量办大事的优良传统，希望未来能够攻坚克难，逢山开路，遇水搭桥，直捣黄龙不动摇。

6. 第一探索时期小结

1) 人工智能创始人的最大贡献是确立了学科的总目标：通过模拟人脑智能活动规律来弥补计算机应用的不足，使计算机变成更聪明的智能计算机。所以，整个人工智能学科的发展史就是在探索人脑在哪些方面比计算机更"聪明"的历史，这是我们考察人工智能学科发展过程和未来方向的核心线索，离开了这个核心线索，就会偏离人工智能学科发展的正常轨道，结果不是用骗术来代替理解，就是用蛮干来代替巧干。组合爆炸是所有算法的本质特征，理解和巧干是人脑避免组合爆炸的唯一良策，抹除理解和巧干，就是在抹除智能。

2) 回顾最初 20 多年的探索史，人工智能学科完成了从 0 到 1 的历史性突破，创始人们在实验室里依靠逻辑和知识，完成了自动定理证明、通用问题求解、自然语言理解、机器下棋、机器学习、专家系统等的探索，取得初步成功。这说明逻辑和知识确实是人脑智能的重要聪明因素，理解和巧干更是不可或缺。

3) 至于后来遇到几个发展瓶颈，那是因为：标准逻辑存在应用局限性，只能解决理想问题，不能解决现实问题；而针对现实问题的各种非标准逻辑，在理论上还没有发展成熟，只有通过建立数理辩证逻辑来解决现实世界的经验性知识推理问题，不存在放弃逻辑和知识、理解和巧干的任何理由。

4) 创新性科学研究需要在正确的科学范式指导下，在基础理论方面攻坚克难，不能被眼前的投资回报率所左右。但是，一般的投资者只关心回报率，一般的研究者都急于出成果。这是人工智能发展总是起起伏伏，前进轨迹总是左右摇摆的根本原因。作者深刻领悟到，像人工智能研究这种时代性、全局性、战略性的项目，应该由国家队负责攻坚克难，民间队配合扩大战果才是良策。

5) 有人认为，计算机和人脑比较起来，其运算速度、存储空间等各项指标都高出若干个数量级，所以，计算机根本不畏惧组合爆炸。其实这是一个误解，计算机的潜能再大，也是有限的，组合爆炸是无限增长的，有限潜能在无限增长面前终归是不堪一击的。

3.4.3　人工智能的第二探索时期(1986～2000)

依靠逻辑和知识的人工智能研究都失去了资金支撑，在理论上也遇到了一时无法解决的困难，因为数理辩证逻辑尚未建立起来。于是，人工智能研究不得不转入第二个探索时期，其时代特色是：①各种所谓无需知识和逻辑支撑的计算智能兴起，形成百花齐放、百家争鸣的局面；②当时的研究者特别注意面向实际应用问题，涉及智能的各个方面；③人工智能研究已经普及到世界各主要国家，有成千上万的 AI 工作者参与各种研究；④不太注意理解和巧干，忽略可解释性。

这期间的主要研究成果如下。①在结构模拟方面，简单的人工神经网络演变成并行处理和集体计算的多层神经网络，其他各种计算智能如模糊计算、遗传算法、进化算法、免疫算法、粒子群算法、蚁群算法、鱼群算法等相继出现，与神经网络协调发展。这些计算智能的基本特征是：基于自发的自然机制，可依靠概率统计和相关关系计算，无需逻辑和知识的支持。②在功能模拟方面，专家系统和知识工程继续走向实际应用，"知识发现"和"机器学习"日益受到重视。③为克服结构模拟的"结构复杂"和功能模拟的"知识瓶颈"，行为模拟的智能(感知动作系统)应运而生，它集中精力于智能行为的机器实现，主要关注机器人的感知-动作联系。至此，人工智能研究的结构主义学派(structuralism school)、功能主义学派(functionalism school)、行为主义学派(behaviorism school)三足鼎立的格局正式形成。这一时期的人工智能主流学派是结构主义，它主要依靠的是神经网络和其他计算智能模型。这是人工智能迈向应用的关键转折时期，但也暴露出各种计算智能算法都存在局部极值等发展瓶颈问题。主要的研究情况如下。

1. 人工神经网络成为主流

从人脑可以知道，大脑皮层中的神经网络结构和各种感觉器官是产生智能的重要物质基础，机器学习能力是产生机器智能的首要因素。人工神经网络(artificial neural network，ANN)是直接对人脑的神经网络结构机制进行模拟的研究方法，属于人工智能的重要研究途径之一，前景广阔。因为人的思维活动和人体的各种非意识层面的协调控制都是通过神经网络完成的，动物的趋利避害行为和内部的协调控制也是通过神经网络来完成，这是深入认识思维活动和智能规律的重要途径之一。

早在 1943 年麦卡洛克和皮茨就建立了神经元的数学模型 M-P，证明了单个神经元能执行逻辑功能，从而开创了 ANN 研究的时代。1949 年赫布描述了学习过程中人脑神经元之间连接的规律，使 ANN 有了可操作性。1951 年明斯基和爱德蒙用 3000 个真空管来模拟 40 个神经元，建立了第一个 ANN 系统 SNARC。20 世纪 60 年代，ANN 研究得到进一步发展，更完善的神经网络模型出现，其中包括感知器和自适应线性元件等。明斯基等分析了以感知器为代表的神经网络系统的功能及局限后，于 1969 年出版 *Perceptron* 一书，未加深入分析就片面否定了感知器的能力。由于明斯基在学术界的地位，其言论极大地打击了人们继续研究神经网络的热情，加之当时串行计算机和人工智能所取得的成就，掩盖了发展人工神经网络的必要性和迫切性，ANN 研究很快跌入低潮。

在此期间，一些 ANN 的研究者仍然致力于这一研究，提出了适应谐振理论(ART 网)、自组织映射、认知机网络，同时进行了神经网络数学理论的研究，为 ANN 研究和发展进一步充实了理论基础。1982 年美国物理学家霍普菲尔德(Hopfield)提出了 Hopfield 神经网络模型，引入了"计算能量"概念，给出了网络稳定性判断。1984 年他又提出了连续时间 Hopfield 神经网络模型，为人工神经网络的研究做了开拓性工作，开创了神经网络用于联想记忆和优化计算的新途径，有力地推动了人工神经网络的研究。1985 年又有学者提出了玻尔兹曼模型，在学习中采用统计热力学模拟退火技术，保证整个系统趋于全局稳定点。1986 年，Rumelhart、Hinton、Williams 发展了 BP 算法。Rumelhart 和 McClelland 出版了 *Parallel Distribution Processing: Explorations in the Microstructures of Cognition*(《并行分布处理：认知微观结构的探索》)。迄今 BP 算法已被用于解决大量实际问题。1988 年 Linsker 对感知机网络提出了新的自组织理论，并在香农信息论的基础上形成了最大互信息理论，从而点燃了基于神经网络的信息应用理论的光芒。1988 年 Broomhead 和 Lowe 用径向基函数(radial basis function, RBF)提出分层网络的设计方法，从而将 NN 的设计与数值分析和线性适应滤波相挂钩。20 世纪 90 年代初，Vapnik 等提出了支持向量机 (support vector machines, SVM) 和

VC(Vapnik-Chervonenkis)维数的概念。人工神经网络的研究受到了各发达国家的重视，美国国会通过决议将 1990 年 1 月 5 日开始的十年定为"脑的十年"，国际研究组织号召它的成员将"脑的十年"变为全球行为。在日本的"真实世界计算(RWC)"项目中，人工智能的研究成了一个重要的组成部分。

1987 年在美国圣地亚哥召开了 IEEE 第一届神经网络国际会议，总结和研讨了多层人工神经网络的发展方向，并发起成立国际神经网络学会(INNS)。从此结构主义学派有了与功能主义学派分庭抗礼的组织。一直以来功能主义学派不承认结构主义的研究是人工智能，拒绝他们参加会议。于是在会上，有人喊出了"人工智能已死，神经网络万岁"(AI is dead. Long live neural network)的口号，两个研究人工智能的学术组织从诞生开始就成了同行冤家。

1988 年珀尔(Pearl)发表了 *Probabilistic Reasoning in Intelligent Systems*。珀尔因在人工智能概率方法的杰出成就和贝氏网络的研发而获得 2011 年图灵奖。

1989 年，IEEE Neural Network Council 成立，2001 年更名为 IEEE Neural Network Society，2001 年定名为 IEEE Computational Intelligence Society。

1992 年中国神经网络委员会在北京承办由 IEEE 和 INNS 联合发起的神经网络国际联合会议(IJCNN-92)。吴佑寿和钟义信分别担任大会中方主席和程序委员会中方主席，其间促成了"亚太神经网络联合会(APNNA)"成立。

人工神经网络具有四个基本特征。

1) 非线性。非线性是自然界的普遍属性。大脑的智能活动就是一种非线性过程。具有阈值的神经元构成的网络具有更好的非线性属性，可提高容错性和存储容量。

2) 非局限性。一个神经网络通常由多个神经元广泛连接而成，系统的整体行为不仅与神经元特性有关，主要决定于神经元之间的相互连接和相互作用。这就是大脑的非局限性，联想记忆是一个典型的例子。

3) 非常定性。人工神经网络具有自适应、自组织、自学习等能力。神经网络处理的信息不但可有各种变化，且在处理信息的同时非线性动力系统本身也可不断变化。常用迭代过程来描写动力系统的演化过程。

4) 非凸性。一个系统的演化方向，在一定条件下将取决于某个特定的状态函数。如能量函数，它的极值相应于系统比较稳定的状态。非凸性是指这种函数有多个极值，故系统具有多个较稳定的平衡态，这将导致系统演化的多样性。

人工神经网络是并行分布式系统，采用了与传统人工智能和信息处理技术完全不同的机理，克服了过去功能主义学派在处理直觉、非结构化信息方面的缺陷，具有自适应、自组织和实时学习的特点。

人工神经网络的模型主要考虑网络连接的拓扑结构、神经元的特征、学习规则等。目前已有近 40 种神经网络模型，其中有反传网络、感知器、自组织映射、

Hopfield 网络、玻尔兹曼机、适应谐振理论等。按照连接的拓扑结构，神经网络模型可以分为两类。

前向网络。网络中各个神经元接受前一级的输入，并输出到下一级，网络中没有反馈，可以用一个有向无环路图表示。这种网络实现信号从输入空间到输出空间的变换，它的信息处理能力来自于简单非线性函数的多次复合。网络结构简单，易于实现。反传网络是一种典型的前向网络。

反馈网络。网络内神经元间有反馈，可以用一个无向的完备图表示。这种神经网络的信息处理是状态的变换，可以用动力学系统理论处理。系统的稳定性与联想记忆功能有密切关系。Hopfield 网络、玻尔兹曼机均属于这种类型。

人工神经网络的特点和优越性，主要表现在三个方面。

1) 自学习功能。如图像识别时，只需先把不同的图像样板和对应的识别结果输入网络，就会通过自学习功能慢慢学会识别类似的图像。预计将在经济、市场、效益等预测方面有广阔应用前景。

2) 联想存储功能。用反馈网络即可实现这种联想。

3) 高速寻优能力。用一个针对某问题专门设计的反馈型人工神经网络，发挥计算机的高速运算能力，可很快找到优化解。

2. 模糊计算的兴起

人类思维活动中面对的概念大都不是非此即彼的刚性概念，而是亦此亦彼的柔性概念，如"老年人反应不灵敏了"是常见的现象，其中的"老年人"和"灵敏"都是柔性概念，不能用是-非、真-假来刻画，只能用满足度来刻画。模糊计算的出现是 20 世纪的重要事件，早在 1920 年波兰逻辑学家和哲学家 Lukasiewicz 就建立了多值逻辑系统，他用第三值"可能"来处理亚里士多德的海战悖论。美国数学家波斯特在 1921 年也介入了对额外的真实程度的公式化。哥德尔在 1932 年证明了直觉逻辑不是有限多值的逻辑，并定义了在经典逻辑和直觉逻辑之间的哥德尔逻辑系统，称为中间逻辑。1965 年美国加州大学伯克利分校的扎德发表了关于模糊集的论文，首次提出了表达事物模糊性的重要概念隶属函数，把元素对集合的隶属度从原来的非 0 即 1 推广到可取[0, 1]区间的任何值，从而定量地描述了元素符合概念的程度。1973 年他又提出模糊逻辑，为模糊计算奠定了理论基础。1974 年第一个模糊控制蒸汽引擎系统和第一个模糊交通指挥系统诞生。1980 年丹麦的史密斯公司开始使用模糊控制操作水泥旋转窑。1986 年日本山川烈首次试制成功模糊推理机，推理速度是 1000 万次/秒。1988 年中国的汪培庄等研制出国际上第二台模糊推理机，推理速度提高到 1500 万次/秒。为克服这些模糊系统知识获取的不足及学习能力低下的缺点，又把神经计算加入到模糊系统中，形成了模糊神经系统。这些研究都成为人工智能研究的热点，因为它们表现出了许多领域专家才具有的能力。同时，这些模糊系统在计算形式上一般都以数值计算为主，1993 年扎德提出软计算，属于计算智能的范畴。

3. 其他计算智能模型助力 ANN

其他计算智能模型都不是在人脑思维层面模拟智能，而是在比较低的层面模拟生物界的自组织、自适应、自稳定、自优化、条件反射等能力，是对神经网络研究的重要补充。

进化算法和遗传算法。进化计算(evolutionary computation，EC)是计算智能中涉及组合优化问题的一个子域，其算法受生物进化过程中优胜劣汰的自然选择机制和遗传信息的传递规律的影响，通过程序迭代模拟这一过程，把要解决的问题看作环境，在一些可能解组成的种群中，通过自然演化寻求最优解。

运用达尔文理论解决问题的思想起源于 20 世纪 50 年代，60 年代这一想法在三个地方分别发展起来。美国的 Fogel 提出了进化编程(evolutionary programming，EP)，而来自美国密歇根大学的 Holland 则借鉴了达尔文的生物进化论和孟德尔的遗传定律的基本思想，并将其进行提取、简化与抽象提出了遗传算法(genetic algorithm，GA)。在德国 Rechenberg 和 Schwefel 提出了进化策略(evolution strategy，ES)。这些理论大约独自发展了 15 年，并没有引起太大的关注，到了 90 年代初，遗传编程(genetic programming，GP)被提出，进化计算作为一个学科开始正式出现。四个分支相互交流频繁，取长补短，并融合出了新的进化算法，促进了进化计算的极大发展。随着学术研究兴趣的增长，计算机能力的急剧增加使包括自动演化的计算机程序等实际的应用程序成为现实。比起人类设计的软件，进化算法可以更有效地解决多维的问题，优化系统的设计。进化计算有着极为广泛的应用，在模式识别、图像处理、人工智能、经济管理、机械工程、电气工程、通信、生物学等众多领域都获得了较为成功的应用。例如，利用进化算法研究小生境理论和生物物种的形成，通信网络的优化设计，超大规模集成电路的布线，飞机外形的设计，人类行为规范进化过程的模拟。如何对进化计算进行优化及运用进化计算解决更多实际问题是当前研究的热点。一些新的算法也被提出，如约束优化进化算法，群记忆性算法(PMA)，思维进化计算，交互式进化计算等。

免疫算法(immune algorithm，IA)。免疫算法是受生物免疫系统的启发而推出的一种新型的智能搜索算法。它是一种确定性和随机性相结合并具有"勘探"与"开采"能力的启发式随机搜索算法。1958 年澳大利亚学者 Burnet 率先提出与免疫算法相关的理论——克隆选择原理。1973 年 Jerne 提出免疫系统的模型，他基于 Burnet 的克隆选择学说，开创了独特型网络理论，给出了免疫系统的数学框架，并采用微分方程建模来仿真淋巴细胞的动态变化。1986 年 Farmal 等基于免疫网络学说理论构造出免疫系统的动态模型，展示了免疫系统与其他人工智能方法相结合的可能性，开创了免疫系统研究的先河。将免疫系统的概念及理论应用于遗传算法，在保留原算法优良特性的前提下，力图有选择、有目的地利用待求问题中的一些特征信息或知识来抑制其优化过程中出现的退化现象，这种算法称为免疫算法。从理论上分析，迭代过程中，在保留上一代最佳个体的前提下，遗传算法是全局收敛的。然而，在对算法的实施过程中不难发现两个主要遗传算子都是在一定发生概率的条件下，随机地、没有指导地迭代搜索，因此它们在为群体中的个体提供了进化机会的同时，也无可避免地产生了退化的可能。在某些情况下，这种退化现象还相当明显。另外，每一个待求的实际问题都会有自身一些基本的、显而易见的特征信息或知识。然而遗传算法的交叉和变异算子却相对固定，在求解问题时，可变的灵活程度较小。这无疑对算法的通用性是有益的，但却忽视了问题的特征信息对求解问题的辅助作用，特别是在求解一些复杂问题时，这种忽视所带来的损失往往就比较明显了。实践也表明，仅仅使用遗传算法或者以其为代表的进化算法，在模仿人类智能处理事务的能力方面还远远不足，还必须更加深层次地挖掘与利用人类的智能资源。从这一点讲，学习生物智能、开发、进而利用生物智能是进化算法乃至智能计算的一个永恒的话题。所以，研究者力图将生命科学中的免疫概念引入到工程实践领域，借助其中的有关知识与理论并将其与已有的一些智能算法有机地结合起来，以建立新的进化理论与算法，来提高算法的整体性能。基于这一思想，将免疫概念及其理论应用于遗传算法，在保留原算法优良特性的前提下，力图有选择、有目的地利用待求问题中的一些特征信息或知识来抑制其优化过程中出现的退化现象，这种算法称为免疫遗传算法。它是一种具有生成+检测(generate and test)的迭代过程的群智能搜索算法。几十年来免疫算法的研究与发展已涉及非线性最优化、组合优化、控制工程、机器人、故障诊断、图形处理等诸多领域。

粒子群优化(particle swarm optimization，PSO)算法。粒子群优化算法是Kennedy 和 Eberhart 受人工生命研究结果的启发、通过模拟鸟群觅食过程中的迁徙和群聚行为而提出的一种基于群体智能的全局随机搜索算法。自然界中各种生物体均具有一定的群体行为，而人工生命的主要研究领域之一是探索自然界生物的群体行为，从而在计算机上构建其群体模型。自然界中的鸟群和鱼群的群体行为一直是科学家的研究兴趣所在，生物学家 Reynolds 在 1987 年提出了一个非常有影响的鸟群聚集模型，在他的仿真中，每一个个体遵循：①避免与邻域个体相冲撞；②匹配邻域个体的速度；③飞向鸟群中心，且整个群体飞向目标。仿真中仅利用上面三条简单的规则，就可以非常接近地模拟出鸟群飞行的现象。1990 年生物学家 Heppner 也提出了鸟类模型，它的不同之处在于：鸟类被吸引飞到栖息地。在仿真中，一开始每一只鸟都没有特定的飞行目标，只是使用简单的规则确定自己的飞行方向和飞行速度，当有一只鸟飞到栖息地时，它周围的鸟也会跟着飞向栖息地，最终整个鸟群都会落在栖息地。1995 年美国社会心理学家 Kennedy 和电气工程师 Eberhart 共同提出了粒子群优化算法，该算法的提出是受对鸟类群体行为进行建模与仿真的研究结果的启发。他们的模型和仿真算法主要对 Heppner 的模型进行了修正，以使粒子飞向解空间并在最优解处降落。在应用中，每个寻优的问题都被看成是一个"粒子"，所有粒子都在一个空间中进行搜索最优解。所有的粒子都由一个函数来判断当前位置的好坏，并且每一个粒子都应赋予储存的功能，以便能得到最优解。每一个粒子都需要有自己的速度，速度是由粒子本身和群体来进行动态调整的。相比于其他算法，PSO 有三个比较显著的优点：①简单易行；②收敛速度快；③设置参数少。PSO 应用于多目标优化、分类、模式识别、决策等领域。

人工生命(artificial life，AL)。人工生命是通过人工模拟生命系统来研究生命的领域。它有两个方面含义：①属于计算机科学领域的虚拟生命系统，涉及计算机软件与人工智能；②属于基因工程的人造生物系统，涉及合成生物学技术。本书只讨论虚拟生命系统。人工生命的思想萌芽可追溯到 20 世纪 40～50 年代冯·诺依曼的细胞自动机。他认识到任何能进行自我繁殖的遗传物质，无论是天然的还是人工的，都应具有两个基本功能：一是能繁衍下一代的算法，它相当于计算机的程序；二是能传递到下一代的描述，它相当于被加工的数据，于是冯·诺依曼提出了细胞自动机的设想，并证明确实有一种能够自我繁殖的细胞自动机存在。这表明如果把自我繁衍看成是生命独有的特征，那么机器也能够做到。同时，图灵在 1952 年也发表了一篇论形态发生的数学论文，提出了人工生命的一些思想萌芽。但由于当时计算机的计算能力有限，冯·诺依曼和图灵关于人工生命的研究受到限制，没有引起足够的反响。1970 年 Conway 编写了"生命游戏"程序，它使细胞自动机产生无法预测的延伸、变形和停止等复杂的模式，这一成果立即吸引了大批学者的注意，其中包括美国圣达菲研究所的计算机科学家 Langton，他认为不应将目光囿于已知形式的生命，如果人造系统具有繁衍、进化、生存、死亡等生命特征，它也应该看作是一种生命形式。1987 年 Langton 专门组织发起了首届人工生命学术会议，吸引了众多领域科学家的广泛参与，从此人工生命作为一门学科正式诞生。Langton 在 1987 年正式提出人工生命，并把它定义为"研究具有自然生命系统行为特征的人造系统"。

人工生命需要运用很多计算智能模型的支持，如进化算法、遗传算法、群体智能、粒子群优化算法、Agent、细胞自动机等。这些领域通常被视作 AL 的亚领域，在他们独立门户之前，常在 AL 的会议上讨论。很多如语言学、物理学、数学、哲学、计算机科学、生物学、人类学以及社会学等学科中，有争议的非常规的计算性以及理论性的尝试也常在这里讨论。这是一个曾在历史上有许多争议的领域，如今 AL 相关论文在国际著名杂志 *Science* 和 *Nature* 上的发表，证明这一领域至少作为研究进化的一种方法已被主流学术界接受。

4. AI 其他学派的研究进展

1984 年钟义信发表了《全信息理论》，首次提出全信息概念，将以前被通信工程忽略了的信息的内容和价值加入研究范畴，形成了信息的形式、内容、价值三位一体的理论体系，并于 1986 年出版专著《信息科学原理》。这本专著后来被学界评为"信息科学的开创性著作""国际学术界的首创""信息论发展到信息科学的标志"，颇负盛名。

1986 年国际杂志 *Machine Learning* 创刊。

1989 年美国召开了第一届数据库知识发现(knowledge discovery in database，KDD)国际学术会议，从数据库中发现知识。

1989～1990 年，麻省理工学院人工智能实验室的布鲁克斯(Brooks)团队展示了一种以六脚虫为原型的爬行机器人，其能够在不平坦的地面上行走而不会摔倒。这种研究方法引起学术界的浓厚兴趣，成为继结构模拟人工智能和功能模拟人工智能之后的第三种研究途径——行为模拟人工智能。随后各种不同的智能机器人相继问世。

1991 年，Pawlak 出版了专著《粗糙集——关于数据推理的理论》，推动粗糙集理论及其应用的研究。1992 年关于粗糙集理论的第一届国际学术会议在波兰召开。

1994 年中国的 863 计划把信息领域与自动化领域合并成"国家 863 计划大信息领域"，意在联合推动人工智能的研究。

1994 年汪培庄、李洪兴所著的《知识表示的数学理论》由天津科技出版社出版，这是国内人工智能的首本数学著作，介绍了因素空间的独创理论。

1995 年汪培庄、李洪兴所著的《模糊理论与模糊计算机》在科学出版社出版，用因素空间理论对模糊计算机提出了构想。以后陆续在国际领先实现了二级、三级和四级倒摆控制试验。

1996 年何华灿、刘永怀等在《中国科学(E 辑)》上发表"经验性思维中的泛逻辑"，提出了泛逻辑概念和研究目标。

1997 年 IBM 公司研发的"深蓝"(Deep Blue)博弈专家系统，成为第一个击败国际象棋人类冠军的人工智能程序。

1997 年洪家荣的专著《归纳学习——算法 理论 应用》中，改进了 AQ15 算法，提出 AE5 算法。

1997 年我国把智能信息处理、智能控制等项目列入国家重大基础研究计划。

1998 年马化腾在深圳创办的腾讯公司发展成为互联网综合业务提供商。

1999 年刘庆峰在合肥组建的科大讯飞公司在语音识别技术领域初露锋芒。

1999 年马云等在杭州创建的阿里巴巴集团在电子商务领域崭露头角。

2000 年李彦宏在北京创办的百度公司信息检索系统开始向公众提供服务。

20 世纪 90 年代我国的无人驾驶汽车研究起步，国防科技大学、清华大学、百度公司成绩突出。

2000 年 MIT 的布雷泽尔(Breazeal)研制成功了 Kismet 系统，这是一款可以识别和模拟人类情绪的机器人。

5. 令人困惑的局部极值瓶颈

人工智能的第二探索时期的主流学派是结构主义，人工神经网络研究无可置疑地占据主导地位，其他研究都是为它打配合的角色。所以，这时期的最大困惑就是人工神经网络的局部极值瓶颈问题。

多层感知机的出现不仅解决了人工神经网络之前无法模拟异或逻辑的缺陷，而且更多的层数也让网络更能刻画现实世界中的复杂情形。理论上讲参数越多的模型复杂度越高，其"容量"也就越大，意味着它能完成更复杂的学习任务。多层感知机给我们带来的启示是，神经网络的层数直接决定了它对现实的刻画能力——利用每层更少的神经元拟合更加复杂的函数。但是随着神经网络层数的加深，优化函数越来越容易陷入局部最优解(即过拟合：在训练样本上有很好的拟合效果，但在测试集上效果很差)，且这个"陷阱"越来越偏离真正的全局最优。人们发现，利用有限数据训练的深层网络，性能还不如较浅层网络。另一个不可忽略的问题是随着网络层数增加，梯度消失(或梯度发散)现象更加严重。因为我们常常用 S 型函数(sigmoid)作为神经元的输入输出变换函数，对于幅度为 1 的信号，在 BP 反向传播梯度时，每传递一层，梯度衰减为原来的 0.25。层数一多，梯度指数衰减后低层基本上接收不到有效的训练信号。

人工神经网络可处理一些环境信息十分复杂、背景知识不清楚、推理规则不明确的问题，且它允许样品有较大的缺损和畸变。尽管神经网络的类型很多，根据研究对象的特点，可选择不同的神经网络模型，但前馈型 BP 网络目前仍然是最常用、最流行的神经网络。它具有简单、易行、计算量小、并行性强等特点。下面就以多层前向 BP 网络为例来说明人工神经网络的发展瓶颈。

1) 网络的局部极小化问题。传统的 BP 神经网络为一种局部搜索的优化方法，它要解决的是一个复杂非线性化问题，网络的权值是通过沿局部改善的方向逐渐进行调整的，这会使算法陷入局部极值，权值收敛到局部极小点，从而导致网络训练失败。加上 BP 神经网络对初始网络权重非常敏感，以不同的权重初始化网络，会收敛于不同的局部极小，这是很多学者每次训练得到不同结果的根本原因。

2) 网络的收敛速度慢问题。由于 BP 神经网络算法本质上为梯度下降法，它所要优化的目标函数是非常复杂的。因此，必然会出现"锯齿形现象"，这使得 BP 算法低效；又由于优化的目标函数很复杂，它必然会在神经元输出接近 0 或 1

的情况下，出现一些平坦区，在这些区域内，权值误差改变很小，使训练过程几乎停顿。BP 神经网络模型中，不能使用传统的一维搜索法求每次迭代的步长，必须把步长的更新规则预先赋予网络，这也会引起算法低效。以上种种导致了 BP 神经网络算法收敛速度慢的现象。

3) 网络的结构选择不唯一问题。BP 神经网络结构的选择至今尚无一种统一而完整的理论指导，一般只能由经验选定。如果网络结构选择范围过大，训练中效率不高，可能出现过拟合现象，造成网络性能低，容错性下降；如果选择范围过小，则又会造成网络可能不收敛。由于网络的结构直接影响网络的逼近能力及推广性质，所以应用中如何选择合适的网络结构是一个重要的艺术问题。

4) 应用实例与网络规模的矛盾问题。BP 神经网络难以解决应用问题的实例规模和网络规模之间的矛盾问题，其涉及网络容量的可能性与可行性的关系问题，即学习复杂性问题。

5) 网络预测能力和训练能力的矛盾问题。预测能力也称泛化能力或者推广能力，训练能力也称逼近能力或者学习能力。一般情况下，训练能力差时，预测能力也差，且在一定程度上随着训练能力的提高，预测能力也会得到提高。但这种趋势不是固定的，存在一个极限，当达到此极限时，随着训练能力的提高，预测能力反而会下降，即出现所谓"过拟合"现象。出现过拟合现象是网络学习了过多的样本细节导致的，学习出的模型已不能反映样本内含的基本规律，所以如何把握好学习的度，解决网络预测能力和训练能力间矛盾的问题，也是人工神经网络的重要研究内容。

6) 网络对样本的依赖性问题。网络模型的逼近和推广能力与学习样本的典型性密切相关，而从问题中选取典型样本实例组成训练集是一个很困难的问题。

这些瓶颈问题直接导致了深度神经网络和深度学习的出现，并在大数据和云计算的支持下获得快速发展的机会，研究者们试图把人工神经网络的能力推向一个极端：以机器的强大算力代替人脑的巧干，这本质上是想利用计算机网络的算力来与组合爆炸硬碰硬。于是，在短期高回报的诱惑下，人工智能研究强势进入对第三探索时期。

6. 人工智能第二探索时期小结

1) 本探索时期很有戏剧性，舞台上的主角变了，由逻辑和知识变成了神经网络和计算智能。而且一开场就高呼"人工智能已死，神经网络万岁！"大有不共戴天的架势。其实知道泛逻辑研究成果的人都知道，逻辑和神经元是一个阈值函数的两种不同表现形式，两者可以完全等价。现在的主角只不过是前后转了一下身，哪来的你死我活。

2) 人类的智能活动过程本来就是在大脑皮层中完成的(非灵长类动物大脑皮

层不发达或者没有),所有的经验、知识、因果关系等都存储在大脑皮层中,从物理上看它们是存储在神经网络中;从认知心理学上看,它们是逻辑关系十分清晰的一些经验、知识、因果关系等,但是并不需要人刻意去把网络数据转换成知识形态,两者是同时存在的。这是客观事实,值得深思。

3) 那么,现在的神经网络为什么一律变成了不可解释的黑箱? 并且存在局部极值而不能自拔? 这是没有演化论科学范式和辩证论逻辑范式正确指导的必然结果,没有基础理论规范的盲目探索,往往就会顾此失彼,找对了大方向,但是一不小心钻进了死胡同。因为在现有的 ANN 中,没有一个理论重视对二值神经元 M-P 模型中阈值函数 $z=\Gamma[ax+by-e]$ 的保护,而它却是逻辑算子和神经元保持等价关系的关键所在,不小心把阈值函数破坏了,神经元的逻辑含义就不存在了。剩下的就是一大堆没有逻辑含义的数据(黑箱)。研究者们在无需逻辑和知识支撑的兴奋中,根本对失去神经网络的可解释性无感,继续在深度神经网络上一条道走到黑。当然,这些研究成果不是一无是处,有许多简单的应用场景只需要知道识别的结果是不是目标即可,不必知道为什么。

4) 其他计算智能基本上都是低等动植物的自适应、自组织、自优化行为的机器模拟,属于神经网络主角的配套角色,如果变成黑箱,不碍大局。

3.4.4 人工智能的第三探索时期(2001~2020)

形成第三次发展浪潮的主要驱动力量是巨大的人工智能应用的市场规模,一方面是基于大数据、云计算和互联网等为深度神经网络的发展创造了良好条件;另一方面是通过深度学习获得的结果确实能为产业赋能,真正为商业创造价值。促使各类资金的投入都在迅速增长。特别是进入 21 世纪头十年以后,世界各大国领导人开始重视人工智能的战略价值,把它作为争夺 21 世纪世界霸主地位的重要支撑,纷纷出台各种鼓励本国人工智能发展的规划和鼓励政策,一下子为人工智能发展平添了强大的动力。

本探索时期的新特色如下。①为克服人工神经网络的局部极值等瓶颈问题,在大数据和云计算支撑下,深度神经网络和深度学习的研究获得快速发展,并具有了为产业赋能改造的能力。在强大产业资金的推动下,研究者有了把深度神经网络的能力发挥到极致的盲目冲动,妄图由此开创人工智能的未来。②人工智能内部各个学派之间已放弃相互排斥,尝试开始互相结合,取长补短,以便解决更复杂的实际问题。其中最成功的典范是 AlphaGo。③围绕人工智能逐步形成了交叉科学研究。一方面脑科学、神经科学、认知科学的研究在不同程度上为人工智能的研究做出了贡献,另一方面人工智能的原理和方法也深入到这些学科的研究之中。④正在众人欢呼基于大数据、云计算和互联网的深度神经网络是人工智能研究最好模式的时候,2018 年开始有一些著名学者发现了深度神经网络的理论局限性,指出当前的人工智能研究已陷入"关联关系的泥潭",深度神经网络只能处理"大数据小任务"的一小类问题,人脑面对的主要是"小数据大任务"类的问题。所以,深度神经网络不能代表人工智能发展的主流方向。同时,人们已发现了深度神经网络的可解释性瓶颈,它正在引起第三次浪潮的跌落。

这时期的主要研究成果和发展瓶颈如下。

1. 21 世纪的开门红

2001 年 12 月美国商务部等部门联合召开纳米科学和技术、生物技术、信息技术、认知科学四个科学技术领域会聚在一起的交叉科学研究研讨会(简写为NBIC),会议的主题是提升人类的能力。

2001 年何华灿、刘永怀等所著的《泛逻辑学原理》出版,该书以柔性逻辑为特色,可在命题逻辑范畴内统一生成现有的及可能存在的各种命题逻辑,包括刚性逻辑。2006 年该书英文版 *Principle of Universal Logics* 出版。

2002 年史忠植提出智能科学是由脑科学、认知科学、人工智能等形成的交叉学科,是研究智能的理论和技术。创建"智能科学"网站 http//www.intsci.ac.cn/。2006 年清华大学出版社出版史忠植专著《智能科学》。中国人工智能学会积极倡导智能科学与技术的发展,向教育部发起申请"智能科学与技术"一级学科。2012年 World Scientific 出版社出版史忠植专著英文版 *Intelligence Science*。

2006 年 Hinton 发表 *Learning Multiple Layers of Representation*,不同于以往学习一个分类器的目标,提出希望学习生成模型的观点,在前向神经网络的基础上,提出了深度学习。

2006 年在中国《国家中长期科学和技术发展规划纲要(2006—2020 年)》中,"脑科学与认知科学"已列入八大前沿科学问题之一。

2007 年钟义信的专著《机器知行学原理:信息、知识、智能的转换与统一理论》出版。钟义信研究认为,神经网络和人工智能应该是互补的,其基础是信息科学,核心是全信息理论。于是在 2004 年提出信息、知识、智能的转换机制体系,把三分天下近半个世纪之久的人工智能研究从理论上统一了起来,这在国内外都是首创,由此产生的方法论,对人工智能的研究具有重大的意义。

2007 年李飞飞和普林斯顿大学的同事开始建立 ImageNet,这是一个大型注释图像数据库,旨在帮助视觉对象识别软件进行研究。

2009 年谷歌开始研发无人驾驶汽车,2014 年谷歌汽车在内华达州通过自动驾驶汽车测试。

2010 年举办以 ImageNet 为基础的大型图像识别竞赛(ILSVRC2010)。

2011 年 IBM 超级计算机沃森在美国老牌益智节目"危险边缘"(Jeopardy)中击败人类。

2012 年 Hinton 和他的两个研究生将深度学习的最新技术用到 ImageNet 的问题上。他们的模型是一个总共八层的卷积神经网络，有 65 万个神经元，6000 万个自由参数。测试结果第一。

2012 年 10 月 Hinton、邓力和其他几位代表四个不同机构(多伦多大学、微软、谷歌、IBM)的研究者，联合发表论文《深度神经网络在语音识别的声学模型中的应用：四个研究小组的共同观点》。研究者们借用了 Hinton 使用的限制玻尔兹曼机(RBM)的算法对神经网络进行了"预训练"。

2012 年 2 月《纽约时报》专栏中称，"大数据"时代已经降临，在商业、经济及其他领域中，决策将日益基于数据和分析而做出，而并非基于经验和直觉。

2014 年钟义信所著的《高等人工智能原理——观念·方法·模型·理论》出版。首次系统推出了机制主义人工智能理论体系。

2015 年谷歌公布开源机器学习平台 Tensor Flow。特斯拉创立开源人工智能系统 Open AI。其他工业巨头也纷纷斥巨资推动人工智能的发展，例如 IBM 的沃森系统、百度大脑计划、微软的同声翻译等。

2. 震惊世人的 AlphaGo

1) AlphaGo 是第一个击败人类职业围棋选手、第一个战胜围棋世界冠军的人工智能机器人，由谷歌旗下 Deep Mind 公司的戴密斯·哈萨比斯领衔的团队开发。其主要工作原理是深度学习。2016 年 3 月 AlphaGo 与围棋世界冠军、职业九段棋手李世石进行围棋人机大战，以 4∶1 的总比分获胜；2016 年末至 2017 年初，该程序在中国棋类网站上以 Master 为注册账号与中日韩数十位围棋高手进行快棋对决，连续 60 局无一败绩；2017 年 5 月，它与当时排名世界第一的围棋冠军柯洁对战，以 3∶0 的总比分获胜。围棋界公认 AlphaGo 的棋力已经超过人类职业围棋顶尖水平。2017 年 5 月 27 日，在柯洁与 AlphaGo 的人机大战之后，AlphaGo 团队宣布 AlphaGo 将不再参加围棋比赛。

2) 2017 年 10 月 18 日，Deep Mind 团队公布了最强版 AlphaGo，代号 AlphaGo Zero。过去 AlphaGo 都是使用业余和专业人类棋手的对局数据来进行训练。但人类专家的数据通常难以获得且很昂贵，加上人类难免会出现失误，产生的数据可能降低 AlphaGo 的棋力。因此，AlphaGo Zero 采用了强化学习技术，从随机对局开始，不依靠任何人类专家的对局数据或者人工监管，而是让其通过自我对弈来提升棋艺。强化学习就是让 AlphaGo Zero 从中学习到能够获得最大回报的策略，它主要包含两个部分，蒙特卡罗树搜索算法与神经网络算法。神经网络算法根据当前棋面形势给出落子方案，并预测当前形势下哪一方的赢面较大；蒙特卡罗树搜索算法则可看成是一个对于当前落子步法的评价和改进工具，它能够模拟出将棋子落在哪些地方可以获得更高的胜率。神经网络算法计算出的落子方案与蒙特卡罗树搜索算法输出的结果越接近，则胜率越大，回报越高。因此，每落一颗子，AlphaGo Zero 都要优化神经网络算法中的参数，使其计算出的落子方案更接近蒙特卡罗树搜索算法的结果，同时尽量减少胜者预测的偏差。刚开始，AlphaGo Zero 的神经网络完全不懂围棋，只能盲目落子。但经历无数盘"左右互搏"般的对局后，它终于从围棋菜鸟成长为了棋神般的存在。经过短短 3 天的自我训练，AlphaGo Zero 就强势打败了此前战胜李世石的旧版 AlphaGo，战绩是 100∶0。经过 40 天的自我训练，AlphaGo Zero 又打败了升级后的 AlphaGo Master。

3) Deep Mind 团队表示，他们发现 AlphaGo Zero 自我对弈仅几十天，就掌握了人类几百年来研究出来的围棋技术。由于整个对弈过程没有采用人类的数据，因此 AlphaGo Zero 的棋路独特，不再拘泥于人类现有的围棋理论。他们还表示，这个项目不仅仅是为了获得对围棋更深的认识，AlphaGo Zero 还向人们展示了即使不用人类的数据，人工智能也能够取得进步。最终这些技术进展应该被用于解决现实问题，如蛋白质折叠或者新材料设计。这将会增进人类的认知，从而改善每个人的生活。

AlphaGo 的研发震惊了世人，从此人工智能研究不再是少数科学家的个人兴趣，也不再是公司的一项普通业务，它与人类的未来、国家的命运和公司的前途紧密联系在一起了。

3. 各大国纷纷推出 AI 国家战略

2018 年前后，各个大国均把加快发展人工智能上升至国家战略高度布局深耕，以便抢占新一轮科技革命和产业变革的制高点。

1) 美国。2013 年 4 月 2 日美国总统奥巴马宣布启动"推动创新神经技术大脑研究(BRAIN)"计划，10 年内投入总经费 45 亿美元开展大脑功能研究。2016 年 10 月美国政府发布《为人工智能的未来做好准备》以及《国家人工智能研究和发展战略计划》两份重要报告。前者探讨了人工智能的发展现状、应用领域以及潜在的公共政策问题；后者提出了美国优先发展人工智能的七大战略及两方面的建议。2018 年 5 月白宫举办人工智能峰会，邀请众多业界、学术界和政府代表参与，并组建人工智能特别委员会，以加大联邦政府在人工智能领域的投入，努力消除创新与监管障碍，提高人工智能创新的自由度与灵活性。2019 年美国政府公布了《国家人工智能研究和发展战略计划：2019 更新版》，将此前的战略扩展至 8 个，增加了扩大公私合作伙伴关系，加速人工智能发展这一新战略。

2) 中国。中国的人工智能研究起步较晚，但后来者居上。中国高度重视人工智能发展，在各国紧锣密鼓地制定人工智能发展战略的时刻，中国也在加强顶层设计和人才培养。2015 年 5 月国务院发布《中国制造 2025》，明确 9 项战略任务与重点，提出 8 个方面的战略支撑与保障，目标是促进中国从制造大国向制造强国转变。2016 年 8 月国务院发布《"十三五"国家科技创新规划》，明确将人工智能作为发展新一代信息技术的主要方向。2017 年 7 月国务院发布《新一代人工智能发展规划》，确立三步走战略目标：到 2020 年人工智能总体技术和应用与世界先进水平同步，有力支撑进入创新型国家行列和实现全面建成小康社会的奋斗目标；到 2025 年人工智能基础理论实现重大突破，部分技术与应用达到世界领先水平，智能社会建设取得积极进展；到 2030 年人工智能理论、技术与应用总体达到世界领先水平，成为世界主要人工智能创新中心，为跻身创新型国家前列和经济强国奠定重要基础。为贯彻落实上述目标，工信部 2017 年 12 月发布《促进新一代人工智能产业发展三年行动计划(2018—2020 年)》，2020 年《中共中央关于制定国民经济和社会发展第十四个五年规划和二〇三五年远景目标的建议》中再次明确指出，发展战略性新兴产业，推动互联网、大数据、人工智能等同各产业深度融合。

3) 日本。日本政府和企业界非常重视人工智能的发展，不仅将物联网、人工智能和机器人作为第四次工业革命的核心，还在国家层面建立了相对完整的研发促进机制，并将 2017 年确定为人工智能元年。虽然相对中美而言，日本在人工智能和机器人行业的资金投入并不算高，但其在战略方面的反应并不迟钝。2015 年 1 月日本政府发布了《机器人新战略》，拟通过实施"五年行动计划"实现三大核心目标，即"世界机器人创新基地""世界第一的机器人应用国家""迈向世界领先的机器人新时代"，使日本完成机器人革命，以应对日益突出的社会问题，提升日本制造业的国际竞争力。2017 年 3 月日本人工智能技术战略委员会发布《人工智能技术战略》报告，阐述了日本政府为人工智能产业化发展所制定的路线图和规划。

4) 印度。2018 年上半年印度政府智库发布《国家人工智能战略》，旨在实现"AI for All"的目标。该战略将人工智能应用重点部署在健康护理、农业、教育、智慧城市和基础建设与智能交通五大领域上，以"AI 卓越研究中心"与"国际 AI 转型中心"两级综合战略为基础，加强科学研究，鼓励技能培训，加快人工智能在整个产业链中的应用，最终实现将印度打造为人工智能发展样本的宏伟蓝图。

5) 欧盟。2013 年 1 月 28 日欧盟委员会宣布实施"人类大脑计划"，未来 10 年内投资 10 亿欧元的研发经费。2018 年 4 月欧盟委员会发布政策文件《欧盟人工智能》，该报告提出欧盟将采取三管齐下的方式推动欧洲人工智能的发展：增加财政支持并鼓励公共和私营企业应用人工智能技术；促进教育和培训体系升级，以适应人工智能为就业带来的变化；研究和制定人工智能道德准则，确立适当的道德与法律框架。2018 年 12 月欧盟委员会及其成员国发布主题为"人工智能欧洲造"的《人工智能协调计划》。这项计划除了明确人工智能的核心倡议外，还包括具体的项目，涉及高效电子系统和电子元器件的开发，以及人工智能应用的专用芯片、量子技术和人脑映射领域。

6) 德国。德国是最先推出"工业 4.0"战略的国家，这是一个革命性的、基础性的科技战略，拟从最基础的制造层面上进行变革，从而实现工业发展质的飞跃。"工业 4.0"囊括了智能制造、人工智能、机器人等领域的诸多相关研究与应用。2018 年 7 月德国联邦政府发布《联邦政府人工智能战略要点》文件，要求联邦政府加大对人工智能相关重点领域的研发和创新转化的资助，加强同法国人工智能的合作建设，实现互联互通；加强人工智能基础设施建设，将对人工智能的研发和应用提升到全球领先水平。2018 年 11 月，德国政府出台《人工智能战略》，计划在 2025 年前投资 30 亿欧元推动德国人工智能发展。

7) 法国。2018 年 3 月，法国发布了《法国人工智能发展战略》，将着重结合医疗、汽车、能源、金融、航天等优势行业来研发人工智能技术，并宣布到 2020 年投资 15 亿欧元用于人工智能研究，为法国人工智能技术研发创造更好的综合环境，将法国打造成人工智能研发世界一流强国。法国的人工智能发展战略注重抢占核心技术、标准化等制高点，重点发展大数据、超级计算机等技术。

8) 英国。英国是欧洲推动人工智能发展最积极的国家之一，也一直是人工智能的研究学术重镇。2018 年 4 月，英国政府发布了《人工智能行业新政》报告，旨在推动英国成为全球人工智能领导者。英国将大量资金投入人工智能、智能能源技术、机器人技术以及 5G 网络等领域，更加注重实践与实用，已在海洋工程、航天航空、农业、医疗等领域开展了人工智能技术的广泛应用。英国首相曾多次发表讲话，宣布英国将在人工智能方面投入约 10 亿英镑，争当这一领域的世界领头羊。

9) 俄罗斯。俄罗斯总统普京曾表示，人工智能不仅是俄罗斯的未来，也是全人类的未来……谁成为这一领域的领导者，谁就将是世界的主宰者。2019 年 10 月 11 日普京签署命令，批准发布《2030 年前俄罗斯国家人工智能发展战略》，第一次将加快推进人工智能发展提升到国家战略层面。目标是通过促进人工智能技术的发展与应用，确保俄罗斯国家安全，提升整体经济实力，并谋求俄罗斯在人工智能领域的全球领先地位。提出了未来 10 年之内俄罗斯人工智能产业的发展思路，明确了俄罗斯发展人工智能的基本原则、总体目标、主要任务、工作重点及实施机制。具体有三大要点：①明确具有国防特色的技术发展方向；②建立高效协同的工作推进机制；③营造有利创新发展的政策环境。

业界普遍认为，整体来看，中美已成为全球人工智能发展的两强。美国在人工智能研究方面占据开拓者的领先地位，而中国以后来者居上的姿态，在人工智能应用方面成就斐然。业内专家认为，未来很长一段时间内中美两国在这一领域可优势互补。目前，从美国的 GAFA(谷歌、苹果、脸书、亚马逊)到中国的 BAT(百度、阿里巴巴、腾讯)，都在人工智能上押下重注。百度创始人、董事长兼首席执行官李彦宏认为，未来没有任何一家企业可以宣称跟人工智能没有关系。专家们相信，人工智能将会像水、电一样无所不在，颠覆和变革医疗、金融、运输、制造、服务、体育和军事等各个行业。知名咨询公司普华永道的报告显示，到 2030 年，人工智能将给全球国内生产总值带来 14% 的增长，相当于 15.7 万亿美元。

纵观一百多年来世界技术发展史，从来没有一项技术像 AI 这样受到各国政府的高度重视。主要原因如下。

1) AI 是国际竞争的新焦点。各大国都把发展 AI 作为提升国家竞争力、维护国家安全的重大战略。

2) AI 是经济发展的新引擎。AI 是新一轮产业变革的核心驱动力，将重构生产、分配、交换、消费等环节，形成从宏观到微观各领域的智能化需求，引发经济结构重大变革，实现社会生产力的整体跃升。

3) AI 是社会进步的新机遇。AI 在教育、医疗、养老、环境保护、城市运行、司法服务等领域广泛应用，将极大提高公共服务精准化水平，全面提升人民生活品质。

4) AI 是对未来的新挑战。AI 是影响面广的颠覆性技术，具有很强的不确定性，将冲击现有各种秩序，对政府管理、经济安全和社会稳定乃至全球治理都会造成深远的影响。

4. 一声炸雷惊醒梦中人

2018 年注定是一个不平凡的年份，它让人惊喜、也让人猛醒、更让人看到旭日东升。没有全局的辩证眼光，实在难以理解这一年发生的正面肯定、负面否定、再正面创立的大幅度波动，重大利好的事情和重大不利的事情同框出镜，到底相信哪一件？其实三件事都是可信的，这就是辩证矛盾的对立统一，是同一个事物的两个不同方面，是机遇和挑战并存的大好事。特别是解决眼前矛盾的机制主义人工智能方案的出炉，这是旭日东升的积极信号。

(1) 2018 年让人惊喜的事情

为了迎合各大国的人工智能发展战略，各大人工智能公司都推出了自己的人工智能解决方案，以便第一个抢滩登陆。如 2018 年评出的十佳应用场景解决方案如下。

1) 基于神经网络的机器翻译。2018 年 3 月微软公司宣布其研发的机器翻译系统首次在通用新闻的汉译英上达到了人类专业水平，实现了自然语言处理的又一里程碑突破，将机器翻译超越人类业余译者的时间，提前了整整 7 年。

2) 基于多传感器跨界融合的机器人自主导航。中国的臻迪(Power Vision)公司基于自身在机器人行业深耕细作多年所积累的各类核心技术，及深度学习的深入研究，通过嵌入式端一体化集成平台的系统架构及优化设计，突破了移动平台硬件资源的限制，使水下机器人更加准确、智能、全面地感知目标，并具备对水下目标进行锁定、检测、识别、跟随的能力。

3) Duer OS 对话式人工智能系统。Duer OS 是百度公司研发的对话式 AI 操作系统，2018 年 7 月最新的 Duer OS 3.0 正式发布，使赋能的产品能实现语音多轮纠错，进行复杂的递进意图识别与带逻辑的条件意图识别，从而更加准确判断用户意图，最终实现功能升维，利用扩展特征理解用户行为。

4) 移动 AR 技术。随着苹果 ARKit、谷歌 ARCore 的发布，移动 AR 在两大移动平台上均意义重大。这意味着全球 5 亿台支持 AR 功能的移动设备正在吸引所有的公司入局，这些公司正在将数据与 API 相结合，为用户创造新的 AR 体验。

5) 生物特征识别技术。日本电信巨头宣布已研发出一款名为"AI Guardman"的新型人工智能安全摄像头，这款摄像头可通过对人类动作意图的理解，在盗窃行为发生前就能准确预测，从而帮助商店识别偷窃行为，发现潜在的商店扒手。据相关媒体报道，这款产品使得商店减少了约四成的盗窃行为。

6) 机器人流程自动化(robotic process automation，RPA)。Gartner 数据显示，全球范围内大型商业巨头里有 300 家陆续开展了 RPA 工程，将原先手工化的流程进行自动化改革。随着科技的进步，RPA 将融入更多人工智能技术，即智能流程自动化(intelligent process automation)。相当于在基于规则的自动化基础之上增加基于深度学习和认知技术的推理、判断、决策能力。

7) 像素级声源定位系统 Pixel Player。麻省理工学院的 Pixel Player 系统能通过声音和图像信息以无监督的学习方式从图像或声音中识别目标，定位图像中的目标，分离目标产生的声音。其允许在视频的每个像素上定位声源，将声音分离出来，过滤伴奏，识别音源，不仅能帮助人类处理音乐，还能帮助机器人更好地理解其他物体所产生的环境声音。

8) 兼顾高精度学习和低精度推理的深度学习芯片。该深度学习芯片是 IBM 公司正在研究的项目之一，目标是将这个芯片的利用率提高到 90%。这将是一个质的突破，为实现这一突破，研发团队做了两项重大创新。芯片可执行当前所有的三种主要深度学习：卷积神经网络、多层感知器和长-短期记忆。这些技术共同主导了语言、视觉和自然语言处理，应用十分广泛。

9) 智能代理训练平台。总部在美国的 Unity 公司是全球领先的游戏开发公司之一，2017 年推出了机器学习平台 ML-Agents，让 AI 开发人员和研究人员在 Unity 模拟和游戏环境中，使用演化策略、深度强化学习和其他训练方法来训练智能代理。

10) 入耳式人工智能。苹果在 2018 年推出的 Air Pods 2 中加入了 Siri 唤起、内置芯片等，可收集用户身体的各种数据，通过麦克风接受命令，通过扬声器反馈。谷歌的实时翻译耳机 Pixel Buds 与 Air Pods 共同让我们重新认识了耳机的作用，相比智能手表，耳机可更方便地进行语音交互，在接收信息时无需占用视觉空间。还可将智能音箱式的远场交互变成更自然更快捷的近场交互。

由此可见，从 IBM、苹果，到谷歌，百度等，所有的人工智能巨头都在尝试软件、硬件、应用场景的联通。聪明的科技公司都不再单一地专注于自己的传统业务，而是着眼于未来，不断创新技术，跨界融合打造一个整合的生态系统。

(2) 2018 年让人猛醒的事情

但是，在一片欢欣鼓舞的背景音乐中，一个让人猛醒的声音终于从权威人士口中喊出来了，他急切地告诉世人，不要高兴过头了，事情远非如此。眼前的一片繁华景象并不是人工智能追求的主要目标，不能继续这样发展下去了，必须改弦易辙回到人工智能的主要目标上来！

1) 2018 年 5 月 15 日，美国的图灵奖得主、贝叶斯网络之父珀尔(Pearl)等，出版的科普书《为什么：关于因果关系的新科学》(*The Book of Why : The New Science of Cause and Effect*)。该书的核心内容之一是把人的认知能力分为三个等级：观察、干预、想象(反事实)。观察(seeing)是根据数据(经验)积累来寻找不同变量之间的相关性，观察者无需对变量施加任何影响，这是最基础的认知能力。如果想要了解某些条件变化后是什么情况，就必须主动对变量进行干预(doing)，根据测试结果预判变化的影响。这是摆脱被动接收数据而主动创造数据的关键一步。最高级的认知能力则是想象(imagining)，即设想一个与现实不同的情景(反事实，counterfactual)，然后预测它的变化结果。反事实是人们最关心的核心问题，也是最难获得答案的问题。因果模型的重要性就在于它可用于解决反事实问题。珀尔认为，人类的认知能力之所以能超越观察，达到干预和想象的认识高度，是因为我们天生有一个善于发现并理解因果关系的大脑，这是人类强于所有动物的根源所在，是人工智能需要模拟主要任务，而不是在观察层次停滞不前。事实上，人工智能中的大多数问题都是决策问题。如果决策是基于被动接受的观测数据，它就处于因果关系之梯的第一级，强烈地依赖观测数据，因而难免带有局限性，并有被对手制造的虚假数据引入陷阱、围而歼之的巨大风险。如果有了干预能力，决策就可不受观察样本的束缚，把一些样本无法反映的事实揭露出来，即具有主动实施行动来分析因果效应的能力，使决策行为更加智能化。反事实推理能力允许机器拥有想象力，它能考虑一个与现实世界完全相悖的假想世界，这个世界无法通过直接观测的数据进行推理，必须借助一个因果模型来分析。

2) 时至今日，深度学习依然是人工智能的热点方法，甚至有人将之盲目地等同于人工智能(其实是一种只具有条件反射能力的动物智能)。然而，机器学习只是人工智能的一个领域，其目标是使计算机能够在没有明确程序指令的情况下从经验或环境中学习，机器学习的方法多如牛毛，深度学习只是沧海一粟。理论上可证明，人工智能即便在因果关系之梯的最低层级做到极致，也无法跃升到干预层面，更不可能进入反事实的假想世界。AlphaGo 的硬伤是缺乏可解释性。珀尔认为，大数据分析和深度学习(甚至多数传统的机器学习)都处于因果关系之梯的第一层级，因为它们的研究对象还是相关关系而非因果关系。在这里，珀尔并没有贬低处于因果关系之梯最低层级的相关性分析，他只是在提醒我们不要满足于这个最低的认知高度，人工智能还要继续向上攀登，直到想象的认知高度。这与作者在前面介绍的人脑思维的三个层次(感性思维层、知性思维层和辩证思维层)不谋而合。

3) 珀尔的这本科普书来得正是时候。众所周知，这轮人工智能的爆发在很大程度上得益于算力的提升，如深度学习就是人工神经网络借助算力的卷土重来，并把数据驱动的方法推向了一个巅峰。公众和决策者们甚至产生了一种幻觉：所有科学问题的答案都藏于数据之中，有待巧妙的数据挖掘技巧来揭示。珀尔公开且直白地批判了这种错误思潮，这位曾在 20 世纪 80 年代推动机器以概率(贝叶斯网络)方式进行推理的领头人，现在不得不痛心疾首地指出，深度学习所取得的所有成就都只是根据(有效)数据进行的曲线拟合，当前的人工智能已陷入概率关联的泥潭，它不能完全体现智能的真正含义，在理论上严重限制了人工智能的发展空间。跳出泥潭的关键措施是，用逻辑关系清晰的高效率的因果推理，代替可解释性不好的组合爆炸严重的关联推理，这才是科学思考的基础。只有因果推理才能使机器具有类人智能，有效地与人类交流互动。也只有这样机器才能获得道德实体的地位，具有自由意志和运用人类谋略的能力。他希望未来的机器学习不再靠"炼金术士的碰运气"而获得成功，可解释人工智能将从关于因果关系的新科学中汲取更多的力量，甚至可以闯进反事实的世界。珀尔在书中特别强调，数据非常愚蠢，它很容易落入陷阱，领会因果关系才是理解世界的关键[24,25]。

4) 2018 年前后，已有一些著名的人工智能学者在讨论现有人工智能面临的各种局限性[26,27]。例如，有智能没有智慧，无意识和悟性，缺乏综合决策能力；有智商没有情商，机器对人的情感理解与交流还处于起步阶段；会计算不会"算计"，人工智能可谓有智无心，更无人类的谋略；有专才无通才，会下围棋的不会下象棋等。归纳起来说，目前人工智能发展正面临着 6 大发展瓶颈：数据瓶颈，需要海量的有效数据支撑；泛化瓶颈，深度学习的结果难以推广到一般情况；能耗瓶颈，大数据处理和云计算的能耗巨大；语义鸿沟瓶颈，在自然语言处理中存在语义理解鸿沟；可解释性瓶颈，人类无法知道深度神经网络结果中的因果关系；可靠性瓶颈，无法确认人工智能结果的可靠性。由此可知，人工智能的发展正面临又一次的发展瓶颈，本书统称为"可解释性瓶颈"。

5) 这些应用局限性和发展瓶颈对于人类智能来说并不明显存在，为什么却在当今的人工智能研究中成了难以逾越的巨大阻碍？作者认为，这些困难是由无视逻辑和知识在智能中的重要价值，过度依赖数据统计和深度神经网络引起的，它实际上是在利用人和动物都共同拥有的感知思维(条件反射)来冒充人类的智能，忽略了人类智能中更加重要的认知思维和辩证思维。这让人不难发现，人工智能经历的三个探索时期，是按照分而治之的方法论，在不同的智能模拟途径及其深度上，进行了有意义、但也存在明显片面性的探索实验：第一次探索的途径是在智能功能模拟方面，理论上是依靠逻辑和知识，重视少数人在实验室进行的基本原理和方法的研究，取得了开门红的巨大成功，证明利用计算机确实能够模拟人类的智能活动，具有开拓性意义。但在遇到现有逻辑的不完善和知识获取瓶颈后，特别是投资者撤除资金资助之后，绝大部分研究者都没有深入下去解决业已暴露出来的瓶颈问题，而是改弦易辙去寻找有资金资助的项目。第二次探索的途径被迫转移到智能的结构模拟方面，理论上主要是依靠人工神经网络模型，其他的计算智能模型相配合，重视面向实际应用场景的基本原理和方法研究，吸引了众多人工智能科学工作者参与，取得了许多应用成果。证明利用神经网络的结构同样可以模拟人类智能活动，但也发现了人工神经网络的局部极值瓶颈，让人工神经网络难以大有作为。所幸的是，第三次探索的途径没有发生转移，而是为了克服局部极值瓶颈在智能的结构模拟方面继续深入了一步。其根本原因是，在局部极值瓶颈面前，不仅投资者没有撤销资助，而且产业界的资金大量进入。于是研究者有条件不惜工本地向深度神经网络进军，在大数据和云计算的支持下，神经网络的层次由十几层、到几十层、再到 152 层，甚至有人做到了上千层，希望把神经网络的潜力发展到极致。这些勇于探索的精神是难能可贵的，但是对于智能这种多因素组成的、具有演化发展能力的复杂性事物，用单纯的硬碰硬方法蛮干，是与智能的本意背道而驰的，效果一定是事倍功半，吃力不讨好。因为网络的综合算力再强，并行性再好，也架不住组合爆炸的威力；大数据再多，也改不了被数据牵着鼻子走的被动局面，这些都是违反智能本意的错误方向。

(3) 2018 年让人看到旭日东升的事情

1) 2018 年初，在中国人工智能学会会刊《智能系统学报》2018 年第 1 期上，在头版头条的位置发表了机制主义学派的系列论文：钟义信的《机制主义人工智能理论——一种通用的人工智能理论》[22]、何华灿的《泛逻辑学理论——机制主义人工智能理论的逻辑基础》[15]、汪培庄的《因素空间理论——机制主义人工智能理论的数学基础》[23]。智能系统学报还专门配发了《编者按》[28]。这套论文在国内外首次为建立人工智能学科的通用基础理论提供了一整套系统的解决方案。随后何华灿的《重新找回人工智能的可解释性》[16]发表。钟义信的《范式变革引领与信息转换担纲：机制主义通用人工智能的理论精髓》[29]发表。这套智能科学统一基础理论是基于智能主体的智能，是在不断演化的生存环境中，通过主体与客体持续不断交互的一整套机制形成的。其过程是一个基于四类信息转换机制和一个输出效果反馈机制组成的无限的循环过程，每次循环的具体步骤如下。

① 第一类信息转换机制。根据智能主体自身的生存目标和当前关心的问题，

利用主体知识库的本能和有关知识，有选择地接受客体输入的信息，并将其转换为包含形式和效用的语义信息，增加到知识库中，它属于感性认知阶段。

② 第二类信息转换机制。根据主体已有的知识，对客体输入的语义信息进一步理解和因果关系分析，转换为知识信息，增加到知识库中，它属于知性认知阶段。

③ 第三类信息转换机制。根据知性认知阶段的知识信息，结合主体的目的、情感及有关知识，将知识信息转换为智能策略信息，增加到知识库中，它属于智能决策阶段。

④ 第四类信息转换机制。将智能策略信息转换为主体执行机构可执行智能行为输出，同时增加到知识库中，它属于智能行为阶段。

⑤ 输出效果反馈机制。为评价本次输入刺激-输出响应的效果，修改完善主体知识库的知识，系统还设有输出效果反馈机制，专门关注客体收到主体智能行为后的变化，评价其有效性，并作为经验性知识存入主体的知识库中。然后进入下一轮输入刺激-输出响应周期。

这是一个充满不确定性的演化发展过程，其信息转换的各个环节都需要泛逻辑进行统一描述和运算，无法容忍无数多个互不相容的非标准逻辑参与其中。于是泛逻辑成了机制主义人工智能不可或缺的逻辑基础。而泛逻辑中各种逻辑参数的获得，需要因素空间理论的支撑，专门研究智能主体的目标牵引和主观能动性的因素空间理论，于是成了机制主义人工智能和泛逻辑不可或缺的数学基础。

2) 2021 年"中国人工智能自主创新研究丛书"由北京邮电大学出版社出版，其中包括钟义信的《机制主义人工智能理论》[30]、何华灿等的《命题级泛逻辑与柔性神经元》[17]、汪培庄等的《因素空间与人工智能》[18]三部专著。它们共同构成了机制主义人工智能通用基础理论的有机整体，其中的智能理论、逻辑基础、数学基础又都具有各自的全局包容性。成果的最大创新特色是：抓住了学科研究的决定性要素——科学范式(科学观与方法论的统称)，发现了目前人工智能研究范式的张冠李戴——用物质学科的范式统领信息学科(含人工智能)的研究。这是当前人工智能研究中一切痼疾顽症的总根源。机制主义学派为了正冠，实施了从基础到顶层的人工智能学科的范式革命。彻底突破了原有人工智能的各种局限，揭示并确立了人工智能的新科学观、新方法论、新模型、新路径、新逻辑、新数学、新概念、新原理，从而创建了机制主义人工智能通用基础理论，实现了人工智能基础理论的根本性突破与历史性跨越，在全球具有开创性和引领性意义，是人工智能理论研究的划时代变革。

3) 2021 年 7 月 9 日，"中国人工智能自主创新研究丛书"首批新书在上海"2021世界人工智能大会"上向国内外隆重发布。丛书作者钟义信院士、何华灿教授、汪培庄教授，工信部原副部长杨学山，联合国数字安全联盟理事长李雨航，中国科学院院士褚君浩，加拿大工程院院士杨军，日本工程院院士李颉，发展中世界工程技术院院士韩力群，中国工程院国际合作局原局长康金城，北京邮电大学出版社社长严潮斌，丛书策划编辑刘纳新，中科华数研究院院长卢建新，中国电子商会 AI 委员会联席会长徐亭，济南大学 AI 研究院副院长张世光等嘉宾出席发布活动。严潮斌社长介绍道，值得庆幸的是，我国有一批具有整体的科学观和辩证的方法论素养以及自主创新精神的学者，不甘心跟在国际人工智能研究的主流思想后面随波逐流。他们长期以来在人工智能基础理论研究领域艰辛探索，勤奋耕耘。经过几十年的艰苦努力，创建了一批体现整体观和辩证论精神、极富创新性和前瞻性的人工智能基础理论学术成果。

5. 自然语言大模型的快速兴起

1) 早期探索：20 世纪 90 年代末至 21 世纪初，随着计算能力的提升以及大数据的发展，自然语言处理领域开始探索构建大型语言模型的可能性。2002 年 Karpathy 提出一元语言模型，通过计算单词的出现频率来估计其概率，开创了大语言模型的先河。2017 年 Vaswani 等提出 Transformer 模型，极大地推动了自然语言处理的发展，为创建更大、更复杂的语言模型奠定了基础。

2) 大语言模型的兴起：从理论到实践的突破发生在 2018~2020 年，出现了大量里程碑式的成果，如谷歌的 BERT、T5 等模型，标志着大语言模型时代的正式开启。BERT 是谷歌于 2018 年推出的一个重要语言模型，它采用了 Transformer 编码器结构，经过大量数据的预训练和微调，在多个自然语言处理任务上取得了显著效果。

3) ChatGPT 系列的发布：OpenAI 公司在 2020 年发布了 GPT-3，这是一个基于大语言模型的问答系统，由于其诱人的外在表现，被业界评为第三代超级工具，预测 ChatGPT 系列将引发"思维变革"，改变人类思考和处理问题的传统方式，极大降低创意和执行的门槛。第一代超级工具是互联网，它引发了"空间变革"，用虚拟的聚合，跨越了现实的空间；第二代超级工具是智能手机，它引发了"时间变革"，让人的工作、生活、娱乐都线上化。

4) 随后，OpenAI 在 2023 年相继推出了 GPT-3.5 和 GPT-4，这些模型在自然语言处理能力上进一步提升，尤其是 GPT-4 被描述为多模态模型，能够处理图像和语言，展示了更广泛的应用潜力。除了 GPT 系列和 BERT 系列模型外，其他公司和研究机构也在不断探索和推出新的大语言模型，如 Anthropic 的 Claude、百度的 Ernie、谷歌的 Gemini 等。随着计算能力的提升、大数据的积累以及算法的不断优化，自然语言处理领域将不断推出新的、更强大的大语言模型。这些模型将在文本生成、文本理解、翻译、情感分析等多个领域发挥重要作用，推动人工智能技术的进一步发展。GPT 系列成功的关键技术是强化学习。

5) 强化学习(reinforcement learning, RL)作为机器学习的一个重要分支，其核心思想是通过智能体(agent)与环境(environment)的交互来学习最优的行为策略，以最大化累积的奖励。在这一过程中，虽然强化学习主要基于经验进行决策优化，但其内部机制及与外部环境的交互中确实涉及了逻辑推理的过程。以下将详细讲述强化学习过程中的相关逻辑推理过程。①智能体的决策与推理。强化学习的目标是为智能体找到一个好的策略(policy)，使其能够按照该策略采取行动，从而最大化累积奖励。策略的制定过程实际上是一个隐含的推理过程。智能体通过观察环境的状态(state)，利用已学习的知识或经验(如价值函数或策略网络)，推理出在当前状态下应采取的最优动作(action)。价值(value)是智能体从当前状态开始，对未来累积总收益的期望。智能体在推理过程中会考虑每个动作可能带来的长期价值，而不仅是当前的即时奖励。这种基于未来收益的推理是强化学习决策过程中的重要组成部分。②环境反馈与因果推理。强化学习中的环境会对智能体的动作给出反馈，即奖励(reward)。智能体通过接收这些奖励信号来评估其动作的好坏，并据此调整策略。这一过程类似于因果推理，即智能体通过观察和实验(采取行动)来发现动作与奖励之间的因果关系。近年来的研究表明，强化学习可以用于执行因果推理任务。例如，通过无模型强化学习训练一个循环网络来求解包含因果结构的问题，智能体能够学会根据观察数据得出因果推论以及做出反事实的预测。这表明强化学习在一定程度上具备执行因果推理的能力。③探索与利用的平衡。强化学习中的一个核心问题是如何在探索和利用之间找到平衡。探索意味着尝试新的动作以获取更多关于环境的信息，而利用则是根据已知信息选择当前看起来最优的动作。这一过程需要智能体进行逻辑推理和决策权衡。在面对未知或不确定的环境时，智能体需要运用逻辑推理来评估探索和利用的潜在收益和风险。例如，通过计算预期价值或利用不确定性度量来指导决策过程，智能体可以在探索和利用之间做出更合理的选择。

6. 人工智能第三探索时期小结

1) 在产业赋能升级的强大利益驱动下，深度神经网络和深度学习不顾可解释性等的缺失，不顾巨大的时空损失，硬是把蛮干的计算机优势发挥到极致，这是人工智能探索史上的奇迹，空前绝后。

2) 人工智能研究中的多学科联合攻关是一个很好的发展势头，值得坚持发展下去。

3) 第三探索时期的两个重要技术贡献是深度学习和强化学习。深度学习是机器学习的一种特殊形式，其"深度"表示网络模型由多层神经网络组成，并在输出层进行预测或决策。深度学习主要依赖卷积神经网络、循环神经网络、生成对抗网络；主要应用于图像识别、自然语言处理、自动驾驶等。强化学习已经为机器学习因果关系奠定了初步的基础，这是人工智能初级阶段的最高成就，在人工智能高级阶段，泛逻辑和因素空间理论可以与强化学习密切融合，实现因果关系的发现和精准刻画。

4) 经过三个探索时期的努力，在决定论科学范式发挥到极致，无新路可走的时候，一个在演化论科学范式指导下的人工智能研究思潮在中国悄然形成，那就是人工智能的机制主义学派(mechanism school)，它让人们看到了人工智能研究转型的希望，即从以积累经验为主的学科创始阶段，跨越到以精确基础理论指导为主的学科成熟阶段的希望，这是每一个大学科发展的必然过程，也是学科成熟的唯一标志。

3.4.5　人工智能学科的转型时期(2021 年至今)

1. 对 80 年发展史的整体评价

从 1943 年算起，人工智能学科已经经历了 80 多年。整体评价这些年来人工智能的探索实践，虽然有巨大成功，但并没有完全走上正轨，一直是顾东顾不了西，顾头顾不了脚的状态，明显的是被子太小，身体太大。究其根本原因，除了人类对自己的智能知之甚少外，就是科学范式的张冠李戴：虽然人工智能学科的研究目标是为了智力工具的需要，但从一开始就没有摆脱决定论科学观和还原论方法论的思想束缚，整个思想理念仍然停留在动力工具时代。按照决定论科学观，人们自然会把智能活动当成是确定不变的事物来分而治之，把信息当成只有形式没有内容的空壳来处理。目前三大学派互不相容无法统一的局面，就是分而治之方法造成的恶果。而按照决定论科学观和还原论方法论，分而治之是理所当然的。可是，智力工具不同于动力工具和人力工具，它的能力在其生命周期内不是确定不变的，而是可以不断学习演化的。智力工具为什么能够学习演化，就是因为它是一个开放的复杂性巨系统，内部各个子系统之间存在复杂的信息交换，存在涌现效应，不可完全分割开来研究。如同你要研究一个青蛙的生命活动过程，如果把它大卸八块，去分门别类地研究各种子系统，获得的结果只能是一个死青蛙的状态，与青蛙的生命活动过程南辕北辙。所以，人工智能要健康快速全面地向前发展，必须重做一床大被子来覆盖自己的身体，这就是要进行人工智能学科的科学范式变革，从传统的决定论科学范式变革为演化论科学范式。这是从 80 多年人工智能探索实践中总结出来的最重要的结论。

2. 学科转型的关键时期

现在的态势已很明显，80 多年来人工智能学科在对智能知之不多的情况下，凭经验摸着石头过河，对各种可能的途径和单一智能因素及能想到的组合因素的计算机模拟全部都尝试过了，确有许多的成功的案例，已经推动人工智能研究及其应用一浪高过一浪地向前发展。同时也都有难以逾越的发展瓶颈出现，说明这些途径都存在某种片面性，没有精准全面地把握智能的所有组成因素，并在智能模拟中恰如其分地加以使用，故而顾此失彼，取舍失当。当然，这是任何一个大学科在初创时期都难以避免的探索阶段。如在英国兴起的第一次工业革命，开始很长一段时间都是在伽利略的经验物理知识和瓦特的工程实践经验的基础上探索前进的。后来有了牛顿力学，以及建立在莱布尼茨和牛顿创立的微积分基础上的动力学、材料力学、力和能量转换等精准理论的支撑，才让动力工具的设计生产，由粗放的经验盲目探索阶段上升到有精准理论指导的成熟阶段。当前智力工具的设计生产已到了完成类似转变的关键时刻，所有人工智能工作者都要跳出眼前的得失圈，去大胆地去拥抱这个转变。

站在更高的层面看问题，过去的 80 多年是人工智能学科积累经验的初创阶段，它已经发展到极致，难以再继续下去了。正在到来的是在精准理论指导下的成熟阶段。这两个阶段是有质的差异的。

1) 积累经验的初创阶段。其研究目标是实现图灵测试，即用计算机直接模拟智能的表象(结果)，只要多数测试者认可即算成功。指导思想是传统的决定论科学范式和辩证论逻辑范式。其主要缺陷是只管形式不管内容，缺乏理解，只会蛮干，无法巧干。没有随机应变能力和在线学习能力。

2) 精准理论指导下的成熟阶段。其研究目标是实现机制主义通用人工智能，即在智能计算机上，按智能生成机制来模拟某个智能活动过程，而不仅是模拟表象(结果)。指导思想是量身定做的基于信息生态学科范式和辩证论逻辑范式。其主要优势是能够全面理解问题或环境的全信息，根据自己的生存目标和已有知识，制定最佳的决策进行输出。具有随机应变能力和在线学习能力。

3. 现行 AI 生态系统的阻力

作者认识到，这种转变难以一蹴而就，原因主要来自于现行 AI 生态系统形成的阻力。众所周知，现在各大人工智能研发公司为最大限度地占有市场份额，鼓励下游的开发公司和用户使用他们的核心软件和技术，牢牢拴住各种客户，他们通过提供标准数据库、公布开源软件、免费提供开发环境或者体验平台，形成了一个庞大的 AI 生态环境。这种生态环境对于普及现行的人工智能研究成果是相当有利的，但反过来要改弦易辙完成科学范式转型，它就是一个强大的阻力。因为现在的 AI 生态环境是按照分而治之的方法，只管形式不管内容建立起来的，一下子要它去适应整体辩证的方法，把形式、内容和价值全面考虑进去，许多东西都必须从头做起，几乎是推倒重来。

例如，作者已证明清楚，柔性神经元和柔性命题逻辑算子之间本来就存在元-子

二相的全等价关系，联系两者的纽带是共同拥有的基模型(阈值函数)
$z=\Gamma[ax+by-e]$，其中 $x, y\in[0, 1]$ 是输入变量，$z\in[0, 1]$ 是输出变量，Γ 是 0,1 限幅函数，参数 a、b 分别是 x、y 的连接系数，e 是神经元的激活阈值。状态参数组<a、b、e>决定了柔性神经元和柔性命题逻辑算子的信息变换属性(即逻辑类型，二元信息变换中只有 20 种不同的逻辑类型)。在 20 种不同的逻辑类型内部，柔性参数组<k, h, β>可在保证极端点 0, 1 的输出值不变的前提下，改变中间过渡值的输出大小，有无限多种不同的取值。显然，阈值函数 $z=\Gamma[ax+by-e]$ 是一种具有逻辑含义的 S 型函数，但反过来不是任意的 S 型函数都有逻辑含义。可是，从 BP 神经网络开始，现在所有的人工神经网络都在用毫无逻辑含义的任意 S 型函数来替换阈值函数 $z=\Gamma[ax+by-e]$ 作为神经元的输入输出变换函数。也就是说，现在的人工智能研究，包括深度神经网络和深度学习，都毫无顾忌地通过修改状态参数组<a, b, e>的取值范围，去盲目地逼近需要的输出结果，而不是通过改变柔性参数组<k, h, β>来完成这种逼近。使用者轻松了，可以随心所欲地变来变去，可是神经元在极端点 0、1 的输出值却被悄然改变了，神经元的逻辑含义已经荡然无存，这是现阶段人工神经网络失去可解释性的根本原因。由于这是从最底层开始犯的错误，影响到当前 AI 生态环境的几乎每一个细胞，如何纠正过来？可以想象，不到实在是走投无路之时，不管是领导还是群众，谁也下不了决心推倒重来。所以，尽管深度神经网络的方向性错误已经展露，机制主义人工智能的理论基础已经奠定，但是要真正完成人工智能学科的转型升级，还需要一个相当于"离离原上草，一岁一枯荣"那样的兴衰交替过程，让草木在喜获秋收之后不得不告别眼前的繁荣，经历严冬的锤炼，重新萌芽开花结果。所以，从某种意义上说，这本书当前不一定会有多少人有兴趣阅读，他们正在忙于秋收，看懂了也无用武之地。本书也许是为"春雨贵如油"的时节备的，但是作者坚信，春天一定会继秋冬之后到来！

春夜喜雨

〔唐〕　杜甫

好雨知时节，当春乃发生。随风潜入夜，润物细无声。
野径云俱黑，江船火独明。晓看红湿处，花重锦官城。

3.5　小　　结

1. 确立本书的主题思想

作者花费巨大精力跨界学习整理了这些考古资料，去除争议较大的、保存共识较多的、避免相互矛盾的内容同时出现，概略性地向读者系统阐明：宇宙一直在不停地演化发展、地球系统一直在不停地演化发展、生命系统一直在不停地演化发展、人类也一直在不停地演化发展，它们从来没有停止过，将来也不会停止。其目的就是为了确立本书的主题思想：传统的决定论科学范式和形式逻辑范式是理想化的，只能解决理想国中的各种确定性问题，存在明显的应用局限性，并不是西方人宣传的那样具有统揽一切的普适性。而真正全局有效的是演化论科学范式和辩证逻辑范式，它能够解决现实世界中普遍存在的具有对立统一性的不确定性问题。西方人一直在宣扬控制客观世界的规律是确定不变的，科学的本质是确定性，科学的发展必将消除一切的不确定性和近似性，实现科学的终结。这是一个坐井观天的错觉，真实的客观世界是不断演化发展的，包括控制其演化发展的规律也在不断地演化发展，所以科学永远不会终结，它会跟随着不断演化发展下去，逐步逼近正在演化发展的事实真相。20世纪以来的科学技术成就已揭穿西方人为了掌握绝对的话语权而制造的神话，东方人的科学话语权越来越彰显其重要性。为正本清源，作者需要在这里谈一谈什么是真正的科学，什么是真正的逻辑，作为本篇的小结。

2. 什么是真正的科学？

人类有与生俱来的好奇心，总希望知道一个事物的起因，因为从逻辑上讲，不知道这个事物的起因，就很难理解它的本质。这就促进了一个科学研究共同体的逐步形成：一部分擅长于观测归纳的人，他们会系统收集当时能够找到的关于某类事物的经验事实，通过由表及里、由浅入深、从现象到本质、从个别到一般的抽象，归纳出一些基本原理，以便尽可能多地解释这些经验事实，而不出现内部矛盾，这就是科学假说的归纳形成阶段。但是科学研究活动并没有到此结束，在科学研究共同体内部，还有另一部分擅长理论分析和逻辑演绎的人，或者擅长实验验证的人，他们会针对别人提出的科学假设进行仔细的分析评价，力图寻找到其中可能存在的逻辑漏洞和无法解释的客观事实，这就是科学假说的质疑完善阶段。一部分人归纳经验事实提出科学假说，一部分人根据逻辑或验证质疑科学假说的可靠性和完备性，整个科学研究活动就是在这两部分人的共同推动下不断前进和完善起来的。当然，从认识论的全局看，科学研究和应用实践是认识事物本质的两个并行不悖的重要环节，不可忽视任何一方。毛泽东在《实践论》中说："实践、认识、再实践、再认识，这种形式，循环往复以至无穷，而实践和认识之每一循环的内容，都比较地进到了高一级的程度。这就是辩证唯物论的全部认识论，这就是辩证唯物论的知行统一观。"所以，任何一个科学理论都必须从实践中抽象出来，再回到实践中去进行检验，这是一切科学理论形成的必由之路，离开实践空谈什么纯粹的科学研究都是无稽之谈。

目前占统治地位的科学观是西方人提出的决定论科学观，他们片面认为只有建立在公理化基础上的形式逻辑演绎系统才是所谓的科学。进一步为了赋予形式逻辑以普适性的外表，又人为地规定：只有能够被形式逻辑描述的问题才是逻辑问题，其他问题都是非逻辑问题，不属于科学研究的范畴。如此一来，他们就顺理成章地下结论：由于中国古代没有逻辑，所以中国古代没有科学。科学和逻辑都是近现代中国人向西方学习来的这样一种认知，彻底抹杀了中华文明的伟大科学成就和发明创造。遗憾的是大部分现代中国学者(包括作者自己在内)都不假思索地接受并传授着中国古代没有逻辑和科学的错误论断。作者是在研究人工智能基础理论特别是泛逻辑的过程之中，逐步认识到中国古代的逻辑和科学的伟大，如现代的各种层面的演化学说，都没有脱离开老子在《道德经》里的演化框架，而这个演化框架并不是通过公理化的形式演绎过程建立的，而是在当时人类能够观测到的一切事物变化规律的经验事实基础上，通过有限归纳法和古人的感悟，逐步形成的(其间当然包括反复多次的争论和修改完善)。最关键的是老子有中国人擅长的整体观和辩证论,而不是用一组预设的公理系统来约束自己的思考方向。

3. 什么是真正的逻辑？

作者坚持广义逻辑观，认为：逻辑是思维的法则，是判断是非曲直的准绳，在人脑思维过程中，在信息变换的各个环节，都有逻辑规律可循。而认为只有形式逻辑才是逻辑的观念则是狭义逻辑观。自古以来就存在以下两种不同类型的逻辑。

古希腊人擅长于按照形式逻辑(formal logic)进行思维，经常用演绎法证明数学定理的成立。其鼻祖是古希腊的亚里士多德，他在《工具论》和《形而上学》中，系统论述了形式逻辑的基本原理，建立了西方逻辑史上第一个逻辑系统(即三段论系统)，被公认为形式逻辑的奠基人。欧几里得的《几何原本》则是第一个建立在公理系统基础上的形式演绎系统。形式逻辑要求其研究对象的各个逻辑要素都必须全面满足"非此即彼性"约束，即对象世界必须是对立充分的理想世界，其中非真即假、非假即真、非有即无、非无即有、真者恒真、假者恒假、有者恒有、无者恒无，是一个封闭的确定性系统。在客观世界中，真正能够满足上述条件的领域极其罕见，只能在局部时空内、在近似意义上满足(如同在地球表面上，欧几里得的《几何原本》只能适用于建一栋房屋，不适用于规划建设一个大的城区，更不要说航空和航海了)，其应用局限性一目了然，形式逻辑所谓的普适性只能是在这个狭小的理想世界中的普适性。

中国人擅长于按照辩证逻辑(dialectical logic)进行思维，经常用归纳法和类比法建立各种学说。其鼻祖是老子，他在《道德经》中系统论述了辩证逻辑的基本原理，建立了中国逻辑史上第一个逻辑系统，被公认为辩证逻辑的奠基人。为中国人服务了几千年的中医理论是第一个建立在辩证逻辑基础上的成功系统,《孙子兵法》《三十六计》同样彰显了辩证逻辑的威力。辩证逻辑要求其研究对象的各个逻辑要素都可以具有"亦此亦彼性"甚至"非此非彼性",因为客观世界是对立不充分的现实世界,每一个事物都是一个对立统一体,对立双方相互依存、相互斗争、相互转换,在统一体的内部看是矛盾斗争,在外部看是事物的不确定性。对于这种开放的不确定性系统,只能用辩证逻辑来描述,其普适性是针对整个客观世界的普适性。当然,在中国古代也出现过形式逻辑,如《墨经》和《荀子·正名》等,在古希腊也出现过辩证逻辑,如柏拉图和芝诺都用辩证法思考过一些问题,不过都没有形成主流。

作者相信,有了这些思想准备,进入第二篇的阅读应该没有太大的思想阻碍了。

第二篇 求 索 篇
建立命题泛逻辑的可行途径

打开一扇小窗户，发现一个大世界。

科学的理念是黑暗中的灯塔，它照亮了人类文明之舟的前进方向。

——何华灿

逻辑学不能孤立于科学之外单独存在。如果现有的逻辑已无法解释新的科学发现和科学理论，这个逻辑就需要跟随时代向前发展，不能故步自封，成为时代发展的绊脚石。在第一篇中，我们已经从宇宙、地球、生物、人类、人脑等不同层面论证了世间万事万物都是在不断演化发展的，其本质属性是非线性的，具有各向异性的不确定性。人们平常看到的事物确定不变表象，仅是观察者处在局部时空中观察事物形成的一种近似性认知，不能反映事物的本质属性。由于刚性逻辑只能描述各向同性事物的线性变化规律，要描述各向异性事物的非线性变化规律，必须建立柔性逻辑。

本篇的总任务是探讨如何具体建立柔性逻辑。讨论到现在，建立柔性逻辑的基础平台已经可以确定为刚性逻辑。因为刚性逻辑的应用局限性不是源于它的理论错误，而是它的研究对象域。也就是说刚性逻辑在理论上是完全正确的(堪称逻辑学的典范)，仅仅是因为它只研究各向同性事物的线性变化规律，所以无法适用于描述各向异性事物的非线性变化规律。这好比欧几里得几何学的研究对象是各向同性空间几何元素的线性变化规律，它无法在航空和海航中广泛使用。但是，欧几里得几何在理论上是完全正确的(堪称几何学的典范)，仅仅是因为地球表面的环境是各向异性的空间，其中几何元素的变化规律是非线性的，不适合用欧几里得几何来描述。所以，人们遇到这个问题后，没有推翻欧几里得几何，而是另外建立一套非欧几何，并把欧几里得几何作为特例包容在其中。根据历史的经验，我们在建立柔性逻辑时选择的大思路是在刚性逻辑基础上逐步扩张。作者能够想到的扩张的方式是，把某些逻辑要素的非此即彼性约束解除，相应地引入亦此亦彼性或非此非彼性，形成各种不同用途的柔性逻辑。显然，当这些柔性逻辑的逻辑要素的亦此亦彼性或非此非彼性，回到非此即彼性约束时，它们就回到了刚性逻辑。

泛逻辑学是为适应智能科学和复杂性科学的时代需要而诞生的新兴学科，它是一种能包容所有逻辑(其中包括刚性逻辑和柔性逻辑)的新型逻辑理论体系，其最终的发展目标是建立数理辩证逻辑理论体系。但是，如何寻找到实现泛逻辑研究目标的有效途径，是一个很复杂的技术活。从理论上分析有三条可能的途径。①代数结构进路。任何一个逻辑系统都是一个抽象代数系统，泛代数是研究抽象代数一般原理和方法的学科，可以从这里入手研究泛逻辑。②包容逻辑算子组进路。任何一个逻辑系统都有一套逻辑算子组，不同的逻辑有不同的算子组。泛逻辑学可从包容越来越多的逻辑算子组入手来建立不同用途的泛逻辑。③波粒二象性进路。柔性逻辑的提出背景是客观事物需要逻辑学能包容和处理许多矛盾的属性，其典型代表就是物质的波粒二象性。我们可以扩展刚性逻辑为包含附加参数α的逻辑系统，这个附加参数α将参与逻辑算子的具体执行过程，区分是按照波动性还是按照粒子性来进行信息变换。本书根据人工智能研究的直接需要，采用的是包容逻辑算子组进路。后来阅读国外资料发现，代数结构进路和波粒二象性进路也都有人在研究，时间相差不到十年。不过三家都是独立自主提出的，没有相互借鉴的内容。本书只介绍包容逻辑算子组进路的研究结果，对另外两条进路有兴趣的读者可看有关的参考文献。

由此可知，本篇要进一步完成的任务是如何将各种已经存在和可能存在的逻辑算子组，根据应用需求有条不紊地逐步包容到泛逻辑理论体系之中，以便形成各种不同的泛逻辑。

第4章 从标准逻辑到命题泛逻辑的扩张

一方面，逻辑是思维的法则，是人类认识世界和改造世界的准绳，是规范一切学说和理论的标准，一切学说和理论都可看成是应用逻辑；另一方面，逻辑又是一切学说和理论中关于时空定位、概念、判断和推理规律的提炼和抽象，它不能孤立于各种学说和理论的发展之外而单独存在。所以，如果一个理论不合乎逻辑，它就不成其为理论；反之，如果现有的逻辑已无法解释新的科学发现和科学理论，这个逻辑就需要跟着时代向前发展，不能故步自封，成为时代发展的绊脚石。泛逻辑学(universal logic)正是为了适应智能科学和复杂性科学的时代需要而诞生的新兴学科，它是一种能包容刚性逻辑(即数理形式逻辑)和已经提出及有可能存在的非标准逻辑的新型逻辑理论体系，其最终的发展目标是建立数理辩证逻辑理论体系。《泛逻辑学原理》[14]是泛逻辑理论的奠基之作，本书是它的升级版，其中不仅增加了2001年以来新的研究成果(不可交换的命题泛逻辑，柔性神经元模型等)，而且内容更加偏重于在智能科学技术中的应用需求和复杂性科学研究的时代需求。泛逻辑学不是作者毫无客观依据、纯粹凭个人想象构造出来的一套理论体系，而是信息世界主客观规律的系统抽象归纳整理，它能够回到主客观信息世界中，接受应用实践的各种检验。

本章将系统说明泛逻辑学形成的时代背景、学术积累、研究目标和主要研究内容，分析泛逻辑学与其他各种逻辑的关系，特别是给出一条建立命题泛逻辑和柔性神经元的可行途径和具体的研究结果。

4.1 引 言

正像物理学特别是牛顿力学是能源时代的核心基础理论那样，逻辑学特别是柔性逻辑学是信息时代的核心基础理论，已经发展成熟的数理形式逻辑描述了信息世界的初级运动规律，正在展开的智能化涉及信息世界的高级运动规律，需要建立数理辩证逻辑才能精准描述。

1. 逻辑学是信息时代的核心基础理论

在近代史上，人类经历过能源时代，它从17世纪中叶开始，历时300多年。

从 20 世纪中叶开始，人类进入到信息时代。不同时代有不同的基本科学问题和核心基础理论，能源时代的基本科学问题是物质运动和能量转换，其核心基础理论是物理学特别是牛顿力学，它奠定了体力劳动机械化的理论基础；信息时代的基本科学问题是信息处理和智能演化，其核心基础理论是逻辑学特别是柔性逻辑学，它将奠定脑力劳动机械化的理论基础。只有抓住了时代的基本科学问题和核心基础理论，才有可能在基础理论研究上有重大的作为和贡献。什么是逻辑？通常认为逻辑是思维的法则，当我们把思维活动的具体内容抽去后，留下来共同遵守的抽象规则就是逻辑。其实逻辑也是一切信息处理和智能活动共同遵守的法则，逻辑不仅可以帮助我们认识和把握人脑思维的本质和一般规律，更可以帮助我们认识和把握各种自然信息处理和人工信息处理及机器智能模拟机制的本质和一般规律。只有抓住了逻辑学才抓住了信息革命的主导权！

2. 标准逻辑能描述信息世界的初级运动规律

19 世纪中叶布尔用符号语言描述思维的基本法则，创立了逻辑代数，他用 0、1 两个值和 ¬、∧、∨ 三种运算，描述了形式逻辑的全部规律。布尔代数不仅奠定了标准逻辑(数理形式逻辑，刚性逻辑)的基础，而且是计算机科学技术、计算语言学和人工智能的核心基础理论。布尔还注意到逻辑服从一种信息世界特有的定律：对任意元素 X，$X \wedge X = X$，$X \vee X = X$，他是发现逻辑与信息之间关系的第一人。以后的事实证明，以逻辑代数为基础的标准逻辑描述了信息世界的基本运动规律，各个层次的信息处理，如数字电路层、指令系统层、程序设计层、程序语言层、算法层、应用系统层，计算机科学层和人工智能层都可用标准逻辑描述，没有布尔代数就没有今天的信息科学和信息时代。但布尔代数描述的信息世界的基本规律仅是初级运动规律，因为它立论的基本假设是：信息只有 0、1 两种状态，信息处理过程满足矛盾律($\neg X \wedge X = 0$)、排中律($\neg X \vee X = 1$)和封闭性(信息系统是封闭的、确定不变的)。这是被高度简化了的信息世界模型，只有理想化的是非分明的确定类问题才能满足，如数学定理证明、确定性推理和常规信息处理等。标准逻辑的用途是描述真理的绝对性和永恒性方面。

3. 智能化涉及信息世界的高级运动规律

21 世纪是智能化的世纪，智能科技和生物科技一起将主导社会的发展。智能信息处理面对的是现实环境中具有矛盾、不确定性和演化过程的复杂性问题，如计算机视觉、自然语言理解、经验知识推理和常识推理，机器学习和知识发现，群体智能和生态系统，市场的形成和演化，全球气候问题等。智能科学涉及信息世界中更加复杂的处理矛盾、不确定性和演化的高级运动规律，它需要突破数理形式逻辑立论的基本假设，建立数理辩证逻辑，以便描述真理的相对性和非永恒性。我们相信，在人的抽象思维中，在各种计算智能机制中，在群体智能和生态计算中，存在这种自然的辩证逻辑规律，只要我们能站在更高的层次上，把这些智能活动中的具体内容抽去，留下来共同遵守的形式规则就是数理辩证逻辑。近几十年来出现了数十种各种各样的非标准逻辑[31]，它们的蓬勃发展表明信息科学对非标准逻辑的迫切需求，这些研究成果为我们进一步统一研究数理辩证逻辑提供了丰富的素材。泛逻辑学研究的总目标是在逻辑多样性的基础上，通过抽象研究各种自然智能机制，探讨逻辑的本质和一般规律，建立能够包容数理形式逻辑和数理辩证逻辑的逻辑学理论体系，为信息时代全面实现脑力劳动机械化和智能化奠定坚实的理论基础。

4. 逻辑学正在酝酿第二次数理逻辑革命

1) 在近代逻辑学发展史上发生过一次具有划时代意义的数理逻辑革命。它开始于 18 世纪德国大数学家莱布尼茨倡导用通用符号语言和逻辑演算改革形式逻辑，以便克服自然语言的多义性。到 19 世纪德国大数学家弗雷格(Frege，1848～1925)等建立命题演算和一阶谓词演算系统，共同创立了数理逻辑理论体系。命题演算和一阶谓词演算系统的建立，以及公理集合论、递归函数论、模型论和证明论等四论的出现，是数理逻辑在理论上成熟的标志[32]，常称为经典逻辑或标准逻辑，其主要特点是：命题的真值域是二值的，命题连接词、量词和推理规则集都是固定不变的，推理所需要的证据完全已知且固定不变，推理过程具有封闭性、时不变性、演绎性和单调性。本书特称数理形式逻辑为刚性逻辑(rigid logic)。刚性逻辑实现了大部分形式逻辑的符号化和数学化，是一个完整的数学理论体系，在描述真理的绝对性和永恒性方面十分有效，可以解决许多理想化的二值类推理问题。客观地看，第一次数理逻辑革命的结果仅实现了形式逻辑的数学化，只能在简单的机械系统中、在理想化的条件下进行形式演绎，根本解决不了辩证逻辑中的问题。

2) 时至今日，人类社会已从动力工具时代跨入到智力工具时代，时代的基本科学问题已从简单的机械系统变成了开放的复杂性巨系统，人们关注的核心已从确定系统的运动规律变成了演化系统的运动规律。为了适应这种时代巨变，有种种迹象表明逻辑学正在酝酿形成第二次数理逻辑革命，以便实现辩证逻辑的数学化。这次逻辑学革命的主要任务是突破狭义逻辑观的思想局限性，让数理逻辑由刚性逻辑向柔性逻辑(flexibility logic)过渡，逐步建立数理辩证逻辑，确立广义逻辑观在复杂性科学中的统治地位[33]。柔性逻辑将继承刚性逻辑中通用符号语言和逻辑演算的基本思想，但突破了刚性逻辑的各种非此即彼性约束，逐步引入各种亦此亦彼性和非此非彼性，是一种面向真实世界的、灵活的、自适应的逻辑学，具有真实世界中不可忽视的一切属性：如相对性、时变性、开放性、不确定性、不完全性、非演绎性、非单调性和非协调性等。这就是说，广义逻辑观将把狭义逻辑观已排除在外的"非逻辑"问题重新找回来加以研究，建立新的逻辑理论，它将在描述真理的相对性和非永恒性方面发挥重要作用，使辩证逻辑逐步实现数学化。

3) 如果在智能科学中仍然坚持狭义逻辑观，拒绝广义逻辑观，那等于是开历史倒车，把智力工具时代拉回到动力工具时代。这是背离智能化时代发展大方向的事情，绝对不能允许。相反，逻辑学要适应智力工具时代的需求，改变过去只关心理想化问题习惯，积极投身到新时代的大潮中去，研究复杂性系统的演化规律，研究智能主体的自我目的性和主观能动性，研究如何处理现实世界中的各种辩证矛盾和不确定性，建立直接支撑复杂性科学和智能科学的逻辑学理论。

4.2　各种非标准逻辑的重要启示

为了建立能够包容一切逻辑的泛逻辑学，首先需要知道现在已经存在哪些逻辑理论，它们包含哪些逻辑要素、有什么特色、用什么算子组、能解决什么问题、不能解决什么问题等。没有调查就没有发言权。可喜的是，这样的研究素材已经达到上百种之多，内容十分丰富，作者从中受益匪浅！下面是一些主要的非标准逻辑及其对泛逻辑的启示。

4.2.1　非标准逻辑的澎湃兴起

首先介绍非标准逻辑兴起的整体概貌。近几十年来，在计算机科学和人工智能等新兴学科应用需求的推动下，各种非标准逻辑大量涌现，Gabbay 和 Guenthner 编辑出版了《哲学逻辑手册》(*Handbook of Philosophical Logic*)系列，从 1983~1989 年陆续出版，共计 4 大卷，总篇幅近 3000 页。主要介绍了近几十年内新兴的逻辑学科群体，它们以数理逻辑(这里主要指一阶逻辑)为直接基础，以传统的哲学概念、范畴以及逻辑在各门具体学科中的应用为研究对象，构造出了各种关于传统的哲学概念、范畴或者直接具有哲学意义的逻辑系统。《哲学逻辑手册》是迄今为止对哲学逻辑的主要领域作综合性概观的一部大型专门著作，第 1 卷的内容是经典逻辑的基础，主要概述了一阶逻辑及其元逻辑研究的主要成果，并介绍了高阶逻辑。这一部分内容并不属于哲学逻辑本身，而是哲学逻辑的直接基础，是以后各卷的预备知识。第 2 卷的内容是经典逻辑的扩展，概述了模态逻辑、时态逻辑、道义逻辑、问题逻辑、条件句逻辑、一般内涵逻辑等。第 3 卷的内容是非经典的逻辑，主要概述多值逻辑、相干逻辑和衍推、直觉主义逻辑、对话逻辑、自由逻辑、量子逻辑、部分逻辑等。第 4 卷讨论语言哲学方面的论题，因为哲学逻辑中相当多的发展最初就是由对自然语言的谈话作语义分析刺激起来的；这一卷还提供了关于逻辑工具及其方法在自然语言的形式分析中的应用情况的鸟瞰，并提供了评价哲学逻辑的标准[31, 34]。

表 4.1 是对它的一个统计分析表，从宏观层面分析这些逻辑，可获得如何实现泛逻辑的重要启示。

表 4.1　部分非标准逻辑与人工智能、计算机科学的关系

逻辑	自然语言	并行性	人工智能	逻辑编程	编程语言	数据库	复杂性	多智能体	评论、展望
时序逻辑	时态算子的表达能力；时序指示词；过去与未来的区隔	对重复发生事件的表达能力；对时序控制的描写；模型检测	计划；时间数据；事件演算；跨时间持存-框架；时序语言；时序处置	对带时间容量的霍恩子句的扩充；事件演算；时序逻辑编程	时序逻辑作为直陈式编程语言；数据库中改变着的过去；指令式未来	时序数据库和时序处置	相关逻辑的判定程序的复杂性问题	一个实质性构成要素	时序系统正变得越来越精致，并得到广泛的应用
模态逻辑	广义量词	行动逻辑	信念修正；推理数据库	由失败导致的否定和模态	动态逻辑	数据库更新和行动逻辑	相关逻辑的判定程序的复杂性问题	可能行动	多重模态逻辑上升期；量化和语境活跃
算法证明	在语言输入上直接计算	新逻辑；广义理论证明	广义推理论；非单调系统	对逻辑的程序式探索	类型；术语重写系统；抽象解释	溯因推理；相干	相关逻辑的判定程序的复杂性问题	智能体的置入依赖于证明论	
非单调推理	消解歧义；机器翻译；文档分类；相干理论	环形检测；环的非单调决策；系统的故障	适用于 AI 的逻辑学；演变着和用于交流的数据库	由失败导致的否定；演绎数据库		推理数据库；对数据库的非单调编码	相关逻辑的判定程序的复杂性问题	智能体的推理是非单调的	主要领域；对实践推理形式化意义重大
模糊的逻辑	对语言的逻辑分析	实在时间系统	专家系统；机器学习	逻辑程序的语义学		模糊和概率数据库	相关逻辑的判定程序的复杂性问题	与决策理论相关联	目前的主要领域
直觉主义逻辑	逻辑中的量词	构造性推理和关于描写设计的证明论	直觉主义逻辑是比经典逻辑更好的基础；对逻辑编程语言的扩充	霍恩子句逻辑；编程语言的语义学；对逻辑编程语言的扩充	编程语言的语义学；马丁-洛夫理论	数据处理；归纳学习	相关逻辑的判定程序的复杂性问题	智能体构造性学习	经典逻辑的起中心作用的主要替代者

续表

逻辑	自然语言	并行性	人工智能	逻辑编程	编程语言	数据库	复杂性	多智能体	评论、展望
高阶逻辑,λ-演算,类型	蒙塔古语义学;情景语义学	基础不好的集合	遗传的有穷谓词	λ-演算对逻辑程序的扩充	编程语言语义学;抽象解释;域递归论		相关逻辑的判定程序的复杂性问题		比以往更具中心作用
经典逻辑片断	基本的基础语言	程序综合	一个基本工具			关系数据库	逻辑的复杂性类	逻辑的那头干重活的马	研究非常活跃,前景诱人
加标演绎系统	在建立模型时极其有用		统一的框架语境理论	注解性逻辑程序		加标考虑到语境和控制		实质性工具	逻辑学起统一作用的新框架
资源和子结构逻辑	Lambek演算		真保持系统		线性逻辑			智能体具有有限的资源	
纤维化和组合逻辑	动态语法	模数。组合语言	空间和时间的逻辑	组合特征		链接数据库,反应数据库		智能体由纤维形机制构成	自我纤维化概念可自我指称
谬误理论									谬误推理的有效性
逻辑动力学	得到广泛应用							潜在可应用的	动态的逻辑观
论辩理论游戏		博弈语义学获得了根基							作用全面上升,前景十分光明
对象层次/元层次			在AI中得到广泛应用					智能体的重要特征	在所有领域总是起中心作用
溯因、缺省、相干机制			在AI中得到广泛应用					对于智能体来说非常重要	变成了逻辑观念的一部分
与神经网络的联系									未来有极大重要性;刚开始
时间、行动、修正模型			在AI中得到广泛应用					关于逻辑智能体的新理论	一类新模型

15 年来，哲学逻辑领域发生了极大的变化。是计算机、人工智能和计算语言学等对哲学逻辑的迫切需求促进了哲学逻辑的快速发展，新的逻辑领域不断涌现，旧的逻辑不断完善。于是，作者决定重新编辑出版《哲学逻辑手册》第二版，计划出版 18 卷，现将已出版的前 12 卷目录介绍如下。

第一卷(2001 年出版)：基本谓词逻辑；介于一阶和二阶之间的逻辑系统；高阶逻辑；算法和判定问题——递归论速成教程，逻辑程序的数学。

第二卷(2001 年 7 月出版)：演绎系统；可替代标准一阶语义的语义；代数逻辑；基本多值逻辑；新近的多值逻辑。

第三卷(2001 年 10 月出版)：基本模态逻辑；新近的模态逻辑；模态逻辑中的量化；对应理论。

第四卷(2001 年 10 月出版)：条件句逻辑；动态逻辑；容错论证的逻辑；优先逻辑；图式逻辑。

第五卷(2002 年 1 月出版)：直觉主义逻辑；直觉主义逻辑的对话基础；自由逻辑；新近的自由逻辑；部分逻辑。

第六卷(2002 年 5 月出版)：相干逻辑；量子逻辑；组合算子，证明和蕴含逻辑；弗协调逻辑；

第七卷(2002 年 5 月出版)：基本时态逻辑；新近的时态逻辑；时态和模态的结合；时态逻辑和模态逻辑中量化的哲学考察；时态和时间。

第八卷(2002 年 8 月出版)：问题逻辑；模态逻辑的后承系统；道义逻辑；道义逻辑和反义务。

第九卷(2002 年 11 月出版)：逻辑作为一个逻辑的和语义的框架的改写；逻辑的框架；证明论和意义；有目标导向的演绎；论否定，完全性和协调性；作为一般理性的逻辑——概说。

第十卷(2003 年 10 月出版)：模态认识论和信念逻辑；指称和信息内容——名字和摹状词；索引词；命题态度；性质理论；不可数表达式。

第十一卷(2004 年 3 月出版)：模态逻辑和自指；逻辑和数学中的对角线方法；语义学和说谎者悖论；关于虚构的逻辑。

第十二卷(准备中)：带逻辑程序的知识表示；消解原则；关于形式不协调性的逻辑；全意识。

由此可见非标准逻辑的发展多么迅猛，这些逻辑都是最近几十年内全球逻辑学家为了满足某些应用需求而精心构造的逻辑实例，它们像璀璨的群星，散落在逻辑学的整个星空。

如果说泛逻辑是整个星空，那么这些璀璨的群星就是泛逻辑理论的校准点，它们应该一个不漏地出现在泛逻辑理论框架之中，只有达到这个状态，泛逻辑理论的包容性才算完成。而且，泛逻辑还应该有这样一种能力，那就是在任何两个已知的校准点之间，都能够包容无限多个延伸点，每一个延伸点都代表一个未知的、但是一定存在的非标准逻辑。有了这样一个连续的逻辑谱系之后，人们就可清楚地知道每一个逻辑(点)在整个逻辑空间中的准确位置(如同化学元素周期表那样)，这个位置参数就是一个逻辑(点)的正确使用条件。于是，当前凭感觉乱用非标准逻辑的情况可从根本上得到改变，再不会出现乱点鸳鸯谱的错误。

下面具体分析一些典型的非标准逻辑对如何构建泛逻辑的重要启示。

4.2.2　模糊理论对刚性思维习惯的巨大冲击

1. 逻辑学的思维惯性

1) 逻辑学的核心任务是研究判断和推理的真伪，它涉及的第一个问题是度量命题真伪的有序空间。习惯上只有真、假两个状态，似乎逻辑就应该如此。非标准逻辑选择的第一个突破方向是命题的真值域，目标是引入命题的真值柔性，人们最早想到的就是概率性和模糊性。众所周知，刚性逻辑和经典集合论仅适用于描述对立充分的二值世界，在这个世界中一个命题要么为真、要么为假，二者必居其一；一个元素要么属于这个集合、要么不属于这个集合，非此即彼。这种绝对化的观点不允许亦此亦彼的中间过渡状态存在，无法满足描述对立不充分的现实世界中的各种柔性。

2) 应该承认，在人类认识史上数和形的概念的产生，研究数量关系和空间形式规律的数学理论的出现，标志着人类开始学会了精确思维，这是人类认识能力的一次大飞跃。近几百年来科学技术的成就都得益于精确数学和二值逻辑，用精确定义的概念和严格证明的定理描述现实世界的数量关系和空间形式，用精确控制的实验方法和精确的测量计算探索客观世界的规律，建立严密的理论体系，这是近代科学的特点。这一事实使人们越来越相信，一切都应该精确化，一切都能够精确化，只是时间迟早的问题。定量化和数学化已成为各学科现代化的标志，精益求精更是科学家的美德。在这种信念背景下，越来越多的人认为，只有精确的方法才是科学的，模糊的方法是非科学的或找到科学方法之前的权宜之计。这是一种绝对化的观点，它导致了片面追求精确化，排斥模糊性的思想在数学、逻辑和科学方法论中长期占据统治地位。

2. 精确性和模糊性是一对辩证矛盾

1) 但事物都是一分为二的，精确性和模糊性本身是一对辩证矛盾，精确性是相对于模糊性而存在的[35, 36]。在现实生活中，结果的精确性常常以方法的复杂性为代价。不相容性原理告诉我们，当一个系统的复杂性增大时，我们使它精确化的能力将减少，在超过一定阈值后，复杂性和精确性将相互排斥。生活中有大量事例表明，几句模糊语言可准确地描述一个复杂事物，而过分精确的描述反而让人不知所措。可见在处理复杂事物时，模糊概念和模糊思维反而准确高效，这就不难理解为什么人类的语言大多是模糊的，人类的思维离不开模糊性。

2) 科学的价值在于它能提供尽可能普遍适用的概念和方法。科学方法是能够如实反映客观事物本来面目，按事物本来规律处理问题的方法。不同质的问题要用不同质的方法才能解决，精确方法和模糊方法都应该作为科学方法，不可偏废。事实上精确数学和二值逻辑是适应力学、天文、物理、化学等学科的需要而产生的，在后来的相对论、量子力学、分子生物学、原子能、计算机和空间技术的研究中得到了充分的发展和印证。这些系统大都是无生命的机械系统，其中的事物大多是界限分明的清晰事物，允许人们做出非此即彼的判断，进行精确的测量，因而适于用精确的方法进行描述和处理。但在当今日益重要的生命科学、社会科学、思维科学、智能科学、生态系统、气象系统和各种复杂巨系统的学科中，研究的对象大多是没有明确界限的模糊事物或混沌现象，既不允许对它做出非此即彼的判断，也无法进行精确的测量，精确数学和二值逻辑的方法对它们失去了效力。20 世纪中叶以来，现代科学发展的总趋势是多学科的交叉与综合，原来截然分明的学科界限一个个被打破，边缘学科大量涌现出来。整体性地研究复杂性是现代科学发展阶段的特点，是当今科学的历史性转折的标志[37]。在这样的大背景下，边界不分明的模糊对象或混沌现象，以多种多样的形式普遍地、经常地出现在学科的前沿，要求给出系统的说明和处理，建立与之相适应的科学理论体系和方法论框架[38]，数学和逻辑学面临着新的发展需求。

3) 当过学生的人都有这个体验，如果老师评价你的考试成绩只使用了"通过"和"不通过"两档，中间没有过渡分数，那一定是对你学习成绩的最粗糙刻画，只有百分制中的分数才是对你学习成绩的精细刻画。这与二值逻辑中只有真、假分明的判断才是最精准的认识正好相反，请想想为什么会这样认识颠倒？因为被描述的两个对象的属性完全相反：一个是对立充分的理想命题，它只有真、假两个状态；一个是现实世界的学生，他是一个对立不充分的辩证统一体，可在学好与学坏之间连续变化。到什么山头唱什么歌，一把钥匙开一把锁，是辩证逻辑的真谛，我们必须牢牢记住。

3. Zadeh 创立模糊理论

在这种大的历史背景下，1965 年美国自动控制专家 Zadeh 首先发现并阐明了模糊集合的概念，并引入隶属函数来描述对立不充分的模糊世界的各种中间过渡状态[39]，据此他提出了一种全新的数学和逻辑学，称为模糊数学和模糊逻辑。Zadeh 的工作开创了用精确的数学方法研究模糊问题的先河，一改统治了科学界几百年的排斥模糊性，片面追求精确化的传统思想方法，把精确性和模糊性辩证地统一起来，丰富了科学方法论的内容，意义十分重大。Zadeh 的工作标志着模糊数学和模糊逻辑的诞生，对数学和逻辑学的发展带来了巨大的冲击。尽管 Zadeh 提出模糊集合概念后的 20 多年中受到了不少非议和轻视，但历史已经证明无论是从集合论、逻辑学、数学还是科学方法论上看，他都是一个有划时代贡献的伟人。

4. 多值逻辑的大家族

其实，在逻辑学的发展史上，早就有人注意到真、假之间的对立不充分性，当时称为不分明(vague)状态，主张逻辑学可以是多值的。1920 年 Lukasiewicz 就在 "论三值逻辑" 一文中拓展了二值逻辑的真值域{0, 1}，提出了包含不分明状态 u 的 Lukasiewicz 三值逻辑，以后又出现了包含不可知状态的 Kleene 强三值逻辑和计算三值逻辑[40, 37]，在连续域[0, 1]上也有人提出过概率逻辑[41, 42]。但当时都没有在逻辑学界和数学界引起太大震动。在模糊逻辑出现后，语言值模糊逻辑更是把命题的真值域定义在{真,极真,非常真,很真,相当真,比较真,有点真,不真不假,有点假,比较假,相当假,很假,非常假,极假,假}上，是 15 值逻辑。

4.2.3 非标准逻辑对其他逻辑要素的突破

真值域的突破，意义非凡。读者到后面将会看到，泛逻辑中许多逻辑要素及其变化规律的发现，都与真值域的突破有密切关系。为什么？因为 0、1 之间的过渡值一旦参与到逻辑运算中来，在保证逻辑算子的边界条件不变的前提下，可以容纳无穷多个不同的逻辑算子存在。如刚性逻辑中的一个逻辑与算子，可以扩张变成柔性逻辑中的一个逻辑与算子完整簇,其中包含无穷多个不同的逻辑与算子。真是打开一扇小窗户，发现一个大世界。下面继续看其他逻辑要素的突破。

1. 对真值域维数的突破

纵观{0, 1}上的二值逻辑、{0, u, 1}上的三值逻辑、15 值语言值模糊逻辑和[0, 1]上的概率逻辑和模糊逻辑，它们都是一维空间的线序逻辑。为描述多维偏序空间和伪多维偏序空间的逻辑规律，又出现了多维偏序逻辑：如{0, 1}^{2}上的四值逻辑、{0, 1}^{3}上的八值逻辑、[0, 1]^{2}上的灰色逻辑[43]和区间逻辑[44]、[0, 1]^{3}上的未确知逻辑[45]等。还有一些问题涉及无定义状态或真值的附加特性，它们都超出了多维偏序空间，叫超序逻辑。如{⊥}∪{0, 1}上的超序二值逻辑即 Bochvar 三值逻辑，[0, 1]<a,b,c>上的云逻辑[46]等。这些逻辑都涉及命题真值域空间维数的多样性，它们是正整数维偏序空间。混沌科学涉及分维偏序空间，其中的逻辑规律应该用分维偏序逻辑学来描述，这种逻辑学正等待着人们去揭开她的面纱。隐藏在命题真值域空间维数连续可变性后面的是维数柔性。

2. 对命题连接词及相应推理规则的突破

逻辑学的另一个基本问题是如何由原子命题构造分子命题，由相对简单的命题构造更为复杂的命题，这涉及命题连接词的定义和相应的推理规则集。一部分非标准逻辑沿用了标准逻辑中的命题连接词，但赋予了新的含义，因而调整了相应的推理规则集。如荷兰数学家布劳威尔(Brouwer)根据数学中有许多定理既不能证明它成立，也不能证明它不成立的事实，在 20 世纪 20 年代创立了直觉主义逻辑，他重新定义了命题连接词，在推理规则集中排除了排中律 $\sim p \vee p$，$(p \rightarrow q) \vee$ $(q \rightarrow p)$ 和 $\sim\sim p \rightarrow p$ 等规则。在三值逻辑和模糊逻辑中，排中律也不再成立。现在看来，这些研究实际上已经触及了柔性命题连接词多样性的蛛丝马迹。

3. 新量词的引入

量词的功能是约束个体变元、谓词和命题，在标准逻辑中只有约束个体变元的全称量词 $\forall$ 和存在量词 $\exists$。$\forall x(p(x))$ 的基本含义是在个体变元 x 的论域 U 中，所有 $p(x)$ 为真；$\exists x(p(x))$ 的基本含义是在个体变元 x 的论域 U 中，存在 $p(x)$ 为真。随后又引入了唯一存在量词 $\exists!$，$\exists!x(p(x))$ 的基本含义是在个体变元 x 的论域 U 中，唯一存在一个 $p(x)$ 为真，可见它们的逻辑意义都是刚性的。为了描述真实世界中的柔性约束，一部分非标准逻辑在标准逻辑中扩充引入了新的量词和相应的推理规则，如模态词 $\square$ 和 $\diamond$、模糊量词 $\oint^c$ 等。$\square x(p(x))$ 的基本含义是在个体变元 x 的论域 U 中，绝大多数 $p(x)$ 为真(曾有人认为 $\square x(p(x)) \Rightarrow \forall x(p(x))$，引出了一些矛盾，不得不取消)；$\diamond x(p(x))$ 的基本含义是在个体变元 x 的论域 U 中，有少数 $p(x)$ 为真(模态逻辑)。模态词 $\square$ 和 $\diamond$ 还可以派生出其他各种含义：如时态逻辑、动态逻辑、知道逻辑等[47, 48]。模糊量词 $\oint^c x(p(x))$ 的基本含义是在个体变元 x 的论域 U 中，$p(x)$ 有程度为 c 的可能性为真[49, 50]。在模糊逻辑中，还有修饰模糊谓词的量词，如"十分""不太"等，它们的实际作用是影响模糊谓词在个体变域 U 上的真值分布，改变其过渡特性的急缓程度。现在看来，这些研究实际上已经触及了量词中的程度柔性。在逻辑学中，很早就出现一种摹状词 ι，$\iota x(p(x))$ 的基本含义是在个体变元 x 的论域 U 中唯一存在的，使 $p(x)$ 为真的那个 x，所以它实际上是一种函词[51]。

4. 新推理模式的引入

在刚性逻辑中，只有演绎推理模式，它是从一般到特殊的推理过程，即从已知的一般性知识(前提)出发，根据推理规则，推出某个特殊性知识(结论)。如果这个结论是我们事先不知道的，如一个待证的定理，我们就获得了一个"新"的知识。但严格地讲，这个特殊性"新"知识已经逻辑地蕴含在一般性知识和推理规则之中，所以演绎推理模式只能解决如何有效地运用已知知识的问题，它不能真正发现新的知识。在人类思维中使用最多，也是最基本的推理方式是归纳推理模式，它是从特殊到一般的推理过程，能根据某些特殊性知识，归纳出一般性知识。如果特殊性知识已经直接或间接包含了一般性知识的所有可能情况，则结论完全有效，是完全归纳推理，仍然属于形式逻辑；否则结论可能有效，也可能无效，是不完全归纳推理。在人类思维中还经常使用类比推理模式和假设推理模式，类比推理是从特殊到特殊的推理过程，它根据相似性原理，由一个已知系统具有某些属性，猜想另一个未全知系统也具有这些属性。类比推理的结论可能有效，也可能无效，需要客观验证[52]。假设推理模式是由于推理需要的前提知识不完全，不得不根据经验或信念加以补充，进行含有不一定可靠的假设性知识的推理，待重新获得新的知识或推出矛盾时再行调整，各种非单调性推理和开放逻辑都属于假设推理模式[53-63]。不完全归纳推理，类比推理和假设推理模式都是发现和完善新知识的过程，属于辩证逻辑学。上述突破让我们想到，在柔性逻辑学中，上述推理模式可在一定条件下相互转化，形成模式柔性。

　　5. 形式逻辑和辩证逻辑的联姻之密

　　1) 过去，人们一直以为数学家通过定理证明在发现新的知识，处在科学发展的前沿。有了人工智能特别是机器自动定理证明程序之后，人们的认识才开始发生变化。原来，定理证明只是在发掘隐藏在已知知识背后的潜在知识，它们是已知知识的逻辑延伸，并非全新的未知知识。真正能够发现未知新知识的途径不是形式演绎，而是辩证逻辑。尽管辩证归纳出来的全新知识可能不够全面和精准，但是它们是绝对通过已知知识无法演绎出来的。有了这样的新视角，我们就不难判断一个逻辑学中长期未决的公案。

　　2) 西方人一直宣扬，只有形式演绎推理是严谨的逻辑推理，辩证逻辑依靠非完全归纳、类比和假设进行推理，很不严谨。但是，东方人早期的许多重要理论著作都是根据辩证推理完成的，如《道德经》、《论语》、《孙子兵法》、中医理论等。所以，在东方人看来，西方人唯形式逻辑为尊是一种自我感觉很好的迷信。这是逻辑学中争辩了上千年的一段公案，一直没有权威的定论。

　　3) 现在清楚了，西方人赖以将形式演绎过程启动起来的公理集，其中所谓的公理(即公认的真理)，都不是通过形式演绎的逻辑推理获得的真理，而是来源于辩证逻辑推理获得的经验性知识。只不过是按照立论者的主观意志，将其定义为"公理"予以认可，才确立了形式演绎推理过程的出发点。为什么要如此借鸡下蛋？因为形式演绎推理的致命弱点是，演绎的结果只对前件负责：如果前件是真理，则演绎结果是真理；如果前件不是真理，或者是空件，则演绎结果可能是真理，也可能不是真理。所以，形式逻辑根本发现不了新的知识，只能将已知的知识有效地使用起来，去解决有关的问题。唯有辩证逻辑才是发现新的未知知识唯一有效的途径，在认识论中占有主导地位。

4) 由于在形式逻辑的公理化系统构建中，首先必须有一个最小的、彼此独立而又完备的公理集合作为形式演绎的基础平台(或出发点)，光靠形式逻辑的演绎推理根本不能发现新的真理。那么，这些原始真理从何而来呢？只能依靠辩证逻辑的非完全归纳法，从有限的经验知识中去提炼(人类的经验只可能是有限的)，然后通过定义确认其成为公理。这样一来，从辩证逻辑那里借用来的"公理"就堂而皇之地登上了形式演绎的舞台，成了形式演绎的原始依据和出发点。

这好比说，有赵、钱两家人，钱家没有儿子，只有几个女儿，无法延续钱家的家谱；而赵家有几个儿子，也有女儿，不存在延续家谱的问题。后来钱家想办法从赵家招了一个儿子过来当上门女婿，并让姓赵的女婿改姓钱，如此一来改姓钱的上门女婿(其实是赵家儿子)，就名正言顺地担当起延续钱家家谱的重任。若干年之后，钱家有一个后人考中了状元，于是就高兴地到处宣传说，我们钱家是书香门第，人种好。不像赵家是天生的粗人，人种不好。

现在大家还相信形式逻辑能排斥辩证逻辑而独立存在于世吗？由于形式逻辑只能有效应用已知知识来解决有关问题，根本没有能力发现新的未知知识，而辩证逻辑是发现新的未知知识的唯一有效途径，所以两者只能是相互依存、相互补充、各司其职、缺一不可。在智能化时代，在知识大爆炸的时候，断明这一公案非常重要，否则会被一些片面的，甚至有意歪曲的宣传带偏了方向。

4.2.4 不精确性推理模型的启示

专家系统出现后的 10 年是人工智能的知识工程时期，主要是发现了知识在智能中的重要作用，知识表示、知识利用和知识获取成为人工智能的三大关键技术，知识工程的方法很快渗透到人工智能的各个研究分支领域，并迅速地产生了许多奇迹般的效果，推动人工智能开始从实验室研究走向实际应用，当时有人断言一个智能化的时代已经到来。众所周知，高效率的专家知识常常是没有完备性和可靠性保证的经验性知识，问题的状态也不一定是真假分明的二值状态，标准逻辑对它们已经无能为力。为了处理专家的经验性知识，在人工智能中先后提出了许多不精确性推理模型。所谓不精确性推理，其核心问题是要在推理过程中解决如何表示经验性知识的不精确性和证据的不精确性，并给出这些不精确性在推理过程中的组合传播的规律。归纳起来讲不精确性推理模型要解决以下 10 个基本问题。

关于证据 e 的可信度 $C_1(e)$ 有三个基本问题要回答，它们是：

(1) 当 e 为真时 $C_1(e)$ 的最大元如何定义？

(2) 当 e 为假时 $C_1(e)$ 的最小元如何定义？

(3) 当 e 未知时 $C_1(e)$ 的中元如何定义？

关于规则 $e{\to}h$ 的可信度 $C_2(e{\to}h)$ 有三个基本问题要回答，它们是：

(4) 当 e 为真 h 为真时 $C_2(e{\to}h)$ 的最大元如何定义？

(5) 当 e 为真 h 为假时 $C_2(e{\to}h)$ 的最小元如何定义？

(6) 当 e 对 h 无影响时 $C_2(e{\to}h)$ 的中元如何定义？

关于可信度的组合传播规律 $g(*)$ 有四个基本问题要回答，它们是：

(7) 如何由证据的 $C_1(e)$ 和规则的 $C_2(e{\to}h)$ 推出结论的 $C_1(h)=g_1(C_1(e), C_2(e{\to}h))$？

(8) 如何合并两个不同的结论 $C_{11}(h)$ 和 $C_{12}(h)$ 为一个结论 $C_1(h)=g_2(C_{11}(h), C_{12}(h))$？

(9) 如何由证据的 $C_1(e)$ 推出它非的 $C_1({\sim}e)=g_3(C_1(e))$？

(10) 如何由两个证据的 $C_1(e_1)$ 和 $C_1(e_2)$ 得到与的 $C_1(e_1 \wedge e_2)=g_4(C_1(e_1), C_1(e_2))$？

不同的不精确性推理模型对上述 10 个基本问题的回答不同，但它们都突破了标准逻辑学的范围[64, 53]。例如以下几个模型。

1) 概率模型

概率模型用随机性的观点来研究不精确性，用概率来表示事件的可信度，用条件概率来表示事件之间的关系。于是有：$p=1$ 表示必然事件，是证据可信的最大元，$p=0$ 表示不可能事件，是证据可信度的最小元，$p=0.5$ 是证据可信度的中元；如果事件 e 有可信度 $p(e)$，则非事件 ${\sim}e$ 有可信度 $p({\sim}e)=1-p(e)$；如果事件 e_1 和 e_2 是独立的，则 $p(e_1{\wedge}e_2)=p(e_1)p(e_2)$，否则 $p(e_1{\wedge}e_2)=p(e_1)p(e_2|e_1)=p(e_2)p(e_1|e_2)$，其中 $p(e_1|e_2)$ 是 e_2 发生时出现 e_1 的条件概率。如果 $p(e|h)$ 表示假设 h 发生时出现证据 e 的条件概率，则证据 e 发生时出现假设 h 的条件概率 $p(h|e)=(p(e|h)p(h))/(p(e|h)p(h)+p(e|{\sim}h)p({\sim}h))$。如果是单一证据 e，有穷多 m 个彼此独立假设 h_i 的情况，则 $p(h_i|e)=(p(e|h_i)p(h_i))/(\Sigma_{k=1}^{m}p(e|h_k)p(h_k))$。如果是有穷多 n 个彼此独立的证据 e_j，有穷多 m 个彼此独立假设 h_i 的情况，则

$$p(h_i|e_1,e_2,...,e_n)=(p(e_1|h_i)p(e_2|h_i)...p(e_n|h_i)p(h_i))/(\Sigma_{k=1}^{m}p(e_1|h_k)p(e_2|h_k)\cdots p(e_n|h_k)p(h_k))$$

广泛使用的贝叶斯网络模型就是一种概率模型，它的优点是有概率论这个可靠的理论基础，计算公式简单，但缺点是先验概率和条件概率难以得到，证据之间的独立性难以保证，它的推理过程难以用显式表达的知识进行解释。

主观贝叶斯模型是另一种概率模型，它把概率转化为机率 $o(e)=p(e)/(1-p(e))=p(e)/p({\sim}e)$。机率的最大元是 ∞，最小元是 0，中元是 1；由于 $p(h|e)=(p(e|h)p(h))/p(e)$，$p({\sim}h|e)=(p(e|{\sim}h)p({\sim}h))/p(e)$，$p(h|e)/p({\sim}h|e)=(p(e|h)/p(e|{\sim}h))\times(p(h)/p({\sim}h))$。所以有 $o(h|e)=Ls{\times}o(h)$，其中 $Ls=p(e|h)/p(e|{\sim}h)$ 是大于 0 的实数，Ls 越大表示 e 对 h 的

支持越强，当 $Ls\to\infty$ 时表示 e 的出现导致 h 为真，所以 Ls 是规则 $e\to h$ 成立的充分性度量。

同理有 $o(h|\sim e)=Ln\times o(h)$，其中 $Ln=p(\sim e|h)/p(\sim e|\sim h)$ 是大于 0 的实数，Ln 越小表示 $\sim e$ 对 h 的支持越弱，当 $Ln=0$ 时表示 e 的不出现导致 h 为假，所以 Ln 是规则 $e\to h$ 成立的必要性度量。一条规则的可信度需要用两个独立的变量(Ls, Ln) 来刻画，即表示成 $e\to h (Ls, Ln)$。由于在实际使用中，Ls、Ln 和 $o(h)$ 都是由专家根据自己的经验给出的，所以称为主观贝叶斯模型。在 PROSPECTOR 专家系统中得到了成功应用。

2) 确定性模型

确定性模型是 Shortliffe 等于 1975 年提出的，它是建立在确定性因子 $cf(*)$ 基础上的不精确性推理模型，在著名的 MYCIN 专家系统中得到了成功的应用。对于证据 e，如果 e 为真则 $cf(e)=1$ 是最大元；如果 e 为假则 $cf(e)=-1$ 是最小元；如果对 e 一无所知则 $cf(e)=0$ 是中元。对于规则 $e\to h$,如果 e 为真时 h 为真，则 $cf(e\to h)=1$ 是最大元；如果 e 为真时 h 为假,则 $cf(e\to h)=-1$ 是最小元；如果 h 与 e 无关,则 $cf(e\to h)=0$ 是中元。一般情况下有 $cf(e\to h)=(Mb(h,e)-Md(h,e))/(1-\min(Mb(h,e),Md(h,e)))$。其中 $Mb(h,e)$ 和 $Md(h,e)$ 都是通过概率定义的。$Mb(h,e)=\text{ite}\{1|p(h)=1;(\max(p(h|e),p(h))-p(h))/(1-p(h))\}$ 表示 e 支持 h 的程度叫信任增长度，$Mb(h,e)=0$ 表示 e 对 h 为真没有影响。$Md(h,e)=\text{ite}\{1|p(h)=0; (p(h)-\min(p(h|e),p(h)))/p(h)\}$ 表示 e 不支持 h 的程度叫不信任增长度，$Md(h,e)=0$ 表示 e 对 h 为假没有影响。

在实际使用中 $cf(e)$ 和 $cf(e\to h)$ 都由专家根据经验直接给出。cf 的组合传播规律是：$cf(h)=cf(e\to h)\max(0, cf(e))$，$cf(\sim e)=-cf(e)$，$cf(e_1\wedge e_2)=\min(cf(e_1), cf(e_2))$。

并行组合规则：如果关于假设 h 已经分别推得 $cf_1(h)$ 和 $cf_2(h)$，则可合并为

$$cf(h)=\text{ite}\{cf_1(h)+cf_2(h)-cf_1(h)cf_2(h)|cf_1(h)>0, cf_2(h)>0;$$
$$cf_1(h)+cf_2(h)+cf_1(h)cf_2(h)|cf_1(h)<0, cf_2(h)<0;$$
$$(cf_1(h)+cf_2(h))/(1-\min(|cf_1(h)|, |cf_2(h)|))\}$$

串行组合规则：如果已知 $cf(e\to m)$, $cf(m\to h)$ 和 $cf(\sim m\to h)$，则

$$cf(e\to h)=\text{ite}\{cf(e\to m)cf(m\to h)|cf(e\to m)\geqslant 0; -cf(e\to m)cf(\sim m\to h)\}$$

3) 证据理论模型

证据理论由 Dempster 提出,经 Shafer 发展而成,简称 D-S 理论。1981 年 Barnett 把它引入到专家系统中，建立了证据理论模型。它的基础是概率论，但定义在幂集上，它解决了概率论中的两个难题：一个是不知道的表示；另一个是非事件的概率计算。令 E 是证据空间，θ 是互斥的有穷个假设组成的假设空间，θ 的幂集是 2^θ，θ 的每一个子集 A 对应一个假设，证据对假设 A 的影响大小，用定义在[0, 1]上的一个数表示，叫基本概率赋值(bpa)，记为 $m(A),A\subseteq\theta$。其意义是若 $A\neq\theta$，则

$m(A)$表示对A的精确信任程度；若$A=\theta$，则$m(\theta)$表示对信任度不知如何分配。显然$m(\varnothing)=0$，$\sum_{A\subseteq\theta}m(A)=1$。

定义对假设A的信任函数$Bel(A)$为它的所有子集B的bpa值之和，$Bel(A)=\sum_{B\subseteq A}m(B)$。信任函数有以下性质：① 空假设的信度为0，即$Bel(\varnothing)=m(\varnothing)=0$；②$\theta$的信度为1，即$Bel(\theta)=1$；③由于$A$的所有子集加上$\neg A$的所有子集小于$\theta$的所有子集，所以有$Bel(A)+Bel(\neg A)\leqslant1$，$A\subseteq\theta$。

信任函数$Bel(A)$是对假设A为真的可能性度量，必然函数$Pl(A)$是对假设A为真的必然性度量，它定义为$Pl(A)=1-Bel(\neg A)$。对$\forall A\subseteq\theta$有$Pl(A)\geqslant Bel(A)$，称$[Bel(A),Pl(A)]$为假设A的信度区间，A的可信度一定落在信度区间内，所以在证据理论模型中，假设A的可信度是用区间值$A[Bel(A),Pl(A)]$表示的。既不支持A又不支持$\neg A$的那一部分信度$u(A)=Pl(A)-Bel(A)$代表了对假设A的无知程度。$u(A)$越小，表明证据对假设A的支持越明确，否则越不确定。$A[0,0]$表示A确定的假，是最小元；$A[1,1]$表示A确定的真，是最大元；$A[0.5,0.5]$表示A确定的半真半假，是中元；$A[0,1]$表示对A一无所知；$A[0.25,1]$表示对A有部分信任，不确定程度是0.85；$A[0,0.85]$表示对A有部分不信任，不确定程度是0.85；$A[0.25,0.85]$表示对A和$\neg A$都有部分信任，不确定程度是0.6。如果有两个证据E_i和E_j支持同一假设A，E_i所对应的bpa为m_i，E_j所对应的bpa为m_j，合成后的bpa为$m_i\oplus m_j$，则证据理论的组合规则为：$m_i\oplus m_j=\text{ite}\{n/(1-n)|A\neq\varnothing;0\}$，其中$n=\sum_{X\cap Y=\varnothing}m_i(X)m_j(Y)$ $X,Y\subseteq\theta$。

本模型的优点是克服了概率论中的两大困难，在特殊情况下计算复杂度相当低，将证据与子集相关，容易把问题的范围缩小。缺点是要求每一个证据都是独立的，这常常无法满足，组合规则没有理论上的根据，有时计算复杂度是指数型的。当概率已知时，证据理论就退化为概率论，当先验概率难以获得时，证据理论是一个好的方法。

4) 可能性模型

前面的几种方法都是基于概率论的，它们事实上是默认了不确定性来源于随机性，可能性模型是Zadeh于1978年根据模糊逻辑提出的不精确性推理模型，他认为不确定性来源于模糊性。模糊性是指事物在性状和类属方面的亦此亦彼性，它承认两极对立的不充分性和自身同一的相对性，认为对立的两极通过连续变化的中介相互联系，相互转化，共存于一体。模糊性和随机性有本质上的差别，前者反映的是事物内在的不确定性；后者反映的是事物外在的不确定性。可能性模型把模糊逻辑中的隶属度解释为可能性度量$\text{poss}(e)$，其最大元是1，最小元是0，中元是0.5，组合传播规律是：$\text{poss}(\sim e)=1-\text{poss}(e)$，$\text{poss}(e_1\wedge e_2)=\min(\text{poss}(e_1),\text{poss}(e_2))$，$\text{poss}(e_1\vee e_2)=\max(\text{poss}(e_1),\text{poss}(e_2))$。其推理过程借助模糊关系进行，由翻译法则、评估法则和推理法则三部分组成，其中的许多问题尚待研究完善。

还有人直接将{0, 1}上的命题逻辑和一阶谓词逻辑移植到[0, 1]上，称为模糊命题逻辑和模糊谓词逻辑[65]，用于模糊知识的不精确性推理[66,67]。

上述不精确性推理模型有一些成功的应用，说明它们抓住了经验性知识中的某些本质，但它们的推理运算或者是一些固定的经验公式，没有理论根据；或者是公式有理论根据，但强加了一些使用条件，如必须是独立相关，必须知道条件概率等，因而限制了它们的适用范围。在使用过程中也发现了不少问题，如经验数据的可靠性、规则强度的多义性、规则之间的相关性、不知如何处理的例外等。这些都说明它们还只是一些经验性模型，人工智能迫切需要建立关于不精确性推理的普适性逻辑理论来规范和指导使用。

4.2.5　类柔性逻辑的研究现状分析

下面介绍一些与柔性逻辑十分接近的非标准逻辑的研究现状，从中可以感悟到柔性逻辑必须干什么，不能干什么，这些探索实践经验是研究泛逻辑的宝贵素材。

1. 概率逻辑的研究现状

1) 概率是解决因随机性而引起的不确定性问题的一种有效方法，在现有的不精确推理方法中，多数都离不开概率。例如，概率推理方法、主观贝叶斯方法、确定性理论、证据理论等。传统的概率逻辑模型可大致分为标准概率逻辑模型、条件事件代数概率逻辑模型和可能世界概率逻辑模型三种主要类型。其中，标准概率逻辑模型是在标准概率空间上定义的一类概率逻辑，其典型代表性有 Popper 概率逻辑和 Carnap 概率逻辑等。条件事件代数是在确保规则概率与条件概率相容的前提下，把布尔代数上的逻辑运算推广到条件事件(规则)集合中得到的一个代数系统[68-70]，其典型代表有 Goodman 的 GNW 条件事件代数等[69]。可能世界概率逻辑模型是 Nilsson 基于概率分布的最大熵原则提出的一种表示不确定推理的概率逻辑模型，它是利用矩阵关系 $\Pi=VP$，用类似于经典逻辑中的假言推理，来解决概率推理中的概率蕴含问题[71]。对于上述典型概率逻辑模型，目前都还存在着各种不同的缺陷。例如，逻辑模型无法解决条件推理问题，条件事件代数模型中的概率测度已不是标准的概率测度，可能世界模型超出了逻辑框架的范畴等。正是概率逻辑的这种不成熟性，才导致了现有不精确推理方法需要利用概率，而又根本无法直接进行概率逻辑推理的被动局面。

2) 事实上，出现这种被动局面的主要原因是概率逻辑算子(包括条件概率和贝叶斯公式)的定义存在着严重缺陷。例如贝叶斯公式，它对使用条件的要求相当严格，即要求各个事件之间必须彼此独立，如果不同事件之间存在依赖关系，则贝叶斯公式无法直接使用。再如条件概率，它对使用条件的要求很不明确，即在独立性方面没有给出必要的限制条件，如果不考虑独立性而盲目使用条件概率，则很可能会导致条件概率的计算偏差，从而影响其使用的正确性。可见，独立性与条件概率和贝叶斯公式都直接相关。然而，概率论和概率逻辑却没能对独立性与概率之间的关系进行深入研究，更没能建立起独立性与概率计算之间的联系，这就在概率逻辑中留下了一个严重的隐患。

3) 从这里作者感悟到，要保证概率逻辑算子的正确使用，实现基于概率逻辑的不精确推理，首先必须在概率逻辑中引入独立性的定量描述，建立概率逻辑与独立性之间的有机联系。实际上，概率论中所讨论的独立性可对应于逻辑学中的相关性，即概率论中事实之间的相互独立可对应于逻辑学中命题之间的独立相关。所以，作者团队在泛逻辑研究中把相关性扩展为广义自相关性(其广义自相关系数用 k 来表示)和广义相关性(其广义相关系数用 h 来表示)两种类型，并就广义自相关性和广义相关性定义了一套完整的柔性逻辑算子。依据泛逻辑学的研究结论，概率逻辑仅是泛逻辑在 $k=0.5$、$h\in[0.5, 1]$时的一个特例，这一结论为基于概率逻辑的不精确推理研究奠定了理论基础。接下来的任务是用泛逻辑学的观点去重新分析和认识概率、概率计算、概率逻辑和有关的不精确推理模型，真正实现在逻辑框架内的概率推理。

2. 不可交换逻辑的研究现状

不可换逻辑由 Abrusi 与 Ruet 等提出[72-76]，它统一了可换线性逻辑和 cyclic 线性逻辑[77]，是 Lambek 演算的标准保守扩张[78]。不可换逻辑在不确定推理与决策、逻辑程序设计、模糊专家系统、模糊数据库及计算语言学等领域都有重要应用。受不可换逻辑的影响，模糊逻辑学界迅速开始了不可换模糊逻辑的探索研究，比如 Flondor 等首次在系统中研究了伪 T-模[79]，Hajek 在多个国际会议上报告了非可换 BL 系统[80, 81]，Jenei 及 Leustean 分别研究了非可换 MTL 逻辑和非可换 Lukasiewicz 逻辑系统[82, 83]。与之相关的非可换逻辑代数也有深入研究[84-86]。如同文献[80]所指出的那样，pseudo-BL 代数、pseudo-MV 代数，即非可换 BL-代数、非可换 MV-代数的研究，先于相应的非可换模糊逻辑。也许有人会质疑，非可换模糊逻辑研究的意义，而事实上，非可换的模糊连接词很早就有学者进行研究，近年在模糊控制、近似推理等应用的驱动下，越来越多的学者注意到它的重要性。作者的博士生付利华在她的博士论文中已经将非可换的柔性逻辑应用于多级倒立摆的控制之中。

另外，我国学者提出的参态逻辑[87,88]对于非可换逻辑学研究有直接的指导意义，其中的关键思想"参数"和"参态"，将在柔性命题逻辑和不可换的柔性命题逻辑的建立中发挥重要作用。

3. 二维连续值逻辑的研究现状

1) 用区间来处理模糊信息是人脑处理模糊信息的一种有效方法，它克服了"点值"模糊集处理信息时容易丢失一些有用信息的缺陷。早在 1975 年 Zadeh 就引入区间值逻辑的概念，并用集合论的观点，把普通模糊集扩展为区间值模糊集(即Ⅱ型模糊集)进行研究[89]。随后 Mizumoto 和 Tanaka 研究了Ⅱ型模糊集的集合运算及其代数性质[90, 91]。1986 年，Atanassov 等引入了区间值直觉模糊集[92]。粗糙集理论是波兰 Pawlak 教授于 1982 年提出的[93]。1992 年，为了用公共的框架来模型化不确定信息，Wong 等提出了区间结构的概念[94]，他们论证了粗糙集的上、下近似，模糊集的核(即下近似)、支撑(即上近似)。Bundy 在 1985～1986 年讨论了命题集合发生率的上、下界以及 D-S 理论中的信任函数和似然函数等都符合区间结构，并在领域问题中也给出区间结构的公理体系。当然，在这一方面的研究中，我国学者吴望名、王国俊、陈图云等也对区间值模糊集进行了深入研究[95-97]；曹谢东、刘清、曾黄麟、张文修等对用区间结构化表示的粗糙集也进行了深入研究[98-101]，都取得了一定的成绩。以上这些研究成果都是从集合观点对区间值模糊集内在规律进行的研究，为研究区间值模糊逻辑提供理论基础。

2) 1987 年，Gorzalczany 给出区间值模糊推理的一个方法[102]。1998 年 Karnik 和 Mendel 定义了Ⅱ型模糊逻辑系统，给出了基本运算：与、或和补[103]。以 Atanassov 为代表的学者提出了直觉模糊逻辑，用区间结构来表示逻辑体系，在文献[104]中给出了十几个独立的区间运算公式，没有考虑这些公式之间的转换关系。1996 年，张文修教授在《不确定性推理》中研究了基于测度的各种不确定性推理的区间推理模型[105]。2000 年，Mendel 重点论述了区间值模糊逻辑(即Ⅱ型区间模型)是逻辑学研究的一个新方向[106]。2006 年，Cornelis 等在文献[107]中论述了区间值模糊逻辑进展及其挑战。

3) 但是，现有文献中对区间值模糊集的基本运算：与和或，大都是作为普通模糊集的简单推广来定义的[49-53]。而区间值模糊推理也只是普通模糊推理的推广而已，因此，区间值模糊集和相应的模糊推理以及区间值逻辑就显不出其应有特色。况且，在逻辑运算时只是取某个固定算子，如最大/最小(max/min)算子进行运算，没有考虑命题联结词运算模型的连续可变性，使区间值逻辑运算模型仍然是刚性的，在应用上也发现它存在一定的局限性。区间值逻辑无论在理论研究，还是在应用方面，都是值得我们关注和深入研究的课题。

4. 常识推理的研究现状

知识工程时期兴旺了 10 年，人们就发现了专家系统的致命弱点：一个没有常识支持的专家系统只能在一个十分受限的信息空间中工作，面对现实世界中的实际问题，它常常会干出许多蠢事来。然而常识的海量性和不完全性是目前的知识工程技术和逻辑学无法应付的，人工智能的发展陷入深刻的理论危机。20世纪80年代中叶，在国际上爆发了人工智能基本问题的大辩论，并很快波及国内，这场争论的焦点是逻辑在人工智能中的地位和作用[56, 63, 108]。众所周知，数理逻辑发展到今天，已经可以把一部成熟的数学理论专著，用标准逻辑完整地描述出来，但标准逻辑无法完整描述人们对这些数学原理的认知过程。认识的发生、发展和完善的过程不符合标准逻辑，其中充满了辩证思维过程。而常识在概念的形成、规律的发现和完善及知识的运用过程中，都扮演了十分关键的角色。人工智能要继续向前发展，离不开常识的表示和运用，常识推理问题被提上了议事日程。常识与专家知识都是经验性知识，都具有不精确性和不完全性。专家知识是仅涉及某个狭窄领域的专门化知识，它突出的特点是不精确性；常识是涉及认知主体和生存环境方方面面的经验，它突出的特点是海量性和不完全性。常识的海量性涉及知识工程的各种基本技术，信息不完全下的推理涉及逻辑学的革新[63]，标准逻辑学必需的二值、全息、封闭、精确、不变的推理环境被打破。近十多年来根据常识推理的某些特点，提出一系列的逻辑框架[53]，如从常识推理的非单调性出发建立的非单调推理[57, 61, 65]，从常识推理的缺省性出发建立的缺省推理[60]，从常识推理的开放性出发建立的开放逻辑[58, 59]，从常识推理的真值调整过程出发建立的真值维护系统，从常识推理的非协调性出发建立的超协调逻辑[109-113]，从常识推理的合理性出发建立的合情推理[48]，从常识推理的容错性出发建立的容错逻辑[55]，从常识推理的受限性出发建立的限制推理[62]等。

5. 超协调逻辑的突破

在刚性逻辑中，只研究协调系统中的逻辑规律，如果非真非假的意外结果出现，通常的处理办法是规定其无定义($\perp$)。如论域 U 上建立的公理化数学是一个封闭性体系，它要求其中定义的任何运算 $y=f(x_1,x_2,\cdots,x_n)$ 都必须是一个 $U^n \to U$ 的映射，即参与运算的所有输入变量都应该是 U 中的元素，运算的输出变量也只能是 U 中的元素。但是，从运算 $y=f(x_1,x_2,\cdots,x_n)$ 的内在特质看，它本质上不会受这种论域封闭性的约束。如在正整数及其比值(正有理数)的论域 U_1 上定义的四则运算(包括平方和开方运算)，可生成 U_1 之外的 0、负数、虚数 $i=\sqrt{-1}$ 和无理数 $\sqrt{2}$；在实数论域 U_2 上定义的四则运算(包括指数运算)，可生成 U_2 之外的复数 $a+ib$ 等。数学的处理办法是规定它们无定义($\perp$)，以便维持数学理论的协调性。其实，这些非真非假意外结果的意外发现，是新的数学对象存在的提示信号，我们不应该消极地回避它，甚至当成是悖论和理论危机对待，而是要积极研究它！所以，在数理辩证逻辑中不仅要有研究非此即彼性和亦此亦彼性的协调逻辑，还应该有研究非此非彼性的超协调逻辑[113-117]。超协调逻辑将为研究客观世界中广泛存在的超协调现象(如光的波粒二象性，物质-反物质等)，建立超协调理论体系奠定逻辑基础。

6. 演化逻辑的研究现状

关于演化逻辑,可参考的资料很少,主要是一些零星的思想,能够找到的系统论述是我国社会科学院研究员何新的《泛演化逻辑引论——思维逻辑学的本体论基础》[118],在书中,作者描述和研究了人类思维中一种特殊的概念系统——历史概念类集(如:鸡[鸡蛋/雏鸡/成鸡/老鸡]),它是在观察和描述某一事物连续的形态演化,即历史形态演化的过程中必然出现的。这种概念系统具有特殊的逻辑关系、逻辑结构和动态性,超越了古典形式逻辑和现代数理逻辑已知的论域。在对历史概念类集研究的基础上,作者提出了一种新的逻辑——泛演化逻辑(universal evolution logic,UEL)。目前 UEL 还处在哲学逻辑阶段,研究演化也局限在"历史概念类集"方面,其中有许多规律值得我们借鉴。

4.3　泛逻辑学的国内外研究动态

4.3.1　泛逻辑观的正式确立

1. 智能化的核心基础理论是泛逻辑学

与动物信息系统的结构和进化规律类似,信息技术包括传感技术(相当于感觉器官)、网络通信技术(相当于神经网络系统)、计算技术(相当于脑的初级功能)、智能技术(相当于脑的智能功能)和控制技术(相当于效应器官和行动器官)。当感觉器官、神经网络系统、初级思维功能和行动器官功能发展到一定水平后,大脑智能功能的发育就成了决定动物进化水平的关键。正是高度发达的智能使人类站到了动物谱系的顶端,成为万物之灵。同样,当传感、通信、计算和控制技术发展到一定程度后,智能技术的发展就成为决定整个信息社会发展水平的关键。一旦智能科学技术发展起来,智能机器普遍使用,信息社会就会发生质的飞跃,进入更高级的智能化阶段。

过去的 80 年是智能化的探索阶段,主要是在传统信息处理技术的基础上,探索完成各种智能模拟的可能途径和方法。尽管信息化已经发展到全球网络化的水平,所有的传感器、计算机和执行机构都有可能连接在同一个计算机网络之中,但它主要处理的对象是规律已知且确定不变的简单问题,属于智能化的初级阶段。未来更长的时间内智能化将进入更高级阶段,它处理的对象是信息和变化规律不完全已知的、带有矛盾和不确定性的、存在演化过程的复杂问题。如果说数理形式逻辑(刚性逻辑)基本满足了智能化初级阶段的需要,智能化高级阶段则需要能够处理矛盾、不确定性和演化的数理辩证逻辑,能包容数理形式逻辑和数理辩证逻辑的泛逻辑学是智能科技的核心基础理论。所以,人工智能对其逻辑基础的需求是：人工智能的深入发展需要各种逻辑形态和推理模式的支撑，但人工智能不能建立在一大堆互不相容的逻辑上，它迫切需要一个统一的、能描述智能活动全过程思维规律的逻辑学作为基础理论。这个逻辑学应能适应认识的发生、发展、完善和应用等各个阶段，能够完成刚性推理、专家经验性知识推理、常识推理和情感推理。我们称这种能够包含各种逻辑形态和各种推理模式的开放的、灵活的、自适应的逻辑学为柔性逻辑学。泛逻辑学是研究刚性逻辑、柔性逻辑和超协调逻辑共同规律的逻辑学。人工智能要从经验验证科学走向理论科学，离不开泛逻辑学这个基础理论的支撑。

2. 泛逻辑观的形成

由此可知，智能科学的深入发展迫切要求确立泛逻辑观，首先是承认逻辑有多种形态，不仅仅只有标准逻辑一种，就好比图像有多种不同的形态一样。其中二值逻辑类似于二值黑白图像；多值逻辑类似于灰度图像；多维逻辑类似于彩色图像；缺省逻辑类似于缺省图像；动态逻辑类似于动画和视频等，它们都是逻辑的一种形态，而且越来越清晰，越来越逼近真实世界，所以根本不应该排斥，也不可能排除。其次是要允许在逻辑推理过程中伴随各种数值计算，这是越来越清晰的必然要求。最后是承认结构、过程和行为都是逻辑的具体实现，它们相互依存、密不可分，是同一个事物的不同侧面。犹如可从不同侧面观看同一个芭蕾舞：从形体上看它是人体结构的变化；从能量上看它是能量变换的过程；从信息上看它是思维逻辑的一段演绎。对舞者来说三者是同时发生缺一不可的，但观赏者可从某一个侧面去观赏它。在泛逻辑观指导下研究各种自然智能机制，生物和生命的机理给了我们深刻的启发：尽管人类很早就通过形体、结构和遗传进化等现象认识了生物和生命，但直到发现了 DNA 分子结构，人们才真正认识到生物和生命的本质。原来千姿百态的生物物种和千变万化的生命现象都是被 DNA 统一规定好的，如从 DNA 的结构看，人类和黑猩猩之间的差别不足 3%。DNA 是生命的逻辑规则，生物体的结构和生命活动过程是 DNA 规则的语义实现。我们相信，逻辑就是思维和智能及一切信息处理的 DNA，各种信息处理形式、结构和过程，智能活动的形式结构和过程，都是逻辑的语义实现。生命活动给我们展示了许多自然之秘：如为什么天下没有完全相同的两片叶子？为什么生物体内部是如此完美地协调一致？为什么生物和它的生存环境是如此和谐？为什么自然演化的法则是"适者生存，优胜劣汰"？为什么自然生长的法则是"向有利方向继续发展并不断维持内部协调和内外平衡"？我们在人工生命中研究发现：只要在本来固定不变的生成规则中加入随机激活参数、内部动态平衡参数、对环境敏感的参数等，并给以适当的语义解释，就可完全模拟出这些结果来。在各种形式的自然智能机制中都蕴藏了丰富的逻辑规律，从逻辑层面抽取各种演化过程共同遵守的语法规则，把它数学化，建立数理演化逻辑，是人类今后相当长时间内的重要任务。

3. 研究条件已基本具备

智能科技需要能包容数理形式逻辑和数理辩证逻辑的泛逻辑学，它是整个信息时代的核心基础理论。现在是否具备了研究泛逻辑学的各种客观条件呢？

首先从思想基础上看，狭义的逻辑观和智能观已经被打破，广义的逻辑观和智能观已经确立，主流思想不再认为只有标准逻辑才是逻辑，只有运用标准逻辑进行必然性推理的能力才是智能，人们可以大胆地从辩证思维过程和各种智能机制中抽取辩证逻辑规律，去丰富数理逻辑的内容。一位逻辑学家曾经预言[34]：计算机科学和人工智能将是 21 世纪(至少在其早期)逻辑学发展的主要动力源泉。人工智能模拟智能的难点不在于人脑所进行的各种必然性推理，而是最能体现智能特征的能动性、创造性思维，包括学习、抉择、尝试、修正、推理诸因素。逻辑学将着重研究人的思维中最能体现其能动性特征的各种不确定性推理，如：①如何在逻辑中处理常识推理中的次协调、非单调和容错性因素；②如何使机器人具有人的创造性智能，如从经验证据中建立用于指导以后行动的归纳判断；③如何进行知识表示和知识推理，特别是基于已有的知识库以及各认知主体相互之间的知识而进行的推理；④如何结合各种语境因素进行自然语言理解和推理，使智能机器人能够用人的自然语言与人进行成功的交流等。这表明人们已经认识到，在曾经被认为是"非理性"的那一部分智能活动中，同样存在着丰富的极有应用价值的逻辑规律，它是我们今天发掘的重点。

其次从研究积累来看，目前已经出现了数十种不同的非标准逻辑，如：时序逻辑，模态逻辑，多重模态逻辑，算法证明，非单调推理，概率逻辑，模糊逻辑，直觉主义逻辑，集合论，高阶逻辑，λ-演算，类型，经典逻辑的片段，加标演绎系统，资源和子结构逻辑，纤维化和组合逻辑，谬误理论，逻辑动力学，论辩理论游戏，对象层次/元层次，机制，溯因、缺省、相干，与神经网络的联系，时间-行动-修正模型等[31]。它们都是为了解决应用中的某些矛盾、不确定性或演化而提出的，在计算机、形式语言学和人工智能中有广泛应用[34]。这为研究逻辑的本质和一般规律提供了丰富的素材。另外，人工智能研究中已经提出的十多种不精确推理模型，各种计算智能模型和群体智能模型，它们都是在一定条件下十分有效的智能机制，其中蕴含了丰富的辩证逻辑规律。只要我们能够站在更高的层面进行抽象研究，除去其中的具体内容，保留它们共同遵守的形式规则，就不难发现这些辩证逻辑规则的雏形。所以智能科学不仅是逻辑学发展的原动机力，而且是逻辑学发展的营养源和试验场。在今天研究信息处理和智能的核心基础理论泛逻辑学不仅是需要的，而且是可能的。

4. 建立泛逻辑学只能循序渐进

要研究逻辑的一般规律，首先应该回答的问题是：在众多的逻辑中是否存在一般规律？如何去找到它的一般规律？事实上，矛盾具有复杂性和多样性，且客观世界和主观世界都在不断地发展演化，没有止境，因此要一劳永逸地找到所有逻辑的形态和这种形态下的所有规律是不可能的。但在统一的研究目标、理论框架和研究纲要的指导下，从低级到高级、从简单到复杂、从静态到动态，一个层次、一个侧面地找到逻辑的一般规律是可能的，物理学的发展就是一个很好的例证。

4.3.2　国内外的研究动态

1. 泛逻辑的提出

一方面众多逻辑的出现反映了信息科学的强烈需求，另一方面各种逻辑的互不相容又妨碍了逻辑的理论研究和广泛应用。逻辑的多样性引发了人们探索逻辑的本质和一般规律的兴趣，泛逻辑学应运而生。在 20 世纪 90 年代中期，世界上有两个人开始注意到逻辑多样性带来的问题，希望能通过研究逻辑的一般规律来解决困局；他们都认为泛逻辑是逻辑的一般理论，是统一逻辑多样性的途径和方法，是能用于所有逻辑的一般概念和工具箱，可根据给定的使用条件生成特殊的逻辑。但他们提出的时间、理论体系和研究方法完全不同(图 4.1)。

1) 逻辑要素的柔性化法。20 世纪 80 年代作者在长期从事人工智能研究中，感悟到柔性思维是处理各种矛盾和不确定性的关键，1995 年作者从概率论 3 个相关准则和突变(drastic)算子之间的关系中悟出了柔性逻辑运算的思想。以后又从逻辑学四要素入手，提出了实现数理逻辑柔性化的《泛逻辑学研究纲要》，2001 年根据《泛逻辑学研究纲要》建立了可交换的命题泛逻辑学，为整个泛逻辑学研究奠定了基础。作者认为从底层入手，通过在逻辑学四要素中逐步引入各种柔性参数和相应的调整机制，可一步步地建立命题泛逻辑学、谓词泛逻辑学和其他各种形态的泛逻辑学。在这些泛逻辑的基础上，才能逐步建立和完善数理辩证逻辑的理论体系[14, 119, 120]。

2) 逻辑的通用结构法。由瑞士的 Béziau 提出，他 1990 年开始接触次协调逻辑，后从抽象代数中感悟到逻辑是一种数学结构，受泛代数的启发于 1994 年提出"universal logic"概念，1995 年以"Universal Logic"为题完成了数学博士论文。他的学术思想是试图从顶层入手，建立逻辑的通用结构理论，统一各种逻辑。他认为泛逻辑只是一种在逻辑研究中使用的普适性方法和工具箱，而不是直接建立具体的逻辑理论体系[121,122]。

通向逻辑学统一之路

求各种逻辑的公理集合的交集

共性公理 代数 逻辑

共性法 包容法 建立能够包容各种逻辑的逻辑学

抽象层次

二值 多值 连续值/一维 多维 分维/演绎 归纳类 演化

逻辑功能

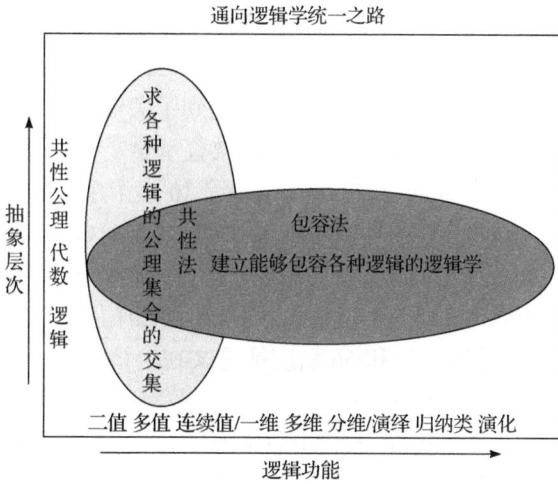

图 4.1　统一逻辑学的两条途径

这两个理论体系一个自底向上，另一个自顶向下，是相互补充而不可相互取代的。

另外，Ross 的工作也与泛逻辑有关系，他 2005 年出版了专著[123]，认为泛逻辑是一个新的弱量化的相关逻辑，其主要推理连接词可理解为内涵关联，它主要研究如何用与内容无关的方法解决集合悖论和语义悖论。

2. 泛逻辑国际会议

1) 在国际符号逻辑联合会、瑞士国家科学基金会、瑞士数学学会、巴西国家科学与技术发展委员会和瑞士 Neuchatel 大学的支持下，由 Béziau、Gabbay、Karpenko(俄罗斯科学院)和 Sarenac(美国斯坦福大学)等共同发起，2005 年 3 月 31 日～4 月 3 日在瑞士日内瓦湖畔的 Montreux 召开了首届世界泛逻辑大会，会议主席由 Béziau 担任。来自 30 多个国家的 160 多人参加了会议。会议在开头和结尾安排了两个大会报告，第一个是何华灿的 "Research on universal logics in China" (中国的泛逻辑学研究)，第二个是逻辑学泰斗、美国 Princeton 大学教授 Kripke 的 "The road to Godel" (通往哥德尔的路)。由于何华灿在大、小会议上介绍了中国的泛逻辑研究成果，引起了国际上的广泛关注，会议初步决定第二届世界泛逻辑学术会议在中国进行，由何华灿教授负责筹备。

2) 2006 年 2 月 19～22 日期间，应西北工业大学国际合作处和何华灿的邀请，首届世界泛逻辑大会主席、瑞士国家自然科学基金委员会逻辑研究所研究员 Béziau 访问了西北工业大学，为全校做了逻辑学方面的学术报告，与计算机学院的师生就泛逻辑学研究进行了对口学术交流，并就第二届世界泛逻辑大会的主办权问题进行了实地考察。经过交流，双方深入掌握了对方在泛逻辑学研究方面的水平、研究思路和最新信息，增进了两校在教学、科研等方面的了解，为今后进一步的学术交流和校际合作开辟了道路。这次访问对 2006 年 7 月 31 日国际方面最终决定第二届世界泛逻辑大会 2007 年 8 月 16～22 日在西北工业大学举行，由何华灿教授和 Béziau 教授共同担任会议主席起到了关键的作用。

3) 在中国国家自然科学基金委、王宽诚教育基金、中国数学会、瑞士国家科学基金会(Swiss National Science Foundation)等 10 多个单位的支持下，2007 年 8 月 16～22 日第二届世界泛逻辑大会(The 2nd World Congress and School on Universal Logic)在西安西北工业大学举行，大会上共邀请了 23 位国内外著名逻辑学家进行了 22 个单元的讲课，内容涉及逻辑学研究前沿的方方面面。20～22 日是大会报告，有 15 篇特邀报告和 66 篇应征论文在会议上宣读，内容涵盖了逻辑基本定理的有效范围；逻辑的通用工具和技术；逻辑的若干分类研究及历史、哲学、东西方逻辑思想等四个方面。大会主席由何华灿教授和 Béziau 教授联合担任，来自世界 31 个国家的 200 多位学者(其中美国、英国、法国、德国、俄罗斯、瑞士、波兰、荷兰、巴西、澳大利亚、南非等国外宾 80 多位)出席了大会。此次学术会议受到有关方面的高度重视，国际逻辑学界最有影响的美国符号逻辑学会(Association for Symbolic Logic)、中国人工智能学会、陕西省科学技术协会和西北工业大学都把它列为 2007 年的重点活动之一，会议取得了圆满成功。

现在，世界泛逻辑大会一直在世界各国轮流举办，基本上是每两年一次(1st UNILOG: Montreux, Switzerland 2005；2nd UNILOG: Xi'an, China 2007；3rd UNILOG: Lisbon, Portugal 2010；4th UNILOG: Rio de Janeiro, Brazil 2013；5th UNILOG: Istanbul, Turkey 2015；6th UNILOG：Vichy，France 2018；7th UNILOG：Crete, Greece 2022)。

由于生命科学、社会科学、系统科学、思维科学和智能科学研究的不断深入，开放的复杂性巨系统问题的日益突出，现实世界中的不完全信息下的不精确性推理问题已成为制约许多新兴学科发展的瓶颈之一，所以，泛逻辑学的出现是逻辑学自身发展规律的必然结果。创立大一统理论是每一个大学科的历史使命和必然归宿。

4.4　泛逻辑学研究纲要

泛逻辑学是研究逻辑的一般规律的科学，它能包容所有已知的逻辑，并能根据应用需要生成各种各样的逻辑。目前已经出现的数十种不同形态和用途的非标准逻辑为泛逻辑学提供了研究素材。但这个研究目标不是少数几个人，花几年时间就可以完成的，它可能需要几代人持续不断的努力，才能达到最终的目的。所以，在这里只能提出泛逻辑学的研究总目标，构造出包含刚性逻辑学在内的柔性逻辑学的理论框架，并示范性地在这个框架中装入一些最常用的逻辑，然后一步步地扩张，包容越来越多的逻辑，以便满足越来越高的应用需求。

4.4.1　泛逻辑学的研究目标

1. 研究总目标

泛逻辑学研究的总目标是在排斥逻辑矛盾的前提下，包容各种辩证矛盾和不确定性，逐步建立数理辩证逻辑的理论体系。为此要探索逻辑学的一般规律，建立能够生成各种逻辑的逻辑生成器，以便把数理辩证逻辑中需要的各种各样的逻辑按照需要构造出来。

2. 近期研究目标

泛逻辑学的近期研究目标是在二值逻辑、多值逻辑和模糊逻辑的基础上，研究柔性逻辑学的命题真值域，统一柔性逻辑学中各种柔性命题连接词的定义，根据这些定义推导出各种命题逻辑公式和标准推理模式，建立可交换的命题泛逻辑学和不可交换的命题泛逻辑学，并研究它们的各种应用，包括在柔性神经网络中的应用。

3. 中期研究目标

泛逻辑学的中期研究目标是在上述命题泛逻辑学的基础上，进一步研究柔性逻辑学的谓词和它的论域，统一柔性逻辑学中各种柔性量词的定义，根据这些定义推导出各种谓词逻辑公式和标准推理模式，建立标准谓词泛逻辑学，并研究它的各种应用。

4. 远期研究目标

泛逻辑学的远期研究目标是在上述谓词泛逻辑学的基础上，进一步研究建立描述混沌世界逻辑规律的混沌泛逻辑学，形成能够满足各方面需要的数理辩证逻辑理论体系。

4.4.2　泛逻辑学研究的主要内容

我们深信在千姿百态的逻辑学中蕴含有一个共同的规律，就像生物那样，虽然种类繁多、五花八门，却被一个共同的 DNA 双螺旋结构所统一。在这里只有两个基本问题：一是 DNA 信息的表达，即描述生命现象的语法规则；二是 DNA 信息在生命体中的实现，即遗传密码的语义解释。在泛逻辑学研究中同样需要探索逻辑学的语法规则和语义解释，建立逻辑学的通用理论框架。

泛逻辑学是研究一切已有和尚未提出的逻辑学的一般规律的科学，它不是从底层研究某个有特殊形态和用途的具体逻辑，而是从高层研究一切逻辑的一般规律，即抽象逻辑学(abstract logic)。泛逻辑学的形成不仅可以规范逻辑学的研究行为，而且可以利用已知的逻辑规律派生出一些未知的逻辑，各种具体的逻辑都将作为泛逻辑学的特例而存在。

具体讲，泛逻辑学的研究内容包括逻辑学的语法规则和语义解释两部分。根据我们所能收集到的逻辑学样本分析，现有逻辑学都包含在以下理论框架内。

1. 泛逻辑学的语法规则

任何一个逻辑学的语法规则都至少由以下四部分组成。

1) 泛逻辑学的论域。泛逻辑学的论域包括命题的真值域 W 和谓词的个体变域 U 两部分，在它们的基础上定义了命题、真值、谓词、个体变元和个体变元函数等概念。

逻辑学是研究判断真伪程度的科学，一个直接的判断是一个命题，它的真伪程度叫命题的真度。任何逻辑学都首先要涉及命题真度的度量空间，它必须是有序的，但可以是线序，也可以是偏序，还允许是超序。所以，W 的一般形式是任意的多维超序空间，即

$$W=\{\perp\} \cup [0, 1]^n <\alpha>, n>0$$

其中，$[0, 1]$ 是 W 的基空间；n 是 W 的空间维数；$\perp$ 表示无定义或超出讨论范围，可以没有；α 是有限符号串，可是空串 ε，它代表命题或谓词的附加特性。这种分维超序空间真值域为研究描述认识全过程思维规律提供了更多的可能性。目前讨论的仅是 $n=1, 2, 3, \cdots$。

如果判断是一个定义在个体变域 U 上的有限 m 元命题函数，则称为 m 元谓词，谓词的个体变量 U 可以是任意集合。在 U 上还可以定义 $U^m \rightarrow U$ 的个体变元函数。

2) 泛逻辑学的命题连接词。任何逻辑学都需要解决如何用原子命题构造分子命题，用简单命题构造复杂命题的问题，这涉及命题连接词，命题连接词的功能是由逻辑运算模型实现的。泛逻辑学的命题连接词包括在 $W=\{\perp\} \cup \{0, 1\}^n <\alpha>$，$n=1,2,3,\cdots$ 上定义的泛非、泛与、泛或、泛蕴含、泛等价、泛平均和泛组合等。在 W 的基空间是 $[0, 1]$ 的情况下，在命题连接词的定义中不仅存在命题真值的柔性，还存在命题之间的关系柔性。模糊逻辑的缺陷之一是在命题连接词的定义中未考虑关系柔性，在泛逻辑学中将系统研究命题真值柔性和关系柔性对命题连接词运算模型的影响。

3) 泛逻辑学的量词。在逻辑学中还需要考虑各种量词，量词的作用则是约束命题、个体变元和谓词。在标准逻辑中只有约束个体变元范围的全称量词 $\forall$ 和存在量词 $\exists$，在模态逻辑中增加了约束个体变元范围的必然量词 □ 和可能量词 ◇，在

模糊逻辑中增加了约束个体变元指称范围的模糊量词 $\oint$ 。

在泛逻辑学中，将系统研究定义在多维超序空间 $W=\{\perp\}\cup[0,1]^n<\alpha>$, $n=1, 2,$ $3,\cdots$ 上的标志命题真值阈元的阈元量词$♂^k$，标志假设命题的假设量词$\$^k$，约束个体变元范围的范围量词 $\oint^\alpha$，指示个体变元与特定点的相对位置的位置量词$♀^\alpha$和改变谓词真值分布过渡特性的过渡量词$\int^\alpha$等。k、α 表示量词的约束条件，α 的一般形式是 $x*c$：其中 x 表示被约束变元，$*$ 表示约束关系，c 表示约束程度值，它刻画了量词的柔性。例如：

阈元量词$♂^k$ 指出后面命题真值的误差状况，$k\in[0,1]$ 的值表示阈元的大小。

假设量词$\$^k$ 标志后面的判断是根据假设做出的，$k\in[0,1]$ 表示假设的可信程度。

范围量词 $\oint^{x,c}$ 把其后面谓词的个体变元 x 约束在一定的范围内，$c\in[0,1]\cup$ $\{+, !\}$ 表示 x 个体变域 U 的全部或部分：$c=1$ 表示 x 个体变域 U 的全部，与传统的全称量词 $\forall x$ 相当；$c>0.5$ 表示 x 个体变域 U 的大部分，与传统的必然量词 $\Box x$ 相当；$c<0.5$ 表示 x 个体变域 U 的小部分，与传统的可能量词 $\Diamond x$ 相当；$c>0$ 表示在 x 个体变域 U 中存在，与传统的存在量词 $\exists x$ 相当，用特殊符号 $\oint^{x,+}$ 表示；传统的唯一存在量词 $\exists!x$ 用特殊符号 $\oint^{x,!}$ 表示。

位置量词$♀^{x*d}$ 把 x 的个体变域 U，按相对于指定点 $u\in U$ 的位置不同，划分为三部分：$x<u, x=u, x>u$，即 $*\in\{<,=,>\}$。例如时序逻辑中的"过去，现在和将来"；空间逻辑中的"左，中，右"。

过渡量词$\int^{x,c}$ 将改变后面谓词真值在 x 轴上分布的过渡特性，$c\in R_+$：$c>1$ 表示柔性集合的边缘将被锐化； $c<1$ 表示柔性集合的边缘将被钝化；$c=1$ 表示柔性集合的边缘不变。

可见这些量词的意义都是柔性的，我们称为程度柔性。在泛逻辑学中我们将详细研究命题真度柔性、关系柔性和程度柔性对量词定义的影响。

4) 泛逻辑学的常用公式集和推理模式。由命题连接词和量词的性质可以得到常用公式集，根据常用公式集可以设计各种推理模式。泛逻辑学的常用公式集和推理模式内容十分丰富，是研究的重点和难点，它包括在上述三要素基础上定义的演绎推理、归纳推理、类比推理、假设推理、发现推理、进化推理等推理模式。这些推理模式不是决然分开的，它们可以在一定条件下相互转化，我们称这种柔性为模式柔性。演绎推理推理模式是最基本的，仅包含演绎推理推理模式的逻辑学是标准逻辑学。

四要素中每一个要素都有许多不同的形态，有的已经发现，有的尚待研究。诸要素不同形态的组合就形成了不同形态的逻辑学。我们不排除存在更多逻辑学要素的可能性，所以本理论框架是一个开放的结构(图 4.2)。

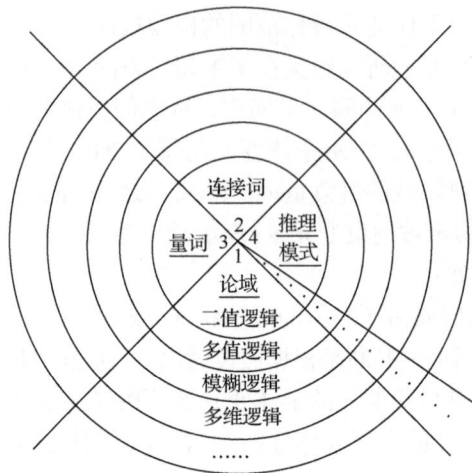

图 4.2 泛逻辑学的理论框架是一个开放的结构

由于泛逻辑学中允许命题真值柔性、关系柔性、程度柔性和模式柔性存在，可以描述矛盾的对立统一及矛盾的转化过程，也就是可以描述理想世界和现实世界，这为辩证逻辑的数学化和符号化提供了可能性。

在柔性世界中还有其他柔性，例如在分维空间 $[0, 1]^n$,$n>0$ 中，空间的维数 n 是连续可变的，称为空间维数柔性。所以，作者在 2001 年提出泛逻辑研究纲要时大胆预言：在柔性逻辑学中还存在其他的柔性，例如，将泛逻辑学的真值域拓展到 $W=\{\bot\} \cup [0, 1]^n <\alpha>$, $n>0$ 后，就会出现定义在分维超序空间上的混沌逻辑学。后来陈志成在他的博士论文中成功地建立了一种简单的混沌逻辑，作者相信顿悟与混沌，类比推理与分维现象，认识的发生与发展过程都是混沌逻辑学可以大显身手的典型问题。如果混沌逻辑有一天大行其道，泛逻辑学会把它视为自己的更高发展阶段。辩证逻辑学将借助这种柔性逻辑学而得到充分的发展，衷心期待这一天的早日到来!

2. 泛逻辑学的语义解释

泛逻辑学的语义解释是给各种抽象的逻辑符号赋予具体应用领域的语义。

1) 0、1 的语义解释。0、1 的基本语义解释是假、真，也可是其他语义，见表 4.2。

表 4.2 0、1 的语义解释

0 代表	假	低	断	灭	小	否	负	无	无病	反对	失败	不信
1 代表	真	高	通	亮	大	是	正	有	有病	赞成	成功	可信

2) W 的基空间[0, 1]有各种变种。如[0, 100], [0, b], [0, ∞], [−1, 1], [−5, 5], [−b, b], (−∞, ∞), [a, b]($b > a \geq 0$)等，可以通过坐标变换把[0, 1]^{n}中的规律变换到它的各种变种中去。如：

单向有限扩展 [0,1]→[0, b]: $x' = bx$,中元 $e' = b/2$;

单向无限扩展 [0,1]→[0, ∞]: $x' = x/(1−x)$,中元 $e' = 1$;

任意有限扩展 [0,1]→[a, b]: $x' = (b−a)x + a$,中元 $e' = (b+a)/2$;

双向有限扩展 [0,1]→[−b, b]: $x' = 2bx − b$,中元 $e' = 0$;

双向无限扩展 [0,1]→(−∞, ∞): $x' = (x−0.5)/x(1−x)$, 中元 $e' = 0$。

3) 关系柔性的不同，命题连接词的运算公式将不同。

4) 程度柔性的不同，量词的意义将不同。

5) 模式柔性不同将实现不同的推理模式，同一种推理模式将有多种语义解释。

通过语义解释后的泛逻辑学就特化为一个有很强应用针对性的某逻辑。

这就是整个泛逻辑学要探索解决的基本问题，也是我们的研究总纲领。

4.4.3 泛逻辑学的分类

1. 按逻辑学要素分类

如果在逻辑中只考虑命题演算问题，则是命题泛逻辑学；

如果还需要考虑谓词演算问题，是谓词泛逻辑学。

2. 按真值域的基空间分类

如果逻辑真值域的基空间与[0, 1]同构，是连续值泛逻辑学；

如果逻辑真值域的基空间与{0, 1}同构，是二值泛逻辑学；

如果逻辑真值域的基空间与{0, u, 1}同构，是三值泛逻辑学；余者类推。

3. 按真值域的有序性分类

当 $W = [0, 1]$ 时是线序(linear order)泛逻辑学，如模糊逻辑和概率逻辑。$W = \{0,1\}$ 和 $W = \{0, u, 1\}$ 分别是它的特例二值逻辑和三值逻辑。

当 $W = [0, 1]^n$, $n = 2, 3, \cdots$ 时是 n 维偏序泛逻辑学(partial order)，例如 $W = [0, 1]^2$ 是二维偏序泛逻辑学，如区间逻辑和灰色逻辑，$W = \{0, 1\}^2$ 是它的特例四值逻辑；$W = [0, 1]^3$ 是三维偏序泛逻辑学，如未确知逻辑，$W = \{0, 1\}^3$ 是它的特例八值逻辑。在偏序泛逻辑学中，按照非运算规则的不同，又分为偏序和伪偏序(pseudo partial order)两种。

当 $W = [0, 1]^n < \alpha >$, $n = 1, 2, 3, \cdots$ 时，表示命题真值有附加特性，是 n 维超序(hyper order)泛逻辑学，如 $W = [0, 1] < a, b, c >$ 是云逻辑，其中 $\alpha = a, b, c$ 代表云谓词的真值在个体变域 U 和真值域 W 上的分布特性。

当 $W=\{\perp\} \cup [0, 1]^n$, n=1, 2, 3, …时，表示命题真值中有无定义状态$\perp$，也是 n 维超序泛逻辑学，如 $W=\{\perp\} \cup \{0, 1\}$ 是超序二值逻辑，即 Bochvar 三值逻辑。

在混沌逻辑(chaos logic)中命题真值域是分维超序空间 $W=\{\perp\} \cup \{0, 1\}^n{}^{<\alpha>}$, n>0。

4. 按推理模式分类

如果逻辑中只有演绎推理模式，则是演绎逻辑学即标准泛逻辑；如果包含了归纳推理、类比推理、假设推理、发现推理、进化推理等模式，就是非标准泛逻辑。

5. 按语义解释分类

由于对各种逻辑学成分的语义解释不同，会形成不同的逻辑。如开关逻辑、动态逻辑、时态逻辑、空间逻辑、程度逻辑等。

4.5　生成命题泛逻辑的可行途径

4.5.1　泛逻辑学入口的意外发现

1. 意外发现

常言道：打开一扇小窗户，发现一个大世界。到哪里去寻找打开泛逻辑世界的小窗户呢？这要从 1995 年初发生的一件小事说起，一次偶然的机会，当我(即作者)把概率论中常用的三个相关准则(最大相吸、独立相关、最大相斥)和突变逻辑放在一起，与柔性命题连接词运算模型的变化规律联系起来思考时，突然间有了顿悟：原来柔性命题连接词运算模型的基本属性应该是连续可变的，只是在二值逻辑中它们才退化为一个固定不变的算子。于是一个逻辑的算子应该是固定不变的传统逻辑观念被突破了，泛逻辑的一片新天地在眼前出现了，从此各种新奇的逻辑规律不断涌现。当时的具体情况如下。

早年学习二值逻辑时，我曾经穷其可能证明过布尔算子组有四种等价的表示形式：

$$x \wedge y=\min(x, y)=xy=\Gamma[x+y-1]=ite\{\min(x, y)|\max(x, y)=1; 0\}$$
$$x \vee y=\max(x, y)=x+y-xy=\Gamma[x+y]=ite\{\max(x, y)|\min(x, y)=0; 1\}$$
$$x \rightarrow y=ite\{1|x \leqslant y; y\}=\min(1, x/y)=\Gamma[1-x+y]=ite\{y|x=1; 1\}$$

这次，当我把命题的真度从 $x, y, z \in \{0, 1\}$ 扩张为 $x, y, z \in [0, 1]$时，突然发现它们再也不等价了，分别扩张为四种完全不同的柔性逻辑：

模糊逻辑：$x \wedge y=\min(x, y)$; $x \vee y=\max(x, y)$; $x \rightarrow y=ite\{1|x \leqslant y; y\}$。(满足最大相吸准则)

概率逻辑：$x \wedge y = xy$；$x \vee y = x+y-xy$；$x \rightarrow y = \min(1, x/y)$。(满足独立相关准则)

有界逻辑：$x \wedge y = \Gamma[x+y-1]$；$x \vee y = \Gamma[x+y]$；$x \rightarrow y = \Gamma[1-x+y]$。(满足最大相斥准则)

突变逻辑：$x \wedge y = \text{ite}\{\min(x, y) | \max(x, y) = 1; 0\}$；$x \vee y = \text{ite}\{\max(x, y) | \min(x, y) = 0; 1\}$；$x \rightarrow y = \text{ite}\{y | x = 1; 1\}$。(满足最大相克准则)

从逻辑算子的三维图形(图 4.3)可以清楚发现：

四个柔性逻辑中同类算子的边界条件完全一致，仅中间的过渡值在随输入变量单调变化(单调增或单调减)，其中模糊逻辑是上极限算子，依次是概率逻辑、有界逻辑，突变逻辑是下极限算子。

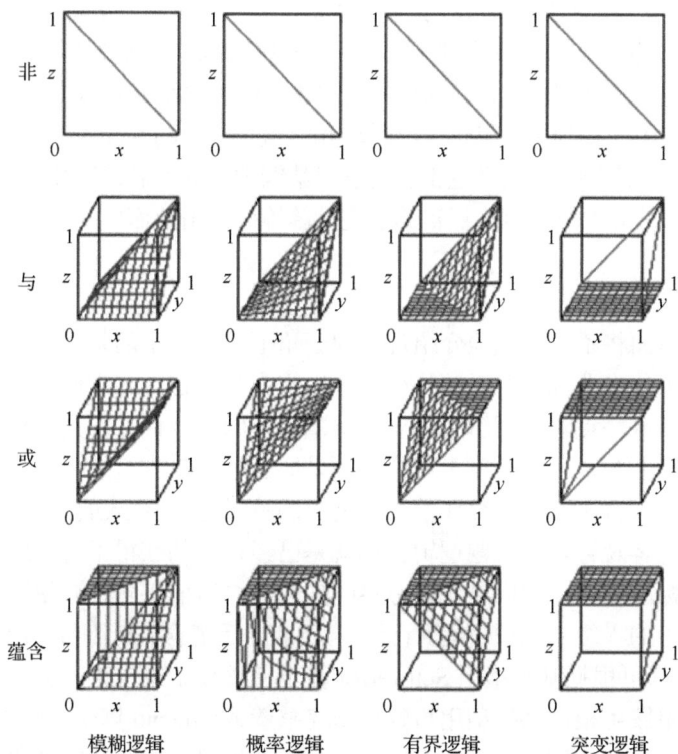

图 4.3　由刚性逻辑直接派生出来的四个柔性逻辑

2. 寻找拟合先验点的理想函数

这四个柔性逻辑算子组如此整齐划一从大到小的单调变化的事实，已透露出柔性逻辑的一些基本规律。这不得不让人联想：四个柔性逻辑的空隙之中，一定还存在无限多个柔性逻辑，它们有什么性质和用途？是什么客观因素或数学函数在驱使这种逻辑算子的连续变化？

作者在 1996 年提出泛逻辑概念时使用的方法是待定系数法，它拟合四种逻辑算子的效果并不理想，个别地方会出现毛刺。用什么数学方法能够实现四种逻辑算子的平滑过渡，成了深入下去的瓶颈。

经过反复研究探索，终于在 1943 年问世的三角范数(triangle norm)理论中找到了数学根据。从此顺风顺水，在三角范数理论基础上步步深入下去，定义了另外三种柔性 h、k、β。

原来这四个柔性逻辑是 Schweizer 算子完整簇中的四个特殊成员，它们之间从最大到最小有无穷多个逻辑，其连续变化受形式参数 $m \in (-\infty, \infty)$ 控制，后来我们进一步研究发现了 $m \in (-\infty, \infty)$ 与广义相关系数 $h \in [0, 1]$ 的关系($m=(3-4h)/(4h(1-h))$，$h=((1+m)-((1+m)^2-3m)^{1/2})/(2m))$，于是知道 $h=1$ 是模糊逻辑，$h=0.75$ 是概率逻辑，$h=0.5$ 是有界逻辑，$h=0$ 是突变逻辑，中间还外推出来一个 $h=0.25$ 的逻辑，是从冷战过渡到热战的临战逻辑，它们都是我们构造泛逻辑谱系的先验点。后来，我们在三角范数理论中又找到了泛等价、泛平均和泛组合运算的 Schweizer 算子完整簇和泛非算子完整簇(图 4.4)。狭义逻辑观的思想禁锢被突破之后，逻辑运算基模型、不确定性调整参数和调整机制、逻辑算子完整簇等概念由此而生。

3. 绝不人为设计泛逻辑

作者在后面将不厌其烦地介绍现有的三角范数理论中的某些算子完整簇，它们已经包含了什么非标准逻辑的什么逻辑运算完整簇在内，它们与不确定性参数是什么关系，这一点对泛逻辑的创立非常重要。因为我们并不是随便找一些连续的函数簇，来人为地设计泛逻辑理论，而是要通过逻辑先验点来检测这些连续函数是不是能够包含全部客观存在的命题逻辑的算子完整簇(从最大的、中间的到最小的)。什么是客观存在的命题逻辑？那就是已经存在的获得了有效应用的标准逻辑和各种非标准逻辑，它们是我们考察的先验点。后面将陆续介绍到，可交换的命题泛逻辑中的零级二元逻辑运算(泛与、泛或、泛蕴含、泛等价、泛平均、泛组合)完整簇，都可根据基模型用 Schweizer 算子完整簇生成出来，无一遗漏。一级泛非运算完整簇可根据基模型用指数算子完整簇或 Sugeno 算子完整簇生成出来，无一遗漏。那么，它们是人为的设计，还是客观世界逻辑规律的抽象，这也需要深入考证。在图 4.4 中给出了一些作为先验点的逻辑算子，它们已经包容在算子完整簇中，而且每一种泛逻辑运算都有与刚性逻辑兼容的、固定不变的边界条件，变化的仅仅是[0, 1]区间的中间过渡值的起伏变化，可有无限多种可能状态，但是逻辑运算的边界条件和特征线却丝毫不动，说明它的逻辑运算基本属性没有变化，这是我们判断这个算子是不是某个逻辑运算的天然胎记，是客观逻辑规律留下的自然印记。

例如，在零级二元泛逻辑运算完整簇 $L(x, y, h)$ 中，算子随广义相关系数 h 的变化在基模型的上下起伏变化，但是，它们的逻辑运算基本特征却保持不变。

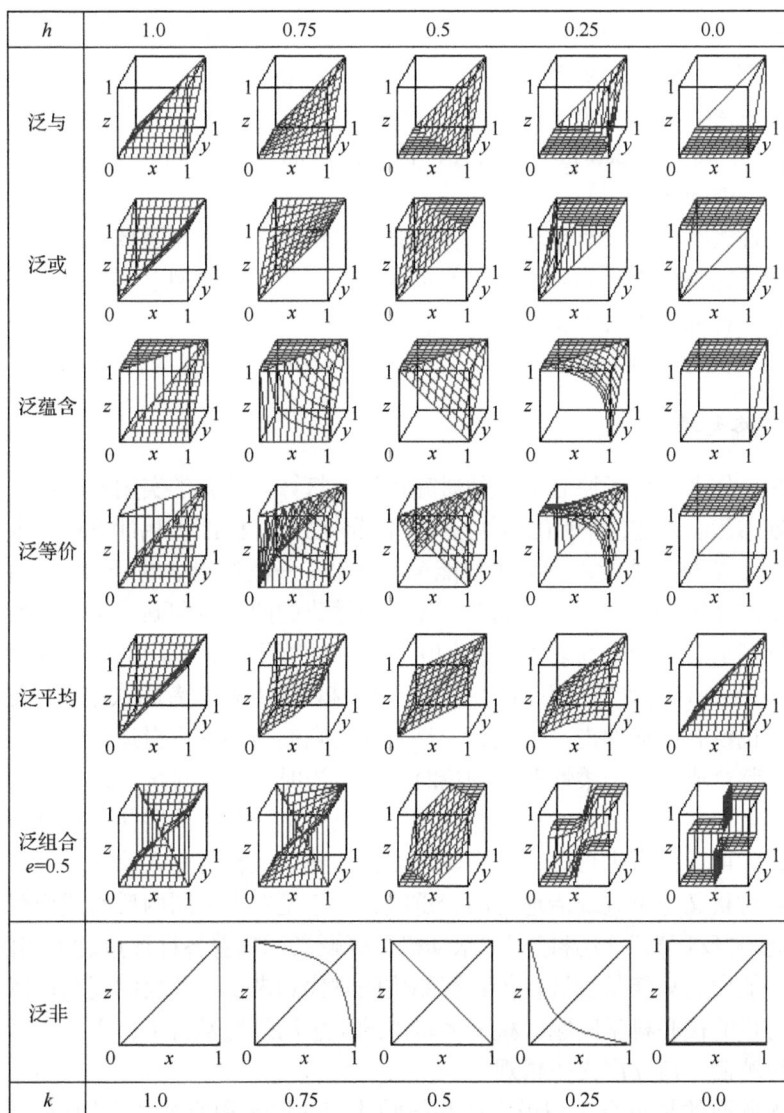

h	1.0	0.75	0.5	0.25	0.0
泛与					
泛或					
泛蕴含					
泛等价					
泛平均					
泛组合 $e=0.5$					
泛非					
k	1.0	0.75	0.5	0.25	0.0

图 4.4　这 5 个柔性逻辑是包含在三角范数某些算子完整簇中的特殊点

泛与运算的边界条件：$x \wedge_h 1 = x$；$1 \wedge_h y = y$。特征线：$x \wedge_h 0 = 0$；$0 \wedge_h y = 0$；$x \wedge_h 1 = x$；$1 \wedge_h y = y$。

泛或运算的边界条件：$x \vee_h 0 = x$；$0 \vee_h y = y$。特征线：$x \vee_h 0 = x$；$0 \vee_h y = y$；$x \vee_h 1 = 1$；$1 \vee_h y = 1$。

泛蕴含运算的边界条件：$x \rightarrow_h 1 = 1$；$0 \rightarrow_h y = 1$；$1 \rightarrow_h y = y$。特征线：$0 \rightarrow_h 0 = 1$；$0 \rightarrow_h 1 = 1$；$1 \rightarrow_h 0 = 0$；$1 \rightarrow_h 1 = 1$。

泛等价运算的边界条件：$x \leftrightarrow_h 1 = x$；$1 \leftrightarrow_h y = y$。特征线：$0 \leftrightarrow_h 0 = 1$；$0 \leftrightarrow_h 1 = 0$；

$1 \leftrightarrow_h 0=0$；$1 \leftrightarrow_h 1=1$；$x \leftrightarrow_h y=1$，iff $x=y$。

泛平均运算的边界条件：$x ⑫_h x=x$；$\min(x, y) \leqslant x ⑫_h y \leqslant \max(x, y)$。特征线：$x ⑫_h x=x$。

泛组合运算的边界条件：当 $x, y<e$ 时，$x ©^e_h y \leqslant \min(x, y)$；当 $x, y>e$ 时，$x ©^e_h y \geqslant \max(x, y)$；当 $x+y=2e$ 时，$x ©^e_h y=e$；否则，$\min(x, y) \leqslant x ©^e_h y \leqslant \max(x, y)$。特征线：$x ©^e_h e=x$；$e ©^e_h y=y$。

在刚性逻辑中，没有平均和组合运算，它们已退化为与运算和或运算。在一级泛非运算完整簇中，非算子随误差系数 k 的变化在基模型上下变化，但它的逻辑运算基本特征却保持不变：

泛非运算的边界条件：$\sim_k 0=1$；$\sim_k 1=0$。特征点：$\sim_k k=k$。

4. 战略大转移

于是，作者改变了原有的各种研究计划和打算，放弃了实用专家系统的系列研发计划，冷冻了航空智能化的梦想(作者当时已是三机部机载计算机规划领导小组副组长)，全身心地投入到人工智能逻辑基础——泛逻辑学的研究中。由于这是一个原始的理论创新，富有挑战性，先后跟随我的博士生和硕士生大多数自愿投入到与泛逻辑有关的研究之中。本来[0, 1]区间的算子簇在专门的算子理论中早已问世 50 多年，应用效果很不错，深受各个特殊领域专业学者的欢迎，对逻辑学的主流学派也没有任何冲击。但是，一旦有人把它们与柔性逻辑运算模型完整簇联系起来，整合成了一个柔性逻辑理论时，就与当时占有绝对统治地位的狭义逻辑观发生了正面冲突。因为，尽管柔性逻辑还是一个摇篮中的婴儿，对谁都没有实际威胁，大可让他自生自灭，不必刻意去扼杀他。但在有些人看来，他存在的本身，就是对狭义逻辑观统治地位的严重威胁。于是在学术圈内反对或质疑的声音从此而起，"反逻辑""伪科学""永动机"等贬义词随着各种评审意见四面而来。作者唯一能做的只能是积极宣传：智能化的时代到来了，开放的复杂性巨系统已经成为时代的核心科学问题，狭义逻辑观的思想局限性暴露了，需要进行第二次数理逻辑革命，树立广义逻辑观。

令人欣慰的是也有人积极支持和鼓励我们的探索和原始理论创新。如 1996年《中国科学》(E 辑，F 辑)以最快的速度分别用中英文发表了我的第一篇泛逻辑文章《经验性思维中的泛逻辑》[119, 120](十多年后我才知道，是北京大学研究参态逻辑的林作铨教授审查并特别推荐了这篇文章,使其能够在收到稿件 3～4 个月后分别用中英文发表)。2001 年科学出版社出版了《泛逻辑学原理》[14]。作者获得国家自然科学基金面上项目资助(60273087，经验知识推理理论研究)。这是第三次申请，由于评委的意见两极分化严重，时任信息学部常务副主任的刘志勇研究员，动用主任裁决机制予以批准，所以十分珍贵，特别感谢。作者也获得西北工业大学基本理论研究基金重点项目资助(W018101，信息科学的逻辑基础研究)等，这一切实在是大旱逢雨，雪中送炭。20 多年来泛逻辑研究就是这样迂回曲折地走过来的，由于它与国际人工智能主流学派不合拍：一个是无视知识和逻辑的作用，凭借现代计算机网络具有的算法和算力优势，强力解决感知智能的模拟问题；一个是紧紧抓住知识、逻辑和神经网络的内在联系，试图灵巧地解决认知智能和理性思维的模拟问题。所以，当时泛逻辑很难找到大型应用的切入点。现在，深度神经网络的关联关系瓶颈出现了，感知智能模拟的局限性暴露了，泛逻辑和柔性神经元有了迫切的应用需求，局面开始发生根本性变化。希望通过本书，为人工智能研究度过即将到来的第三次寒冬有一点帮助，为我国的人工智能研究在十年内从跟踪阶段跨越到引领阶段做一点小小的贡献。

4.5.2　探索命题泛逻辑的实现途径

1. 阶段性成果

泛逻辑的概念和研究纲要提出之后，团队二十多年锲而不舍地共同努力和不断积累，其中包括数十位博士：刘永怀、白振兴、艾丽蓉、谷晓巍、周延泉、王拥军、张保稳、李新、陈丹、金翊、鲁斌、陈志成、杜永文、付利华、张静、张剑、罗敏霞、张小红、赵敏、何汉明、毛明毅、马盈仓、刘扬、薛占熬、王澜、胡麒、刘丽、贾澎涛、林卫、张宏、范艳峰、王万森、李梅、陈佳林等。还有王华、陈虹等 10 多位硕士生和本科生的积极参与。现已全面完成命题级泛逻辑理论体系和柔性神经元模型的建立，小范围的实验验证，具体成果如下。

1) 扩张刚性逻辑的命题真值域 $\{0, 1\}$ 为 $[0, 1]$，建立了泛逻辑的逻辑运算基模型，它们是泛非运算、泛与运算、泛或运算、泛蕴含运算、泛等价运算、泛平均算和泛组合运算等 7 种。

2) 引入广义相关系数 $h \in [0, 1]$ 和误差系数 $k \in [0, 1]$ 及它们对 7 种基模型的调整机制，建立了可交换的命题泛逻辑完整簇，研究了它的语构理论和语义理论。

3) 引入相对权重系数 $\beta \in [0, 1]$ 及其对 7 种基模型的调整机制和顺序，建立了不可交换的命题泛逻辑完整簇。

4) 揭示了以往使用非标准逻辑出现异常结果的逻辑原因，建立了使用柔性命题逻辑算子的健全性标准，保证了辨证论治对症下药的精准实施。

5) 建立了可满足智能信息处理各种需要的完备的命题级算子库，以后台软件形式提供给应用程序调用。为进一步设计制造泛逻辑芯片准备了必要的理论基础。

6) 针对当前人工智能研究的关联关系瓶颈，给出了柔性逻辑算子和柔性神经元的一一对应关系，为实现深度神经网络的强可解释性提供了理论基础。

2. 实现途径和效果

1) 有效实现途径。总结这些研究经验，可用图 4.5 来系统地概括。这是一条业已证明切实可行的，将刚性逻辑扩张为柔性逻辑，逐步实现泛逻辑研究开局的有效途径，是否存在更快捷的开局途径，读者可继续探索。

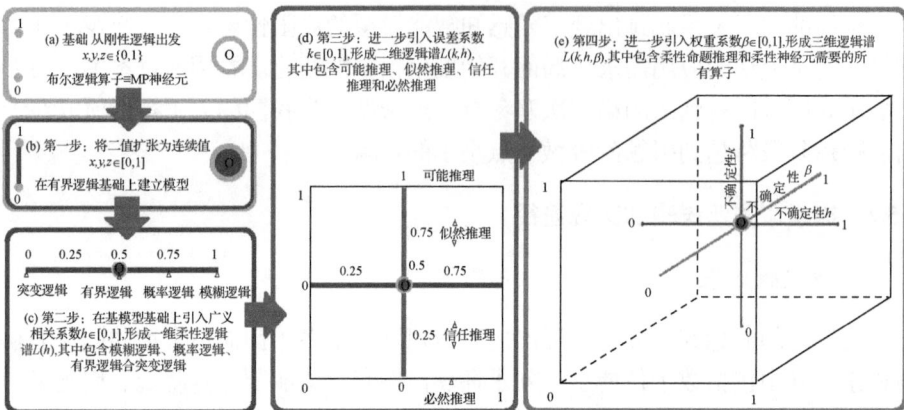

图 4.5　柔性逻辑扩张的总路线图

2) 取得的实际效果。在命题级泛逻辑中，取得的实际效果见图 4.6、图 4.7 和图 4.8。作为数理辩证逻辑的命题部分，它应该能够在命题层面描述辩证法的各种规律，如对立统一律、量变质变律、否定之否定律和相生相克律等。我们把命题的真值域从 $x, y, z \in \{0, 1\}$ 扩张到 $x, y, z \in [0, 1]$，就是把命题从对立充分的真假分离的理想状态，转变为对立不充分的真假对立统一的现实状态，连续的实数空间 $[0, 1]$ 为真假的矛盾对立和矛盾转化，此消彼长、主次更迭提供了合适的场所。进而让不确定性参数 $h, k, \beta \in [0, 1]$，也是在更高层次上刻画对立统一律。从而衍生出更多的辩证法规律来。

在图 4.6 中，由于广义相关系数 $h \in [0, 1]$ 的引入，连续值命题逻辑被展开成为一维命题泛逻辑完整簇(谱)，其中不仅包含了对立统一律、量变质变律、否定之否定律，特别是展现了完整的相生相克律。在这里，相吸关系、相斥关系、冷战关系、热战关系、相容律、相克律都有严格的数学描述和判定标准。更让人兴奋的是，整个相克逻辑群还是一块未开垦的处女地(除了中医药理论在自然语言层面上有所涉足外)，它是从事数理辩证逻辑、国防战略、经济战略、博弈理论和中医药理论等研究人员大有可为的地方。

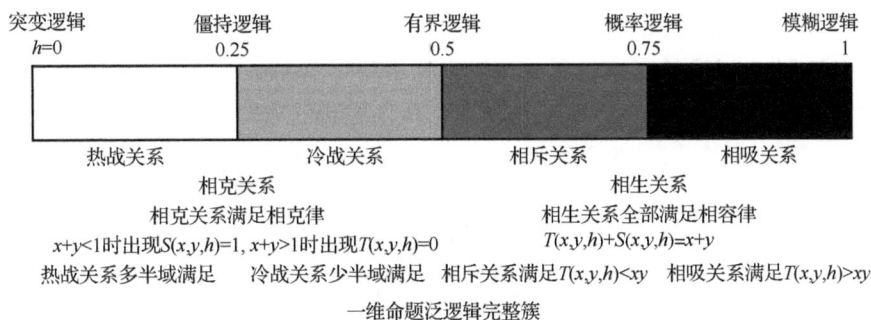

图 4.6　一维命题泛逻辑的包容性

在图 4.7 中，由于误差系数的加入，$h, k \in [0, 1]$ 共同把一维命题泛逻辑完整簇展开成为二维命题泛逻辑完整簇，在相容逻辑群内，包含了可能推理理论($k=1$)、似然推理理论($1>k>0.5$)、信任推理理论($0.5>k>0$)和必然推理理论($k=0$)。这些都是数理辩证逻辑需要解决的重大问题，在不精确推理理论中也占有举足轻重的地位。二维的相克逻辑群是未开垦的处女地。

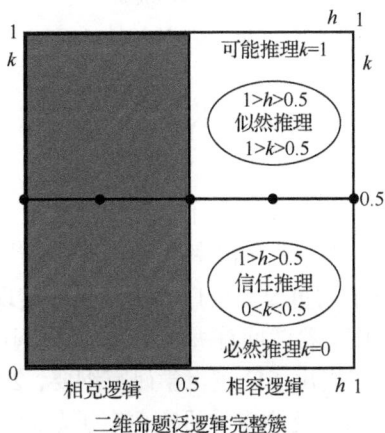

图 4.7　二维命题泛逻辑的包容性

在图 4.8 中由于 $h, k, \beta \in [0, 1]$ 的共同作用，形成了三维命题泛逻辑完整簇，我们的理论研究已经掌握了 $\beta \in [0, 1]$ 全域的性质，当 $\beta=1$ 时是绝对地信任 x，y 退出了逻辑运算；当 $\beta=0$ 时是绝对地信任 y，x 退出了逻辑运算，一般不会使用这两个极端。越接近这两个极端，逻辑性质越差，越接近 $\beta=0.5$，逻辑性质越好，所以一般都是在中心地带左右实施偏袒，不会大幅度地调整权重。

讨论的这里，有的读者可能已经明白为什么当初大多数逻辑学家都不承认黑格尔的《逻辑学》是逻辑，而是哲学思辨著作。他们无非是根据：①逻辑需要使用符号语言，不能全部是自然语言描述；②逻辑应该能必然地推出结论；对于数理逻辑来说，还需要③必须实现数学化推理。当时黑格尔的《逻辑学》确实一条都没有达到(不过原始形态的形式逻辑也好不到哪里去)。作者认为，命题泛逻辑理论已经达到了上述三条标准，属于数理辩证逻辑的命题部分。

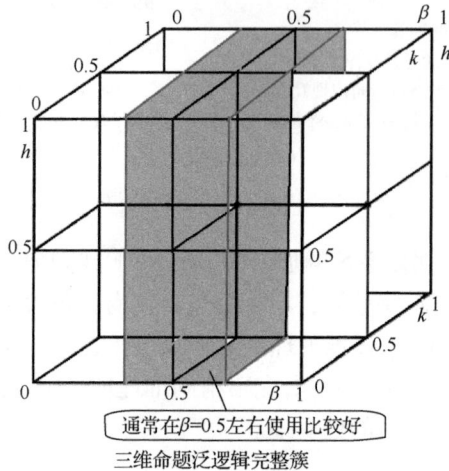

通常在β=0.5左右使用比较好

三维命题泛逻辑完整簇

图4.8　三维命题泛逻辑的包容性

4.6　小　结

本章的主要思路以及后续的工作如下。

1) 发现突破口。1995年作者从概率论3个相关准则和突变算子之间的关系中发现了包容各种逻辑算子的重要突破口，这是具体实现泛逻辑观的唯一入口，真有一种"众里寻他千百度。蓦然回首,那人却在,灯火阑珊处"的感慨。以后又从逻辑学四要素入手，进一步提出了泛逻辑学研究纲要，2001年根据纲要建立了可交换的命题泛逻辑学，为整个泛逻辑学研究奠定了基础。确定了从底层入手，通过在逻辑学四要素中逐步引入各种柔性参数和相应的调整机制，来逐步建立命题泛逻辑学、谓词泛逻辑学和其他各种形态的泛逻辑学研究路线。

2) 拟合泛逻辑谱。人们不禁要问，你这样研究泛逻辑是不是在凭借主观意志人为设计逻辑规律？作者根据自己多年来通过实验数据，拟合事物变化曲线的经验认为，这样研究泛逻辑是科学的、切实可行的。因为，近几十年来出现的上百种非标准逻辑已经在应用中获得了有效性检验，对某一些场景是适合的，只是用在其他场景不一定合适(例如，把满足最大相吸准则的模糊逻辑用于需要独立相关的情况，或者把满足独立相关准则的概率逻辑用于需要最大相吸的情况，都会出现异常结果，逻辑没有错误，错误在场境不合适)。这就像整个泛逻辑学星空中的群星，每一个星星都有它自己的空间位置，就像每一个先验数据点都在拟合曲线上有自己的特殊位置一样，曲线拟合的任务就是寻找到该事物在任意情况下的变化规律。那么这些群星就是泛逻辑理论的校准点(先验数据点)，它们应该一个不漏地出现在泛逻辑理论框架(拟合曲线)之中，只有达到这个全面包容的和谐状态，泛逻辑理论的包容性才得以完成(拟合曲线成功)。此外，泛逻辑的包容性还应该表现在另一种能力上：在任何两个已知的校准点之间，都能包容无限多个连续的延伸点，每一个延伸点都代表一个未知的、但一定客观存在的非标准逻辑(除了实验数据点外，拟合曲线中还能包容无穷多个理论数据点)。有了这样一个连续的逻辑谱系之后，人们就可清楚地知道每一个逻辑(点)在整个逻辑空间中的准确位置(如同化学元素周期表那样)，这个位置参数就是一个逻辑(点)的正确使用条件。于是，当前凭感觉乱用非标准逻辑的情况就可从根本上得到改变，再也不会出现乱点鸳鸯谱的错误。

3) 包容逻辑算子之路。泛逻辑探索研究选择了一条最接近智能科学技术应用需求的进路——逐步包容所有逻辑算子的路线。因为人工智能中各种应用软件或者信息处理算法，都需要使用各种信息变换算子。不管你能意识到或者根本不关心，这些信息变换算子(包括神经元)都是属于某个逻辑的。如果你认识到它是某个逻辑的某种算子，并且知道了它在泛逻辑框架中的精确定位，你就可以依靠泛逻辑理论把它生成出来(现在已经有了后台软件，可按照应用需求自动生成泛逻辑算子)，并且可以精准地使用它，取得最佳效果；如果你根本没有这种意识，就只能像大海捞针一样，盲目寻找一些算子(包括神经元)来进行信息变换，效果好了继续使用，出现异常情况就换一个重新试探，没完没了地折腾。这是经验性学科和理论性学科的本质差别，是事半功倍的大好事，何乐而不为！

青玉案·元夕

〔宋〕　辛弃疾

东风夜放花千树。更吹落、星如雨。宝马雕车香满路。凤箫声动，玉壶光转，一夜鱼龙舞。

蛾儿雪柳黄金缕。笑语盈盈暗香去。众里寻他千百度。蓦然回首，那人却在，灯火阑珊处。

第5章　命题泛逻辑运算模型的生成规则

5.1　引　　言

本章系统地讨论在泛逻辑学中生成各种命题连接词运算模型的一般方法。在泛逻辑学中，各种命题连接词的运算模型都可以通过以下四类规则生成。

1. 生成基规则

每个命题连接词都有自己的生成基，它是在[0, 1]空间内、在命题的真值没有误差、且命题之间的相关性是最大相斥时，该命题连接词的运算模型，称为基模型(base model)。同一个基模型有两种不同的表达方式：非与表达方式和非或表达方式。表达不同，要求代入的生成元完整簇(generator complete cluster)不同：非与表达的基模型要求代入 T 性生成元完整簇；非或表达的基模型要求代入 S 性生成元完整簇。

2. 生成元规则

将生成元完整簇作用在各种生成基上，就得到了线序空间[0, 1]上的各种命题连接词的运算模型，生成元完整簇包括：

1) 修正不分明测度误差(广义自相关性)对命题真值影响的 N 性生成元完整簇；

2) 修正广义相关性对命题之间关系影响的 T 性生成元完整簇或 S 性生成元完整簇；

3) 没有误差时是零级的，有误差时是一级的。

3. 拓序规则

具体规定由线序空间[0, 1]上的各种命题连接词运算模型生成泛命题连接词运算模型的方法，包括如何生成偏序空间$[0, 1]^n$, $n=2, 3, \cdots$和超序空间$\{\perp\} \cup [0, 1]^n <\alpha>$, $n=1, 2, 3, \cdots$上的各种命题连接词运算模型。

4. 基空间变换规则

具体规定将真值空间$\{\perp\} \cup [0, 1]^n <\alpha>$, $n=1, 2, 3, \cdots$的[0, 1]基变换为任意基

$[a, b]$, $a<b$, $a, b \in \mathbf{R}$ 时，各种命题连接词运算模型的变换方法。

为建立这些规则，首先需要通过实例归纳一些现实世界中的柔性逻辑规律，其次需要熟悉测度理论和三角范数理论，前者是用来判定我们创立的柔性逻辑规律，确实是客观世界逻辑规律的抽象的先验知识；后者是创立命题泛逻辑运算模型完整簇的数学基础。只有把理论与实际密切结合起来，才能精准地抽象出客观世界中的柔性逻辑规律。

5.2　客观世界中的柔性逻辑规律

下面将详细介绍我们观察到的关系柔性对逻辑规律影响的客观实例，详细说明关系柔性对柔性命题连接词运算模型影响的细节。由于刚性逻辑是柔性逻辑的特例，所以，这种影响在整个泛逻辑学中都存在。

首先，精准地把握事物变化的度，只有在理想世界中才能做到，所谓理想世界，至少需要满足：①事物本身是各向同性的；②测量仪器是绝对精确无误差的；③不同事物都是孤立存在的，相互之间没有影响。但是，现实世界是演化发展的，仪器是存在测量误差的，人类对事物的认识水平也是处在不断地演化发展之中。根本无法做到这三条。而这三个条件是否全部满足，会影响所有的逻辑运算，其中的①和②条件是否都满足，会影响一元逻辑运算。

其次，中国古典哲学认为，世间万事万物都是相关的，不是相生(mutual promotion)，就是相克(mutual restraint)，非此即彼。概率论中的相关性只研究到相生关系(包含最大相吸准则、独立相关准则、最大相斥准则的相关关系)，其局限性是相关双方只能是朋友关系，即只有亲疏差别，无损人利己之心的君子之交。朋友关系又可细分为相吸关系和相斥关系两大类，以独立相关为分界线。而在客观现实世界中同样存在另外一种关系——敌我关系，即只相信零和博弈，奉行丛林法则的小人之交。敌我关系又可细分为冷战关系(扩军备战)和热战关系(大打出手)两大类，以僵持相关为分界线。这些思想对泛逻辑研究有重大启发。

下面请读者看一些实例，领悟理想和实际的差别，逻辑要怎样变化才能反映客观实际。作为反例，不防先看看模糊逻辑的理论缺陷。

5.2.1　模糊逻辑存在理论缺陷的根源

要理解模糊逻辑的理论缺陷，确实是一件特别困难的事情，不然学术界不会争论了半个多世纪也没有定论。

1. 关系柔性的发现

我们在研究柔性世界的逻辑规律时发现，不仅命题真值的连续可变性对柔性逻辑的命题连接词运算模型有影响，而且命题之间关系的连续可变性对柔性逻辑的命题连接词运算模型也有影响，我们称前者为真值柔性，称后者为关系柔性。柔性命题之间的关系柔性由两种不同的因素引起。

(1) 广义自相关系数

由于实际环境中人力无法回避的原因，柔性命题真值的测量多多少少会存在误差，它通过影响柔性非命题的真值计算，进而影响到所有的柔性逻辑运算。我们称柔性命题和它的柔性非命题之间的相关性为广义自相关性(generalized autocorrelativon)。广义自相关性是由冒险因素和保险因素组成的对立统一体，表现出来的测量误差可由最大可能的负误差到最大可能的正误差连续地变化，要用连续变化的广义自相关系数(generalized autocorrelation coefficient，简称误差系数)$k \in [0, 1]$来刻画。其基本概念是：用$k=0.5$表示无偏差态，其中冒险因素和保险因素处于平衡状态；$k=1$表示最冒险态，其中冒险因素处于绝对支配地位；$k=0$表示最保险态，其中保险因素处于绝对支配地位；$k=0.75$左右表示偏冒险态，其中冒险因素处于支配地位；$k=0.25$左右表示偏保险态，其中保险因素处于支配地位[图 5.1(a)]。

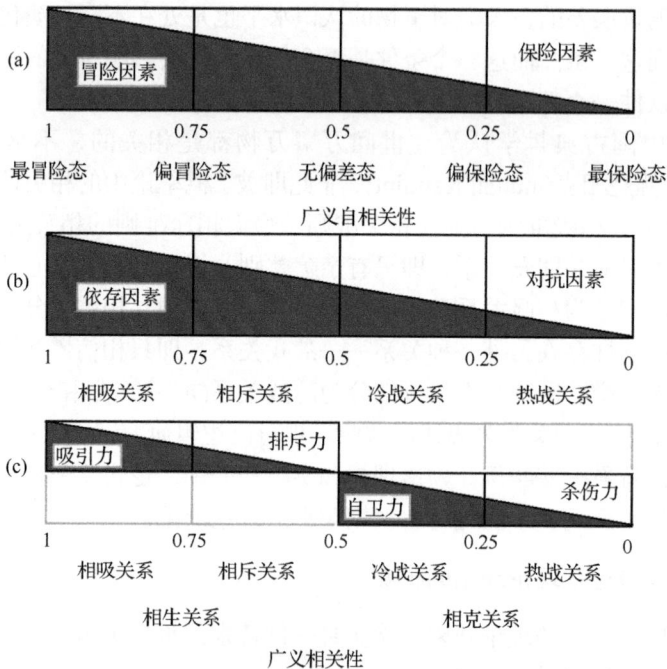

图 5.1　广义自相关性和广义相关性概念图

(2) 广义相关系数

由于客观事物不可能绝对孤立地存在，相互之间多多少少有一些关联，或敌或友，或亲或疏，这就是柔性命题和柔性命题之间的关联性。这种关联性会影响到二元复合命题的真值计算，我们称柔性命题和柔性命题之间的关联性为广义相关性。广义相关性是由依存因素和对抗因素组成的对立统一体，表现出来的广义相关系数可由最大相关到最小相关连续地变化，要用连续变化的广义相关系数 $h \in [0, 1]$ 来刻画。

广义相关系数的基本概念之一是：用 $h=0.5$ 表示不敌不友的中间状态，其中依存因素和对抗因素处于平衡状态；$h=1$ 表示最大相关状态，其中依存因素处于绝对支配地位；$h=0$ 表示最小相关状态，其中对抗因素处于绝对支配地位；$h=0.75$ 左右表示偏相生状态，其中依存因素处于支配地位；$h=0.25$ 左右表示偏相克状态，其中对抗因素处于支配地位[图 5.1(b)]。

广义相关系数的基本概念之二是：考虑到与概率论的衔接，还可分两段来解析 $h \in [0, 1]$ 的含义：用 $h=0.5$ 表示不敌不友的中间状态，$h>0.5$ 是相生关系；$h<0.5$ 是相克关系。在概率论中它的相关系数 h_0 描述的是相生关系，相生关系是由相吸因素和相斥因素组成的对立统一体，表现出来的相生关系可由最大相吸状态 ($h=1$)、经过独立相关状态($h=0.75$)到最大相排斥状态($h=0.5$)连续地变化。

关于相克关系。相克关系是由自卫因素和对抗因素组成的对立统一体，表现出来的相克关系可由最小相克状态($h=0.5$，其中依存因素处于绝对支配地位)、经过僵持状态($h=0.25$，依存因素和对抗因素处于平衡状态)到最大相克状态($h=0$，其中对抗因素处于绝对支配地位)连续地变化[图 5.1(c)]。

为什么要把两者衔接在一起，而不是分成两个彼此独立的相关关系进行研究？因为不难看出，最小相克与最大相斥是同一种状态，都表现为双方尽可能不接触且互不杀伤，是广义相关的中性状态，即相生性和相克性的分界线。所以，相生和相克不是两个完全独立无关的相关关系，而是一个整体，它从最大相生到最大相克是可以连续过渡的。从有利于生存的观点看，最大相吸状态应该是广义相关性的最大状态，最大相克状态应该是广义相关性的最小状态。广义相关性可从最大状态(最大相吸状态)连续不断地变小，经过独立相关状态到达中间状态(最大相斥状态，也就是最小相克状态)，然后继续不断地变小，经过僵持状态到达最小的广义相关状态(最大相克状态)。于是我们可以得出结论：广义相关性的大小是连续变化的。

广义相关性和广义自相关性的概念及相关系数 h 和 k，都是由我们第一次提出并引入逻辑学的，这两个相关系数是独立存在和变化的，它们共同影响了命题连接词的运算模型。

关系柔性的发现，可以帮助我们解释清楚为什么在柔性逻辑中，命题连接词的运算模型是连续可变的算子簇，并告诉我们应该如何正确地使用算子簇中的算子。因为，当你知道了模糊算子的位置在 $h=1$ 后，就绝对不会在 $h=1$ 之外的任何地方随便使用模糊算子，刚性逻辑养成的习惯，到了柔性逻辑中就必须改变。如同小朋友长大后知道了卫生间的专门用途后，就不会随地方便了，尽管这是他出生以后就一直习以为常的事情。这是成长的责任，不应当成是成长的烦恼。

据此发现，我们不仅克服了模糊逻辑中命题连接词定义的理论缺陷，还利用关系柔性完善了模糊命题逻辑，用各打五十大板的方式结束了学术界争论了半个多世纪也没有解决的问题。更重要的是我们还创立了命题泛逻辑学。

2. 模糊逻辑的理论缺陷

作者在长期从事人工智能理论和实用专家系统研究中发现，柔性命题之间关系的柔性是不可回避的客观存在，需要用连续可变化的逻辑运算模型簇来描述。也就是说，在对立不充分世界中，不仅要考虑真值柔性对命题逻辑真值的影响，而且要考虑关系柔性对命题连接词运算模型的影响。事物之间的广义相关性和广义自相关性是引起关系柔性的根本原因。作者认为，模糊逻辑的根本缺陷是它只注意到了模糊命题逻辑真值的连续可变性，而没有认识到模糊命题连接词的运算模型的连续可变性，因而用一个确定不变的 Zadeh 算子组来定义各种命题连接词，未曾设想一个逻辑系统中的各个逻辑运算模型都是可以无限变化的。这明显是受到传统逻辑思维惯性的束缚。其他人关于各种广义模糊算子的研究，虽然在数学上已发现了各种模糊算子的多样性和连续可变性，但仍然没有在逻辑学理论框架之内找到引起命题连接词运算模型连续可变性的客观原因和合理使用的条件，因而也只能抽象地依靠数学手段在逻辑学理论框架之外对 Zadeh 算子组进行实用性扩充，仍然没有通过这些扩充来建立统一的泛逻辑理论框架的觉悟。数学思维的一个重要原则是确定性，数理逻辑在这个问题上同样表现出一种思维定势：尽管人们已经用模糊性表示了模糊命题逻辑真值的柔性，但仍然没有想到模糊命题连接词运算模型不是一个算子，而必须是一个算子完整簇。由于理论上的不完整，至今仍有不少数学家和数理逻辑学家不承认模糊数学和模糊逻辑是严谨的科学，这是有一定道理的。

下面通过现实生活中的实例，简单介绍关系柔性对柔性命题连接词运算模型的影响细节，它是我们建立泛逻辑理论的先验知识点，必须细心品味。

5.2.2　通过实例看 k、h 对柔性逻辑运算的影响

1. 广义自相关性对一元逻辑运算的影响

在柔性逻辑学中，仅仅使用柔性非算子 $N(x)=1-x$ 是片面的，它只适合于理想的无误差柔性测度。为了刻画柔性测度误差对柔性非算子的影响，我们引入了广义自相关性和广义自相关系数 $k \in [0, 1]$。下面通过具体的两个实例来说明它对非

运算的影响。

例 5.2.1 面积计算问题-1。

理想试卷评分标准的允许正负误差。在因素空间 E 中，如果子集 X 的面积 $s(X)=x$ 是可以精确得到的，它的补集 $\neg X$ 的面积当然是 $s(\neg X)=s(E)-s(X)=N(x)=1-x$，称这类可以精确得到柔性命题真值的问题为零级不确定性问题。现在假设由于某种原因，面积的测量存在一定偏差，x 和 $N(x)$ 的值仅是一个不太准确的近似值，虽然有 E=$X\cup\neg X$，但 $x+N(x)\neq1$，也就是说 $N(x)$ 的值将偏离 $1-x$。如果 $N(x)$ 的值可以通过已知的近似值 x 来估算，我们称这类问题为一级不确定性问题。图 5.2 给出的是一个常见的理想试卷评分标准的允许正负误差模型，其中图 5.2(a)使用的是严格标准的两分法，把标准答案平均分成两半，成为 A、B 两个答卷，按照精确的标准评分，必然都是 50 分；由于在分割过程中会有一些知识点的答案也被分割了(图中正好是对角线上的 10 个知识点)，在实际操作中，不可能也没必要精确评分，一般都是给 0 分(非全即空原则)或给 1 分(非空即全原则)，只要使用的原则一致，都是允许的。

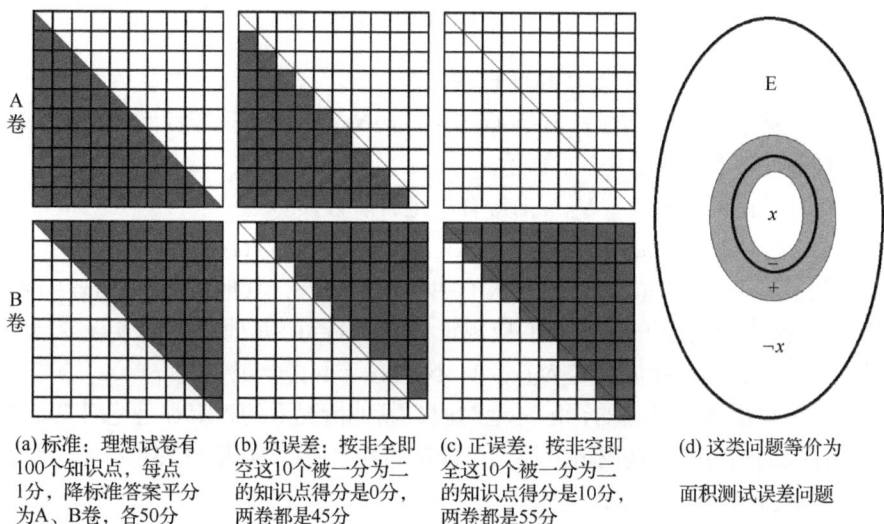

(a) 标准：理想试卷有 100 个知识点，每点 1 分，降标准答案平分为 A、B 卷，各 50 分

(b) 负误差：按非全即空这 10 个被一分为二的知识点得分是 0 分，两卷都是 45 分

(c) 正误差：按非空即全这 10 个被一分为二的知识点得分是 10 分，两卷都是 55 分

(d) 这类问题等价为面积测试误差问题

理想试卷评分标准的允许正负误差

图 5.2　柔性测度有误差时 $m(X)+m(\neg X)\neq1$ 的一个实例

图 5.2(b)使用的是给 0 分(非全即空原则)，A、B 两个答卷都是 45 分。图 5.2(c)使用的是给 1 分(非空即全原则)，A、B 两个答卷都是 55 分。图 5.2(d)说明，这一类问题都可以等价于面积测试误差问题，有正负误差的差别，是一个一级不确定性问题。

在一级不确定性问题中，通常可以用下述关系来约束对 $N(x)$ 值的估算：

$x+N(x)+\lambda xN(x)=1$，其中 λ 是反映测量偏差大小的修正系数。上述公式可以改写成

$$N(x)=(1-x)/(1+\lambda x) \quad 或 \quad x=(1-N(x))/(1+\lambda N(x))$$

这是著名的 Sugeno 算子簇，特记为 $N_2(x, \lambda)=(1-x)/(1+\lambda x)$，其中 $\lambda\in(-1, \infty)$ 是 Sugeno 系数，它是算子的位置标志参数。算子簇的变化情况如图 5.3(a)所示，它具有逆等性。即 $N_2(x, \lambda)=N_2^{-1}(x, \lambda)$，且算子在簇中是单调排列的。

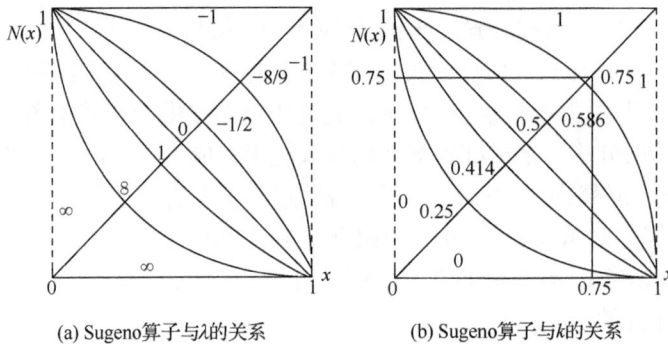

(a) Sugeno算子与λ的关系　　　　(b) Sugeno算子与k的关系

图 5.3　Sugeno 算子的物理意义

Sugeno 算子簇的数学意义和逻辑意义是：

$\lambda=0$ 时是精确估计，$N_2(x, \lambda)=N_2(x, 0)=1-x=\mathbf{N_1}$，一级不确定性问题退化为零级不确定性问题，称 $\mathbf{N_1}$ 为中心非算子。

$\lambda<0$ 时是正偏差估计，$N_2(x, \lambda)$ 带有一定冒险性质。

$\lambda\to-1$ 时，$N_2(x, \lambda)$ 的极限是 $N_2(x, \lambda)=N_2(x, -1)=(1-x)/(1-x)=\mathbf{N_3}$。从数学上看，它表示除了 $x=1$ 时，$N_2(1, -1)$ 可为[0, 1]中的任意值外，其他情况下 $N_2(x, -1)=1$。从逻辑上看，按非运算的性质我们应规定 $N_2(1, -1)=0$，其他情况下 $N_2(x, \lambda)=1$。即根据逻辑上的需要，我们约定 $N_2(x, -1)=\mathbf{N_3}=\mathbf{N_3}^{-1}=\text{ite}\{0|x=1; 1\}$

它表示只承认绝对真的否定是绝对假，其他情况下的否定都是绝对真，这是一种最冒险的估计，也是逻辑上最大可能的否定。所以 $\mathbf{N_3}$ 是最大非算子，且规定 $\mathbf{N_3}$ 的逆仍然是 $\mathbf{N_3}$。

$\lambda=-8/9$ 时，$N_2(x, \lambda)=N_2(x, -8/9)=(1-x)/(1-8x/9)=\mathbf{N_2}$，这是一种中度冒险的估计。

$\lambda=-1/2$ 时，$N_2(x, \lambda)=N_2(x, -1/2)=(1-x)/(1-x/2)=\mathbf{N_{1.5}}$，这是一种弱冒险的估计。

$\lambda>0$ 时是负偏差估计，$N_2(x, \lambda)$ 带有一定保险性质。

$\lambda\to\infty$ 时，$SN(x, \lambda)$ 的极限是 $N_2(x, \lambda)=N_2(x, \infty)=(1-x)/(1+\infty x)=\mathbf{N_0}$。从数学上看，它表示除了 $x=s(\varnothing)=0$ 时，$N_2(x, \lambda)=N_2(0, \infty)$ 可为[0, 1]中的任意值外，其他情况下 $N_2(x, \lambda)=N_2(x, \infty)=0$。从逻辑上看，按非运算的性质我们应该规定 $N_2(x, \lambda)=N_2(0, \infty)=1$，其他情况下 $N_2(x, \lambda)=N_2(x, \infty)=0$。即根据逻辑上的需要，我们约定 $N_2(x, \lambda)=N_2(x, \infty)=\mathbf{N_0}=\mathbf{N_0}^{-1}=\text{ite}\{1|x=0; 0\}$。

它表示只承认绝对假的否定是绝对真，其他情况下的否定都是绝对假，这是一种最保险的估计，是逻辑上最小可能的否定。所以 $\mathbf{N_0}$ 是最小非算子，且规定 $\mathbf{N_0}$ 的逆仍然是 $\mathbf{N_0}$。

$\lambda=8$ 时，$N_2(x,\lambda)=N(x,8)=(1-x)/(1+8x)=\mathbf{N_{0.5}}$，这是一种中度保险的估计。

在图 5.3(a)中，我们首先发现曲线自身相对于坐标平面主对角线是左右对称分布的，也就是说 Sugeno 算子具有逆等性。

在图 5.3(a)中，我们还发现 $\lambda<0$ 的曲线和 $\lambda>0$ 的曲线相对于 $\lambda=0$ 的直线(坐标平面的副对角线)是上下对称分布的，也就是说 Sugeno 算子簇具有自对偶性，算子之间的对偶关系是

$$N_2(x,\lambda)=(1-x)/(1+\lambda x)=1-(1-(1-x))/(1+\lambda'(1-x))=(1+\lambda')(1-x)/((1+\lambda')-\lambda'x)$$
$$\lambda=-\lambda'/(1+\lambda')$$

即 $\lambda=0,1,2,3,\cdots,n,\cdots$ 对偶于 $\lambda'=0,-1/2,-2/3,-3/4,\cdots,-n/(n+1),\cdots$

我们还发现 Sugeno 算子的变化曲线和坐标平面主对角线的交点的坐标值 k 是非算子的不动点(fixed point)，$N_2(k,\lambda)=k,k\in[0,1]$，$k$ 和 λ 的关系是：$\lambda=(1-2k)/k^2$ 或 $k=((1+\lambda)^{1/2}-1)/\lambda=1/((1+\lambda)^{1/2}+1)$。

k 的数学意义是对柔性命题的否定进行估计时的风险程度：

$k\to1$ 是逻辑上的最大可能否定，对应于最冒险估计 $\mathbf{N_3}$；

$k=0.75$ 是逻辑上的偏大否定，对应于中度冒险估计 $\mathbf{N_2}$；

$k=0.5$ 是逻辑上的适度否定，对应于精确估计 $\mathbf{N_1}$；

$k=0.25$ 是逻辑上的偏小否定，对应于中度保险估计 $\mathbf{N_{0.5}}$；

$k\to0$ 是逻辑上的最小可能否定，对应于最保险的估计 $\mathbf{N_0}$。

可见 k 是风险系数，反过来看，k 代表了柔性测度误差的大小，所以又叫误差系数。

k 的值也可作为非算子在算子簇中的位置标志参数。

由此可得 Sugeno 算子簇的另一种表示形式[图 5.3(b)]

$$N_2(x,k)=(1-x)/(1+(1-2k)x/k^2),\quad k\in(0,1)$$

Sugeno 算子簇的逆等性表示为 $N_2(x,k)=N_2^{-1}(x,k)$。

由 λ 的对偶关系 $\lambda=-\lambda'/(1+\lambda')$ 和 k 与 λ 的关系式可得 k 的对偶关系

$$k=((1+\lambda)^{1/2}-1)/\lambda=((1+(-\lambda'/(1+\lambda')))^{1/2}-1)/(-\lambda'/(1+\lambda'))$$
$$=(1+\lambda')((1/(1+\lambda'))^{1/2}-1)/(-\lambda')=1-((1+\lambda')^{1/2}-1)/\lambda'=1-k'$$

即 Sugeno 算子簇有对偶关系 $N_2'(x,k)=N_2(x,1-k)$

严格地讲，Sugeno 算子簇 $N_2(x,k)$ 只在 $k\in(0,1)$(即 $\lambda\in(-1,\infty)$)时有数学意义，但为了逻辑上的完整，我们约定它的上下极限 $\mathbf{N_3}$ 和 $\mathbf{N_0}$ 也属于 Sugeno 算子簇 $N_2(x,$

$k)$，且互为对偶。即 $N_2(x, k)=N(x,1)=\mathbf{N_3}=\mathbf{N_3}^{-1}$，$N_2(x, k)=N_2(x, 0)=\mathbf{N_0}=\mathbf{N_0}^{-1}$。这种拓广了的 Sugeno 算子簇叫广义 Sugeno 算子簇。由 $\mathbf{N_3}$ 和 $\mathbf{N_0}$ 包含的二维空间叫 Sugeno 算子簇的存在域。

非运算的风险程度 k 是一种存在于柔性命题和它的非命题之间的广义自相关程度，因此 k 是描述广义自相关性大小的广义自相关系数。

由于 $N(k, k)=k$，当 $x<k$ 时，$N(x, k)>k$；当 $x>k$ 时，$N(x, k)<k$，所以 k 的逻辑意义是真值阈元(truth threshold value)，它是柔性逻辑中偏真/偏假的分界线。

例 5.2.2　辩论问题。

辩论双方的利害冲突。例 5.2.1 说的是一种考虑误差影响的情况，本实例将介绍另一种更常用的考虑误差影响的情况。在现实世界中，经常见到法庭上控辩双方律师的辩论、大专辩论、各种专题辩论等，邻居之间的吵架也基本属于这个类型(只不过吵架的主题随时可能转移)，它们共同的内在逻辑关系如图 5.4 所示。

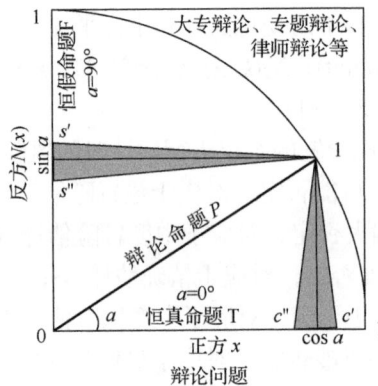

图 5.4　辩论问题的关系图

首先，需要围绕一个中心辩论命题 P(案件、专题、主题)持续进行，命题 P 的偏角 a 由命题本身的内在性质决定：恒真命题 T 的偏角 $a=0°$；恒假命题 F 的偏角 $a=90°$；一般命题 P 的偏角 $a\in(0°, 90°)$。

其次，控辩双方都不会完全客观地陈诉全部事实真相，一般只会讲一部分有利于自己的事实真相，不地道的律师还有可能提供虚假证据。所以，如果命题 P 的长短是 1，它投射到坐标轴 x 上的精确值是 $\cos a$，它投射到坐标轴 $N(x)$ 上的精确值是 $\sin a$。但是，实际上双方的陈诉都会在精确值附近波动。

最后，法官将如何判定双方是否都讲了真话呢？当然需要去伪存真，以事实为根据，努力恢复全部事实真相。其实这个全部事实真相还可以用算法来描述：根据三角函数的性质有 $\cos^2 a+\sin^2 a=1$，于是有 $N(x)=(1-x^2)^{1/2}$ 和 $x=(1-N(x)^2)^{1/2}$ 的精确关系存在，这是一个重要的数学判据，如果控辩论双方的陈诉数值化后满足上述关系，就可以判定双方都讲的是真话。当然，都不会讲不利于自己的话，但是这不要紧，对方会毫无保留地讲出来，这就是辩论的相互补充，追求完美的奇妙功能！在严格遵守法庭审判规则的情况下是 $N(x)=(1-x^2)^{1/2}$，在一般情况下，偏离精确值会更加大，于是有 $N(x, n)=(1-x^n)^{1/n}$，$n \in \mathbf{R}_+$。

当 $n=1$ 时，$N(x, n)=(1-x)=\mathbf{N_1}$，当 $n \rightarrow 0$ 时，$N(x, n) \rightarrow \mathbf{N_3}$，当 $n \rightarrow \infty$ 时，$N(x, n) \rightarrow \mathbf{N_0}$。以后还将看到，利用 $n=-1/\log_2 k$ 公式，还可以定义泛非运算完整簇 $N(x, k)$。

2. 广义相关性对二元逻辑运算的影响

无处不在的广义相关性对柔性集合和柔性逻辑的运算都有深刻影响，这种影响仅从个体变域 U 上的隶属函数分布图很难看出，因为两个柔性集合在同一点上的隶属度都是用一维坐标轴上从 0 开始向上画的线段来表示，似乎大的隶属度必然包含小的隶属度，没有什么可以怀疑的，这可能就是盲目认为在模糊逻辑学中采用 Zadeh 算子组是理所当然的认识根源。但当我们转换一下观察问题的视角，从决定该 u 点隶属度大小的特因素间 E 上来分析问题(图 5.5),情况就大不一样了。虽然柔性集合 A 是用隶属度 $\mu_A(u)$ 在个体域 U 上的函数分布图来刻画的,但柔性集合中任意点 u 的隶属度 $\mu_A(u)$ 却是通过因素空间 E 中与该点对应的经典集合 X 的柔性测度 $m(X)$ 得到的。例如, U 班同学的考试成绩除以 100 后构成一个柔性集合 A, 它可用 U 上的隶属度(即成绩)$\mu_A(u)$ 分布图来刻画, 而学生 u 的成绩 $\mu_A(u)$ 则是由他在试卷 E 上答对试题集合 X 的柔性测度 $m(X)$ 决定的。由于广义相关性会影响两个经典集合之间的相对位置, 所以, 广义相关性对因素空间 E 中的经典集合之间的集合运算有影响。这种影响通过柔性测度传递到个体域 U 上, 就对柔性逻辑运算和柔性集合运算有影响。显然, Zadeh 算子对无法描述这种影响。下面继续通过具体的实例来进一步说明。

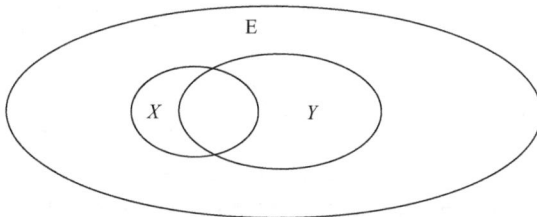

$$\mu_A(u)=m(X),\ \mu_B(u)=m(Y),\ u \in U,\ X, Y \subseteq E$$

图 5.5　Zadeh 算子对不代表一般情况

例 5.2.3　面积计算问题-2。

两个集合的交集和并集。设有一非空的因素空间 E, 它是由平面上连续分布的一些点组成的集合, 面积为一个单位 $s(E)=1$。定义子集 X 的面积 $s(X)=x$ 为 X 的柔性测度, 它对应于柔性命题 p 的真值, 子集 Y 的面积 $s(Y)=y$ 为 Y 的柔性测度, 它对应于柔性命题 q 的真值。则 $s(E)=1$ 对应于一个恒真的柔性命题。空集的面积 $s(\varnothing)=0$ 对应于一个恒假的柔性命题。试问 $p \wedge q$ 的真值, 即 X、Y 交集的面积 $s(X \cap Y)=T(x,y)=?$ $p \vee q$ 的真值, 即 X, Y 并集的面积 $s(X \cup Y)=S(x,y)=?$ 答案显然与子集 X、Y 间的广义相关性有关, 其典型情况有:

1) $h=1$ 表示 X, Y 间最大相吸, 大的集合完全包含小的集合(图 5.6), 因而有

$$T(x,y)=\mathbf{T}_3=\min(x,y), \quad S(x,y)=\mathbf{S}_3=\max(x,y)$$

这是著名的 Zadeh 算子对, $\mathbf{T}_3$ 是最大与算子, $\mathbf{S}_3$ 是最小或算子。

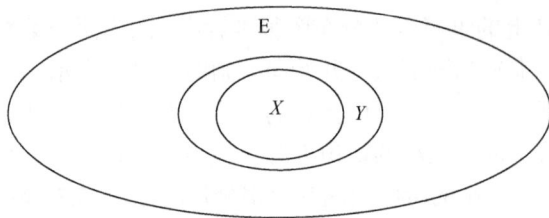

图 5.6　Zadeh 算子对只适用于最大相吸的情况

2) $h=0.75$ 表示 X、Y 间独立相关, 交集的面积分别与 X、Y 的面积成正比(图 5.7), 因而有

$$T(x,y)=\mathbf{T}_2=xy, \quad S(x,y)=\mathbf{S}_2=x+y-xy$$

这是著名的概率算子对。$\mathbf{T}_2$ 是独立相关与算子, $\mathbf{S}_2$ 是独立相关或算子。

注意: 在这里独立相关概念与"两集合不相交即独立"的概念不同, 前者指两集合中的元素彼此独立, 互不相关; 后者指两集合彼此独立, 互不相交。

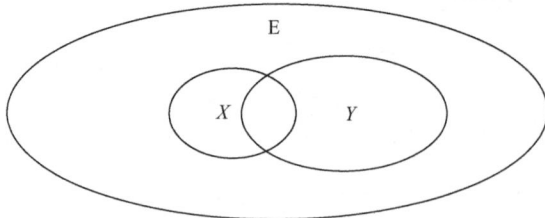

图 5.7　概率算子对只适用于独立相关的情况

3) $h=0.5$ 表示 X, Y 间最大相斥或最小相克, 只有 $x+y>1$ 时才有交集(图 5.8), 因而有

$$T(x,y)=\mathbf{T}_1=\max(0, x+y-1), \quad S(x,y)=\mathbf{S}_1=\min(1, x+y)$$

这是著名的有界算子对, $\mathbf{T}_1$ 是中心与算子, $\mathbf{S}_1$ 是中心或算子。

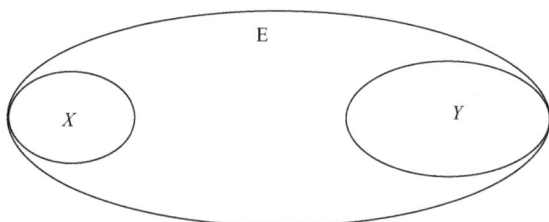

图 5.8　有界算子对只适用于最大相斥的情况

在相生关系中，全部满足相容律：$T(x,y)+S(x,y)=x+y$。

相克关系中存在相互杀伤和扩军备战，相容律不再成立。

$x+y<1$ 时，双方没有接触，不会发生战争或抑制作用，但都需要扩军备战 [图 5.9(a)]，因而

$$T(x,y)=0, \quad S(x,y) \geqslant \min(1, x+y)$$

$x+y=1$ 时，双方刚好接触上，但无冲突，也无扩军余地[图 5.9(b)]，因而

$$T(x,y)=0, \quad S(x,y)=1$$

$x+y>1$ 时，双方接触，必然发生战争或抑制作用，会造成部分死亡[图 5.9(c)]，因而

$$T(x,y) \leqslant \max(0, x+y-1), \quad S(x,y)=1$$

随着杀伤力增大(h 从 0.5 趋向 0)，这种抑制和扩军的作用愈发明显，我们把这类算子对叫相克算子对，它的下极限是 $h=0$。

4) $h=0$ 表示 X, Y 间最大相克，双方是死敌，具有最大的杀伤性，只有一方为 1 时才允许另一方存活；只有一方为 0 时，另一方才会停止扩军备战，因而有

$$T(x,y)=\mathbf{T_0}=\text{ite}\{\min(x,y)|\max(x,y)=1; 0\}$$

$$S(x,y)=\mathbf{S_0}=\text{ite}\{\max(x,y)|\min(x,y)=0; 1\}$$

其中，ite$\{\beta|\alpha; \gamma\}$是条件表达式：if α, then β; else γ。

这是突变算子对或最大相克算子对，$\mathbf{T_0}$ 是最小与算子，$\mathbf{S_0}$ 是最大或算子。

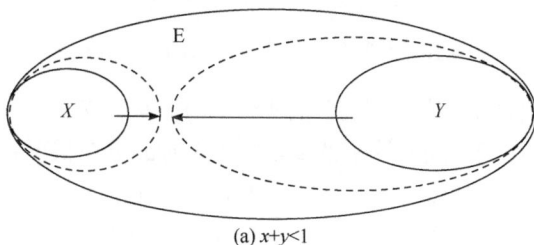

(a) $x+y<1$

(b) $x+y=1$

(c) $x+y>1$

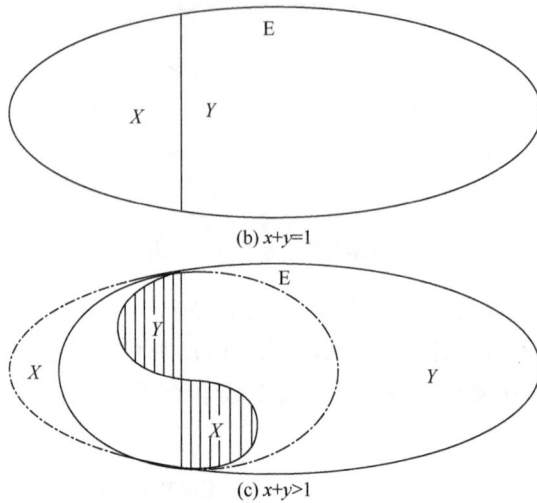

图 5.9　相克算子对只适用于相克相关的情况

5) $h=0.25$ 表示 X、Y 间僵持状态，它是相克关系的中间状态，其中杀伤力和生存力相等，两事件都需要部分地扩大自己抑制对方，因而 $\mathbf{T_0} \leqslant T(x,y) \leqslant \mathbf{T_1}$；$\mathbf{S_0} \geqslant S(x,y) \geqslant \mathbf{S_1}$。

这 4 个特殊的算子对之间有如下关系(图 5.10)：$0 \leqslant \mathbf{T_0} \leqslant \mathbf{T_1} \leqslant \mathbf{T_2} \leqslant \mathbf{T_3} \leqslant \mathbf{S_3} \leqslant \mathbf{S_2} \leqslant \mathbf{S_1} \leqslant \mathbf{S_0} \leqslant 1$。

$\mathbf{T_3}=\min(x,y)$　　$\mathbf{T_2}=xy$　　$\mathbf{T_1}=\max(0,x+y-1)$　　$\mathbf{T_0}$

$\mathbf{S_3}=\max(x,y)$　　$\mathbf{S_2}=x+y-xy$　　$\mathbf{S_1}=\min(1,x+y)$　　$\mathbf{S_0}$

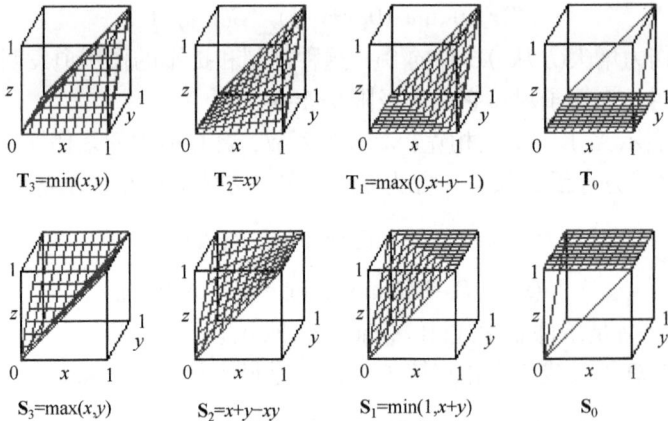

图 5.10　4 个典型与/或算子对的三维分布图

详细情况可用图 5.11 来说明，其中图 5.11(a)是 4 个特殊算子对的中值曲线图，它给出了在[0, 1]×[0, 1]空间中算子的值等于 0.5 时的分布情况：

$h=0$：　　　$\mathbf{T_0}$　　$x \in [0.5, 1]$时，$y=1$；$x=1$ 时，$y \in [0.5, 1]$

　　　　　　　$\mathbf{S_0}$　　$x \in (0, 0.5)$时，$y=0$；$x=0$ 时，$y \in [0, 0.5]$

$h=0.5$：　　$\mathbf{T_1}$　　$x \geqslant 0.5$ 时，$y=1.5-x$

　　　　　　　$\mathbf{S_1}$　　$x \leqslant 0.5$ 时，$y=0.5-x$

h=0.75：　$\mathbf{T_2}$　$x{\geqslant}0.5$ 时，$y=0.5/x$

　　　　　$\mathbf{S_2}$　$x{\leqslant}0.5$ 时，$y=(0.5-x)/(1-x)$

h=1：　　$\mathbf{T_3}$　$x{\in}(0.5,1)$时，$y=0.5$；$x=0.5$，$y{\in}[0.5, 1]$

　　　　　$\mathbf{S_3}$　$x{\in}[0, 0.5]$时，$y=0.5$；$x=0.5$ 时，$y{\in}[0, 0.5]$

图 5.11(b)是算子在主对角面上的函数值分布图，它给出了在[0, 1]×[0, 1]空间中算子在 $x=y$ 时的函数值分布情况。

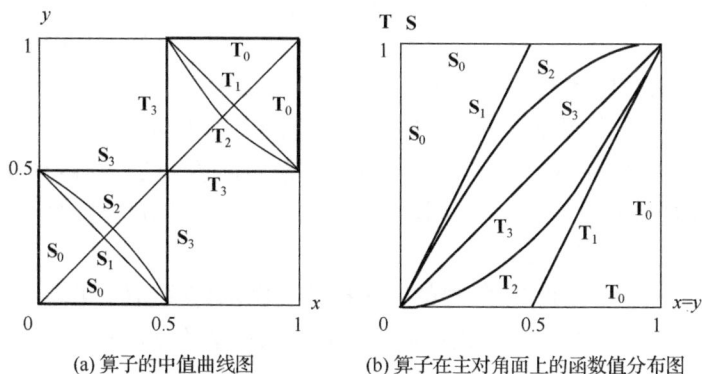

(a) 算子的中值曲线图　　　　　(b) 算子在主对角面上的函数值分布图

图 5.11　4 个算子对在[0,1]×[0,1]空间中的分布图

如果把图 5.11(a)中或算子 $\mathbf{S_2}$ 的中值变化曲线 $x{\leqslant}0.5$ 时，$y=(0.5-x)/(1-x)$用 $y=y'/2$，$x=x'/2$ 代入，可得 $x'{\leqslant}1$ 时，$y'=(1-x')/(1-x'/2)$。

就会发现，它与 Sugeno 算子簇[图 5.3(a)]中 $\lambda=-1/2$ 时的非算子 $\mathbf{N_{1.5}}$ 的变化曲线图相同。

可见两个相关系数的差别表现在：以 Sugeno 算子的变化曲线图[图 5.3(a)]为背景看，它们在平面中 $k, h=0.75$ 时的位置不同，一个对应 $\lambda=-8/9(\mathbf{N_2})$，一个对应 $\lambda=-1/2(\mathbf{S_2})$，也就是说它们在算子簇中控制算子变化的速度不同。

这三个例子仅讨论了 $k, h{\in}[0, 1]$中几个特殊点的情况，从例 5.2.1 和例 5.2.2 中已经可以看出，在一级不确定性问题中，柔性集合的补运算和柔性逻辑的非运算也都不是单一的公式。从例 5.2.3 中可以进一步看出，柔性集合的交、并运算和柔性逻辑的与、或运算都不是单一的公式。而且不难想象：

1) 在零级不确定性问题中，柔性测度没有误差，柔性非运算是单一的公式 $N(x)=1-x$。由于存在广义相关性，柔性与、或运算不是单一的公式 $T(x, y)=\min(x, y)$，$S(x, y)=\max(x, y)$，而是一组受广义相关系数 h 控制的、可连续变化的公式簇。

2) 在一级不确定性问题中，柔性测度有误差，由于存在广义自相关性，柔性非运算是一组受广义自相关系数 k 控制的、可连续变化的公式簇。柔性与、或运算是一组受广义自相关系数 k 和广义相关系数 h 共同控制的、由可连续变化的公式簇形成的可连续变化的公式簇，简称为超簇(supercluster)。

3) 我们称这种可在最大算子和最小算子之间连续变化的完整的运算公式簇表示的运算为柔性运算，它可以精确地描述命题之间关系的不确定性。在广义非运算公式簇中给定一个具体的系数 k 值，就给定了一个具体的运算公式(算子)，在与/或等广义运算公式超簇中给定一个具体的系数 k 值，就给定了一个具体的运算公式簇，再给定一个具体的系数 h 值，就给定了一个具体的运算公式(算子)，反之亦然。

由此不难设想，柔性测度的与、或运算可能是在最大算子和最小算子之间连续分布的算子簇，其中 h 是算子的位置标志参数，算子在算子簇中的排列是单调的，且 T_3 和 S_3、T_2 和 S_2、T_1 和 S_1，以及 T_0 和 S_0 都有对偶关系。

与算子的变化范围是从 T_3 到 T_0 的三维空间，称为与算子的存在域。或算子的变化范围是从 S_3 到 S_0 的三维空间，称为或算子的存在域。从 T_3 到 T_0 的空间体积是 T_3 算子的体积，等于 $1/3$。同样 T_2 算子的体积等于 $1/4$，T_1 算子的体积等于 $1/6$，T_0 算子的体积等于 0。

于是我们猜想：柔性算子对*的广义相关系数 h，在数值上可能与它的与算子 $\otimes_*$ 的体积线性相关。后面将给出我们的研究结论：零级与算子 $\otimes_*$ 的广义相关系数 h 的物理意义是与算子 $\otimes_*$ 的体积和最大与算子 $\otimes_z$ 的体积之比。

$$h=\int_I\int_I(x\otimes_* y)\mathrm{d}x\mathrm{d}y/\int_I\int_I(x\otimes_z y)\mathrm{d}x\mathrm{d}y=3\int_I\int_I(x\otimes_* y)\mathrm{d}x\mathrm{d}y, \quad I=[0,1]$$

例 5.2.4　商场的丰富度。

定义商场的货物丰富度为 $f=n/N$，其中 n 是商场的货物种数，N 是市场上所有货物的总种数。今有一个市场 E，其所有货物的总种数 $|E|=N$，其中有 X、Y 两个商场，它们的货物种数分别是 $|X|=n(X)$，$|Y|=n(Y)$，其货物丰富度分别是 $f(X)=n(X)/N=x$，$f(Y)=n(Y)/N=y$，问两家相同货物的丰富度 $f(X\cap Y)=T(x,y)=?$ 两家合并后的货物丰富度 $f(X\cup Y)=S(x,y)=?$ 答案显然要考虑 X、Y 间的广义相关性。如一家是从另一家进货，则 $h=1$，服从 Zadeh 算子 T_3 和 S_3；如两家完全独立进货，则 $h=0.75$，服从概率算子 T_2 和 S_2；如两家是近邻，关系很好，尽量不进相同的货，则 $h=0.5$，服从有界算子 T_1 和 S_1。

例 5.2.5　生存竞争问题。

设有一个有限资源环境 E，它养活着 X、Y 两种互相竞争的生物，我们可以用负载系数 q 来描述环境 E 中生物的相对饱和度。定义单种生物在正常生活情况下的负载系数为 $q=in/|E|$，其中 n 是某种生物的数量，i 是单位数量生物在正常生活情况下的资源需求，$|E|$ 是环境 E 中的资源总数。已知环境 E 单独养活 X、Y 两种生物时的负载系数分别是 $q(X)=i_X n(X)/|E|=x$，$q(Y)=i_Y n(Y)/|E|=y$，求 E 同时养活 X、Y 两种生物时的负载系数 $q(X\cup Y)=S(x,y)=?$ 当环境 E 的资源不够时，需要从环境外部紧急支援的负载系数 $q(X\cap Y)=T(x,y)=?$ 显然这些答案与 $x+y$ 的多少和相克相

关性有关：

当 $x+y\leqslant 1$ 时，E 中的资源足够养活 X、Y 两种生物，它们之间不会发生争夺资源的冲突和相互抑制作用，也不需要外部紧急支援，$T(x, y)=0$。但它们是天生的竞争对手，相互之间有戒备心，由于竞争对手的存在，为了应付将来可能发生的资源短缺，生物都养成了储备物资的习惯，使单位数量生物的资源需求 i' 大于正常情况下的 i，因而有 $S(x, y)\geqslant x+y$。

当 $x+y>1$ 时，E 的负载饱和，$S(x, y)=1$，且需要从环境外部紧急支援，$T(x, y)\geqslant 0$。但由于 X、Y 之间发生了争夺资源的冲突，产生相互抑制的作用，它可能表现为生物数量的减少或单位数量生物资源需求的下降，$i'n'\leqslant in$，因而有 $T(x, y)\leqslant x+y-1$。

X、Y 之间相互抑制能力的大小对上述结果的具体值有很大影响：当双方只有戒备之心，而无杀伤之力时，$h=0.5$，它们服从有界算子 T_1 和 S_1；当双方是死敌，不消灭对方决不罢手时，$h=0$，它们服从突变算子 T_0 和 S_0。即只有一方完全不存在，没有竞争对手时，才会停止储备物资行动；只有一方完全控制了环境，对方没有还手之力时，才会停止抑制和杀伤行动。当 $h\in(0, 0.25)$ 时，结果介于上述两个极端情况之间。

例 5.2.6 发病率问题。

设有一个大的单位 E，其中共有人员总数 M，现进行某疾病 X 的普查，发现有 m 个病人，则该单位 X 疾病的发病率是 $s(X)=m/M=x$，问无病率 $s(\neg X)=N(x)=?$ 这个问题显然与普查数据的准确性或信任度有关：如果 n 是绝对准确的，则 $N(x)=(M-m)/M=1-x$，是一个零级不确定性问题；如果普查手段不完善，存在一定的偏差，所得发病率 x 仅是一个不太准确的近似值，则无病率 $N(x)$ 的值不应该是 $1-x$。如果能够通过已知的发病率 x 来估算 $N(x)$ 的值，这就是一个一级不确定性问题。当我们用系数 k 来描述这种约束时，就有如下情况发生：

$k=0$ 时是最保险估计，只有 $x=0$ 时，才有 $N(x)=1$，否则 $N(x)=0$，$N(x)=\mathbf{N_0}$。即人们对 X 疾病极端恐惧，认为它的传染性极强，且绝对怀疑仪器漏诊，只要本单位有一人发病，就认为每个人都可能有病；只有在本单位确实找不到一个人发病时，才相信每个人都无病。在这里真阈元即事实上的逻辑真/假分界线是 0，只有 0 是假，所有大于 0 的值都偏真，其非命题自然为 0。

$k=0.5$ 时是精确估计 $N(x)=\mathbf{N_1}=1-x$，即绝对相信仪器的诊断结果，阈元是 0.5。

$k=1$ 时是最冒险估计，只有 $x=1$ 时，才有 $N(x)=0$，否则 $N(x)=1$，$N(x)=\mathbf{N_1}$。即人们十分坚信自己不会患 X 疾病，且绝对怀疑仪器误诊，只要本单位有一人无病，就认为都无病；只有在本单位确实找不到一个人无病时，才相信都患病。在这里真阈元是 1，只有 1 是真，所有小于 1 的值都偏假，其非命题自然为 1。

在其他非极端情况下，结果介于它们之间。广义 Sugeno 算子簇可以用于这类问题。

5.3 柔性逻辑的数学基础理论

5.2 节讨论的都是一些经验之谈,有没有严格的数学理论把它们抽象为系统的泛逻辑理论? 我们通过广泛的寻找，发现有两种数学理论特别适合研究泛逻辑。一个是测度论，一个是三角范数理论。下面简单介绍这两个数学理论中，与泛逻辑研究密切相关的理论知识。

5.3.1 测度论与命题柔性及关系柔性

1. 测度论简介

测度论(measure theory)是法国著名数学家亨利·勒贝格(Henri Lebesgue)创立的。他在 1902 年的博士论文中创立了测度和积分理论，对 20 世纪的数学领域做出了重大贡献，后人称为勒贝格测度和积分理论。德国数学家卡拉西奥多里(Carathéodory)对测度论进行了公理化研究，提出了勒贝格可测集判定准则及测度的延拓定理，并将其推广到布尔代数，成为抽象测度论的有力工具和现代各种测度论的基础。测度论是研究一般集合上的测度和积分的理论，它是勒贝格测度和勒贝格积分理论的进一步抽象和发展，称为抽象测度论或抽象积分论，是现代分析数学的重要工具之一。测度理论是实变函数论的基础。通俗地讲所谓测度，就是测量几何区域的尺度。如直线上一个闭区间的测度就是它的长度；平面上一个闭区间的测度就是它的面积等。在泛逻辑中，可利用测度理论来研究命题柔性及关系柔性。

如前所述，定义在个体域 U 上的模糊谓词 $p(u)$ 是一个真值函数，它的个体变元 $u \in U$, $p(u)$ 的真值域是[0, 1]。给定一个元素 $u \in U$，就可得到一个模糊命题 $p(u)$，它有确定的真值 $x \in [0, 1]$。通常认为 x 为 u 点在模糊集合中的隶属度。那么隶属度 x 的值又根据什么决定呢? 不能仅仅依靠经验估计或者数据统计，严格的数学方法是依靠测度理论。

2. 柔性测度之间的广义相关性

柔性测度是可以通过经典集合来定义的[105]。

(1) 柔性测度的经典集合定义

设 E 是一个非空的决定隶属度大小的因素空间，$\rho(E)$ 是 E 上所有分明子集的集合，柔性测度为一映射 $m: \rho(E) \to [0, 1]$，它满足:

1) 有界性: $m(\varnothing)=0, m(E)=1$;

2) 单调性: 对任意 $X, Y \in \rho(E)$，若 $X \subset Y$，则 $m(X) \leqslant m(Y)$;

3) 连续性：若 $X_n \uparrow X = \cup X_n$ 或 $X_n \downarrow X = \cap X_n$，则

$$\lim_{n \to \infty} m(X_n) = m(X) = m(\lim_{n \to \infty} X_n)$$

有界性保证任何柔性测度都是[0, 1]闭区间的数，单调性保证一个集合的柔性测度不小于它的任何子集的柔性测度，连续性保证在 E 是无限集合的情况下，从集合 X 的内部或外部向 X 无限逼近时，两种方法计算的结果是相同的。E 是有限集合时，连续性自动满足。如 E 是有限集合，$|X|/|E|$ 是一种最常见的柔性测度，例 5.2.3 中的面积 $s(X)=x$ 就是一种柔性测度。

(2) 柔性测度与/或运算的不确定性

为了讨论的方便，并与常用的 Zadeh 算子组($\sim$，$\wedge$，$\vee$)相区别，我们定义柔性测度的逻辑运算为：$\sim_k m(X)=m(\neg X)$，$m(X) \vee_h m(Y)=m(X \cup Y)$，$m(X) \wedge_h m(Y)=m(X \cap Y)$。

由经典集合的性质可知：$X \subset X \cup Y$ 且 $Y \subset X \cup Y$; $X \cap Y \subset X$ 且 $X \cap Y \subset Y$。

利用有界性和单调性不难证明：

$$\max(m(X), m(Y)) \leqslant m(X) \vee_h m(Y) \leqslant 1$$

$$\min(m(X), m(Y)) \geqslant m(X) \wedge_h m(Y) \geqslant 0$$

上述柔性测度的逻辑性质从理论上进一步证实，一般来讲柔性测度的与、或运算本身都具有不唯一性，使用固定的 Zadeh 算子是片面的，它不能全面反映柔性测度的逻辑性质，即不能全面反映隶属度的逻辑运算规律，这是我们提出广义相关性的理论依据。

3. 在二值逻辑中广义相关性的作用消失

二值逻辑中的特征函数是柔性测度的特例，它只有 $m(\varnothing)=0$, $m(E)=1$ 两个状态，这使得逻辑运算的不确定性消失。这表明，一般来说逻辑运算本身都具有不确定性，只是在二值逻辑中，因为只有 0、1 两个真值，这种不确定的逻辑关系退化为一种确定的逻辑算子。例如，前面介绍的模糊逻辑、概率逻辑、有界逻辑和突变逻辑，在 $x, y \in [0, 1]$ 时，它们都退化为刚性逻辑，广义相关性消失得无影无踪。

4. 不可加柔性测度的广义自相关性

(1) 不可加柔性测度的定义

设 $m(X)$ 是 E 上的柔性测度，如果对任意子集 $X, Y \in E$，$X \cap Y = \varnothing$，有

$$m(X \cup Y)=m(X)+m(Y)$$

则 $m(X)$ 叫**可加柔性测度**，否则 $m(X)$ 叫**不可加柔性测度**。

在可加柔性测度中，$m(X \cup \neg X)=m(E)=m(X)+m(\neg X)=1$，即

$$m(\neg X)=1-m(X)$$

是一个固定不变的柔性算子。

(2) 不可加柔性测度非运算的不确定性

在不可加柔性测度中 $m(\neg X)=1-m(X)$ 不再成立，广义自相关性对柔性非运算的影响显现出来。

例如存在一种特殊的 Sugeno 不可加柔性测度 $g_\lambda(X)$ [105]。

$g_\lambda(\lambda>-1): \rho(E)\rightarrow[0, 1]$ 满足条件：

1) $g_\lambda(E)=1$；

2) 对任意 $X, Y\in\rho(E)$，当 $X\cap Y=\varnothing$ 时，$g_\lambda(X\cup Y)=g_\lambda(X)+g_\lambda(Y)+\lambda g_\lambda(X)g_\lambda(Y)$。

由于集合中 $X\cap\neg X=\varnothing$ ，显然有

$$g_\lambda(X\cup\neg X)=g_\lambda(E)=1=g_\lambda(X)+g_\lambda(\neg X)+\lambda g_\lambda(X)g_\lambda(\neg X)$$

$$g_\lambda(\neg X)=(1-g_\lambda(X))/(1+\lambda g_\lambda(X))$$

即有些柔性测度的非运算是 Sugeno 算子簇，它随 λ 的改变而连续地改变。当 $\lambda=0$ 时，$g_\lambda(\neg X)=1-g_\lambda(X)$ 是可加柔性测度。

可见不可加柔性测度的非运算是不确定的，它从理论上进一步证实，某些柔性测度的非运算也具有不唯一性，仅仅使用固定的 $N(x)=1-x$ 算子是片面的，它不能全面反映各种柔性测度的逻辑运算规律. 这是我们提出广义自相关性的理论依据。

(3) 在二值逻辑中广义自相关性的作用消失

同样，在二值逻辑中只有 0, 1 两个值，使得非运算的不确定性消失，退化为一个确定的逻辑算子 **N₁**。

5.3.2　三角范数理论与命题柔性及关系柔性

概率度量空间(probabilistic metric space，PM-空间)亦称门格尔概率度量空间，它是度量空间的一种重要推广，是指度量空间把两点间距离用一个统计量描述的一种空间。通常的度量取值于非负实数集，而概率度量取值于分布函数集。自 1942 年美国数学家门格尔(Menger)提出 PM-空间以来，此研究一直进展缓慢，直到 20 世纪 60 年代，Schwweizer、Sklar 等研究了其拓扑结构，才使得这一理论有了较快的发展，但目前仍有大量的问题有待研究。

1. 三角范数理论概述

三角范数(triangular norm，又称三角模，简称模)是一种能生成经典三角不等式的函数[124]，文献[125]为了使三角范数概念进一步明确化，重新定义了三角范数，一直沿用至今。1965 年模糊数学出现后，为了克服 Zadeh 算子的局限性，人们设计了许多柔性算子，它们都满足三角范数定义，这促进了三角范数研究的发展。

三角范数理论研究的主要内容是各类算子中不同运算模型应该共同满足的抽象定义、一般性质和生成方法，常用的是单位连续值域[0, 1]。今天三角范数理论已被柔性逻辑、多值逻辑、概率理论、向量积和人工智能等广泛接受，成为它们不可或缺的数学工具。

三角范数理论是研究泛逻辑运算模型的重要数学工具，书中讨论的 T 范数(t-norm)、S 范数(s-norm，又称为 T 余范数 t-conorm)、I 范数(i-norm)、Q 范数(q-norm)、R 范数(r-norm)、M 范数(m-norm)、C 范数(c-norm)和 N 范数(n-norm)就是泛逻辑学中的泛与算子、泛或算子、泛蕴含算子、泛等价算子、泛串行推理算子、泛平均算子、泛组合算子和泛非算子的数学原型。要研究各种泛逻辑运算模型的定义、性质和构造，不得不涉及三角范数。所以在介绍自己的研究成果之前，先系统回顾一下前人在三角范数理论中有关的研究概况是很必要的。

2. 三大柔性算子及其关系

(1) 柔性与算子和柔性或算子

研究最多最完善的是 t-norm 和 s-norm，也就是柔性与算子和柔性或算子。它们提出最早，研究也最充分，对它们的定义、性质和模型构造都已经解决，主要有：

1) 文献[126]提出了半群的表示定理，把二元函数的构造问题转化为一元函数的构造，为三角范数的构造提供了极大的方便。文献[127]进一步指出线性相关的生成函数只能生成同一个三角范数，这个结论同样适用于非算子。该文献还讨论了对偶三角范数的生成函数之间的关系，给出了 Zadeh 算子的几个等价的定理。事实上还可以给出更多的关于 Zadeh 算子的等价定理，并可把这个结论推广到其他三角范数。文献[128]给出了 t-norm 的几个生成定理，它实际上是表示定理的特殊情况。同样也可以给出 s-norm 的若干生成定理。文献[129]亦研究了用生成元生成新型 t-norm 的方法。

2) 文献[130]在柔性非负实数的一元映射的基础上，定义了一个二元映射，它满足 t-norm 的定义，实际上是提出了一种 t-norm 的构造方法。这种方法用于构造 s-norm 更理想，因为它不需要像构造 t-norm 那样先构造一个单位元。文献[131]研究了用阿基米德型三角范数定义的命题连接词算子的生成元问题。

3) 文献[132]对非线性有界算子的性质进行了详细的研究，文献[133]在相重概念的基础上，从推广补、交入手，把有界算子推广，提出了 p 阶补、p 阶交、p 阶不相重和 p 阶直和等概念，并讨论了它们的性质。有界算子的非线性扩张使我们得到了一簇有良好性质的算子，事实上许多算子都可以进行非线性扩张。另外 p 不仅仅是一个参数，它还有一定的物理意义[132, 134]。

4) 文献[135]～[137]分别利用已知的与算子和或算子在[0,1]上定义了 7 种相应的伪逆算子，讨论了它们的性质。利用这些伪逆算子可以生成新的与算子和或算子。

5) 文献[138]系统研究了 25 种与算子和或算子，给出了它们的生成函数和图像表示。文献[139]提出了一个新的 t-norm 簇，文献[140]、[141]研究了连续三角范数和广义 t-norm。

(2) 柔性非算子及德摩根定律

关于 N 范数及德摩根定律也是人们十分关注的问题。

1) 文献[142]首先给出了柔性非算子的形式定义，它具有与三角范数类似的表示形式，称为 N 范数(n-norm)，文献[127]、[138]、[143]都讨论了 N 范数，文献[144]讨论了柔性逻辑中否定与反义的差异。

2) 文献[145]讨论了与、或算子应该满足的条件和表现形式及非、与、或算子之间的关系，借助非算子可以由一种生成函数生成另一种生成函数，导出了满足德摩根定律的柔性算子的充要条件，分析了 Yager 算子及其生成函数，使德摩根定律有了更一般的含义。

3) 文献[143]、[146]证明了利用德摩根定律可通过 n-norm 由 t-norm 生成 s-norm，反之亦然。文献[147]认为事实上德摩根定律是目前已知的确定对偶运算的最合理的方法。文献[148]研究了带阈值的 n-norm 和相应的 t-norm 与 s-norm 的对偶关系。

3. 其他柔性算子

(1) 柔性蕴含算子、柔性推理算子和柔性等价算子

文献[149]讨论了几个具体的蕴含算子(i-norm)，并实验研究了它们的性质。文献[150]指出不仅 Lukasiewicz 蕴含在满足蕴含公理的同时满足同一律，而且通过选取适当的非算子，可以构造一类这样的蕴含算子，从而使强蕴含算子同样与二值逻辑兼容。文献[143]通过定义三种算子把常见的蕴含算子全部包括进来，并讨论了部分蕴含算子的表示。文献[151]提出了蕴含算子应满足的若干条件，研究了典型蕴含算子的性质，并将蕴含算子用于柔性推理。文献[152]讨论了三段论推理应满足的若干性质，研究了常用串行推理算子对事实可信度变化的敏感性。文献[153]~[156]认为柔性蕴含算子和柔性推理算子是互逆的，并在 R 蕴含的基础上定义了广义蕴含算子，给出了广义蕴含算子退化为一般蕴含算子的条件。文献[157]进一步指出有两种方法定义柔性蕴含，用 S 蕴含和 s-norm 也可以定义广义蕴含算子，且 Hamacher 算子可使 R 蕴含和 S 蕴含统一。文献[158]把蕴含定义为条件概率测度，把推理计算转化为条件概率计算。文献[159]把蕴含定义为广义包含度。文献[160]提出了一种用三个蕴含算子来解释推理规则的方法。文献[161]研究了柔性分离规则中对蕴含算子的全局性要求。

对柔性等价算子(q-norm)的研究一般都结合蕴含算子进行，不同的蕴含有不

同的等价，未见有专门的等价算子研究。

(2) 柔性平均算子

文献[162]最早从数值计算的角度提出了平均算子的概念，证明了 Zadeh 算子是唯一能满足交换律和结合律的平均算子。文献[163]最早建议研究柔性补偿算子，它指的补偿算子是与、或算子的加权几何平均和加权算术平均。文献[164]给出了补偿算子的一般形式。文献[165]认为评价算子就是平均算子。文献[166]利用 t-norm 构造了补偿算子。文献[138]提出了一种更加宽泛的平均算子定义，还讨论了补偿算子的性质和构造，给出了它们的生成函数和图像表示。文献[167]指出最常见的两种平均算子是与、或算子的加权几何平均和加权算术平均，还给出了补偿算子的 γ 模型，研究了 γ 模型的若干性质。文献[168]给出了平均算子、t-norm、s-norm 和非算子的关系，指出任何平均算子都同构于单位区间上自守函数的算术平均。文献[169]研究了柔性算术平均的性质。

(3) 柔性组合算子

对组合运算(c-norm)的研究始见于一些著名的不确定性推理模型，如可能性理论、证据理论、可信度理论、主观贝叶斯方法等，但它们都是针对实际应用的需要凭经验提出的，缺乏理论上的支持，有局限性。1985 年 Hajek 指出并行组合公理在(-1, 1)区间上构成有序 Abelian 群。文献[170]利用似然比通过生成函数定义了并行组合运算模型，但仍缺乏全面深入的形式化研究。文献[171]出于对文献[172]挑战的反应，提出了类似于并行组合运算的一致范数(uninorm)，给出了它的形式化表示和满足一些性质的生成函数。

5.3.3　三角范数与柔性命题连接词

50 多年来，三角范数理论中关于柔性算子的研究已有很大发展，但相对于建立完善的柔性逻辑命题连接词的需要来说，目前仍存在如下一些不足。

1) 一般都是从数学上孤立研究各种柔性算子，没有把三角范数理论与一个逻辑学理论体系紧密结合来进行全面系统地研究。虽然早已有人发现了各种柔性算子的连续可变性，但没有人深入研究它的逻辑意义和物理意义，因而无法发现广泛存在于自然界的关系柔性，并利用其中的广义相关性和广义自相关性来理解各种逻辑运算模型的连续可变性。这使得三角范数的已有研究成果难以融入到逻辑学的理论框架之中，导致柔性算子的研究长期停留在数学层面上，无法直接推动柔性逻辑的发展。

2) 研究最多的是 n-norm、t-norm 和 s-norm，尽管人们已经完全掌握了它们的定义、性质和构造方法，但仍然不能把它们和对立不充分世界的逻辑规律紧密联系起来，无法理解和解释它们表现形式的多样性和连续可变性，因而也就没有根据和勇气用它们取代 Zadeh 算子组在柔性逻辑中的地位，这也制约了其他柔性逻辑算子的研究。

3) 逻辑学离不开蕴含算子(i-norm)、串行推理算子(r-norm)和等价算子(q-norm)，但研究分歧最大的是蕴含算子。不同系统、不同作者都从某种应用需要出发，定义自己的蕴含算子，带有很大的局限性和随意性。多数人认为，蕴含算子和串行推理算子是互逆的，所以串行推理算子的情况和蕴含算子大致相同。由于等价算子是由蕴含算子和与算子合成的，所以它的情况也与蕴含算子和与算子类似。

4) 现有的各种逻辑学都没有把平均算子(m-norm)作为一种逻辑学算子来认识，但三角范数理论中对 m-norm 的研究近来进展较大，已经有了统一的公理集和生成函数，但对其连续可变性及其物理意义研究不多。

5) 除了一些实用的不确定性推理模型外，现有的各种逻辑学也没有把组合算子(c-norm)作为一种逻辑学算子来认识，且三角范数理论中对 c-norm 的研究很不充分，基本上还停留在定性研究的水平上。

我们在研究中发现，三角范数理论的最大特点是它的柔性，你希望它是什么样，它就有可能成为什么样，就象儿童手掌中的橡皮泥一样。这是它的优点，也是它的缺点。所以虽然三角范数理论是研究柔性算子的重要数学工具，但它不能代替柔性逻辑学自身的研究，相反三角范数理论需要柔性逻辑根据对立不充分的柔性世界的逻辑规律，提出对逻辑算子的恰当要求，以正确地约束三角范数[119, 120, 173-175]。

我们的切身体会是，只有把三角范数理论和逻辑学密切结合起来进行研究，才能得到理想的结果。我们发现的关系柔性，以及其中的广义相关性和广义自相关性，就是对立不充分的柔性世界逻辑规律的体现，用它来恰当地约束三角范数，就得到了本书的各种泛逻辑运算模型。

5.4　命题泛逻辑运算模型的公理和基模型

5.4.1　泛逻辑运算模型公理

1. 泛非运算公理

设 $N(x, k)$ 是 $[0, 1] \to [0, 1]$ 的一元含参运算，如满足以下公理就是泛非运算。

边界条件 N1　$N(0, k)=1$，$N(1, k)=0$。

单调性 N2　$N(x, k)$ 单调减，iff $\forall x, y \in [0, 1]$，若 $x<y$，则 $N(x, k) \geqslant N(y, k)$。

严格单调性 N2′　$N(x, k)$ 严格单调减，iff $\forall x, y \in [0, 1]$，若 $x<y$，则 $N(x, k)>N(y, k)$。

连续性 N3　$N(x, k)$ 连续，iff $\forall x \in (0, 1)$，$N(x^-, k)=N(x, k)=N(x^+, k)$，$x^-$、$x^+$ 是 x 的左右邻元。

逆等性 N4 $N(x, k)$有逆等性, iff $\forall x \in [0, 1]$, $N(x, k) = N^{-1}(x, k)$, $N^{-1}(x, k)$是$N(x, k)$的逆。

2. 泛与运算公理

设$T(x, y, h, k)$是$[0, 1]^2 \to [0, 1]$的二元含参运算，如满足以下公理就是泛与运算。

边界条件 T1 $T(0, y, h, k)=0$, $T(1, y, h, k)=y$。
单调性 T2 $T(x, y, h, k)$关于x、y单调增。
连续性 T3 $T(x, y, h, k)$关于x、y连续。
结合律 T4 $T(T(x, y, h, k), z, h, k)=T(x, T(y, z, h, k), h, k)$。
交换律 T5 $T(x, y, h, k)=T(y, x, h, k)$。

3. 泛或运算公理

设$S(x, y, h, k)$是$[0, 1]^2 \to [0, 1]$的二元含参运算，如满足以下公理就是泛或运算。

边界条件 S1 $S(1, y, h, k)=1$, $S(0, y, h, k)=y$。
单调性 S2 $S(x, y, h, k)$关于x、y单调增。
连续性 S3 $S(x, y, h, k)$关于x、y连续。
结合律 S4 $S(S(x, y, h, k), z, h, k)=S(x, S(y, z, h, k), h, k)$。
交换律 S5 $S(x, y, h, k)=S(y, x, h, k)$。

4. 泛蕴含运算公理

设$I(x, y, h, k)$是$[0, 1]^2 \to [0, 1]$的二元含参运算，如满足以下公理就是泛蕴含运算。

边界条件 I1 $I(0, y, h, k)=1$, $I(1, y, h, k)=y$, $I(x, 1, h, k)=1$。
单调性 I2 $I(x, y, h, k)$关于y单调增,关于x单调减。
连续性 I3 $h, k \in (0, 1)$时，$I(x, y, h, k)$关于x、y连续。
保序性 I4 $I(x, y, h, k)=1$, iff $x \leqslant y$(除$h=0$和$k=1$外)。
推演性 I5 $T(x, I(x, y, h, k), h, k) \leqslant y$(假言推论)。

5. 泛等价运算公理

设$Q(x, y, h, k)$是$[0, 1]^2 \to [0, 1]$的二元含参运算，如满足以下公理就是泛等价运算。

边界条件 Q1 $Q(1, y, h, k)=y$, $Q(x, 1, h, k)=x$。
单调性 Q2 $Q(x, y, h, k)$关于$|x-y|$单调减。
连续性 Q3 $h, k \in (0, 1)$时，$Q(x, y, h, k)$关于x、y连续。
交换律 Q4 $Q(x, y, h, k)=Q(y, x, h, k)$。
保值性 Q5 $Q(x, y, h, k)=1$, iff $x=y$(除$h=0$和$k=1$外)。

6. 泛平均运算公理

设 $M(x, y, h, k)$ 是 $[0, 1]^2 \to [0, 1]$ 的二元含参运算，如满足以下公理就是泛平均运算。

边界条件 M1　$\min(x, y) \leqslant M(x, y, h, k) \leqslant \max(x, y)$。

单调性 M2　$M(x, y, h, k)$ 关于 x、y 单调增。

连续性 M3　$h, k \in (0,1)$ 时，$M(x, y, h, k)$ 关于 x、y 连续。

交换律 M4　$M(x, y, h, k) = M(y, x, h, k)$。

幂等性 M5　$M(x, x, h, k) = x$。

7. 泛组合运算公理

设 $C^e(x, y, h, k)$ 是 $[0, 1]^2 \to [0, 1]$ 的二元含参运算，如满足以下公理就是泛组合运算。

边界条件 C1　当 $x, y < e$ 时，$C^e(x, y, h, k) \leqslant \min(x, y)$；当 $x, y > e$ 时，$C^e(x, y, h, k) \geqslant \max(x, y)$；当 $x + y = 2e$ 时；$C^e(x, y, h, k) = e$；否则，$\min(x, y) \leqslant C^e(x, y, h, k) \leqslant \max(x, y)$。

单调性 C2　$C^e(x, y, h, k)$ 关于 x、y 单调增。

连续性 C3　$h, k \in (0,1)$ 时，$C^e(x, y, h, k)$ 关于 x、y 连续。

交换律 C4　$C^e(x, y, h, k) = C^e(y, x, h, k)$。

幺元律 C5　$C^e(x, e, h, k) = x$。

5.4.2　泛逻辑运算的基模型

如果柔性测度 $m(*)$ 没有误差 $k = 0.5$，广义相关性是最大相斥状态 $h = 0.5$，则各种命题连接词运算模型完整簇 $N(0, k)$、$T(x, y, h, k)$、$S(x, y, h, k)$、$I(x, y, h, k)$、$Q(x, y, h, k)$、$M(x, y, h, k)$、$C^e(x, y, h, k)$ 满足以下中心算子(图 5.12)，在泛逻辑学中这些中心算子被定义为相应逻辑运算的**基模型**。

1) 泛非运算的基模型

$$N(x) = N(x, 0.5) = \mathbf{N_1} = 1 - x$$

2) 泛与运算的基模型

$$T(x, y) = T(x, y, 0.5, 0.5) = \mathbf{T_1} = \max(0, x + y - 1)$$

3) 泛或运算的基模型

$$S(x, y) = S(x, y, 0.5, 0.5) = \mathbf{S_1} = \min(1, x + y)$$

4) 泛蕴含运算的基模型

$$I(x, y) = I(x, y, 0.5, 0.5) = \max(z | y \geqslant T(x, z)) = \mathbf{I_1} = \min(1, 1 - x + y)$$

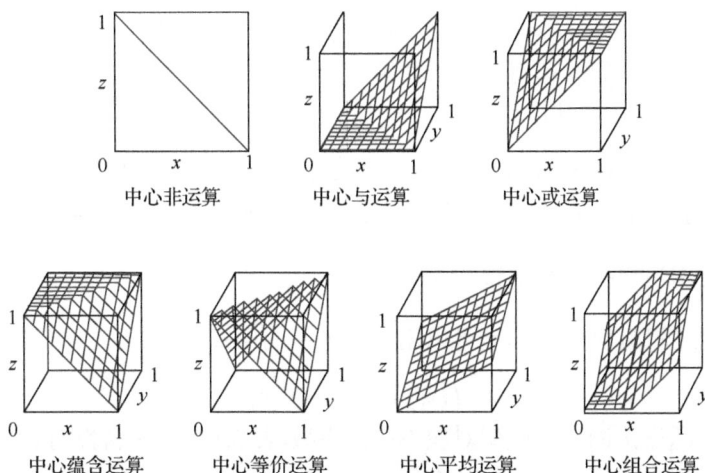

图 5.12　泛逻辑运算的基模型

因为根据逻辑规律 $p\wedge(p\rightarrow q)\Rightarrow q$，即满足 $T(x, I(x, y))\leqslant y$，所以定义 $p\rightarrow q$ 的真值 $I(x, y)=\max(z|y\geqslant T(x, z))$。设 $I(x, y)=z$，则 $T(x, z)=\max(0, x+z-1)=y'\leqslant y$，当 $x+z-1\geqslant 0$ 时，$y'=x+z-1$，$z=1-x+y'$；当 $x+z-1<0$ 时，$y'\geqslant x+z-1$，$z\leqslant 1-x+y'$。由于 $T(x, z)$ 关于 z 单调增；$y'\leqslant y$，又 $z\in[0, 1]$，所以有 $I(x, y)=\min(1, 1-x+y)$。

5) 泛等价运算的基模型

$$Q(x, y)=Q(x, y, 0.5, 0.5)=T(I(x, y),\quad I(y, x))=\mathbf{Q_1}=1-|x-y|$$

因为根据逻辑规律 $p\leftrightarrow q=(p\rightarrow q)\wedge(q\rightarrow p)$，所以定义 $p\leftrightarrow q$ 的真值 $Q(x, y)=T(I(x, y), I(y, x))$。而当 $x\geqslant y$ 时，$I(x, y)=1-x+y$，$I(y, x)=1$；当 $x<y$ 时，$I(x, y)=1$，$I(y, x)=1-y+x$，所以有 $Q(x, y)=1-|x-y|$。

在泛逻辑中还有两个必不可少的逻辑运算，其中一个是反映对同一个命题的两个不同真值 x、y 进行逻辑上的折中的平均运算 $p\circledP q$，要求结果 $M(x, y)$ 在 x、y 之间有幂等性。

根据我们对泛平均运算规律的研究，特定义中心平均运算为算术平均。

6) 泛平均运算的基模型

$$M(x, y)=M(x, y, 0.5, 0.5)=\mathbf{M_1}=(x+y)/2$$

另一个是反映对同一个命题的两个不同真值 x、y 进行逻辑上的综合的组合运算 $p\circledC^e q$，$e\in[0, 1]$ 是表示弃权的幺元，在无误差的情况下，要求综合决策的结果 $C^e(x, y)$ 应该满足：

当 $x, y<e$ 时，表示 x、y 都反对，$C^e(x, y)\leqslant\min(x, y)$；

当 $x, y>e$ 时，表示 x、y 都赞成，$C^e(x, y)\geqslant\max(x, y)$；

否则，表示一个赞成，一个反对，$C^e(x, y)$ 在 x、y 之间变化，其中当 $x+y<2e$

时，具有与的某些性质；当 $x+y>2e$ 时，具有或的某些性质；否则 $C^e(x,y)=e$。

根据我们对泛组合运算规律的研究，特定义泛组合运算的基模型。

7) 泛组合运算的基模型

$$C^e(x, y)=C^e(x, y, 0.5, 0.5)=\mathbf{C}^e_1=\Gamma[x+y-e], \quad e\in[0, 1]$$

其中，$\Gamma[*]$ 是 $[0, 1]$ 区间的限幅函数，$\Gamma[x+y-e]=\min(1, \max(0, x+y-e))$。

5.4.3　泛逻辑运算基模型的统一表达形式

上述泛逻辑运算的基模型可以用一个统一的形式表达为

$$L(x, y)=\Gamma[ax+by-e]$$

不同命题连接词的基模型对应不同的系数(表 5.1)，这一特性对将来设计和生产统一的泛逻辑运算门电路十分有用。

表 5.1　基模型的统一表达形式 $L(x, y)=\Gamma[ax+by-e]$

系数	$N(x)$	$T(x, y)$	$S(x, y)$	$I(x, y)$	$Q(x, y)$	$M(x, y)$	$C^e(x, y)$
a	−1	1	1	−1	1/−1	0.5	1
b	0	1	1	1	−1/1	0.5	1
e	−1	1	0	−1	−1/−1	0	$e\in[0, 1]$

对上述泛逻辑运算的基模型可以有多种不同角度的理解，从而形成了多种不同的表达形式。最常用的是基于 N 性生成元和 T 性生成元的非与表达，其次是基于 N 性生成元和 S 性生成元的非或表达。下面结合生成元完整簇进行介绍。

5.5　命题泛逻辑运算模型的生成元完整簇

5.5.1　零级生成元完整簇

如果柔性测度 $m(*)$ 没有误差，$k=0.5$，$N(x, 0.5)=1-x$，是零级不确定性问题。但命题之间的广义相关性不是中间状态的最大相斥，$h\neq0.5$，则所有二元泛逻辑运算都要偏离它的基模型，必须在基模型基础上用特殊的广义相关性修正函数完整簇 $\Psi(x, h)$ 来双向修正其影响。修正的基本思想如下。

设 $m(X)=x, m(Y)=y, m(Z)=z$ 是没有误差的柔性测度，$L(x, y, 0.5)$ 是某一命题连接词的基模型，则

$$\Psi(L(x, y, h), h)=L(\Psi(x, h), \Psi(y, h), 0.5)$$

$$L(x, y, h)=\Psi^{-1}(L(\Psi(x, h), \Psi(y, h), 0.5), h)$$

其中，$L(x, y, 0.5)$ 是 L 运算模型的基模型；$\Psi(x, h)$ 簇是泛逻辑中各种二元运算模型的零级生成元完整簇。

对 $\Psi(x, h)$ 簇的基本要求是：

1) $\Psi(x, h)$ 随 x 在 $(0, 1)$ 区间连续地严格单调地变化，随 h 连续地严格单调地变化；

2) 为保证二元运算的广义自封闭性，要求 $\Psi(x, h)$ 函数簇内的复合运算有自封闭性，即对 $\Psi(x, h)$ 簇中的任意函数 $\Psi(x, h_1)$ 和 $\Psi(x, h_2)$，其复合运算 $\Psi(\Psi(x, h_1), h_2)=\Psi(x, h_3)$ 仍在 $\Psi(x, h)$ 簇中；

3) 要求 $\Psi(x, h)$ 函数簇对逆运算有自封闭性，即对 $\Psi(x, h)$ 簇中的任意函数 $\Psi(x, h_1)$，其逆运算 $\Psi^{-1}(x, h_1)$ 仍在 $\Psi(x, h)$ 簇中。

二元运算零级生成元完整簇 $\Psi(x, h)$ 的确定方式不同，形成了对基模型物理意义的不同理解和表达。最常用的有两种：

1) 非与基表达模型。用中心与运算基模型 $\max(0, x+y-1)$ 确定 T 性生成元完整簇 $F_0(x, h)$，生成零级与运算模型，再利用中心非运算和零级与运算模型，直接定义其他零级二元运算模型；

2) 非或基表达模型。用中心或运算基模型 $\min(1, x+y)$ 确定 S 性生成元完整簇 $G_0(x, h)$，生成零级或运算模型，再利用中心非运算和零级或运算模型，直接定义其他零级二元运算模型。

两者的关系为

$$G_0(x, h)=N(x, F_0(N(x, 0.5), h)\ 0.5)=1-F_0(1-x, h)$$

生成元完整簇不同，基模型的表达形式也不同，但它们联合生成的零级泛逻辑运算模型是相同的。图5.2给出了典型情况下 $F_0(x, h)$ 和 $G_0(x, h)$ 的函数分布特征。应该指出，这只是生成元簇的典型形式，在满足特殊的线性相关条件下，它们有无限多种形式的变种。下面基于图5.13的典型情况，讨论零级生成元完整簇。

1. 零级 T 性生成元完整簇

对 T 性生成元完整簇 $F_0(x, h)$ 的特殊要求如下。

1) $F_0(1, h)=1$，且要求：当 $h<0.5$ 时是相克相关，$F_0(x, h)<x$ 是单调增函数，$F_0(0, h)=0$；当 $0.5<h<0.75$ 时是相斥相关，$1>F_0(x, h)>x$ 是单调增函数，$F_0(0, h)=0$；当 $h>0.75$ 时是相吸相关，$F_0(x, h)>1$ 是单调减函数，$F_0(0, h)\to\infty$。

2) 为了保证 $F_0(x, h)$ 的零级完整性，使泛与运算模型在其存在域内，从最大与算子经过概率与算子和中心与算子到最小与算子单调连续变化，要求：

当 $h=0.5$ 时，$F_0(x, h)=\mathbf{F_1}=x$，$\mathbf{F_1}^{-1}=x$，生成中心与算子 $T(x, y, 0.5)=\max(0, x+y-1)=\mathbf{T_1}$；

当 $h\to0.75$ 时，$F_0(x, h)\to\mathbf{F_2}=1-\ln x$，$\mathbf{F_2}^{-1}=\exp(1-x)$，生成概率与算子 $T(x, y, 0.75)=xy=\mathbf{T_2}$；

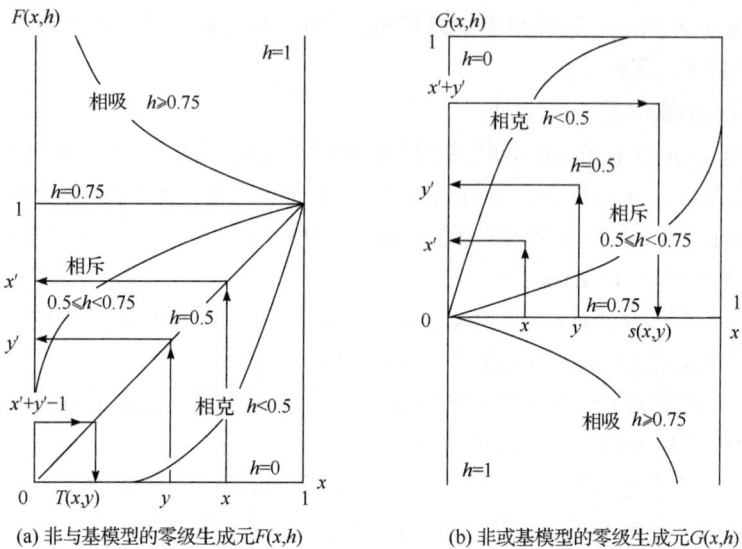

(a) 非与基模型的零级生成元$F(x,h)$ (b) 非或基模型的零级生成元$G(x,h)$

图 5.13 泛逻辑运算模型的零级生成元

当 $h \to 1$ 时，$F_0(x, h) \to \mathbf{F}_3 = \mathrm{ite}\{1|x=1; \to \infty\}$，$\mathbf{F}_3^{-1} = \mathrm{ite}\{0|x \to \infty; 1\}$，生成 Zadeh 与算子，即最大与算子 $T(x, y, 1) = \min(x, y) = \mathbf{T}_3$；

当 $h \to 0$ 时，$F_0(x, h) \to \mathbf{F}_0 = \mathrm{ite}\{1|x=1; 0\}$，$\mathbf{F}_0^{-1} = \mathrm{ite}\{0|x=0; 1\}$，生成跃变与算子，即最小与算子 $T(x, y, 0) = \mathbf{T}_0 = \mathrm{ite}\{x|y=1; y|x=1; 0\}$。

满足上述基本要求和特殊要求的 $F_0(x, h)$ 称为零级泛逻辑运算的 T 性生成元完整簇，它通过非与基模型生成的零级泛逻辑运算模型如下。

(1) 泛与运算模型

$$T(x, y, h) = F_0^{-1}(\max(F_0(0, h), F_0(x, h) + F_0(y, h) - 1), h)$$

它的四个特殊算子为

Zadeh 与	$T(x, y, 1) = \mathbf{T}_3 = \min(x, y)$	最大与
概率与	$T(x, y, 0.75) = \mathbf{T}_2 = xy$	
有界与	$T(x, y, 0.5) = \mathbf{T}_1 = \max(0, x+y-1)$	中心与
突变与	$T(x, y, 0) = \mathbf{T}_0 = \mathrm{ite}\{x|y=1; y|x=1; 0\}$	最小与

(2) 泛或运算模型

$$S(x, y, h) = N(T(N(x, 0.5), N(y, 0.5), h), 0.5) = 1 - F_0^{-1}(\max(F_0(0, h), F_0(1-x, h) + F_0(1-y, h) - 1), h)$$

它的四个特殊算子为

Zadeh 或	$S(x, y, 1) = \mathbf{S}_3 = \max(x, y)$	最小或
概率或	$S(x, y, 0.75) = \mathbf{S}_2 = x+y-xy$	
有界或	$S(x, y, 0.5) = \mathbf{S}_1 = \min(1, x+y)$	中心或

　　突变或　　　$S(x, y, 0)=\mathbf{S_0}=\text{ite}\{x|y=0;\ y|x=0;\ 1\}$　　　　最大或

（3）泛蕴含运算模型

　　$I(x, y, h)=\max(z|y\geqslant T(x, z, h))=F_0^{-1}(\min(1+F_0(0, h),\ 1-F_0(x, h)+F_0(y, h)), h)$

它的四个特殊算子为

　　　Zadeh 蕴含　　$I(x, y, 1)=\mathbf{I_3}=\text{ite}\{1|x\leqslant y;\ y\}$　　　　最小蕴含

　　　概率蕴含　　　$I(x, y, 0.75)=\mathbf{I_2}=\min(1, y/x)$

　　　有界蕴含　　　$I(x, y, 0.5)=\mathbf{I_1}=\min(1, 1+y-x)$　　　中心蕴含

　　　突变蕴含　　　$I(x, y, 0)=\mathbf{I_0}=\text{ite}\{y|x=1;\ 1\}$　　　　最大蕴含

（4）泛等价运算模型

　　$Q(x, y, h)=T(I(x, y, h), I(y, x, h), h)=F_0^{-1}(1\pm|F_0(x, h)-F_0(y, h)|, h)$，其中 $h>0.75$ 为 $+$，否则为 $-$。

　　它的四个特殊算子为

　　　Zadeh 等价　　$Q(x, y, 1)=\mathbf{Q_3}=\text{ite}\{1|x=y;\ \min(x, y)\}$　　最小等价

　　　概率等价　　　$Q(x, y, 0.75)=\mathbf{Q_2}=\min(x/y, y/x)$

　　　有界等价　　　$Q(x, y, 0.5)=\mathbf{Q_1}=1-|x-y|$　　　　　中心等价

　　　突变等价　　　$Q(x, y, 0)=\mathbf{Q_0}=\text{ite}\{x|y=1;\ y|x=1;\ 1\}$　　最大等价

（5）泛平均运算模型

　　$M(x, y, h)=N(F_0^{-1}(F_0(N(x, 0.5), h)/2+F_0(N(y, 0.5), h)/2, h), 0.5)$

它的四个特殊算子为

　　　Zadeh 平均　　$M(x, y, 1)=\mathbf{M_3}=\max(x, y)$　　　　　　最大平均

　　　概率平均　　　$M(x, y, 0.75)=\mathbf{M_2}=1-((1-x)(1-y))^{1/2}$

　　　有界平均　　　$M(x, y, 0.5)=\mathbf{M_1}=(x+y)/2$　　　　　中心平均

　　　突变平均　　　$M(x, y, 0)=\mathbf{M_0}=\min(x, y)$　　　　　　最小平均

（6）泛组合运算模型

　　$C^e(x, y, h)=\text{ite}\{\Gamma^e[F_0^{-1}(F_0(x, h)+F(y, h)-F_0(e, h), h))]|x+y<2e;$

$N(\Gamma^{1-e}[F_0^{-1}(F_0(N(x, 0.5), h)+F_0(N(y, 0.5), h)-F_0(N(e, 0.5), h), h)], 0.5)|x+y>2e;\ e\}$

它的四个特殊算子为

Zadeh 组合　　$C^e(x, y, 1)=\mathbf{C^e_3}=\text{ite}\{\min(x, y)|x+y<2e;\ \max(x, y)|x+y>2e;\ e\}$

概率组合　　　$C^e(x, y, 0.75)=\mathbf{C^e_2}=\text{ite}\{xy/e|x+y<2e;\ (x+y-xy-e)/(1-e)|x+y>2e;\ e\}$

有界组合　　　$C^e(x, y, 0.5)=\mathbf{C^e_1}=\Gamma[x+y-e]$

突变组合　　　$C^e(x, y, 0)=\mathbf{C^e_0}=\text{ite}\{0|x, y<e;\ 1|x, y>e;\ e\}$

2. 零级 S 性生成元完整簇

对 S 性生成元完整簇 $G_0(x, h)$ 的特殊要求如下。

1) $G_0(0, h)=0$，且要求：当 $h<0.5$ 时是相克相关，$G_0(x, h)>x$ 是单调增函数，$G_0(1, h)=1$；当 $0.5<h<0.75$ 时是相斥相关，$0<G_0(x, h)<x$ 是单调增函数，$G_0(1, h)=1$；当 $h>0.75$ 时是相吸相关，$G_0(x, h)>1$ 是单调减函数，$G_0(1, h)\to\infty$。

2) 为了保证 $G_0(x, h)$ 的零级完整性，使泛或运算模型在其存在域内，从最小或算子经过概率或算子和中心或算子到最大或算子单调连续变化，要求：

当 $h=0.5$ 时；$G_0(x, h)=\mathbf{G_1}=x$；$\mathbf{G_1}^{-1}=x$；生成中心或算子 $S(x, y, 0.5)=\min(1, x+y)=\mathbf{S_1}$；

当 $h\to0.75$ 时；$G_0(x, h)\to\mathbf{G_2}=\ln(1-x)$，$\mathbf{G_2}^{-1}=1-\exp(x)$ 生成概率或算子 $S(x, y, 0.75)=x+y-xy=\mathbf{S_2}$；

当 $h\to1$ 时，$G_0(x, h)\to\mathbf{G_3}=\text{ite}\{0|x=0;\ \to\infty\}$，$\mathbf{G_3}^{-1}=\text{ite}\{1|x\to\infty;\ 0\}$，生成 Zadeh 或算子，即最小或算子 $S(x, y, 1)=\max(x, y)=\mathbf{S_3}$；

当 $h\to0$ 时，$G_0(x, h)\to\mathbf{G_0}=\text{ite}\{0|x=0;\ 1\}$，$\mathbf{G_0}^{-1}=\text{ite}\{1|x=1;\ 0\}$，生成跃变或算子，即最大或算子 $S(x, y, 0)=\mathbf{S_0}=\text{ite}\{x|y=0;\ y|x=0;\ 1\}$。

满足上述基本要求和特殊要求的 $G_0(x, h)$ 称为零级泛逻辑运算的 S 性生成元完整簇。显然上述两个零级生成元完整簇有对偶关系

$$G_0(x, h)=1-F_0(1-x, h)$$

$G_0(x, h)$ 通过非或基模型生成的零级泛逻辑运算模型如下。

(1) 泛或运算模型

$$S(x, y, h)=G_0^{-1}(\min(G_0(1, h), G_0(x, h)+G_0(y, h)), h)$$

(2) 泛与运算模型

$$T(x, y, h)=N(S_0(N(x, 0.5), N(y, 0.5), h), 0.5)$$
$$=1-G_0^{-1}(\min(G_0(1, h), G_0(1-x, h)+G_0(1-y, h)), h)$$

(3) 泛蕴含运算模型

$$I(x, y, h)=\max(z|y\geqslant T(x, z, h))=N(G_0^{-1}(\max(G_0(1, h)-1, G_0(N(y, 0.5), h)$$
$$-G_0(N(x, 0.5), h)), h), 0.5)$$

(4) 泛等价运算模型

$$Q(x, y, h)=T(I(x, y, h), I(y, x, h), h)=N(G_0^{-1}(\pm|G_0(N(x, 0.5), h)$$
$$-G_0(N(y, 0.5), h)|, h), 0.5)$$

其中 $h>0.75$ 为 $-$，否则为 $+$。

(5) 泛平均运算模型

$$M(x, y, h)=G_0^{-1}(G_0(x, h)/2+G_0(y, h)/2, h)$$

(6) 泛组合运算模型

$$C^e(x, y, h)=\text{ite}\{\Gamma_e[G_0^{-1}(G_0(x, h)+G_0(y, h)-G_0(e, h), h)]|x+y>2e;$$

$N(\Gamma_{1-e}[G_0^{-1}(G_0(N(x, 0.5), h)+G_0(N(y, 0.5), h)-G_0(N(e, 0.5), h)], 0.5)|x+y<2e; e\}$

5.5.2　一级生成元完整簇

1. N 性生成元完整簇

如果柔性测度 $m(X)$ 有误差 $k\neq0.5$，则泛非运算将偏离中心非运算，当 p 和～kp 都服从同一个误差分布时，是一级不确定性问题，可以在基模型 $N(x, 0.5)=1-x$ 的基础上用特殊的广义自相关性修正函数完整簇 $\Phi(x, k)$ 来双向修正误差的影响。

修正的基本思想是：设 $m(X)=x^*$ 是有误差的柔性测度，它对应的精确值是 x，$\Phi(x^*, k)$ 负责修正误差对 x^* 的影响，使 $x=\Phi(x^*, k)$，$\Phi^{-1}(x, k)$ 的作用是恢复误差对 x 的影响，使 $x^*=\Phi^{-1}(x, k)$。显然有

$$\Phi(N(x^*, k), k)=1-\Phi(x^*, k), \quad N(x^*, k)=\Phi^{-1}(1-\Phi(x^*, k), k)$$

$\Phi(x^*, k)$ 与误差分布函数有关，设 $\delta(x, k)$ 是柔性测度的误差分布函数，$x^*=x+\delta(x, k)$，则有关系 $\Phi^{-1}(x, k)=x+\delta(x, k)$。以后在一般讨论中我们不再严格区分 x^* 和 x。

对广义自相关性修正函数完整簇 $\Phi(x, k)$ 的要求：

$\Phi(x, k)$ 首先要满足自守函数的性质：当 $x\in(0, 1)$ 时，$\Phi(x, k)$ 是关于 x 的连续的严格单调增函数，$\Phi(0, k)=0$，$\Phi(1, k)=1$，此外还特别要求：

1）为保证 $N(x, k)$ 簇随 k 连续地严格单调增地变化，要求 $\Phi(x, k)$ 簇随 k 连续地严格单调减地变化；

2）为保证 k 是 $N(x, k)$ 的不动点，要求 $\Phi^{-1}(0.5, k)=k$，它表示特征空间 E 的对半子集 $E/2$ 被误测为 k，$m(E/2)=k$；

3）为保证 $N(x, k)$ 的完整性，使泛非运算模型在其存在域内，从最小非算子经过中心非算子到最大非算子单调连续变化，要求：

当 $k=0.5$ 时生成中心非运算，即 $\Phi(x, 0.5)=\Phi_1=x$，$N(x, 0.5)=1-x$；

当 $k\to1$ 时生成最大非运算，即 $\Phi(x, k)\to\Phi_3=\text{ite}\{1|x=1; 0\}$，$\Phi^{-1}(x, k)\to\Phi_3^{-1}=\text{ite}\{0|x=0; 1\}$，$N(x, k)\to N_3=N_3^{-1}=\text{ite}\{0|x=1; 1\}$；

当 $k\to0$ 时生成最小非运算，即 $\Phi(x, k)\to\Phi_0=\text{ite}\{0|x=0; 1\}$，$\Phi^{-1}(x, k)\to\Phi_0^{-1}=\text{ite}\{1|x=1; 0\}$，$N(x, k)\to N_0=N_0^{-1}=\text{ite}\{1|x=0; 0\}$。

4）为保证 $N(x, k)$ 算子簇内泛非运算的广义自封闭性，要求 $\Phi(x, k)$ 函数簇内的复合运算有自封闭性，即对 $\Phi(x, k)$ 簇中的任意函数 $\Phi(x, k_1)$ 和 $\Phi(x, k_2)$，其复合运算 $\Phi(\Phi(x, k_1), k_2)=\Phi(x, k_3)$ 仍在 $\Phi(x, k)$ 簇中；

5）要求 $\Phi(x, k)$ 函数簇对逆运算有自封闭性，即对 $\Phi(x, k)$ 簇中的任意函数 $\Phi(x, k_3)$，其逆运算 $\Phi^{-1}(x, k_3)$ 仍在 $\Phi(x, k)$ 簇中。

满足上述要求的 $\Phi(x, k)$ 称为一级泛逻辑运算的 N 性生成元完整簇(n-generate cluster)。

柔性测度的误差分布函数 $\delta(x,k)$ 不同，对应的 $\Phi(x,k)$ 和 $N(x,k)$ 将不同。

一级泛逻辑运算的 N 性生成元完整簇 $\Phi(x,k)$ 的常用模型有两种：

1) 指数模型完整簇：$\Phi_1(x,k)=x^n$，$n\in\mathbf{R}_+$，$k=2^{-1/n}$。当 $x\in(0,1)$ 时，$\Phi(x,k)$ 可随 x 连续地严格单调增地变化，随 k 连续地严格单调减地变化，满足 $k=\Phi^{-1}(0.5,k)$，且当 $k=0.5$ 时 $\Phi(x,0.5)=\Phi_1=x$；当 $k\to1$，$n\to\infty$ 时，$\Phi(x,k)\to\Phi_3$，当 $k\to0$，$n\to0$ 时，$\Phi(x,k)\to\Phi_0$；

2) 多项式模型完整簇：$\Phi_2(x,k)=x(1+\lambda)^{1/2}/(1+((1+\lambda)^{1/2}-1)x)=(1-k)x/(k+(1-2k)x)$，$\lambda=(1-2k)/k^2$。

2. 一级 T 性生成元完整簇

在一级不确定性问题中 $k\neq0.5$，如果命题之间的广义相关性不是中间状态，$h\neq0.5$，则所有二元运算将进一步偏离它的零级逻辑运算模型，需要同时用 $\Phi(x,k)$ 和 $\Psi(x,h)$ 来双向修正误差和广义相关性的影响，其基本思想是先用 $\Phi(x,k)$ 修正误差对 x 的影响，得到精确的 x 值，然后代入二元运算的零级泛逻辑运算模型，得到精确的二元运算结果，最后用 $\Phi^{-1}(x,k)$ 来恢复误差对结果的影响。

非与基模型的一级生成元完整簇由 N 性生成元完整簇 $\Phi(x,k)$ 和零级 T 性生成元完整簇 $F_0(x,h)$ 共同作用在非与基模型上生成，叫一级 T 性生成元完整簇 $F(x,h,k)$。

设 $F(x,h,k)=F_0(\Phi(x,k),h)$，$F^{-1}(x,h,k)=\Phi^{-1}(F_0^{-1}(x,h),k)$ 是非与基模型的一级生成元完整簇，则有如下模型。

(1) 泛与运算模型

$$T(x,y,h,k)=F^{-1}(\max(F(0,h,k),F(x,h,k)+F(y,h,k)-1),h,k)$$

(2) 泛或运算模型

$$S(x,y,h,k)=N(T(N(x,k),N(y,k),h,k),k)$$
$$=N(F^{-1}(\max(F(0,h,k),F(N(x,k),h,k)+F(N(y,k),h,k)-1),h,k),k)$$

(3) 泛蕴含运算模型

$$I(x,y,h,k)=\max(z|y\geqslant T(x,z,h,k))=F^{-1}(\min(1+F(0,h,k),1-F(x,h,k)+F(y,h,k)),h,k)$$

(4) 泛等价运算模型

$$Q(x,y,h,k)=T(I(x,y,h,k),\quad I(y,x,h,k),h,k)=F^{-1}(1\pm|F(x,h,k)-F(y,h,k)|,h,k)$$
其中，$h>0.75$ 为 +，否则为 -。

(5) 泛平均运算模型

$$M(x,y,h,k)=N(F^{-1}(F(N(x,k),h,k)/2+F(N(y,k),h,k)/2,h,k),k)$$

(6) 泛组合运算模型

$$C^e(x,y,h,k)=\text{ite}\{\Gamma^e[F^{-1}(F(x,h,k)+F(y,h,k)-F(e,h,k),h,k)]|x+y<2e;$$

$$N(\Gamma^{1-e'}[F^{-1}(F(N(x,k),h,k)+F(N(y,k),h,k)-F(N(e,k),h,k),h,k)],k)|x+y>2e;\ e\ \}$$

其中，$e'=N(e,k)$。

3. 一级 S 性生成元完整簇

非或基模型的一级生成元完整簇由 N 性生成元完整簇 $\Phi(x,k)$ 和零级 S 性生成元完整簇 $G_0(x,h)$ 共同作用在非或基模型上生成，叫一级 S 性生成元完整簇 $G(x,h,k)$。

设 $G(x,h,k)=G_0(\Phi(x,k),h)$，$G^{-1}(x,h,k)=\Phi^{-1}(G_0^{-1}(x,h),k)$ 是非或基模型的一级生成元完整簇，则有如下模型。

(1) 泛或运算模型

$$S(x,y,h,k)=G^{-1}(\min(\,G(1,h,k),\,G(x,h,k)+G(y,h,k)),\,h,k)$$

(2) 泛与运算模型

$$T(x,y,h,k)=N(S(N(x,k),N(y,k),h,k),k)$$
$$=N(G^{-1}(\min(G(1,h,k),G(N(x,k),h,k)+G(N(y,k),h,k)),h,k),k)$$

(3) 蕴含运算模型

$$I(x,y,h,k)=\max(z|y\geqslant T(x,z,h,k))$$
$$=N(G^{-1}(\max(G(1,h,k)-1,G(N(y,k),h,k)-G(N(x,k),h,k)),h,k),k)$$

(4) 泛等价运算模型

$$Q(x,y,h,k)=T(I(x,y,h,k),I(y,x,h,k),h,k)$$
$$=N(G^{-1}(\pm|G(N(x,k),h,k)-G(N(y,k),h,k)|,h,k),k)$$

其中，$h>0.75$ 为 $-$，否则为 $+$。

(5) 泛平均运算模型

$$M(x,y,h,k)=G^{-1}(G(x,h,k)/2+G(y,h,k)/2,h,k)$$

(6) 泛组合运算模型

$$C^e(x,y,h,k)=\mathrm{ite}\{\Gamma_e[G^{-1}(G(x,h,k)+G(y,h,k)-G(e,h,k),h,k)]|x+y>2e;$$
$$N(\Gamma^{1-e'}[G^{-1}(G(N(x,k),h,k)+G(N(y,k),h,k)-G(N(e,k),h,k),h,k)],k)|x+y<2e;\ e\}$$

其中，$e'=N(e,k)$。

上面生成的运算模型是线序连续值泛逻辑学的命题连接词运算模型，建立在 $x\in[0,1]$ 的基础上。下面两节将在线序连续值逻辑运算模型的基础上进一步讨论逻辑运算模型的拓序规则。

5.6　命题泛逻辑运算模型的扩序规则

5.6.1　偏序泛逻辑运算模型

在许多情况下，命题的真值域是一个 n 维偏序空间，命题的真值需要用 n 个彼此完全独立的分量来描述，即命题的真值是一个 n 维矢量：$\boldsymbol{x}=<x_1, x_2, \cdots, x_n>$，$\boldsymbol{y}=<y_1, y_2, \cdots, y_n>$，$n>1$，$x_i, y_i \in [0, 1]$。

建立在偏序真值域上的逻辑学叫偏序逻辑学或多维逻辑学。

例如，关于兴建三峡水电站的论证，需要从电力、防洪、泥沙、生态、地质、地震、移民、防空等诸多方面进行独立的评估，得到相应的真值分量 x_i，整个命题的真值是 $\boldsymbol{x}=<x_1, x_2, \cdots, x_n>$。

这种 n 维偏序逻辑学中的各个分量完全独立，它的逻辑运算模型(零级或一级)服从以下拓序规则：

$$N(\boldsymbol{x})=<N(x_1), N(x_2), \cdots, N(x_n)>$$

$$T(\boldsymbol{x}, \boldsymbol{y})=<T(x_1, y_1), T(x_2, y_2), \cdots, T(x_n, y_n)>$$

$$S(\boldsymbol{x}, \boldsymbol{y})=<S(x_1, y_1), S(x_2, y_2), \cdots, S(x_n, y_n)>$$

$$I(\boldsymbol{x}, \boldsymbol{y})=<I(x_1, y_1), I(x_2, y_2), \cdots, I(x_n, y_n)>$$

$$Q(\boldsymbol{x}, \boldsymbol{y})=<Q(x_1, y_1), Q(x_2, y_2), \cdots, Q(x_n, y_n)>$$

$$M(\boldsymbol{x}, \boldsymbol{y})=<M(x_1, y_1), M(x_2, y_2), \cdots, M(x_n, y_n)>$$

$$C(\boldsymbol{x}, \boldsymbol{y})=<C(x_1, y_1), C(x_2, y_2), \cdots, C(x_n, y_n)>$$

其中，$N(\boldsymbol{x})$、$T(\boldsymbol{x}, \boldsymbol{y})$、$S(\boldsymbol{x}, \boldsymbol{y})$、$I(\boldsymbol{x}, \boldsymbol{y})$、$Q(\boldsymbol{x}, \boldsymbol{y})$、$M(\boldsymbol{x}, \boldsymbol{y})$ 和 $C(\boldsymbol{x}, \boldsymbol{y})$ 是线序逻辑学中的逻辑运算模型。

5.6.2　伪偏序泛逻辑运算模型

不确定性(uncertainty)是一个被广泛应用的词汇，它有许多不同的含义，本书从研究泛逻辑学的需要出发，定义如下。

1. 推理的确定性

一个推理是确定(certain)的，当且仅当它的真值域 $\boldsymbol{T}=\{0, 1\}$，推理中的证据齐全且恒定不变，否则它是不确定性推理(uncertain reasoning)。

经典二值逻辑中的单调推理是确定性推理，因为其中的逻辑真值是确定的真或假，推理中的证据齐全且恒定不变。

二值逻辑中的模态逻辑、缺省逻辑、多值逻辑和连续值逻辑中的推理都是不确定性推理。推理的不确定性来源于诸多方面，它们是推理过程中使用的证据真值的不确定性、证据的不完全性、证据的动态性和混沌性。引起真值不确定性的原因有随机性、柔性性、近似性；引起证据不完全性的原因有信息缺省、虚假信息和认识的片面性；引起证据动态性的原因有证据真值的时间相对性、空间相对性和对环境的依赖性。

本书研究的重点是连续值域$[0, 1]^n$上的真值不确定性。

2. 真值的不确定程度

定义 5.6.1　真值的不确定程度 $U(x)$。设 $x \in [0, 1]$是柔性命题 p 的真值，$\sim p$ 的真值是 $N(x)=y$，则 $U(x)=1-x-y$ 是真值 x 的不确定程度。

定义 5.6.2　零级不确定性。真值的不确定性是零级的，iff 对任意 $x \in [0, 1]$，有 $U(x)=0$。

确定性真值推理和零级不确定性真值推理都满足 $N(x)=1-x$，即 $U(x)=0$。

定义 5.6.3　一级不确定性。真值的不确定性是一级的，iff 存在 $x \in [0, 1]$，使 $y=N(x,k) \neq 1-x$，且 $N(x, k)$可由 x 唯一地确定。

在一级不确定性真值推理中 $U(x, k)=1-x-N(x, k) \neq 0$。

在零级和一级不确定性真值推理中，知道 x 就知道了 $N(x)$和 $U(x)$，所以仅用一个独立变量 x 即可准确描述命题真值的不确定性，故可用一维变量 x 表示命题。

定义 5.6.4　二级不确定性。真值的不确定性是二级的，iff 存在 $x \in [0, 1]$，使 $y=U(x) \neq 0$，且 y 与 x 相互独立。

在二级不确定性真值推理中，仅用一个独立变量 x 不能完全描述命题的不确定性，需要在 y 或 $U(x)$中再选择一个作为独立变量，才能准确描述命题的不确定性，故要用二元数组 $\boldsymbol{x}=\langle x_1, x_2 \rangle$来表示命题，即 $\boldsymbol{x}=\langle x, x+U(x) \rangle$或 $\boldsymbol{x}=\langle x, 1-y \rangle$。例如，对于一个案件 p，控方律师可以从 p 为真的角度辩护，得到 p 为真的程度 x，辩方律师可以从 $\sim p$ 为真的角度辩护，得到 $\sim p$ 为真的程度 y，案件 p 的真值状态需要用二元数组 $\boldsymbol{x}=\langle x, 1-y \rangle$表示。反之，案件 $\sim p$ 的真值状态需要用二元数组 $N(\boldsymbol{x})=\langle y, 1-x \rangle$表示。又如，对于一个柔性命题 p，如果我们无法准确获得它的逻辑真值，但可以得到 p 必然为真的程度值 x_1 和 p 可能为真的程度值 x_2，则 p 的真值状态需要用二元数组 $\boldsymbol{x}=\langle x_1, x_2 \rangle$表示，$x_1$ 是 $\boldsymbol{x}$ 的下限，x_2 是 $\boldsymbol{x}$ 的上限。反之，$\sim p$ 的真值状态需要用二元数组 $N(\boldsymbol{x})=\langle N(x_2), N(x_1) \rangle$表示，$N(x_2)$是 $N(\boldsymbol{x})$的下限，$N(x_1)$ 是 $N(\boldsymbol{x})$的上限。

在二级不确定性真值推理中，由于两个分量是相互关联的，所以它的逻辑运算模型(零级或一级)服从以下拓序规则：

$$N(\boldsymbol{x})=\langle N(x_2), N(x_1) \rangle$$
$$T(\boldsymbol{x}, \boldsymbol{y})=\langle T(x_1, y_1), T(x_2, y_2) \rangle$$
$$S(\boldsymbol{x}, \boldsymbol{y})=\langle S(x_1, y_1), S(x_2, y_2) \rangle$$
$$I(\boldsymbol{x}, \boldsymbol{y})=\langle I(x_1, y_1), I(x_2, y_2) \rangle$$
$$Q(\boldsymbol{x}, \boldsymbol{y})=\langle Q(x_1, y_1), Q(x_2, y_2) \rangle$$

$$M(\textbf{\textit{x}}, \textbf{\textit{y}})=<M(x_1, y_1), M(x_2, y_2)>$$

$$C(\textbf{\textit{x}}, \textbf{\textit{y}})=<C(x_1, y_1), C(x_2, y_2)>$$

其中，$\textbf{\textit{x}}=<x_1, x_2>$；$\textbf{\textit{y}}=<y_1, y_2>$；$N(\textbf{\textit{x}})$、$T(\textbf{\textit{x}}, \textbf{\textit{y}})$、$S(\textbf{\textit{x}}, \textbf{\textit{y}})$、$I(\textbf{\textit{x}}, \textbf{\textit{y}})$、$Q(\textbf{\textit{x}}, \textbf{\textit{y}})$、$M(\textbf{\textit{x}}, \textbf{\textit{y}})$和$C(\textbf{\textit{x}}, \textbf{\textit{y}})$是线序逻辑学中的逻辑运算模型(零级或一级)。上述思想可以推广到任意 n 级，$n \geqslant 2$。

定义 5.6.5 n 级不确定性。真值的不确定性是 n 级的，iff 命题的真值 $\textbf{\textit{x}}=<x_1, x_2, \cdots, x_n>$，$n \geqslant 2$，$x_i \in [0, 1]$。

例如，对于一个柔性命题 p，如果我们无法准确获得它的逻辑真值，但可以得到 p 为真的期望真值 x_2，且 x_1 是 x_2 的下限，x_3 是 x_2 的上限，则 p 的真值状态需要用三元数组 $\textbf{\textit{x}}=<x_1, x_2, x_3>$ 表示。反之，$\sim p$ 的真值状态需要用三元数组 $N(\textbf{\textit{x}})=<N(x_3), N(x_2), N(x_1)>$ 表示。

在 n 级不确定性推理中，命题的真值需要用一个 n 元数组来表示，但命题的真值在本质上仍然是一维的，它的每个分量都只是从不同的角度来描述这个一维命题，所以它的多维性只是形式上的虚假现象。我们称这种虚假多维真值空间的逻辑学为伪偏序逻辑学或伪多维逻辑学。

在 n 级不确定性推理中，由于 n 个分量是相互关联的，所以它的逻辑运算模型(零级或一级)服从以下拓序规则：

$$N(\textbf{\textit{x}})=<N(x_n), N(x_{n-1}), \cdots, N(x_1)>$$

$$T(\textbf{\textit{x}}, \textbf{\textit{y}})=<T(x_1, y_1), T(x_2, y_2), \cdots, T(x_n, y_n)>$$

$$S(\textbf{\textit{x}}, \textbf{\textit{y}})=<S(x_1, y), S(x_2, y_2), \cdots, S(x_n, y_n)>$$

$$I(\textbf{\textit{x}}, \textbf{\textit{y}})=<I(x_1, y_1), I(x_2, y_2), \cdots, I(x_n, y_n)>$$

$$Q(\textbf{\textit{x}}, \textbf{\textit{y}})=<Q(x_1, y_1), Q(x_2, y_2), \cdots, Q(x_n, y_n)>$$

$$M(\textbf{\textit{x}}, \textbf{\textit{y}})=<M(x_1, y_1), M(x_2, y_2), \cdots, M(x_n, y_n)>$$

$$C(\textbf{\textit{x}}, \textbf{\textit{y}})=<C(x_1, y_1), C(x_2, y_2), \cdots, C(x_n, y_n)>$$

其中，$\textbf{\textit{x}}=<x_1, x_2, \cdots, x_n>$，$\textbf{\textit{y}}=<y_1, y_2, \cdots, y_n>$；$N(\textbf{\textit{x}})$、$T(\textbf{\textit{x}}, \textbf{\textit{y}})$、$S(\textbf{\textit{x}}, \textbf{\textit{y}})$、$I(\textbf{\textit{x}}, \textbf{\textit{y}})$、$Q(\textbf{\textit{x}}, \textbf{\textit{y}})$、$M(\textbf{\textit{x}}, \textbf{\textit{y}})$和 $C(\textbf{\textit{x}}, \textbf{\textit{y}})$是线序逻辑学中的逻辑运算模型(零级或一级)。

泛逻辑学还研究另外一类逻辑学，它的真值域不仅涉及一个有序空间$[0, 1]^n$，还涉及另外一些与$[0, 1]^n$不连通的特殊空间，如无定义状态⊥形成的空间，用{⊥}表示；还有某种真值附加特性α,用$x<\alpha$表示。本书特称由有序空间$[0, 1]^n$和另一些不连通的特殊空间组成的空间为超序空间，以超序空间为真值域的逻辑学为超序逻辑学，下面举一些简单的实例来说明超序逻辑学中的拓序规则。

5.6.3　包含无定义状态的泛逻辑运算模型

在有些情况下，命题的真值需要考虑无定义状态⊥，⊥的物理意义是在正常的特征空间 E 之外，存在一个孤立点⊥，它的数学意义是[0, 1]之外的一个任意大的数，如±∞(图 5.14)。

在需要考虑无定义状态⊥时，逻辑学中的各种逻辑运算模型都需要作相应补充，例如，存在一个关于⊥的非平凡的逻辑运算拓序规则：

1) $N(\bot, k)=\bot$。意思是如果柔性命题 p 无定义，它的非命题~p 也无定义。无定义问题没有真假程度之分，即⊥不在真假序中。

2) $T(\bot, y, h, k)=\{\bot|y=\bot; 0\}$。意思是除了两个⊥点的交集仍然是⊥点外，⊥点与 E 中的任何子集 Y 的交集都为空集。

3) $S(\bot, y, h, k)=\{\bot|y=\bot; 1\}$。由泛与运算的对偶求得，意思是除⊥∨⊥为⊥外，其他为 1。

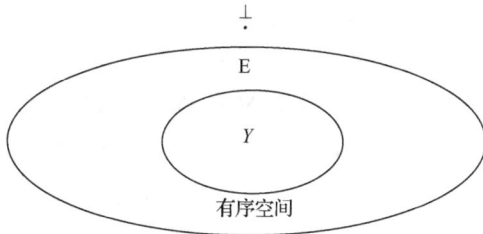

图 5.14 超序逻辑学的超序空间

4) $I(\bot, y, h, k)=\{1|y=\bot; \bot\}$, $I(x, \bot, h, k)=\{1|x=\bot; \bot\}$。由泛与运算的逆运算求得，意思是除⊥→⊥为 1 外，其他为⊥。

5) $Q(\bot, y, h, k)=\{1|y=\bot; \bot\}$。由相互泛蕴含运算的泛与运算求得，意思是除⊥↔⊥为 1 外，其他为⊥。

6) $M(\bot, y, h, k)=y$。意思是无定义命题不参加泛平均运算中的折中过程，所以不改变运算的结果。

7) $C^e(\bot, y, h, k)=\{\bot|y=\bot; 0|y<e; 1|y>e; e\}$。意思是一个命题无定义不影响另一个命题在综合决策中的作用，除非另一个命题也无定义，造成整个决策无定义。

关于⊥的平凡的逻辑运算拓序规则是：

凡⊥参加的运算，结果都为⊥。

5.6.4 逻辑真值附加特性的运算

在有些情况下，命题 p 除了有正常的逻辑真值 x 外，还有一些附加特性，用参数α表示。例如，p 的逻辑真值为 $x<\alpha>$，q 的逻辑真值为 $y<\beta>$。在逻辑运算过程中，除 x、y 参加正常的逻辑运算模型 $L(x, y)$ 的运算，得到正常的逻辑真值 z 外，参数α、β 也要参加附加特性运算模型 $L'(\alpha, \beta)$ 的运算，得到附加特性值 γ。即 $x<\alpha>$ 和 $y<\beta>$ 的逻辑运算结果 $z<\gamma>$ 是由两种不同的运算模型得到的，$z=L(x, y)$，$\gamma=L'(\alpha, \beta)$。

1. 加权泛平均运算模型

在泛逻辑运算模型中，有时需要加权泛平均运算。例如，在实验数据处理中，一般实验次数 n 都是有限的大数，事件 p 在一组实验中的出现概率 x 是在有限 n 次实验中获得的近似值，如果 p 出现的次数是 a，则 $x=a/n$，可用 $x<n>$ 表示。设关于事件 p 有两组实验 p_1 和 p_2，它们的出现概率是 $x<n_1>$ 和 $y<n_2>$，问在合并这两组实验后，事件 p 的总出现概率 $z<n>$ 有多少。试验总次数 $n=n_1+n_2$; $z=a/n$。但 p 出现的总次数不一定满足 $a=a_1+a_2$，a 的值与 $a_1=n_1x_1$, $a_2=n_2y$ 和广义相关系数 h 及广义自相关系数 k 都有关。

1) 当 $h=k=0.5$ 时，表示 a_1 和 a_2 之间最大相斥且无误差，两组实验没有相同的条件出现，$a=a_1+a_2=n_1x_1+n_2y$, $z=a/n=(n_1x_1+n_2y)/(n_1+n_2)=\alpha x+\beta y$，服从加权算术平均，其中 $n=n_1+n_2$, $\alpha=n_1/n$, $\beta=n_2/n$。如果我们把 $x<n_1>$ 和 $y<n_2>$ 看成是加权柔性命题的逻辑真值，则加权算术平均是加权泛平均运算模型的中心算子。$M(x<n_1>, y<n_2>)<n>=S(\alpha x, \beta y)<n>=z<n>$，其中 $z=S(\alpha x, \beta y)=N(\alpha N(x)+\beta N(y))$, $n=n_1+n_2$。

2) 当 $k=0.5$, h 为一般值时，$M(x<n_1>, y<n_2>, h, k)<n>=z<n>$ 也由两部分运算组成：

$$z=M(x, y, h, 0.5)=S(\alpha x, \beta y, h, 0.5)=N(F^{-1}((\alpha F(N(x, 0.5), h)+\beta F(N(y, 0.5), h)), h), 0.5)$$

$$n=n_1+n_2$$

它的四个特殊算子是：

　　加权 Zadeh 平均　　$M(x, y, 1, 0.5)=\mathbf{M_3}=\max(x, y)$　　　　　　最大平均
　　加权概率平均　　　$M(x, y, 0.75, 0.5)=\mathbf{PM_2}=1-(1-x)^{\alpha}(1-y)^{\beta}$
　　加权有界平均　　　$M(x, y, 0.5, 0.5)=\mathbf{PM_1}=\alpha x+\beta y$
　　加权突变平均　　　$M(x, y, 0, 0.5)=\mathbf{M_0}=\min(x, y)$　　　　　　　最小平均

3) 当 k 和 h 为一般值时，$M(x<n_1>, y<n_2>, h, k)=z<n>$ 也由两部分运算组成：

$$z=M(x, y, h, k)=S(\alpha x, \beta y, h, k)=N(F^{-1}(\alpha F(N(x, k), h, k)+\beta F(N(y, k), h, k), h, k), k)$$

$$n=n_1+n_2$$

加权泛平均运算服从结合律。

2. 云模型的逻辑运算

又如在云逻辑(clouds logic)中[46, 176]，每一个云谓词 $P(x)<a, b, c>$ 是一朵云 (clouds model)，其中 a 是云的形心，它反映了云所描述的概念的信息中心值；b 是云的带宽，它反映了云所描述的概念的亦此亦彼性的裕度；c 是云的方差，它反映了云所描述的概念的离散程度(图 5.15)。

$p(x)<a, b, c>$ 每被 x_i 激活一次，云发生器 CG 根据就 x_i、a、b、c 产生一个云滴 $C<x_i, \mu(x_i)>$。其中隐含了三次正态分布规律 $E(\alpha, \beta)=\exp(-(x-\alpha)^2/(2\beta))$。

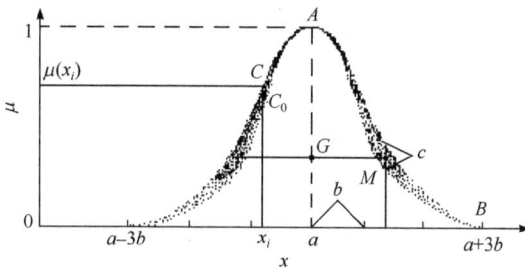

图 5.15　云模型 $P(x)<a, b, c>$ 的示意图

1) 任何云滴 $C<x, \mu(x)>$ 都与期望曲线 $\mu_0(x)=E(a, b^2)$ 上的点 $C_0<x, \mu_0(x)>$ 相对应；

2) $C<x, \mu(x)>$ 是以 C_0 为中心，在 $\mu(x)$ 方向上，以 σ_x 为方差正态随机分布的，$\mu(x)=E(\mu_0(x), \sigma_x)$；

3) 云层的厚度 σ_x 沿期望曲线 $\mu_0(x)=E(a, b^2)$ 变化，在 $M<a+(\ln8)^{1/2}b, 2^{1/2}/4>$ 点达到最大值 $\sigma_{max}=c$，在 $A<a, 1>$ 点和 $B<a+3b, 0>$ 点为 0。σ_x 在 M 点的两侧沿期望曲线按两个降半正态规律变化，并符合 $3b$ 规则。如果 $c=0$，$\mu(x)=\mu_0(x)=E(a, b^2)$，云谓词退化为带有真值分布特性约束的柔性谓词 $p(x)<a, b>$，如果没有分布特性 $<a, b>$ 的约束，$p(x)<a, b>$ 就退化为一般的柔性谓词 $p(x)$。

广义地讲，$p(x)<\alpha>$ 是有附加特性的柔性谓词，其中 α 是有限符号串，它代表逻辑的附加特性。当 $\alpha=\varepsilon$(空串)时，$p(x)<\alpha>$ 退化为一般的柔性谓词 $p(x)$。

例如，图 5.15 可以看成是"年轻人"的云谓词 $p(x)<a, b, c>$，其中 $a=25$，$b=6$，$c=0.04$。当 $c=0$ 时，$p(x)<a, b, c>$ 退化为带有"年轻人"真值分布特性约束的谓词 $p(x)<a, b>=E(a, b^2)$，如果没有"年轻人"真值分布特性的约束，$p(x)<a, b>$ 就退化为一般的柔性谓词 $p(x)$，它表示"x 是年轻人"，其真值分布特性另行规定。如果反向运用云发生器 CG，把一朵云的所有云滴 $y_i=\mu(x_i)$ 全部输入 CG，就可以得到云的统计参数 a、b、c。

从上述简单介绍可以看出，云模型中包含了典型的随机性和柔性性，可以比柔性谓词更好地成为用语言表示的某个定性概念与其定量表示之间的不确定性转换模型，构成一个沟通定性和定量之间的、有稳定倾向的可操作的双向不确定性映射机制。这个不确定性映射机制比柔性谓词更符合对立不充分世界的客观实际。

不确定性由随机性、柔性性、缺省性和混沌性等多种因素综合引起：

随机性是有明确定义但不一定每次都会出现的事件中包含的不确定性，常用出现概率来度量，概率的逻辑运算规律与线序泛逻辑完全一致；

柔性性是对立不充分世界中已经出现，但无法精确定义的事件中包含的不确定性，常用隶属度来度量，其中的逻辑规律可用线序泛逻辑描述；

缺省性是由推理所需的信息不完全而引起的不确定性，要进行推理必须补充有关的信息，常用各种表示缺省的量词来标志这些补充信息，形成各种模态逻辑和非单调逻辑，带有多种缺省推理模式的泛逻辑可以用于这类问题的描述；

混沌性是复杂巨系统中包含的不确定性，在这个系统中它的每一个组成细胞都可能是简单的确定系统，但经过众多细胞之间的复杂耦合之后，系统的状态出现了不确定性。混沌系统中的逻辑规律尚待研究，这是混沌逻辑学的任务。

显然，带有多种缺省推理模式的泛逻辑也可以用于同时具有缺省性和柔性性，或同时具有缺省性和随机性的问题的描述。但当柔性性和随机性同时存在时，线序和偏序泛逻辑都无法描述，需要用超序泛逻辑。由于云模型可以将柔性性和随机性统一起来进行表达，所以利用云逻辑可以方便地描述这类问题。

例如有一个用自然语言描述的规则"年轻人好学"可以用云逻辑规则来描述：$p(x)<a, b, c>\rightarrow q(y)<d, e, f>$，其中 $p(x)<a, b, c>$ 是带有"年轻人"特性约束的云谓词，$q(y)<d, e, f>$ 是带有"好学"特性约束的云谓词。使用某年龄的人 x_i 激活上述规则进行推理的过程是：先利用 x_i 激活 $p(x)<a, b, c>$ 得到对应的输出 $y_i=\mu(x_i)$，它表示年龄为 x_i 的人的年轻程度。再利用 y_i 激活 $q(y)<d, e, f>$ 得到对应的输出 $z_i=\mu(y_i)$，它表示年轻程度为 y_i 的人的好学程度。z_i 就是用 x_i 激活该规则进行推理的结果，也就是年龄为 x_i 的人的好学程度，即完成了云逻辑推理

$$p(x_i)<a, b, c>, \quad p(x)<a, b, c>\rightarrow q(y)<d, e, f>\Rightarrow Q(y_i)<d, e, f>$$

可见，在云逻辑中，除了正常的逻辑运算模型之外，还有附加特性的运算模型。

5.7　小　　结

通过上述实际观察和理论分析，我们可以得出一些重要的结论。

1. 柔性逻辑命题连接词运算模型是连续可变的

在柔性逻辑中，各种命题连接词运算模型都有不确定性，引起这种不确定性的客观原因是柔性测度之间的广义相关性和广义自相关性，这种逻辑关系上的不确定性表现在命题连接词的运算模型上就是算子簇(簇)的连续可变性。根据柔性集合运算和柔性逻辑运算的关联性，我们同样可以得出结论：柔性集合的各种运算本身都具有不确定性，它的运算模型是连续可变的。引起命题连接词运算模型连续可变的原因是关系柔性。关系柔性由两个相互独立的因素引起：广义相关性和广义自相关性，前者只影响二元逻辑运算和多元逻辑运算，后者影响一切逻辑运算。

2. 二值逻辑中广义自相关性的作用消失

由前面的讨论我们已经知道，在二值逻辑中，命题的真值是 0、1 中的一个确定值，不存在不确定性，它的运算模型退化为一个固定不变的算子。所以关系柔

性的影响只有在真值柔性存在的基础上才能表现出来，如果真值柔性消失，则关系柔性的影响随之消失。有人可能会提出质疑，既然真值柔性消失会使关系柔性随之消失，为什么不把它们统一为一个柔性。这是因为两个柔性是可以独立变化的，当我们根据关系柔性在命题连接词运算模型的算子簇(簇)中指定了一个算子时，它只是确定了实现该逻辑运算的公式，其中参与运算的命题真值仍然具有不确定性(真值柔性)，可以独立地变化。

3. 完善模糊命题逻辑的关键是引入关系柔性

要完善柔性命题逻辑，除了承认柔性命题真值的不确定性即柔性性外，关键是必须同时承认柔性命题连接词运算模型的不确定性即关系柔性，承认客观世界中存在有多种不同的柔性，这是泛逻辑学区别于模糊逻辑的主要特征。

4. 整个泛逻辑学中都需要考虑关系柔性的影响

不仅完善的柔性逻辑需要考虑关系柔性的影响，整个连续值泛逻辑学都需要考虑关系柔性的影响，在多值泛逻辑学中，关系柔性的影响将按照一定的变换规则，反映在它的命题连接词定义中。

5. 没有规矩不成方圆

在本章中，我们介绍了生成命题泛逻辑运算模型的各种规则。这些规则不是凭空想象出来的人为规定，而是从现有的上百种逻辑中归纳抽象出来的，根据这些逻辑在现实世界中的使用有效性可知，它们是客观世界逻辑规律的先验点。再根据三角范数理论中的某些逻辑运算完整簇能够包容这些先验点，并且在整个的连续完整簇上保持逻辑运算的边界条件和特征线(点)不变，证明它们就是客观世界逻辑规律的正确抽象，可用于描述客观世界的有关逻辑规律。这就像牛顿通过对实际观察数据的拟合，发现了力学三大定律，创立了经典物理学(包括经典力学、经典电磁学、统计物理、热力学)一样。与经典物理学是反映客观规律的学说而不是人为设定的一样，泛逻辑学是反映客观规律的学说，也不是人为设定的。知道这一点十分重要，因为智能科学和人工智能迫切需要各种逻辑理论的精准支撑，但是，智能系统不能建立在一大堆孤立存在的、互不相容的逻辑之上。泛逻辑能够根据应用需求精确生成相应的逻辑算子，精准地使用这个算子，真正做到辨证论治，对症下药。这是异想天开吗？绝对不是，你如果不信，请看现实世界中已经存在几百年的实例。

例 5.7.1　圆形规的变迁。

在工程应用中画各式圆形图的问题，如正圆形、椭圆形、鸭蛋形等，有各种不同的方式；最简单、最原始的方式就是特制一些**专用模板**。这些模板使用方便效率很高，但是只能是有限个，适应面窄。后来先后设计出**正圆形规、椭圆形规和鸭蛋形规**，可画任意尺寸的各种圆形(图 5.16)。

1) 正圆形规，它可画任意半径的正圆形，其数学方程式为

$$Y(r) =\{<x, y>|y=(r^2-x^2)^{1/2}\}, \quad L=2r \tag{5-1}$$

2) 椭圆形规，它可画任意尺寸的椭圆，包括圆，其数学方程式为

$$TY(a, b)=\{<x, y>|y=(b^2-(b/a)^2x^2)^{1/2}\}, \quad L=2b+2c, \quad c=(b^2-a^2)^{1/2} \tag{5-2}$$

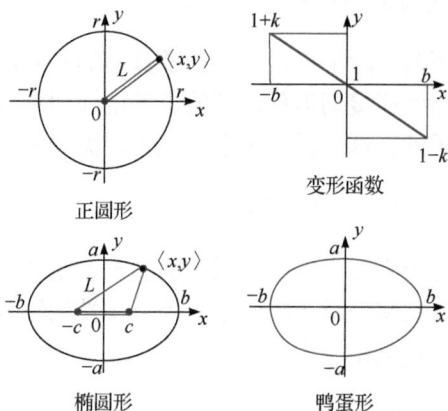

正圆形

变形函数

椭圆形

鸭蛋形

圆形的三类规矩

图 5.16　例 5.7.1 示意图

因为椭圆形可以看成是正圆形在一个方向受到拉伸后形成的，所以式(5-2)是在式(5-1)基础上增加了椭圆拉伸比修正项$(b/a)^2$ 而成的。当没有受到拉伸$(a=b=r)$时，式(5-2)退化为式(5-1)，椭圆形退化为没有压缩的正圆形。这里的式(5-1)和式(5-2)都具有对称性，左右旋转图形不变。

3) 鸭蛋形规，它可画任意尺寸的鸭蛋形，包括椭圆形和正圆形，其数学方程式为

$$DY(a, b, k)=\{<x, y>|y=n(b^2-(b/a)^2x^2)^{1/2}\}, \quad L=2b+2c, \quad c=(b^2-a^2)^{1/2}, \quad n(x)=1-kx/b \tag{5-3}$$

由于鸭蛋形可以看成是椭圆形的斜投影造成的，$k=\sin a$ 与入射角 a 的大小大小有关，$k=\sin 0°=0$，$k=\sin 90°=1$，一般情况下 $k\in[0, 1]$。所以，式(5-3)是在式(5-2)基础上增加了变形系数 $n(x)=1-kx/b$ 而成的，当 $k=0$ 时，鸭蛋形退化为椭圆形；当 $k=0$，$a=b=r$ 时，鸭蛋形退化为正圆形；当 $k=1$ 时，鸭蛋形退化为在 y 轴上的一条直线(从$-a$ 到 a)。

有了这些数学规律，计算机辅助设计就不会像人工设计那样使用圆规和曲线板，而是在统一的公式中代入形参 a、b、k 的具体数值，就可以自动生成需要的

图形。

　　泛逻辑的各种逻辑运算完整簇的公式十分复杂，但是，基本思路和例 5.7.1 一模一样。对于零级命题泛逻辑 $L(x, y, h)$ 来说，只要在统一的公式中代入形参 h 的具体数值，就可以自动生成你需要的逻辑算子。对于一级命题泛逻辑 $L(x, y, h, k)$ 来说，只要在统一的公式中代入形参 h、k 的具体数值，就可以自动生成需要的逻辑算子。$L(x, y, h)$ 和 $L(x, y, h, k)$ 都是对称的逻辑，即 x、y 的位置是等权的，可以交换。对于不可交换的泛逻辑 $L(x, y, h, k, \beta)$，它就相当鸭蛋形的统一公式，它对 x、y 的相对权重进行了调控。所以 x、y 的权重不再相同，位置不能交换。

　　遗憾的是，目前的人工智能研究，对于使用逻辑的状况来说，还处在使用模板的阶段，即整个逻辑学理论体系是一个离散的集合，其中包含有各种不同的逻辑，人工智能系统需要什么逻辑，可以凭经验或者爱好去选择，有效了就可以，出问题了就换一个。也就是说，使用者不知道自己的应用场景需要用什么逻辑，不能用什么逻辑，逻辑学理论本身没有一个明确的说法，使用者只能盲人摸象。有了统一公式(5-3)后，代入形参 a、b、k 的具体数值后不仅自动生成了图形，而且还知道了它的使用条件是 a、b、k。命题泛逻辑理论体系就是要完成类似的使命。

第6章　N性生成元完整簇与泛非运算

本章将详细研究泛非逻辑运算完整簇。首先介绍三角范数理论中关于 N 范数的一般原理，利用 N 范数从理论上详细阐明广义自相关性对泛逻辑非运算模型的影响，从而得到了生成泛逻辑非运算模型的重要元素——N 性生成元完整簇，它帮助我们发现了定义泛非($\sim_k$)命题连接词的一般规律。为了适应柔性命题真度经历不同误差水平评估的情况，还介绍主编创立的阈元量词及其运算规则。

在泛逻辑中命题 p 的真值域是 n 维连续空间 $[0, 1]^n$，$n=1, 2, 3, \cdots$，命题 p 的真值用 n 维矢量 $x=<x_1, x_2, \cdots, x_n>$ 表示，$x \in [0, 1]^n$，非命题 $\sim p$ 的真度用 n 维矢量 $N(x)$ 表示，$N(x)=<N(x_1), N(x_2), \cdots, N(x_n)>$ 或 $N(x)=<N(x_n), \cdots, N(x_2), N(x_1)>$。关键是研究清楚在线序连续值空间 $[0, 1]$ 中定义非命题连接词的一般规律。

泛非运算是泛逻辑学中的基本运算之一，曾有人认为它就是一个固定不变的算子 $N(x)=1-x=\mathbf{N}_1$。在泛逻辑观看来，中心非算子 $\mathbf{N}_1$ 只能在命题的真度可以精确得到时使用，在许多情况下命题的真度不可能精确得到，存在测度偏差，它的非命题的真度常常需要在一定约束条件下进行估计。所以，在许多情况下，泛非运算不可避免。泛非运算模型是一个可在其存在域内随广义自相关系数 k 连续变化的 N 范数完整簇。要研究和设计它，首先要了解三角范数理论中的 N 范数，找到泛逻辑运算模型的 N 性生成元完整簇，通过 N 性生成元完整簇来生成泛非逻辑运算模型完整簇。

6.1　N 范数及其生成方法

三角范数理论中的 N 范数是泛逻辑学中泛非运算(算子)的数学原型。

在三角范数研究中很早就涉及柔性非算子，称为 N 范数，不少文献[138, 143, 144, 177-179] 都研究了 N 范数，但方法和结果不尽相同。现根据三角范数理论中 N 范数的基本思想，加上作者团队的研究心得介绍如下。

6.1.1　N 范数的定义、极限及其逆等性

1. N 范数的定义

设 $N(x)$ 是 $[0, 1] \rightarrow [0, 1]$ 的一元运算，关于 $N(x)$ 有以下条件。

边界条件 N1　$N(0)=1$，$N(1)=0$。

单调性 N2　$N(x)$单调减，iff $\forall x, y \in [0, 1]$，若 $x<y$，则 $N(x) \geqslant N(y)$。

严格单调性 N2′　$N(x)$严格单调减，iff $\forall x, y \in [0, 1]$，若 $x<y$，则 $N(x)>N(y)$。

连续性 N3　$N(x)$连续，iff $\forall x \in [0, 1]$，$N(x^-)=N(x)=N(x^+)$，x^-、x^+是 x 的左右邻元。

逆等性 N4　$N(x)$有逆等性，iff $\forall x \in [0, 1]$，$N(x)=N^{-1}(x)$，$N^{-1}(x)$是 $N(x)$的逆。

定义 6.1.1(N 范数和弱 N 范数)　满足条件 N1 和 N2 的 $N(x)$称为弱 N 范数(weak n-norm)，如果弱 N 范数 $N(x)$满足条件 N4，则称为 N 范数。

例如 $1-x^2$、$(1-x)^2$、**N₃**、**N₂**、**N₁**、**N₀** 和广义 Sugeno 算子簇都是弱 N 范数(簇)，其中 **N₃**、**N₂**、**N₁**、**N₀** 和广义 Sugeno 算子簇都是 N 范数(簇)，**N₃** 算子是最大 N 范数，**N₁** 算子是中心 N 范数，**N₀** 算子是最小 N 范数。

定义 6.1.2(连续 N 范数)　如果(弱)N 范数 $N(x)$满足条件 N3，则称为连续(弱)N 范数。

例如 $1-x^2$、$(1-x)^2$、**N₂**、**N₁** 和 Sugeno 算子簇都是连续弱 N 范数(簇)，而 **N₃** 和 **N₀** 中都存在间断点，不是连续 N 范数。

定义 6.1.3(严格单调 N 范数)　如果(弱)N 范数 $N(x)$满足条件 N2′，则称为严格单调(弱)N 范数。

例如 $1-x^2$、$(1-x)^2$、**N₂**、**N₁** 和 Sugeno 算子簇都是严格单调弱 N 范数(簇)，而 **N₃** 和 **N₀** 中都存在平台区，不是严格单调 N 范数。

定义 6.1.4(N 范数的存在域)　从最大 N 范数 **N₃** 到最小 N 范数 **N₀** 之间的空间 $[0, 1] \times [0, 1]$叫 N 范数的存在域。

存在域是 N 范数的最大可能变化范围，中心 N 范数 **N₁** 处在变化的中心位置。

中心 N 范数 $\mathbf{N_1}=1-x$ 是一个特殊的 N 范数，它具有 N 范数的各种重要性质，如连续性、严格单调性和偶等性等，是一切 N 范数簇的中心。

2.N 范数的极限及其逆等性的特别定义

一般情况下我们讨论的都是连续的严格单调 N 范数。

在连续的严格单调 N 范数 $N(x)$中没有间断点和平台区，它的逆函数 $N^{-1}(x)$一定存在，且仍然是连续的严格单调 N 范数，逆等性可以实现。其他情况下 N 范数的逆等性问题情况比较复杂，它包括：存在间断点的非连续的严格单调 N 范数；存在平台区的连续的非严格单调 N 范数；存在间断点和平台区的非连续的非严格单调 N 范数。从数学上看，存在平台区的非严格单调函数不能求逆，只有严格单调函数才有逆函数存在，但其逆函数只是连续的而不是严格单调的。因为严格单调的 $N(x)$中如果有间断点，它的逆函数 $N^{-1}(x)$中就存在有平台区，无法反向求逆实现逆等性。

一般讲连续的严格单调函数簇的极限都有平台区和间断点，无法通过数学方法求逆实现逆等性，只能根据逆等性函数簇的极限也有逆等性的原则，参照其邻近的连续的严格单调函数的逆和逻辑学上的需要，直接给出特别定义。例如，前面直接定义的最大 N 范数 N_3 和最小 N 范数 N_0 都是这种 N 范数。所以泛逻辑学认为非严格单调 N 范数也有逆等性，且它必然是非连续的。这就是说在泛逻辑学中，由于逆等性的需要，N 范数中非严格单调性和非连续性一定是相伴出现的。

6.1.2　N 范数的主要性质及生成方法

1. N 范数的主要性质

定理 6.1.1(封闭性)　弱 N 范数满足 $N(x)\in[0,1]$。

证明　由边界条件 N1 知，$N(0)=1$，$N(1)=0$，由单调性 N2 知，$N(1)\leqslant N(x)\leqslant N(0)$，所以 $N(x)\in[0,1]$，弱 N 范数具有封闭性。∎

定理 6.1.2(对合律)　N 范数满足 $N(N(x))=x$。

证明　由逆等性 N4 知，$N(x)=N^{-1}(x)$，所以 $N(N(x))=N(N^{-1}(x))=x$。∎

定理 6.1.3(不动点)　在连续(弱)N 范数 $N(x)$ 中存在 $k\in(0,1)$，使 $N(k)=k$。

证明　由定理 6.1.1 知，$N(x)\in[0,1]$，再由单调性 N2 和连续性 N3 知，当 $x\in(0,1)$时，$y=N(x)$曲线必然与主对角线($y=x$)相交，设交点 K 在 x 轴上的投影是 k，必有 $N(k)=k$。所以在连续(弱)N 范数 $N(x)$ 中，存在不动点 $k\in(0,1)$，使 $N(k)=k$。∎

例如，$1-x^2$ 的 $k=(5^{1/2}-1)/2$，中心 N 范数 $N(x)=1-x$ 的 $k=0.5$，Sugeno 算子的 $k=1/((1+\lambda)^{1/2}+1)$，非连续 N 范数的 k 包含在它的直接定义中，如 N_3 的 $k=1$，N_0 的 $k=0$。

定理 6.1.4(泛非性)　设 $k\in(0,1)$是连续(弱)N 范数 $N(x)$的不动点，则当 $x>k$ 时，$N(x)\leqslant k$；当 $x\leqslant k$ 时，$N(x)\geqslant k$。如果 $N(x)$是连续的严格单调(弱)N 范数，则当 $x<k$ 时，$N(x)>k$；当 $x>k$ 时，$N(x)<k$。

证明　由定理 6.1.3 知，$N(k)=k$，再由单调性 N2 知，当 $x>k$ 时，必有 $N(x)\leqslant k$；当 $x<k$ 时，必有 $N(x)\geqslant k$。如果 $N(x)$是连续的严格单调(弱)N 范数，则 $x<k$ 时必有 $N(x)>k$，当 $x>k$ 时必有 $N(x)<k$。所以本定理成立。∎

定义 6.1.5(零级对偶和一级对偶)　如果 $N(x)$ 和 $N_1(x)$ 都是 N 范数,则称 $N_1'(x)=N(N_1(N(x)))$ 为 $N_1(x)$关于 $N(x)$的一级对偶，当 $N(x)=1-x$ 时，$N_1'(x)=1-N_1(1-x)$，退化为 $N_1(x)$的零级对偶，统简称为对偶。

任何 N 范数都有一级对偶和零级对偶。

定理 6.1.5(自对偶性)　N 范数 $N_1(x)$的关于 $N(x)$的一级对偶 $N_1'(x)$是 N 范数，且 $N_1'(x)$保持了 $N(x)$和 $N_1(x)$共有的主要性质。

证明　1)由于 $N(x)$和 $N_1(x)$是单调函数，所以 $N_1'(x)=N(N_1(N(x)))$一定存在，且有

$$N_1'(0)=N(N_1(N(0)))=N(N_1(1))=N(0)=1,\quad N_1'(1)=N(N_1(N(1)))=N(N_1(0))=N(1)=0$$

由 $N(x)$ 和 $N_1(x)$ 单调减知，$(N_1(N(x)))$ 单调增，$N_1'(x)=N(N_1(N(x)))$ 单调减。

设 $y=N_1'(x)=N(N_1(N(x)))$，则 $N_1(N(x))=N^{-1}(y)$，$N(x)=N_1^{-1}(N^{-1}(y))$，$x=N^{-1}(N_1^{-1}(N^{-1}(y)))$，由 $N(x)$ 和 $N_1(x)$ 的逆等性知，$x=N(N_1(N(y)))$，即 $N_1'(x)$ 有逆等性。

所以 $N_1'(x)$ 满足 N1、N2 和 N4，是 N 范数，即 N 范数的对偶是 N 范数，N 范数有自对偶性。

2) 如果 $N(x)$ 和 $N_1(x)$ 满足 N2′，则由 $x<y$ 时，$N(x)>N(y)$，$N_1(N(x))<N_1(N(y))$ 知，$N_1'(x)>N_1'(y)$，也满足 N2′；如果 $N(x)$ 和 $N_1(x)$ 满足 N3，则由 $N(x^-)=N(x^+)$，$N_1(N(x^-))=N_1(N(x^+))$ 知，$N_1'(x^-)=N_1'(x^+)$，也满足 N3；如果 $N(x)$ 和 $N_1(x)$ 满足 N5，则由 $N(0.5)=0.5$ 和 $N_1(0.5)=0.5$ 知，$N_1'(0.5)=0.5$，也满足 N5。所以 $N_1'(x)$ 保持了 $N(x)$ 和 $N_1(x)$ 共有的主要性质。

根据上述 1)、2)，本定理成立。∎

推论 6.1.1(偶等性)　任意 N 范数的自对偶等于自己，$N(x)=N(N(N(x)))$。

由推论知，如把 $N(x)=1-N(1-x)$ 当公理使用，就等于指定 $N(x)=1-x$，失去了 $N(x)$ 的一般性，是十分不妥的。

定理 6.1.6(不动点)　设 $k\in(0, 1)$ 是 N 范数 $N_1(x)$ 的不动点，则 $k'=N(k)$ 是 $N_1(x)$ 关于 $N(x)$ 的一级对偶 $N_1'(x)$ 的不动点。

证明　由一级对偶的定义知，$N_1'(x)=N(N_1(N(x)))$，由于 $N_1(k)=k$，当 $x=N(k)$ 时有

$$N_1'(N(k))=N(N_1(N(N(k))))=N(N_1(k))=N(k)$$

所以，$k'=N(k)$ 是 $N_1(x)$ 关于 $N(x)$ 的一级对偶 $N_1'(x)$ 的不动点。∎

2. N 范数的生成方法

(1) N 性生成元的物理意义

由前面的讨论已知，在因素空间 E 中，对任意分明子集 X，显然有 $X\cup\neg X=E$，当柔性测度 $m(X)$ 的值 x 可以精确得到时，$m(X)+m(\neg X)=x+N(x)=1$，$N(x)=1-x$，中心非算子成立，它是泛非运算的基模型。但当柔性测度 $m(X)$ 的值 x 无法精确得到时，设 $m(X)=x^*$，$m(X)+m(\neg X)=x^*+N(x^*)\neq1$，$N(x^*)\neq1-x^*$，如果需要在一定约束条件下对 $N(x^*)$ 进行估计，则约束条件的一般形式为

$$\phi(x^*)+\phi(N(x^*))=1, \quad N(x^*)=\phi^{-1}(1-\phi(x^*)) \tag{6-1}$$

其中，$\phi(x^*)$ 是连续的严格单调增函数，$\phi(0)=0$，$\phi(1)=1$，一般称为**自守函数**，在泛逻辑学中，特称为 N 性生成元。$\phi(x^*)$ 在式(6-1)中的作用是修正误差对柔性测度值 x^* 的影响，得到精确的柔性测度值 x。$\phi(x)=x$ 是特殊的 N 性生成元，它表示柔性测度是精确的。

N 性生成元 $\phi(x^*)$ 的物理意义是：有这样一类问题，它的因素空间 E 是确定的分明集合，全集 E 和空集 $\varnothing$ 都可以被精确地检测到，但对 E 的其他真子集 X 都

存在有检测误差。设 $m(X)=x$ 是 X 在理想状态下的精确不分明测度，$m(X)=x^*$ 是 X 在实际状态下的有差不分明测度，则有 $x=\phi(x^*)$。$\phi(x^*)$ 是修正 x^* 中偏差的自同构函数，满足边界条件 $\phi(0)=0$，$\phi(1)=1$，偏离这两点不分明测度都可能存在偏差，且不分明测度的偏差越大，$\phi(x^*)$ 偏离 x^* 越大。$\phi(x^*) \geqslant x^*$ 表示 $m(X)$ 是下近似，x^* 的值比精确值 x 偏小，需要放大；$\phi(x^*) \leqslant x^*$ 表示 $m(X)$ 是上近似，x^* 的值比精确值 x 偏大，需要缩小。当 $x^*=\phi(x^*)=x$ 时，表示 $m(X)$ 是理想状态下的精确测度。

要生成 N 范数首先需要生成 N 性生成元。下面讨论 N 性生成元的定义和主要性质，其中一般不再严格区分 x^* 和 x。

(2) N 性生成元的定义和主要性质

定义 6.1.6(N 性生成元)　$x \in [0, 1]$，如果 $\phi(x)$ 是连续的严格单调增函数，且 $\phi(0)=0$，$\phi(1)=1$，则称 $\phi(x)$ 为 N 性生成元(N-generator)。

显然，N 性生成元的逆函数、复合函数和各种对偶也是 N 性生成元，且 $1-\phi(x)$ 和 $\phi(1-x)$ 都是弱 N 范数。

定理 6.1.7(N 性生成元第一生成定理)　如果 $f(x)$ 是 $[0,1]$ 上连续的严格单调函数，且 $f(x)$ 为有限值，则 $\phi(x)=(f(0)-f(x))/(f(0)-f(1))$ 是 N 性生成元。

证明　由 $f(x)$ 在 $[0,1]$ 上是连续的严格单调函数，$f(0)-f(1) \neq 0$ 且为有限值可知，$\phi(x)=(f(0)-f(x))/(f(0)-f(1))$ 是连续的严格单调增函数，且 $\phi(0)=0$，$\phi(1)=1$，所以 $\phi(x)$ 是 N 性生成元。

定义 6.1.7(N 性生成元的生成函数)　称定理 6.1.7 中的 $f(x)$ 为 N 性生成元 $\phi(x)$ 的生成函数。

$f(x)$ 既可以是 $[0, 1]$ 上连续的严格单调增函数，也可以是 $[0, 1]$ 上连续的严格单调减函数[图 6.1(a)]。

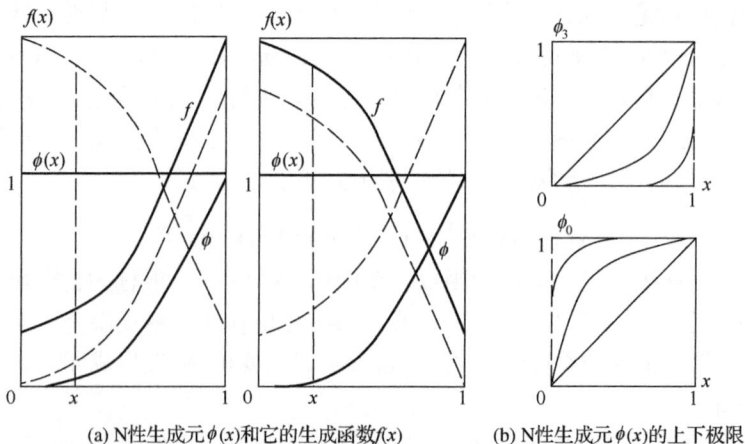

(a) N性生成元 $\phi(x)$ 和它的生成函数 $f(x)$　　　(b) N性生成元 $\phi(x)$ 的上下极限

图 6.1　N 性生成元 $\phi(x)$ 的生成

如果 $f(0)=0$，则 $\phi(x)=f(x)/f(1)$；如果 $f(0)=0$，$f(1)=1$，则 $\phi(x)=f(x)$；

如果 $f(1)=0$，则 $\phi(x)=1-f(x)/f(0)$；如果 $f(0)=1$，$f(1)=0$，则 $\phi(x)=1-f(x)$。

推论 6.1.2　线性相关的生成函数 $cf(x)+d$ 生成同一个 N 性生成元，反之不然。

定理 6.1.8(N 性生成元第二生成定理)　如果 $\phi_1(x)$、$\phi_2(x)$ 是任意 N 性生成元，则 $\phi(x)=\phi_1(\phi_2(x))$ 是 N 性生成元。

证明　由 ϕ_1、ϕ_2 在 [0, 1] 上是连续的严格单调增函数知，$\phi(x)=\phi_1(\phi_2(x))$ 在 [0, 1] 上是连续的严格单调增函数，且 $\phi(0)=\phi_1(\phi_2(0))=\phi_1(0)=0$，$\phi(1)=\phi_1(\phi_2(1))=\phi_1(1)=1$，所以 $\phi(x)$ 是 N 性生成元。∎

3. N 性生成元的上下极限定义

关于 N 性生成元的上下极限，有以下规定：如果生成函数 $f(x)$ 不是有限值函数，利用

$$\phi(x)=(f(0)-f(x))/(f(0)-f(1)),\quad \phi^{-1}(x)=f^{-1}(f(0)-(f(0)-f(1))x)$$

可以规定 N 性生成元的上下极限及其逆，从而将 N 性生成元的概念推广到非连续、非严格单调的情况 [图 6.1(b)]。因为

当 $f(1)\to\pm\infty$ 且 $f(0)$ 为有限值时，$\phi(x)\to\Phi_3$，$\phi^{-1}(x)\to\Phi_0$；

当 $f(0)\to\pm\infty$ 且 $f(1)$ 为有限值时，$\phi(x)\to\Phi_0$，$\phi^{-1}(x)\to\Phi_3$。

特别定义 $\Phi_3=\Phi_0^{-1}=\text{ite}\{1|x=1;\,0\}$，$\Phi_0=\Phi_3^{-1}=\text{ite}\{0|x=0;\,1\}$。

有了这些预备知识，就可以讨论 N 范数的生成问题。

6.1.3　N 范数的生成定理

定理 6.1.9(N 范数第一生成定理)　若 $\phi(x)$ 是 N 性生成元，$\phi^{-1}(x)$ 是它的逆函数，则 $N(x)=\phi^{-1}(1-\phi(x))$ 是连续的严格单调 N 范数。

证明　由于 $\phi(x)$ 是 N 性生成元，$\phi(0)=0$，$\phi(1)=1$，且是连续的严格单调增函数。所以 $1-\phi(x)$ 满足条件 N1、N2′和 N3，由逆运算的性质知 $y=N(x)=\phi^{-1}(1-\phi(x))$，也满足条件 N1、N2′和 N3，又 $x=N^{-1}(y)=\phi^{-1}(1-\phi(y))$，即 $N^{-1}(x)=\phi^{-1}(1-\phi(x))$，满足条件 N4。

所以 $N(x)$ 是连续的严格单调 N 范数。∎

例如，下面的 $N(x)$、$N_1(x)$、$N_2(x)$ 都是连续的严格单调 N 范数：

1) $\phi(x)=\Phi_1=x$ 时，$\phi^{-1}(x)=\Phi_1^{-1}=x$，$N(x)=N_1=1-x$；

2) $\phi_1(x)=x(1+\lambda)^{1/2}/(1+((1+\lambda)^{1/2}-1)x)$，$\lambda>-1$ 时

$$\phi_1^{-1}(x)=x/((1+\lambda)^{1/2}-((1+\lambda)^{1/2}-1)x)$$

$$1-\phi_1(x)=1-x(1+\lambda)^{1/2}/(1+((1+\lambda)^{1/2}-1)x)=(1-x)/(1+((1+\lambda)^{1/2}-1)x)$$

$$N_1(x)=\phi_1^{-1}(1-\phi_1(x))$$

$$=((1-x)/(1+((1+\lambda)^{1/2}-1)x))/((1+\lambda)^{1/2}-((1+\lambda)^{1/2}-1)(1-x)/(1+((1+\lambda)^{1/2}-1)x))$$

$$=(1-x)/((1+\lambda)^{1/2}(1+((1+\lambda)^{1/2}-1)x)-((1+\lambda)^{1/2}-1)(1-x))$$

$$=(1-x)/(1+(((1+\lambda)^{1/2})^2-1)x)=(1-x)/(1+\lambda x)$$

3) $\phi_2(x)=x^n$，$n>0$ 时，$\phi_2^{-1}(x)=x^{1/n}$，$N_2(x)=(1-x^n)^{1/n}$。

通过 N 性生成元的上极限和下极限的特别定义，可以将定理 6.1.9 推广到非连续、非严格单调的情况，也就是说可以利用 $\mathbf{\Phi_3}$ 和 $\mathbf{\Phi_3^{-1}}$ 构造出 $\mathbf{N_3}$，利用 $\mathbf{\Phi_0}$ 和 $\mathbf{\Phi_0^{-1}}$ 构造出 $\mathbf{N_0}$。

推论 6.1.3　如果 $f(x)$ 是 $[0, 1]$ 上连续的严格单调有限值函数，则 $N(x)=f^{-1}(f(1)+f(0)-f(x))$ 是 N 范数。

定理 6.1.10(N 范数第二生成定理)　若 $N_1(x)$ 是 N 范数，$\phi(x)$ 是 N 性生成元，则 $N_2(x)=\phi^{-1}(N_1(\phi(x)))$ 是 N 范数。

证明　设 $N_1(x)=\phi_1^{-1}(1-\phi_1(x))$，则 $\phi_2(x)=\phi_1(\phi(x))$ 是 N 性生成元，且 $\phi_2^{-1}(x)=\phi^{-1}(\phi_1^{-1}(x))$，所以

$$N_2(x)=\phi^{-1}(N_1(\phi(x)))=\phi^{-1}(\phi_1^{-1}(1-\phi_1(\phi(x))))=\phi_2^{-1}(1-\phi_2(x))$$

是 N 范数。

事实上，定理 6.1.5 已经给出了 **N 范数第三生成定理**：若 $N_1(x)$、$N(x)$ 是 N 范数，则 $N_1(x)$ 关于 $N(x)$ 的一级对偶 $N'_1(x)=N(N_1(N(x)))$ 也是 N 范数。

由以上生成定理可以看出，有三类生成 N 范数的方法：

1) 利用连续的严格单调一元函数形成的 N 性生成元或直接利用连续的严格单调一元函数；

2) 利用已知的 N 范数；

3) 综合利用以上两种方法。

6.2　泛非运算模型完整簇及其广义自封闭性

我们已经知道 N 范数就是研究逻辑非算子的数学原型，知道了 N 范数由 N 性生成元生成，知道了对于极限情况的处理原则，下面就可以进一步讨论如何生成泛非逻辑运算模型完整簇的问题。

6.2.1　k 值的计算方法

定理 6.2.1(k 是 N 范数的不动点)　$k=\phi^{-1}(0.5)$ 是连续的严格单调减 N 范数 $N(x)=\phi^{-1}(1-\phi(x))$ 的不动点。

证明　设 $k\in(0, 1)$ 是 N 范数 $N(x)=\phi^{-1}(1-\phi(x))$ 的不动点，则必须满足 $\phi^{-1}(1-\phi(k))=k$ 且 $1-\phi(k)=\phi(k)$，进一步化简得 $2\phi(k)=1$，$\phi(k)=0.5$，即广义自相关系数 $k=$

$\phi^{-1}(0.5)$ 是 $N(x)$ 的不动点。

例如，$k_1=\phi_1^{-1}(0.5)=1/(2(1+\lambda)^{1/2}-((1+\lambda)^{1/2}-1))=1/((1+\lambda)^{1/2}+1)$ 是 $N_1(x)=(1-x)/(1+\lambda x)$ 的不动点，即广义自相关系数，反之 $\lambda=(1-2k_1)/k_1^2$。又如，$k_2=\phi_2^{-1}(0.5)=(2^{-1})^{1/n}=2^{-1/n}$ 是 $N_2(x)=(1-x^n)^{1/n}$ 的不动点，即广义自相关系数，反之 $n=-1/\log_2 k_2$。

要研究完整簇，离不开大小两个极端点的参与，在极限情况下可直接定义：$\Phi_3^{-1}(0.5)=k=1$，$\Phi_0^{-1}(0.5)=k=0$，以便把定理 6.2.1 推广到极限 N 范数中。

定义 6.2.1(完整簇)　$\Phi(x,k)$ 能被称为一个 N 性生成元完整簇，它必须满足以下条件：

1) 严格单调性：$\Phi(x,k)$ 可随参数 $k\in(0,1)$ 的变化在其存在域内严格单调变化；

2) 全局可逆性：对于不可逆的不连续点或平台区，已有特别的互逆定义；

3) 包含先验点：$\Phi(0,k)=0$，$\Phi(x,0.5)=x$，$\Phi(1,k)=1$ 是需要包含在其中的先验点；

4) 自封闭性：簇内函数的复合运算结果仍然在簇内，即具有自封闭性。

研究表明，N 性生成元完整簇的模型有无穷多种，它们与误差分布的形式有关。因而由 N 性生成元完整簇生成的 N 范数完整簇也有无穷多种，最常用的是广义多项式模型和广义指数模型(它们的极限点如 $k=0$，$k=1$ 的逆，已有特别定义)。下面我们特别用 $\delta(x,k)$ 表示误差分布函数完整簇，$\Phi(x,k)$ 表示 N 性生成元完整簇，$N(x,k)$ 表示 N 范数完整簇，下面我们定义 N 范数完整簇就是泛非运算模型完整簇。

6.2.2　N 性生成元完整簇的定义和常用模型

定义 6.2.2　设 $\Phi(x,k)$ 是 N 性生成元完整簇，$k\in[0,1]$ 是生成元的函数位置标志参数，$\Phi(x,k)$ 可随 x 在 $(0,1)$ 区间连续地严格单调增地变化，随 k 连续地严格单调减地变化，满足 $k=\Phi^{-1}(0.5,k)$，且当 $k=0.5$ 时 $\Phi(x,k)=\Phi_1=x$；当 $k\to1$ 时 $\Phi(x,k)\to\Phi_3$，当 $k\to0$ 时 $\Phi(x,k)\to\Phi_0$，在 $\Phi(x,k)$ 簇内对复合运算和逆运算有自封闭性，则称 $\Phi(x,k)$ 为 N 性生成元完整簇，简称为 N 元簇。

最常用的两个 N 性生成元完整簇的模型是广义多项式模型和广义指数模型。

定理 6.2.2(多项式模型)　广义 Sugeno 函数簇 $\Phi_1(x,k)=x(1+\lambda)^{1/2}/(1+((1+\lambda)^{1/2}-1)x)$，$\lambda=(1-2k)/k^2$ 是 N 性生成元完整簇。

证明　1)由前面的讨论已经知道，广义 Sugeno 函数簇 $\Phi_1(x,k)=x(1+\lambda)^{1/2}/(1+((1+\lambda)^{1/2}-1)x)$，$\lambda=(1-2k)/k^2$ 是 N 性生成元簇，$k\in[0,1]$ 是生成元的位置标志参数，$\Phi_1(x,k)$ 可随 x 在 $(0,1)$ 区间连续地严格单调增地变化，随 k 连续地严格单调减地变化，满足 $k=\Phi_1^{-1}(0.5,k)$，且当 $k=0.5$ 时 $\Phi_1(x,k)=\Phi_1=x$；当 $k\to1$ 时 $\Phi_1(x,k)\to\Phi_3$，当 $k\to0$ 时 $\Phi_1(x,k)\to\Phi_0$。

2) 对簇中任意两个生成元 $\Phi_1(x,k_1)$，$\lambda_1=(1-2k_1)/k_1^2$ 和 $\Phi_1(x,k_2)$，$\lambda_2=(1-2k_2)/k_2^2$，其复合生成元

$$\Phi_1(\Phi_1(x,k_1),k_2)=\Phi_1(x,k_1)(1+\lambda_2)^{1/2}/(1+((1+\lambda_2)^{1/2}-1)\Phi_1(x,k_1))$$

$$=x(1+\lambda_1)^{1/2}(1+\lambda_2)^{1/2}/(1+((1+\lambda_1)^{1/2}(1+\lambda_2)^{1/2}-1)x)$$

$$=x(1+\lambda_3)^{1/2}/(1+((1+\lambda_3)^{1/2}-1)x)=\Phi_1(x,k_3)$$

其中，$(1+\lambda_3)^{1/2}=(1+\lambda_1)^{1/2}(1+\lambda_2)^{1/2}$，所以有 $\lambda_3=(1+\lambda_1)(1+\lambda_2)-1=\lambda_1+\lambda_2+\lambda_1\lambda_2$，$k_3=((1+\lambda_3)^{1/2}-1)/\lambda_3$，即复合运算 $\Phi_1(x,k_3)$ 仍在 $\Phi_1(x,k)$ 簇中，$\Phi_1(x,k)$ 簇对复合运算有自封闭性。

3) 对簇中任意生成元 $\Phi_1(x,k_1)=x(1+\lambda_1)^{1/2}/(1+((1+\lambda_1)^{1/2}-1)x)$，$\lambda_1=(1-2k_1)/k_1^2$，其逆运算 $\Phi_1^{-1}(x,k_1)=x/((1+\lambda_1)^{1/2}-((1+\lambda_1)^{1/2}-1)x)$，用 $\lambda_1=-\lambda_2/(1+\lambda_2)$ 代入上式得

$$\Phi_1^{-1}(x,k_1)=x/(1/(1+\lambda_2)^{1/2}-(1/(1+\lambda_2)^{1/2}-1)x)=(1+\lambda_2)^{1/2}x/(1+((1+\lambda_2)^{1/2}-1)x)=\Phi_1^{-1}(x,k_2)$$

即逆运算 $\Phi_1^{-1}(x,k_1)$ 一定在 $\Phi_1(x,k)$ 簇内，$\Phi_1(x,k)$ 簇对逆运算有自封闭性。

所以 $\Phi_1(x,k)$ 是 N 性生成元完整簇。　　　　　　　　　　　▌

与 $\Phi_1(x,k)$ 对应的误差分布函数完整簇是 $\delta_1(x,k)=(1-2k)(x^2-x)/((1-k)-(1-2k)x)$。

定理 6.2.3(指数模型)　指数函数簇 $\Phi_2(x,k)=x^n$，$n>0$，$k=2^{-1/n}$ 是 N 性生成元完整簇。

证明　1)由前面的讨论可知，指数函数簇 $\Phi_2(x,k)=x^n$ 是 N 性生成元簇，$k=2^{-1/n}$ 是生成元的位置标志参数，$\Phi_2(x,k)$ 可随 x 在(0, 1)区间连续地严格单调增地变化，随 k 连续地严格单调减地变化，满足 $k=\Phi_2^{-1}(0.5,k)$，且当 $k=0.5$ 时 $\Phi_2(x,k)=\Phi_1=x$；当 $k\to 1$ 时 $\Phi_2(x,k)\to\Phi_3$；当 $k\to 0$ 时 $\Phi_2(x,k)\to\Phi_0$。

2) 对簇中任意两个生成元 $\Phi_2(x,k_1)=x^{n1}$ 和 $\Phi_2(x,k_2)=x^{n2}$，其复合运算和逆运算为

$$\Phi_2(\Phi_2(x,k_1),k_2)=x^{n1n2}=\Phi_2(x,k_3),\quad \Phi_2^{-1}(x,k_1)=x^{1/n1}=\Phi_2(x,k_1')$$

仍在 $\Phi_2(x,k)$ 簇中，$\Phi_2(x,k)$ 簇对复合运算和逆运算有自封闭性。

所以 $\Phi_2(x,k)$ 是 N 性生成元完整簇。　　　　　　　　　　　▌

与 $\Phi_2(x,k)$ 对应的误差分布函数完整簇是 $\delta_2(x,k)=x^{1/n}-x$，其中 $n=-1/\log_2 k$。

6.2.3　N 范数完整簇的定义和常用模型

定义 6.2.3　由 N 性生成元完整簇 $\Phi(x,k)$ 生成的 N 范数簇 $N(x,k)=\Phi^{-1}(1-\Phi(x,k),k)$ 称为 N 范数完整簇，简称为 N 簇。

由定理 6.2.2 和定理 6.2.3 知，最常用的两个 N 范数完整簇如下。

1) 多项式型 N 范数完整簇：$x,k\in[0,1]$，$N_1(x,k)=(1-x)/(1+\lambda x)$，$N_1(x,0)=\mathbf{N_0}$，$N_1(x,0.5)=\mathbf{N_1}$，$N_1(x,1)=\mathbf{N_3}$，$\lambda=(1-2k)/k^2$ 或 $k=((1+\lambda)^{1/2}-1)/\lambda$。

2) 指数型 N 范数完整簇：$x,k\in[0,1]$，$N_2(x,k)=(1-x^n)^{1/n}$，$N_2(x,0)=\mathbf{N_0}$，$N_2(x,0.5)=\mathbf{N_1}$，$N_2(x,1)=\mathbf{N_3}$，$n=-1/\log_2 k$ 或 $k=2^{-1/n}$。

定义 6.2.4　如果 $N(x,k)$ 是 N 簇，则称 $N(1-x,k)$ 为 N 余簇(n-remainder cluster)，称 $1-N(x,k)$ 为 N 补簇(n-complement cluster)，见图 6.2。

由于 $N(1-x,k)=1-N(x,1-k)$，N 余簇 $N(1-x,k)$ 和 N 补簇 $1-N(x,k)$ 是对偶关系，所以有

推论 6.2.1　N 补簇内的算子一定在 N 余簇内。

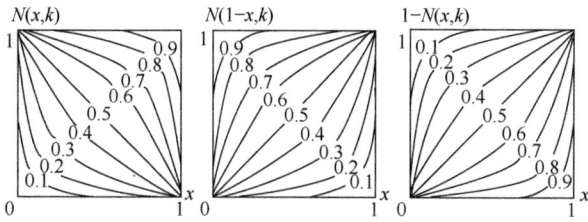

图 6.2　N 簇、N 余簇和 N 补簇

一般情况下 N 余簇不同于 N 元簇 $\Phi(x, k)$，但 Sugeno 算子簇特殊，它的 N 余簇就是 N 元簇。

定理 6.2.4　广义 Sugeno 算子簇的 N 余簇 $N(1-x, k)$ 就是 N 元簇 $\Phi(x, k)$。

证明　设 $\lambda_1=(1-2k_1)/k_1^2$，$\Phi(x, k_1)=x(1+\lambda_1)^{1/2}/(1+((1+\lambda_1)^{1/2}-1)x)$

$$N(x, k_1)=(1-x)/(1+\lambda_1 x)$$

$$N(1-x, k_1)=x/(1+\lambda_1(1-x))=x/(1+\lambda_1-\lambda_1 x)=(x/(1+\lambda_1))/(1-\lambda_1 x/(1+\lambda_1))$$

$$=x(1+\lambda_2)^{1/2}/(1+((1+\lambda_2)^{1/2}-1)x)=\Phi(x,k_2)$$

$$\lambda_2=(1-2k_2)/k_2^2=(1/(1+\lambda_1)^2)-1$$

所以本定理成立。

图 6.3 给出了最常用的两个模型簇随 k 变化的曲线图，从中我们可以发现它们之间的共性和微小差异。

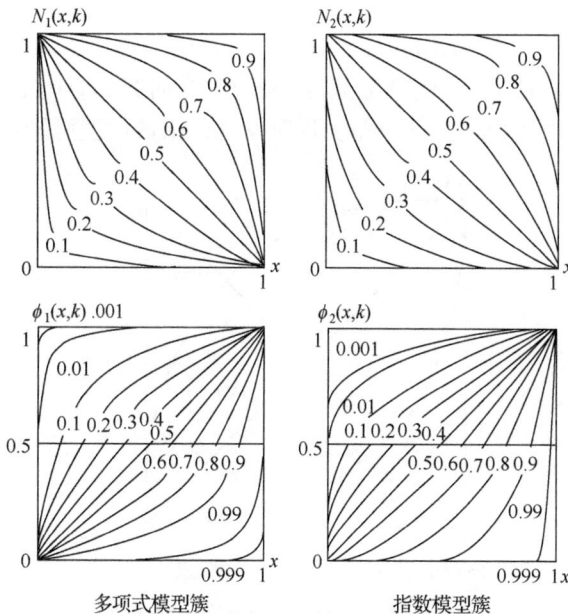

多项式模型簇　　　　　指数模型簇

(a)

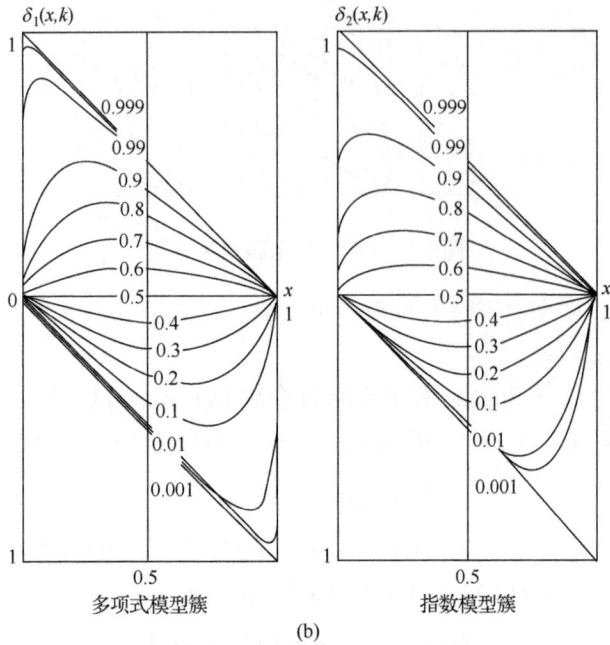

图 6.3　最常用的两个模型簇随 k 的变化图

这两个模型簇十分相近，详细情况见图 6.4。从图中可以看出：当 k 为 0、0.5 和 1 时，两模型完全相等；无论 k 为何值，当 x 为 0、k 和 1 时，两模型值完全相等；且 k 和 $1-k$ 的曲线是对偶的。

多项式模型簇是广义 Sugeno 算子簇，它的性质很好且计算简单，它的 N 余簇就是 N 元簇 $\varPhi(x,k)$ 是十分理想的泛非运算模型，在研究和应用中一般都使用它。

但我们在研究泛逻辑运算的电路实现时发现，指数模型可能更容易用物理器

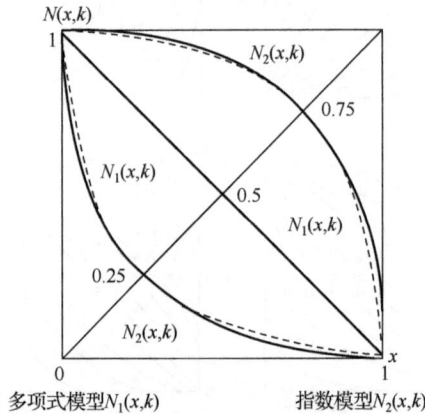

图 6.4　最常用的两个 N 范数模型的对比

件实现，且能与泛与/或运算模型更好地配合，所以这两个模型各有所长。本书以后以指数模型为主进行讨论。

指数模型与 Sugeno 算子十分相近，表 6.1 给出了典型情况下两正常形模型簇的偏差值，表中 $\Delta_k = N_2(x, k) - N_1(x, k)$。由于 Δ_k 关于 k 在 0.5 上下对称，且在 0、0.5 和 1 没有差别，所以只显示了 0.6、0.7、0.8 和 0.9 四种情况。从表 6.1 可以看出，两模型的最大偏差值 $\max\Delta_k$ 在 5% 以内，一般是 1%～2%，所以在有些情况下我们可以近似认为两模型相等，混合使用。

表 6.1　两个常用的正常形模型簇的偏差表

x	0	0.1	0.2	0.3	0.4	0.5	0.6	0.7	0.8	0.9	1
$\Delta_{0.6}$	0	0.015	0.016	0.012	0.007	0.002	0	0.003	0.012	0.026	0
$\Delta_{0.7}$	0	0.014	0.021	0.022	0.019	0.012	0.004	0	0.008	0.043	0
$\Delta_{0.8}$	0	0.007	0.013	0.018	0.021	0.020	0.015	0.006	0	0.023	0
$\Delta_{0.9}$	0	0.001	0.003	0.005	0.008	0.011	0.013	0.013	0.008	0	0

下面介绍 N 完整簇内算子分布的单调性。

定理 6.2.5　N 范数完整簇 $N(x, k)$ 内的 N 范数，随 k 连续地严格单调增地变化。

证明　设 $N(x, k) = \Phi^{-1}(1 - \Phi(x, k), k)$，由于 $\Phi(x, k)$ 随 k 连续地严格单调减地变化，对任意 $k_1 < k_2$，必然有 $\Phi(x, k_1) > \Phi(x, k_2)$，所以 $1 - \Phi(x, k_1) < 1 - \Phi(x, k_2)$；

又由于 $\Phi^{-1}(x, k)$ 随 k 连续地严格单调增地变化，所以

$$\Phi^{-1}(1 - \Phi(x, k_1), k_1) < \Phi^{-1}(1 - \Phi(x, k_2), k_2), \quad N(x, k_1) < N(x, k_2)$$

同样，对任意 $k = k_2$ 有 $\Phi(x, k_1) = \Phi(x, k_2)$，所以 $N(x, k_1) = N(x, k_2)$，即 $N(x, k)$ 簇内的 N 范数随 k 连续地严格单调增地变化。∎

6.2.4　N 完整簇上运算的广义自封闭性

N 范数完整簇除了具有 N 范数的一切性质外，还具有 N 簇上运算的广义自封闭性，包括各种对偶运算和奇次复合运算的自封闭性，偶次复合运算的余封闭性。

定理 6.2.6(N 簇内元对偶运算的自封闭性)　N 簇 $N(x, k) = \Phi^{-1}(1 - \Phi(x, k), k)$ 中，任意 N 范数 $N(x, k_1)$ 和其 N 元簇 $\Phi(x, k)$ 中任意 N 性生成元 $\Phi(x, k_2)$ 的元对偶 $\Phi^{-1}(N(\Phi(x, k_2), k_1), k_2)$ 仍在 N 簇中。

证明　由定理 6.1.10 知，$\Phi^{-1}(N(\Phi(x, k_2), k_1), k_2)$ 是 N 范数，又由 $\Phi(x, k)$ 簇对复合运算有自封闭性知 $\Phi^{-1}(x, k)$ 簇对复合运算也有自封闭性，所以

$$\Phi^{-1}(N(\Phi(x, k_2), k_1), k_2) = \Phi^{-1}(\Phi^{-1}(1 - \Phi(\Phi(x, k_2), k_1), k_1), k_2)$$

$$= \Phi^{-1}(1 - \Phi(x, k_{21}), k_{21}) = N(x, k_{21})$$

即元对偶 $N(x, k_{21})$ 仍然在 N 簇中。　　■

　　本定理表明，N 范数和它的元对偶同簇。由于 $\Phi(N(\Phi^{-1}(x, k_1), k_1), k_1)=1-x$，$\Phi^{-1}(1-x, k_1)=N(\Phi^{-1}(x, k_1), k_1)$，所以对中心 N 范数有

　　推论 6.2.2　中心 N 范数 $1-x$ 可与一切 N 范数同簇，但与 $1-x$ 同簇的两个 N 范数不一定同簇。

　　定理 6.2.7(N 簇内零级对偶运算的自封闭性)　在 N 范数完整簇 $N(x, k)$ 中，任意 N 范数 $N(x, k_1)$ 的零级对偶 $N'(x, k_1)=1-N(1-x, k_1)=N(x, 1-k_1)$ 仍然在 N 簇中。

　　证明　由定理 6.1.10 知，$N'(x, k_1)$ 是 N 范数，需要进一步证明零级对偶 $N'(x, k_1)$ 仍然在 N 簇内：

　　由于 $\Phi(x, k)$ 簇对逆运算有自封闭性，$\Phi^{-1}(x, k_1)=\Phi(x, k_1')$ 仍在 N 元簇内，则

$$\Phi(x, k_1)=\Phi^{-1}(x, k_1')$$

$$\Phi^{-1}(1-x, k_1)=1-\Phi^{-1}(x, k_1)=\Phi(1-x, k_2)$$

$$\Phi(1-x, k_1)=\Phi^{-1}(1-x, k_2)=1-\Phi^{-1}(x, k_2)$$

$$N'(x, k_1)=1-\Phi^{-1}1-\Phi(1-x, k_1), k_1)=\Phi(\Phi(1-x, k_1), k_2)$$
$$=\Phi(1-\Phi^{-1}(x, k_2), k_2)=\Phi^{-1}(1-\Phi(x, k_2'), k_2')=N(x, k_2')$$

即零级对偶 $N'(x, k_1)=N(x, k_2')$ 仍然在 N 簇中。

　　由定理 6.1.6 知，$N'(x, k_1)=1-N(1-x, k_1)=N(x, 1-k_1)$，所以本定理成立。　　■

　　本定理表明，N 范数和它的零级对偶同簇。

　　推论 6.2.3　$N(1-x, k_1)=1-N(x, 1-k_1)$。

　　定理 6.2.8(N 簇内一级对偶运算的自封闭性)　在 N 簇 $N(x, k)$ 中，任意 N 范数 $N(x, k_1)$ 和 $N(x, k_2)$ 的一级对偶 $N'(x, k_2)=N(N(N(x, k_1), k_2), k_1)=N(x, N(k_2, k_1))$ 仍然在 N 簇中。

　　证明　由定理 6.1.5 知，$N(N(N(x, k_1), k_2), k_1)$ 是 N 范数，需进一步证明一级对偶 $N(N(N(x, k_1), k_2), k_1)$ 仍然在 N 簇内。由于 $\Phi(x, k)$ 簇对逆运算有自封闭性

$$N(x, k_2)=\Phi^{-1}(1-\Phi(x, k_2), k_2)=\Phi(1-\Phi^{-1}(x, k_2'), k_2')$$

　　又由定理 6.1.9 和定理 6.1.10 知

$$N(N(N(x, k_1), k_2), k_1)=\Phi^{-1}(1-\Phi(\Phi(1-\Phi^{-1}(\Phi^{-1}(1-\Phi(x, k_1), k_1), k_2'), k_2'), k_1), k_1)$$
$$=\Phi^{-1}(1-\Phi(1-\Phi^{-1}(1-\Phi(x, k_1), k_{21}), k_{21}), k_1)$$
$$=\Phi^{-1}(1-N(1-\Phi(x, k_1), k_{21}'), k_1)$$
$$=\Phi^{-1}(N'(\Phi(x, k_1), k_{21}'), k_1)=N(x, k_{21})$$

即一级对偶 $N'(x, k_2)=N(N(N(x, k_1), k_2), k_1)$ 仍然在 N 簇中。

　　由定理 6.1.6 知，$N'(x, k_2)=N(x, N(k_2, k_1))$，所以本定理成立。　　■

　　本定理表明，N 范数和它的一级对偶同簇。

定理 6.2.9(N 簇内 2 次复合运算的余封闭性) 在 N 范数完整簇 $N(x, k)$中，任意 N 范数 $N(x, k_1)$和 $N(x, k_2)$的复合运算 $N(N(x, k_1), k_2)$在 N 余簇中。

证明 由于 N 范数和它的元对偶同簇，一般地

$$N(x, k_1') = \Phi^{-1}(N(\Phi(x, k_3), k_1), k_3), N(x, k_2') = \Phi^{-1}(N(\Phi(x, k_3), k_2), k_3)$$

$$N(N(x, k_1'), k_2') = \Phi^{-1}(N(\Phi(\Phi^{-1}(N(\Phi(x, k_3), k_1), k_3), k_3), k_2), k_3)$$
$$= \Phi^{-1}(N(N(\Phi(x, k_3), k_1), k_2), k_3)$$

即 $N(N(x, k), k_2)$和它的元对偶 $N(N(x, k_1'), k_2')$同簇。

特殊地，令 $\Phi(x, k_3) = \Phi^{-1}(x, k_1)$，则

$$N(N(x, k_1'), k_2') = \Phi(N(N(\Phi^{-1}(x, k_1), k_1), k_2), k_1) = N(1-x, k_2')$$

即 $N(N(x, k_1), k_2)$在 N 余簇中。 ▮

定理 6.2.10(N 簇内 3 次复合运算的自封闭性) 在 N 范数完整簇 $N(x, k)$中，任意三个 N 范数 $N(x, k_1)$、$N(x, k_2)$和 $N(x, k_3)$的复合运算 $N(N(N(x, k_1), k_2), k_3)$仍然在 N 簇中。

证明 由定理 6.2.7 和定理 6.2.9 知

$$N(N(N(x, k_1), k_2), k_3) = N(1 - N(x, k_1), k_{23}) = N(N(1-x, 1-k_1), k_{23})$$
$$= N(1-(1-x), k_{23}) = N(x, k_{23})$$

即 $N(N(N(x, k_1), k_2), k_3)$仍然在 N 簇中。 ▮

推论 6.2.4 在 N 范数完整簇 $N(x, k)$中，任意偶数个 N 范数 $N(x, k_1)$，$N(x, k_2)$，…，$N(x, k_n)$的复合运算 $N(\cdots N(N(x, k_1), k_2), \cdots, k_n)$在 N 余簇中，任意奇数个 N 范数 $N(x, k_1)$, $N(x, k_2)$, …, $N(x, k_n)$的复合运算 $N(\cdots N(N(x, k_1), k_2), \cdots, k_n)$在 N 簇中。

定义 6.2.5 称 $N(x, k)$簇内的各种对偶运算和复合运算只能在 N 簇或 N 余簇中变化的性质为 N 簇上的广义自封闭性。

6.3 阈元量词及其运算规则

前面我们已经认识到 N 性生成元完整簇 $\Phi(x, k)$具有自封闭性，证明了 N 范数完整簇 $N(x, k)$的广义自封闭性，下面要进一步研究 N 性生成元完整簇和 N 范数完整簇中的误差合成规律。为此需要借助标志误差水平的阈元量词 $\eth^k$，以便研究不同误差水平的混合运算规律。

在泛逻辑学的标准命题演算中，仅涉及阈元量词 $\eth^k$，它是一个柔性量词，其中 $k \in [0, 1]$是命题真值的阈元。在逻辑公式中，$\eth^k p$ 表示它后面的命题 p 的真值 x 带有水平为 k 的误差。在讨论运算模型时，可直接简写成 $\eth^k x$。

下面将在 N 性生成元完整簇的基础上，详细介绍阈元量词$\male^k$的定义、性质及对泛非运算模型的影响，它能帮助我们进一步认识泛非命题连接词的一般规律。最后总结前面的研究成果，给出了线序连续值逻辑(包括模糊逻辑)和泛逻辑学中关于非命题连接词的逻辑公式。

6.3.1　阈元量词的定义及数学模型

在前面的讨论中已经知道，如果命题 p 的真值是有误差的模糊测度 x^*(即不可加模糊测度)，且需要利用这个有误差的模糊测度 x^* 来计算非命题的真值 $N(x^*, k)$(设它与 x^* 有相同的误差类型 $\Phi(x^*, k)$ 和误差水平 k)，则可用误差修正函数完整簇 $\Phi(x^*, k)$ 先修正误差对 x^* 的影响，得到精确的真值 $x=\Phi(x^*, k)$。然后利用非运算的基模型 $N(x)=1-x$，得到非命题的精确真值 $N(x)=1-\Phi(x^*, k)$，最后利用 $\Phi^{-1}(N(x), k)$ 恢复模糊测度误差对非命题真值的影响，得到有同样误差类型和误差水平 k 的真值 $N(x^*, k)$，即 N 范数模型为

$$N(x^*, k)=\Phi^{-1}(1-\Phi(x^*, k), k) \tag{6-2}$$

当 $k=0.5$ 时，$\Phi(x, k)=x$，$N(x, k)=N(x)=1-x$，表示 x 是无误差的真值。

定义 6.3.1(阈元量词)　阈元量词$\male^k$ 是一个标志误差水平的逻辑修饰符号，表示它后面管辖的是有误差的逻辑真值，误差水平为 k，$\male^k$ 的运算模型是$\male^k x=\Phi^{-1}(x, k)$。

由于$\male^{0.5}x=x$ 表示 x 是无误差的逻辑真值，所以$\male^{0.5}$可以省略。

在一个推理系统中，如果全部命题都有相同的阈元 k，则按照对合律 $N(N(x,k), k))=x$，可以不需要阈元量词$\male^k$ 的帮助，否则需要用阈元量词$\male^k$ 来标志命题真值的误差水平 k。例如式(6-2)可表示成

$$\male^k N(x)=N(\male^k x, k) \tag{6-3}$$

意思是误差水平为 k 的命题$\male^k x$，经过误差水平为 k 的泛非运算后，结果仍然是误差水平为 k 的非命题$\male^k N(x)$。在泛逻辑学公式中，常用逻辑符号～表示 $N(x)=1-x$，用逻辑符号～$_k$ 表示 $N(x,k)=\Phi^{-1}(1-\Phi(x, k), k)$，所以式(6-3)可进一步表示成

$$\male^k \sim p=\sim_k \male^k p \tag{6-4}$$

式(6-4)实际上是阈元量词的**第一移位规则**，它规定了阈元量词$\male^k$在泛非命题连接词前后移动的原则，其逻辑意义是：中心非算子～前面的阈元量词$\male^k$可以移到后面去，条件是在～上增加 k 水平的误差，变成～$_k$，反之则相反。

定义 6.3.2(阈元量词的逆)　阈元量词$\male^k$ 的逆是阈元量词，用$\male^{\ominus k}$ 表示，$\male^{\ominus k}$ 的运算模型是$\male^{\ominus k}x=\Phi(x, k)$。

由于在泛逻辑学中最常用的 N 性生成元完整簇是多项式模型簇和指数模型簇，所以本节直接用它们来证明有关的性质。

6.3.2　阈元量词的基本性质

利用阈元量词的数学模型 $\male^k x = \Phi^{-1}(x, k)$ 和 $\male^{\ominus k} x = \Phi(x, k)$ 可以证明它的许多性质。阈元量词 $\male^k$ 的基本性质有：

定理 6.3.1(阈元逆规则)　计算阈元逆 $\ominus k$ 的规则是：在多项式模型中 $\ominus k = 1 - k$；在指数模型中 $\ominus k = (2^a | a = 1/\log_2 k)$。

证明　由 $\male^k x = \Phi^{-1}(x, k)$，$\male^{\ominus k} x = \Phi(x, k) = \Phi^{-1}(x, k')$ 知，它们是互逆的。

1) 由于多项式模型簇 $\Phi_1(x, k)$ 对逆运算有自封闭性。$\Phi_1(x, k) = \Phi^{-1}(x, k')$，解得关系式 $\lambda' = -\lambda/(1+\lambda)$，将 $\lambda = (1-2k)/k^2$，$\lambda' = (1-2k')/k'^2$ 代入关系式 $\lambda' = -\lambda/(1+\lambda)$ 得 $k + k' = 1$，$\ominus k = k' = 1 - k$。

2) 由于指数函数簇 $\Phi_2(x, k)$ 对逆运算有自封闭性，任意生成元 $\Phi_2(x, k) = x^n$ 的逆运算 $\Phi_2^{-1}(x, k) = \Phi_2(x, k') = x^{n'}$，解得关系式 $n' = 1/n$，用 $n = -1/\log_2 k$，$n' = -1/\log_2 k'$ 代入，得 $\log_2 k' = 1/\log_2 k$，$\ominus k = k' = (2^a | a = 1/\log_2 k)$。

所以，本定理成立。∎

如果 $k_1 = 0.5$，则 $\ominus k_1 = 0.5$，中元的逆仍然是中元。

定理 6.3.2(迁移律)　阈元量词在等号前后迁移的规则是：如果 $\male^k x = y$，则 $x = \male^{\ominus k} y$。

证明　由于 $\male^k x = \Phi^{-1}(x, k) = y$，$x = \Phi(y, k) = \Phi^{-1}(y, \ominus k) = \male^{\ominus k} y$，所以本定理成立。∎

迁移律是阈元量词的**第二移位规则**：阈元量词可以在等号前后迁动，其阈值变逆。

根据式(6-4)可进一步将阈元量词的第二移位规则表示为

$$\sim p = \male^{\ominus k} \sim_k \male^k p \tag{6-5}$$

推论 6.3.1(逆还原律)　阈元逆满足还原律，$\ominus \ominus k = k$。

定义 6.3.3(阈元量词的和)　阈元量词 $\male^{k1}$ 和阈元量词 $\male^{k2}$ 的合成 $\male^{k1}\male^{k2} x = \male^{k3} x$ 仍然是阈元量词，用 $\male^{k1}\male^{k2} x = \male^{k1 \oplus k2} x$ 表示，称 $k_1 \oplus k_2$ 为阈元和，阈元和的运算模型是 $\male^{k1 \oplus k2} x = \Phi^{-1}(\Phi^{-1}(x, k_1), k_2)$。

定理 6.3.3(和交换律)　阈元和满足交换律，$\male^{k1 \oplus k2} x = \male^{k2 \oplus k1} x$。

证明　1)由于在多项式模型簇 $\Phi_1(x, k) = x(1+\lambda)^{1/2}/(1+((1+\lambda)^{1/2}-1)x)$，$\lambda = (1-2k)/k^2$ 中，任意两个生成元 $\Phi_1(x, k_1)$，$\lambda_1 = (1-2k_1)/k_1^2$ 和 $\Phi_1(x, k_2)$，$\lambda_2 = (1-2k_2)/k_2^2$，其复合生成元仍在簇中，且

$$\Phi_1(\Phi_1(x, k_1), k_2) = \Phi_1(x, k_1)(1+\lambda_2)^{1/2}/(1+((1+\lambda_2)^{1/2}-1)\Phi_1(x,k_1))$$

$$= x(1+\lambda_1)^{1/2}(1+\lambda_2)^{1/2}/(1+((1+\lambda_1)^{1/2}(1+\lambda_2)^{1/2}-1)x)$$

$$= x(1+\lambda_3)^{1/2}/(1+((1+\lambda_3)^{1/2}-1)x) = \Phi_1(x, k_3)$$

其中，$\lambda_3 = (1+\lambda_1)(1+\lambda_2) - 1 = \lambda_1 + \lambda_2 + \lambda_1\lambda_2$，$k_3 = ((1+\lambda_3)^{1/2}-1)/\lambda_3$，与复合运算的次序无关；

$\Phi_1(\Phi_1(x, k_1), k_2) = \Phi_1(\Phi_1(x, k_2), k_1) = \Phi_1(x, k_3)$。

2) 在指数函数簇 $\Phi_2(x,k)=x^n$，$n>0$，$k=2^{-1/n}$ 中，任意两个生成元 $\Phi_2(x, k_1)=x^{n1}$ 和 $\Phi_2(x, k_2)=x^{n2}$，其复合运算仍在簇中，且

$$\Phi_2(\Phi_2(x, k_1), k_2)=x^{n1n2}=\Phi_2(x, k_3), \quad k_3=2^{-1/(n1n2)}$$

与复合运算的次序无关，$\Phi_2(\Phi_2(x, k_1), k_2)=\Phi_2(\Phi_2(x, k_2), k_1)=\Phi_2(x, k_3)$。

显然，它们的逆运算的复合运算也与次序无关

$$\Phi^{-1}(\Phi^{-1}(x, k_1), k_2)=\Phi^{-1}(\Phi^{-1}(x, k_2), k_1)=x^{1/(n1n2)}=\Phi^{-1}(x, k_3)$$

所以阈元和满足交换律。　■

和交换律是阈元量词的**第三移位规则**：相邻阈元量词可以任意交换位置，其值不变。

$$\raisebox{0.3em}{$\circlearrowleft$}^{k1}\raisebox{0.3em}{$\circlearrowleft$}^{k2}x=\raisebox{0.3em}{$\circlearrowleft$}^{k2}\raisebox{0.3em}{$\circlearrowleft$}^{k1}x$$

定理 6.3.4(阈元和规则)　计算阈元和 $k_1 \oplus k_2$ 的规则是：

在多项式模型中，$k_1 \oplus k_2 = k_1 k_2/(1-k_1-k_2+2k_1k_2)$；

在指数模型中，$k_1 \oplus k_2=(2^a|a=-\log_2 k_1 \log_2 k_2)$。

证明　1)由定理 6.3.3 知，在多项式模型簇 $\Phi_1(x, k)$ 中，$\Phi_1(\Phi_1(x, k_1), k_2)=\Phi_1(x, k_3)$，与次序无关且 $\lambda_3=(1+\lambda_1)(1+\lambda_2)-1$。求逆得 $\Phi_1^{-1}(\Phi_1^{-1}(x, k_1), k_2)=\Phi_1^{-1}(x, k_3)$，用 $k_3=((1+\lambda_3)^{1/2}-1)/\lambda_3$，$\lambda_1=(1-2k_1)/k_1^2$ 和 $\lambda_2=(1-2k_2)/k_2^2$ 代入，得 $\lambda_3=((1-k_1)^2(1-k_2)^2)/(k_1^2 k_2^2)-1$，$k_3=k_1 \oplus k_2=1/(((1-k_1)(1-k_2))/(k_1k_2)+1)=k_1k_2/(1-k_1-k_2+2k_1k_2)$。

2) 在指数函数簇 $\Phi_2(x, k)$ 中，$\Phi_2(\Phi_2(x, k_1), k_2)=\Phi_2(x, k_3)$，与次序无关，且 $k_3=2^{-1/n3}$，$n_3=n_1n_2$。

求逆得 $\Phi_2^{-1}(\Phi_2^{-1}(x, k_1), k_2)=\Phi_2^{-1}(x, k_3)$，用 $n_1=-1/\log_2 k_1$，$n_2=-1/\log_2 k_2$，$n_3=-1/\log_2 k_3$ 代入，得 $\log_2 k_3=-\log_2 k_1 \log_2 k_2$，$k_3=k_1 \oplus k_2=(2^a|a=-\log_2 k_1 \log_2 k_2)$。所以，本定理成立。　■

定理 6.3.5(对偶律)　阈元和满足对偶律，$k_1 \oplus k_2=\ominus(\ominus k_1 \ominus \oplus k_2)$。

证明　1)由定理 6.3.1 和定理 6.3.4 知,在多项式模型簇中，$\ominus k=1-k$，$k_1 \oplus k_2=k_3=k_1k_2/(1-k_1-k_2+2k_1k_2)$，而 $\ominus(\ominus k_1 \oplus \ominus k_2)=1-((1-k_1)(1-k_2)/(1-(1-k_1)-(1-k_2)+2(1-k_1)(1-k_2)))=k_1k_2/(1-k_1-k_2+2k_1k_2)=k_1 \oplus k_2$；

2) 在指数模型中，设 k_1 对应 n_1，k_2 对应 n_2，$k_1 \oplus k_2$ 对应 n_1n_2，则 $\ominus k_1$ 对应 $1/n_1$，$\ominus k_2$ 对应 $1/n_2$，$\ominus k_1 \oplus \ominus k_2$ 对应 $1/(n_1n_2)$，所以 $\ominus(\ominus k_1 \oplus \ominus k_2)$ 对应 $1/(1/(n_1n_2))=n_1n_2$，即 $k_1 \oplus k_2=\ominus(\ominus k_1 \oplus \ominus k_2)$。

所以，本定理成立。　■

定义 6.3.4(阈元量词的差)　称 $k_1 \ominus k_2=k_1 \oplus(\ominus k_2)$ 为阈元差，阈元差的运算模型是

$$\raisebox{0.3em}{$\circlearrowleft$}^{k1 \ominus k2}x=\Phi^{-1}(\Phi^{-1}(x, k_1), \ominus k_2)$$

定理 6.3.6(阈元差规则)　计算阈元差 $k_1\ominus k_2$ 的规则是：

在多项式模型中，$k_1\ominus k_2=k_1(1-k_2)/(k_1+k_2-2k_1k_2)$；

在指数模型中，$k_1\ominus k_2=(2^a|a=-\log_2 k_1/\log_2 k_2)$。

证明　1)由定理 6.3.1 和定理 6.3.4 知，在多项式模型簇中，$\ominus k_2=1-k_2$，$k_1\oplus(\ominus k_2)=k_3=\ominus k_2 k_1/(1-k_1-k_2+2\ominus k_2 k_1)$，因而 $k_1\ominus k_2=k_1(1-k_2)/(k_1+k_2-2k_1k_2)$；

2) 在指数模型中 $\log_2\ominus k_2=1/\log_2 k_2$，$k_1\ominus k_2=\ominus k_2\oplus k_1=(2^a|a=-\log_2 k_1\log_2\ominus k_2)=(2^a|a=-\log_2 k_1/\log_2 k_2)$。

所以，本定理成立。∎

推论 6.3.2(吸收律)　阈元逆满足吸收律，$k\ominus k=0.5$，即 $\male^{k\ominus k}x=\male^k\male^{\ominus k}x=x$。其中 x 可以是任意真值，不管它的误差水平如何。

根据吸收律，可以将式(6-5)进一步表示成阈元量词的**第四移位规则**为

$$\sim_k p=\male^k\sim\male^{\ominus k}p \tag{6-6}$$

也就是说泛非运算和中心非运算之间有关系：$\sim_k=\male^k\sim\male^{\ominus k}$，$\sim=\male^{\ominus k}\sim_k\male^k$。

定义 6.3.5(不等差 N 范数)　将误差水平为 k_1 的命题真值 $\male^{k_1}x$ 代入误差水平为 k_2 的 N 范数，得到 $N(\male^{k_1}x,k_2)$，$k_1\neq k_2$。称 $N(\male^{k_1}x,k_2)$，$k_1\neq k_2$ 为不等差 N 范数，用逻辑公式表示是 $\sim_{k_2}\male^{k_1}p$，相应地称 $N(\male^k x,k)$ 为等差 N 范数。

定理 6.3.7(不等差 N 范数模型)　不等差 N 范数的运算模型是

$$\sim_{k_2}\male^{k_1}p=\male^{k_2}\sim\male^{k_1\ominus k_2}p \tag{6-7}$$

证明　由式(6-6)知，$\sim_{k_2}\male^{k_1}p=\male^{k_2}\sim\male^{\ominus k_2}\male^{k_1}p=\male^{k_2}\sim\male^{k_1\ominus k_2}p$。所以，本定理成立。∎

式(6-7)是阈元量词的**第五移位规则**，当 $k_1=0.5$ 时，它退化为第四移位规则。

6.3.3　N 范数的误差合成规律

前面我们已经证明 N 范数完整簇 $N(x,k)$ 具有广义自封闭性，还讨论了阈元量词 $\male^k$ 的误差合成规律，下面要进一步研究 N 范数完整簇中的误差合成规律。

在前面我们限定 x 是无误差的逻辑真值，其实可以认为 x 是有任意误差的逻辑真值或逻辑公式，只是在当前的讨论中，我们把它视为一个不必细分的整体而已。

定理 6.3.8(非合成律)　如果 $N(x,k_1)$ 和 $N(x,k_2)$ 是同一 N 范数完整簇 $N(x,k)$ 内的任意两个 N 范数，则 $N(N(x,k_1),k_2)=1-N(x,k_3)$，其中 $N(x,k_3)$ 仍是 N 范数簇 $N(x,k)$ 中的 N 范数，且 $k_3=k_1\ominus k_2$。

证明　由于各种类型的 N 范数完整簇都有相同的不动点 k，且任意 N 范数完整簇都有广义自封闭性，所以本定理可用任何一类 N 范数完整簇来证明，我们选用多项式模型为

$$N(x,k)=(1-x)/(1+\lambda x),\quad \lambda=(1-2k)/k^2,\quad k\in(0,1)$$

设 $\lambda_1=(1-2k_1)/k_1^2$, $\lambda_2=(1-2k_2)/k_2^2$, 则有

$$N(N(x,k_1),k_2)=(1-((1-x)/(1+\lambda_1x)))/(1+\lambda_2((1-x)/(1+\lambda_1x)))$$
$$=(1+\lambda_1)x/(1+\lambda_2+(\lambda_1-\lambda_2)x)$$
$$=((1+\lambda_1)/(1+\lambda_2))x/(1+((\lambda_1-\lambda_2)/(1+\lambda_2))x)$$
$$=(1+(\lambda_1-\lambda_2)/(1+\lambda_2))x/(1+((\lambda_1-\lambda_2)/(1+\lambda_2))x)$$
$$=1-(1-x)/(1+((\lambda_1-\lambda_2)/(1+\lambda_2))x)$$
$$=1-(1-x)/(1+\lambda_3x)=1-N(x,k_3)$$

其中

$$\lambda_3=(\lambda_1-\lambda_2)/(1+\lambda_2)=(((1-2k_1)/k_1^2)-((1-2k_2)/k_2^2))/(1+((1-2k_2)/k_2^2))$$
$$=(k_2^2(1-2k_1)-k_1^2(1-2k_2))/(k_1^2k_2^2+k_1^2(1-2k_2))$$
$$=(k_2^2-2k_1k_2^2-k_1^2+2k_1^2k_2)/(k_1^2(k_2^2-2k_2+1))$$
$$=(k_2^2(1-2k_1+k_1^2)-k_1^2(1-2k_2+k_2^2))/(k_1^2(1-k_2)^2)$$
$$=(k_2^2(1-k_1)^2-k_1^2(1-k_2)^2)/(k_1^2(1-k_2)^2)$$
$$=(1-(k_1^2(1-k_2)^2/k_2^2(1-k_1)^2)/(k_1^2(1-k_2)^2/(k_2^2(1-k_1)^2))=(1-m^2)/m^2$$
$$m=k_1(1-k_2)/(k_2(1-k_1))$$

由于 $\lambda_3=(1-2k_3)/k_3^2=(1-m^2)/m^2$, 所以有

$$k_3^2(1-m^2)=m^2(1-2k_3), \quad k_3^2=m^2(1-k_3)^2, \quad k_3/(1-k_3)=\pm m$$

即

$$k_3=m/(m-1) \text{ 或 } k_3=m/(m+1)$$

由 $k_3\in(0,1)$ 知, 只能选择 $k_3=m/(m+1)=k_1(1-k_2)/(k_1+k_2-2k_1k_2)=k_1\ominus k_2$。所以 $N(x,k)$ 满足非合成律。 ▮

非合成律可以表示为: $\sim_{k2}\sim_{k1}p=\sim\sim_{k1\ominus k2}p$。

当 $k_1=k_2$ 时, $k_3=0.5$, $N(N(x,k_1),k_2)=1-N(x,0.5)=x$, 即 $\sim_{k1}\sim_{k1}p=p$。所以, 对合律是非合成律的特例。由非合成律 $\sim_{k2}\sim_{k1}p=\sim\sim_{k1\ominus k2}p$ 知

$$♂^{k2}\sim♂^{\ominus k2}♂^{k1}\sim♂^{\ominus k1}p=\sim♂^{\ominus k2}♂^{k1}\sim♂^{\ominus k1}♂^{k2}p$$

这是阈元量词的 **第六移位规则**: 阈元量词可以在两个否定符号两边任意移动, 而不需要作任何改变。

定理 6.3.9(非交换律) 在泛非运算中, $\sim_{k2}\sim_{k1}p=\sim_{\ominus k1}\sim_{\ominus k2}p$。

证明 根据定理 6.2.1, $\sim_{k2}\sim_{k1}p=\sim\sim_{k1\ominus k2}p$, $\sim_{\ominus k1}\sim_{\ominus k2}p=\sim\sim_{\ominus k2\ominus\ominus k1}p$, 而 $\ominus k_2\ominus\ominus k_1=\ominus k_2\oplus k_1=k_1\ominus k_2$, 即 $\sim_{k2}\sim_{k1}p=\sim_{\ominus k1}\sim_{\ominus k2}p$。所以本定理成立。 ▮

定理 6.3.10(非吸收律) 在泛非运算中

$$\sim_k\sim_0p=\sim\sim_0p,\quad \sim_k\sim_1p=\sim\sim_1p$$

$$\sim_0\sim_kp=\sim_0\sim p,\quad \sim_1\sim_kp=\sim_1\sim p$$

证明　根据定理 6.2.1，$\sim_{k_2}\sim_{k_1}p=\sim\sim_{k_1\ominus k_2}p$，$k_1\ominus k_2=k_1(1-k_2)/(k_1+k_2-2k_1k_2)$。

如果 $k_1=0$，则 $k_1\ominus k_2=k_1(1-k_2)/(k_1+k_2-2k_1k_2)=0$，$\sim_k\sim_0p=\sim\sim_0p$；

如果 $k_1=1$，则 $k_1\ominus k_2=k_1(1-k_2)/(k_1+k_2-2k_1k_2)=1$，$\sim_k\sim_1p=\sim\sim_1p$；

如果 $k_2=0$，则 $k_1\ominus k_2=k_1(1-k_2)/(k_1+k_2-2k_1k_2)=1$，$\sim_0\sim_kp=\sim\sim_1p$，根据非交换律，$\sim_0\sim_kp=\sim_0\sim p$；

如果 $k_2=1$，则 $k_1\ominus k_2=k_1(1-k_2)/(k_1+k_2-2k_1k_2)=0$，$\sim_1\sim_kp=\sim\sim_0p$，根据非交换律，$\sim_1\sim_kp=\sim_1\sim p$。

所以本定理成立。

定理 6.3.11(非互补律)　在泛非运算中

$$\sim_{\ominus k}\sim_kp=\sim\sim_kp,\quad k'=k^2/(1-2k+2k^2)$$

$$\sim_k\sim_{\ominus k}p=\sim\sim_kp,\quad k'=(1-k)^2/(1-2k+2k^2)$$

证明　根据定理 6.2.1，$\sim_{k_2}\sim_{k_1}p=\sim\sim_{k_1\ominus k_2}p$，$k_1\ominus k_2=k_1(1-k_2)/(k_1+k_2-2k_1k_2)$。

如果 $k_1=k$, $k_2=1-k$, $k_1\ominus k_2=k'$，则 $\sim_{\ominus k}\sim_kp=\sim\sim_kp$，$k'=k^2/(1-2k+2k^2)$；

如果 $k_1=1-k$, $k_2=k$, $k_1\ominus k_2=k'$，则 $\sim_k\sim_{\ominus k}p=\sim\sim_kp$, $k'=(1-k)^2/(1-2k+2k^2)$。

所以本定理成立。

6.4　对泛非运算的总结

下面系统总结泛非命题连接词运算模型的定义、运算模型及其逻辑公式。主要线序连续值逻辑中的非命题连接词及其逻辑公式，它是最基本的逻辑学形态。在它的基础上可以退化或者扩张为其他逻辑非运算模型。

6.4.1　泛非命题连接词的逻辑意义

在前面的讨论中我们已经认识到，线序连续值逻辑泛非命题连接词的运算模型是一个可在其存在域内随形参 k 在最大非算子和最小非算子之间连续地严格单调变化的非算子完整簇，它是不确定的运算模型，只有给定了一个具体的位置标志参数 k 后，才能从算子簇中选定一个确定的算子进行计算。

线序连续值逻辑泛非命题连接词的逻辑意义是具有一级不确定性的泛非运算，它的不确定性来源于模糊测度的不精确性，由认识偏差或测量误差引起，用广义自相关系数即误差系数 $k\in[0,1]$ 来刻画。使用一级泛非运算的条件是命题和它的非命题都服从相同的误差分布 $\delta(x,k)$，并有相同的误差水平 k。

线序连续值逻辑泛非命题连接词的运算模型是一个 N 范数完整簇 $N(x, k)$，其中位置标志参数 k 是 $N(x, k)$ 的不动点，也是非运算中的阈元，它代表否定中的风险程度。$N(x, k)$ 是一个可在其存在域内随 k 连续变化的非算子完整簇，它的存在域是：$[0, 1] \times [0, 1]$，最大非算子是 $\mathbf{N_3} = N(x, 1)$，中心非算子是 $\mathbf{N_1} = N(x, 0.5)$，最小非算子是 $\mathbf{N_0} = N(x, 0)$。

6.4.2 泛非命题连接词的运算模型

1) N 范数完整簇 $N(x, k)$ 由泛非运算模型的生成基 $N(x) = 1 - x$ 和 N 性生成元完整簇 $\Phi(x, k)$ 相互作用生成

$$N(x, k) = \Phi^{-1}(1 - \Phi(x, k), k), \quad x, k \in [0, 1]$$

2) 泛非运算模型的生成基 $N(x) = 1 - x$ 是精确命题真值的非运算即中心非算子。

3) N 性生成元完整簇 $\Phi(x, k)$ 的逻辑意义是修正不分明测度误差对命题真值的影响，它与不分明测度的误差分布函数 $\delta(x, k)$ 有关。

4) $\delta(x, k)$ 簇有无限多种，故 $\Phi(x, k)$ 簇也有无限多种。

5) 在一个逻辑推理系统中一般只需要使用同一个 $\Phi(x, k)$ 簇和 $N(x, k)$ 簇。

6) 常用的是多项式模型和指数模型。

多项式模型：

$$\Phi_1(x, k) = (1 + \lambda)^{1/2} / (1 + ((1 + \lambda)^{1/2} - 1)x), \quad \lambda = (1 - 2k)/k^2$$
$$N_1(x, k) = (1 - x)/(1 + \lambda x), \quad k = ((1 + \lambda)^{1/2} - 1)/\lambda$$

指数模型：

$$\Phi_2(x, k) = x^n, \quad n = -1/\log_2 k; \quad N_2(x, k) = (1 - x^n)^{1/n}, \quad k = 2^{-1/n}$$

6.4.3 泛非命题连接词的基本性质

由于线序连续值逻辑泛非命题连接词是由 N 范数完整簇定义的，所以 N 范数和 N 范数完整簇的性质就是线序连续值逻辑泛非命题连接词的性质，归纳起来如下。

1) 封闭性：$N(x, k) \in [0, 1]$。命题 p 的泛非命题 $\sim_k p$ 仍是命题。

2) 对合律：$\sim_k \sim_k p = p$。命题经过 2(或偶数)次相同误差水平 k 的泛非运算后回到原命题。

3) 泛非性：如果 $k \Rightarrow p$，则 $\sim_k p \Rightarrow k$；如果 $p \Rightarrow k$，则 $k \Rightarrow \sim_k p$。不假命题的泛非命题一定不真；不真命题的泛非命题一定不假。

4) 对偶律：$\sim_{k2} \sim_{k1} \sim_{k2} p = \sim_k p$，$k = N(k_1, k_2)$，$\sim \sim_k \sim p = \sim_{1-k} p$。泛非运算模型簇 $N(x, k)$ 是一个以中心非算子 $N(x)$ 为中心的自对偶算子簇，它的零级对偶和一级对偶都在簇中。

5) 偶等性：$\sim_k\sim_k\sim_kp=\sim_kp$。任何泛非运算的自对偶仍然是自己。

6.4.4　阈元量词的基本性质及运算

在一个推理系统中，如果全部命题都有相同的阈元 k，则由对合律 $\sim_k\sim_kp=p$ 和偶等性 $\sim_k\sim_k\sim_kp=\sim_kp$ 可知，在推理中不需要阈元量词 $\male^k$ 的帮助，否则需要用阈元量词 $\male^k$ 来标志命题真值的误差水平 k。

阈元量词的运算模型是 $\male^kx=\varPhi^{-1}(x,k)$，$\male^{0.5}x=x$。

阈元量词 $\male^k$ 的逆仍然是阈元量词，用 $\male^{\ominus k}$ 表示，$\male^{\ominus k}$ 的运算模型是 $\male^{\ominus k}x=\varPhi(x,k)$。

利用阈元量词 $\male^k$ 可将泛非非命题连接词表示为 $\sim_kp=\male^k\sim\male^{\ominus k}p$。

阈元量词 $\male^k$ 的基本性质如下。

1) 第一移位规则：$\male^k\sim p=\sim_k\male^kp$。中心非算子 $\sim$ 前面的阈元量词 $\male^k$ 可以移到后面去，条件是将 $\sim$ 变成 $\sim_k$，反之则相反。

2) 第二移位规则：如果 $\male^kp=q$，则 $p=\male^{\ominus k}q$。阈元量词可以在等号左右移动，其阈值变逆。

3) 第三移位规则：$\male^{k1}\male^{k2}p=\male^{k2}\male^{k1}p$。相邻阈元量词可以任意交换位置，其值不变。

4) 第四移位规则：$\sim_kp=\male^k\sim\male^{\ominus k}p$ 或 $\sim p=\male^{\ominus k}\sim_k\male^kp$。泛非运算与中心非运算的关系。

5) 第五移位规则：$\sim_{k2}\male^{k1}p=\male^{k2}\sim\male^{k1\ominus k2}p$。不等差泛非运算的等价变换公式。

6) 第六移位规则：$\male^{k2}\sim\male^{\ominus k2}\male^{k1}p=\sim\male^{\ominus k1}p=\sim\male^{\ominus k2}\male^{k1}\sim\male^{\ominus k1}\male^{k2}p$。阈元量词可以在两个否定符号两边任意移动，其值不变。

阈元量词 $\male^k$ 的运算规则如下。

1) 逆运算规则：在多项式模型中 $\ominus k=1-k$；
　　　　　　在指数模型中 $\ominus k=(2^a|a=1/\log_2 k)$；
　　　　　　阈元逆满足还原律　$\ominus\ominus k=k$。

2) 和运算规则：在多项式模型中 $k_1\oplus k_2=k_1k_2/(1-k_1-k_2+2k_1k_2)$；
　　　　　　在指数模型中 $k_1\oplus k_2=(2^a|a=-\log_2 k_1\log_2 k_2)$；
　　　　　　阈元和满足对偶律　$k_1\oplus k_2=\ominus(\ominus k_1\oplus\ominus k_2)$。

3) 差运算规则：在多项式模型中 $k_1\ominus k_2=k_1(1-k_2)/(k_1+k_2-2k_1k_2)$；
　　　　　　在指数模型中 $k_1\ominus k_2=(2^a|a=-\log_2 k_1/\log_2 k_2)$；
　　　　　　差运算满足吸收律　$k\ominus k=0.5$，即 $\male^k\male^{\ominus k}x=x$。

6.4.5　不等 k 泛非命题连接词的合成规律

1) 非合成律：$\sim_{k2}\sim_{k1}p=\sim\sim_{k3}p$，$k_3=k_1\ominus k_2=k_1(1-k_2)/(k_1+k_2-2k_1k_2)$。

逻辑意义：命题经过两次不同 k 的非运算后，合成为一个新的 k 非运算的补运算。

2) 非吸收律：

$$\sim_k\sim_0p=\sim\sim_0p,\quad \sim_k\sim_1p=\sim\sim_1p$$

$$\sim_0\sim_kp=\sim_0\sim p,\quad \sim_1\sim_kp=\sim_1\sim p$$

逻辑意义：k 值非运算与极限值非运算复合后，k 会被吸收(变成 0.5)。

3) 非互补律：$\sim_{\ominus k}\sim_k p=\sim\sim_k p$，其中 $k'=k^2/(1-2k+2k^2)$。

4) 非交换律：$\sim_{k2}\sim_{k1}p=\sim_{\ominus k1}\sim_{\ominus k2}p$。

逻辑意义：任何两个相邻非运算交换位置，它们的 k 都要变补。

6.4.6 广义自封闭性

1) 对偶律 $\sim_{k2}\sim_{k1}\sim_{k2}p=\sim_k p$，$k=N(k_1,k_2)$ 表示非算子的各种对偶运算一定在 N 簇内；

2) 如果 n 是奇数，则 $\sim_{kn}\cdots\sim_{k2}\sim_{k1}p=\sim_k p$ 一定在 N 簇内；

3) 如果 n 是偶数，则 $\sim_{kn}\cdots\sim_{k2}\sim_{k1}p=\sim\sim_k p$ 一定在 N 补簇内。

逻辑意义：在非运算完整簇内，各种非运算的复合运算结果都在 N 簇或 N 补(余)簇内，所以，一个逻辑推理系统只需要一个非运算完整簇即可。

6.5 小　　结

1. 重要的逻辑意义和规律

1) 泛非运算完整簇的逻辑意义：泛非运算模型 $N(x,k)$ 是具有一级不确定性的逻辑非运算完整簇，其不确定性来源于不分明测度的不精确性，由认识偏差或测量误差引起，用广义自相关系数 k 来刻画。

2) k 的逻辑意义：广义自相关系数 k 的逻辑意义，是通过命题的真度 x 估计泛非命题的真度 $N(x,k)$ 时的风险程度，它是命题真度偏真/偏假的分界线即阈元，也是 N 范数的不动点，中心非算子的 $k=e=0.5$。

3) N 性生成元完整簇 $\Phi(x,k)$ 的逻辑意义：$\Phi(x,k)$ 的逻辑意义是修正柔性测度误差对命题真度 x^* 的影响，得到精确的柔性不分明测度 x。$\Phi^{-1}(x,k)$ 的逻辑意义是在命题真度 x 上增加柔性测度误差的影响，得到有误差的柔性测度 x^*。$\Phi(x^*,k)$ 与测度的误差分布函数 $\delta(x,k)$ 有关。由于 $\delta(x,k)$ 簇有无限多种，所以 $\Phi(x^*,k)$ 簇也有无限多种。

4) 广义自封闭性的逻辑意义：在泛逻辑中，一般只需要使用同一个 $\Phi(x,k)$ 完

整簇或 $N(x, k)$ 完整簇即可。因为有广义自封闭性保证，无论对命题做何种泛非运算（奇次泛非运算、偶次泛非运算、对偶运算等），结果都在 $N(x, k)$ 完整簇中：$\Phi(x, k)=N(N(x, k), k)$；$N(x, k)$；$N(1-x, k)$；$1-N(x, k)$。或结果都在 $\Phi(x, k)$ 完整簇中：$\Phi(x, k)$；$N(x, k)=\Phi^{-1}(1-\Phi(x, k))$；$N(1-x, k)=\Phi^{-1}(1-\Phi(1-x, k))$；$1-N(x, k)=1-\Phi^{-1}(1-\Phi(x, k))$。

5) 阈元量词 $\male^k$ 的逻辑意义：在泛逻辑学中，有时候需要研究不同测度误差水平的命题的混合运算，阈元量词 $\male^k$ 的作用是表示命题的误差水平 $\male x$，其中 x 可以是任意泛逻辑公式。

6) 泛非性的逻辑意义：在泛非运算中，偏真命题的泛非命题一定不偏真；偏假命题的泛非命题一定不偏假。

7) 非合成律和泛非合成律：对合成律的逻辑意义是命题经过偶数次相同误差 k 的泛非运算后回到原命题。泛非合成律可以表示为：$\sim_{k2}\sim_{k1}p=\sim\sim_{k3}p$，$k_3=k_1\ominus k_2$。即 $N(N(x, k_1), k_2)=1-N(x, k_3)$，$k_3=k_1(1-k_2)/(k_1+k_2-2k_1k_2)$。当 $k_1=k_2$ 时，$k_3=0.5$，即 $\sim_{k1}\sim_{k1}p=p$。所以，对合律是非合成律的特例。

2. 几点展望

1) 泛非运算模型的包容性。研究表明，现有的各种线序逻辑中的非命题连接词，其数学模型都属于本书中的两个泛非算子完整簇之一。由于在 $\mathbf{N_3}\sim\mathbf{N_0}$ 的范围之外不存在非算子，且在附录 A 中作者建立了从最胖形泛非算子完整簇到最瘦形泛非算子完整簇组成的泛非算子超簇，在超簇之外不存在泛非算子完整簇。我们已经确认，在整个超簇中，只有多项式模型和指数模型最理想。所以我们认为，以后新提出的任何非算子或泛非算子完整簇，都无法超越本书的泛非算子完整簇，即使是为了某种特殊应用，也离不开附录 A 中的泛非算子超簇。

2) 泛非运算模型的扩张性质。本书还给出了由线序泛非算子完整簇构造偏序泛非算子完整簇和超序泛非算子完整簇的方法，所以，我们认为已经阐明了整数维超序空间中各种可能有的逻辑学的关于非命题连接词的一般规律，至于混沌逻辑学的规律尚待研究。以后我们还将看到，N 性生成元完整簇 $\Phi(x, k)$ 和广义自相关系数 k 对其他的逻辑运算模型都有不可回避的影响。

第 7 章　T 范数和 S 范数的一般原理

如前所述，在泛逻辑学中命题的真值域是 n 维连续空间 $[0, 1]^n$，$n=1, 2, 3, \cdots$，命题 $\boldsymbol{P}, \boldsymbol{Q} \in [0, 1]^n$ 的真度用 n 维矢量表示为

$$\boldsymbol{P}=<P_1, P_2, \cdots, P_n>, \boldsymbol{Q}=<Q_1, Q_2, \cdots, Q_n>$$

并且有

$$\boldsymbol{P} \wedge \boldsymbol{Q}=<P_1 \wedge Q_1, P_2 \wedge Q_2, \cdots, P_n \wedge Q_n>, \quad \boldsymbol{P} \vee \boldsymbol{Q}=<P_1 \vee Q_1, P_2 \vee Q_2, \cdots, P_n \vee Q_n>$$

可见关键是研究连续值空间 $[0, 1]$ 中定义泛与/泛或 $(\wedge_{k,h}, \vee_{k,h})$ 命题连接词的一般规律。模糊逻辑认为与运算和或运算是固定不变的 Zadeh 算子对 $\min(x, y)$、$\max(x, y)$。在前面我们已知，只有事物之间最大相关时 Zadeh 算子对才是正确的。在一般情况下，由于受到广义相关系数 h 和广义自相关系数 k 的影响，与运算和或运算的模型都是不唯一的。我们将通过 T 范数和 S 范数理论进一步证明：当柔性测度是精确测度时，与运算 $T(x, y, h)$ 和或运算 $S(x, y, h)$ 的模型都是一个可在其存在域内随广义相关系数 h 连续变化的完整算子簇；当柔性测度存在误差时，与运算 $T(x, y, h, k)$ 和或运算 $S(x, y, h, k)$ 的模型都是一个可在其存在域内随广义相关系数 h 和广义自相关系数 k 连续变化的完整超簇，且 $N(x, k)$、$T(x, y, h, k)$ 和 $S(x, y, h, k)$ 之间是一级对偶关系。

三角范数理论中的 T 范数和 S 范数(又称为 T 余范数)是泛逻辑学中与运算和或运算的数学原型。要研究设计泛与运算模型和泛或运算模型，首先要了解三角范数理论中的 T 范数和 S 范数的有关原理。

本章将详细介绍三角范数理论中关于 T 范数和 S 范数的一般原理。

利用 T 范数和 S 范数的一般原理，可以从理论上详细阐明广义相关性对逻辑与/或运算模型的影响，从而在下一章得到生成泛逻辑运算模型的另外两个重要元素——T 性生成元完整簇和 S 性生成元完整簇，它帮助我们发现了定义零级泛与 $(\wedge_h)$ 和泛或 $(\vee_h)$ 命题连接词的一般规律。利用 N 性生成元完整簇和 T 性生成元完整簇或 S 性生成元完整簇，可以进一步定义一级泛与和泛或 $(\wedge_{k,h}, \vee_{k,h})$ 命题连接词，研究它们的性质。

7.1　T 范数和 S 范数的定义

三角范数理论中最早提出的就是 T 范数和 S 范数，要研究其他范数，几乎都

要涉及 T 范数和 S 范数。关于 T 范数和 S 范数的参考文献很多，但各人所用的方法和结果不尽相同。现根据 T 范数和 S 范数的基本思想，加上作者的研究心得介绍如下。

7.1.1　T 范数的定义

设 $T(x, y)$ 是 $[0, 1]^2 \rightarrow [0, 1]$ 的二元运算，$x, y, z \in [0, 1]$，关于 $T(x, y)$ 有以下条件。

边界条件 T1　$T(0, y)=0$, $T(1, y)=y$。

单调性 T2　$T(x, y)$ 关于 x、y 单调增。

连续性 T3　$T(x, y)$ 关于 x、y 连续。

结合律 T4　$T(T(x, y), z)=T(x, T(y, z))$。

交换律 T5　$T(x, y)=T(y, x)$。

幂小性 T6　$x \in (0, 1)$, $T(x, x)<x$。

定义 7.1.1(弱 T 范数，T 范数)　满足条件 T1、T2 和 T5 的 $T(x, y)$ 称为**弱 T 范数**。弱 T 范数如果满足条件 T4，则称为 **T 范数**。

例如 **T₃**、**T₂**、$\alpha T_3 + \beta T_2$、$\alpha T_2 + \beta T_1$、$\alpha T_1 + \beta T_0$(其中 $\alpha + \beta=1$，α, $\beta \geqslant 0$)，**T₁** 和 **T₀** 都是弱 T 范数。其中 **T₃**、**T₂**、**T₁** 和 **T₀** 都是 T 范数。

定义 7.1.2(连续 T 范数)　T 范数 $T(x, y)$ 如果满足条件 T3，则称为连续 T 范数。

例如 **T₃**、**T₂** 和 **T₁** 都是连续 T 范数，而 **T₀** 是非连续 T 范数。

定义 7.1.3(阿基米德型 T 范数)　连续 T 范数 $T(x, y)$ 如果满足条件 T6，则称为阿基米德(Archimedean)型 T 范数。

例如 **T₂** 和 **T₁** 都是阿基米德型 T 范数，**T₀** 和 **T₃** 是非阿基米德型 T 范数，**T₃** 是唯一一个连续的非阿基米德型 T 范数。

定义 7.1.4(严格 T 范数，幂零 T 范数)　阿基米德型 T 范数 $T(x, y)$ 如果在 $(0, 1)$ 上严格单调增，则称为严格 T 范数。否则有 $T(x, y)=0$ 的平台区，称为幂零(nilpotent)T 范数。

例如 **T₂** 是严格 T 范数，**T₁** 不是严格 T 范数，而是幂零 T 范数。

7.1.2　S 范数的定义

设 $S(x, y)$ 是 $[0, 1]^2 \rightarrow [0, 1]$ 的二元运算，$x, y, z \in [0, 1]$，关于 $S(x, y)$ 有以下条件。

边界条件 S1　$S(0, y)=y$，$S(1, y)=1$。

单调性 S2　$S(x, y)$ 关于 x、y 单调增。

连续性 S3　$S(x, y)$ 关于 x、y 连续。

结合律 S4　$S(S(x, y), z)=S(x, S(y, z))$。

交换律 S5　$S(x, y)=S(y, x)$。

幂大性 S6　$x \in (0, 1)$, $S(x, x)>x$。

定义 7.1.5(弱 S 范数，S 范数)　满足条件 S1、S2 和 S5 的 $S(x, y)$ 称为弱 S 范数。弱 S 范数如果满足条件 S4，则是 S 范数。

例如 S_3、S_2、$\alpha S_3 + \beta S_2$、$\alpha S_2 + \beta S_1$、$\alpha S_1 + \beta S_0$(其中 $\alpha + \beta = 1$，$\alpha, \beta \geqslant 0$)，$S_1$ 和 S_0 都是弱 S 范数。其中 S_3、S_2、S_1 和 S_0 都是 S 范数。

定义 7.1.6(连续 S 范数)　S 范数 $S(x, y)$ 如果满足条件 S3，则称为连续 S 范数。

例如 S_3、S_2 和 S_1 都是连续 S 范数，而 S_0 是非连续 S 范数。

定义 7.1.7(阿基米德型 S 范数)　连续 S 范数 $S(x, y)$ 如果满足条件 S6，则称为阿基米德型 S 范数。

例如 S_2 和 S_1 都是阿基米德型 S 范数，S_0 和 S_3 是非阿基米德型 S 范数，S_3 是唯一一个连续的非阿基米德型 S 范数。

定义 7.1.8(严格 S 范数，幂零 S 范数)　阿基米德型 S 范数 $S(x, y)$ 如果在 $(0, 1)$ 上严格单调增，则称为严格 S 范数，否则有 $S(x, y) = 1$ 的平台区，称为幂零 S 范数。

例如 S_2 是严格 S 范数，S_1 不是严格 S 范数，而是幂零 S 范数。

7.2　T 范数和 S 范数的主要性质

7.2.1　T 范数的主要性质

定理 7.2.1(封闭性)　弱 T 范数 $T(x, y) \in [0, 1]$。

证明　由条件 T1 和 T2 知，$0 \leqslant T(0, 0) \leqslant T(x, y) \leqslant T(1, 1) \leqslant 1$，即 $T(x, y) \in [0, 1]$。所以本定理成立。∎

定理 7.2.2(上界性)　弱 T 范数 $T(x, y) \leqslant \min(x, y)$。

证明　由条件 T1 和 T2 知，$T(x, y) \leqslant T(x, 1) = x$，且 $T(x, y) \leqslant T(1, y) = y$，即 $T(x, y) \leqslant \min(x, y)$。

所以本定理成立。∎

推论 7.2.1(兼容性)　弱 T 范数与二值逻辑的与运算兼容：$T(0, 0) = 0$，$T(0, 1) = 0$，$T(1, 0) = 0$，$T(1, 1) = 1$。

推论 7.2.2(与幂律)　弱 T 范数 $T(x, x) \leqslant x$。

推论 7.2.3(零级补余律)　弱 T 范数 $T(x, 1-x) \leqslant 0.5$。

推论 7.2.4(泛与性)　在弱 T 范数中，如果 $T(x, y) \geqslant a \in [0, 1]$，则 $x \geqslant a$ 且 $y \geqslant a$。

定理 7.2.3(幂等条件)　弱 T 范数 $T(x, x) = x$，iff $T(x, y) = \min(x, y)$。

证明　充分性：如果 $T(x, y) = \min(x, y)$，则 $T(x, x) = x$。

必要性：如果弱 T 范数 $T(x, x) = x$，则 $\min(x, y) = T(\min(x, y), \min(x, y)) \leqslant T(x, y)$，又 $T(x, y) \leqslant \min(x, y)$，所以 $T(x, y) = \min(x, y)$。∎

本定理表明 Zadeh 算子是唯一的连续的非阿基米德型 T 范数。

定理 7.2.4(一级补余律)　如果 $N(x, k)$ 是 N 范数，则弱 T 范数 $T(x, N(x, k)) \leqslant k$。

证明　由于

$$x \leqslant k \text{ 时，} N(x, k) \geqslant k; \quad x \geqslant k \text{ 时，} N(x, k) \leqslant k$$

而 $T(x, y) \leqslant \min(x, y)$，所以 $T(x, N(x, k)) \leqslant k$。∎

定理 7.2.5　如果 $x \leqslant x'$，$y \leqslant y'$，则弱 T 范数 $T(x, y) \leqslant T(x', y')$。

证明　由条件 T2 知，$T(x, y) \leqslant T(x', y) \leqslant T(x', y')$，所以本定理成立。∎

推论 7.2.5　如果 $x \leqslant z$，$y \leqslant z$，则弱 T 范数 $T(x, y) \leqslant z$。

定理 7.2.6　弱 T 范数 $T(xz, y) \leqslant \min(T(x, y), T(z, y))$。

证明　因为 $xz \leqslant \min(x, z)$，所以 $T(xz, y) \leqslant T(x, y)$，且 $T(xz, y) \leqslant T(z, y)$，即 $T(xz, y) \leqslant \min(T(x, y), T(z, y))$ 成立。∎

推论 7.2.6　弱 T 范数 $T(x^n, y) \leqslant T(x, y)$，$n \geqslant 1$。

定理 7.2.7　如果 $x+x' \leqslant 1$，则弱 T 范数 $T(x+x', y) \geqslant \max(T(x, y), T(x', y))$。

证明　因为 $x+x' \geqslant \max(x, x')$，所以 $T(x+x', y) \geqslant T(x, y)$，且 $T(x+x', y) \geqslant T(x', y)$，即 $T(x+x', y) \geqslant \max(T(x, y), T(x', y))$ 成立。∎

上述弱 T 范数的性质全部适用于 T 范数。

推论 7.2.7　T 范数可以推广到多元运算。如果 $T(x, y)$ 是 T 范数，则 $T(T(x, y), z) = T(x, T(y, z)) = T(x, y, z)$。

定理 7.2.8　$T(x, y) = \min(x, y)$ 是最大的 T 范数。

证明　由定理 7.2.2 知，弱 T 范数 $T(x, y) \leqslant \min(x, y)$，即 $T(x, y) = \min(x, y)$ 是最大的弱 T 范数。而 $\min(x, \min(y, z)) = \min(\min(x, y), z) = \min(x, y, z)$，满足 T 范数的结合律 T4。

所以 $T(x, y) = \min(x, y)$ 是最大的 T 范数。∎

定理 7.2.9　$T(x, y) = \text{ite}\{\min(x, y) | \max(x, y) = 1; 0\}$ 是最小的 T 范数。

证明　1)由于 $T(0, y) = 0$，$T(1, y) = y$，满足 T 范数的边界条件 T1；

2) $T(x, y)$ 关于 x、y 单调增，满足 T 范数的单调性 T2；

3) $T(x, T(y, z)) = T(T(x, y), z) = T(x, y, z)$，满足 T 范数的结合律 T4；

4) $T(x, y) = T(y, x)$，满足 T 范数的交换律 T5。

所以 $T(x, y)$ 是 T 范数。而任何 T 范数 $T'(x, y)$ 都满足 $T'(x, y) \geqslant 0$，$T'(1, y) = y$，$T(x, y) = \text{ite}\{\min(x, y) | \max(x, y) = 1; 0\}$ 是其中的最小者，所以本定律成立。∎

7.2.2　S 范数的主要性质

定理 7.2.10(封闭性)　弱 S 范数 $S(x, y) \in [0, 1]$。

证明　由条件 S1 和 S2 知，$0 \leqslant S(0, 0) \leqslant S(x, y) \leqslant S(1, 1) \leqslant 1$，即 $S(x, y) \in [0, 1]$。

所以本定理成立。

定理 7.2.11(上界性) 弱 S 范数 $S(x, y) \geq \max(x, y)$。

证明 由条件 S1 和 S2 知，$S(x, y) \geq S(x, 0)=x$ 且 $S(x, y) \geq S(0, y)=y$，即 $S(x, y) \geq \max(x, y)$。

所以本定理成立。

推论 7.2.8(兼容性) 弱 S 范数与二值逻辑的或运算兼容：$S(0, 0)=0$，$S(0, 1)=1$，$S(1, 0)=1$，$S(1, 1)=1$。

推论 7.2.9(或幂律) 弱 S 范数 $S(x, x) \geq x$。

推论 7.2.10(零级补余律) 弱 S 范数 $S(x, 1-x) \geq 0.5$。

推论 7.2.11(泛或性) 在弱 S 范数中，如果 $S(x, y) \leq b \in [0, 1]$，则 $x \leq b$ 且 $y \leq b$。

定理 7.2.12(幂等条件) 弱 S 范数 $S(x, x)=x$，iff $S(x, y)=\max(x, y)$。

证明 充分性：如果 $S(x, y)=\max(x, y)$，则 $S(x, x)=x$。

必要性：如果弱 S 范数 $S(x, x)=x$，则 $\mathrm{mam}(x, y)=S(\max(x, y), \max(x, y)) \geq S(x, y)$，又 $S(x, y) \geq \max(x, y)$，所以 $S(x, y)=\max(x, y)$。

本定理表明 Zadeh 算子是唯一的连续的非阿基米德型 S 范数。

定理 7.2.13(一级补余律) 如果 $N(x, k)$ 是 N 范数，则弱 S 范数 $S(x, N(x, k)) \geq k$。

证明 由于 $x \leq k$ 时，$N(x, k) \geq k$；$x \geq k$ 时，$N(x, k) \leq k$，而 $S(x, y) \geq \max(x, y)$，所以 $S(x, N(x, k)) \geq k$。

定理 7.2.14 如果 $x \leq x'$, $y \leq y'$，则弱 S 范数 $S(x, y) \leq S(x', y')$。

证明 由条件 S2 知 $S(x, y) \leq S(x', y) \leq S(x', y')$，所以本定理成立。

推论 7.2.12 如果 $x \geq z$, $y \geq z$，则弱 S 范数 $S(x, y) \geq z$。

定理 7.2.15 弱 S 范数 $S(xz, y) \leq \min(S(x, y), S(z, y))$。

证明 因为 $xz \leq \min(x, z)$，所以 $S(xz, y) \leq S(x, y)$ 且 $S(xz, y) \leq S(z, y)$，即 $S(xz, y) \leq \min(S(x, y), S(z, y))$ 成立。

推论 7.2.13 弱 S 范数 $S(x^n, y) \leq S(x, y)$，$n \geq 1$。

定理 7.2.16 如果 $x+x' \leq 1$，则 $S(x+x', y) \geq \max(S(x, y), S(x', y))$。

证明 因为 $x+x' \geq \max(x, x')$，所以 $S(x+x', y) \geq S(x, y)$ 且 $S(x+x', y) \geq S(x', y)$，即 $S(x+x', y) \geq \max(S(x, y), S(x', y))$ 成立。

上述弱 S 范数的性质全部适用于 S 范数。

推论 7.2.14 S 范数可以推广到多元运算。如果 $S(x, y)$ 是 S 范数，则 $S(S(x, y), z)=S(x, S(y, z))=S(x, y, z)$。

定理 7.2.17 $S(x, y)=\max(x, y)$ 是最小的 S 范数。

证明 由定理 7.2.11 知，弱 S 范数 $S(x, y) \geq \max(x, y)$，即 $S(x, y)=\max(x, y)$ 是最小的弱 S 范数。而 $\max(x, \max(y, z))=\max(\max(x, y), z)=\max(x, y, z)$，满足 S 范数的

结合律 S4。

所以 $S(x, y)=\max(x, y)$ 是最小的 S 范数。

定理 7.2.18　$S(x, y)=\text{ite}\{\max(x, y)|\min(x, y)=0; 1\}$ 是最大的 S 范数。

证明　1)由于 $S(0, y)=y$，$S(1, y)=1$，满足 S 范数的边界条件 S1；

2) $S(x, y)$ 关于 x、y 单调增，满足 S 范数的单调性 S2；

3) $S(x, S(y, z))=S(S(x, y), z)=S(x, y, z)$，满足 S 范数的结合律 S4；

4) $S(x, y)=S(y, x)$，满足 S 范数的交换律 S5。

所以 $S(x, y)$ 是 S 范数。而任何 S 范数 $S'(x, y)$ 都满足 $S'(x, y)\leqslant 1$，$S'(0, y)=y$，$S(x, y)=\text{ite}\{\max(x, y)|\min(x, y)=0; 1\}$ 是其中的最大者，所以本定律成立。

7.3　T 范数和 S 范数的生成方法

7.3.1　T 性/S 性生成元的物理意义

由前面的讨论我们已经知道，在因素空间 E 中，对任意分明子集 $X, Y\in E$，如果它们之间的广义相关性是最大相斥，$h=0.5$，且柔性测度 $m(X)=x, m(Y)=y$ 是精确的测度，$k=0.5$，则有中心 T 范数和中心 S 范数成立，即

$$T(x, y) = \max(0, x+y-1)$$
$$S(x, y) = \min(1, x+y) \tag{7-1}$$

或者当广义相关系数 h 偏离 0.5 时，X、Y 之间相容或相克；或者当广义自相关系数 k 偏离 0.5 时，柔性测度有误差，这时式(7-1)不再成立，需要用定义在[0, 1]上的连续的严格单调的一元函数 $f(x)$ 和 $g(x)$ 来双向调整它们对逻辑运算的影响，于是有

$$f(T(x, y)) = \max(f(0), f(x)+f(y)-1)$$
$$T(x, y) = f^{-1}(\max(f(0), f(x)+f(y)-1))$$
$$g(S(x, y)) = \min(g(1), g(x)+g(y)) \tag{7-2}$$
$$S(x, y) = g^{-1}(\min(g(1), g(x)+g(y)))$$

这就是 T 性生成元和 S 性生成元的物理意义，下面我们用三角范数理论来严格证明它们的正确性。

7.3.2　T 范数的生成定理

定理 7.3.1(T 范数第一生成定理)　如果 $f(x)$ 是定义在[0, 1]上的连续的严格单调一元函数，且 $f(1)=1$，则 $T(x, y)=f^{-1}(\max(f(0), f(x)+f(y)-1))$ 是阿基米德型 T 范数。

证明　1)设 $f(x)$ 是连续的严格单调增的一元函数，$f^{-1}(x)$ 一定存在，并有：

(a) 由 $f(1)=1$ 知，$f(x) \leqslant 1$，且

$$T(0, y)=f^{-1}(\max(f(0), f(0)+f(y)-1))=f^{-1}(f(0))=0$$

$$T(1, y)=f^{-1}(\max(f(0), f(1)+f(y)-1))=f^{-1}(\max(f(0), f(y)))=f^{-1}(f(y))=y$$

满足 T 范数的边界条件 T1；

(b) 由 $f(x)$ 的单调性知，$T(x, y)$ 满足 T 范数的单调性 T2；

(c) 由 $f(x)$ 的连续性知，$T(x, y)$ 满足 T 范数的连续性 T3；

(d) 由加法的结合律知

$$T(T(x, y), z)=f^{-1}(\max(f(0), \max(f(0), f(x)+f(y)-1)+f(z)-1))$$

$$=f^{-1}(\max(f(0), f(x)+f(y)+f(z)-2))$$

$$T(x, T(y, z))=f^{-1}(\max(f(0), f(x)+\max(f(0), f(y)+f(z)-1)-1))$$

$$=f^{-1}(\max(f(0), f(x)+f(y)+f(z)-2)))$$

$T(T(x, y), z)=T(x, T(y, z))$，满足 T 范数的结合律 T4；

(e) 由加法的交换律知，$T(x, y)=T(y, x)$，满足 T 范数的交换律 T5；

(f) 由 $f(x)$ 的严格单调增知，当 $x \in (0, 1)$ 时，$f(x)<1$，所以

$$T(x, x)=f^{-1}(\max(f(0), f(x)+f(x)-1))<f^{-1}(f(x))<x$$

满足 T 范数的幂小性 T6。所以，$T(x, y)$ 是阿基米德型 T 范数。

2) 如果 $f(x)$ 是连续的严格单调减的一元函数，则 $f^{-1}(x)$ 一定存在，且 $T(x, y)$ 是阿基米德型 T 范数，其证明方法类似于 1)。

归纳 1)、2)，所以本定理成立。　　　　　　　　　　　　　　　■

定理 7.3.2　如果 $\phi(x)$ 是定义在 $[0, 1]$ 上的自守函数，则 $T(x,y)=\phi^{-1}(\max(0, \phi(x)+\phi(y)-1))$ 是幂零 T 范数。

证明　因为 $\phi(x)$ 是 $[0, 1]$ 上的连续的严格单调一元函数，$\phi(1)=1$，$\phi(0)=0$，所以

$$T(x, y)=\phi^{-1}(\max(\phi(0), \phi(x)+\phi(y)-1))=\phi^{-1}(\max(0, \phi(x)+\phi(y)-1))$$

是阿基米德型 T 范数。又当 $\phi(x)+\phi(y)<1$ 时有 $T(x, y)=0$，是幂零 T 范数。所以本定理成立。　　　　　　　　　　　　　　　■

定理 7.3.3　如果 $f(x)$ 是定义在 $[0, 1]$ 上的连续的严格单调一元函数，$f(1)=1$，则 $f(x)$ 生成的 $T(x,y)$ 不是幂零 T 范数就是严格 T 范数。

证明　如果 $f(0) \rightarrow \pm\infty$，则 $T(x, y)=f^{-1}(\max(f(0), f(x)+f(x)-1))=f^{-1}(f(x)+f(y)-1)$ 在 $(0, 1)$ 上严格单调增，是严格 T 范数。

否则 $f(0)$ 为有限值，$\phi(x)=(f(x)-f(0))/(1-f(0))$ 是自守函数，$\phi^{-1}(x)=f^{-1}((1-f(0))x+f(0))$。

由于

$T(x,y)=f^{-1}(\max(f(0), f(x)+f(y)-1))=f^{-1}(\max(0, f(x)-f(0)+f(y)-f(0)-1+f(0))+f(0))$

$\quad =f^{-1}((1-f(0))\max(0,f(x)-f(0)+f(y)-f(0)-1+f(0)))/(1-f(0))+f(0))$

$\quad =\phi^{-1}(\max(0,\phi(x)+\phi(y)-1))$

是幂零 T 范数，所以本定理成立。　　　　　　　　　　　　　　　　　　∎

定义 7.3.1(T 性生成元)　称定理 7.3.1 中的 $f(x)$ 为 $T(x, y)$ 的 T 性生成元。如果 $f(0)\to\pm\infty$，则称为严格 T 性生成元，否则称为幂零 T 性生成元。

例如幂零 T 性生成元 $\phi(x)=x$ 生成有界算子 $T(x, y)=\max(0, x+y-1)=\mathbf{T}_1$；

$\phi(x)=1-(1-x)^n\ n\in\mathbf{R}_+$ 生成 Yager 算子簇 $T(x, y)=1-\min(1, ((1-x)^n+(1-y)^n)^{1/n})$；

$\phi(x)=\sin(\pi x/2)$ 生成 $T(x, y)=2\pi^{-1}\arcsin(\max(0, \sin(\pi x/2)+\sin(\pi y/2)-1))$；

$\phi(x)=1-\cos(\pi x/2)$ 生成 $T(x,y)=2\pi^{-1}\arccos(\min(1, \cos(\pi x/2)+\cos(\pi y/2))$。

它们都是幂零 T 范数(簇)。

又如严格 T 性生成元 $f(x)=2-1/x$ 生成 Hamacher 算子 $T(x, y)=xy/(x+y-xy)$；

$f(x)=1-\cot(\pi x/2)$ 生成 $T(x, y)=2\pi^{-1}\cot^{-1}(\cot(\pi x/2)+\cot(\pi y/2))$。

它们都是严格 T 范数。

后面我们还要讨论中极限 T 范数，它兼有严格和幂零两方面的特性。

推论 7.3.1　如果严格 T 范数 $T(x, y)=0$，则 $x=0$ 或 $y=0$。

推论 7.3.2　如果 $T(x, y)$ 是严格 T 范数，$T(x, y)=T(x, z)\ (x>0)$，则 $y=z$。

推论 7.3.3　如果 $f_0(x)$ 是定义在[0, 1]上的连续的严格单调一元函数，$f_0(1)$ 为有限值，则 $T(x, y)=f_0^{-1}(\max(f_0(0), f_0(x)+f_0(y)-f_0(1)))$ 是阿基米德型 T 范数。

将 $f(x)=f_0(x)-f_0(1)$ 代入定理 7.3.1 即可证明。

如 $f(x)=c-\log((2-x)/x)(c$ 为常数)可生成 Einstein 算子，则 $T(x, y)=xy/(2-x-y+xy)$。

定理 7.3.4　如果 $f(x)=1+f_0(x)$ 是 $T(x, y)$ 的 T 性生成元，则 T 性生成元簇 $f'(x)=1+cf_0(x)(c\neq 0$ 为有限实数)中的任一生成元都生成同一个 $T(x, y)$。

证明　由于 $f(x)=1+f_0(x)$，$f^{-1}(x)=f_0^{-1}(x-1)$，$f'(x)=1+cf_0(x)$，$f'^{-1}(x)=f_0^{-1}((x-1)/c)$，有

$T'(x, y)=f'^{-1}(\max(f'(0), f'(x)+f'(y)-1))=f_0^{-1}((\max(1+cf_0(0), 1+cf_0(x)+1+cf_0(y)-1)-1)/c)$

$\quad =f_0^{-1}(\max(f_0(0), f_0(x)+f_0(y)))=f_0^{-1}(\max(1+f_0(0), 1+f_0(x)+1+f_0(y)-1)-1)$

$\quad =f'^{-1}(\max(f(0), f(x)+f(y)-1))=T(x, y)$

所以本定理成立。　　　　　　　　　　　　　　　　　　　　　　　　∎

例如，幂零 T 性生成元簇 $f(x)=1+c(x-1)(c\neq 0$ 为有限实数)能生成同一个有界算子 $T(x, y)=\max(0, x+y-1)=\mathbf{T}_1$。由于在生成 $T(x, y)$ 的幂零 T 性生成元簇 $f(x)=1+cf_0(x)$ $(c\neq 0$ 为有限实数)中，令 $c=-1/f_0(0)$ 时，可得自守函数 $\phi(x)=1-f_0(x)/f_0(0)$ 也生成 $T(x, y)$，所以以后不特别声明时，所谓幂零 T 性生成元都是指自守函数 $\phi(x)$。

严格 T 性生成元簇 $f(x)=1+c(1-1/x)(c\neq 0$ 为有限实数)能生成同一个 Hamacher

算子 $T(x, y)=xy/(x+y-xy)$。

T 性生成元簇 $f(x)=1+\log_a x=1+\ln x/\ln a(a\neq 1$ 为有限正实数)能生成同一个概率算子 $T_2=\exp(\ln x+\ln y)=xy$[图 7.1(a)]。由于当 $a\to 0$ 或 $a\to\infty$时，$F_2=f(x)=\text{ite}\{0|x=0; 1\}$[图 7.1(a)、(c)]，所以概率算子 T_2 及其 T 性生成元 F_2 十分特殊，具有幂零和严格的两重性，它是两类算子的分界线，特称为中极限算子。

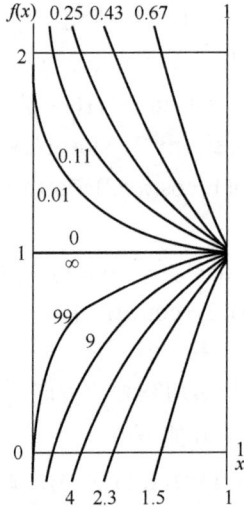

(a) $F_2=f(x)=1+\log_a x\,(a\neq 1$ 为有限正实数)　　(b) $G_2=g(x)=-\log_a(1-x)\,(a\neq 1$ 为有限正实数)

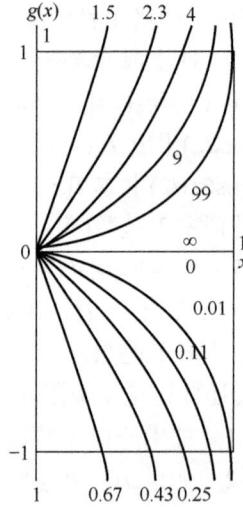

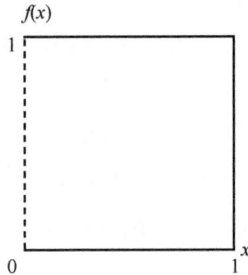

(c) $F_2=f(x)=\text{ite}\{0|x=0;1\}$　　(d) $G_2=g(x)=\text{ite}\{1|x=1;0\}$

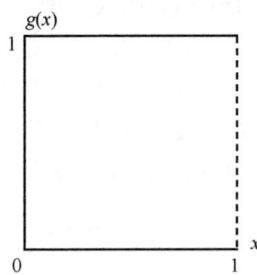

图 7.1　概率算子对生成元的两重性

定义 7.3.2(幂零类、严格类、极限类)　称极限 T_0、T_2 之间但不包括极限的所有 T 范数组成的集合为幂零类 T 范数，称其生成元为幂零类 T 性生成元；称极限 T_3、T_2 之间但不包括极限的所有 T 范数组成的集合为严格类 T 范数，称其生成元为严格类 T 性生成元；称极限 T_3、T_2 和 T_0 组成的集合为极限类 T 范数，称其生成元为极限类 T 性生成元。

定理 7.3.5(T 范数第二生成定理) 如果 $T_0(x, y)$ 是 T 范数，$\phi(x)$ 是非极限自守函数，则 $T(x, y)=\phi^{-1}(T_0(\phi(x), \phi(y)))$ 是与 $T_0(x, y)$ 同类的 T 范数。

证明 设 $T_0(x, y)=f_0^{-1}(\max(f_0(0), f_0(x)+f_0(y)-1))$，其 T 性生成元 $f_0(x)$ 是连续的严格单调函数，$f_0(1)=1$，则 $f(x)=f_0(\phi(x))$ 也是连续的严格单调函数，$f(1)=1$，可生成 T 范数

$$T(x, y)=f^{-1}(\max(f(0), f(x)+f(y)-1))=\phi^{-1}(f_0^{-1}(\max(f_0(0), f_0(\phi(x))+f_0(\phi(y))-1)))$$
$$=\phi^{-1}(T_0(\phi(x), \phi(y)))$$

如 $T_0(x, y)$ 是幂零的，$f_0(0)=0$，则 $f(0)=f_0(\phi(0))=0$，$T(x, y)$ 也是幂零的；

如 $T_0(x, y)$ 是严格的，$f_0(0)\to\pm\infty$，则 $f(0)=f_0(\phi(0))\to\pm\infty$，$T(x, y)$ 也是严格的；

如 $T_0(x, y)=\min(x, y)=\mathbf{T_3}$，则 $T(x, y)=\phi^{-1}(\min(\phi(x), \phi(y)))=\min(x, y)=\mathbf{T_3}$；

如 $T_0(x, y)=xy=\mathbf{T_2}$，则 $T(x, y)=\phi^{-1}(\phi(x)\phi(y)))$ 是中极限算子类，用 $\mathbf{T\Phi_2}$ 表示；

如 $T_0(x, y)=\mathrm{ite}\{\min(x, y)|\max(x, y)=1; 0\}=\mathbf{T_0}$，则 $T(x, y)=\mathrm{ite}\{\min(x, y)|\max(x, y)=1; 0\}=\mathbf{T_0}$。

所以本定理成立。∎

例如，$\phi(x)=x^n$，$n\in\mathbf{R_+}$，$T_0(x, y)=\max(0, x+y-1)$ 时，$T(x, y)=\max(0, x^n+y^n-1)^{1/n}$ 是幂零 T 范数簇(Schweizer(1))。

$\phi(x)=x^n$，$n\in\mathbf{R_+}$，$T_0(x, y)=1/(1/x+1/y-1)$ 时，$T(x, y)=(x^{-n}+y^{-n}-1)^{-1/n}$ 是严格 T 范数簇(Schweizer(2))。

$\phi(x)=1-(1-x)^n$，$n\in\mathbf{R_+}$，$T_0(x, y)=xy$ 时，$T(x, y)=1-((1-x)^n+(1-y)^n-(1-x)^n(1-y)^n)^{1/n}$ 是中极限 T 范数簇(Schweizer(3))。

$\phi(x)=x(1+\lambda)^{1/2}/(1+((1+\lambda)^{1/2}-1)x)$，$\lambda>-1$，$T_0(x, y)=xy$ 时，$T(x, y)=xy(1+\lambda)^{1/2}/(1+((1+\lambda)^{1/2}-1)(x+y-xy))$ 是中极限 T 范数簇(Einstein)。

可见中极限 $\mathbf{T\Phi_2}=\phi^{-1}(\phi(x)\phi(y))$，$\mathbf{F\Phi_2}=1+\log(\phi(x))$ 不唯一，是一个类，其中包括概率算子 $\mathbf{T_2}=xy$，$\mathbf{F_2}=\mathrm{ite}\{0|x=0; 1\}$ 或 $\mathbf{F_2}=1+\log x$。中极限类十分像严格类，但它有一个不同于其他类的特殊性质：由于 $\mathbf{F\Phi_2}=1+\log(\phi(x))=1-\log(1/\phi(x))=1-\log(f(x))$，其中 $f(x)=1/\phi(x)$ 是严格的 T 性生成元，所以对任意 T 性生成元 $f(x)$ 都有 $T(x, y)=f^{-1}(f(x)f(y))=\mathbf{T\Phi_2}$。这是我们把它独立于严格类之外进行专门研究的原因。

将幂零 T 性生成元 $\phi(x)=x/(2-x)$ 或严格 T 性生成元 $f(x)=(2-x)/x$ 代入 $\mathbf{T_2}=xy$，可以生成同一个 Einstein 算子 $T(x, y)=xy/(2-x-y+xy)$。

7.3.3 S 范数的生成定理

定理 7.3.6(S 范数第一生成定理) 如果 $g(x)$ 是定义在[0, 1]上的连续的严格单调一元函数，且 $g(0)=0$，则 $S(x,y)=g^{-1}(\min(g(1), g(x)+g(y)))$ 是阿基米德型 S 范数。

证明 1)设 $g(x)$ 是连续的严格单调增一元函数，则 $g^{-1}(x)$ 一定存在，并有：

(a) 由 $g(0)=0$ 知，$g(x)\geqslant 0$，且

$$S(0, y)=g^{-1}(\min(g(1), g(0)+g(y)))=g^{-1}(\min(g(1), g(y)))=g^{-1}(g(y))=y$$

$$S(1, y)=g^{-1}(\min(g(1), g(1)+g(y)))=g^{-1}(g(1))=1$$

满足 S 范数的边界条件 S1；

(b) 由 $g(x)$ 的单调性知，$S(x, y)$ 满足 S 范数的单调性 S2；

(c) 由 $g(x)$ 的连续性知，$S(x, y)$ 满足 S 范数的连续性 S3；

(d) 由加法的结合律知

$$S(S(x, y), z)=g^{-1}(\min(g(1), \min(g(1), g(x)+g(y))+g(z)))=g^{-1}(\min(g(1), g(x)+g(y)+g(z)))$$

$$S(x, S(y, z))=g^{-1}(\min(g(1), g(x)+\min(g(1),g(y)+g(z))))=g^{-1}(\min(g(1), g(x)+g(y)+g(z)))$$

$S(S(x, y), z)=S(x, S(y, z))$ 满足 S 范数的结合律 S4；

(e) 由加法的交换律知，$S(x, y)=S(y, x)$，满足 S 范数的交换律 S5；

(f) 由 $g(x)$ 的严格单调增知，当 $x \in (0, 1)$ 时有

$$S(x, x)=g^{-1}(\min(g(1), g(x)+g(x)))=g^{-1}(\min(g(1),2g(x)))>g^{-1}(g(x))>x$$

满足 S 范数的幂大性条件 S6。

所以 $S(x, y)$ 是阿基米德型 S 范数。

2) 如果 $g(x)$ 是连续的严格单调减的一元函数，则 $g^{-1}(x)$ 一定存在，且 $S(x, y)$ 是阿基米德型 S 范数，其证明方法类似于 1)。

归纳 1)、2)，所以本定理成立。　　　　　　　　　　　　　　　　　　　■

定理 7.3.7　如果 $\phi(x)$ 是定义在[0, 1]上的自守函数，则 $S(x, y)=\phi^{-1}(\min(1, \phi(x)+\phi(y)))$ 是幂零 S 范数。

证明　因为 $\phi(x)$ 是[0, 1]上的连续的严格单调一元函数，$\phi(1)=1,\phi(0)=0$，所以

$$S(x, y)=\phi^{-1}(\min(\phi(1), \phi(x)+\phi(y)))=\phi^{-1}(\min(1, \phi(x)+\phi(y)))$$

是阿基米德型 S 范数。又当 $\phi(x)+\phi(y)>1$ 时有 $S(x, y)=1$，是幂零 S 范数。

所以本定理成立。　　　　　　　　　　　　　　　　　　　　　　　　■

定理 7.3.8　如果 $g(x)$ 是定义在[0, 1]上的连续的严格单调一元函数，$g(0)=0$，则 $g(x)$ 生成的 $S(x, y)$ 不是幂零 S 范数就是严格 S 范数。

证明　如果 $g(1) \rightarrow \pm \infty$，则 $S(x, y)=g^{-1}(\min(g(1), g(x)+g(y)))=g^{-1}(g(x)+g(y))$ 在(0, 1)上严格单调增，是严格 T 范数。

否则 $g(1)$ 为有限值，则 $\phi(x)=g(x)/g(1)$ 是自守函数，$\phi^{-1}(x)=g^{-1}(g(1)g(x))$，由于

$$S(x, y)=g^{-1}(\min(g(1), g(x)+g(y)))=g^{-1}(g(1)\min(1, g(x)/g(1)+g(y)/g(1)))$$

$$=\phi^{-1}(\min(1, \phi(x)+\phi(y)))$$

是幂零 S 范数，所以本定理成立。　　　　　　　　　　　　　　　■

定义 7.3.3(S 性生成元)　称定理 7.3.6 中的 $g(x)$ 为 $S(x, y)$ 的 S 性生成元。如果 $g(1) \to \pm\infty$，则称为严格 S 性生成元，否则称为幂零 S 性生成元。显然，自守函数既是幂零 T 性生成元，又是幂零 S 性生成元。

例如幂零 S 性生成元：

$\phi(x)=x$ 生成有界算子 $S(x, y)=\min(1, x+y)=\mathbf{S}_1$；

$\phi(x)=x^n$ $n \in \mathbf{R}_+$ 生成 Yager 算子簇 $S(x, y)=\min(1, (x^n+y^n)^{1/n})$；

$\phi(x)=1-\cos(\pi x/2)$ 生成　$S(x, y)=2\pi^{-1}\arccos(\max(0, \cos(\pi x/2)+\cos(\pi y/2)-1))$；

$\phi(x)=\sin(\pi x/2)$ 生成　$S(x, y)=2\pi^{-1}\arcsin(\min(1, \sin(\pi x/2)+\sin(\pi y/2)))$。

它们都是幂零 S 范数簇。

又如严格 S 性生成元：

$g(x)=x/(1-x)$ 生成 Hamacher 算子 $S(x, y)=(x+y-2xy)/(1-xy)$；

$g(x)=\tan(\pi x/2)$ 生成 $S(x, y)=2\pi^{-1}\arctan(\tan(\pi x/2)+\tan(\pi y/2))$。

它们都是严格的 S 范数。

后面我们还要讨论中极限 S 范数，它兼有严格和幂零两方面的特性。

推论 7.3.4　如果严格的 S 范数 $S(x, y)=1$，则 $x=1$ 或 $y=1$。

推论 7.3.5　如果 $S(x, y)$ 是严格的 S 范数，$S(x, y)=S(x, z)(x<1)$，则 $y=z$。

推论 7.3.6　如果 $g_0(x)$ 是定义在[0, 1]上的连续的严格单调一元函数，$g_0(0)$ 为有限值，则 $S(x, y)=g_0^{-1}(\min(g_0(1), g_0(x)+g_0(y)-g_0(0)))$ 是阿基米德型 S 范数。

将 $g(x)=g_0(x)-g_0(0)$ 代入定理 7.3.7 即可证明。

如 $g(x)=\ln((1+x)/(1-x))+c(c$ 为常数)则可生成 Einstein 算子 $S(x, y)=(x+y)/(1+xy)$。

定理 7.3.9　如果 $g(x)$ 是 $S(x, y)$ 的 S 性生成元，则生成元簇 $g'(x)=cg(x)(c\neq0$ 为有限实数)中的任一生成元都生成 $S(x, y)$。

证明　由于 $g'(x)=cg(x)$, $g'^{-1}(x)=g^{-1}(x/c)$，所以有

$$S'(x, y)=g'^{-1}(\min(g'(1), g'(x)+g'(y)))=g^{-1}(\min(cg(1), cg(x)+cg(y))/c)$$

$$=g^{-1}(\min(g(1), g(x)+g(y)))=S(x, y)$$

所以本定理成立。

例如幂零 S 性生成元簇 $g(x)=cx$ $(c\neq0$ 为有限实数)能生成同一个有界算子 $S(x, y)=\min(1, x+y)=\mathbf{S}_1$。由于在生成 $S(x, y)$ 的幂零 S 性生成元簇 $g(x)=cg_0(x)(c\neq0$ 为有限实数)中，令 $c=1/g_0(1)$ 时可得自守函数 $\phi(x)=g_0(x)/g_0(1)$ 也生成 $S(x, y)$，所以以后不特别声明时，所谓幂零 S 性生成元都是指自守函数 $\phi(x)$。

严格 S 性生成元簇 $g(x)=cx/(1-x)(c\neq0$ 为有限实数)能生成同一个 Hamacher 算子 $S(x, y)=(x+y-2xy)/(1-xy)$。

S 性生成元簇 $g(x)=-\log_a(1-x)=-\ln(1-x)/\ln a(a\neq1$ 为有限正实数)能生成同一个概率算子 $\mathbf{S}_2=1-\exp(\ln(1-x)+\ln(1-y))=1-(1-x)(1-y)=x+y-xy$ [图 7.1(b)]。由于当 $a\to0$

或 $a\to\infty$ 时，$G_2=g(x)=\text{ite}\{1|x=1; 0\}$[图 7.1(b)、(d)]，所以概率算子 S_2 及其 S 性生成元 G_2 十分特殊，具有幂零和严格的两重性，它实际上是两类算子的分界线，特称为中极限算子。

定义 7.3.4(幂零类、严格类、极限类)　称极限 S_0、S_2 之间但不包括极限的所有幂零 S 范数组成的集合为幂零类 S 范数，称其生成元为幂零类 S 性生成元；称极限 S_3、S_2 之间但不包括极限的所有严格 S 范数组成的集合为严格类 S 范数，称其生成元为严格类 S 性生成元；称极限 S_3、S_2 和 S_0 组成的集合为极限类 S 范数，称其生成元为极限类 S 性生成元。

定理 7.3.10(S 范数第二生成定理)　如 $S_0(x, y)$ 是 S 范数，$\phi(x)$ 是非极限自守函数，则 $S(x, y)=\phi^{-1}(S_0(\phi(x), \phi(y)))$ 是与 $S_0(x, y)$ 同类的 S 范数。

证明　设 $S_0(x, y)=g_0^{-1}(\min(g_0(1), g_0(x)+g_0(y)))$，其 S 性生成元 $g_0(x)$ 是连续的严格单调函数，$g_0(0)=0$，则 $g(x)=g_0(\phi(x))$ 是连续的严格单调函数，$g(0)=0$，可生成 S 范数为

$$S(x, y)=g^{-1}(\min(g(1), g(x)+g(y)))=\phi^{-1}(g_0^{-1}(\min(g_0(1), g_0(\phi(x))+g_0(\phi(y)))))$$
$$=\phi^{-1}(S_0(\phi(x), \phi(y)))$$

如 $S_0(x, y)$ 是幂零的，$g_0(1)=1$，则 $g(1)=g_0(\phi(1))=1$，$S(x, y)$ 也是幂零的；

如 $S_0(x, y)$ 是严格的，$g_0(1)\to\pm\infty$，则 $g(1)=g_0(\phi(1))\to\pm\infty$，$S(x, y)$ 也是严格的；

如 $S_0(x, y)=\max(x, y)=S_3$，则 $S(x, y)=\phi^{-1}(\max(\phi(x), \phi(y)))=\max(x, y)=S_3$；

如 $S_0(x, y)=x+y-xy=S_2$，则 $S(x, y)=\phi^{-1}(\phi(x)+\phi(y)-\phi(x)\phi(y)))=S\Phi_2$ 是中极限算子；

如 $S_0(x, y)=\text{ite}\{\max(x, y)|\min(x, y)=0; 1\}=S_0$，则 $S(x, y)=\text{ite}\{\max(x, y)|\min(x, y)=0; 1\}=S_0$。

所以本定理成立。　　　　　　　　　　　　　　　　　　　■

例如 $\phi(x)=1-(1-x)^n$，$n\in\mathbf{R}_+$，$S_0(x, y)=\min(1, x+y)$ 时，$S(x, y)=1-(\max(0, (1-x)^n+(1-y)^n-1))^{1/n}$ 是幂零 S 范数簇(Schweizer(1))。

$\phi(x)=1-(1-x)^n$，$n\in\mathbf{R}_+$，$S_0(x, y)=1/(1/x+1/y)$ 时，$S(x, y)=1-((1-x)^{-n}+(1-y)^{-n}-1)^{-1/n}$ 是严格 S 范数簇(Schweizer(2))。

$\phi(x)=x^n$，$n\in\mathbf{R}_+$，$S_0(x, y)=x+y-xy$ 时，$S(x, y)=(x^n+y^n-x^ny^n)^{1/n}$ 是中极限类 S 范数簇(Schweizer(3))。

$\phi(x)=x(1+\lambda)^{1/2}/(1+((1+\lambda)^{1/2}-1)x)$，$\lambda>-1$，$S_0(x, y)=x+y-xy$ 时，$S(x, y)=(x+y-xy(2-(1+\lambda)^{1/2}))/(1+((1+\lambda)^{1/2}-1)xy)$ 是中极限类 S 范数簇(Einstein)。

可见中极限 $S\Phi_2=\phi^{-1}(\phi(x)+\phi(y)-\phi(x)\phi(y))$，$G\Phi_2=-\log(1-g(x))$ 不唯一，是一个类，其中包括概率算子 $S_2=x+y-xy$，$G_2=\text{ite}\{1|x=1; 0\}$ 或 $G_2=-\log(1-x)$。中极限类十分像严格类，但它有一个不同于其他类的特殊性质：由于 $G\Phi_2=-\log(1-\phi(x))=\log(1/(1-\phi(x)))=\log(1-(-\phi(x)/(1-\phi(x))))=\log(1-g(x))$，其中 $g(x)=-\phi(x)/(1-\phi(x))$ 是严格

的 S 性生成元，所以对任意 S 性生成元 $g(x)$ 都有 $S(x, y)=g^{-1}(g(x)+g(y)-g(x)g(y))=$ $S\Phi_2$。这是我们把它独立于严格类之外进行专门研究的原因。

例如，用幂零 S 性生成元 $\phi(x)=2x/(1+x)$ 或严格 S 性生成元 $g(x)=-2x/(1-x))$ 代入 $S_2=x+y-xy$，可以生成同一个 Einstein 算子 $S(x, y)=(x+y)/(1+xy)$。

定义 7.3.5(分配律)　S 范数 $S(x, y)$ 和 T 范数 $T(x, y)$ 之间的分配率为

$$T(S(x, y), z)=S(T(x, y), T(x, z)), \quad S(T(x, y), z)=T(S(x, y), S(x, z))$$

定理 7.3.11(分配律条件)　T 范数 $T(x, y)$ 和 S 范数 $S(x, y)$ 之间满足分配率的充要条件是：$T(x, y)=\min(x, y)$; $S(x, y)=\max(x, y)$。

证明　1)充分性。设 $T(x, y)=\min(x, y)$，$S(x, y)=\max(x, y)$，则 $S(T(x, y), z)=$ $\max(\min(x, y), z)$，$T(S(x, z), S(y ,z))=\min(\max(x, z), \max(y, z))=\max(\min(x, y), z)$，S 范数对 T 范数满足分配率；$T(S(x, y), z)=\min(\max(x, y), z)$，$S(T(x, z), T(y, z))=\max(\min(x, z), \min(y, z))=\min(\max(x, y), z)$，T 范数对 S 范数满足分配率。

2) 必要性。由 $T(x, y)$ 和 $S(x, y)$ 的性质知：①$x=T(x, x)$, $x=S(x, x)$ 是严格增连续函数；②对任意 $x\in[0, 1]$ 有：$x=T(x, x)=T(x, S(x, x))$; $x=S(x, x)=S(x, T(x, x))$; $x=T(S(x, x), x)=S(T(x, x), T(x, x))$, $x=S(T(x,x), x)=T(S(x, x), S(x, x))$。

下面证明对任意 $x, y, z \in[0, 1]$，如果要满足 $T(S(x, y), z)=S(T(x, y), T(x, z))$，$S(T(x, y), z)=T(S(x, y), S(x, z))$，必须是 $T(x, y)=\min(x, y)$, $S(x, y)=\max(x, y)$。

设 $a\leqslant b$，令 $k(a, y)=S(a, y)$，于是 $k(a, a)=S(a, a)=a$，因此有 $k(a, 1)=S(a, 1)\geqslant\max(a, 1)=1$, $k(a, 1)=1$。固定 $a, k(a, y)$ 是 $[a, 1]$ 到 $[a, 1]$ 的连续函数。

于是对于 $b\geqslant a$，有 $c\geqslant a$，使 $k(a, c)=S(a, c)=b$，这样一来有：$T(a, b)=T(a, S(a, c))=S(T(a, a), T(a, c))=S(a, T(a, c))=a=\min(a, b)$，即 $T(x, y)=\min(x, y)$。

同理可证：$S(a, b)=\max(a, b)$，即 $S(x, y)=\max(x, y)$。

所以本定理成立。　　　　　　　　　　　　　　　　　　　　　　■

7.4　NTS 范数的对偶性

中心 T 范数和中心 S 范数之间，通过中心 N 范数形成对偶关系为

$$T(x, y)=\max(0, x+y-1)=1-S(1-x, 1-y)=N(S(N(x), N(y)))$$

$$S(x, y)=\min(1, x+y)=1-T(1-x, 1-y)=N(T(N(x), N(y)))$$

这实际上是中心 N 范数 $N(x)=1-x$ 和中心 T 范数 $T(x, y)=\max(0, x+y-1)$ 及中心 S 范数 $S(x, y)=\min(1, x+y)$ 之间的零级对偶关系 $T(x, y)=N(S(N(x), N(y)))$，$S(x, y)=N(T(N(x), N(y)))$，在逻辑学中叫德摩根律。在一般的 N 范数 $N(x)$、T 范数 $T(x, y)$ 和 S 范数 $S(x, y)$ 之间是否也存在这种 NTS 三联体关系，存在的条件是什么？这

是三角范数理论中的重要问题。为此我们需要首先研究生成元之间的弱半对偶关系。

7.4.1 生成元之间的弱半对偶关系

定义 7.4.1(弱半对偶、半对偶、零级对偶)　如果 $N(x)$ 是连续的严格单调弱 N 范数，$g(x)$ 是[0, 1]上的连续的严格单调一元函数，则称 $f(x)=1-g(N(x))$ 为 $g(x)$ 关于 $N(x)$ 的弱半对偶。如果其中 $N(x)$ 是连续的严格单调 N 范数，则称 $f(x)$ 为 $g(x)$ 关于 $N(x)$ 的半对偶。如果其中 $N(x)=1-x$，则称 $f(x)$ 为 $g(x)$ 的零级对偶。

定理 7.4.1　如果 $f(x)$ 是 $g(x)$ 关于 $N(x)$ 的弱半对偶，则 $g(x)$ 是 $f(x)$ 关于 $N^{-1}(x)$ 的弱半对偶。

证明　1)因为 $f(x)$ 是 $g(x)$ 关于 $N(x)$ 的弱半对偶，即 $N(x)$ 是连续的严格单调弱 N 范数，$g(x)$ 是[0, 1]上的连续的严格单调一元函数，所以 $f(x)=1-g(N(x))$ 是[0, 1]上的连续的严格单调一元函数；

2) 由 $f(x)=1-g(N(x))$，$g(N(x))=1-f(x)$ 知，$g(x)=1-f(N^{-1}(x))$；

3) 连续的严格单调弱 N 范数 $N(x)$ 的逆 $N^{-1}(x)$ 也是连续的严格单调弱 N 范数。所以本定理成立。∎

定理 7.4.2　如果 $g(x)$ 是 S 性生成元，则其零级对偶 $f(x)$ 是与 $g(x)$ 同类的 T 性生成元；反之，如果 $f(x)$ 是 T 性生成元，则其零级对偶 $g(x)$ 是与 $f(x)$ 同类的 S 性生成元。

证明　1)因为 $g(x)$ 是 S 性生成元，即 $g(x)$ 是[0, 1]上的连续的严格单调一元函数，且 $g(0)=0$，所以 $f(x)=1-g(1-x)$ 是[0, 1]上的连续的严格单调一元函数，且 $f(1)=1-g(0)=1$，即 $f(x)$ 是 T 性生成元。

2) 如果 $g(x)$ 属于幂零类，$g(1)=1$，则 $f(0)=1-g(1)=0$，即 $f(x)$ 也属于幂零类；如果 $g(x)$ 属于严格类，$g(1)$ 是无限值，则 $f(0)=1-g(1)$ 是无限值，即 $f(x)$ 也属于严格类；如果 $g(x)$ 属于极限类，则根据 7.3 节关于极限问题的讨论知，$f(x)=1-g(1-x)$ 也属于极限类；所以 $g(x)$ 和 $f(x)$ 有相同的类属。

反之，由 $f(x)=1-g(1-x)$ 可以得到 $g(x)=1-f(1-x)$。

所以本定理成立。∎

例如以下严格 T 性/S 性生成元之间有零级对偶关系：

$g(x)=x/(1-x)$ 和 $f(x)=2-1/x$；

$g(x)=\log((1+x)/(1-x))$ 和 $f(x)=1-\log((2-x)/x)$；

$g(x)=\tan(\pi x/2)$ 和 $f(x)=1-\cot(\pi x/2)$。

又如以下幂零 S 性生成元和 T 性生成元之间有零级对偶关系：

$g(x)=x^n$, $n\in\mathbf{R}_+$ 和 $f(x)=1-(1-x)^n$, $n\in\mathbf{R}_+$；

$g(x)=x=\mathbf{G}_1$ 和 $f(x)=x=\mathbf{F}_1$；

$g(x)=1-\cos(\pi x/2)$ 和 $f(x)=\sin(\pi x/2)$；

$g(x)=\sin(\pi x/2)$ 和 $f(x)=1-\cos(\pi x/2)$。

又如以下极限 S 性生成元和 T 性生成元之间有零级对偶关系：

$g(x)=\mathrm{ite}\{0|x=0;\ 1\}=\mathbf{G}_0$ 和 $f(x)=\mathrm{ite}\{1|x=1;\ 0\}=\mathbf{F}_0$；

$g(x)=-\log(1-2x/(1+x))=\mathbf{G\Phi}_2$ 和 $f(x)=1+\log(x/(2-x))=\mathbf{F\Phi}_2$；

$g(x)=-\log(1-x)=\mathbf{G}_2$ 和 $f(x)=1+\log x=\mathbf{F}_2$；

$g(x)=\mathrm{ite}\{1|x=1;\ 0\}=\mathbf{G}_2$ 和 $f(x)=\mathrm{ite}\{0|x=0;\ 1\}=\mathbf{F}_2$；

$g(x)=\mathrm{ite}\{0|x=0;\ \pm\infty\}=\mathbf{G}_3$ 和 $f(x)=\mathrm{ite}\{1|x=1;\ \pm\infty\}=\mathbf{F}_3$。

定理 7.4.3　弱半对偶运算只能改变极限生成元的 T/S 性质，而不能改变极限生成元的极限性质。

证明　如果 $g(x)$ 是极限 S 性生成元，$N(x)$ 是连续的严格单调弱 N 范数，因为 $N(0)=1$，$N(1)=0$，所以 $g(x)$ 关于 $N(x)$ 的弱半对偶 $f(x)=1-g(N(x))$ 有：

当 $g(x)=\mathrm{ite}\{0|x=0;\ 1\}=\mathbf{G}_0$ 时，$f(x)=\mathrm{ite}\{1|x=1;\ 0\}=\mathbf{F}_0$；

当 $g(x)=\mathrm{ite}\{1|x=1;\ 0\}=\mathbf{G}_2$ 时，$f(x)=\mathrm{ite}\{0|x=0;\ 1\}=\mathbf{F}_2$；

当 $g(x)=-\log(1-\phi(x))=\mathbf{G\Phi}_2$ 时，$f(x)=1+\log(\phi'(x))=\mathbf{F\Phi}_2$，其中 $\phi'(x)=1-\phi(N(x))$；

当 $g(x)=\mathrm{ite}\{0|x=0;\ \pm\infty\}=\mathbf{G}_3$ 时，$f(x)=\mathrm{ite}\{1|x=1;\ \pm\infty\}=\mathbf{F}_3$。

反之亦然，可见弱半对偶运算只改变了极限生成元的 T/S 性质，而没有改变极限生成元的极限性质。所以本定理成立。∎

定理 7.4.4　如果 $g(x)$ 是 S 性生成元，$N(x)$ 是连续的严格单调弱 N 范数，则 $g(x)$ 关于 $N(x)$ 的弱半对偶 $f(x)$ 是与 $g(x)$ 同类的 T 性生成元；反之，如果 $f(x)$ 是 T 性生成元，则 $f(x)$ 关于 $N(x)$ 的弱半对偶 $g(x)$ 是与 $f(x)$ 同类的 S 性生成元。

证明　1）如果 $g(x)$ 是极限 S 性生成元，由定理 7.4.3 知，$g(x)$ 关于 $N(x)$ 的弱半对偶 $f(x)$ 仍然是极限 T 性生成元。

2）否则，$g(x)$ 是非极限 S 性生成元，即 $g(x)$ 是 [0, 1] 上的连续的严格单调一元函数，$g(0)=0$，且 $g(x)\neq-\log_a(1-\phi(x))$（$a\neq 1$ 为有限正实数），所以 $f(x)=1-g(N(x))$ 是 [0, 1] 上的连续的严格单调一元函数，$f(1)=1-g(N(1))=1-g(0)=1$，且 $f(x)\neq 1+\log_a(\phi(x))$（$a\neq 1$ 为有限正实数），即 $f(x)$ 是非极限 T 性生成元。

3）由于 $g(x)$ 是非极限 S 性生成元，如果 $g(x)$ 是幂零的，$g(1)=1$，则 $f(0)=1-g(N(0))=1-g(1)=0$，即 $f(x)$ 也是幂零的；如果 $g(x)$ 是严格的，$g(1)$ 是无限值，则 $f(0)=1-g(N(0))=1-g(1)$ 是无限值，即 $f(x)$ 也是严格的。

所以 $f(x)=1-g(N(x))$ 和 $g(x)$ 有相同的类属。

反之，如果 $f(x)$ 是 T 性生成元，则可用类似方法证明 $g(x)=1-f(N(x))$ 是与 $f(x)$ 同类的 S 性生成元。

所以本定理成立。

定理 7.4.2 可以看成是定理 7.4.4 在 $N(x)=1-x$ 时的特例。

例如与以下严格 S 性生成元 $g(x)$ 和连续的严格单调的弱 N 范数 $N(x)=1-x^3$ 对应的弱半对偶 $f(x)=1-g(N(x))$ 是严格 T 性生成元：

$g(x)=x/(1-x)$ 对应于 $f(x)=2-1/x^3$；

$g(x)=\tan(\pi x/2)$ 对应于 $f(x)=1-\cot(\pi x^3/2)$。

又如与以下幂零 S 性生成元 $g(x)$ 和连续的严格单调的弱 N 范数 $N(x)=1-x^3$ 对应的弱半对偶 $f(x)=1-g(N(x))$ 是幂零 T 性生成元：

$g(x)=x^n, n\in\mathbf{R}_+$ 对应于 $f(x)=1-(1-x^3)^n, n\in\mathbf{R}_+$；

$g(x)=x=\mathbf{G_1}$ 对应于 $f(x)=x^3$；

$g(x)=1-\cos(\pi x/2)$ 对应于 $f(x)=\sin(\pi x^3/2)$；

$g(x)=\sin(\pi x/2)$ 对应于 $f(x)=1-\cos(\pi x^3/2)$。

又如与以下极限 S 性生成元 $g(x)$ 和连续的严格单调的弱 N 范数 $N(x)=1-x^3$ 对应的弱半对偶 $f(x)=1-g(N(x))$ 是幂零 T 性生成元：

$g(x)=\text{ite}\{0|x=0; \pm\infty\}=\mathbf{G_3}$ 对应于 $f(x)=\text{ite}\{1|x=1; \pm\infty\}=\mathbf{F_3}$；

$g(x)=-\log(1-x)=\mathbf{G_2}$ 对应于 $f(x)=1+3\log x=\mathbf{F_2}$；

$g(x)=\log((1+x)/(1-x))=\mathbf{G\Phi_2}$ 对应于 $f(x)=1-\log((2-x^3)/x^3)=\mathbf{F\Phi_2}$；

$g(x)=\text{ite}\{0|x=0; 1\}=\mathbf{G_0}$ 对应于 $f(x)=\text{ite}\{1|x=1; 0\}=\mathbf{F_0}$。

定理 7.4.5　任意两个非极限同类的 S 性生成元 $g_1(x)$、$g_2(x)$ 之间存在关系 $g_1(x)=cg_2(\phi(x))$，其中 $c=g_1(1)/g_2(1)\neq0$ 为有限实数，$\phi(x)=g_2^{-1}(g_1(x)/c)$ 是连续的严格单调的自守函数。

证明　1) 如果 $g_1(x)$ 和 $g_2(x)$ 都是连续的严格单调的自守函数，$g_1(x)=\phi_1(x)$，$g_2(x)=\phi_2(x)$，则 $\phi(x)=\phi_2^{-1}(\phi_1(x))$ 是连续的严格单调的自守函数，$c=g_1(1)/g_2(1)=1$ 为有限实数，满足 $g_1(x)=g_2(\phi(x))$；

2) 如果 $g_1(x)$ 和 $g_2(x)$ 是任意幂零 S 性生成元，$g_1(1)$ 和 $g_2(1)$ 都是不为零的有限值，则 $\phi_1(x)=g_1(x)/g_1(1)$ 和 $\phi_2(x)=g_2(x)/g_2(1)$ 都是连续的严格单调的自守函数，由 1) 知 $\phi(x)=\phi_2^{-1}(\phi_1(x))$ 是连续的严格单调的自守函数，即 $\phi(x)=\phi_2^{-1}(\phi_1(x))=g_2^{-1}(g_1(x)g_2(1)/g_1(1))=g_2^{-1}(g_1(x)/c)$，$c=g_1(1)/g_2(1)\neq0$ 为有限实数，满足 $g_1(x)=cg_2(\phi(x))$；

3) 如果 $g_1(x)$ 和 $g_2(x)$ 都是严格 S 性生成元，即 $g_1(x)$ 和 $g_2(x)$ 都是连续的严格单调函数，且 $g_1(0)=g_2(0)=0$，$g_1(1)$ 和 $g_2(1)$ 都是无限值，则 $\phi(x)=g_2^{-1}(g_1(x)/c)$ 是连续的严格单调函数，且 $\phi(0)=0$，其中 $c=g_1(1)/g_2(1)=\pm1$（$g_1(x)$ 和 $g_2(x)$ 同方向时为 1，反方向时为 -1），$\phi(1)=1$，所以 $\phi(x)$ 是连续的严格单调的自守函数，满足 $g_1(x)=cg_2(\phi(x))$。

所以本定理成立。

例如以下各对严格 S 性生成元之间有 $c=g_1(1)/g_2(1),g_1(x)=cg_2(\phi(x))$ 关系：

$g_1(x)=x/(1-x)$ 和 $g_2(x)=x^3/(1-x^3)$ 之间有：$c=1$，$\phi(x)=x^{1/3}$；

$g_1(x)=-\tan(\pi x/2)$ 和 $g_2(x)=\tan(\pi x^n/2)$ 之间有：$c=-1$，$\phi(x)=x^{1/n}$。

又如以下各对幂零 S 性生成元之间有 $c=g_1(1)/g_2(1)$，$g_1(x)=cg_2(\phi(x))$ 关系：

$g_1(x)=x^n, n\in\mathbf{R}_+$ 和 $g_2(x)=-x^{5n}, n\in\mathbf{R}_+$ 之间有：$c=-1$，$\phi(x)=x^{1/5}$；

$g_1(x)=\sin(\pi x/2)$ 和 $g_2(x)=5\sin(\pi x^3/2)$ 之间有：$c=0.2$，$\phi(x)=x^{1/3}$；

$g_1(x)=1-\cos(\pi x^4/2)$ 和 $g_2(x)=1-\cos(\pi x/2)$ 之间有：$c=1$，$\phi(x)=x^4$；

又如以下中极限类 S 性生成元之间有 $c=g_1(1)/g_2(1)$，$g_1(x)=cg_2(\phi(x))$ 关系；

$g_1(x)=\log((1+x^n)/(1-x^n))$ 和 $g_2(x)=-\log((1+x)/(1-x))$ 之间有：$c=-1$，$\phi(x)=x^n$。

定理 7.4.6　任意两个非极限不同类的 S 性生成元 $g_1(x)$、$g_2(x)$ 之间存在极限关系 $g_1(x)=cg_2(\phi(x))$，其中 $c=g_1(1)/g_2(1)$ 为 0 或 $\pm\infty$，$\phi(x)=\Phi_0$ 或 Φ_3 是自守函数的极限。

证明　由定理 7.4.5 知，任意两个非极限同类的 S 性生成元 $g_1(x)$、$g_2(x)$ 之间存在关系 $g_1(x)=cg_2(\phi(x))$，其中 $c=g_1(1)/g_2(1)\neq 0$ 为有限实数，$\phi(x)=g_2^{-1}(g_1(x)/c)$ 是连续的严格单调的自守函数。

如果 $g_1(x)$ 和 $g_2(x)$ 是非极限不同类的 S 性生成元，则利用 $\phi(x)$ 的极限定义如下。

1) 如 $g_1(x)$ 是幂零的，$g_1(1)$ 是有限值，$g_2(x)$ 是严格的，$g_2(1)$ 是无限值，则 $c=0$，$\phi(x)=g_2^{-1}(g_1(x)/c)=\Phi_0$ 是自守函数的上极限，满足 $g_1(x)=cg_2(\phi(x))$；

2) 反之，如 $g_1(x)$ 是严格的，$g_1(1)$ 是无限值，$g_2(x)$ 是幂零的，$g_2(1)$ 是有限值，则 $c\to\pm\infty$，$\phi(x)=g_2^{-1}(g_1(x)/c)=\Phi_3$ 是自守函数的下极限，满足 $g_1(x)=cg_2(\phi(x))$。

所以本定理成立。∎

定理 7.4.7　任意两个非极限同类的 T 性生成元 $f_1(x)$、$f_2(x)$ 之间存在关系 $f_1(x)=1-c(1-f_2(\phi(x)))$，其中 $c=(1-f_2(0))/(1-f_1(0))\neq 0$ 为有限实数，$\phi(x)=f_2^{-1}(1-(1-f_1(x))/c)$ 是自守函数。

证明　1) 由定理 7.4.2 知，如果 $f_1(x)$ 和 $f_2(x)$ 是任意两个非极限同类的 T 性生成元，则 $g_1(x)=1-f_1(1-x)$ 和 $g_2(x)=1-f_2(1-x)$ 是任意两个非极限同类的 S 性生成元；

2) 由定理 7.4.5 知，任意两个非极限同类的 S 性生成元 $g_1(x)$、$g_2(x)$ 之间存在关系 $g_1(x)=cg_2(\phi'(x))$，其中 $c=g_1(1)/g_2(1)\neq 0$ 为有限实数，$\phi'(x)=g_2^{-1}(g_1(x)/c)$ 是自守函数；

3) 将 1) 代入 2) 得 $f_1(x)=1-c(1-f_2(1-\phi'(1-x)))=1-c(1-f_2(\phi(x)))$，其中 $c=(1-f_1(0))/(1-f_2(0))\neq 0$ 为有限实数，$\phi(x)=f_2^{-1}(1-(1-f_1(x))/c)$ 是自守函数。

所以本定理成立。∎

如以下严格 T 性生成元之间有 $c=(1-f_1(0))/(1-f_2(0))$，$f_1(x)=1-c(1-f_2(\phi(x)))$ 关系：

$f_1(x)=2-1/x^{1/3}$ 和 $f_2(x)=2-1/x$ 之间：$c=1$，$\phi(x)=x^{1/3}$；

$f_1(x)=1-\log((2-x^{1/3})/x^{1/3})$ 和 $f_2(x)=1-\log((2-x)/x)$ 之间：$c=1$，$\phi(x)=x^{1/3}$；

$f_1(x)=1+\cot(\pi x/2)$ 和 $f_2(x)=1-\cot(\pi x^{1/3}/2)$ 之间：$c=-1$，$\phi(x)=x^3$。

又以下幂零 T 性生成元之间有 $c=(1-f_1(0))/(1-f_2(0))$，$f_1(x)=1-c(1-f_2(\phi(x)))$ 关系：

$f_1(x)=x^n$, $n\in\mathbf{R}_+$ 和 $f_2(x)=1-(1-x)^n$, $n\in\mathbf{R}_+$ 之间有：$c=1$，$\phi(x)=1-(1-x^n)^{1/n}$；

$f_1(x)=1-\cos(\pi x/2)$ 和 $f_2(x)=\sin(\pi x/2)$ 之间有：$c=1$，$\phi(x)=2\sin^{-1}(1-\cos(\pi x/2))/\pi$。

定理 7.4.8　任意两个非极限不同类的 T 性生成元 $f_1(x)$、$f_2(x)$ 之间存在极限关系 $f_1(x)=1-c(1-f_2(\phi(x)))$，其中 $c=(1-f_2(0))/(1-f_1(0))$ 为 0 或 $\pm\infty$，$\phi(x)=\mathbf{\Phi_0}$ 或 $\mathbf{\Phi_3}$。

证明　类似于定理 7.4.6。　　　　　　　　　　　　　　　　■

定理 7.4.9　任意非极限 T 性生成元 $f(x)$ 和任意同类 S 性生成元 $g(x)$ 之间都存在弱半对偶关系 $f(x)=1-cg(N(x))$，其中 $c=(1-f(0))/g(1)\neq0$ 为有限实数，$N(x)=g^{-1}((1-f(x))/c)$ 是连续的严格单调弱 N 范数。

证明　1)由定理 7.4.2 知，任意 T 性生成元 $f(x)$ 的零级对偶 $g'(x)=1-f(1-x)$ 是同类 S 性生成元；

2) 由定理 7.4.5 知，任意两个非极限同类 S 性生成元 $g'(x)$ 和 $g(x)$ 之间存在关系 $g'(x)=cg(\phi(x))$，其中 $c=g'(1)/g(1)\neq0$ 为有限实数，$\phi(x)=g^{-1}(g'(x)/c)$ 是自守函数；

3) $f(x)=1-g'(1-x)=1-cg(\phi(1-x))=1-cg(N(x))$，其中 $c=g'(1)/g(1)=(1-f(0))/g(1)\neq0$ 为有限实数，$N(x)=g^{-1}((1-f(x))/c)$ 是连续的严格单调弱 N 范数。

所以本定理成立。　　　　　　　　　　　　　　　　　　　　　■

定理 7.4.10　任意非极限 S 性生成元 $g(x)$ 和任意同类 T 性生成元 $f(x)$ 之间都存在弱半对偶关系 $g(x)=c(1-f(N(x)))$，其中 $c=g(1)/(1-f(0))\neq0$ 为有限实数，$N(x)=f^{-1}(1-g(x)/c)$ 是连续的严格单调弱 N 范数。

证明　类似于定理 7.4.9。　　　　　　　　　　　　　　■

定理 7.4.11　任意非极限不同类的 T 性生成元 $f(x)$ 和 S 性生成元 $g(x)$ 之间存在极限关系 $g(x)=c(1-f(N(x)))$，其中 $c=g(1)/(1-f(0))$ 为 0 或 $\pm\infty$，$N(x)=\mathbf{N_0}$ 或 $\mathbf{N_3}$。

证明　利用定理 7.4.9，用类似于定理 7.4.6 的方法可证。　　■

本定理表明，任何一个非极限 T 性生成元 $f(x)$ 都可以通过 $\mathbf{N_0}$ 或 $\mathbf{N_3}$ 与不同类的所有 S 性生成元 $g(x)$ 构成 NTS 三联体关系；反之，任何一个非极限 S 性生成元 $g(x)$ 都可以通过 $\mathbf{N_0}$ 或 $\mathbf{N_3}$ 与不同类的所有 T 性生成元 $f(x)$ 构成 NTS 三联体关系。这意味着我们无法通过 $g(x)=c(1-f(N(x)))$ 得到唯一的 $g(x)$，也无法通过 $f(x)=1-cg(N(x))$ 得到唯一的 $f(x)$，所以极限关系是一种平凡关系。

由于所有连续的严格单调弱 N 范数和 N 范数的极限都是极限 N 范数 $\mathbf{N_3}$ 和 $\mathbf{N_0}$，利用 $f(x)=1-g(N(x))$ 关系我们可以全面讨论双极限情况下的半对偶关系：

1) 如果 $N(x)=\mathbf{N_3}=\mathbf{N_3}^{-1}=\text{ite}\{0|x=1;\ 1\}$，则

$g(x)=\mathbf{G_3}=\text{ite}\{0|x=0;\ \pm\infty\}$ 时，$f(x)=1-g(N(x))=\text{ite}\{1|x=1;\ \pm\infty\}=\mathbf{F_3}$；

$g(x)$ 严格时，$g(0)=0$，$g(1)=\pm\infty$，$f(x)=1-g(N(x))=\text{ite}\{1|x=1;\ \pm\infty\}=\mathbf{F_3}$，即 $\mathbf{N_3}$ 可以使 $\mathbf{F_3}$ 与任何严格的 $g(x)$ 及 $\mathbf{G_3}$ 形成半对偶关系；

由于 $g(x)=\mathbf{G_2}=-\log(1-x)$ 时，$f(x)=1-g(N(x))=\text{ite}\{1|x=1;\ \pm\infty\}=\mathbf{F_3}$，而 $g(x)=\mathbf{G_2}=$

ite$\{1|x=1; 0\}$时，$f(x)=1-g(N(x))=$ite$\{1|x=1; 0\}=\mathbf{F_0}$，所以$f(x)$可以是 $\mathbf{F_3}$ 和 $\mathbf{F_0}$ 之间的任意 T 性生成元，即 $\mathbf{N_3}$ 可以使 $\mathbf{G_2}$ 与任何 T 性生成元$f(x)$形成半对偶关系；

$g(x)$是幂零时，$g(0)=0$，$g(1)=1$，$f(x)=1-g(N(x))=$ite$\{1|x=1; 0\})=\mathbf{F_0}$；

$g(x)=\mathbf{G_0}=$ite$\{0|x=0; 1\}$时，$f(x)=1-g(N(x))=$ite$\{1|x=1; 0\})=\mathbf{F_0}$，即 $\mathbf{N_3}$ 可以使 $\mathbf{F_0}$ 与任何幂零的 $g(x)$ 及 $\mathbf{G_0}$ 形成半对偶关系。

2) 如果 $N(x)=\mathbf{N_0}=\mathbf{N_0}^{-1}=ite\{1|x=0; 0\}$，则

$g(x)=\mathbf{G_3}=$ite$\{0|x=0; \pm\infty\}$时，由于$f(x)=1-g(N(x))=$ite$\{\pm\infty|x=0; 1\}$，所以$f(x)$可以是 $\mathbf{F_3}$ 和 $\mathbf{F_2}$ 之间的任意 T 性生成元，即 $\mathbf{N_0}$ 可以使 $\mathbf{G_3}$ 与 $\mathbf{F_3}$ 和 $\mathbf{F_2}$ 之间的任何 T 性生成元$f(x)$形成半对偶关系；

$g(x)$是连续的严格单调 S 性生成元时，$g(0)=0$，$f(x)=1-g(N(x)/g(1))=$ite$\{0|x=0;$ $1\}=\mathbf{F_2}$，即 $\mathbf{N_0}$ 可以使 $\mathbf{F_2}$ 与任何 S 性生成元 $g(x)$形成半对偶关系；

$g(x)=\mathbf{G_0}=$ite$\{0|x=0; 1\}$时，$f(x)=1-g(N(x))=$ite$\{0|x=0; 1|x=1;$ free$\}$，所以$f(x)$可以是 $\mathbf{F_0}$ 和 $\mathbf{F_2}$ 之间的任意 T 性生成元，即 $\mathbf{N_0}$ 可以使 $\mathbf{G_0}$ 与 $\mathbf{F_0}$ 和 $\mathbf{F_2}$ 之间的任何 T 性生成元$f(x)$形成半对偶关系。

由于$g(x)=1-f(N^{-1}(x))$，$\mathbf{N_3}=\mathbf{N_3}^{-1}$ 和 $\mathbf{N_0}=\mathbf{N_0}^{-1}$，所以反过来这种关系也成立。

7.4.2　NTS 范数之间的弱对偶关系

定义 7.4.2(弱对偶)　如果 $N(x)$是连续的严格单调弱 N 范数，$f(x, y)$是$[0, 1]^2$上的任意单调二元函数，则称$g(x, y)=N^{-1}(f(N(x), N(y)))$是$f(x, y)$关于$N(x)$的弱对偶。弱对偶关系是单向的，如果 $g(x, y)=N^{-1}(f(N(x), N(y)))$，则 $f(x, y)=N(g(N^{-1}(x), N^{-1}(y)))$。

定义 7.4.3(对偶)　如果 $N(x)$是连续的严格单调 N 范数，$f(x, y)$是$[0, 1]^2$上的任意单调二元函数，则称$g(x, y)=N(f(N(x), N(y)))$是$f(x, y)$关于$N(x)$的对偶。对偶关系是双向的，如果 $g(x, y)=N(f(N(x), N(y)))$，则 $f(x, y)=N(g(N(x), N(y)))$。

定理 7.4.12(弱对偶定律)　如果$f(x)$是连续的严格单调 T 性生成元，$g(x)$是连续的严格单调 S 性生成元，它们之间存在弱半对偶关系 $g(x)=c(1-f(N(x)))$，其中$c=g(1)/(1-f(0))\neq 0$ 为有限实数，$N(x)$是连续的严格单调弱 N 范数，则它们分别生成的 S 范数 $S(x, y)$和 T 范数 $T(x, y)$有关于 $N(x)$的弱对偶关系$S(x, y)=N^{-1}(T(N(x), N(y)))$。

证明　由 $T(x, y)=f^{-1}(\max(f(0), f(x)+f(y)-1))$，$g(x)=c(1-f(N(x)))$知

$$S(x,y)=g^{-1}(\min(g(1), g(x)+g(y)))=g^{-1}(\min(c(1-f(0), 1-f(N(x))+1-f(N(y))))$$

$$=N^{-1}(f^{-1}(1-\min(c(1-f(0), 1-f(N(x))+1-f(N(y)))/c))$$

$$=N^{-1}(f^{-1}(\max(f(0), f(N(x))+f(N(y))-1)))$$

$$=N^{-1}(T(N(x), N(y)))$$

所以本定理成立。

定理 7.4.13(对偶定律) 如果 $\phi(x)$ 是连续的严格单调的自守函数，用它作为 T 性生成元可生成 $T(x, y)$；用它作为 S 性生成元，可生成 $S(x, y)$，则它们之间存在对偶关系 $S(x, y)=N(T(N(x), N(y)))$，其中 $N(x)=\phi^{-1}(1-\phi(x))$。

证明 由于 $T(x, y)=\phi^{-1}(\max(0, \phi(x)+\phi(y)-1))$，$S(x, y)=\phi^{-1}(\min(1, \phi(x)+\phi(y)))$，$N(x)=\phi^{-1}(1-\phi(x))$ 是 N 范数，$S(x,y)=N(T(N(x),N(y)))$。

所以本定理成立。∎

例如 Yager 算子 $T(x, y)=1-\min(1, ((1-x)^n+(1-y)^n)^{1/n})$ 和 Schweizer(1)算子 $S(x, y)=1-(\max(0, (1-x)^n+(1-y)^n-1))^{1/n}$ 由同一个生成元 $\phi(x)=1-(1-x)^n$，$n\in\mathbf{R}_+$ 生成，它们之间的关联 N 范数是 $N(x)=\phi^{-1}(1-\phi(x))=1-(1-(1-x)^n)^{1/n}$；

Yager 算子对 $S(x, y)=\min(1, (x^n+y^n)^{1/n})$ 和 Schweizer(1)算子 $T(x, y)=(\max(0, x^n+y^n-1))^{1/n}$ 由同一个生成元 $\phi(x)=x^n$，$n\in\mathbf{R}_+$ 生成，它们之间的关联 N 范数是 $N(x)=\phi^{-1}(1-\phi(x))=(1-x^n)^{1/n}$。

根据非极限情况下生成元弱半对偶关系的性质，非极限情况下 NTS 范数间的弱对偶关系有以下几种不同的情况。

1) 如果 $T(x, y)$ 是任意非极限 T 范数，$N(x)$ 是任意连续的严格单调弱 N 范数，则 $T(x, y)$ 关于 $N(x)$ 的弱对偶 $S(x, y)=N^{-1}(T(N(x), N(y)))$ 是与 $T(x, y)$ 同类的 S 范数。

2) 如果 $S(x, y)$ 是任意非极限 S 范数，$N(x)$ 是任意连续的严格单调弱 N 范数，则 $S(x, y)$ 关于 $N(x)$ 的弱对偶 $T(x, y)=N^{-1}(S(N(x), N(y)))$ 是与 $S(x, y)$ 同类的 T 范数。

3) 如果 $S(x, y)=g^{-1}(\min(g(1), g(x)+g(y)))$ 是任意非极限 S 范数，$T(x, y)=f^{-1}(\max(f(0), f(x)+f(y)-1))$ 是任意与 $S(x, y)$ 同类的 T 范数，则存在一个连续的严格单调弱 N 范数 $N(x)=g^{-1}((1-f(x))/c)$，其中 $c=(1-f(0))/g(1)\neq0$ 为有限实数，使弱对偶关系 $T(x, y)=N^{-1}(S(N(x), N(y)))$ 成立。

4) 如果 $T(x, y)=f^{-1}(\max(f(0), f(x)+f(y)-1))$ 是任意非极限 T 范数，$S(x, y)=g^{-1}(\min(g(1), g(x)+g(y)))$ 是任意与 $T(x, y)$ 同类的 S 范数，则存在一个连续的严格单调弱 N 范数 $N(x)=f^{-1}(1-g(x)/c)$，其中 $c=g(1)/(1-f(0))\neq0$ 为有限实数，使弱对偶关系 $S(x, y)=N^{-1}(T(N(x), N(y)))$ 成立。

5) 如果 $S(x, y)$ 是任意非极限 S 范数，$N(x)$ 是连续的严格单调 N 范数，则 $S(x, y)$ 关于 $N(x)$ 的一级对偶 $T(x, y)=N(S(N(x), N(y)))$ 是与 $T(x, y)$ 同类的 T 范数。反之，如果 $T(x, y)$ 是任意非极限 T 范数，$N(x)$ 是连续的严格单调 N 范数，则 $T(x, y)$ 关于 $N(x)$ 的一级对偶 $S(x, y)=N(T(N(x), N(y)))$ 是与 $T(x, y)$ 同类的 S 范数。

推论 7.4.1(一级对偶条件) 任意非极限 T 范数 $T(x, y)$ 和同类型的 S 范数 $S(x, y)$ 之间存在关于非极限 N 范数 $N(x)$ 的一级对偶关系的条件是它们的生成元满足以下四个约束之一：$N(x)=g^{-1}((1-f(x))/c)$；$N(x)=f^{-1}(1-cg(x))$；$g(x)=(1-f(N(x)))/c$；$f(x)=1-cg(N(x))$。其中 $c=(1-f(0))/g(1)\neq0$ 为有限实数。

推论 7.4.2(零级对偶条件)　任意同类型的 T 范数和 S 范数之间存在零级对偶关系的条件是它们的生成元满足以下两个约束之一：$f(x)=1-cg(1-x)$；$g(x)=(1-f(1-x))/c$，其中 $c=(1-f(0))/g(1)\neq0$ 为有限实数。

根据极限情况下生成元之间弱半对偶关系的讨论，我们还可以得到极限情况下 NTS 范数之间弱对偶关系的性质，表 7.1 全面反映了各种情况下的 NTS 范数弱对偶关系。

表 7.1　弱 N 范数、T 范数和 S 范数之间的弱对偶关系

关联弱 N 范数	极限 T_3	严格 $T(x,y)$	极限 T_2	幂零 $T(x,y)$	极限 T_0
极限 S_3	$N_3\ N(x)\ N_0$	$N_3\ N_0$	$N_3\ N_0$		
严格 $S(x,y)$	$N_3\ N_0$	$N(x)$	$N_3\ N_0$	$(N_3)\ N_0$	
极限 S_2	$N_3\ N_0$	$N_3\ N_0$	$N_3\ N(x)\ N_0$	$N_3\ N_0$	$N_3\ N_0$
幂零 $S(x,y)$		$N_3\ (N_0)$	$N_3\ N_0$	$N(x)$	$N_3\ N_0$
极限 S_0			$N_3\ N_0$	$N_3\ N_0$	$N_3\ N(x)\ N_0$

表中的 $N(x)$ 是非极限的弱 N 范数。

7.4.3　求 T 范数和 S 范数生成元的方法

由上节的讨论可以看出，要研究范数 $T(x,y)$ 和 $S(x,y)$ 之间的关系，仅仅知道它们的函数表达式是不够的，还要求知道它们的生成元 $f(x)$ 和 $g(x)$。那么，知道了 $T(x,y)$ 和 $S(x,y)$ 的函数表达式后，如何求它们的生成元呢？

方法 7.4.1(求生成元 $f(x)$)

1) 由 $T(x,y)$ 第一生成定理知 $f(T(x,y))=\max(f(0),f(x)+f(y)-1)$；

2) 两边对 y 求导，得 $f'(T(x,y))T'(x,y)=f'(y)$；

3) 令 $y=1$，得 $f'(T(x,1))T'(x,1)=f'(x)T'(x,1)=f'(1)$，即 $f'(x)=f'(1)/T'(x,1)$；

4) 于是有 $f(x)=\int(f'(1)/T'(x,1))\mathrm{d}x+c$，其中常数 c 由边界条件 $f(1)=1$ 决定。

方法 7.4.2(求生成元 $g(x)$)

1) 由 $S(x,y)$ 的第一生成定理知 $g(S(x,y))=\min(g(1),g(x)+g(y))$；

2) 两边分别对 y 求导，得 $g'(S(x,y))S'(x,y)=g'(y)$；

3) 令 $y=0$，得 $g'(S(x,0))S'(x,0)=g'(x)S'(x,0)=g'(0)$，即 $g'(x)=g'(0)/S'(x,0)$；

4) 于是有 $g(x)=\int g'(0)/S'(x,0)\mathrm{d}x+c$，其中常数 c 由边界条件 $g(0)=0$ 决定。

例如，求 Hamacher 算子 $T(x,y)=xy/(x+y-xy)$ 的生成元 $f(x)$，对 y 求导，得 $T'(x,y)=x^2/(x+y-xy)^2$，$T'(x,1)=x^2$，最后得 $f(x)=\int(f'(1)/x^2)\mathrm{d}x+c=c-f'(1)/x=2-1/x$。

求 Hamacher 算子 $S(x,y)=(x+y-2xy)/(1-xy)$ 的生成元 $g(x)$，对 y 求导，得 $S'(x,y)=(1-x)^2/(1-xy)^2$，$S'(x,0)=(1-x)^2$，最后得 $g(x)=\int(g'(0)/(1-x)^2)\mathrm{d}x+c=g'(0)x/(1-x)=x/(1-x)$。

7.5 小　　结

本章进一步研究二元泛逻辑运算的最基础的知识，这些知识把各种逻辑算子是如何生成出来的，相互之间的内在关系是什么，从数学上彻底讲清楚了，虽然很烦琐，但是并不深奥，而是藏而不露，只要你细心揣摩，一定能够掌握其要领。

特别是德摩根定律，它是标准逻辑中的基础性规律，在泛逻辑中扩张为 N 范数 $N(x)$、T 范数 $T(x, y)$ 和 S 范数 $S(x, y)$ 之间的 NTS 关系，内容丰富了许多，是衍生出其他泛逻辑运算模型的基础。当然，条条大路通罗马，以泛蕴含运算模型为基础衍生出其他泛逻辑运算模型的途径也是逻辑学界喜欢使用的一种方法。

第8章 T/S 性生成元完整簇和 T/S 范数

根据 T 范数/S 范数的一般原理,可以继续研究零级 T 范数完整簇和零级 T 性生成元完整簇,零级 S 范数完整簇和零级 S 性生成元完整簇,以及广义相关系数 h 的有关问题。进而我们加入 N 范数完整簇和 N 性生成元完整簇,就可以研究全面考虑了广义相关系数 h 和广义自相关系数 k 共同影响的一级 T 性生成元完整簇和一级 T 范数完整簇、一级 S 性生成元完整簇和一级 S 范数完整簇。利用 N 性生成元完整簇、一级 T 性生成元完整簇或一级 S 性生成元完整簇,代入泛逻辑学的基模型,就可以得到各种二元命题连接词的运算模型。

8.1 零级 T 性/S 性生成元完整簇

8.1.1 零级 T 性生成元完整簇

第 7 章已经阐明,由 Schweizer(1)T 范数簇和 Schweizer(2)T 范数簇组成的 Schweizer 算子簇是零级 T 范数完整簇 $T(x, y, h)$,它是在业已发现的众多 T 范数簇中唯一的零级 T 范数完整簇,它的生成元簇就是我们要找的零级 T 性生成元完整簇 $F(x, h)$。现在将第 7 章的讨论归纳如下。

Schweizer(1)T 范数簇由幂零 T 性生成元簇 $f(x)=x^m, m\in\mathbf{R}_+$ 生成为

$$T_+(x, y)=(\max(0^m, x^m+y^m-1))^{1/m}$$

它是幂零阿基米德型 T 范数簇。其中:

当 $m=0$ 时对应于 $h=0.75$,$f(x)=1+\log x$,$T(x,y)=\mathbf{T_2}$,它是 Schweizer 算子簇(1)的上极限,已经转化为严格 T 范数;

当 $m=1$ 时对应于 $h=0.5$,$f(x)=x$,$T(x, y)=\mathbf{T_1}$,它是中心 T 范数;

当 $m\to\infty$时对应于 $h=0$,$f(x)\to\mathbf{F_0}$,$T(x, y)\to\mathbf{T_0}$,它是 T 范数的下极限即最小的 T 范数。由于它是非连续的,因而不是阿基米德型 T 范数;

Schweizer(2)T 范数簇由严格 T 性生成元簇 $f(x)=x^m$,$m\in\mathbf{R}_-$生成

$$T_-(x, y)=(x^m+y^m-1)^{1/m}$$

它是严格 T 范数簇。其中:

当 $m=0$ 时对应于 $h=0.75$,$f(x)=1+\log x$,$T(x, y)=\mathbf{T_2}$,它是 Schweizer 算子簇(2)的下极限;

当 $m\to-\infty$时对应于 $h=1$,$f(x)\to\mathbf{F_3}$,$T(x,y)\to\mathbf{T_3}$,它是 Schweizer 算子簇(2)的上极限,也不是阿基米德型 T 范数,且是最大的 T 范数。

所以，当 $f(x)=x^m, m\in\mathbf{R}$ 时，可生成 Schweizer 算子簇为

$$T(x, y)=(\max(0^m, x^m+y^m-1))^{1/m}$$

这是一个特殊的 T 范数完整簇，它可在 $\mathbf{T_3}$ 和 $\mathbf{T_0}$ 间随 m 连续地变化，且包含 $\mathbf{T_2}$ 和 $\mathbf{T_1}$。按前面的知识，Schweizer 算子簇是全面精确刻画柔性测度之间泛与运算模型的零级 T 范数完整簇。

而且 $f(x)=x^m, m\in\mathbf{R}$ 可随 x 在$(0, 1)$区间连续地严格单调地变化，随 h 连续地严格单调地变化，任意 x^{m1} 和 x^{m2} 的复合运算 x^{m1m2} 和逆运算 $x^{1/m2}$ 仍在 $f(x)=x^m, m\in\mathbf{R}$ 簇中。

所以，$f(x)=x^m, m\in\mathrm{R}$ 是生成 Schweizer 算子簇的零级 T 性生成元完整簇[图 8.1(a)]。

Schweizer 算子簇 $T(x, y)$中的算子可以随 m 连续地严格单调地变化，只要找到了 h 和 m 的对应关系，就可真正得到零级 T 范数完整簇 $T(x, y, h)$和零级 T 性生成元完整簇 $F(x, h)$。

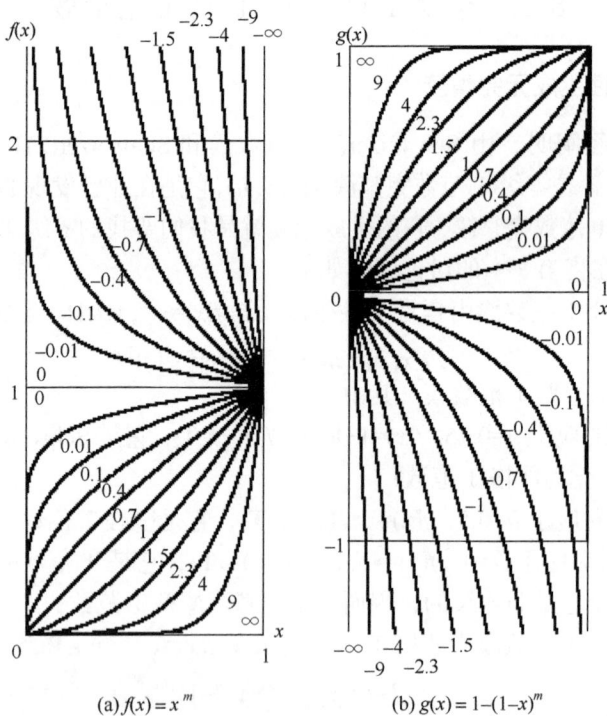

(a) $f(x)=x^m$ (b) $g(x)=1-(1-x)^m$

图 8.1 零级 T 性/S 性生成元完整簇

8.1.2 零级 S 性生成元完整簇

第 7 章已经阐明，由 Schweizer(1)S 范数簇和 Schweizer(2)S 范数簇组成的

Schweizer 算子簇是零级 S 范数完整簇 $S(x, y, h)$，它是在业已发现的众多 S 范数簇中唯一的零级 S 范数完整簇，它的生成元簇就是我们要找的零级 S 性生成元完整簇 $G(x, h)$。现在将第 7 章的讨论归纳如下。

Schweizer 算子簇(1)由幂零 S 性生成元簇 $g(x)=1-(1-x)^m$，$m \in \mathbf{R}_+$ 生成为

$$S_+(x, y)=1-(\max(0, (1-x)^m+(1-y)^m-1))^{1/m}$$

它是幂零阿基米德型 S 范数簇。其中：

当 $m=0$ 时对应于 $h=0.75$，$g(x)=-\log(1-x)$，$S(x, y)=\mathbf{S}_2$，它是 Schweizer 算子簇(1)的下极限，已转化为严格 S 范数；

当 $m=1$ 时对应于 $h=0.5$，$g(x)=x$，$S(x, y)=\mathbf{S}_1$，它是中心 S 范数；

当 $m \to \infty$ 时对应于 $h=0$，$g(x) \to \mathbf{G}_0$，$S(x, y) \to \mathbf{S}_0$，它是 S 范数的上极限即最大的 S 范数。由于它是非连续的，因而不是阿基米德型 S 范数。

Schweizer 算子簇(2)由严格 S 性生成元簇 $g(x)=1-(1-x)^m$，$m \in \mathbf{R}_-$ 生成

$$S_-(x, y)=1-((1-x)^m+(1-y)^m-1)^{1/m}$$

它是严格 S 范数簇。其中：

当 $m=0$ 时对应于 $h=0.75$，$g(x)=-\log(1-x)$，$S(x,y)=\mathbf{S}_2$，它是 Schweizer 算子簇(2)的上极限；

当 $m \to -\infty$ 时对应于 $h=1$，$g(x) \to \mathbf{G}_3$，$S(x,y) \to \mathbf{S}_3$，它是 Schweizer 算子簇(2)的下极限，也不是阿基米德型 S 范数，是最小的 S 范数。

所以当 $g(x)=1-(1-x)^m$，$m \in \mathbf{R}$ 时，可生成 Schweizer 算子簇为

$$S(x, y)=1-(\max(0^m, (1-x)^m+(1-y)^m-1))^{1/m}$$

这是个特殊的 S 范数完整簇，它可在 $\mathbf{S}_3$ 和 $\mathbf{S}_0$ 之间随 m 连续地变化，且包含 $\mathbf{S}_2$ 和 $\mathbf{S}_1$。按前面的知识，它是全面精确刻画柔性测度之间泛或运算模型的一种零级 S 范数完整簇。

而且 $g(x)=1-(1-x)^m$，$m \in \mathbf{R}$ 可随 x 在(0, 1)区间连续地严格单调地变化，随 h 连续地严格单调地变化，任意 $1-(1-x)^{m1}$ 和 $1-(1-x)^{m2}$ 的复合运算 $1-(1-x)^{m1m2}$ 和逆运算 $1-(1-x)^{1/m2}$ 仍在 $g(x)=1-(1-x)^m$，$m \in \mathbf{R}$ 簇中。

所以，$g(x)=1-(1-x)^m$，$m \in \mathbf{R}$ 是生成 Schweizer 算子簇的零级 S 性生成元完整簇[图 8.1(b)]。

$S(x, y)$ 算子簇中的算子可以随 m 连续地严格单调地变化，只要我们找到了 h 和 m 的对应关系，就可真正得到零级 S 范数完整簇 $S(x, y, h)$ 和零级 S 性生成元完整簇 $G(x, h)$。

8.2 广义相关系数 h 的确定

在零级 T/S 范数完整簇和零级 T/S 性生成元完整簇中，应该如何定义和确定

广义相关系数 h 的大小，即如何规定 h 和 m 的关系呢?这在理论上和实际应用中都十分重要。在研究中我们发现有几种可能的方法。

8.2.1　标准长度法

标准长度法认为,广义相关系数 h 可以用 $x=y$ 主平面内零级 T 范数完整簇 $T(x, y, h)$ 的 $T(x, x, h)$ 曲线与 CBA 折线的交点与 C 点的距离来确定，即 CBA 折线是 h 标准尺度(图 8.2)。因为，由 $T(x, y, h)$ 的单调性和交换律可知，它在 $x=y$ 主平面内变化最激烈，且最具代表性。

在零级 $T(x, y, h)$ 和 $S(x, y, h)$ 中，我们已经规定：

$h=1$ 时，$T(x, y, h)=\mathbf{T_3}$，$S(x, y, h)=\mathbf{S_3}$;

$h=0.75$ 时，$T(x, y, h)=\mathbf{T_2}$，$S(x, y, h)=\mathbf{S_2}$;

$h=0.5$ 时，$T(x, y, h)=\mathbf{T_1}$，$S(x, y, h)=\mathbf{S_1}$;

$h=0$ 时，$T(x, y, h)=\mathbf{T_0}$，$S(x, y, h)=\mathbf{S_0}$。

从图 8.2 可以看出，广义相关系数 h 通过 $x=y$ 主平面内 $T(x, x, h)$ 曲线与 CBA 折线的交点与 C 点的距离来定义，可满足上述规定，且有可操作的客观标准和明确的物理意义。

$h \geqslant 0.5$ 时，x、y 之间相容相关，在 $x=y=0.5$ 的情况下，当 h 由 0.5 经过 0.75 变化到 1 时，$a=T(0.5, 0.5, h)$ 将从 0 经过 0.25 变化到 0.5，如果假定 a 与 h 线性相关，就可得到 $h \geqslant 0.5$ 时确定 h 大小的标尺，即 $h \geqslant 0.5$ 时 $h=0.5+a=0.5+T(0.5, 0.5, h)$。

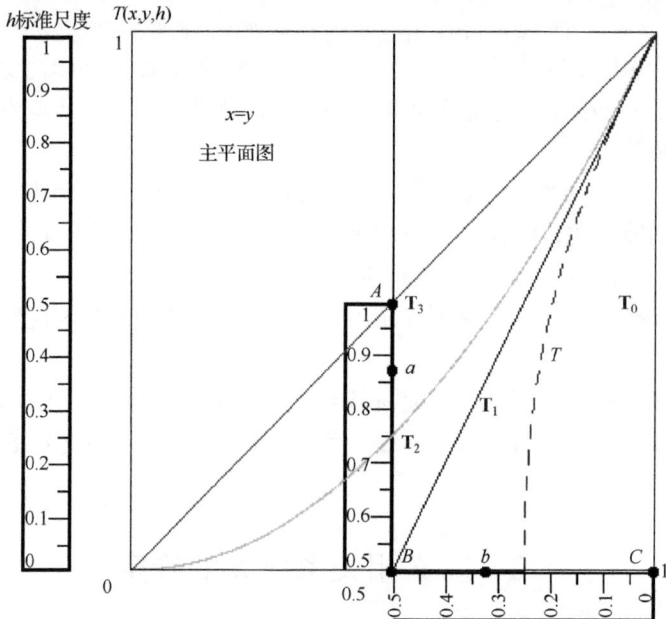

图 8.2　T 范数的主平面图和 h 标准尺度

其物理意义是当 $h \geqslant 0.5$，x、y 之间相生相关时，两子集之间的交集大小与相生系数 g 有关，如果假定两个对半子集之间的交集的柔性测度 a 与相生系数 g 线性相关，则 $h=0.5+a$。

当 $h<0.5$ 时，x、y 之间相克相关，只有在 $x=y \geqslant b \in [0.5, 1]$ 后，才有 $T(x, y, h) \geqslant 0$，且 h 由 0 变化到 0.5 时，b 由 1 变化到 0.5，只要假定 $1-b$ 的变化与 h 线性相关，就可以把 $1-b$ 作为在 $h<0.5$ 时确定 h 大小的标尺。即 $h<0.5$ 时，$h=1-b=1-\max(x|T(x, x, h)=0)$。

其物理意义是当 $h<0.5$，x、y 之间相克相关时，两子集之间的交集大小会比 $h=0.5$ 时减小，且减小的量与相克系数 k 有关，如果假定两个相等子集之间交集为空的上界的模糊测度 b 与相克系数 k 线性相关，则 $h=1-b$。

图 8.3 给出了零级 T 范数完整簇 Schweizer 算子簇的变化图，其中 h 是通过长度法确定的，关系如下：

$$h \geqslant 0.5 \text{ 时}, \quad m \leqslant 1, \quad h=0.5+(2^{1-m}-1)^{1/m}$$
$$h<0.5 \text{ 时}, \quad m>1, \quad h=1-2^{-1/m}$$

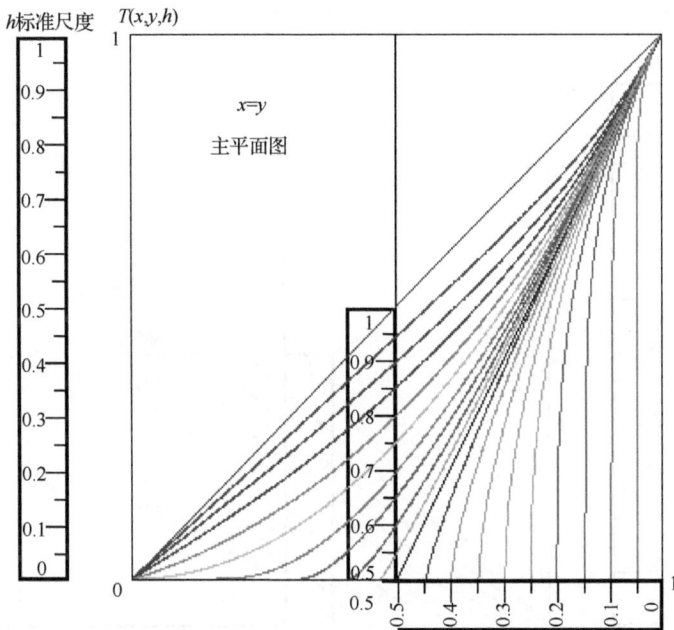

图 8.3   用长度法定义的 Schweizer 算子簇变化图

8.2.2   与算子体积比法

研究表明，$\int_I \int_I T(x, y)\mathrm{d}x\mathrm{d}y$，$I=[0, 1]$ 是与算子 $T(x, y)$ 在三维空间的体积 $V(*)$，并有 $V(\mathbf{T_3})=1/3$，$V(\mathbf{T_2})=1/4$，$V(\mathbf{T_1})=1/6$，$V(\mathbf{T_0})=0$。其中 $V(\mathbf{T_3})=1/3$ 是最大与算子

的体积，显然体积比值 $v(*)=V(*)/V(\mathbf{T_3})=3V(*)=h$ 对 $\mathbf{T_3}$、$\mathbf{T_2}$、$\mathbf{T_1}$ 和 $\mathbf{T_0}$ 都是满足的，只要假定在零级 T 范数完整簇 $T(x,y,h)$ 中，它的广义相关系数 h 与 $V(*)$ 的变化线性相关，就可用 $v(*)$ 作为定义 h 的标尺，即

$$h=v(*)=3\int_1\!\!\int_1 T(x,y,h)\mathrm{d}x\mathrm{d}y, \qquad I=[0,1]$$

其物理意义是广义相关系数 h 与零级 T 范数 $T(x,y,h)$ 的体积成正比。本方法的缺点是计算与算子的体积比较复杂。

8.2.3　函数拟合法

对 Schweizer 算子簇来说，还可以根据已知的约束条件：$h=1$ 时，$m\to-\infty$；$h=0.75$ 时，$m\to0$；$h=0.5$ 时，$m=1$；$h=0$ 时，$m\to\infty$，拟合一个简单的近似函数关系 $m=(3-4h)/(4h(1-h))$。

它虽然物理意义不明确，但计算简单，图 8.4 是 Schweizer 算子簇的变化图，其中 h 是通过函数拟合法确定的。

对比以上三种确定方法，前两种物理意义明确，后一种没有物理意义；从计算量看第二种最大，第一种次之，第三种最小。

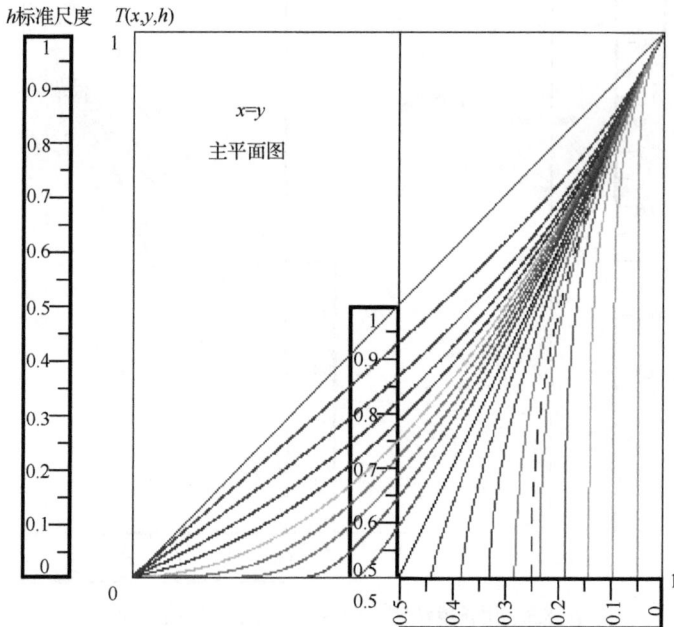

图 8.4　用函数拟合法定义的 Schweizer 算子簇变化图

表 8.1 给出了 Schweizer 算子簇中同一个 m 经过上述三种不同确定方法所得 h 的比较，其中 h_i 的下标 $i(i=1,2,3)$ 表示定义方法。表 8.1 中体积法的数据是用数字积分法得到的。

表 8.1 Schweizer 算子簇中 *h* 的三种不同确定方法之比较

m	$-\infty$	-4	-1.5	-0.75	-0.25	0	0.25
h_1	1	0.92	0.86	0.82	0.78	0.75	0.72
h_2	1	0.96	0.90	0.85	0.79	0.75	0.70
h_3	1	0.95	0.89	0.85	0.79	0.75	0.70
m	0.375	0.625	0.75	1	1.25	1.375	1.75
h_1	0.70	0.64	0.61	0.5	0.43	0.40	0.33
h_2	0.67	0.60	0.56	0.5	0.44	0.41	0.35
h_3	0.67	0.60	0.57	0.5	0.44	0.42	0.35
m	2	2.5	3	4	5	8	∞
h_1	0.29	0.24	0.21	0.16	0.13	0.08	0
h_2	0.31	0.25	0.20	0.14	0.10	0.05	0
h_3	0.32	0.26	0.23	0.17	0.14	0.09	0

从表 8.1 可知，在不要求精确确定广义相关系数 h 的应用场合，可以近似地认为上述三种确定方法都是等价的。精确地讲，h_2 和 h_3 十分接近，而与 h_1 的差别较大。由于 h_3 计算简单，经常使用，且认为它相当精确地代表了零级 T 范数 $T(x, y, h)$ 的体积比 h_2，所以我们在本书中一般都使用以下定义。

定义 8.2.1 零级 T 范数完整簇 $T(x, y, h)$ 中，某个 T 范数的位置标号即它对应的广义相关系数 h 等于该 T 范数和最大 T 范数的体积比，即

$$h=v(*)=3\textstyle\int_I\int_I T(x, y, h)\mathrm{d}x\mathrm{d}y, \quad I=[0, 1]$$

对 Schweizer 算子簇来说，它近似于以下函数关系：

$$m=(3-4h)/(4h(1-h)), \quad h=((1+m)-((1+m)^2-3m)^{1/2})/(2m)$$

8.3 相容条件和相容算子簇

根据研究，在零级不确定性问题中，当 $h\in[0.5, 1]$ 时，柔性测度的与/或运算应满足**相容定律**，即

$$S(x, y, h)+T(x, y, h)=x+y$$

下面详细研究相容条件和相容算子簇。

8.3.1 相容条件

定理 8.3.1(相容条件) 零级范数 $S(x, y, h)$ 和 $T(x, y, h)$ 满足相容定律的充要条件是

$$\partial S(x, y, h)/\partial x+\partial T(x, y, h)/\partial x=1$$

证明 必要性：如果 $S(x,y, h)+T(x, y, h)=x+y$ 成立，则两边对 x 求偏导数得 $\partial S(x, y, h)/\partial x+\partial T(x, y, h)/\partial x=1$。

充分性：如果$\partial S(x, y, h)/\partial x+\partial T(x, y, h)/\partial x=1$成立，则两边对$x$积分得$S(x, y, h)+T(x, y, h)=x+c$，由$x=1$时$S(1, y, h)+T(1, y, h)=1+y$知，$c=y$，即$S(x, y, h)+T(x, y, h)=x+y$。

所以本定理成立。

例如

$$S_3 + T_3 = \max(x, y) + \min(x, y) = x + y$$
$$\partial(\max(x, y))/\partial x + \partial(\min(x, y))/\partial x = 1 + 0 = 1$$
$$S_2 + T_2 = x + y - xy + xy = x + y$$
$$\partial(x + y - xy)/\partial x + \partial(xy)/\partial x = 1 - y + y = 1$$

又如$S_1+T_1=\min(1, x+y)+\max(0, x+y-1)=x+y$，因为当$x+y\leqslant 1$时，$\partial(x+y)/\partial x=1$，$\partial(0)/\partial x=0$；当$x+y>1$时，$\partial(1)/\partial x=0$，$\partial(x+y-1)/\partial x=1$。所以$\partial(\min(x+y, 1))/\partial x+\partial(\max(x+y-1, 0))/\partial x=1$。

8.3.2　Schweizer 算子簇的相容差

研究表明：Schweizer 算子簇除$h=1$，0.75 和 0.5 外，不满足这个条件，存在相容差为

$$\Delta_h=x+y-S(x, y, h)-T(x, y, h)$$

相容差的分布情况与x、y和h的值有关。

1)$h=0.5$, $h=0.75$ 和 $h=1$ 三点相容差为零，偏离这三点时相容差增大。

2)$x=y$ 时相容差最大，其中：

$h=0.575$，$x=y=0.616$ 时为一个极大点，相容差达到-0.0584；

$h=0.929$，$x=y=0.809$ 时为另一个极大点，相容差达到 0.0585。

3)$x=y=0$ 或 1，或 $y=1-x$ 时，相容差都为零。

Schweizer 算子簇相容差的详细分布情况请见图 8.5 和表 8.2。

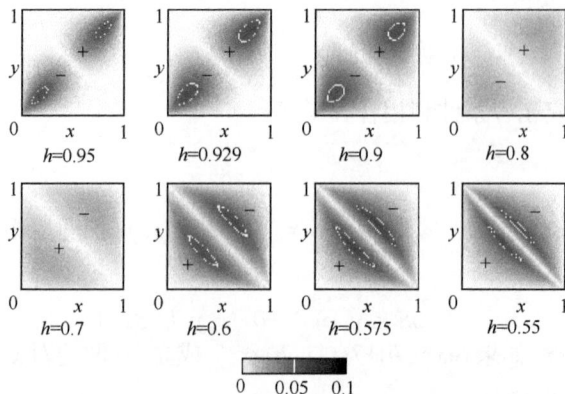

图 8.5　Schweizer 算子簇的相容差分布图

表 8.2　Schweizer 算子簇的相容差

$x=y$	0	0.1	0.2	0.3	0.4	0.5	0.6	0.7	0.8	0.9	1
$\Delta_{0.575}$	0	0.003	0.013	0.033	0.056	0	−0.06	−0.03	−0.01	−0.003	0
$\Delta_{0.929}$	0	−0.05	−0.06	−0.05	−0.03	0	0.027	0.048	0.058	0.048	0

8.3.3　Frank 相容算子簇

Frank 算子簇满足相容定律，它是目前唯一被发现的相容算子簇，但它不是完整簇。其中

$$T(x,y,h)=\log_a(1+(a^x-1)(a^y-1)/(a-1))$$

$$f(x)=1-\log_a((a-1)/(a^x-1)),\quad a\in\mathbf{R}_+$$

$$S(x,y,h)=1-\log_a(1+(a^{1-x}-1)(a^{1-y}-1)/(a-1))$$

$$g(x)=\log_a((a-1)/(a^{1-x}-1)),\quad a\in\mathbf{R}_+$$

当 $a\to0$ 时，$T(x,y,h)\to\mathbf{T}_3$，$S(x,y,h)\to\mathbf{S}_3$，对应于 $h\to1$；

当 $a\to1$ 时，$T(x,y,h)\to\mathbf{T}_2$，$S(x,y,h)\to\mathbf{S}_2$，对应于 $h\to0.75$；

当 $a\to\infty$ 时，$T(x,y,h)\to\mathbf{T}_1$，$S(x,y,h)\to\mathbf{S}_1$，对应于 $h\to0.5$。

所以 Frank 算子簇是零级的算子簇，但它只有相容部分，没有相克部分，$h\in(0.5,1)$。

定理 8.3.2(相容算子簇)　Frank 算子簇是相容算子簇。

证明　由于

$$\partial T(x,y,h)/\partial x=\log_a e\log_e a(a^y-1)a^x/((a-1)+(a^x-1)(a^y-1))$$

$$=(a^y-1)a^x/((a-1)+(a^x-1)(a^y-1))$$

$$\partial S(x,y,h)/\partial x=\log_a e\log_e a(a^{1-y}-1)a^{1-x}/((a-1)+(a^{1-x}-1)(a^{1-y}-1))$$

$$=(a^{1-y}-1)a^{1-x}/((a-1)+(a^{1-x}-1)(a^{1-y}-1))$$

当 $a\neq0,a\neq1,a^x\neq0,a^y\neq0$ 时，可上下同乘以 a^xa^y 后得

$$\partial S(x,y,h)/\partial x=(a-a^y)/((a-1)+(a^x-1)(a^y-1))$$

$$\partial S(x,y,h)/\partial x+\partial T(x,y,h)/\partial x=(a-a^x-a^y+a^xa^y)/((a-1)+(a^x-1)(a^y-1))=1$$

所以 Frank 算子簇满足相容条件，是相容算子簇。∎

图 8.6 是 Frank 算子簇的生成元簇随 a 的变化图。

Frank 算子簇的三种广义相关系数 h 的定义结果见表 8.3，其中 h_3 是 h_2 的近似关系式，它满足 $a=((1-h)/(h-0.5))^3$，$h\in(0.5,1)$，$h=(1+a^{1/3}/2)/(1+a^{1/3})$，$a\in\mathbf{R}_+$。

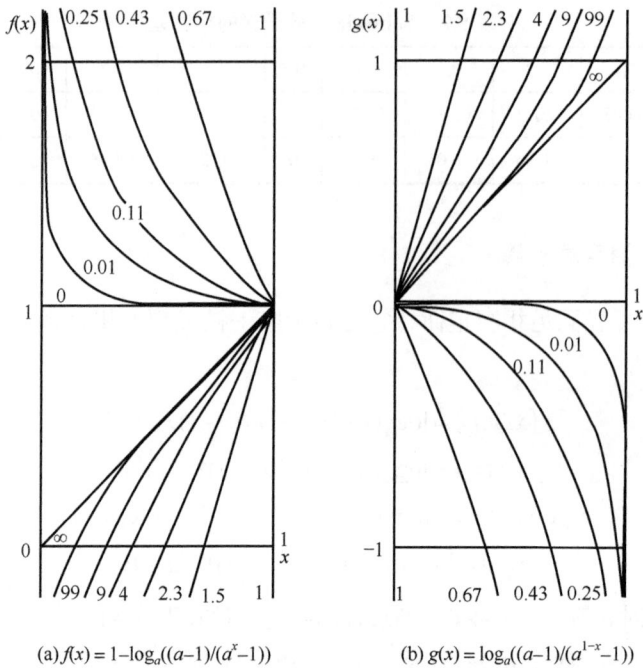

(a) $f(x) = 1 - \log_a((a-1)/(a^x-1))$　　　(b) $g(x) = \log_a((a-1)/(a^{1-x}-1))$

图 8.6　Frank 算子簇的生成元簇

表 8.3　Frank 算子簇中 h 的三种不同确定方法之比较

a	0	0.000001	0.0015	0.0272	0.2	1
h_1	1	0.95	0.9	0.85	0.8	0.75
h_2	1	0.98	0.94	0.88	0.82	0.75
h_3	1	0.995	0.95	0.88	0.82	0.75
a	1	5.2	36	707	1000000	∞
h_1	0.75	0.7	0.65	0.6	0.55	0.5
h_2	0.75	0.68	0.62	0.56	0.52	0.5
h_3	0.75	0.68	0.62	0.55	0.51	0.5

　　Frank 算子簇只是半个完整簇，如果需要构造一个满足相容定律的零级 S 范数和 S 范数完整簇，目前只能采用组合定义方式来分别构造零级相容算子簇和零级相克算子簇，也就是说利用 Frank 算子簇来替换 Schweizer 算子完整簇中的 $h \in [0.5, 1]$部分。

　　当 $h \in [1, 0.5]$时，零级 T 范数/S 范数相容簇是 Frank 算子簇。

$$T(x,y,h) = \log_a(1 + (a^x-1)(a^y-1)/(a-1)),\quad a \in \mathbf{R}_+, h \in (0.5, 1)$$

$$S(x,y,h) = 1 - \log_a(1 + (a^{1-x}-1)(a^{1-y}-1)/(a-1)),\quad a \in \mathbf{R}_+, h \in (0.5, 1)$$

$$a = ((1-h)/(h-0.5))^3,\quad h = \left(1 + a^{1/3}/2\right)/\left(1 + a^{1/3}\right)$$

当 $h \in [0.5, 0]$ 时，零级 T 范数/S 范数相克簇是 Schweizer 算子簇：

$$T(x, y, h) = (\max(x^m + y^m - 1, 0))^{1/m}$$

$$S(x, y, h) = 1 - (\max((1-x)^m + (1-y)^m - 1, 0))^{1/m}$$

$$m = (3-4h)/(4h(1-h)), h = \left((1+m) - \left((1+m)^2 - 3m\right)^{1/2}\right)/(2m)$$

零级 T 范数/S 范数相容簇和零级 T 范数/S 范数相克簇合并起来就是一个零级 T 范数/S 范数完整簇。不过在一般情况下还是统一使用 Schweizer 算子完整簇最好。

8.4　零级 T 范数和 S 范数完整簇

下面我们可以通过零级 T 性/S 性生成元完整簇，正式给出 T 范数和 S 范数完整簇的定义如下。

8.4.1　零级 T 范数和 S 范数完整簇

定义 8.4.1(零级 T 性生成元完整簇)　零级 T 性生成元完整簇是

$$F(x, h) = x^m, \quad m \in \mathbf{R}, h \in (0, 1)$$

其中，$m = (3-4h)/(4h(1-h))$；$h = ((1+m) - ((1+m)^2 - 3m)^{1/2})/(2m)$。

定义 8.4.2(零级 T 范数完整簇)　通过中心 T 范数 $T(x, y) = \max(0, x+y-1)$ 和零级 T 性生成元完整簇生成的 T 范数簇是零级 T 范数完整簇，即

$$T(x, y, h) = F^{-1}(\max(F(0, h), F(x, h) + F(y, h) - 1), h)$$

$$= (\max(0^m, x^m + y^m - 1))^{1/m}, \quad m \in \mathbf{R}, h \in (0, 1)$$

其中，$m = (3-4h)/(4h(1-h))$；$h = ((1+m) - ((1+m)^2 - 3m)^{1/2})/(2m)$。

定义 8.4.3(零级 S 性生成元完整簇)　零级 S 性生成元完整簇是

$$G(x, h) = 1 - (1-x)^m, \quad m \in \mathbf{R}, h \in (0, 1)$$

其中，$m = (3-4h)/(4h(1-h))$；$h = [(1+m) - ((1+m)^2 - 3m)^{1/2}]/(2m)$。

定义 8.4.4　通过中心 S 范数 $S(x, y) = \min(1, x+y)$ 和零级 S 性生成元完整簇生成的 S 范数簇是零级 S 范数完整簇，即

$$S(x, y, h) = G^{-1}(\min(G(1, h), G(x, h) + G(y, h)), h)$$

$$= 1 - (\max(0^m, (1-x)^m + (1-y)^m - 1))^{1/m}, \quad m \in \mathbf{R}, h \in (0, 1)$$

其中，$m = (3-4h)/(4h(1-h))$；$h = ((1+m) - ((1+m)^2 - 3m)^{1/2})/(2m)$。

定理 8.4.1　零级 T 范数完整簇 $T(x, y, h)$ 和零级 S 范数完整簇 $S(x, y, h)$ 有零级对偶关系为 $S(x, y, h) = 1 - T(1-x, 1-y, h)$。

证明　由于 $G(x, h) = 1 - (1-x)^m = 1 - F(1-x, h)$，满足零级对偶条件。

所以根据推论 7.4.2，本定理成立。∎

8.4.2　零级 T 范数和 S 范数相容簇

定义 8.4.5(零级 T 性生成元相容簇)　零级 T 性生成元相容簇为
$$F_r(x, h)=1-\log_a((a-1)/(a^x-1)),\qquad a\in\mathbf{R}_+,\ h\in(0.5, 1)$$
其中，$a=((1-h)/(h-0.5))^3$；$h=(1+a^{1/3}/2)/(1+a^{1/3})$。

定义 8.4.6(零级 T 范数相容簇)　通过中心 T 范数 $T(x,y)=\max(0,x+y-1)$ 和零级 T 性生成元相容簇生成的 T 范数簇是零级 T 范数相容簇，即
$$T_r(x, y, h) = F_r^{-1}(\max(F_r(0,h), F_r(x,h)+F_r(y,h)-1),h)$$
$$= \log_a(1+(a^x-1)(a^y-1)/(a-1)),\quad a\in\mathbf{R}_+, h\in(0.5, 1)$$
其中，$a=((1-h)/(h-0.5))^3$；$h=(1+a^{1/3}/2)/(1+a^{1/3})$。

定义 8.4.7(零级 S 性生成元相容簇)　零级 S 性生成元相容簇为
$$G_r(x, h)=\log_a((a-1)/(a^{1-x}-1)),\qquad a\in\mathbf{R}_+, h\in(0.5, 1)$$
其中，$a=((1-h)/(h-0.5))^3$；$h=(1+a^{1/3}/2)/(1+a^{1/3})$。

定义 8.4.8(零级 S 范数相容簇)　通过中心 S 范数 $S(x,y)=\min(1,x+y)$ 和零级 S 性生成元相容簇生成的 S 范数簇是零级 S 范数相容簇，即
$$S_r(x, y, h) = G_r^{-1}(\min(G_r(1,h), G_r(x,h)+G_r(y,h)),h)$$
$$= 1-\log_a(1+(a^{1-x}-1)(a^{1-y}-1)/(a-1)),\quad a\in\mathbf{R}_+, h\in(0.5, 1)$$
其中，$a=((1-h)/(h-0.5))^3$；$h=(1+a^{1/3}/2)/(1+a^{1/3})$。

定理 8.4.2　零级 T 范数相容簇 $T_r(x, y, h)$ 和零级 S 范数相容簇 $S_r(x, y, h)$ 有零级对偶关系 $S_r(x, y, h)=1-T_r(1-x, 1-y, h)$。

证明　由于 $G_r(x, h)=\log_a((a-1)/(a^{1-x}-1))=1-F_r(1-x, h)$，满足零级对偶条件，所以根据推论 7.4.2，本定理成立。∎

尽管两种零级 T 性和 S 性生成元簇有很大差异，但它们生成的两种零级 T 范数簇和 S 范数簇十分接近，由表 8.2 给出的 Schweizer 算子簇的相容差就是两者的差异，在一般情况下可以忽略。由于 Schweizer 簇是完整簇，且计算相对简单，所以除了特别需要考虑相容差的场合外，本书以后只讨论 Schweizer 完整簇。

8.4.3　零级弱 T 范数和弱 S 范数完整簇

上述零级 T 范数/S 范数完整簇的运算模型都十分复杂，如果不要求结合律，则可以利用 $\alpha\mathbf{T_3}+\beta\mathbf{T_2}$，$\alpha\mathbf{T_2}+\beta\mathbf{T_1}$，$\alpha\mathbf{T_1}+\beta\mathbf{T_0}$（其中 $\alpha+\beta=1$，α，$\beta\geqslant 0$）都是弱 T 范数，$\alpha\mathbf{S_3}+\beta\mathbf{S_2}$，$\alpha\mathbf{S_2}+\beta\mathbf{S_1}$，$\alpha\mathbf{S_1}+\beta\mathbf{S_0}$（其中 $\alpha+\beta=1$，α，$\beta\geqslant 0$）都是弱 S 范数的性质，人为构造一个弱 T 范数/弱 S 范数完整簇。

定理 8.4.3　如果 $T_1(x, y)$ 和 $T_2(x, y)$ 是两个不同的 T 范数，则 $T(x, y)=\alpha T_1(x, y)+\beta T_2(x, y)$（其中 $\alpha+\beta=1$，α，$\beta\geqslant 0$）是弱 T 范数。

证明　1) 由 $T_1(0, y)=0$，$T_2(0, y)=0$ 知 $T(0, y)=0$，由 $T_1(1, y)=y$，$T_2(1, y)=y$ 知

$T(1, y)=\alpha y+\beta y=y$，所以 $T(x, y)$ 满足边界条件 T1；

2) 由 $T_1(x, y)$ 和 $T_2(x, y)$ 的单调性知，$T(x, y)$ 满足单调性 T2；

3) 由 $T_1(x, y)$ 和 $T_2(x, y)$ 的交换律知，$T(x, y)=T(y, x)$ 满足交换律 T5；

4) 由于

$$T(T(x, y), z)=\alpha T_1(T(x, y), z)+\beta T_2(T(x, y), z)$$
$$=\alpha T_1(\alpha T_1(x, y)+\beta T_2(x, y), z)+\beta T_2(\alpha T_1(x, y)+\beta T_2(x, y), z)$$
$$T(x, T(y, z))=\alpha T_1(x, T(y, z))+\beta T_2(x, T(y, z))$$
$$=\alpha T_1(x, \alpha T_1(y, z)+\beta T_2(y, z))+\beta T_2(x, \alpha T_1(y, z)+\beta T_2(y, z))$$

除 $\alpha=0$，$\beta=1$ 或 $\alpha=1$，$\beta=0$ 外，$T(T(x, y), z)\neq T(x, T(y, z))$，不满足结合律 T4。所以 $T(x, y)$ 是弱 T 范数。∎

定理 8.4.4　如果 $S_1(x, y)$ 和 $S_2(x, y)$ 是两个不同的 S 范数，则 $S(x, y)=\alpha S_1(x, y)+\beta S_2(x, y)$（其中 $\alpha+\beta=1$，α，$\beta\geqslant 0$）是弱 S 范数。

证明　类似于定理 8.4.3。∎

定义 8.4.9　用下列方式将四个典型 T 范数/S 范数线性组合而成的是弱 T 范数/弱 S 范数完整簇，即

$$T_w(x, y, h)=\text{ite}\{(4h-3)\min(x, y)+(4-4h)xy|h\geqslant 0.75; (4h-2)xy+(3-4h)\max(0, x+y-1)|h\geqslant 0.5;$$
$$(2h)\max(0, x+y-1)+(1-2h)\text{ite}\{\min(x, y)|\max(x, y)=1; 0\}\}$$
$$S_w(x, y, h)=\text{ite}\{(4h-3)\max(x, y)+(4-4h)(x+y-xy)|h\geqslant 0.75;$$
$$(4h-2)(x+y-xy)+(3-4h)\min(1, x+y)|h\geqslant 0.5;$$
$$(2h)\min(1, x+y)+(1-2h)\text{ite}\{\max(x, y)|\min(x, y)=0; 1\}\}$$

图 8.7 给出了 T 范数/S 范数完整簇、相容 T 范数/相容 S 范数完整簇和弱 T 范数/弱 S 范数完整簇的对比。由于 $h=1, 0.75, 0.5$ 和 0 时，三个完整簇中的模型完全相等，所以图中显示的是差别比较明显的 $h=0.825, 0.575, 0.375, 0.25$ 和 0.125。从图中可以看出，在一般的应用中，如果不特别要求相容性和结合律，可以认为这三个完整簇是近似的。

以后我们仅讨论 T 范数/S 范数完整簇，即 Schweizer 完整簇。

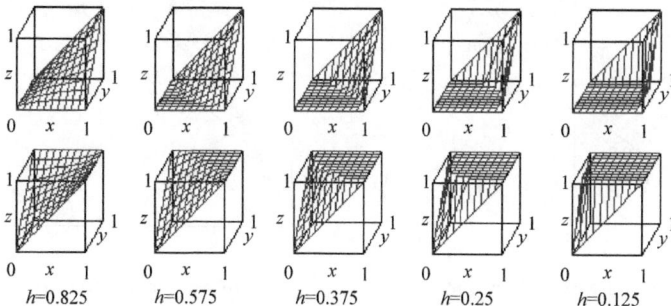

$h=0.825$　　$h=0.575$　　$h=0.375$　　$h=0.25$　　$h=0.125$

(a) SchweizerT范数/S范数完整簇

h=0.825　　　h=0.575　　　h=0.375　　　h=0.25　　　h=0.125

(b) Frank相容T范数/相容S范数完整簇

h=0.825　　　h=0.575　　　h=0.375　　　h=0.25　　　h=0.125

(c) 弱T范数/弱S范数完整簇

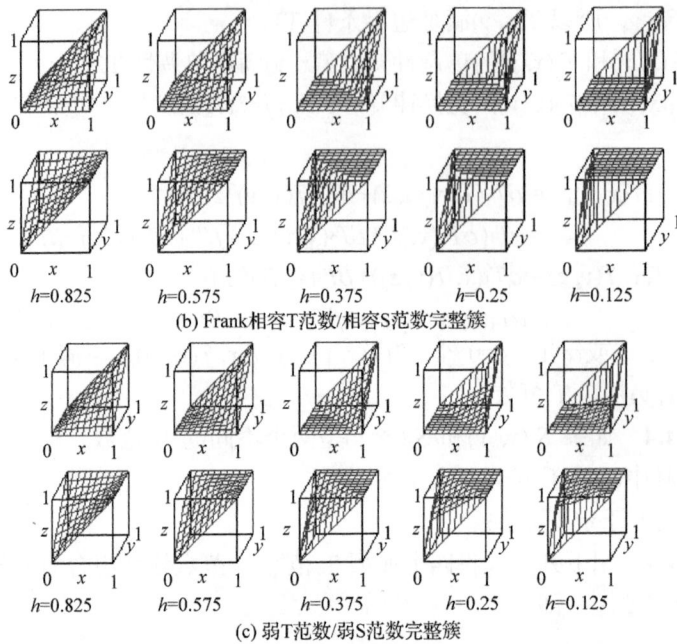

图 8.7　三个不同 T 范数/S 范数完整簇的对比

8.4.4　零级 T 范数/S 范数完整簇内范数分布的单调性

在零级 T 范数/S 范数完整簇内，范数不仅随 x、y 是单调增的，而且随 h 也是单调变化的。相关的证明比较复杂，我们在这里不予讨论。计算机可视化仿真研究也证实，这种单调性是处处满足的。图 8.8 给出了变化最明显的 $x=y$ 主平面内，Schweizer 算子簇 $T(x, y, h)$ 和 $S(x, y, h)$ 随 h 的变化图。

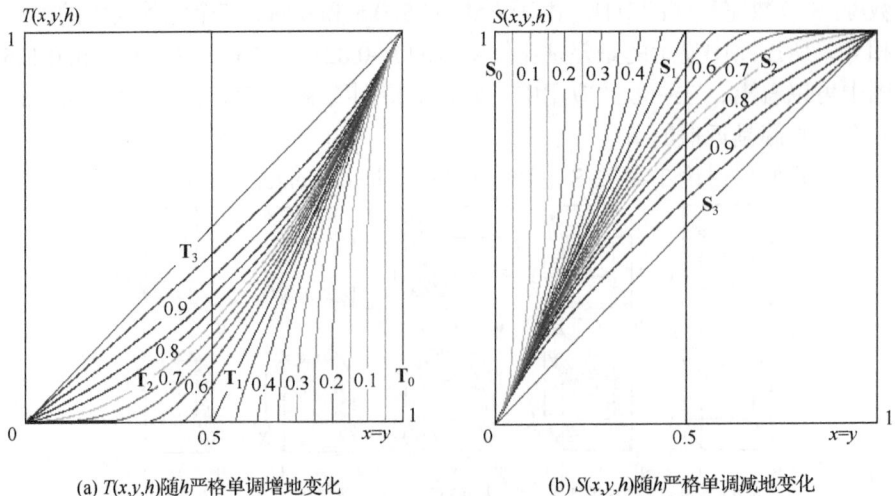

(a) $T(x,y,h)$随h严格单调增地变化　　　(b) $S(x,y,h)$随h严格单调减地变化

图 8.8　Schweizer 完整簇中范数随 h 严格单调地变化

其中图 8.8(a)是关于 $T(x, y, h)$的，它随 h 严格单调增地变化。图 8.8(b)是关于 $S(x, y, h)$的，它随 h 严格单调减地变化，所以我们选择 h 作为范数在零级 T 范数/S 范数完整簇内的位置标志参数是有科学根据的。

8.5　一级 T 范数和 S 范数完整超簇

在零级 T 性和 S 性生成元完整簇的基础上再加入广义自相关系数 k 的影响，就可以进一步得到一级 T 性和 S 性生成元完整超簇，从而得到一级 T 范数和 S 范数完整超簇。由于常用的 N 性生成元完整簇有指数型和多项式型两种，所以一级 T 性和 S 性生成元完整超簇也有两种：纯指数型和混合型，下面分别进行研究。

8.5.1　纯指数型一级 T 范数和 S 范数完整超簇

1. 纯指数模型的生成

如果我们选择 N 性生成元完整簇和对应的一级 N 范数完整簇为指数模型，即
$$\Phi(x, k)=x^n, \quad N(x, k)=(1-x^n)^{1/n}, \quad n\in\mathbf{R}_+$$
其中，$n=-1/\log_2 k$；$k=2^{-1/n}$。则可以得到纯指数型一级 T 性和 S 性生成元完整超簇，以及对应的一级 T 范数和 S 范数完整超簇如下。

定义 8.5.1　纯指数型一级 T 性生成元完整超簇为
$$F(x, k, h)=F(\Phi(x, k), h)=x^{nm}, \quad n\in\mathbf{R}_+, m\in\mathbf{R}$$
其中，$n=-1/\log_2 k$，$k=2^{-1/n}$，$k\in(0, 1)$，$n\in\mathbf{R}_+$；$m=(3-4h)/(4h(1-h))$；$h=((1+m)-((1+m)^2-3m)^{1/2})/(2m)$，$h\in(0, 1)$，$m\in\mathbf{R}$。

定义 8.5.2　通过中心 T 范数 $T(x, y)=\max(0, x+y-1)$ 和纯指数型一级 T 性生成元完整超簇生成的 T 范数超簇是纯指数型一级 T 范数完整超簇，即
$$T(x, y, h, k) = F^{-1}(\max(F(0, h, k), F(x, h, k)+F(y, h, k)-1), h, k)$$
$$= (\max(0^{nm}, x^{nm}+y^{nm}-1))^{1/nm}$$
其中，$n=-1/\log_2 k$，$k\in(0, 1)$，$k=2^{-1/n}$，$n\in\mathbf{R}_+$；$m=(3-4h)/(4h(1-h))$；$h=((1+m)-((1+m)^2-3m)^{1/2})/(2m)$，$h\in(0, 1)$，$m\in\mathbf{R}$。

定义 8.5.3　纯指数型一级 S 性生成元完整超簇为
$$G(x, h, k)=G(\Phi(x, k), h)=1-(1-x^n)^m$$
其中，$n=-1/\log_2 k$，$k\in(0, 1)$，$k=2^{-1/n}$，$n\in\mathbf{R}_+$；$m=(3-4h)/(4h(1-h))$；$h=((1+m)-((1+m)^2-3m)^{1/2})/(2m)$，$h\in(0, 1)$，$m\in\mathbf{R}$。

定义 8.5.4　通过中心 S 范数 $S(x, y)=\min(1, x+y)$ 和纯指数型一级 S 性生成元完整超簇生成的 S 范数超簇是纯指数型一级 S 范数完整超簇，即

$$S(x, y, h, k) = G^{-1}(\min(G(1, h, k), G(x, h, k) + G(y, h, k)), h, k)$$
$$= 1 - (1 - (1 - \max(0^m, (1 - x^n)^m + (1 - y^n)^m - 1))^{1/m})^{1/n}$$

其中，$n = -1/\log_2 k$，$k \in (0, 1)$，$k = 2^{-1/n}$，$n \in \mathbf{R}_+$；$m = (3 - 4h)/(4h(1-h))$；$h = ((1+m) - ((1+m)^2 - 3m)^{1/2})/(2m)$，$h \in (0, 1)$，$m \in \mathbf{R}$。

2. 纯指数模型的主要性质

根据上述定义可得到纯指数型一级 T 范数/S 范数完整超簇的有关性质。

定理 8.5.1　$k \in (0, 1)$ 时，纯指数型一级 T 范数完整超簇 $T(x, y, h, k)$ 和零级 T 范数完整簇 $T(x, y, h)$ 有相同的类属；纯指数型一级 S 范数完整超簇 $S(x, y, h, k)$ 和零级 S 范数完整簇 $S(x, y, h)$ 有相同的类属。

证明　由于 $T(x, y, h, k) = \Phi^{-1}(T(\Phi(x, k), \Phi(y, k), h), k)$，根据 T 范数的第二生成定理，$k \in (0, 1)$ 时，$T(x, y, h, k)$ 和 $T(x, y, h)$ 有相同的类属，且其中极限情况是：$T(x, y, 1, k) = T(x, y, 1) = \min(x, y) = \mathbf{T_3}$ 是上极限；$T(x, y, 0.75, k) = T(x, y, 0.75) = xy = \mathbf{T_2}$ 是中极限；$T(x, y, 0, k) = T(x, y, 0) = \text{ite}\{\min(x, y) | \max(x, y) = 1; 0\} = \mathbf{T_0}$ 是下极限。

由于 $S(x, y, h, k) = \Phi^{-1}(S(\Phi(x, k), \Phi(y, k), h), k)$，根据 S 范数的第二生成定理，$k \in (0, 1)$ 时，$S(x, y, h, k)$ 和 $S(x, y, h)$ 有相同的类属，且其中极限情况是：$S(x, y, 1, k) = S(x, y, 1) = \max(x, y) = \mathbf{S_3}$ 是下极限；$S(x, y, 0.75, k) = (x^n + y^n - x^n y^n)^{1/n} = \mathbf{S\Phi_{2k}}$ 是中极限簇；$S(x, y, 0, k) = S(x, y, 0) = \text{ite}\{\max(x, y) | \min(x, y) = 0; 1\} = \mathbf{S_0}$ 是上极限。

所以本定理成立。∎

定理 8.5.2　在纯指数型一级 T 范数完整超簇 $T(x, y, h, k)$ 中出现 $\mathbf{T_1}$ 的条件是 $nm = 1$，即 $(4h - 3)/[4h(1-h)\log_2 k] = 1$；在纯指数型一级 S 范数完整超簇 $S(x, y, h, k)$ 中出现 $\mathbf{S_1}$ 的条件是 $(1 - x^n)^m = 1 - x$。

证明　由于 $F(x, h, k) = x^{nm}$，当 $nm = 1$ 时 $F(x, h, k) = x$，$T(x, y, h, k) = \mathbf{T_1}$，将 m 和 h、n 和 k 的关系代入 $nm = 1$，即可得条件 $(4h - 3)/[4h(1-h)\log_2 k] = 1$。

由纯指数型一级 T 范数 $T(x, y, h_1, k_1)$ 和纯指数型一级 S 范数 $S(x, y, h_2, k_2)$ 之间存在零级对偶关系的条件 $(1 - x^{n2})^{m2} = (1 - x)^{n1m1}$ 知，在纯指数型一级 S 范数完整超簇 $S(x, y, k, h)$ 中出现 $\mathbf{S_1}$ 的条件是 $(1 - x^n)^m = 1 - x$。

所以本定理成立。∎

定理 8.5.3　纯指数型一级 T 范数 $T(x, y, h_1, k_1)$ 和纯指数型一级 S 范数 $S(x, y, h_2, k_2)$ 之间存在零级对偶关系的条件是 $(1 - x^{n2})^{m2} = (1 - x)^{n1m1}$，当 $h_1 = h_2$ 时只有 $k_1 = k_2 = 0.5$；$k_1 = 0$，$k_2 = 1$；$k_1 = 1, k_2 = 0$ 三种情况满足条件。

证明　由于 $F(x, h_1, k_1) = x^{n1m1}$，$G(x, h_2, k_2) = 1 - (1 - x^{n2})^{m2}$，而零级对偶的一般条件是 $g(x) = 1 - f(1 - x)$，所以有 $G(x, h_2, k_2) = 1 - (1 - x^{n2})^{m2} = 1 - (1 - x)^{n1m1}$，即 $(1 - x^{n2})^{m2} = (1 - x)^{n1m1}$。当 $h_1 = h_2$ 时有 $1 - x^{n2} = (1 - x)^{n1}$，满足这个条件的解只有三个：

1) $n_1=n_2=1$，即 $k_1=k_2=0.5$；

2) 因为 $x\in(0,1)$ 时，$n_2\to\infty$，$1-x^{n_2}\to1$，$n_1=0$，$(1-x)^{n_1}\to1$，所以 $n_2\to\infty$，$n_1=0$ 是解，即 $k_2=1$，$k_1=0$；

3) 因为 $x\in(0,1)$ 时，$n_2=0$，$1-x^{n_2}\to0$，$n_1\to\infty$，$(1-x)^{n_1}\to0$，所以 $n_1\to\infty$，$n_2=0$，即 $k_1=1$，$k_2=0$。

所以本定理成立。∎

下面研究纯指数型一级 T 范数/S 范数完整超簇在 k 极限情况下的性质。

定理 8.5.4　在纯指数型一级 T 范数簇 $T(x,y,h,1)$ 中，除了 $T(x,y,0.75,1)$ 不存在唯一值、可为 $\mathbf{T_0}$ 和 $\mathbf{T_3}$ 之间的任意值外，当 $h>0.75$ 时全部退化到 $\mathbf{T_3}$，当 $h<0.75$ 时全部退化到 $\mathbf{T_0}$。

证明　由于 $k=1$ 时，$n\to\infty$，所以有：

当 $h>0.75$ 时 $m<0$，$F(x,h,1)=x^{-\infty}=\mathbf{F_3}$，$T(x,y,h,1)=\mathbf{T_3}$；

当 $h=0.75$ 时 $m=0$，$F(x,0.75,1)=x^{nm}$，$nm\in(-\infty,\infty)$ 为不定值，$T(x,y,0.75,1)$ 可为 $\mathbf{T_0}$ 和 $\mathbf{T_3}$ 之间的任意值(应用中可以规定为 $T(x,y,0.75,1)=\mathbf{T_2}$)；

当 $h<0.75$ 时 $m>0$，$F(x,h,1)=x^{\infty}=\mathbf{F_0}$，$T(x,y,h,1)=\mathbf{T_0}$。

所以本定理成立。∎

定理 8.5.5　在纯指数型一级 T 范数簇 $T(x,y,h,0)$ 中，除了 $T(x,y,1,0)$ 不存在唯一值、可为 $\mathbf{T_2}$ 和 $\mathbf{T_3}$ 之间的任意值，$T(x,y,0,0)$ 不存在唯一值、可为 $\mathbf{T_0}$ 和 $\mathbf{T_2}$ 之间的任意值外，全部退化为 $\mathbf{T_2}$。

证明　由于 $k=0$ 时，$n=0$，所以有：

当 $h=1$ 时 $m\to-\infty$，$F(x,1,0)=x^{nm}$，$nm\leqslant0$ 为不定值，$T(x,y,1,0)$ 可为 $\mathbf{T_2}$ 和 $\mathbf{T_3}$ 之间的任意值(应用中可以规定为 $T(x,y,1,0)=\mathbf{T_3}$)；

当 $h\in(1,0)$ 时 m 为有限值，退化为 $F(x,h,0)=\mathbf{F_2}$，$T(x,y,h,0)=\mathbf{T_2}$；

当 $h=0$ 时 $m\to\infty$，$F(x,0,0)=x^{nm}$，$nm\geqslant0$ 为不定值，$T(x,y,0,0)$ 可为 $\mathbf{T_2}$ 和 $\mathbf{T_0}$ 之间的任意值(应用中可以规定为 $T(x,y,0,0)=\mathbf{T_0}$)。

所以本定理成立。∎

推论 8.5.1　通过规定可认为纯指数型一级 T 范数簇 $T(x,1 y,k)$ 全部退化为 $\mathbf{T_3}$。

推论 8.5.2　通过规定可认为纯指数型一级 T 范数簇 $T(x,y,0,k)$ 全部退化为 $\mathbf{T_0}$。

研究表明，纯指数型一级 S 范数中极限簇 $S(x,y,0.75,k)=(x^{n}+y^{n}-x^{n}y^{n})^{1/n}=\mathbf{S\Phi_{2k}}$ 的上极限存在，用 $\mathbf{S\Phi_{21}}$ 表示，下极限不存在，可为 $\mathbf{S_3}$ 和 $\mathbf{S_0}$ 之间的任意值。

推论 8.5.3　纯指数型一级 S 范数簇 $S(x,y,h,1)$ 中，除 $S(x,y,1,1)$ 不存在、可为 $\mathbf{S_3}$ 和 $\mathbf{S\Phi_{21}}$ 之间的任意值，$S(x,y,0,1)$ 不存在、可为 $\mathbf{S\Phi_{21}}$ 和 $\mathbf{S_0}$ 之间的任意值外，全部退化为 $\mathbf{S\Phi_{21}}$。

推论 8.5.4　纯指数型一级 S 范数簇 $S(x,y,h,0)$ 中，除了 $S(x,y,0.75,0)$ 不存在、

可为 S_3 和 S_0 之间的任意值外, 当 $h>0.75$ 时全部退化到 S_3, 当 $h<0.75$ 时全部退化到 S_0。

推论 8.5.5 通过规定可认为纯指数型一级 S 范数簇 $S(x, y, 1, k)$ 全部退化为 S_3。

推论 8.5.6 通过规定可认为纯指数型一级 S 范数簇 $S(x, y, 0, k)$ 全部退化为 S_0。

纯指数型一级 T 范数/S 范数完整超簇的极限性质归纳在表 8.4 和表 8.5 中, 图 8.9 是它们的三维变化图。从中可看出, 严格类和幂零类的四周都被极限类完全包围。

表 8.4   纯指数型一级 T 范数完整超簇的极限性质

$T(x, y, h, k)$	$h=1$	$h \in (1, 0.75)$	$h=0.75$	$h \in (0.75, 0)$	$h=0$
$k=1$	T_3	T_3	(T_3, T_0)	T_0	T_0
$k \in (1, 0)$	T_3	严格类	T_2	幂零类	T_0
$k=0$	(T_3, T_2)	T_2	T_2	T_2	(T_2, T_0)

表 8.5   纯指数型一级 S 范数完整超簇的极限性质

$S(x, y, h, k)$	$h=1$	$h \in (1, 0.75)$	$h=0.75$	$h \in (0.75, 0)$	$h=0$
$k=1$	$(S_3, S\Phi_{21})$	$S\Phi_{21}$	$S\Phi_{21}$	$S\Phi_{21}$	$(S\Phi_{21}, S_0)$
$k \in (1, 0)$	S_3	严格类	$S\Phi_{2k}$	幂零类	S_0
$k=0$	S_3	S_3	(S_3, S_0)	S_0	S_0

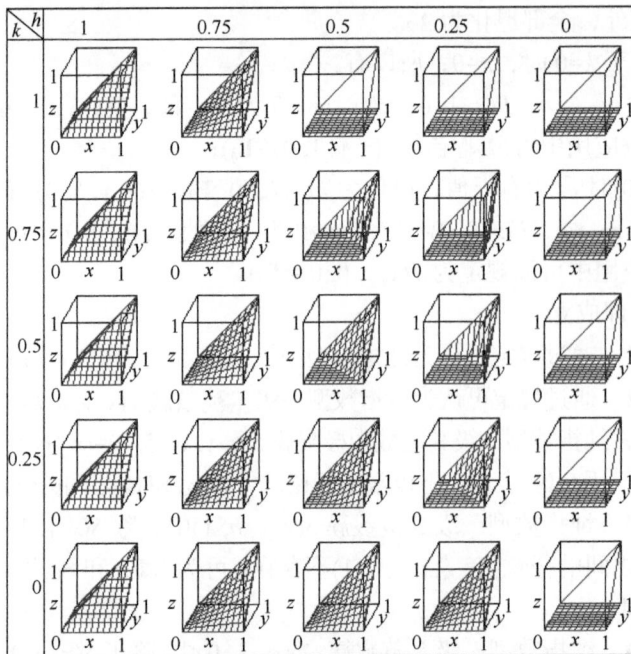

(a) 纯指数型一级T范数完整超簇

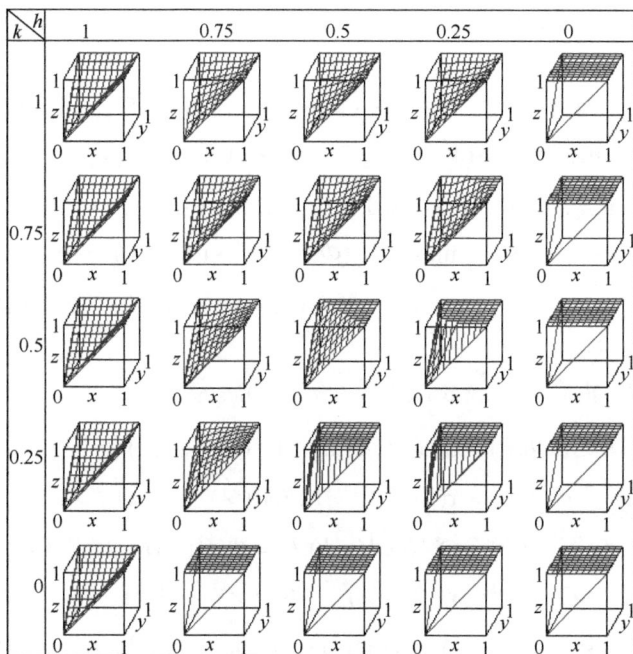

(b) 纯指数型一级S范数完整超簇

图 8.9　纯指数型一级 T 范数/S 范数完整超簇的极限性质的三维变化图

8.5.2　混合型一级 T 范数和 S 范数完整超簇

1. 混合模型的生成

如果我们选择 N 性生成元完整簇和对应的一级 N 范数完整簇为多项式模型，即

$$\Phi(x,k) = x(1+\lambda)^{1/2} / (1+((1+\lambda)^{1/2}-1)x)$$

$$\Phi^{-1}(x,k) = x / ((1+\lambda)^{1/2} - ((1+\lambda)^{1/2}-1)x)$$

$$N(x,k) = \Phi^{-1}(1-\Phi(x,k),k) = (1-x)/(1+\lambda x)$$

其中，$\lambda=(1-2k)/k^2$；$k=((1+\lambda)^{1/2}-1)/\lambda$，$k\in(0,1)$，$\lambda>-1$，则可以得到混合型一级 T 性和 S 性生成元完整超簇，以及对应的一级 T 范数和 S 范数完整超簇如下。

定义 8.5.5　混合型一级 T 性生成元完整超簇为

$$F(x,h,k) = F(\Phi(x,k),h) = (\Phi(x,k))^m$$

$$\Phi(x,k) = x(1+\lambda)^{1/2} / (1+((1+\lambda)^{1/2}-1)x)$$

$$F^{-1}(x,h,k) = \Phi^{-1}(F^{-1}(x,h),k) = \Phi^{-1}(x^{1/m},k)$$

$$\Phi^{-1}(x,k) = x / ((1+\lambda)^{1/2} - ((1+\lambda)^{1/2}-1)x)$$

其中, $m=(3-4h)/[4h(1-h)]$, $h\in(0,1)$; $h=((1+m)-((1+m)^2-3m)^{1/2})/(2m)$, $m\in\mathbf{R}$; $\lambda=(1-2k)/k^2$; $k=((1+\lambda)^{1/2}-1)/\lambda$, $k\in(0,1)$, $\lambda>-1$。

定义 8.5.6 通过中心 T 范数 $T(x,y)=\max(0,x+y-1)$ 和混合型一级 T 性生成元完整超簇生成的 T 范数超簇是混合型一级 T 范数完整超簇, 即

$$T(x,y,h,k)=F^{-1}(\max(F(0,h,k),F(x,h,k)+F(y,h,k)-1),h,k)$$
$$=\Phi^{-1}((\max(0^m,(\Phi(x,k))^m+(\Phi(y,k))^m-1))^{1/m},k)$$

其中, $m=(3-4h)/(4h(1-h))$, $h\in(0,1)$; $h=((1+m)-((1+m)^2-3m)^{1/2})/(2m)$, $m\in\mathbf{R}$; $\lambda=(1-2k)/k^2$; $k=((1+\lambda)^{1/2}-1)/\lambda$, $k\in(0,1)$。

定义 8.5.7 混合型一级 S 性生成元完整超簇为

$$G(x,h,k)=G(\Phi(x,k),h)=1-(1-\Phi(x,k))^m$$
$$\Phi(x,k)=x(1+\lambda)^{1/2}/[1+((1+\lambda)^{1/2}-1)x]$$
$$G^{-1}(x,h,k)=\Phi^{-1}(G^{-1}(x,h),k)=\Phi^{-1}(1-(1-x)^{1/m},k)$$
$$\Phi^{-1}(x,k)=x/((1+\lambda)^{1/2}-((1+\lambda)^{1/2}-1)x)$$

其中, $m=(3-4h)/(4h(1-h))$, $h\in(0,1)$; $h=((1+m)-((1+m)^2-3m)^{1/2})/(2m)$, $m\in\mathbf{R}$; $\lambda=(1-2k)/k^2$; $k=((1+\lambda)^{1/2}-1)/\lambda$, $k\in(0,1)$, $\lambda>-1$。

定义 8.5.8 通过中心 S 范数 $S(x,y)=\min(1,x+y)$ 和混合型一级 S 性生成元完整超簇生成的 S 范数超簇是混合型一级 S 范数完整超簇, 即

$$S(x,y,h,k)=G^{-1}(\min(G(1,h,k),G(x,h,k)+G(y,h,k)),h,k)$$
$$=\Phi^{-1}(1-(\max(0^m,(1-\Phi(x,k))^m+(1-\Phi(y,k))^m-1)^{1/m},k)$$

其中, $m=(3-4h)/(4h(1-h))$, $h\in(0,1)$; $h=((1+m)-((1+m)^2-3m)^{1/2})/(2m)$, $m\in\mathbf{R}$; $\lambda=(1-2k)/k^2$; $k=((1+\lambda)^{1/2}-1)/\lambda$, $k\in(0,1)$, $\lambda>-1$。

2. 混合模型的主要性质

在非极限情况下, 混合型一级 T 范数/S 范数完整超簇的性质与纯指数型一级 T 范数/S 范数完整超簇的变化规律基本相同, 但变化快慢有别, 主要不同点如下。

定理 8.5.6 在混合型一级 T 范数完整超簇 $T(x,y,h_1,k_1)$ 和混合型一级 S 范数完整超簇 $S(x,y,h_2,k_2)$ 之间存在零级对偶的条件是 $(1-\Phi(x,k_2))^{m_2}=(\Phi(1-x,k_1))^{m_1}$, 当 $h_1=h_2$ 时有 $k_2=1-k_1$。

证明 由于 $F(x,h_1,k_1)=(\Phi(x,k_1))^{m_1}$, $G(x,h_2,k_2)=1-(1-\Phi(x,k_2))^{m_2}$, 而零级对偶的一般条件是 $g(x)=1-f(1-x)$, 所以有 $G(x,h_2,k_2)=1-(1-\Phi(x,k_2))^{m_2}=1-(\Phi(1-x,k_1))^{m_1}$, 即 $(1-\Phi(x,k_2))^{m_2}=(\Phi(1-x,k_1))^{m_1}$, 当 $h_1=h_2$ 时有 $1-\Phi(x,k_2)=\Phi(1-x,k_1)$, $\Phi(x,k_2)=1-\Phi(1-x,k_1)$, $k_2=1-k_1$。

所以本定理成立。

定理 8.5.7　在混合型一级 T 范数完整超簇 $T(x, y, h, k)$ 中出现 $\mathbf{T_1}$ 的条件是 $(\Phi(x, k))^m = x$，在混合型一级 S 范数完整超簇 $S(x, y, h, k)$ 中出现 $\mathbf{S_1}$ 的条件是 $1-(1-\Phi(x, k))^m = x$。

证明　由于当 $F(x, h, k) = (\Phi(x, k))^m = x$ 时，$T(x, y, h, k) = \mathbf{T_1}$；

又由于当 $G(x, h, k) = 1-(1-\Phi(x, k))^m = x$ 时，$S(x, y, h, k) = \mathbf{S_1}$，所以本定理成立。∎

混合型一级 T 范数/S 范数完整超簇在 k 极限情况下的性质与纯指数型一级 T 范数/S 范数完整超簇基本相同，不同点主要在中极限簇上：

$\mathbf{T\Phi_{2k}} = T(x, y, 0.75, k) = xy(1+\lambda)^{1/2}/(1+((1+\lambda)^{1/2}-1)(x+y-xy))$ 是一个 T 范数簇，$\mathbf{T\Phi_{21}} = T(x, y, 0.75, 1)$ 不存在，可为 $\mathbf{T_3}$ 和 $\mathbf{T_0}$ 之间的任意值，$\mathbf{T\Phi_{20}} = T(x, y, 0.75, 0)$ 存在。

$\mathbf{S\Phi_{2k}} = S(x, y, 0.75, k) = (x+y-xy(2-(1+\lambda)^{1/2}))/(1+((1+\lambda)^{1/2}-1)xy)$ 是一个 S 范数簇，$\mathbf{S\Phi_{21}} = S(x, y, 0.75, 1)$ 存在，$\mathbf{S\Phi_{20}} = S(x, y, 0.75, 0)$ 不存在，可为 $\mathbf{S_3}$ 和 $\mathbf{S_0}$ 之间的任意值。

混合型一级 T 范数/S 范数完整超簇的特殊性质归纳在表 8.6 和表 8.7 中，图 8.10 是它们的三维变化图。从中可看出，严格类和幂零类的四周都被极限类完全包围。

表 8.6　混合型一级 T 范数完整超簇的极限性质

$T(x, y, h, k)$	$h=1$	$h\in(1, 0.75)$	$h=0.75$	$h\in(0.75, 0)$	$h=0$
$k=1$	$\mathbf{T_3}$	$\mathbf{T_3}$	$(\mathbf{T_3}, \mathbf{T_0})$	$\mathbf{T_0}$	$\mathbf{T_0}$
$k\in(1, 0)$	$\mathbf{T_3}$	严格类	$\mathbf{T\Phi_{2k}}$	幂零类	$\mathbf{T_0}$
$k=0$	$(\mathbf{T_3}, \mathbf{T\Phi_{20}})$	$\mathbf{T\Phi_{20}}$	$\mathbf{T\Phi_{20}}$	$\mathbf{T\Phi_{20}}$	$(\mathbf{T\Phi_{20}}, \mathbf{T_0})$

表 8.7　混合型一级 S 范数完整超簇的极限性质

$S(x, y, h, k)$	$h=1$	$h\in(1, 0.75)$	$h=0.75$	$h\in(0.75, 0)$	$h=0$
$k=1$	$(\mathbf{S_3}, \mathbf{S\Phi_{21}})$	$\mathbf{S\Phi_{21}}$	$\mathbf{S\Phi_{21}}$	$\mathbf{S\Phi_{21}}$	$(\mathbf{S\Phi_{21}}, \mathbf{S_0})$
$k\in(1, 0)$	$\mathbf{S_3}$	严格类	$\mathbf{S\Phi_{2k}}$	幂零类	$\mathbf{S_0}$
$k=0$	$\mathbf{S_3}$	$\mathbf{S_3}$	$(\mathbf{S_3}, \mathbf{S_0})$	$\mathbf{S_0}$	$\mathbf{S_0}$

8.5.3　一级 T/S 完整超簇内范数分布的单调性

由于在 $\Phi(x, k)$ 完整簇内，算子随 k 连续地严格单调减变化，在 $T(x, y, h)$ 完整簇内，算子随 h 连续地严格单调增变化，在 $S(x, y, h)$ 完整簇内，算子随 h 连续地严格单调减变化，所以不难看出在 $T(x, y, h, k)$ 完整超簇和 $S(x, y, h, k)$ 完整超簇内，算子随 h 和 k 连续地严格单调地变化。进一步研究表明，在 $T(x, y, h, k)$ 完整超簇内，算子随 h 连续地严格单调增变化，当 $h \leqslant 0.75$ 时，算子随 k 连续地严格单调减变化，当 $h>0.75$ 时，算子随 k 连续地严格单调增变化。在 $S(x, y, h)$ 完整超簇内，算子随 h 连续地严格单调减变化，当 $h<0.75$ 时，算子随 k 连续地严格单调减变化，当 $h \geqslant 0.75$ 时，算子随 k 连续地严格单调增变化。

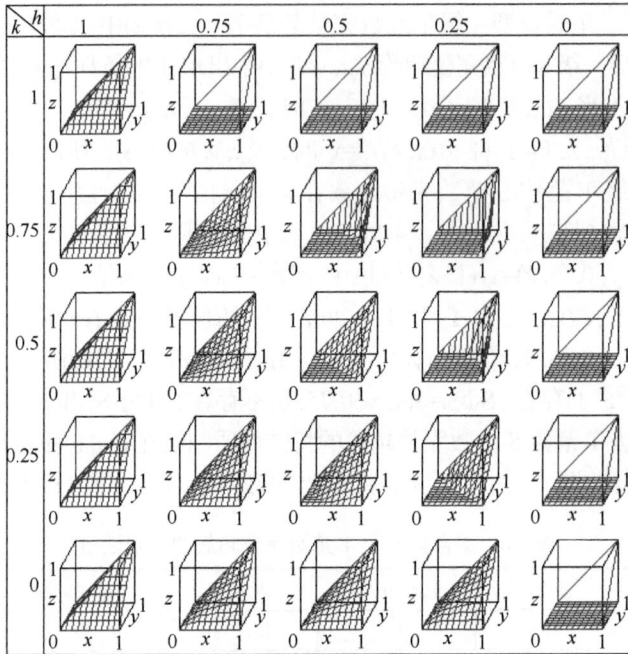

(a) 混合型一级T范数完整超簇

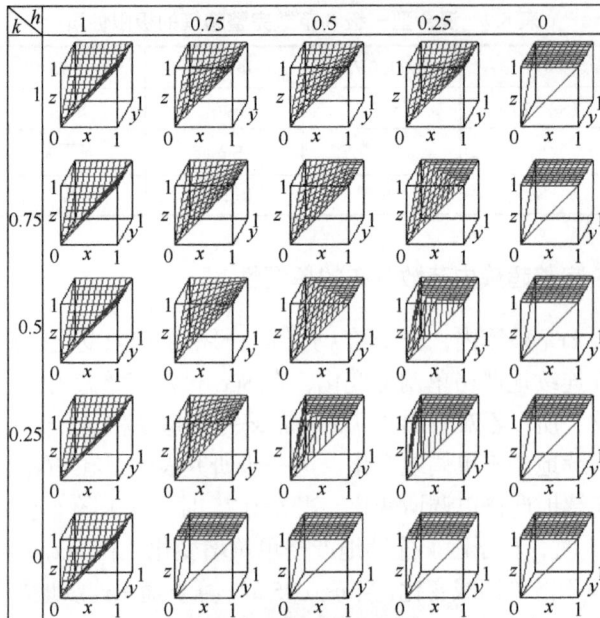

(b) 混合型一级S范数完整超簇

图 8.10　混合型一级 T 范数/S 范数完整超簇的极限性质的三维变化图

8.5.4　几个重要的逻辑性质

在第 7 章中我们已经一般性地证明了柔性补余律，它的一级形式为
$$T(x, N(x, k), h, k) \leqslant k \quad ; \quad S(x, N(x, k), h, k) \geqslant k$$

在二值逻辑中的重要性质矛盾律和排中律，在泛逻辑学中是否成立呢？回答是有条件地成立。

定理 8.5.8(矛盾律成立条件)　当 $h \leqslant 0.5$ 时，$T(x, N(x, k), h, k) = 0$，矛盾律成立。

证明　由于 $h = 0.5$ 时，$T(x, N(x, k), h, k) = (\max(0, x^n + (1-x^n) - 1))^{1/n} = 0$，而 $T(x, y, h, k)$ 随 h 严格单调增，所以当 $h \leqslant 0.5$ 时，$T(x, N(x, k), k, h) = 0$，矛盾律成立。 ∎

定理 8.5.9(排中律成立条件)　当 $h \leqslant 0.5$ 时，$S(x, N(x, k), h, k) = 1$，排中律成立。

证明　由于 $h = 0.5$ 时，$S(x, N(x, k) k, h,) = (\min(1, x^n + (1-x^n)))^{1/n} = 1$，而 $S(x, y, h, k)$ 随 h 严格单调减，所以当 $h \leqslant 0.5$ 时，$S(x, N(x, k), h, k) = 1$，排中律成立。 ∎

定理 8.5.10(与或律)　$T(x, y, h, k) \leqslant S(x, y, h, k)$。

证明　由于 $T(x, y, h, k) \leqslant \min(x, y)$，$\max(x, y) \leqslant S(x, y, h, k)$，所以 $T(x, y, h, k) \leqslant S(x, y, h, k)$。 ∎

定理 8.5.11(吸收律)　$T(x, S(x, y, h, k), h, k) \leqslant x$，$T(x, S(x, y, 1, k), 1, k) = x$。

证明　由于 $T(x, S(x, y, h, k), h, k) \leqslant \min(x, S(x, y, h, k))$，而 $S(x, y, h, k) \geqslant \max(x, y)$，当 $x < y$ 时，$\min(x, S(x, y, h, k)) = \min(x, y) = x$；否则 $\min(x, S(x, y, h, k)) = \min(x, x) = x$，所以 $T(x, S(x, y, h, k), h, k) \leqslant x$。

特殊情况下，$T(x, S(x, y, 1, k), 1, k) = \min(x, \max(x, y)) = x$。

所以本定理成立。 ∎

定理 8.5.12(扩展律)　$x \leqslant S(x, T(x, y, h, k), h, k)$，$S(x, T(x, y, 1, k), 1, k) = x$。

证明　类似于定理 8.5.11 的证明。 ∎

8.6　一级 T/S 完整超簇上 N 运算的广义自封闭性

前面我们已经证明，N 范数完整簇对 N 运算有广义自封闭性，包括各种对偶运算和奇次复合运算的自封闭性，偶次复合运算的余封闭性等。下面我们将进一步证明，N 范数完整簇 $N(x, k)$、范数完整超簇 $T(x, y, h, k)$ 和 S 范数完整超簇 $S(x, y, h, k)$ 之间，相对于 N 运算来说，也具有广义自封闭性，即 $T(x, y, h, k)$ 关于 $N(x, k)$ 的对偶是 $S(x, y, h, k)$；$S(x, y, h, k)$ 关于 $N(x, k)$ 的对偶是 $T(x, y, h, k)$；$T(x, y, h, k)$ 和 $S(x, y, h, k)$ 之间的关联 N 范数是 $N(x, k)$。这是逻辑学中的一个重要性质，即同参数下的对偶性，它表明 N 范数完整簇 $N(x, k)$、T 范数完整超簇 $T(x, y, h, k)$ 和 S 范数完整超簇 $S(x, y, h, k)$ 对逻辑运算来说是封闭的。但在不同参数情况下，NTS 之间只有弱对偶性关系存在。

8.6.1 零级 T/S 范数完整簇内的对偶关系

根据 7.4 节关于 NTS 弱对偶关系的讨论，我们可以进一步证明，在零级 T/S 范数完整簇内，不仅存在零级对偶关系，而且存在指数型弱对偶关系。

定理 8.6.1 任意两个非极限同类零级 S 性生成元 $G(x, h_1)=1-(1-x)^{m_1}$ 和 $G(x, h_2)=1-(1-x)^{m_2}$ 之间存在关系 $G(x, h_1)=G(\phi(x), h_2))$，其中 $\phi(x)=1-(1-x)^{m_1/m_2}$ 是连续的严格单调的指数型自守函数，$m_1/m_2=h_2(1-h_2)(3-4h_1)/(h_1(1-h_1)(3-4h_2))$。

证明 将 $g_1(x)=G(x, h_1)=1-(1-x)^{m_1}$ 和 $g_2(x)=G(x, h_2)=1-(1-x)^{m_2}$ 代入定理 7.4.5 即可证明，所以本定理成立。 ∎

定理 8.6.2 任意两个非极限同类零级 T 性生成元 $F_0(x, h_1)=x^{m_1}$ 和 $F_0(x, h_2)=x^{m_2}$ 之间存在关系 $F(x, h_1)=F(\phi(x), h_2))$，其中 $\phi(x)=x^{m_1/m_2}$ 是连续的严格单调的指数型自守函数，$m_1/m_2=h_2(1-h_2)(3-4h_1)/(h_1(1-h_1)(3-4h_2))$。

证明 将 $f_1(x)=F(x, h_1)=x^{m_1}$ 和 $f_2(x)=F(x, h_2)=x^{m_2}$ 代入定理 7.4.7 即可证明，所以本定理成立。 ∎

定理 8.6.3 任意非极限零级 T 性生成元 $F(x, h_1)=x^{m_1}$ 和任意同类零级 S 性生成元 $G_0(x, h_2)=1-(1-x)^{m_2}$ 之间存在关系 $F(x, h_1)=1-G(N(x), h_2)$，其中 $N(x)=1-x^{m_1/m_2}$ 是连续的严格单调的指数型弱 N 范数，$m_1/m_2=h_2(1-h_2)(3-4h_1)/(h_1(1-h_1)(3-4h_2))$。

证明 将 $f_1(x)=F(x, h_1)=x^{m_1}$ 和 $g(x)=G(x, h_2)=1-(1-x)^{m_2}$ 代入定理 7.4.9 即可证明，所以本定理成立。 ∎

推论 8.6.1 任意非极限零级 S 性生成元 $G(x, h_1)=1-(1-x)^{m_1}$ 和任意同类零级 T 性生成元 $F(x, h_2)=x^{m_2}$ 之间存在关系 $G(x, h_1)=1-F(N(x), h_2)$，其中 $N(x)=(1-x)^{m_1/m_2}$ 是连续的严格单调的指数型弱 N 范数，$m_1/m_2=h_2(1-h_2)(3-4h_1)/(h_1(1-h_1)(3-4h_2))$。

定理 8.6.4 如果 $T(x, y, h_1)$ 是零级 T 范数完整簇 $T(x, y, h)$ 中的任意非极限 T 范数，$N(x)$ 是指数型任意非极限弱 N 范数，则 $T(x, y, h_1)$ 关于 $N(x)$ 的弱对偶 $S(x, y, h_2)=N^{-1}(T(N(x), N(y), h_1))$ 是零级 S 范数完整簇 $S(x, y, h)$ 中的非极限 S 范数。

证明 1) 由定理 7.4.10 和定理 7.4.12 知，$S(x, y, h_2)=N^{-1}(T(N(x), N(y), h_1))$ 是 S 范数。

2) 如果 $T(x, y, h_1)$ 的零级非极限 T 性生成元是 $F(x, h_1)=x^{m_1}$，连续的严格单调的指数型弱 N 范数是 $N(x)=1-x^m$，则由定理 8.6.3 知，$G(x, h_2)=1-F(N^{-1}(x), h_1)=1-(1-x)^{m_1/m}$ 是零级非极限 S 性生成元，其中 $m_2=m_1/m=(3-4h_1)/(4mh_1(1-h_1))$，$h_2=((1+m_2)-((1+m_2)^2-3m_2)^{1/2})/(2m_2)$。

所以 $S(x, y, h_2)$ 是零级 S 范数完整簇 $S(x, y, h)$ 中的非极限 S 范数。 ∎

定理 8.6.5 如果 $S(x, y, h_1)$ 是零级 S 范数完整簇 $S(x, y, h)$ 中的任意非极限 S 范数，$N(x)$ 是指数型任意非极限弱 N 范数，则 $S(x, y, h_1)$ 关于 $N(x)$ 的弱对偶 $T(x, y, h_2)=N^{-1}(S(N(x), N(y), h_1))$ 是零级 T 范数完整簇 $T(x, y, h)$ 中的非极限 T 范数。

证明 类似于定理 8.6.4。 ∎

定理 8.6.6　如果 $S(x, y, h_1)$ 是零级 S 范数完整簇 $S(x, y, h)$ 中的任意非极限 S 范数，$G(x, h_1)=1-(1-x)^{m_1}$，$m_1=(3-4h_1)/(4h_1(1-h_1))$ 是它的零级非极限 S 性生成元，$T(x, y, h_2)$ 是零级 T 范数完整簇 $T(x, y, h)$ 中的任意非极限 T 范数，$F(x, h_2)=x^{m_2}$，$m_2=(3-4h_2)/[4h_2(1-h_2)]$ 是它的零级非极限 T 性生成元，则存在一个指数型非极限的弱 N 范数 $N(x)=1-x^{m_2/m_1}$，使弱对偶关系 $T(x, y, h_2)=N^{-1}(S(N(x), N(y),h_1))$ 成立。

证明　由定理 7.4.10 和定理 7.4.12 知，存在一个连续的严格单调弱 N 范数

$$N(x)=G^{-1}(1-F(x, h_2), h_1)=1-(1-(1-F(x, h_2))^{1/m_1}=1-x^{m_2/m_1}$$

使弱对偶关系 $T(x, y, h_2)=N^{-1}(S(N(x), N(y),h_1))$ 成立。

所以本定理成立。　　　　　　　　　　　　　　　　　　　　　　　■

定理 8.6.7　如果 $T(x, y, h_1)$ 是零级 T 范数完整簇 $T(x, y, h)$ 中的任意非极限 T 范数，$F(x, h_1)=x^{m_1}$，$m_1=(3-4h_1)/(4h_1(1-h_1))$ 是它的零级非极限 T 性生成元，$S(x, y, h_2)$ 是零级 S 范数完整簇 $S(x, y, h)$ 中的任意非极限 S 范数，$G(x, h_2)=1-(1-x)^{m_2}$，$m_2=(3-4h_2)/(4h_2(1-h_2))$ 是它的零级非极限 S 性生成元，则存在一个指数型非极限的弱 N 范数 $N(x)=(1-x)^{m_1/m_2}$，使弱对偶关系 $S(x, y, h_2)=N^{-1}(T(N(x), N(y), h_1))$ 成立。

证明　类似于定理 8.6.6。　　　　　　　　　　　　　　　　　■

推论 8.6.2　在非极限 N 范数 $N(x)$、零级 T 范数 $T(x, y, h_1)$ 和零级 S 范数 $S(x, y, h_2)$ 之间存在对偶关系 $T(x, y, h_1)=N(S(N(x), N(y)), h_2)$ 的充要条件是：$N(x)=1-x$ 且 $h_1=h_2$。

它表明除极限 N 范数 N_0 和 N_3 外，在零级 T/S 范数之间只有零级对偶关系存在。

8.6.2　纯指数型一级 T 范数/S 范数完整簇内的对偶关系

定理 8.6.8　如果 $S(x, y, h_1, k_1)$ 是任意非极限纯指数型一级 S 范数，其 S 性生成元是 $G(x, h_1, k_1)=1-(1-x^{n_1})^{m_1}$，$n_1=-1/\log_2 k_1$，$m_1=(3-4h_1)/(4h_1(1-h_1))$，$T(x, y, h_2, k_2)$ 是任意非极限纯指数型一级 T 范数，其 T 性生成元是 $F(x, h_2, k_2)=x^{n_2 m_2}$，$n_2=-1/\log_2 k_2$，$m_2=(3-4h_2)/(4h_2(1-h_2))$，则存在一个指数型非极限的弱 N 范数 $N(x)=(1-x^{n_2 m_2/m_1})^{1/n_1}$，使弱对偶关系 $T(x, y, h_2, k_2)=N^{-1}(S(N(x), N(y), h_1, k_1))$ 成立。

证明　由定理 7.4.10 和定理 7.4.12 知，存在一个连续的严格单调弱 N 范数为

$$N(x)=G^{-1}(1-F(x,h_2, k_2),h_1, k_1)=1-(1-(1-F(x,h_2, k_2))^{1/m_1})^{1/n_1}$$
$$=(1-(F(x,h_2, k_2))^{1/m_1})^{1/n_1}=(1-x^{n_2 m_2/m_1})^{1/n_1}$$

使弱对偶关系 $T(x, y, h_2, k_2)=N^{-1}(S(N(x), N(y), h_1, k_1))$ 成立。

所以本定理成立。　　　　　　　　　　　　　　　　　　　　　　　■

定理 8.6.9　如果 $T(x, y, h_1, k_1)$ 是任意非极限纯指数型一级 T 范数，其 T 性生成元是 $F(x, h_1, k_1)=x^{n_1 m_1}$，$n_1=-1/\log_2 k_1$，$m_1=(3-4h_1)/(4h_1(1-h_1))$，$S(x, y, h_2, k_2)$ 是任意非极限纯指数型一级 S 范数，其 S 性生成元是 $G(x, h_2, k_2)=1-(1-x^{n_2})^{m_2}$，$n_2=-1/\log_2 k_2$，$m_2=(3-4h_2)/(4h_2(1-h_2))$，则存在一个指数型非极限的弱 N 范数

$N(x)=(1-x^{n1})^{m1/n2m2}$，使弱对偶关系 $S(x, y, h_2, k_2)=N^{-1}(T(N(x), N(y), h_1, k_1))$ 成立。

证明　类似于定理 8.6.8。∎

定理 8.6.10　纯指数型一级 T 范数完整超簇 $T(x, y, h, k)$ 和纯指数型一级 S 范数完整超簇 $S(x, y, h, k)$ 有指型一级对偶关系，即

$$S(x, y, k, h)=N(T(N(x, k), N(y, k), h, k), k), \qquad N(x, k)=(1-x^n)^{1/n}$$

证明　由于

$$G(x, h, k)=1-(1-x^n)^m=1-(((1-x^n)^{1/n})^n)^m=1-(N(x, k))^{nm}=1-F(N(x, k), h, k)$$

其中，$N(x, k)=(1-x^n)^{1/n}$ 是指数型 N 范数。

根据一级对偶条件，本定理成立。∎

8.6.3　混合型一级 T/S 范数完整簇内的对偶关系

定理 8.6.11　如果 $S(x, y, h_1, k_1)$ 是任意非极限混合型一级 S 范数，其 S 性生成元是 $G(x, h_1, k_1)=1-(1-\Phi(x, k_1))^{m1}$，$m_1=(3-4h_1)/(4h_1(1-h_1))$，$T(x, y, h_2, k_2)$ 是任意非极限混合型一级 T 范数，其 T 性生成元是 $F(x, h_2, k_2)=(\Phi(x, k_2))^{m2}$，$m_2=(3-4h_2)/(4h_2(1-h_2))$，则存在一个多项式型非极限的弱 N 范数 $N(x)=\Phi^{-1}((1-(\Phi(x, k_2))^{m2/m1}), k_1)$，使弱对偶关系 $T(x, y, h_2, k_2)=N^{-1}(S(N(x), N(y), h_1, k_1))$ 成立。

证明　由定理 7.4.10 和定理 7.4.12 知，存在一个连续的严格单调弱 N 范数为

$$N(x) = G^{-1}(1-F(x, h_2, k_2), h_1, k_1) = F^{-1}(1-(1-(1-F(x, h_2, k_2))^{1/m1}), k_1)$$

$$= \Phi^{-1}(1-(F(x, h_2, k_2))^{1/m1}, k_1) = \Phi^{-1}((1-(\Phi(x, k_2))^{m2/m1}), k_1)$$

使弱对偶关系 $T(x, y, h_2, k_2)=N^{-1}(S(N(x), N(y), h_1, k_1))$ 成立。

所以本定理成立。∎

定理 8.6.12　如果 $T(x, y, h_1, k_1)$ 是任意非极限混合型一级 T 范数，其 T 性生成元是 $F(x, h_1, k_1)=(\Phi(x, k_1))^{m1}$，$m_1=(3-4h_1)/(4h_1(1-h_1))$，$S(x, h_2, y, k_2)$ 是任意非极限混合型一级 S 范数，其 S 性生成元是 $G(x, k_2, h_2)=1-(1-\Phi(x, k_2))^{m2}$，$m_2=(3-4h_2)/(4h_2(1-h_2))$，则存在一个多项式型非极限的弱 N 范数 $N(x)=\Phi^{-1}((1-(\Phi(x, k_1))^{m1/m2}), k_2)$，使弱对偶关系 $S(x, y, h_2, k_2)=N^{-1}(T(N(x), N(y), h_1, k_1))$ 成立。

证明　类似于定理 8.6.11。∎

定理 8.6.13　混合型一级 T 范数完整超簇 $T(x, y, h, k)$ 和混合型一级 S 范数完整超簇 $S(x, y, h, k)$ 有多项式型一级对偶关系 $S(x, y, h, k)=N(T(N(x, k), N(y, k), h, k), k)$，$N(x, k)=\Phi^{-1}(1-\Phi(x, k), k)$。

证明　由于

$$G(x, h, k)=1-(1-\Phi(x, k))^m=1-(\Phi(\Phi^{-1}(1-\Phi(x, k), k), k))^m$$

$$=1-(\Phi(N(x, k), k))^m=1-F(N(x, k), h, k)$$

其中，$N(x, k)=\Phi^{-1}(1-\Phi(x, k), k)$ 是多项式型 N 范数。

所以根据一级对偶条件，本定理成立。∎

定理 8.6.14　混合型一级 T 范数 $T(x, y, h_1, k_1)$ 和混合型一级 S 范数 $S(x, y, h_2, k_2)$ 之间存在零级对偶关系的条件是 $(1-\Phi(x, k_2))^{m2}=(\Phi(1-x, k_1))^{m1}$，当 $h_1=h_2$ 时有 $k_2=1-k_1$。

证明　由于 $F(x, h_1, k_1)=(\Phi(x, k_1))^{m1}$，$G(x, h_2, k_2)=1-(1-\Phi(x, k_2))^{m2}$，而零级对偶的一般条件是 $g(x)=1-f(1-x)$，所以有 $G(x, h_2, k_2)=1-(1-\Phi(x, k_2))^{m2}=1-(\Phi(1-x, k_1))^{m1}$，即 $(1-\Phi(x, k_2))^{m2}=(\Phi(1-x, k_1))^{m1}$。

当 $h_1=h_2$ 时有 $1-\Phi(x, k_2)=\Phi(1-x, k_1)$，$\Phi(x, k_2)=1-\Phi(1-x, k_1)=\Phi(x, 1-k_1)$。

所以本定理成立。∎

本定理表明，在混合型一级 T/S 范数之间，在 $h_1=h_2$ 的情况下，只有 $k_2=1-k_1$ 时才有零级对偶关系存在。

关于极限情况下的对偶关系可以参照 8.5 节得到。

8.7　小　结

通过对 N 性生成元完整簇 $\Phi(x, k)$、T 性生成元完整簇 $F_0(x, h)$ 和 S 性生成元完整簇 $G(x, h)$ 及一级 T/S 范数完整超簇 $T(x, y, h, k)/S(x, y, h, k)$ 的讨论，我们可以得到以下结论。

1) 泛与/泛或命题连接词的运算模型都具有一级不确定性，它们的不确定性来源于柔性测度的不精确性和命题之间的广义相关性，前者由认识偏差或测量误差引起，用广义自相关系数(误差系数)k 来刻画，后者用广义相关系数 h 来刻画，两者是相互独立变化的，没有任何内在联系。所以，一级泛与/泛或命题连接词的运算模型都是一个完整超簇，含有 h 和 k 两个不确定性参数，只有确定了 h 和 k 的具体值后，才能确定具体的运算模型。

2) $k=0.5$ 表示命题的真度 x 是精确的柔性测度，泛与/泛或命题连接词的运算模型退化为零级模型，它们的不确定性只来源于命题之间的广义相关性，用广义相关系数 h 来刻画，只要确定了 h 的具体值，就能确定具体的运算模型。

3) $k=0.5$ 且 $h=0.5$ 时表示命题的真值 x 是精确的柔性测度，且命题之间的广义相关性处在中性状态，泛与/泛或命题连接词的运算模型退化为与/或命题连接词的基模型，它们是一个确定的算子。

4) 不确定性参数 h 和 k 既是运算模型在完整超簇中的位置标志参数，同时表明了该运算模型的物理意义，也是使用该运算模型的前提条件。所以确立一级 T/S 范数完整超簇的思想非常重要，它能帮助我们正确地认识和使用各种柔性逻辑算子。

5) NTS 运算的广义自封闭性表明，泛非、泛与和泛或命题连接词的运算模型完整超簇可以支持它们之间的各种逻辑运算的复活运算，具有自封闭性。

第 9 章　二元柔性命题逻辑连接词

在第 6 章中我们已经利用 N 性生成元完整簇 $\Phi(x, k)$，直接代入非命题连接词的基模型，得到泛非命题连接词的运算模型，实现了对一元命题连接词泛非的定义。类似地，利用 N 性生成元完整簇 $\Phi(x, k)$ 和 T 性生成元完整簇 $F(x, h)$(或 S 性生成元完整簇 $G(x, h)$)，直接代入各二元命题连接词的基模型，就可以得到各二元命题连接词的运算模型，包括零级完整簇和一级完整超簇，从而实现对各二元命题连接词的定义。

本章将详细讨论各种二元命题连接词的定义、性质和逻辑意义。其中使用的是指数型 N 性生成元完整簇 $\Phi(x, k)$、T 性生成元完整簇 $F(x, h)$ 和非与形式的 NT 性基模型。

N 性生成元完整簇：$\Phi(x, k)=x^n$，其中 $n=-1/\log_2 k$，$k\in[0, 1], k=2^{-1/n}$，$n\in \mathbf{R}_+$。

N 范数完整簇：$N(x, k)=(1-x^n)^{1/n}$。

零级 T 性生成元完整簇：$F(x, h)=x^m$，其中，$m=(3-4h)/(4h(1-h))$，$h\in[0, 1]$；$h=((1+m)-((1+m)^2-3m)^{1/2})/(2m)$，$m\in \mathbf{R}$。

一级 T 性生成元完整簇：$F(x, h, k)=F(\Phi(x, k), h)=x^{nm}$，$k=2^{-1/n}$，$n\in \mathbf{R}_+$。

NT 性基模型：

1) 泛与运算模型：

$$T(x, y, h, k)=F^{-1}(\max(F(0, h, k), F(x, h, k)+F(y, h, k)-1), h, k)$$

2) 泛或运算模型：

$$S(x, y, h, k)=N(T(N(x, k), N(y, k), h, k), k)$$
$$=N(F^{-1}(\max(F(0, h, k), F(N(x, k), h, k)+F(N(y, k), h, k)-1), h, k), k)$$

3) 泛蕴含运算模型：

$$I(x, y, h, k)=\max(z|y\geqslant T(x, z, h, k))$$
$$=F^{-1}(\min(1+F(0, h, k), 1-F(x, h, k)+F(y, h, k)), h, k)$$

4) 泛等价运算模型：

$$Q(x, y, h, k)=T(I(x, y, h, k), I(y, x, h, k), h, k)$$
$$=F^{-1}(1\pm|F(x, h, k)-F(y, h, k)|, h, k)(h>0.75 \text{ 为+,否则为-})$$

5) 泛平均运算模型：

$$M(x, y, h, k)=N(F^{-1}(F(N(x, k), h, k)/2+F(N(y, k), h, k)/2, h, k), k)$$

6) 泛组合运算模型：

$$C^e(x, y, h, k)=\text{ite}\{\Gamma^e[F^{-1}(F(x, h, k)+F(y, h, k)-F(e, h, k), h, k)]|x+y<2e;$$

$N(\Gamma^{e'}[F^{-1}(F(N(x, k), h, k)+F(N(y, k), h, k)-F(N(e, k), h, k), h, k)], k)|x+y>2e; e\}$

其中，$e\in[0, 1]$ 是表示弃权的幺元；$e'=N(e, k)$。

9.1 泛与命题连接词的定义及性质

9.1.1 泛与命题连接词的定义

定义 9.1.1 由零级 T 性生成元完整簇 $F(x, h)=x^m$ 代入与运算的基模型生成的零级 T 范数完整簇 $T(x, y, h)=(\max(0^m, x^m+y^m-1))^{1/m}$ 实现的泛逻辑运算叫零级泛与运算，用泛与命题连接词 $\wedge_h$ 表示。其中，$m=(3-4h)/(4h(1-h))$；$h=((1+m)-((1+m)^2-3m)^{1/2})/(2m)$，$h\in[0, 1]$，$m\in\mathbf{R}$。

它的四个特殊算子是：

最大与　Zadeh 与算子：$T(x, y, 1)=\mathbf{T_3}=\min(x, y)$

中极与　概率与算子：$T(x, y, 0.75)=\mathbf{T_2}=xy$

中心与　有界与算子：$T(x, y, 0.5)=\mathbf{T_1}=\max(0, x+y-1)$

最小与　突变与算子：$T(x, y, 0)=\mathbf{T_0}=\text{ite}\{\min(x, y)|\max(x, y)=1; 0\}$

定义 9.1.2 由一级 T 性生成元完整超簇 $F(x, h, k)=x^{nm}$ 代入与运算的基模型生成的一级 T 范数完整超簇 $T(x, y, h, k)=(\max(0^{nm}, x^{nm}+y^{nm}-1))^{1/nm}$ 实现的泛逻辑运算叫一级泛与运算，用泛与命题连接词 $\wedge_{k,h}$ 表示。其中，$n= -1/\log_2 k, k\in[0, 1]; k=2^{-1/n}$，$n\in\mathbf{R}_+$。

它的四个特殊点的算子(簇)是：

$T(x, y, h, k)$ 的上极限是 Zadeh 与算子：$T(x, y, 1, k)=T(x, y, 1)=\min(x, y)=\mathbf{T_3}$。

$T(x, y, h, k)$ 的中极限簇是 $T(x, y, 0.75, k)=(\max(0, x^n+y^n-1)^{1/n}=\mathbf{T\Phi_{2k}}$，其中 $T(x, y, 0.75, 0.5)=xy=\mathbf{T_2}$ 是概率与算子。

$T(x, y, h, k)$ 的中心与算子簇是 $T(x, y, 0.5, k)=(\max(0, x^n+y^n-1))^{1/n}=\mathbf{T\Phi_{1k}}$，其中 $T(x, y, 0.5, 0.5)=\max(0, x+y-1)=\mathbf{T_1}$ 是有界与算子。

$T(x, y, h, k)$ 的下极限是突变与算子：$T(x, y, 0, k)=T(x, y, 0)=\text{ite}\{\min(x, y)|\max(x, y)=1; 0\}=\mathbf{T_0}$。

根据 T 范数的结合律，上述定义可推广到多元运算中。

定义 9.1.3 由零级 T 范数完整簇 $T(x_1, x_2, \cdots, x_l, h)=(\max(0^m, x_1{}^m+x_2{}^m+\cdots+x_l{}^m-(l-1)))^{1/m}$ 实现的泛逻辑运算叫多元零级泛与运算，用泛与命题连接词 $\wedge_h$ 表示。

它的四个特殊算子是：

最大与　Zadeh 与算子：$T(x_1, x_2, \cdots, x_l, 1)=\mathbf{T_3}=\min(x_1, x_2, \cdots, x_l)$

中极与　概率与算子：$T(x_1, x_2, \cdots, x_l, 0.75)=\mathbf{T_2}=x_1 x_2 \cdots x_l$

中心与　有界与算子：$T(x_1, x_2, \cdots, x_l, 0.5)=\mathbf{T_1}=\max(0, x_1+x_2+\cdots+x_l-(l-1))$

最小与　突变与算子：$T(x_1, x_2, \cdots, x_l, 0) = \mathbf{T_0} = \text{ite}\{\min(x_1, x_2, \cdots, x_l) | (x_1, x_2, \cdots, x_l)$ 中有 $(l-1)$ 个 1; 0\}

定义 9.1.4　由一级 T 范数完整超簇 $T(x_1, x_2, \cdots, x_l, h, k) = (\max(0^{nm}, x_1^{nm} + x_2^{nm} + \cdots + x_l^{nm} - (l-1)))^{1/nm}$ 实现的泛逻辑运算叫多元一级泛与运算，用泛与命题连接词 $\wedge_{h,k}$ 表示。

9.1.2　泛与运算的性质

根据前面关于 T 范数的各种讨论，可归纳出泛与运算的性质如下。

1) $T(x, y, h, k)$ 满足 T 范数公理：

边界条件 T1：$T(0, y, h, k) = 0$，$T(1, y, h, k) = y$；

单调性 T2：$T(x, y, h, k)$ 关于 x、y 单调增；

连续性 T3：$T(x, y, h, k)$ 关于 x、y 连续；

结合律 T4：$T(T(x, y, h, k), z, h, k) = T(x, T(y, z, h, k), h, k)$；

交换律 T5：$T(x, y, h, k) = T(y, x, h, k)$。

2) 封闭性：$T(x, y, h, k) \in [0, 1]$；上界性：$T(x, y, h, k) \leqslant \min(x, y)$；化简式：$T(x, y, h, k) \leqslant x$；$T(x, y, h, k) \leqslant y$。

3) 兼容性：泛与运算与二值逻辑兼容，即

$$T(0, 0, h, k) = 0, \quad T(0, 1, h, k) = 0, \quad T(1, 0, h, k) = 0, \quad T(1, 1, h, k) = 1$$

4) 与幂律：$T(x, x, h, k) \leqslant x$；吸收律(幂等性)：$T(x, x, 1, k) = x$。

5) 补余律：$T(x, 1-x, h) \leqslant 0.5$；$T(x, N(x, k), h, k) \leqslant k$；矛盾律：当 $h \leqslant 0.5$ 时，$T(x, N(x, k), h, k) = 0$。

6) 泛与性：如果 $T(x, y, h, k) \geqslant a \in [0, 1]$，则 $x \geqslant a$ 且 $y \geqslant a$；如果 $T(x, y, h, k) \geqslant k$，则 $x \geqslant k$ 且 $y \geqslant k$。

7) 合并律：如果 $x \leqslant z, y \leqslant z$，则 $T(x, y, h, k) \leqslant z$；相加律：如果 $x + x' \leqslant 1$，则 $T(x + x', y, h, k) \geqslant \max(T(x, y, h, k), T(x', y, h, k))$；相乘律：$T(xz, y, h, k) \leqslant \min(T(x, y, h, k), T(z, y, h, k))$；指数律：$T(x^n, y, h, k) \leqslant T(x, y, h, k)$，$n \geqslant 1$。

9.1.3　泛与运算的物理意义

泛与运算模型零级完整簇的变化图如图 9.1 所示，泛与运算模型一级完整超簇的变化图见图 9.2。从两个图中可以看出以下特性。

1) 逻辑意义。泛与运算的逻辑学意义是两个柔性命题同时为真的程度，它具有一票否决性，任一命题偏假，则泛与运算偏假，但反之不然。

2) 与特征线。从三维图上可以看出，$T(x, y, h, k)$ 有四条不变的泛与特征线：

$$T(x, 0, h, k) = 0, \quad T(0, y, h, k) = 0, \quad T(x, 1, h, k) = x, \quad T(1, y, h, k) = y$$

3) 泛与性。从灰度图上可以看出(图中 $k = 0.5$，但可以推广到 $k \in [0, 1]$ 的任意情况)，泛与运算的偏真性是随 h 连续可调的，h 是泛与运算的偏真度：当 $h = 0$ 时泛与

的偏真性最小，$T(x, y, 0, k)=\mathbf{T_0}$，它表示除 $T(1, y, 0, k)=y$，$T(x, 1, 0, k)=x$ 外，其他区域均为假，即只有 $x=1$，$y\in[k, 1]$ 或 $y=1$，$x\in[k, 1]$ 时才偏真。随着 h 从 0 到 1 不断增大，泛与的偏真性不断提高，偏真区域连续增大，经过 $T(x, y, 0.5, 0.5)=\mathbf{T_1}$，$T(x, y, 0.75, k)=\mathbf{T_2}$，到 $T(x, y, 1, k)=\mathbf{T_3}$，但泛与的偏真区域只能增大到 $x\in[k, 1]$ 且 $y\in[k, 1]$ 的所在区域。

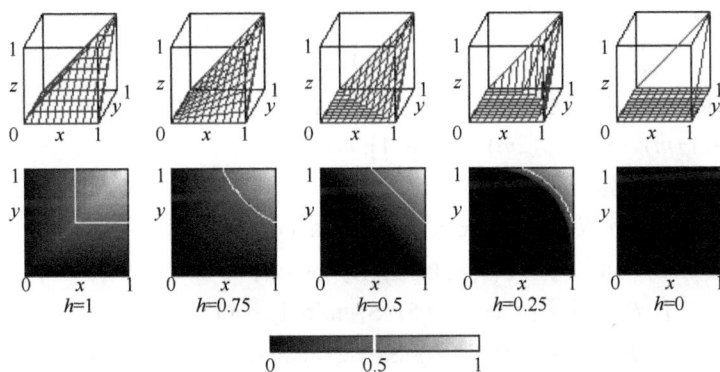

图 9.1　零级泛与运算模型图

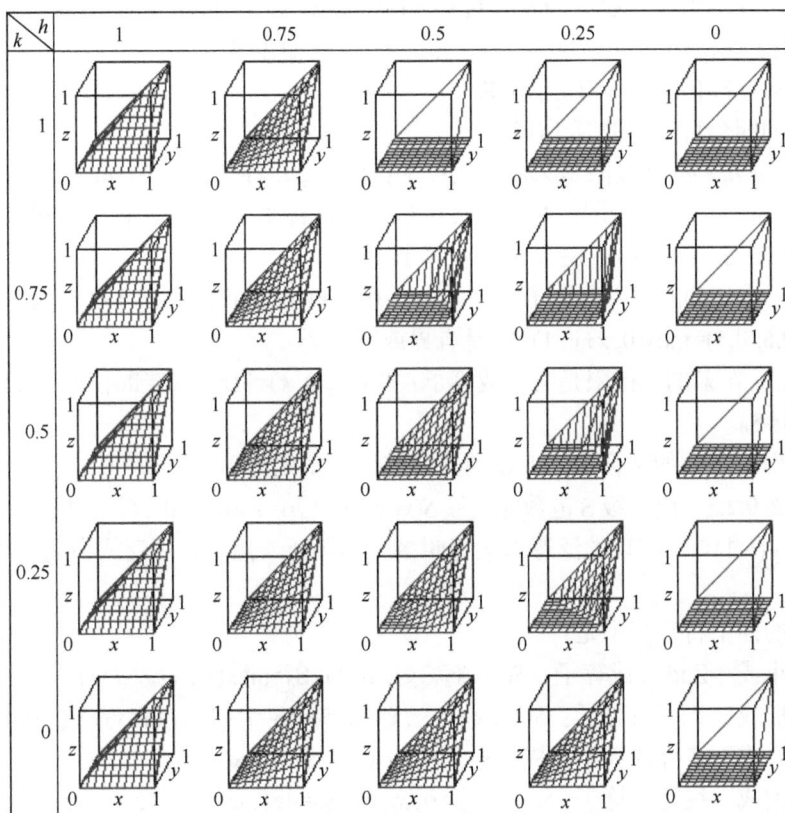

图 9.2　一级泛与运算模型图

9.2　泛或命题连接词的定义及性质

9.2.1　泛或命题连接词的定义

定义 9.2.1　由零级 T 性生成元完整簇 $F(x, h)=x^m$ 代入或运算的基模型生成的零级 S 范数完整簇 $S(x, y, h)=1-(\max(0^m, (1-x)^m+(1-y)^m-1))^{1/m}$ 实现的泛逻辑运算叫零级泛或运算，用泛或命题连接词 $\vee_h$ 表示。其中，$m=(3-4h)/(4h(1-h))$；$h=((1+m)-((1+m)^2-3m)^{1/2})/(2m)$，$h\in[0, 1], m\in\mathbf{R}$。

它的四个特殊算子是：

最小或　Zadeh 或算子：$S(x, y, 1)=\mathbf{S_3}=\max(x, y)$

中极或　概率或算子：$S(x, y, 0.75)=\mathbf{S_2}=x+y-xy$

中心或　有界或算子：$S(x, y, 0.5)=\mathbf{S_1}=\min(1, x+y)$

最大或　突变或算子：$S(x, y, 0)=\mathbf{S_0}=\text{ite}\{\max(x, y)|\min(x, y)=0; 1\}$

定义 9.2.2　由一级 T 性生成元完整超簇 $F(x, h, k)=x^{nm}$ 代入或运算的基模型生成的一级 S 范数完整超簇 $S(x, y, h, k)=(1-(\max((1-0^n)^m, (1-x^n)^m+(1-y^n)^m- 1))^{1/m})^{1/n}$ 实现的泛逻辑运算叫一级泛或运算，用泛或命题连接词 $\vee_{k,h}$ 表示。其中，$n=-1/\log_2k, k\in[0, 1]$；$k=2^{-1/n}, n\in\mathbf{R_+}$。

它的四个特殊点的算子(簇)是：

$S(x, y, h, k)$ 的下极限是 Zadeh 或算子：$S(x, y, 1, k)=S(x, y, 1)=\max(x, y)=\mathbf{S_3}$。

$S(x, y, h, k)$ 的中极限簇是 $S(x, y, 0.75, k)=(\max(0, x^n+y^n-x^ny^n)^{1/n}=\mathbf{S\Phi_{2k}}$，其中 $S(x, y, 0.75, 0.5)=x+y-xy=\mathbf{S_2}$ 是概率或算子。

$S(x, y, h, k)$ 的中心与算子簇是 $S(x, y, 0.5, k)=(\max(0, x^n+y^n-1))^{1/n}=\mathbf{S\Phi_{1k}}$，其中 $S(x, y, 0.5, 0.5)=\max(0, x+y-1)=\mathbf{S_1}$ 是有界或算子。

$S(x, y, h, k)$ 的上极限是突变或算子：$S(x, y, 0, k)=T(x, y, 0)=\text{ite}\{\min(x, y)|\max(x, y)=1; 0\}=\mathbf{S_0}$。

根据 S 范数的结合律，上述定义可推广到多元运算中。

定义 9.2.3　由零级 S 范数完整簇 $S(x_1, x_2, \cdots, x_l, h)=1-(\max(0^m, (1-x_1)^m+(1-x_2)^m+\cdots+(1-x_l)^m-(l-1)))^{1/m}$ 实现的泛逻辑运算叫多元零级泛或运算，用泛或命题连接词 $\vee_h$ 表示。

它的四个特殊算子是：

最小或　Zadeh 或算子：$S(x_1, x_2, \cdots, x_l, 1)=\mathbf{S_3}=\max(x_1, x_2, \cdots, x_l)$

中极或　概率或算子：$S(x_1, x_2, \cdots, x_l, 0.75)=\mathbf{S_2}=1-(1-x_1)(1-x_2)\cdots(1-x_l)$

中心或　有界或算子：$S(x_1, x_2, \cdots, x_l, 0.5)=\mathbf{S_1}=\max(l-1, x_1+x_2+\cdots+x_l)$

最大或　突变或算子：$S(x_1, x_2, \cdots, x_l, 0)=\mathbf{S_0}=\text{ite}\{\max(x_1, x_2, \cdots, x_l)|(x_1, x_2, \cdots, x_l)$ 中有 $(l-1)$ 个 0; 1\}

定义 9.2.4　由一级 S 范数完整超簇 $S(x_1, x_2, \cdots, x_l, h, k)=(1-(\max(0^{nm}, (1-x_1^n)^m+(1-x_2^n)^m+\cdots+(1-x_l^n)^m-(l-1)))^{1/m})^{1/n}$ 实现的泛逻辑运算叫多元一级泛或运算，用泛或命题连接词 $\vee_{k, h}$ 表示。

9.2.2　泛或运算的性质

根据前面关于 S 范数的各种讨论，可归纳出泛或运算的性质如下。

1) $S(x, y, h, k)$ 满足 S 范数公理：

边界条件 S1：$S(1, y, h, k)=1$，$S(0, y, h, k)=y$；

单调性 S2：$S(x, y, h, k)$ 关于 x、y 单调增；

连续性 S3：$S(x, y, h, k)$ 关于 x、y 连续；

结合律 S4：$S(S(x, y, h, k), z, h, k)=S(x, S(y, z, h, k), h, k)$；

交换律 S5：$S(x, y, h, k)=S(y, x, h, k)$。

2) 封闭性：$S(x, y, h, k)\in[0,1]$；下界性：$S(x, y, h, k)\geqslant\max(x, y)$；附加式：$x\leqslant S(x, y, h, k)$；$y\leqslant S(x, y, h, k)$。

3) 兼容性：泛或运算与二值逻辑兼容：$S(0, 0, h, k)=0$，$S(0, 1, h, k)=1$，$S(1, 0, h, k)=1$，$S(1, 1, h, k)=1$。

4) 或幂律：$S(x, x, h, k)\geqslant x$；吸收律（幂等性）：$S(x, x, 1, k)=x$。

5) 补余律：$S(x,1-x,h)\geqslant 0.5$；$S(x, N(x, k), h, k)\geqslant k$；排中律：$h\leqslant 0.5$ 时，$S(x, N(x, k), h, k)=1$。

6) 泛或性：如果 $S(x, y, h, k)\leqslant a\in[0, 1]$，则 $x\leqslant a$ 且 $y\leqslant a$；如果 $S(x, y, h, k)\leqslant k$，则 $x\leqslant k$ 且 $y\leqslant k$。

7) 合并律：如果 $x\geqslant z$，$y\geqslant z$，则 $S(x, y, h, k)\geqslant z$；相加律：如果 $x+x'\leqslant 1$，则 $S(x+x', y, h, k)\geqslant\max(S(x, y, h, k), S(x', y, h, k))$；相乘律：$S(xz, y, h, k)\leqslant\min(S(x, y, h, k), S(z, y, h, k))$；指数律：$S(x^n, y, h, k)\leqslant S(x, y, h, k)$，$n\geqslant 1$。

8) 对偶律：$N(S(x, y, h, k),k)=T(N(x, k), N(y, k), h, k)$；$N(T(x, y, h, k), k)=S(N(x, k), N(y, k), h, k)$。

9) 析取三段论：$T(N(x, k), S(x, y, h, k), h, k)\leqslant y$。

10) 与或律：$T(x, y, h, k)\leqslant S(x, y, h, k)$。

11) 分配律：$T(x, S(y, z, 1, k), 1, k)=S(T(x, y, 1, k), T(x, z, 1, k), 1, k)$；
$S(x, T(y, z, 1, k) k, 1,)=T(S(x, y, 1, k), S(x, z, 1, k), 1, k)$。

12) 扩展律：$x\leqslant S(x, T(x, y, h, k), h, k)$；吸收律：$S(x, T(x, y, 1, k), 1, k)=x$；$T(x, S(x, y, h, k), h, k)\leqslant x$；$T(x, S(x, y, 1, k), 1, k)=x$。

9.2.3　泛或运算的物理意义

泛或运算模型零级完整簇的变化图如图 9.3 所示，泛或运算模型一级完整超簇的变化图见图 9.4。从图中可以看出：

1) 泛或运算的逻辑学意义是两个柔性命题分别为真的程度，它具有一票通过性，任一命题偏真，则泛或运算偏真，但反之不然。

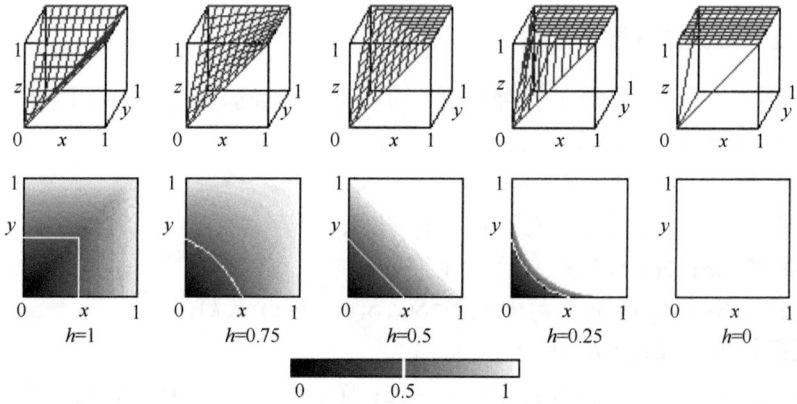

图 9.3　零级泛或运算模型图

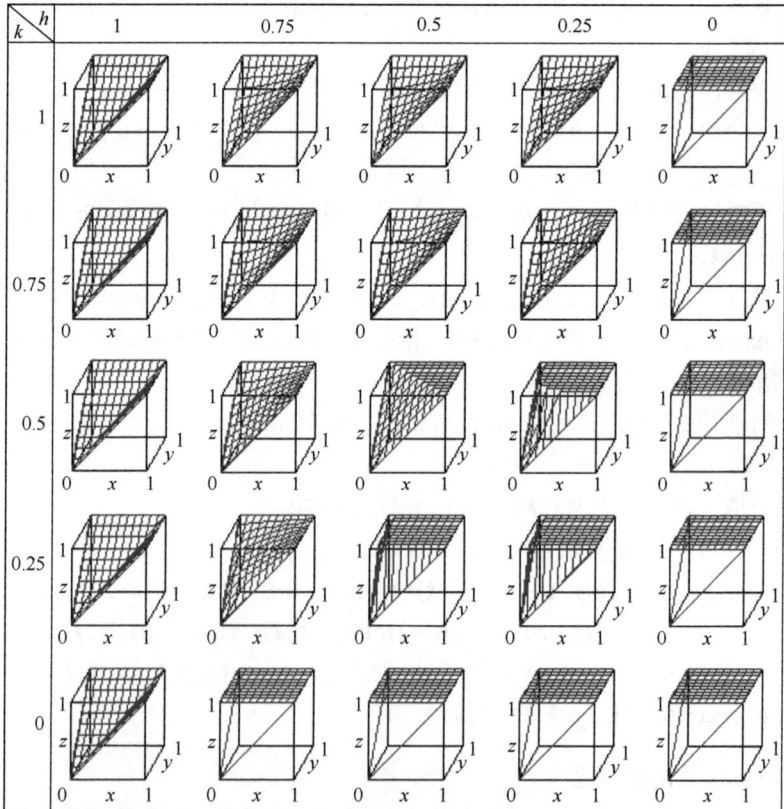

图 9.4　一级泛或运算模型图

2) 从三维图上可以看出，$S(x, y, h, k)$ 有四条不变的泛或特征线，即

$$S(x, 0, h, k)=x, \quad S(0, y, h, k)=y, \quad S(x,1, h, k)=1, \quad S(1, y, h, k)=1$$

3) 泛或性。从灰度图上可以看出，泛或运算的偏假性是随 h 连续可调的，h 是泛或运算的偏假度；当 $h=0$ 时泛或的偏假性最小，$S(x, y, 0, k)=\mathbf{S_0}$，它表示除 $S(0, y, 0, k)=y$，$S(x, 0, 0, k)=x$ 外，其他区域均为真，即只有 $x=0$，$y\in[0, k]$ 或 $y=0$，$x\in[0, k]$ 时才偏假。随着 h 从 0 到 1 不断增大，泛或的偏假性不断提高，偏假区域连续增大，经过 $S(x, 0.5 y, k)=\mathbf{S_1}$，$S(x, y, 0.75, k)=\mathbf{S_2}$，到 $S(x, y, 1, k)=\mathbf{S_3}$，但泛或的偏假区域只能增大到 $x\in[0, k]$ 且 $y\in[0, k]$ 的所在区域。

9.3　泛蕴含命题连接词的定义及性质

在逻辑推理中，蕴含命题连接词是不可或缺的重要命题连接词。在二值逻辑中，它的公认定义是 $I(0, 0)=1$，$I(0, 1)=1$，$I(1, 0)=0$，$I(1, 1)=1$。其逻辑意义有三种形式不同，但在 $x, y\in\{0, 1\}$ 条件下不等价的解释。

1) I 蕴含：蕴含是 x 被 y 包含的程度，$x\to y\Leftrightarrow(x\wedge y)/x$。

2) S 蕴含：蕴含是前提的否定或结论，$x\to y\Leftrightarrow\sim x\vee y$。

3) T 蕴含：蕴含是与运算的逆运算，$x\to y\Leftrightarrow\sup\{z|y\geqslant x\wedge z\}$。

这些蕴含的共同点是都确认：

1) 保序传递关系：如果 $x\to y$ 为真(记作 $x\Rightarrow y$)，则 x 为真，y 必为真，但反之不然。

2) 串行推理运算和蕴含运算是互逆的，且满足 $x, x\to y\Rightarrow x\wedge(x\to y)\Rightarrow y$。

在 $x, y\in[0, 1]$ 时如何定义蕴含运算 $I(x, y)$ 和串行推理运算 $R(x, y)$？

逻辑学界一般都继续确认蕴含运算 $I(x, y)$ 和串行推理运算 $R(x, y)$ 互为逆运算，即

$$R(x, y)=\inf\{z|y\leqslant I(x, z)\}, \quad I(x, y)=\sup\{z|y\geqslant R(x, z)\}$$

因为这是假言推论存在的充要条件。但把蕴含的三种不同解释在[0, 1]域上拓展时，得到的是三个不等价的定义：

1) I 蕴含：$I_t(x, y)=T(x, y)/x$；I 串行推理：$R_t(x, y)=\inf\{z|y\leqslant T(x, z)/x\}$。

2) S 蕴含：$I_s(x, y)=S(1-x, y)$；S 串行推理：$R_s(x, y)=\inf\{z|y\leqslant I_s(x, z)\}$。

3) T 蕴含：$I_t(x, y)=\sup\{z|y\geqslant T(x, z)\}$；T 串行推理：$R_t(x, y)=T(x, y)$。

这引起了逻辑界的长期争论，至今没有定论。我们用泛逻辑学的思想和方法，生成了三种零级泛蕴含运算完整簇和相应的零级泛串行推理运算完整簇，通过对它们与二值逻辑的兼容性、保序性和推演性等特性的分析，证实 I 蕴含和 S 蕴含都只有局部合理性，而 T 蕴含在整个完整超簇上都是合理的，其中包含了 I 蕴含

和 S 蕴含的合理部分。所以本书采用 T 蕴含定义。

9.3.1　泛蕴含命题连接词的定义

定义 9.3.1　由零级 T 性生成元完整簇 $F(x, h)=x^m$ 代入蕴含运算的基模型生成的零级 I 范数完整簇 $I(x, y, h)=(\min(1+0^m, 1-x^m+y^m))^{1/m}$ 实现的泛逻辑运算叫泛蕴含运算，用泛蕴含命题连接词 $\rightarrow_h$ 表示。其中，$m=(3-4h)/(4h(1-h))$；$h=((1+m)-((1+m)^2-3m)^{1/2})/(2m), h\in[0,1], m\in\mathbf{R}$。

它的四个特殊算子是：

最小蕴含　Zadeh 蕴含：$I(x, y, 1)=\mathbf{I_3}=\text{ite}\{1|x\leqslant y; y\}$

中极蕴含　概率蕴含：$I(x, y, 0.75)=\mathbf{I_2}=\min(1, y/x)$ (Goguen 蕴含)

中心蕴含　有界蕴含：$I(x, y, 0.5)=\mathbf{I_1}=\min(1, 1-x+y)$ (Lukasiewicz 蕴含)

最大蕴含　突变蕴含：$I(x, y, 0)=\mathbf{I_0}=\text{ite}\{y|x=1; 1\}$

其中，$I(x, y, 0.75)=\min(1, y/x)$ 是 I 蕴含；$I(x, y, 0.5)=\min(1, 1-x+y)$ 是 S 蕴含。它们都是泛蕴含运算完整簇中的一个具体的算子。

定义 9.3.2　由一级 T 性生成元完整超簇 $F(x, h, k)=x^{nm}$ 代入蕴含运算的基模型生成的一级 I 范数完整超簇 $I(x, y, h, k)=(\min(1+0^{nm}, 1-x^{nm}+y^{nm}))^{1/nm}$ 实现的泛逻辑运算叫一级泛蕴含运算，用泛蕴含命题连接词 $\rightarrow_{k,h}$ 表示。其中，$n=-1/\log_2 k, k\in[0, 1]$；$k=2^{-1/n}, n\in\mathbf{R}_+$。

它的四个特殊点的算子(簇)是：

$I(x, y, h, k)$ 的下极限是 Zadeh 蕴含算子：$I(x, y, 1, k)=I(x, y, 1)=\text{ite}\{1|x\leqslant y; y\}=\mathbf{I_3}$。

$I(x, y, h, k)$ 的中极限是有界蕴含算子，$I(x, y, 0.75, k)=I(x, y, 0.75)=\min(1, y/x)=\mathbf{I_2}$。

$I(x, y, h, k)$ 的中心蕴含算子簇是 $I(x, y, 0.5, k)=(\min(1, 1-x^n+y^n))^{1/n}=\mathbf{I\Phi_{1k}}$，其中 $I(x, y, 0.5, 0.5)=\min(1, 1-x+y)=\mathbf{I_1}$。

$I(x, y, h, k)$ 的上极限是突变蕴含算子：$I(x, y, 0, k)=I(x, y, 0)=\text{ite}\{\min(x, y)|\max(x, y)=1; 0\}=\mathbf{I_0}$。

9.3.2　泛蕴含运算的性质

根据上述定义，可证明泛蕴含运算具有如下性质。

定理 9.3.1　$I(x, y, h, k)$ 满足泛蕴含公理：

边界条件 I1　$I(0, y, h, k)=1$，$I(1, y, h, k)=y$，$I(x, 1, h, k)=1$。

单调性 I2　$I(x, y, h, k)$ 关于 y 单调增，关于 x 单调减。

连续性 I3　$h, k\in(0, 1)$ 时，$I(x, y, h, k)$ 关于 x、y 连续。

保序性 I4　$I(x, y, h, k)=1$，iff $x\leqslant y$(除 $h=0$ 和 $k=1$ 外)。

推演性 I5　$T(x, I(x, y, h, k), h, k)\leqslant y$(假言推论)。

证明

1) 由于 $I(x,y,h,k)=(\min(1+0^{nm}, 1-x^{nm}+y^{nm}))^{1/nm}$，显然可证 I1、I2 和 I3 成立。

2) 当 $x{\leqslant}y$ 时，$I(x,y,h,k)=(1+0^{nm})^{1/nm}=1$；当 $x>y$ 时，除 mn 是正无穷外，$I(x,y,h,k)=(1-x^{nm}+y^{nm})^{1/nm}<1$，I4 成立。

3) 由于

$$T(x, I(x,y,h,k), h, k)=(\max(0, x^{nm}+\min(1+0^{nm}, 1-x^{nm}+y^{nm})-1))^{1/nm}$$
$$\leqslant(\max(0, x^{nm}+1-x^{nm}+y^{nm}-1))^{1/nm}=(\max(0, y^{nm}))^{1/nm}=y$$

于是 I5 成立。所以本定理成立。 ∎

定理 9.3.2(封闭性)　$I(x,y,h,k)\in[0,1]$。

证明　略。 ∎

定理 9.3.3(兼容性)　泛蕴含运算与二值逻辑兼容：$I(0,0,h,k)=1$，$I(0,1,h,k)=1$，$I(1,0,h,k)=0$，$I(1,1,h,k)=1$。

证明　略。 ∎

定理 9.3.4(下界性)　$I(x,y,h,k)\geqslant y$。

证明　由于 $I(x,y,h,k)=(\min(1+0^{nm}, 1-x^{nm}+y^{nm}))^{1/nm}$，当 $x=1$ 时，$I(x,y,h,k)=(\min(1+0^{nm}, y^{nm}))^{1/nm}=y$，否则 $I(x,y,h,k)=(\min(1+0^{nm}, 1-x^{nm}+y^{nm}))^{1/nm}>(\min(1+0^{nm}, y^{nm}))^{1/nm}=y$。所以本定理成立。 ∎

定理 9.3.5(否定律)　当 $h\geqslant0.75$ 时，$I(x,0,h,k)=\mathbf{N_0}$；否则 $I(x,0,h,k)=N(x,k')$，$k'=2^{-1/nm}$，$n,m\in\mathbf{R}_+$；当 $h=0.5$ 时，$I(x,0,0.5,k)=N(x,k)$。

证明　由于 $I(x,0,h,k)=(\min(1+0^{nm}, 1-x^{nm}+0^{nm}))^{1/nm}$，当 $h\geqslant0.75$ 时，$m{\leqslant}0$，$I(x,0,h,k)=\text{ite}\{1|x=0; 0\}=\mathbf{N_0}$，否则 $I(x,0,h,k)=(1-x^{nm})^{1/nm}=N(x,k')$，$k'=2^{-1/nm}$，$n,m\in\mathbf{R}_+$；当 $h=0.5$ 时，$m=1$，$I(x,0,0.5,k)=N(x,k)$。所以本定理成立。 ∎

定理 9.3.6(恒真律)　$I(x,x,h,k)=1$。

证明　略。 ∎

定理 9.3.7(恒真律)　$I(y, I(x,y,h,k), h, k)=1$。

证明　略。 ∎

定理 9.3.8(交换律)　如果 $x{\leqslant}y$ 或 $h=0.5$，则 $I(x,y,h,k)=I(N(y,k), N(x,k), h, k)$。

证明　由于 $x{\leqslant}y$ 时，$I(x,y,h,k)=1$，$N(y,k){\leqslant}N(x,k)$，$I(N(y,k), N(x,k), h, k)=1$，$I(x,y,h,k)=I(N(y,k), N(x,k), h, k)$；或 $h=0.5$ 时，$m=1$，$I(N(y,k), N(x,k), h, k)=(\min(1+0^{n}, 1-(1-y^{n})+(1-x^{n})))^{1/n}=(\min(1+0^{n}, 1-x^{n}+y^{n}))^{1/n}=I(x,y,h,k)$。所以本定理成立。 ∎

定理 9.3.9(假言三段论)　$T(I(x,y,h,k), I(y,z,h,k), h, k){\leqslant}I(x,z,h,k)$。

证明　由于 $T(x,y,h,k)=(\max(0, x^{nm}+y^{nm}-1))^{1/nm}$，$I(x,y,h,k)=(\min(1+0^{nm}, 1-x^{nm}+y^{nm}))^{1/nm}$，$I(y,z,h,k)=(\min(1+0^{nm}, 1-y^{nm}+z^{nm}))^{1/nm}$，$T(I(x,y,h,k), I(y,z,h,k), h, k)=(\max(0, \min(1+0^{nm}, 1-x^{nm}+y^{nm})+\min(1+0^{nm}, 1-y^{nm}+z^{nm})-1))^{1/nm}{\leqslant}(\min(1+0^{nm},$

$1-x^{nm}+z^{nm}))^{1/nm}=I(x, z, h, k)$。所以本定理成立。

定理 9.3.10(附加律)　如果 $x \leqslant y$ 或 $h=0.5$，则 $N(x, k) \leqslant I(x, y, h, k)$；

证明　由定理 9.3.8 知，如果 $x \leqslant y$ 或 $h=0.5$，则 $I(x, y, h, k)=I(N(y, k), N(x, k), h, k)$；由定理 9.3.4 知，$I(N(y, k), N(x, k), h, k) \geqslant N(x, k)$。所以本定理成立。

定理 9.3.11(附加律)　$y \leqslant I(x, T(x, y, h, k), h, k)$。

证明　由定理 9.3.4 知

$$I(x, T(x, y, h, k), h, k) \geqslant T(x, y, h, k)$$

如果 $x \leqslant y$，则 $I(x, T(x, y, h, k), h, k)=1$，$y \leqslant I(x, T(x, y, h, k), h, k)$；否则，$T(x, y, h, k) \leqslant y$，$I(x, T(x, y, h, k), h, k) \geqslant I(x, y, h, k) \geqslant y$，即 $y \leqslant I(x, T(x, y, h, k), h, k)$。所以本定理成立。

定理 9.3.12(附加律)　$I(x, y, h, k) \leqslant I(T(x, z, h, k), T(y, z, h, k), h, k)$；当 $x \leqslant y$ 时，$I(x, y, h, k)=I(T(x, z, h, k), T(y, z, h, k), h, k)=1$。

证明　由于 $I(T(x, z, h, k), T(y, z, h, k), h, k)=(\min(1+0^{nm}, 1-\max(0, x^{nm}+z^{nm}-1)+\max(0, y^{nm}+z^{nm}-1)))^{1/nm} \geqslant (\min(1+0^{nm}, 1-(x^{nm}+z^{nm}-1)+(y^{nm}+z^{nm}-1))^{1/nm}=(\min(1+0^{nm}, 1-x^{nm}+y^{nm}))^{1/nm}=I(x, y, h, k)$。

当 $x \leqslant y$ 时，$T(x, z, h, k) \leqslant T(y, z, h, k)$，$I(x, y, h, k)=I(T(x, z, h, k), T(y, z, h, k), h, k)=1$。所以本定理成立。

定理 9.3.13(附加律)　$I(x, y, h, k) \leqslant I(S(x, z, h, k), S(y, z, h, k), h, k)$；当 $x \leqslant y$ 时，$I(x, y, h, k)=I(S(x, z, h, k), S(y, z, h, k), h, k)=1$。

证明　由于 $I(x, y, h, k) \geqslant y$，$I(S(x, z, h, k), S(y, z, h, k), h, k) \geqslant S(y, z, h, k)$，$S(y, z, h, k) \geqslant y$，所以 $I(x, y, h, k) \leqslant I(S(x, z, h, k), S(y, z, h, k), h, k)$；当 $x \leqslant y$ 时，$S(x, z, h, k) \leqslant S(y, z, h, k)$，$I(x, y, h, k)=I(S(x, z, h, k), S(y, z, h, k), h, k)=1$。所以本定理成立。

定理 9.3.14(附加律)　$I(x, y, h, k) \leqslant I(I(z, x, h, k), I(z, y, h, k), h, k)$；当 $x \leqslant y$ 时，$I(x, y, h, k)=I(I(z, x, h, k), I(z, y, h, k), h, k)=1$。

证明　由于 $I(I(z, x, h, k), I(z, y, h, k), h, k)=(\min(1+0^{nm}, 1-\min(1+0^{nm}, 1-z^{nm}+x^{nm})+\min(1+0^{nm}, 1-z^{nm}+y^{nm})))^{1/nm} \leqslant (\min(1+0^{nm}, 1-(1-z^{nm}+x^{nm})+(1-z^{nm}+y^{nm})))^{1/nm}=(\min(1+0^{nm}, 1-x^{nm}+y^{nm}))^{1/nm}=I(x, y, h, k)$。当 $x \leqslant y$ 时，$I(z, x, h, k) \leqslant I(z, y, h, k)$，$I(x, y, h, k)=I(I(z, x, h, k), I(z, y, h, k), h, k)=1$。所以本定理成立。

定理 9.3.15(二难推论)　$T(S(x, y, h, k), I(x, z, h, k), I(y, z, h, k), h, k) \leqslant z$。

证明　由于 $T(S(x, y, h, k), I(x, z, h, k), I(y, z, h, k), h, k) \leqslant \min(S(x, y, h, k), I(x, z, h, k), I(y, z, h, k)) \leqslant \min(\max(x, y), z, z)$，如果 $\max(x, y) \leqslant z$，则 $\min(\max(x, y), z, z) \leqslant z$；否则 $\min(\max(x, y), z, z)=z$，即 $T(S(x, y, h, k), I(x, z, h, k), I(y, z, h, k), h, k) \leqslant z$。所以本定理成立。

定理 9.3.16(拒取式)　如果 $x \leqslant y$ 或 $h=0.5$，则 $T(N(y, k), I(x, y, h, k), h, k) \leqslant N(x, k)$。

证明　由定理 9.3.8 知,如果 $x \leqslant y$ 或 $h=0.5$,则 $I(x, y, h, k)=I(N(y, k), N(x, k), h, k)$,由定理 9.3.1 知,$T(N(y, k), I(N(y, k), N(x, k), h, k) \leqslant N(x, k)$。所以本定理成立。∎

定理 9.3.17(自分配律)　$I(x, I(y, z, 1, k), 1, k)=I(I(x, y, 1, k), I(x, z, 1, k), 1, k)$。

证明　由于 $I(x, y, 1, k)=$ite$\{1|x \leqslant y; y\}$,如果 $y \leqslant z$,则 $I(x, I(y, 1z, k), 1, k)=I(I(x, y, 1, k), I(x, z, 1, k), 1, k)=1$;否则,$I(x, I(y, z, 1, k), 1, k)=I(I(x, y k, 1), I(x, z, 1, k), 1, k)=I(x, z, 1, k)$。所以 $I(x, I(y, z, 1, k), 1, k)=I(I(x, y, 1, k), I(x, z k, 1), 1, k)$,本定理成立。∎

定理 9.3.18　$I(T(x, y, h, k), z, h, k)=I(x, I(y, z, \quad h, k), h, k)$。

证明　由于

$$I(T(x, y, h, k), z, h, k)=(\min(1+0^{nm}, 1-\max(0, x^{nm}+y^{nm}-1)+z^{nm}))^{1/nm}$$
$$=(\min(1+0^{nm}, -x^{nm}-y^{nm}+z^{nm}))^{1/nm}$$
$$I(x, I(y, z, h, k), h, k)=(\min(1+0^{nm}, 1-x^{nm}+(\min(1+0^{nm}, 1-y^{nm}+z^{nm}))))^{1/nm}$$
$$=(\min(1+0^{nm}, -x^{nm}-y^{nm}+z^{nm}))^{1/nm}$$

所以 $I(T(x, y, h, k), z, h, k)=I(x, I(y, z, h, k), h, k)$,本定理成立。∎

定理 9.3.19　如果 $x \leqslant y$ 或 $x, y \in \{0, 1\}$,则 $I(I(x, y, h, k), x, h, k)=x$。

证明　由定理 9.3.4 知,$I(I(x, y, h, k), x, h, k) \geqslant x$,如果 $x \leqslant y$,则 $I(x, y, h, k)=1$,$I(I(x, y, h, k), x, h, k)=x$;或 $x, y \in \{0, 1\}$,则 $I(I(0, y, h, k), 0, h, k)=I(1, 0, h, k)=0$,$I(I(1, y, h, k), 1, h, k)=I(y, 1, h, k)=1$,$I(I(0, 0, h, k), 0, h, k)=I(1, 0, h, k)=0$,$I(I(1, 0, h, k), 1, h, k)=I(0, 1, h, k)=1$,$I(I(x, 1, k, h), x, h, k)=I(1, x, h, k)=x$。所以本定理成立。∎

定理 9.3.20　如果 $x \leqslant y$ 或 $x, y \in \{0, 1\}$,则 $I(x, I(x, y, h, k), h, k)=I(x, y, h, k)$。

证明　由定理 9.3.4 知,$I(x, I(x, y, h, k), h, k) \geqslant I(x, y, h, k)$,如 $x \leqslant y$,则 $I(x, y, h, k)=1$,$I(x, I(x, y, h, k), h, k)=I(x, y, h, k)=1$;

或 $x, y \in \{0, 1\}$,则 $I(0, I(0, y, h, k), h, k)=I(0, 1, h, k)=I(0, y, h, k)=1$,$I(1, I(1, y, h, k), h, k)=I(1, y, h, k)=y$,$I(0, I(0, 0, h, k), h, k)=I(0, 1, h, k)=I(0, 0, h, k)=1$,$I(1, I(1, 0, h, k), h, k)=I(1, 0, h, k)=0$,$I(x, I(x, 1, h, k), h, k)=I(x, 1, h, k)=1$。所以本定理成立。∎

定理 9.3.21　$I(x, y, 0.5, k)=S(N(x, k), y, 0.5, k)$。

证明　由于 $I(x, y, 0.5, k)=(\min(1, 1-x^n+y^n))^{1/n}=(\min(1, (N(x, k))^n+y^n))^{1/n}=S(N(x, k), y, 0.5, k)$。所以本定理成立。∎

定理 9.3.22　$N(I(x, y, 0.5, k), k)=T(x, N(y, k), 0.5, k)$。

证明　由于 $N(I(x, y, 0.5, k), k)=N(S(N(x, k), y, 0.5, k), k)=T(x, N(y, k), 0.5, k)$。所以本定理成立。∎

9.3.3　泛蕴含运算的物理意义

泛蕴含运算模型零级完整簇的变化图如图 9.5 所示,泛蕴含运算模型一级完整超簇的变化图见图 9.6。从图中可以看出以下特性。

1) 泛蕴含运算的逻辑学意义是保序传递关系,除 $h=0$ 和 $k=1$ 外,$I(x, y, h, k)=1$,

iff $x \leqslant y$；还可以看成是广义包含度，只要在形式上满足 $x \leqslant y$，就有 $I(x, y, h, k)=1$，不管在因素 E 中是完全包含、部分包含还是伪包含。根据这个性质，在泛逻辑学中同样约定用"$x \Rightarrow y$"表示永真泛蕴含 $I(x, y, h, k)=1$ 或 $x \leqslant y$ 为真。

2) 泛蕴含运算与二值逻辑兼容为

$$I(0, 0, h, k)=1, \quad I(0, 1, h, k)=1, \quad I(1, 0, h, k)=0, \quad I(1, 1, h, k)=1$$

3) 从三维图上可以看出，泛蕴含运算有一个不变的泛蕴含特征线面 $I(x, y, h, k)=1$（$x \leqslant y$ 时），有一个变的泛蕴含特征线 $I(1, y, h, k)=y$。

4) 泛蕴含性：泛蕴含运算的偏假性是连续可调的，h 是泛蕴含的偏假度，$h=0$ 时泛蕴含的偏假性最小，除 $I(1, y, 0, k)=y$ 外，其他区域为真，是最大蕴含；随着 h 从 0 到 1 连续增大，泛蕴含的偏假性不断提高，偏假区域连续增大，$I(x, y, 0.5, 0.5)$ 是 S 蕴含，$I(x, y, 0.75, 0.5)$ 是 I 蕴含，$I(x, y, 1, k)$ 是最小蕴含，它表明泛蕴含的偏假区只能增大到 $y < x$ 且 $y \in [0, k]$ 的所在区域。

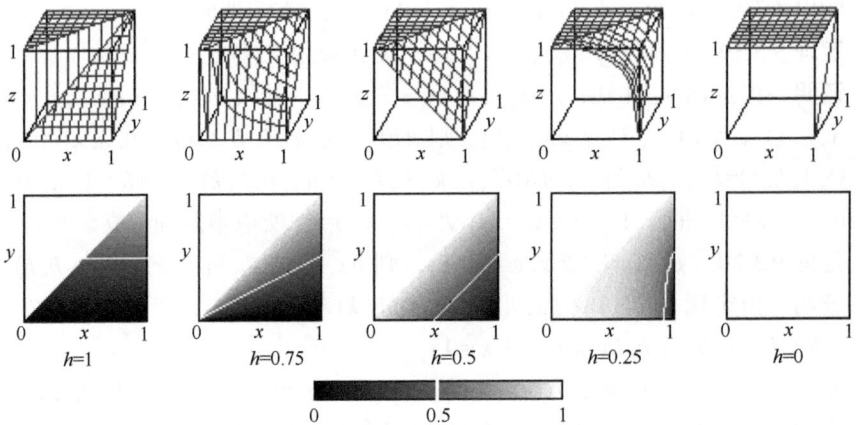

图 9.5　零级泛蕴含运算模型图

9.3.4　泛串行推理运算

一级泛串行推理运算完整簇是一级泛与运算完整簇，即

$$R(x, y, h, k)=\inf\{z | y \leqslant I(x, z, h, k)\}=T(x, y, h, k)=(\max(0, x^{nm}+y^{nm}-1))^{1/nm}$$

一级泛与运算完整簇的所有性质都是一级泛串行推理运算完整簇的性质。

9.4　泛等价命题连接词的定义及性质

在二值逻辑中，等价命题连接词的公认定义是 $Q(0, 0)=1$，$Q(0, 1)=0$，$Q(1, 0)=0$，$Q(1, 1)=1$，其逻辑意义有四种形式不同，但在 $x, y \in \{0, 1\}$ 条件下等价的解释如下：

1) 同性等价：等价是同真或同假，$x \leftrightarrow y \Leftrightarrow (x \wedge y) \vee (\sim x \wedge \sim y)$；

2) I 蕴含等价：等价是相互 I 蕴含，$x\leftrightarrow y\Leftrightarrow((x\wedge y)/x)\wedge((x\wedge y)/y)$；

3) S 蕴含等价：等价是相互 S 蕴含，$x\leftrightarrow y\Leftrightarrow(\sim x\vee y)\wedge(x\vee\sim y)$；

4) T 蕴含等价：等价是相互 T 蕴含，$x\leftrightarrow y\Leftrightarrow(x\rightarrow y)\wedge(y\rightarrow x)$。

这些等价的共同点是都确认保值性：如果 $x\leftrightarrow y$ 为真(记作 $x\Leftrightarrow y$)，则 $x=y$ 为真。在 $x,y\in[0,1]$ 时，如何定义等价运算 $Q(x,y)$？

逻辑学界一般都把等价运算和蕴含运算 $I(x,y)$ 联系起来研究，由于对蕴含运算看法不一，所以对等价运算的分歧也很大，至今没有定论。

我们用泛逻辑学的思想和方法，已经确定 T 蕴含在整个完整超簇上都是合理的，其中包含了 I 蕴含和 S 蕴含的合理部分。所以下面重点分析 T 蕴含等价和同性等价定义的合理性。通过对它们与二值逻辑的兼容性和保值性等特性的分析，证实 T 蕴含等价在整个完整超簇上都是合理的，而同性等价只对二值逻辑是正确的，详细分析请看附录 D。

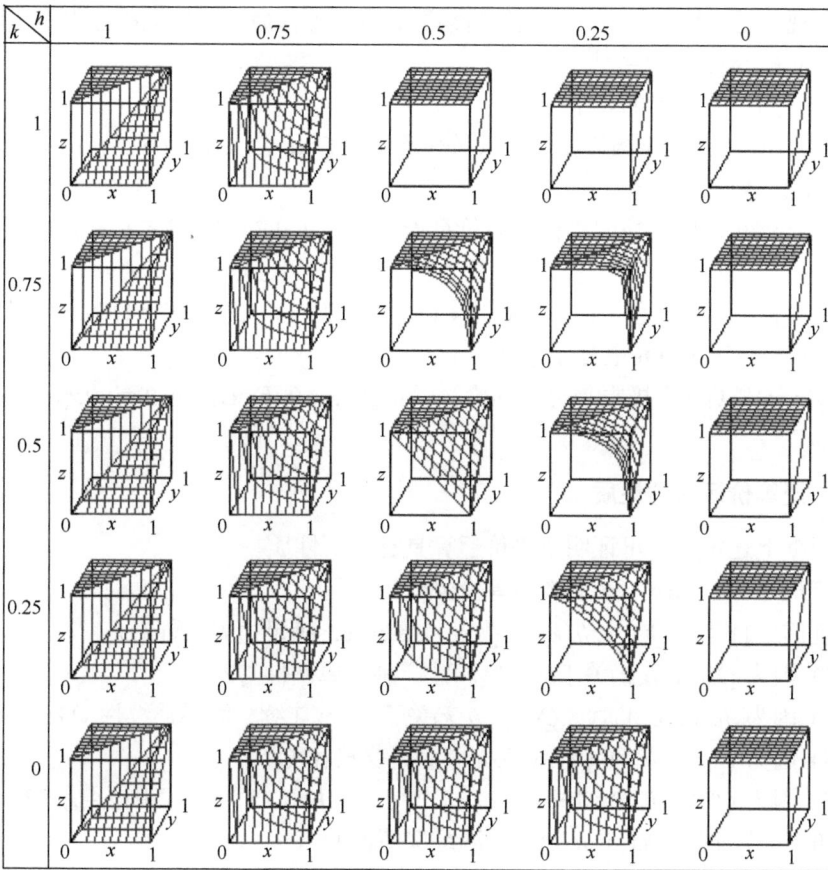

图 9.6　一级泛蕴含运算模型图

9.4.1 泛等价命题连接词的定义

定义 9.4.1 由零级 T 性生成元完整簇 $F_0(x, h)=x^m$ 代入等价运算的基模型生成的零级 Q 范数完整簇 $Q(x, y, h)=(1\pm|x^m-y^m|)^{1/m}$（其中 $h>0.75$ 为+，否则为−）实现的泛逻辑运算叫零级泛等价运算，用泛等价命题连接词 $\leftrightarrow_h$ 表示。其中，$m=(3-4h)/4h(1-h)$; $h=((1+m)-((1+m)^2-3m)^{1/2})/(2m)$, $h\in[0,1]$, $m\in\mathbf{R}$。

它的四个特殊算子是：

最小等价　Zadeh 等价：$Q(x, y, 1)=\mathbf{Q_3}=\text{ite}\{1|x=y; \min(x, y)\}$

中极等价　概率等价：$Q(x, y, 0.75)=\mathbf{Q_2}=\min(x/y, y/x)$　　　　(I 等价)

中心等价　有界等价：$Q(x, y, 0.5)=\mathbf{Q_1}=1-|x-y|$　　　　(S 等价)

最大等价　突变等价：$Q(x, y, 0)=\mathbf{Q_0}=\text{ite}\{x|y=1; y|x=1; 1\}$

定义 9.4.2 由一级 T 性生成元完整超簇 $F(x, h, k)=x^{nm}$ 代入等价运算的基模型生成的一级 Q 范数完整超簇 $Q(x, y, h, k)=(1\pm|x^{nm}-y^{nm}|)^{1/nm}$（其中 $h>0.75$ 为+，否则为−）实现的泛逻辑运算叫一级泛等价运算，用泛蕴含命题连接词 $\leftrightarrow_{h,k}$ 表示。其中，$n=-1/\log_2 k$, $k\in[0, 1]$; $k=2^{-1/n}$, $n\in\mathbf{R_+}$。

它的四个特殊点的算子(簇)是：

$Q(x, y, h, k)$ 的下极限是 Zadeh 等价算子：$Q(x, y, 1, k)=T(x, y, 1)=\text{ite}\{1|x=y; \min(x, y)\}=\mathbf{Q_3}$。

$Q(x, y, h, k)$ 的中极限是概率等价算子：$Q(x, y, 0.75, k)=Q(x, y, 0.75)=\min(x/y, y/x)=\mathbf{Q_2}$。

$Q(x, y, h, k)$ 的中心等价算子簇是 $Q(x, y, 0.5, k)=(1-|x^n-y^n|)^{1/n}=\mathbf{Q\Phi_{1k}}$，其中 $Q(x, y, 0.5, 0.5)=1-|x-y|=\mathbf{Q_1}$ 是有界等价算子。

$Q(x, y, h, k)$ 的上极限是突变等价算子：$Q(x, y, 0, k)=Q(x, y, 0)=\text{ite}\{x|y=1; y|x=1; 1\}=\mathbf{Q_0}$。

9.4.2 泛等价运算的性质

根据上述定义，可证明泛等价运算具有如下性质。

定理 9.4.1 $Q(x, y, h, k)$ 满足**等价公理**：

证明 1）因为 $Q(1, y, h, k)=y$, $Q(x, 1, h, k)=x$，满足边界条件 Q1；

2）因为 $Q(x, y, h, k)$ 关于 $|x-y|$ 单调减，满足单调性 Q2；

3）因为 $h, k\in(0, 1)$ 时，$Q(x, y, h, k)$ 关于 x、y 连续，满足连续性 Q3；

4）因为 $Q(x, y, h, k)=Q(y, x, h, k)$，满足交换律 Q4；

5）因为 $Q(x, y, h, k)=(1\pm|x^{nm}-y^{nm}|)^{1/nm}$（其中 $h>0.75$ 为+，否则为−），iff $x=y$（除 $h=0$ 和 $k=1$ 外）时，$Q(x, y, h, k)=1$，满足保值性 Q5。

由于 Q1、Q2、Q3、Q4 和 Q5 成立，所以本定理成立。∎

定理 9.4.2(兼容性)　泛蕴含运算与二值逻辑兼容：　$Q(0, 0, h, k)=1$, $Q(0, 1, h,$

$k)=1$，$Q(1, 0, h, k)=0$，$Q(1, 1, h, k)=1$。

证明　略。

定理 9.4.3(封闭性)　$Q(x, y, h, k)\in[0, 1]$。

证明　略。

定理 9.4.4(下界性)　$Q(x, y, h, k)\geqslant\min(x, y)$。

证明　由于当 $x<y$ 时，$Q(x, y, h, k)\geqslant Q(x, 1, h, k)=x$；当 $x\geqslant y$ 时，$Q(x, y, h, k)\geqslant Q(1, y, h, k)=y$，所以 $Q(x, y, h, k)\geqslant\min(x, y)$。本定理成立。

定理 9.4.5(传递性)　$T(Q(x, y, h, k), Q(y, z, h, k), h, k)\leqslant Q(x, z, h, k)$，当 $x=y=z$ 时，$T(Q(x, y, h, k), Q(y, z, h, k), h, k)=Q(x, z, h, k)=1$。

证明　由于 $T(Q(x, y, h, k), Q(y, z, h, k), h, k)=(\max(0^{nm}, (1\pm|x^{nm}-y^{nm}|)+(1\pm|y^{nm}-z^{nm}|)-1))^{1/nm}\leqslant(\max(0^{nm}, (1\pm|x^{nm}-z^{nm}|)))^{1/nm}=Q(x, z, h, k)$，当 $x=y=z$ 时，$T(Q(x, y, h, k), Q(y, z, h, k), h, k)=Q(x, z, h, k)=1$，所以本定理成立。

定理 9.4.6(结合律)　$Q(x, Q(y, z, 1, k), 1, k)=Q(Q(x, y, 1, k), z, 1, k)$。

证明　由于 $Q(x, y, 1, k)=\text{ite}\{1|x=y; \min(x, y)\}$，$Q(x, Q(y, z, 1, k), 1, k)=\text{ite}\{1|x=\text{ite}\{1|y=z; \min(y, z)\}; \min(x, \text{ite}\{1|y=z; \min(y, z)\})=\text{ite}\{1|x=y=z; \min(x, y, z)\}$；同理可得，$Q(Q(x, y, 1, k), z, 1, k)=\text{ite}\{1|x=y=z; \min(x, y, z)\}$，所以本定理成立。

定理 9.4.7(非等律)　$Q(N(x, k), N(y, k), 0.5, k)=Q(x, y, 0.5, k)$。

证明　由于 $Q(N(x, k), N(y, k), h, k)=(1\pm|(1-x^n)^m-(1-y^n)^m|)^{1/nm}$，当 $h=0.5$ 时，$m=1$，$Q(N(x, k), N(y, k), 0.5, k)=(1\pm|(1-x^n)-(1-y^n)|)^{1/n}=(1\pm|y^n-x^n|)^{1/n}=Q(x, y, 0.5, k)$，所以本定理成立。

定理 9.4.8　iff $x, y\in\{0,1\}$ 时，$N(Q(x, y, h, k), k)=Q(x, N(y, k), h, k)$。

证明　由于 $N(Q(x, y, h, k), k)=(1-(1\pm|x^{nm}-y^{nm}|)^{1/m})^{1/n}$，$Q(x, N(y, k), h, k)=(1\pm|x^{nm}-(1-y^n)^m|)^{1/nm}$，当 $(1-(1\pm|x^{nm}-y^{nm}|)^{1/m})^{1/n}=(1\pm|x^{nm}-(1-y^n)^m|)^{1/nm}$ 时，必然 $x, y\in\{0, 1\}$；当 $x, y\in\{0, 1\}$ 时，由兼容性知，$N(Q(x, y, h, k), k)=Q(x, N(y, k), h, k)$，所以本定理成立。

定理 9.4.9　iff $x, y\in\{0, 1\}$ 时，$Q(Q(x, y, h, k), x, h, k), h, k)=y$。

证明　由于 $Q(Q(x, y, h, k), x, h, k), h, k)=(1\pm|(1\pm|x^{nm}-y^{nm}|)-x^{nm}|)^{1/nm}$，当 $y=(1\pm|(1\pm|x^{nm}-y^{nm}|)-x^{nm}|)^{1/nm}$ 时，必然 $x, y\in\{0,1\}$；当 $x, y\in\{0, 1\}$ 时，由兼容性知，$N(Q(x, y, h, k), k)=Q(x, N(y, k), h, k)$，所以本定理成立。

定理 9.4.10(否定律)　当 $h\geqslant0.75$ 时，$Q(x, 0, h, k)=\mathbf{N_0}$；否则 $Q(x, 0, h, k)=N(x, k')$，$k'=2^{-1/nm}$，$n, m\in\mathbf{R_+}$；当 $h=0.5$ 时，$Q(x, 0, 0.5, k)=N(x, k)$。

证明　由于 $Q(x, y, h, k)=(1\pm|x^{nm}-y^{nm}|)^{1/nm}$(其中 $h>0.75$ 为+，否则为-)，当 $y=0$ 时，$Q(x, 0, h, k)=(1\pm x^{nm})^{1/nm}$，当 $h\geqslant0.75$ 时，m 不是正值，$(1+x^{nm})^{1/nm}=\mathbf{N_0}$，否则，$(1+x^{nm})^{1/nm}=N(x, k')$，$k'=2^{-1/nm}$，$n, m\in\mathbf{R_+}$；当 $h=0.5$ 时，$m=1$，$Q(x, 0, 0.5, k)=N(x, k)$，所以本定理成立。

定理 9.4.11　$Q(N(y, k), y, h, k) \geqslant 0$; iff $x, y \in \{0,1\}$时，$Q(N(y, k), y, h, k)=0$。

证明　由于 $Q(N(y, k), y, h, k)=(1\pm|1-2y^{nm}|)^{1/nm}$(其中$h>0.75$ 为+,否则为-)，可见 $Q(N(y, k), y, h, k) \geqslant 0$ 成立。当 $x, y \in \{0, 1\}$时，$Q(N(y, k), y, h, k)=Q(0, 1, h, k)=0$；反之，如果 $Q(N(y, k), y, h, k)=(1\pm|1-2y^{nm}|)^{1/nm}=0$，则只能是 $y=0$ 或 $y=1$，所以本定理成立。∎

定理 9.4.12　$T(x, y, h, k) \leqslant Q(x, y, h, k)$。

证明　由于 $T(x, y, h, k) \leqslant \min(x, y) \leqslant Q(x, y, h, k)$，所以本定理成立。∎

9.4.3　泛等价运算的物理意义

泛等价运算模型零级完整簇的变化图如图 9.7 所示，更详细的变化图在附录 B 中，泛等价运算模型一级完整超簇的变化图见图 9.8，从图中可以看出以下特性：

1) 泛等价运算的逻辑学意义是保值传递关系,除$h=0$和$k=1$外,$Q(x, y, h, k)=1$,iff$x=y$。根据这个性质，在泛逻辑学中同样约定用"$x\Leftrightarrow y$"表示永真泛等价 $Q(x, y, h, k)=1$ 或 $x=y$ 为真(除 $h=0$ 和 $k=1$ 外)。还可以把泛等价运算看成是相似度，$Q(x, y, h, k)$表示 x、y 之间的相似程度，其大小与$|x-y|$成反比。

2) 泛等价运算与二值逻辑兼容：$Q(0, 0, h, k)=1$, $Q(0, 1, h, k)=0$, $Q(1, 0, h, k)=0$, $Q(1, 1, h, k)=1$。

3) $Q(x, y, h, k)$有三条不变的泛等价特征线：$Q(x, x, h, k)=1$, $Q(1, y, h, k)=y$, $Q(x, 1, h, k)=x$。

4) 泛等价性：泛等价运算的偏假性是连续可调的，h 是泛等价的偏假度，$h=0$ 时泛等价的偏假性最小，除 $Q(1, y, 0, k)=y$, $Q(x, 1, 0, k)=x$ 外，其他区域为真，是最大等价；随着 h 从 0 到 1 连续增大,泛等价的偏假性不断提高，偏假区域连续增大，$Q(x, y, 0.5, 0.5)$是 S 等价，$Q(x, y, 0.75, 0.5)$是 I 等价，$Q(x, y, 1, k)$是最小等价，它表明等价涵的偏假区只能增大到 $y \neq x$ 且 $x, y \in [0, k]$的所在区域。

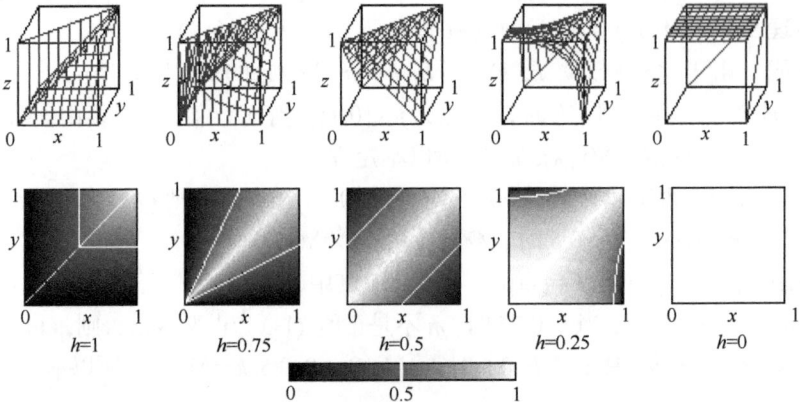

图 9.7　零级泛等价运算模型图

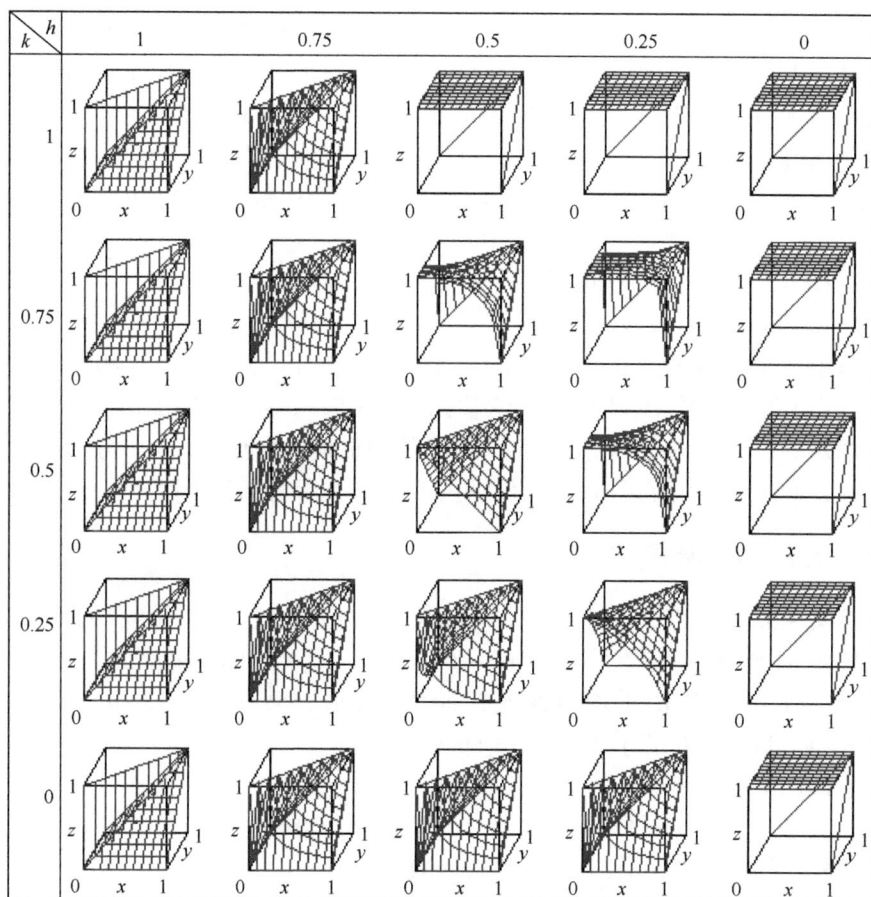

图 9.8　一级泛等价运算模型图

9.5　泛平均命题连接词的定义及性质

在现有的逻辑学中，没有平均命题连接词，平均运算只存在于数值分析和决策分析之中。出现这个局面的认识根源在二值逻辑，由于它的长期影响，形成了一种思维定式，似乎在逻辑学中不需要考虑平均问题。因为命题只有真假两种，同真假的两命题平均，真假不变；不同真假的两命题平均，结果无定义，所以没有平均命题连接词存在的必要和可能。

但在非超序的三值逻辑和模糊逻辑中，均值运算不可或缺。因为它们的真值域中存在 0、1 之间的中间值，而与运算的结果不大于最小值，或运算的结果不小于最大值，依靠它们无法表达在最小值和最大值之间的逻辑折中，应该有一种逻辑运算来填补，它就是平均运算。

平均运算的物理意义是：对同一事物进行两次观察或测试，结果一般是不同的，其逻辑折中的结果应该在两次观察结果之间取值。有许多不同的平均计算方法，如算术平均、几何平均、调和平均和指数平均等，其中还有等权和不等权之分。但各种均值运算都有一个共同特性，自己和自己平均，仍是自己。本书仅研究与广义相关性和广义自相关性有关的等权的平均运算，它的基模型是 $M(x, y)=(x+y)/2$。

选择零级平均运算模型的客观依据是：

1) 幂等性：$M(x, x, h)=x$；

2) 泛平均运算与广义相关性有关：$h=1$ 时两事件最大相关，小测度事件应完全包含在大测度事件中，均值是最大值；$h=0.75$ 时两事件独立相关，均值是几何平均的对偶；$h=0.5$ 时最大相斥，双方有平等的贡献，均值是算术平均；$h=0$ 时最大相克，两次观察相互矛盾，均值是两事件的共同部分即最小值。

9.5.1 泛平均命题连接词的定义

定义 9.5.1 由零级 T 性生成元完整簇 $F_0(x, h)=x^m$ 代入平均运算的基模型生成的零级 M 范数完整簇 $M(x, y, h)=1-((1-x)^m+(1-y)^m)/2^{1/m}$ 实现的泛逻辑运算叫零级泛平均运算，用泛平均命题连接词 $\textcircled{P}_h$ 表示，其中，$m=(3-4h)/4h(1-h)$；$h=((1+m)-((1+m)^2-3m)^{1/2})/(2m)$，$h\in[0,1]$，$m\in\mathbf{R}$。

它的四个特殊算子是：

最大平均　Zadeh 平均：$M(x, y, 1)=\mathbf{M_3}=\max(x, y)=\mathbf{S_3}$

中极平均　概率平均：$M(x, y, 0.75)=\mathbf{M_2}=1-[(1-x)(1-y)]^{1/2}$

中心平均　有界平均：$M(x, y, 0.5)=\mathbf{M_1}=(x+y)/2$

最大平均　突变平均：$M(x, y, 0)=\mathbf{M_0}=\min(x, y)=\mathbf{T_3}$

其中还有一些常见的平均算子，如：

几何平均：$1-M(1-x, 1-y, 0.75)=(xy)^{1/2}$

调和平均：$1-M(1-x, 1-y, 0.866)=2xy/(x+y)$

定义 9.5.2 由一级 T 性生成元完整超簇 $F(x, h, k)=x^{nm}$ 代入平均运算的基模型生成的一级 M 范数完整超簇 $M(x, y, h, k)=1-((1-x^n)^m+(1-y^n)^m)/2)^{1/nm}$ 实现的泛逻辑运算叫一级泛平均运算，用泛平均命题连接词 $\textcircled{P}_{h,k}$ 表示，其中 $n=-1/\log_2 k$，$k\in[0, 1]$；$k=2^{-1/n}$，$n\in\mathbf{R_+}$。

它的四个特殊点的算子(簇)是：

$M(x, y, h, k)$ 的上极限是 Zadeh 平均算子，即 Zadeh 与算子：$M(x, y, 1, k)=M(x, y, 1)=\min(x, y)=\mathbf{M_3}=\mathbf{T_3}$。

$M(x, y, h, k)$ 的中极限是概率平均：$M(x, y, 0.75, k)=M(x, y, 0.75)=1-[(1-x)(1-y)]^{1/2}=\mathbf{M_2}$。

$M(x, y, h, k)$ 的中心平均算子簇是 $M(x, y, 0.5, k)=1-(((1-x^n)+(1-y^n))/2)^{1/n}=\mathbf{M\Phi_{1k}}$，其中 $M(x, y, 0.5, 0.5)=(x+y)/2=\mathbf{M_1}$ 是有界平均算子。

$M(x, y, h, k)$ 的下极限是突变平均算子：$M(x, y, 0, k)=M(x, y, 0)=\text{ite}\{\min(x, y)|\max(x, y)=1; 0\}=\mathbf{M_0}$。

根据多元算术平均的思想，上述定义可推广到多元运算中。

定义 9.5.3　由零级 M 范数完整簇 $M(x_1, x_2, \cdots, x_l, h)=(1-(((1-x_1)^m+(1-x_2)^m+\cdots+(1-x_l)^m))/l)^{1/m}$ 实现的泛逻辑运算叫多元零级泛平均运算，用泛平均命题连接词 $\textcircled{P}_h$ 表示。

它的四个特殊算子是：

最大平均　Zadeh 平均算子：$M(x_1, x_2, \cdots, x_l, 1)=\mathbf{M_3}=\max(x_1, x_2, \cdots, x_l)$

中极平均　概率平均算子：$M(x_1, x_2, \cdots, x_l, 0.75)=\mathbf{M_2}=1-((1-x_1)(1-x_2)\cdots(1-x_l))^{1/l}$

中心平均　有界平均算子：$M(x_1, x_2, \cdots, x_l, 0.5)=\mathbf{M_1}=(x_1+x_2+\cdots+x_l)/l$

最小平均　突变平均算子：$M(x_1, x_2, \cdots, x_l, 0)=\mathbf{M_0}=\min(x_1, x_2, \cdots, x_l)$

定义 9.5.4　由一级 M 范数完整超簇 $M(x_1, x_2, \cdots, x_l, h, k)=(1-(((1-x_1^n)^m+(1-x_2^n)^m+\cdots+(1-x_l^n)^m)/l)^{1/m})^{1/n}$ 实现的泛逻辑运算叫多元一级泛平均运算，用泛平均命题连接词 $\textcircled{P}_{h,k}$ 表示。

9.5.2　泛平均运算的性质

根据上述定义，可证明泛平均运算具有如下性质。

定理 9.5.1　$M(x, y, h, k)$ 满足平均公理。

证明　1) 因为 $\min(x, y)\leq M(x, y, h, k)\leq\max(x, y)$，满足边界条件 M1；

2) 因为 $M(x, y, h, k)$ 关于 x、y 单调增，满足单调性 M2；

3) 因为 $h, k\in(0, 1)$ 时，$M(x, y, h, k)$ 关于 x、y 连续，满足连续性 M3；

4) 因为 $M(x, y, h, k)=M(y, x, h, k)$，满足交换律 M4；

5) 因为 $M(x, y, h, k)=x$，满足幂等性 M5。

所以本定理成立。∎

定理 9.5.2(封闭性)　$M(x, y, h, k)\in[0, 1]$。

证明　略。∎

定理 9.5.3(自分配律)　$M(x, M(y, z, h, k), h, k)=M(M(x, y, h, k), M(x, z, h, k), h, k)$。

证明　由于 $M(x, M(y, z, h, k), h, k)=((x^{nm}+(y^{nm}+z^{nm})/2)/2)^{1/nm}=(x^{nm}/2+y^{nm}/4+z^{nm}/4)^{1/nm}$，$M(M(x, y, h, k), M(x, z, h, k), h, k)=(((x^{nm}+y^{nm})/2+(x^{nm}+z^{nm})/2)/2)^{1/nm}=(x^{nm}/2+y^{nm}/4+z^{nm}/4)^{1/nm}$，$M(x, M(y, z, h, k), h, k)=M(M(x, y, h, k), M(x, z, h, k), h, k)$，所以本定理成立。∎

定理 9.5.4(从众性) 如果 $x, y \leqslant k$，则 $M(x, y, h, k) \leqslant k$；如果 $x, y \geqslant k$。则 $M(x, y, h, k) \geqslant k$。反之，$M(k, k, h, k) = k$。

证明 由单调性 M2 知，$x, y \leqslant k$ 时，$M(x, y, h, k) \leqslant k$；$x, y \geqslant k$ 时，$M(x, y, h, k) \geqslant k$。反之，由幂等性 M5 知，$M(k, k, h, k) = k$，所以本定理成立。 ∎

定理 9.5.5 如果 $M(x, y, h, k) \leqslant k$，则 $\min(x, y) \leqslant k$；如果 $M(x, y, h, k) \geqslant k$，则 $\max(x, y) \geqslant k$。反之，$M(k, k, h, k) = k$，即 $\min(x, y) = \max(x, y) = k$。

证明 由边界条件 M1 知，$\min(x, y) \leqslant M(x, y, h, k) \leqslant \max(x, y)$，所以如果 $M(x, y, h, k) \leqslant k$，则 $\min(x, y) \leqslant k$；如果 $M(x, y, h, k) \geqslant k$，则 $\max(x, y) \geqslant k$。反之，由幂等性 M5 知，$M(k, k, h, k) = k$，即 $\min(x, y) = \max(x, y) = k$。

所以本定理成立。 ∎

9.5.3 泛平均运算的物理意义

泛平均运算模型零级完整簇的变化如图 9.9 所示，更详细的变化图在附录 B 中。泛平均运算模型一级完整超簇的变化见图 9.10。

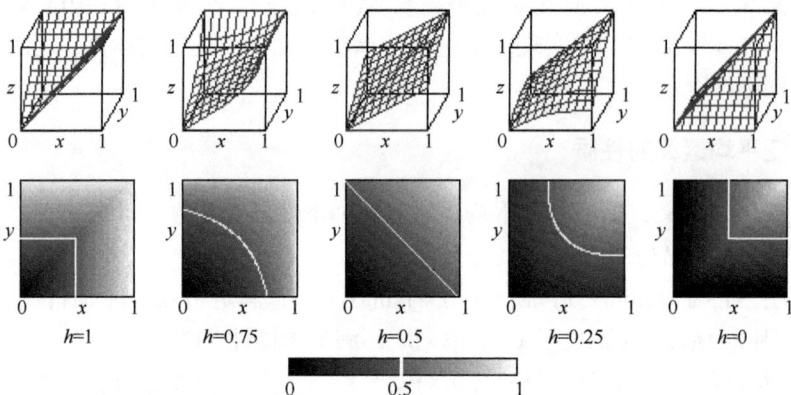

图 9.9 零级泛平均运算模型图

从图中可以看出：

1) 泛平均运算 $M(x, y, h, k)$ 的逻辑学意义是折中，它只能在 $[x, y]$ 中取值。

2) $M(x, y, h, k)$ 有一条不变的泛平均特征线 $M(x, x, h, k) = x$。

3) 从众性。如果 x、y 偏假，则 $M(x, y, h, k)$ 偏假；如果 x、y 偏真，则 $M(x, y, h, k)$ 偏真。但反之则不然。

4) 如果 $M(x, y, h, k)$ 偏假，则 $\min(x, y)$ 偏假；如果 $M(x, y, h, k)$ 偏真，则 $\max(x, y)$ 偏真。但反之则不然。

5) 泛平均性。泛平均运算的偏真性是连续可调的，h 是泛平均的偏真度：$h=0$ 时泛平均的偏真性最小，$M(x, x, h, k)$ 是最小平均，除 $x \in [k, 1]$ 且 $y \in [k, 1]$ 的所在区域外，其他区域均偏假。随着 h 从 0 到 1 连续增大，泛平均的偏真性不断提高，偏真区连续增大，但它的偏真区只能增大到 $x\in[k, 1]$ 或 $y\in[k, 1]$ 的所在区域。

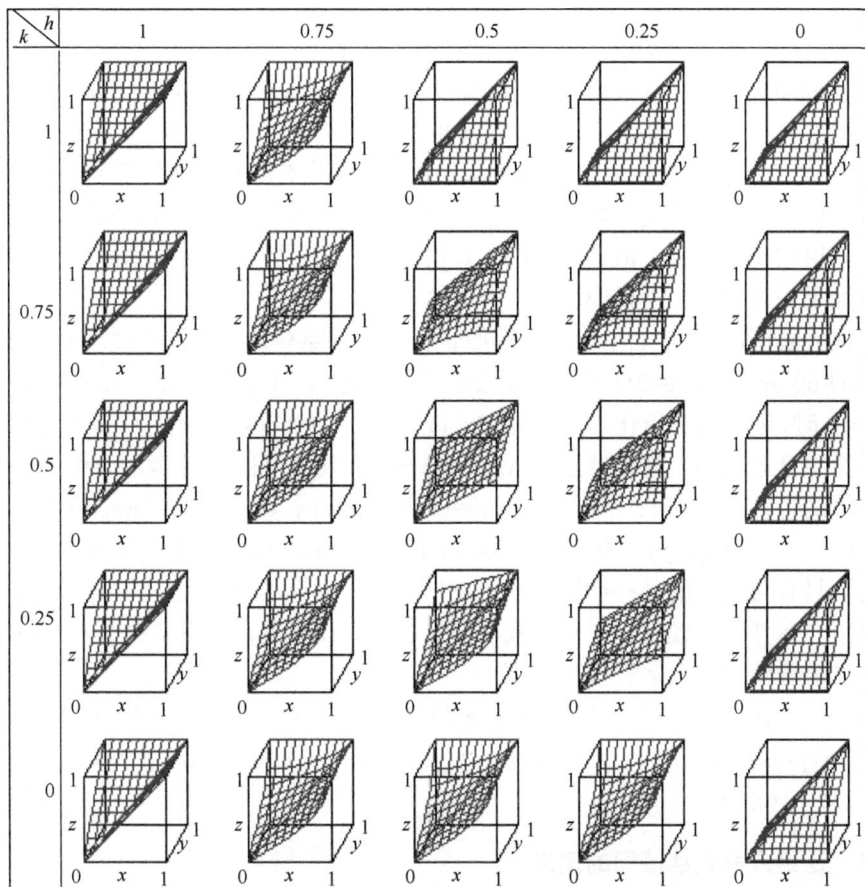

图 9.10　一级泛平均运算模型图

9.6　泛组合命题连接词的定义及性质

与平均运算的情况类似，在二值逻辑中也不存在组合运算，但在五值以上的多值逻辑和模糊逻辑中，组合运算不可或缺。因为与运算不大于最小值，或运算不小于最大值，平均运算只在最小值和最大值之间变化，它们的变化范围都有局限性。在综合决策中需要有一种可在全局上取值的逻辑运算，它就是组合运算。对组合运算的客观需要可用下面的例子来说明：设有两个独立的团体对某一候选人进行带有支持度的投票选举，一个的支持度是 x，另一个的支持度是 y，规定 e 是通过选举的门限值，也就是表示弃权的幺元(如 $e=0.5$ 表示过半数通过，$x=0.5$

表示弃权)。用什么方法给出带有支持度的最后选举结果呢?如果利用泛平均运算$M(x, y)$进行折中，由于$\min(x, y) \leqslant M(x, y) \leqslant \max(x, y)$，会得到一些违反常识的结果：

1) $\max(x, y)=y$，当$x, y>e$时会出现以下反常结果：y首先表示支持，x也赞成y的意见表示支持，结果反而减少了y的支持度；

2) $\max(x, y)=y$，当$x, y<e$时会出现以下反常结果：x首先表示反对，y也赞成x的意见表示反对，结果反而增加了x的支持度；

3) 当一方表示弃权后，结果可能不是另一方的支持度，这是反常的。

正确的综合方法是：如果两人都反对，结果应不大于最小值；如果两人都赞成，结果应不小于最大值；如果两人意见相反，结果应在最大值和最小值之间折中；如果一方弃权，结果应为另一方的值。

幺元e可以在$[0, 1]$中取值，例如$e=0$表示只要有人提议就通过；$e=0.6$表示常见的60分及格；$e=2/3$表示需要$2/3$多数通过；$e=1$表示需要一致通过等。显然，$e=0$时，组合运算退化为或运算$S(x, y)$; $e=1$时，组合运算退化为与运算$T(x, y)$。

泛组合运算的e基模型是$C^e(x, y)=\Gamma[x+y-e]$, $e\in[0, 1]$，它能满足$h=k=0.5$时组合运算的各种性质：当$x=e$时，$C^e(x, y)=y$; 当$x, y<e$时，$C^e(x, y)\leqslant\min(x, y)$; 当$x, y>e$时，$C^e(x, y)\geqslant\max(x, y)$; 否则，$\min(x, y)\leqslant C^e(x, y)\leqslant\max(x, y)$。由于$x+y<2e$时，组合运算具有与运算的某些性质，$x+y>2e$时，组合运算具有或运算的某些性质，所以泛组合运算的基模型同时有与或两部分表达。在泛组合基模型中引入h和k的影响，可得到泛组合运算模型如下：

$$C^e(x, y, h, k)=\text{ite}\{\Gamma^e[F^{-1}(F(x, h, k)+F(y, h, k)-F(e, h, k), h, k)]|x+y<2e;$$

$$N(\Gamma^{e'}[F^{-1}(F(N(x, k), h, k)+F(N(y, k), h, k)-F(N(e, k), h, k), h, k)], k)|x+y>2e; e\}$$

其中，$e'=N(e, k)$。

9.6.1 泛组合命题连接词的定义

定义 9.6.1 由零级 T 性生成元完整簇$F_0(x, h)=x^m$代入组合运算的基模型生成的零级 C 范数完整簇$C^e(x, y, h)=\text{ite}\{\Gamma^e[(x^m+y^m-e^m)^{1/m}]|x+y<2e; 1-(\Gamma^{1-e}[((1-x)^m+(1-y)^m)-(1-e)^m]^{1/m})|x+y>2e; e\}$, $e\in[0, 1]$实现的泛逻辑运算叫零级泛组合运算，用泛组合命题连接词$\copyright^e_h$表示。其中，$m=(3-4h)/4h(1-h)$; $h=[(1+m)-((1+m)^2-3m)^{1/2}]/(2m)$, $h\in[0,1]$, $m\in\mathbf{R}$。

它的四个特殊算子是：

上限组合 Zadeh 组合：$C^e(x, y, 1)=\mathbf{C}^e_3=\text{ite}\{\min(x, y)|x+y<2e; \max(x, y)|x+y>2e; e\}$

中极组合 概率组合：$C^e(x, y, 0.75)=\mathbf{C}^e_2=\text{ite}\{xy/e|x+y<2e; (x+y-xy-e)/(1-e)|x+y>2e; e\}$

中心组合 有界组合：$C^e(x, y, 0.5)=\mathbf{C}^e_1=\Gamma[x+y-e]$, $\Gamma[x+y-0.5]$是核心组合算子

下限组合　突变组合：$C^e(x, y, 0)$=$\mathbf{C}_0^e$=ite$\{0|x, y<e; 1|x, y>e; e\}$

当 $e=1$ 时，$C^1(x, y, h)$=$T(x, y, h)$是泛与运算完整簇；

当 $e=0.5$ 时，$C^{0.5}(x, y, h)$=ite$\{\Gamma^{0.5}[(x^m+y^{\,m}-0.5^m)^{1/m}]|x+y<1;\ 1-(\Gamma^{0.5}[((1-x)^m+(1-y)^m)-0.5)^m]^{1/m})|x+y>1;\ 0.5\}$，当 $h=0.5$ 时，$C^{0.5}(x, y, 0.5)$=$\Gamma[(x+y-0.5]$是核心组合算子。

当 $e=0$ 时，$C^0(x, y, h)$=$S(x, y, h)$ 是泛或运算完整簇。

定义 9.6.2　由一级 T 性生成元完整超簇 $F(x, h, k)$=$x^{\,nm}$ 代入组合运算的基模型生成的一级 C 范数完整超簇 $C^e(x, y, h, k)$=ite$\{\Gamma^e[(x^{\,nm}+y^{\,nm}-e^{\,nm})^{1/nm}]|x+y<2e;\ (1-(\Gamma^{e'}[((1-x^n)^m+(1-y^n)^m)-(1-e^n)^m])^{1/m})^{1/n}|x+y>2e;\ e\}$实现的泛逻辑运算叫一级泛组合运算，用泛组合命题连接词 $\copyright^e_{h,k}$ 表示。其中，e'=$(1-e)^n$，n=$-1/\log_2 k$，$k\in[0, 1]$；k=$2^{-1/n}$，$n\in\mathbf{R}_+$。

它的四个特殊点的算子(簇)是：

$C^e(x, y, h, k)$的上极限是 Zadeh 组合算子：$C^e(x, y, 1, k)$=$C^e(x, y, 1)$=$\min(x, y)$= $\mathbf{C}_3^e$。

$C^e(x, y, h, k)$的中极限簇是 $C^e(x, y, 0.75, k)$=ite$\{xy/e|x+y<2e;\ [1-(1-x)^n(1-y)^n/(1-e)^n]^{1/n}|x+y>2e;\ e\}$=$\mathbf{C}\Phi^e_{2k}$，其中 $C^e(x, y, 0.75, 0.5)$=$C^e(x, y, 0.75)$=ite$\{xy/e|x+y<2e;\ (x+y-xy-e)/(1-e)|x+y>2e;\ e\}$=$\mathbf{C}_2^e$ 是概率组合算子。

$C^e(x, y, h, k)$的中心组合算子簇是 $C^e(x, y, 0.5, k)$=$(\max(0, x^{\,n}+y^{\,n}-1))^{1/n}$=$\mathbf{C}\Phi^e_{1k}$，其中 $C^e(x, y, 0.5, 0.5)$=$C^e(x, y, 0.5)$=$\Gamma[x+y-e]$=$\mathbf{C}_1^e$ 是有界组合算子。

$C^e(x, y, h, k)$的下极限是突变组合算子：$C^e(x, y, 0, k)$=$C^e(x, y, 0)$=ite$\{\min(x, y)|\max(x, y)=1;\ 0\}$=$\mathbf{C}_0^e$。

9.6.2　泛组合运算的性质

根据上述定义，可证明泛组合运算具有如下性质：

定理 9.6.1　$C^e(x, y, h, k)$满足组合公理。

证明　1) 因为当 $x, y<e$ 时，$C^e(x, y, h, k)\leqslant\min(x, y)$；当 $x, y>e$ 时，$C^e(x, y, h, k)\geqslant\max(x, y)$；当 $x+y=2e$ 时，$C^e(x, y, h, k)$=e；否则，$\min(x, y)\leqslant C^e(x, y, h, k)\leqslant\max(x, y)$。满足边界条件 C1。

2) 因为 $C^e(x, y, h, k)$关于 x、y 单调增。满足单调性 C2。

3) 因为 $h, k\in(0, 1)$时，$C^e(x, y, h, k)$关于 x, y 连续。满足连续性 C3。

4) 因为 $C^e(x, y, h, k)$=$C^e(y, x, h, k)$。满足交换律 C4。

5) 因为 $C^e(x, e, h, k)$=x。满足幺元律 C5。

所以本定理成立。

定理 9.6.2(封闭性)　$C^e(x, y, h, k)\in[0, 1]$。

证明　略。

定理 9.6.3(逆元律)　$C^e(x, x', h, k)$=e，x'=$2e-x$。

证明　略。

定理 9.6.4(弃权律)　$C^e(e, e, h, k)=e$。

证明　略。

定理 9.6.5　$T(x, y, h, k) \leqslant C^e(x, y, h, k) \leqslant S(x, y, h, k)$。

证明　由于$(\max(0^{nm}, x^{nm}+y^{nm}-1))^{1/nm} \leqslant \text{ite}\{\Gamma^e[(x^{nm}+y^{nm}-e^{nm})^{1/nm}]|x+y<2e; \ (1-(\Gamma^{e'}[((1-x^n)^m+(1-y^n)^m)-(1-e^n)^m])^{1/m})^{1/n}|x+y>2e; \ e\} \leqslant (1-(\max((1-0^n)^m, (1-x^n)^m+(1-y^n)^m-1))^{1/m})^{1/n}$。

所以本定理成立。

9.6.3　泛组合运算的物理意义

泛组合运算模型零级完整超簇的变化如图 9.11 和图 9.12 所示,更详细的变化图在附录 B 中, 从图中可以看出:

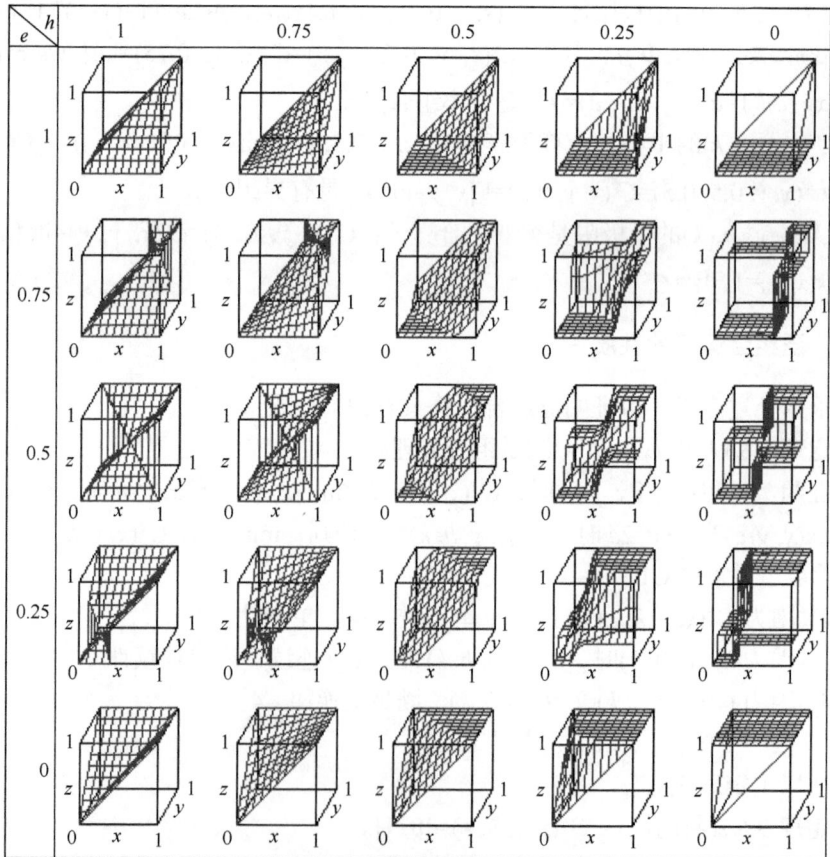

图 9.11　零级泛组合运算的三维图

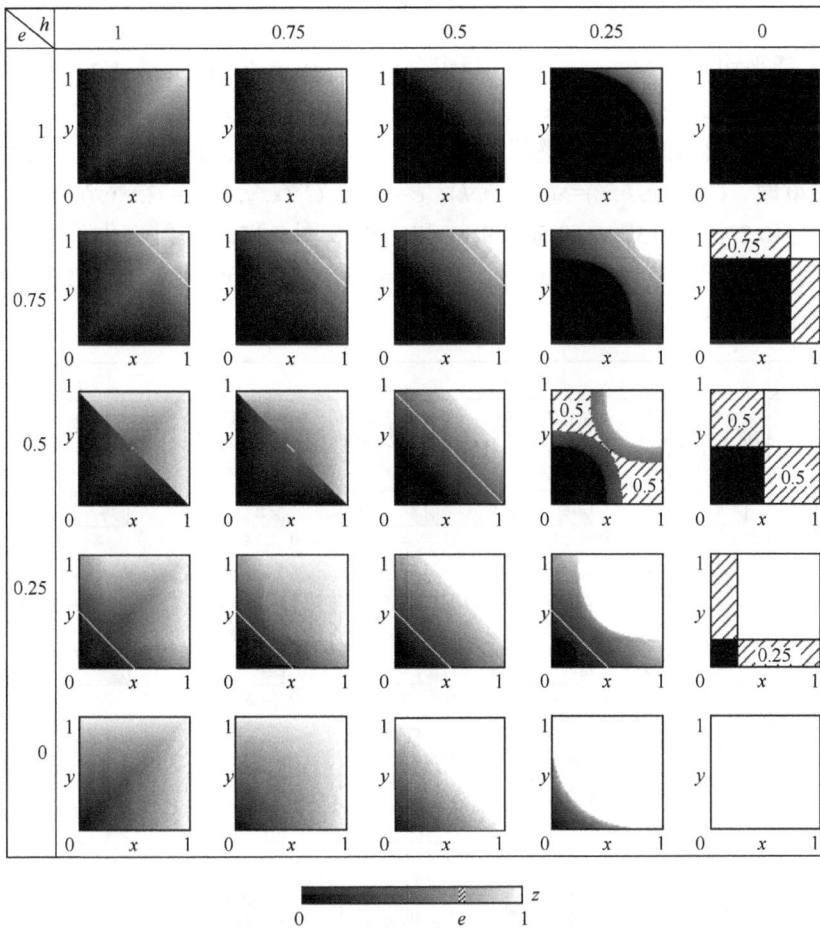

图 9.12 零级泛组合运算的灰度图

1) 泛组合运算的逻辑学意义是综合决策, 它可以在[0, 1]中取值, 并有表示弃权的幺元 e, e 是泛组合运算的与、或性分界线。

2) $C^e(x, y, h, k)$有两条泛组合特征线: $C^e(x, e, h, k)=x$, $C^e(e, y, h, k)=y$。

3) e 的连续可调性: e 是泛组合运算的决策门限值, $e=0$ 表示不设门限控制, 泛组合运算退化为泛或运算。随着 e 从 0 到 1 连续增大, 门限值不断提高, 泛组合运算的泛或运算区域不断减小, 泛与运算区域不断扩大。$e=0.5$ 是正常门限值, 与、或区域各半, $e=1$ 表示最高门限控制, 泛组合运算退化为泛与运算。

4) 泛组合性: 泛组合运算随 h 连续可调, h 是泛组合运算的宽容度, $h=0$ 表示组合运算的宽容度最小, 如果 $x, y>e$, 则 $C^e(x, y, 0, k)=1$; 如果 $x, y<e$, 则 $C^e(x, y, 0, k)=0$。随着 h 从 0 到 1 连续增大, 组合运算的宽容度连续增大。$h=0.5$ 表示组合运算的宽容度适中, $C^e(x, y, 0.5, 0.5)=\Gamma[x+y-e]$。$h=1$ 表示组合运算的宽容度最

大，如果 $x, y > e$，则 $C^e(x, y, 1, k) = \max(x, y)$；如果 $x, y < e$，则 $C^e(x, y, 1, k) = \min(x, y)$。

5) 泛平均运算 $M(x, y, h, k)$ 和泛组合运算 $C^e(x, y, h, k)$ 的根本差别是前者有幂等性，后者有幺元；前者在 $[x, y]$ 中取值，后者在 $[0, 1]$ 中取值。

泛组合运算模型一级完整超簇有 e、h、k 三个形参，它的变化图十分复杂。由于 $e=0$ 时，$C^e(x, y, h, k) = S(x, y, h, k)$；$e=1$ 时，$C^e(x, y, h, k) = T(x, y, h, k)$。下面仅给出了 $e=0.25$(图 9.13)，$e=0.5$(图 9.14)和 $e=0.75$(图 9.15)的三维变化图。

根据多元组合基模型 $C^e(x_1, x_2, \cdots, x_l) = \Gamma[x_1 + x_2 + \cdots + x_l - (1-l)e]$，泛组合运算可推广到多元运算中。

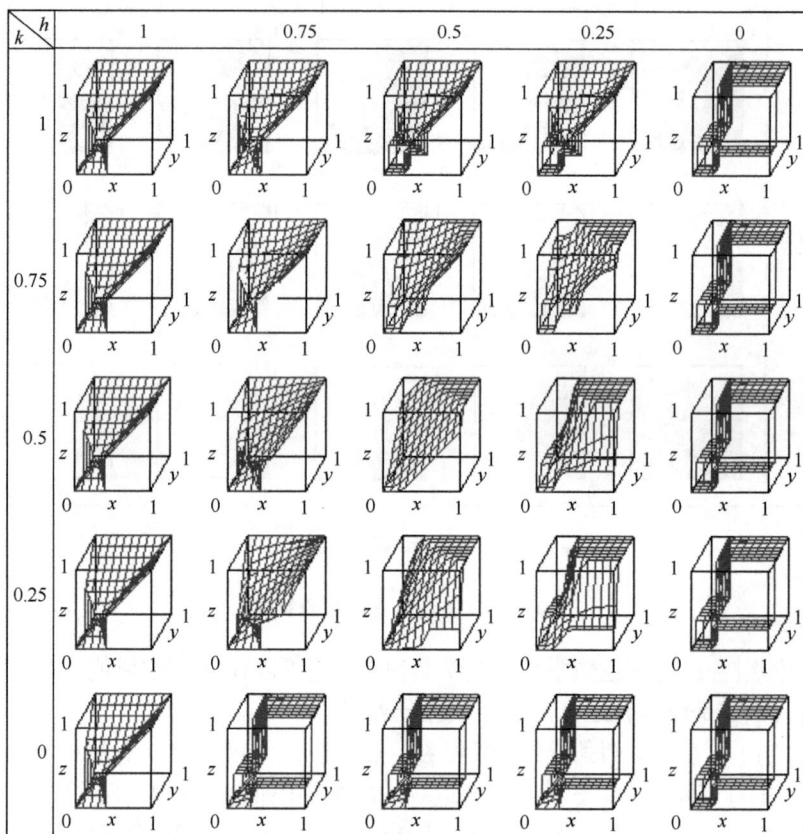

图 9.13　一级泛组合运算的三维图($e=0.25$)

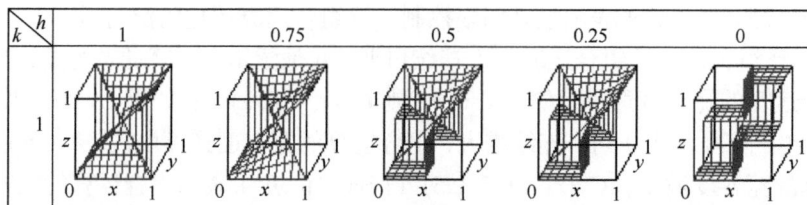

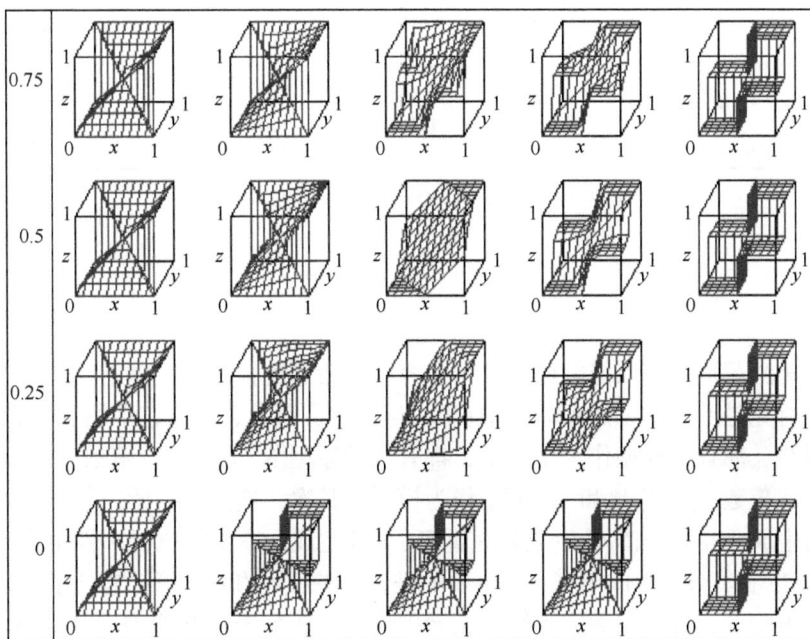

图 9.14　一级泛组合运算的三维图($e=0.5$)

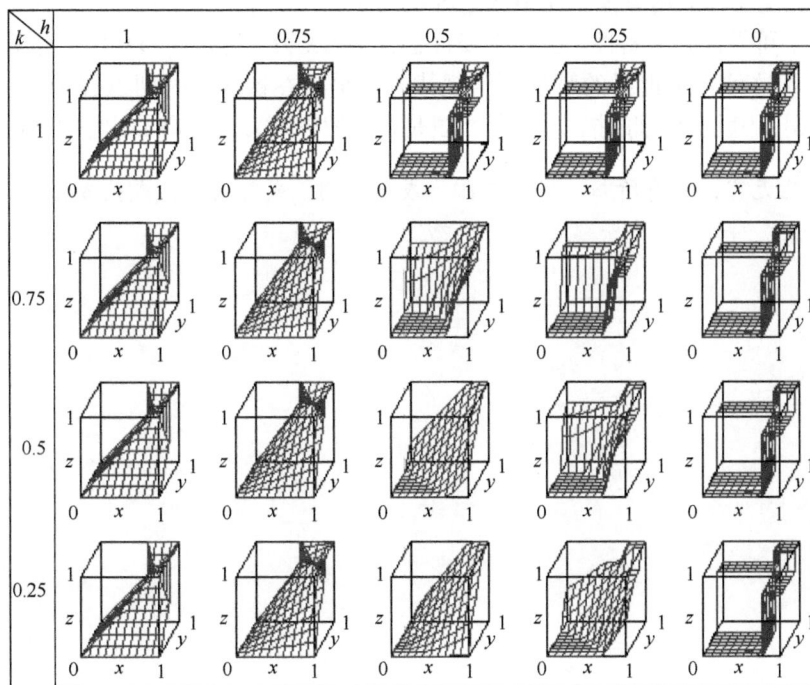

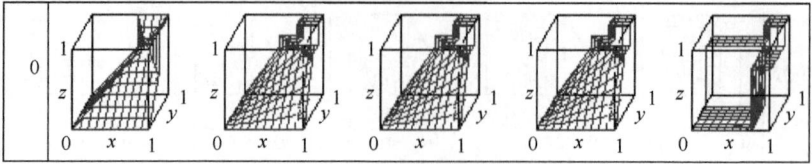

图 9.15 一级泛组合运算的三维图($e=0.75$)

9.7 小 结

命题泛逻辑之所以能够成为一个包容各种命题逻辑的理论体系，从本章可见一斑。首先是所有的命题逻辑运算(非、与、或、蕴含、等价、平均和组合)都有公理制约、都有基模型作为生成基，都有数学原型(N 范数、T 范数、S 范数、I 范数、Q 范数、M 范数和 C 范数)作为模板；其次，这些范数的完整簇都可以由统一的生成元完整簇(N 性生成元完整簇、T 性生成元完整簇或者 S 性生成元完整簇)直接在基模型上生成出来；更重要的是，这些范数的完整簇都包含了应该包含的全部先验点。如 N 范数完整簇 $N(x, k)$ 中包含了 3 个先验点(非算子)$\mathbf{N_3}$、$\mathbf{N_1}$、$\mathbf{N_0}$；T 范数完整簇 $T(x, y, h, k)$ 中包含了 4 个先验点(与算子)$\mathbf{T_3}$、$\mathbf{T_2}$、$\mathbf{T_1}$、$\mathbf{T_0}$。这三条说明，命题泛逻辑的运算模型完整簇是客观世界逻辑规律的科学抽象，具有统一性、和谐性、可靠性和完备性。虽然千姿百态、变化无穷，但是各归其位、有章可循。

对于这种客观世界的辩证逻辑规律，最早在春秋战国时期鬼谷子的《鬼谷子·捭阖》中就有详细的描述，我们不过是在泛逻辑中又一次验证了它的存在而已。

变化无穷，各有所归。或阴或阳，或柔或刚，或开或闭，或弛或张。

——鬼谷子

第10章　标准命题泛逻辑的理论体系

综合前面 9 章的研究成果,我们可以得到一个完整的标准命题泛逻辑学体系,它由以下几部分组成。

10.1　命题泛逻辑学的基本概念

10.1.1　命题真值域

逻辑学是研究判断真伪程度的科学,一个简单的判断是一个命题,它的真伪程度叫命题的真值。任何逻辑学都首先要涉及命题真值的度量空间,它必须是有序的,但可以是线序,也可以是偏序或超序。

不同的逻辑学有不同的真值域,但它们都可以变换为以下的标准形式:
$$W=\{\perp\}\cup[0,1]^n<\alpha>,\ n>0$$
W 是一个多维超序空间,其中$[0,1]$是标准基空间,n 是 W 的空间维数,$\perp$表示无定义或超出讨论范围,可以没有;α是有限符号串,可是空串ε,它代表命题或谓词的附加特性。

$n>0$ 包括了定义在分维空间上的混沌逻辑学,目前已经出现。本书仅讨论各种定义在整数维空间上的逻辑学,即 $n=1,2,3,\cdots$,我们讨论的方法是先给出标准基空间$[0,1]$中的逻辑规律,然后通过有关规则将它们变换到各种逻辑学的真值域中去。

10.1.2　广义相关系数 h

泛逻辑学的第一个基本概念是广义相关系数 h,它反映了两个命题之间广义相关性的大小。在现实的柔性世界中,不能不考虑广义相关性的存在,这是影响以模糊逻辑为代表的多值基逻辑学向前发展的关键问题之一。可以说没有广义相关性逻辑意义的发现,就没有零级泛命题连接词概念的出现,因而也就没有泛逻辑学思想的萌芽。

校正广义相关性对逻辑运算影响的常用方法是使用零级 T 性生成元完整簇,即
$$F_0(x,h)=x^m,\ m\in\mathbf{R},\ h\in(0,1)$$
其中,h 的物理意义是由$F_0(x,h)$生成的与算子和最大与算子的体积比,即

$$h=v(*)=3\iint T(x, y, h)\mathrm{d}x\mathrm{d}y/\iint \min(x, y)\mathrm{d}x\mathrm{d}y=3\iint T(x, y, h)\mathrm{d}x\mathrm{d}y$$

它近似于 $m=(3-4h)/4h(1-h)$ 或 $h=[(1+m)-((1+m)^2-3m)^{1/2}]/(2m)$。

$F_0(x, h)=x^m$ 的作用是去除广义相关性 h 对逻辑运算的影响。

$F_0^{-1}(x, h)=x^{1/m}$ 的作用是恢复广义相关性 h 的影响。

10.1.3　误差系数 k

　　泛逻辑学的一个重要特点是研究有误差命题真值的逻辑运算规律，误差的大小用误差系数 k 表示，它直接影响了命题和它的非命题之间的关系，因而也间接影响了所有的二元运算及某些量词。在二值逻辑中没有误差存在的空间，因为 0 有误差是 1，1 有误差是 0，这是无法容忍的原则错误，它动摇了整个刚性的二值基逻辑学存在的基础。在现实的柔性世界中，情况则大不一样，误差无处不在，如果一个多值逻辑不能处理有误差的逻辑推理，这个逻辑就几乎无法处理现实世界中的实际问题。这是影响以模糊逻辑为代表的多值基逻辑学向前发展的另一个关键问题。可以说没有含差逻辑运算的概念，就没有一级泛命题连接词的出现，泛逻辑学的思想是不完善的。

　　修正误差对逻辑运算影响的常用方法是使用指数型 N 性生成元完整簇，即

$$\Phi(x, k)=x^n, \quad n=-1/\log_2 k, \quad n\in\mathbf{R}_+, \quad k=2^{-1/n}, \quad k\in(0, 1)$$

其中，k 的物理意义是：测度空间 E 的对半子集 E/2 的测度值，$k=1/2$ 表示没有误差。

$\Phi(x, k)=x^n$ 的作用是去除误差 k 对逻辑运算的影响。

$\Phi^{-1}(x, k)=x^{1/n}$ 的作用是恢复误差 k 的影响。

10.1.4　泛逻辑运算模型公理

　　1. 泛非运算公理

　　设 $N(x, k)$ 是 $[0, 1]\to[0, 1]$ 的一元含参运算，如满足以下公理就是泛非运算：

边界条件 N1　$N(0, k)=1$，$N(1, k)=0$。

单调性 N2　$N(x, k)$ 单调减，iff $\forall x, y\in[0, 1]$，若 $x<y$，则 $N(x, k)\geqslant N(y, k)$。

严格单调性 N2′　$N(x, k)$ 严格单调减，iff $\forall x, y\in[0, 1]$，若 $x<y$，则 $N(x, k)>N(y, k)$。

连续性 N3　$N(x, k)$ 连续，iff $\forall x\in(0, 1)$，$N(x^-, k)=N(x, k)=N(x^+, k)$，$x^-$、$x^+$ 是 x 的左右邻元。

逆等性 N4　$N(x, k)$ 有逆等性，iff $\forall x\in[0, 1]$，$N(x, k)=N^{-1}(x, k)$，$N^{-1}(x, k)$ 是 $N(x, k)$ 的逆。

　　2. 泛与运算公理

　　设 $T(x, y, h, k)$ 是 $[0, 1]^2\to[0, 1]$ 的二元含参运算，如满足以下公理就是泛与运算：

边界条件 T1　$T(0, y, h, k)=0$, $T(1, y, h, k)=y$。

单调性 T2　$T(x, y, h, k)$关于 x、y 单调增。

连续性 T3　$T(x, y, h, k)$关于 x、y 连续。

结合律 T4　$T(T(x, y, h, k), z, h, k)=T(x, T(y, z, h, k), h, k)$。

交换律 T5　$T(x, y, h, k)=T(y, x, h, k)$。

3. 泛或运算公理

设 $S(x, y, h, k)$是$[0, 1]^2 \to [0, 1]$的二元含参运算, 如满足以下公理就是泛或运算:

边界条件 S1　$S(1, y, h, k)=1$, $S(0, y, h, k)=y$。

单调性 S2　$S(x, y, h, k)$关于 x、y 单调增。

连续性 S3　$S(x, y, h, k)$关于 x、y 连续。

结合律 S4　$S(S(x, y, h, k), z, h, k)=S(x, S(y, z, h, k), h, k)$。

交换律 S5　$S(x, y, h, k)=S(y, x, h, k)$。

4. 泛蕴含运算公理

设 $I(x, y, h, k)$是$[0, 1]^2 \to [0, 1]$的二元含参运算, 如满足以下公理就是泛蕴含运算:

边界条件 I1　$I(0, y, h, k)=1$, $I(1, y, h, k)=y$, $I(x, 1, h, k)=1$。

单调性 I2　$I(x, y, h, k)$关于 y 单调增, 关于 x 单调减。

连续性 I3　$h, k \in (0, 1)$时, $I(x, y, h, k)$关于 x、y 连续。

保序性 I4　$I(x, y, h, k)=1$, iff $x \leqslant y$(除 $h=0$ 和 $k=1$ 外)。

推演性 I5　$T(x, I(x, y, h, k), h, k) \leqslant y$ (假言推论)。

5. 泛等价运算公理

设 $Q(x, y, h, k)$是$[0, 1]^2 \to [0, 1]$的二元含参运算, 如满足以下公理就是泛等价运算:

边界条件 Q1　$Q(1, y, h, k)=y$, $Q(x, 1, h, k)=x$。

单调性 Q2　$Q(x, y, h, k)$关于$|x-y|$单调减。

连续性 Q3　$h, k \in (0, 1)$时, $Q(x, y, h, k)$关于 x、y 连续。

交换律 Q4　$Q(x, y, h, k)=Q(y, x, h, k)$。

保值性 Q5　$Q(x, y, h, k)=1$, iff $x=y$(除 $h=0$ 和 $k=1$ 外)。

6. 泛平均运算公理

设 $M(x, y, h, k)$是$[0, 1]^2 \to [0, 1]$的二元含参运算, 如满足以下公理就是泛平均运算:

边界条件 M1 $\min(x, y) \leqslant M(x, y, h, k) \leqslant \max(x, y)$。

单调性 M2 $M(x, y, h, k)$关于x、y单调增。

连续性 M3 $h, k \in (0,1)$时,$M(x, y, h, k)$关于x、y连续。

交换律 M4 $M(x, y, h, k) = M(y, x, h, k)$。

幂等性 M5 $M(x, x, h, k) = x$。

7. 泛组合运算公理

设$C^e(x, y, h, k)$是$[0, 1]^2 \to [0, 1]$的二元含参运算,如满足以下公理就是泛组合运算:

边界条件 C1 当$x, y < e$时,$C^e(x,y,h,k) \leqslant \min(x,y)$;当$x, y > e$时,$C^e(x, y, h, k) \geqslant \max(x, y)$;

当$x+y=2e$时,$C^e(x, y, h, k) = e$;否则,$\min(x, y) \leqslant C^e(x, y, h, k) \leqslant \max(x, y)$。

单调性 C2 $C^e(x, y, h, k)$关于x、y单调增。

连续性 C3 $h, k \in (0,1)$时,$C^e(x, y, h, k)$关于x、y连续。

交换律 C4 $C^e(x, y, h, k) = C^e(y, x, h, k)$。

幺元律 C5 $C^e(x, e, h, k) = x$。

10.2 泛命题连接词的生成规则

泛逻辑学的研究目标是提供一个逻辑生成器,通过运用各种规则,构造出满足某种需要的具体逻辑。这个目标在标准命题泛逻辑学层面上已经实现,其基础是泛命题连接词的生成规则。

在泛逻辑学中,各种命题连接词的运算模型都可以通过以下四类规则生成。

10.2.1 生成基规则

泛逻辑学的每个命题连接词都有自己的生成基,它是在$[0, 1]$空间内,在命题的真值没有误差,且命题之间的广义相关性是最大相斥时,该命题连接词的运算模型。

1. 基模型

1) 泛非运算基模型 $N(x, 0.5) = \mathbf{N}_1 = 1 - x$

2) 泛与运算基模型 $T(x, y, 0.5, 0.5) = \mathbf{T}_1 = \max(0, x+y-1)$

3) 泛或运算基模型 $S(x, y, 0.5, 0.5) = \mathbf{S}_1 = \min(1, x+y)$

4) 泛蕴含运算基模型 $I(x, y, 0.5, 0.5) = \mathbf{I}_1 = \min(1, 1-x+y)$

5) 泛等价运算基模型 $Q(x, y, 0.5, 0.5)=\mathbf{Q_1}=1-|x-y|$

6) 泛平均运算基模型 $M(x, y, 0.5, 0.5)=\mathbf{M_1}=(x+y)/2$

7) 泛组合运算基模型 $C^e(x, y, 0.5, 0.5)=\mathbf{C^e_1}=\Gamma[x+y-e]$

这是基模型的原始形态,同一基模型有多种不同的表达:常用的是非与表达和非或表达。表达不同,要求代入的生成元完整簇不同:如非与表达的基模型要求代入 T 性生成元完整簇;非或表达的基模型要求代入 S 性生成元完整簇。

2. 基模型的非与表达

其中 $h=k=0.5$, $\varPhi_0(x, k)=x$, $F(x, h)=x$, $F(x, h, k)=F_0(\varPhi(x, k), h)=x$。

1) 泛非运算基模型 $N(x, k)=1-x$

2) 泛与运算基模型 $T(x, y, h, k)=\max(0, x+y-1)$

$$=F^{-1}(\max(F(0, h, k), F(x, h, k)$$
$$+F(y, h, k)-1), h, k)$$

3) 泛或运算基模型 $S(x, y, h, k)=\min(1, x+y)=N(T(N(x, k), N(y, k), h, k), k)$

$$=N(F^{-1}(\max(F(0, h, k), F(N(x, k), h, k)$$
$$+F(N(y, k), h, k)-1), h, k), k)$$

4) 泛蕴含运算基模型 $I(x, y, h, k)=\min(1, 1-x+y)$

$$=F^{-1}(\min(1+F(0, h, k), 1-F(x, h, k)$$
$$+F(y, h, k)), h, k)$$

5) 泛等价运算基模型 $Q(x, y, h, k)=1-|x-y|=F^{-1}(1\pm|F(x, h, k)-F(y, h, k)|, h, k)$

其中,$h>0.75$ 为+,否则为–。

6) 泛平均运算基模型 $M(x, y, h, k)=(x+y)/2$

$$=N(F^{-1}(F(N(x, k), h, k)/2$$
$$+F(N(y, k), h, k)/2, h, k), k)$$

7) 泛组合运算基模型 $C^e(x, y, h, k)=\Gamma[x+y-e]$

$$=\text{ite}\{\Gamma^e[F^{-1}(F(x, h, k)+F(y, h, k)$$
$$-F(e, h, k), h, k)]|x+y<2e;$$
$$N(\Gamma^{e'}[F^{-1}(F(N(x, k), h, k)+F(N(y, k), h, k)$$
$$-F(N(e, k), h, k), h, k), h, k)], k)|x+y>2e; e\}$$

其中,$e'=N(e, k)$。

3. 基模型的非或表达

其中 $h=k=0.5$, $\varPhi(x, k)=x$, $G_0(x, h)=x$, $G(x, h, k)=G_0(\varPhi(x, k), h)=x$。

1) 泛非运算基模型 $N(x, k)=1-x$

2) 泛或运算基模型 $S(x, y, h, k)=\min(1, x+y)$

$$=G^{-1}(\min(G(1, h, k), G(x, h, k)+G(y, h, k)), h, k)$$

3) 泛与运算基模型　$T(x, y, h, k)=\max(0, x+y-1)$

$$=N(S(N(x, k), N(y, k), h, k), k)$$
$$=N(G^{-1}(\min(G(1, h, k), G(N(x, k), h, k)$$
$$+G(N(y, k), h, k)), h, k), k)$$

4) 泛蕴含运算基模型　$I(x, y, h, k)=\min(1, 1-x+y)$

$$=N(G^{-1}(\max(G(1, h, k)-1, G(N(y, k), h, k)$$
$$-G(N(x, k), h, k)), h, k), k)$$

5) 泛等价运算基模型　$Q(x, y, h, k)=1-|x-y|$

$$=N(G^{-1}(\pm|G(N(x, k), h, k)$$
$$-G(N(y, k), h, k)|, h, k), k)$$

其中，$h>0.75$ 为$-$，否则为$+$。

6) 泛平均运算基模型　$M(x, y, h, k)=(x+y)/2=G^{-1}(G(x, h, k)/2+G(y, h, k)/2, h, k)$

7) 泛组合运算基模型　$C^e(x, y, h, k)=\Gamma[x+y-e]$

$$=\mathrm{ite}\{\Gamma_e^1[G^{-1}(G(x, h, k)+G(y, h, k)-G(e, h, k), h, k)]|x+y>2e; N(\Gamma_{e'}^{\prime 1}[G^{-1}(G(N(x, k), h, k)+G(N(y, k), h, k)-G(N(e, k), h, k), h, k)], k)|x+y<2e; e\}$$

其中，$e'=N(e, k)$。

10.2.2　生成元规则

基模型只能在没有误差且广义相关性为中性的理想世界中使用，为了处理现实世界中的实际问题，必须先用生成元把它变换到理想世界，经过基模型处理后，再反变换到现实世界中去。所谓生成元完整簇是指上下极限范围内所有生成元组成的簇。

泛逻辑运算模型的生成元完整簇有：

1) 用于修正广义相关性h影响的零级T性生成元完整簇或零级S性生成元完整簇：

零级T性生成元完整簇　$F_0(x, h)=x^m$

零级S性生成元完整簇　$G_0(x, h)=1-(1-x)^m$

其中，$m=(3-4h)/[4h(1-h)]$，$h\in[0, 1]$或$h=[(1+m)-((1+m)^2-3m)^{1/2}]/(2m)$，$m\in\mathbf{R}$。

2) 用于修正真值误差k影响的N性生成元完整簇，常用的有指数模型或多项式模型：

指数模型　$\Phi(x, k)=x^n$，其中，$k=2^{-1/n}$，$n\in\mathbf{R}_+$或$n=-1/\log_2 k$，$k\in[0, 1]$；

多项式模型　$\Phi(x, k)=x(1+\lambda)^{1/2}/[1+((1+\lambda)^{1/2}-1)x]$，其中，$\lambda=(1-2k)/k^2$，$k\in[0, 1]$

或 $k=((1+\lambda)^{1/2}-1)/\lambda,\ \lambda\geqslant-1$。

3) 用于同时修正广义相关性 h 和真值误差 k 影响的一级 T 性生成元完整簇或一级 S 性生成元完整簇：

纯指数型一级 T 性生成元完整簇　　$F(x,h,k)=F_0(\Phi(x,k),h)=x^{nm}$

纯指数型一级 S 性生成元完整簇　　$G_0(x,h,k)=G_0(\Phi(x,k),h)=1-(1-x^n)^m$

其中，$k=2^{-1/n}$，$n\in\mathbf{R}_+$ 或 $n=-1/\log_2 k$，$k\in[0,\ 1]$；$m=(3-4h)/[4h(1-h)]$，$h\in[0,\ 1]$ 或 $h=[(1+m)-((1+m)^2-3m)^{1/2}]/(2m),\ m\in\mathbf{R}$。

混合型一级 T 性生成元完整超簇

$$F(x,h,k)=F_0(\Phi(x,k),h)=(x(1+\lambda)^{1/2}/(1+((1+\lambda)^{1/2}-1)x))^m$$

混合型一级 S 性生成元完整超簇

$$G(x,h,k)=G_0(\Phi(x,k),h)=1-(1-x(1+\lambda)^{1/2}/(1+((1+\lambda)^{1/2}-1)x)^m$$

其中，$\lambda=(1-2k)/k^2$，$k\in[0,\ 1]$ 或 $k=((1+\lambda)^{1/2}-1)/\lambda,\ \lambda\geqslant-1$；$m=(3-4h)/(4h(1-h))$，$h\in[0,1]$ 或 $h=((1+m)-((1+m)^2-3m)^{1/2})/(2m),\ m\in\mathbf{R}$。

将生成元完整簇作用在各种生成基上，就得到了标准基空间$[0,1]$上的各种命题连接词的运算模型。

10.2.3 拓序规则

拓序规则具体规定了如何根据标准基空间$[0,\ 1]$上的各种命题连接词运算模型构造偏序空间$[0,\ 1]^n$，$n=2,3,\cdots$ 和超序空间$\{\bot\}\cup[0,\ 1]^n<\alpha>$，$n=1,2,3,\cdots$ 上的泛命题连接词运算模型。

1. 偏序空间的拓序规则

在偏序空间$[0,\ 1]^n$，$n=2,3,\cdots$ 中，命题的真值需要用 n 个彼此完全独立的分量来描述，即命题的真值是一个 n 维矢量 $\boldsymbol{x}=<x_1,x_2,\cdots,x_n>$，$\boldsymbol{y}=<y_1,y_2,\cdots,y_n>$，$n>1$，$x_i$，$y_i\in[0,1]$，它的逻辑运算模型(零级或一级)服从以下拓序规则：

$$N(\boldsymbol{x})=<N(x_1),N(x_2),\cdots,N(x_n)>$$
$$T(\boldsymbol{x},\boldsymbol{y})=<T(x_1,y_1),T(x_2,y_2),\cdots,T(x_n,y_n)>$$
$$S(\boldsymbol{x},\boldsymbol{y})=<S(x_1,y_1),S(x_2,y_2),\cdots,S(x_n,y_n)>$$
$$I(\boldsymbol{x},\boldsymbol{y})=<I(x_1,y_1),I(x_2,y_2),\cdots,I(x_n,y_n)>$$
$$Q(\boldsymbol{x},\boldsymbol{y})=<Q(x_1,y_1),Q(x_2,y_2),\cdots,Q(x_n,y_n)>$$
$$M(\boldsymbol{x},\boldsymbol{y})=<M(x_1,y_1),M(x_2,y_2),\cdots,M(x_n,y_n)>$$
$$C(\boldsymbol{x},\boldsymbol{y})=<C(x_1,y_1),C(x_2,y_2),\cdots,C(x_n,y_n)>$$

其中，$N(\boldsymbol{x})$、$T(\boldsymbol{x},\boldsymbol{y})$、$S(\boldsymbol{x},\boldsymbol{y})$、$I(\boldsymbol{x},\boldsymbol{y})$、$Q(\boldsymbol{x},\boldsymbol{y})$、$M(\boldsymbol{x},\boldsymbol{y})$ 和 $C(\boldsymbol{x},\boldsymbol{y})$ 是标准基空间$[0,1]$上的逻辑运算模型(零级或一级)。

2. 伪偏序空间的拓序规则

在 n 级不确定性推理中，命题的真值需要用一个 n 元数组来表示，但命题的真值在本质上仍然是一维的，它的每个分量都只是从不同的角度描述了这个一维命题，属于伪偏序空间，它的逻辑运算模型(零级或一级)服从以下拓序规则:

$$N(\pmb{x})=<N(x_n),\ N(x_{n-1}),\cdots,\ N(x_1)>$$
$$T(\pmb{x},\pmb{y})=<T(x_1,y_1),\ T(x_2,y_2),\cdots,\ T(x_n,y_n)>$$
$$S(\pmb{x},\pmb{y})=<S(x_1,y_1),\ S(x_2,y_2),\cdots,\ S(x_n,y_n)>$$
$$I(\pmb{x},\pmb{y})=<I(x_1,y_1),\ I(x_2,y_2),\cdots,\ I(x_n,y_n)>$$
$$Q(\pmb{x},\pmb{y})=<Q(x_1,y_1),\ Q(x_2,y_2),\cdots,\ Q(x_n,y_n)>$$
$$M(\pmb{x},\pmb{y})=<M(x_1,y_1),\ M(x_2,y_2),\cdots,\ M(x_n,y_n)>$$
$$C(\pmb{x},\pmb{y})=<C(x_1,y_1),\ C(x_2,y_2),\cdots,\ C(x_n,y_n)>$$

其中，$\pmb{x}=<x_1,\ x_2,\ \cdots,\ x_n>$; $\pmb{y}=<y_1,\ y_2,\ \cdots,\ y_n>$; $N(\pmb{x})$、$T(\pmb{x},\pmb{y})$、$S(\pmb{x},\pmb{y})$、$I(\pmb{x},\pmb{y})$、$Q(\pmb{x},\pmb{y})$、$M(\pmb{x},\pmb{y})$ 和 $C(\pmb{x},\pmb{y})$ 是标准基空间[0, 1]上的逻辑运算模型(零级或一级)。

3. ⊥超序空间的拓序规则

如果真值域为超序空间 $\{\bot\}\cup[0,1]^n$, $n=1, 2, 3,\cdots$，则表示推理中需要考虑无定义状态⊥，应该在偏序规则的基础上增加关于⊥的拓序规则，有平凡和非平凡两种。

(1) 非平凡拓序规则

1) $N(\bot, k)=\bot$;

2) $T(\bot, y, h, k)=\{\bot|y=\bot;\ 0\}$;

3) $S(\bot, y, h, k)=\{\bot|y=\bot;\ 1\}$;

4) $I(\bot, y, h, k)=\{1|y=\bot;\ \bot\}$, $I(x, \bot, h, k)=\{1|x=\bot;\ \bot\}$;

5) $Q(\bot, y, h, k)=\{1|y=\bot;\ \bot\}$;

6) $M(\bot, y, h, k)=y$;

7) $C(\bot, y, h, k)=\{\bot|y=\bot;\ 0|y<k;\ 1|y>k;\ k\}$。

(2) 平凡拓序规则

凡⊥参加的运算,结果都为⊥。

4. α 超序空间的拓序规则

如果真值域为超序空间 $[0,1]^n<\alpha>$, $n=1, 2, 3,\cdots$，则表示推理中需要考虑附加特性 α，应该在偏序规则的基础上增加关于 α 的拓序规则，不同的附加特性有不同的运算法则，无法一一枚举，这里仅给出拓序原则如下:

如果 p 的逻辑真值为 $x<\alpha>$, q 的逻辑真值为 $y<\beta>$，则在逻辑运算过程中，除 x、y 参加逻辑运算模型 $L(x,y)$ 的运算，得到逻辑真值 z 外，附加特性 α、β 也要参加附加特性运算模型 $L'(\alpha, \beta)$ 的运算，得到附加特性值 γ。即 $x<\alpha$ 和 $y<\beta$ 的逻辑运算结果 $z<\gamma$ 是由两种不同的运算模型得到的，$z=L(x, y)$, $\gamma=L'(\alpha, \beta)$。

10.2.4 基空间变换规则

基空间变换规则具体规定了将标准基空间[0, 1]变换为任意基空间[a, b]，$a<b$，$a, b \in \mathbf{R}$ 时，各种命题连接词运算模型的变换方法。

1) [0, 1]的基本语义是真假程度，还可变换成其他语义：如高低程度、通断程度、亮度、大小程度、是非程度、正负程度、有无程度、生病程度、赞成程度、成功程度和可信程度等。

2) 标准基空间[0, 1]有各种变种，如[0, 100], [0, b], [0, ∞], [−1, 1], [−5, 5], [−b, b], (−∞, ∞), [a, b] (b>a⩾0)等，可以通过坐标变换把[0, 1]中的规律变换到它的各种变种中去。例如：

单向有限扩展 [0, 1]→[0,b]: $x'=bx$，中元 $e'=b/2$；

单向无限扩展 [0, 1]→[0, ∞]: $x'=x/(1-x)$，中元 $e'=1$；

任意有限扩展 [0, 1]→[a, b]: $x'=(b-a)x+a$，中元 $e'=(b+a)/2$；

双向有限扩展 [0, 1]→[−b, b]: $x'=2bx-b$，中元 $e'=0$；

双向无限扩展 [0, 1]→(−∞, ∞): $x'=(x-0.5)/x(1-x)$，中元 $e'=0$。

通过基空间变换规则处理后，泛逻辑学可由标准形式特化为有很强针对性的应用形式。

10.3 泛逻辑学命题连接词的运算模型

下面仅给出纯指数模型，它是最常用的泛逻辑命题连接词运算模型。

1. 泛非命题连接词 $\sim_k$ 的运算模型

$$N(x, k)=(1-x^n)^{1/n}$$

其中，$k=2^{-1/n}$, $n \in \mathbf{R}_+$，或 $n=-1/\log_2 k$, $k \in [0, 1]$。

2. 泛与命题连接词 $\wedge_{h,k}$ 的运算模型

1) 二元模型

$$T(x, y, h, k)=(\max(0^{nm}, x^{nm}+y^{nm}-1))^{1/nm}$$

其中，$k=2^{-1/n}$, $n \in \mathbf{R}_+$ 或 $n=-1/\log_2 k$, $k \in [0, 1]$；$m=(3-4h)/(4h(1-h))$, $h \in [0, 1]$ 或 $h=((1+m)-((1+m)^2-3m)^{1/2})/(2m)$, $m \in \mathbf{R}$。

它的四个特殊算子是：

最大与 Zadeh 与算子 $T(x, y, 1, k)=\mathbf{T}_3=\min(x, y)$

中极与　概率与算子　　$T(x, y, 0.75, k)=\mathbf{T_2}=xy$

中心与　有界与算子　　$T(x, y, 0.5, 0.5)=\mathbf{T_1}=\max(0, x+y-1)$

最小与　突变与算子　　$T(x, y, 0, k)=\mathbf{T_0}=\text{ite}\{\min(x, y)|\max(x, y)=1; 0\}$

2) 多元模型

$$T(x_1, x_2, \cdots, x_l, h, k)=(\max(0^{nm}, x_1^{n\,m}+x_2^{n\,m}+\cdots+x_l^{n\,m}-(l-1)))^{1/nm}$$

其中，$k=2^{-1/n}$, $n\in\mathbf{R_+}$ 或 $n=-1/\log_2 k$, $k\in[0, 1]$；$m=(3-4h)/(4h(1-h))$, $h\in[0, 1]$或 $h=((1+m)-((1+m)^2-3m)^{1/2})/(2m)$, $m\in\mathbf{R}$。

它的四个特殊算子是：

最大与　Zadeh 与算子　　$T(x_1, x_2, \cdots, x_l, 1, k)=\mathbf{T_3}=\min(x_1, x_2,\cdots, x_l)$

中极与　概率与算子　　$T(x_1, x_2, \cdots, x_l, 0.75, k)=\mathbf{T_2}=x_1 x_2 \cdots x_l$

中心与　有界与算子　　$T(x_1, x_2, \cdots, x_l, 0.5, 0.5)=\mathbf{T_1}=\max(0, x_1+x_2+\cdots+x_l-(l-1))$

最小与　突变与算子　　$T(x_1, x_2, \cdots, x_l, 0, k)=\mathbf{T_0}=\text{ite}\{\min(x_1, x_2, \cdots, x_l)|$ $(x_1, x_2, \cdots, x_l)$中有$(l-1)$个 1; 0\}

3. 泛或命题连接词 $\vee_{h,k}$ 的运算模型

1) 二元模型

$$S(x, y, h, k)=(1-(\max((1-0^n)^m, (1-x^n)^m+(1-y^n)^m-1))^{1/m})^{1/n}$$

其中，$k=2^{-1/n}$, $n\in\mathbf{R_+}$或 $n=-1/\log_2 k$, $k\in[0, 1]$；$m=(3-4h)/(4h(1-h))$, $h\in[0, 1]$或 $h=((1+m)-((1+m)^2-3m)^{1/2})/(2m)$, $m\in\mathbf{R}$。

它的四个特殊算子(簇)是：

最小或　Zadeh 或算子　　$S(x, y, 1, k)=\mathbf{S_3}=\max(x,y)$

中极或　概率或算子　　$S(x, y, 0.75, k)=\mathbf{S\Phi_{2k}}=(x^n+y^n-x^n y^n)^{1/n}$

中心或　有界或算子　　$S(x, y, 0.5, 0.5)=\mathbf{S_1}=\min(1, x+y)$

最大或　突变或算子　　$S(x, y, 0, k)=\mathbf{S_0}=\text{ite}\{\max(x, y)|\min(x, y)=0; 1\}$

2) 多元模型

$$S(x_1, x_2, \cdots, x_l, h, k)=(1-(\max(0^{nm}, (1-x_1^n)^m+(1-x_2^n)^m+\cdots+(1-x_l^n)^m-(l-1)))^{1/m})^{1/n}$$

其中，$k=2^{-1/n}$, $n\in\mathbf{R_+}$或 $n=-1/\log_2 k$, $k\in[0, 1]$；$m=(3-4h)/(4h(1-h))$, $h\in[0, 1]$或 $h=((1+m)-((1+m)^2-3m)^{1/2})/(2m)$, $m\in\mathbf{R}$。

它的四个特殊算子(簇)是：

最小或　Zadeh 或算子　　$S(x_1, x_2, \cdots, x_l, 1, k)=\mathbf{S_3}=\max(x_1, x_2, \cdots, x_l)$

中极或　概率或算子　　$S(x_1, x_2, \cdots, x_l, 0.75, k)=\mathbf{S\Phi_{2k}}=(1-(1-x_1^n)(1-x_2^n)\cdots(1-x_l^n))^{1/n}$。

中心或　有界或算子　　$S(x_1, x_2, \cdots, x_l, 0.5, 0.5)=\mathbf{S_1}=\max(l-1, x_1+x_2+\cdots+x_l)$

最大或　突变或算子　　$S(x_1, x_2, \cdots, x_l, 0, k)=\mathbf{S_0}=\text{ite}\{\max(x_1, x_2, \cdots, x_l)|(x_1, x_2, \cdots, x_l)$中有$(l-1)$个 0; 1\}

4. 泛蕴含命题连接词 $\rightarrow_{h,k}$ 的运算模型

$$I(x, y, h, k)=(\min(1+0^{nm}, 1-x^{nm}+y^{nm}))^{1/nm}$$

其中，$k=2^{-1/n}$，$n\in\mathbf{R}_+$ 或 $n=-1/\log_2 k$，$k\in[0, 1]$；$m=(3-4h)/(4h(1-h))$，$h\in[0, 1]$或 $h=((1+m)-((1+m)^2-3m)^{1/2})/(2m)$，$m\in\mathbf{R}$。

它的四个特殊算子是：

最小蕴含　Zadeh 蕴含　$I(x, y, 1, k)=\mathbf{I_3}=\text{ite}\{1|x\leqslant y; y\}$

中极蕴含　概率蕴含　$I(x, y, 0.75, k)=\mathbf{I_2}=\min(1, y/x)$

中心蕴含　有界蕴含　$I(x, y, 0.5, 0.5)=\mathbf{I_1}=\min(1, 1-x+y)$

最大蕴含　突变蕴含　$I(x, y, 0, k)=\mathbf{I_0}=\text{ite}\{y|x=1; 1\}$

5. 泛等价命题连接词 $\leftrightarrow_{h,k}$ 的运算模型

$$Q(x, y, h, k)=(1\pm|x^{nm}-y^{nm}|)^{1/nm}$$

其中，$h>0.75$ 为+，否则为−。

它的四个特殊算子是：

最小等价　Zadeh 等价　$Q(x, y, 1, k)=\mathbf{Q_3}=\text{ite}\{1|x=y; \min(x, y)\}$

中极等价　概率等价　$Q(x, y, 0.75, k)=\mathbf{Q_2}=\min(x/y, y/x)$

中心等价　有界等价　$Q(x, y, 0.5, 0.5)=\mathbf{Q_1}=1-|x-y|$

最大等价　突变等价　$Q(x, y, 0, k)=\mathbf{Q_0}=\text{ite}\{x|y=1; y|x=1; 1\}$

其中，$k=2^{-1/n}$，$n\in\mathbf{R}_+$或 $n=-1/\log_2 k$，$k\in[0, 1]$；$m=(3-4h)/(4h(1-h))$，$h\in[0, 1]$或 $h=[(1+m)-((1+m)^2-3m)^{1/2}]/(2m)$，$m\in\mathbf{R}$。

6. 泛平均连接词 ⓟ$_{h,k}$ 的运算模型

1) 二元模型

$$M(x,y,h,k)=(1-((1-x^{n})^{m}+(1-y^{n})^{m})/2)^{1/nm}$$

它的四个特殊算子是：

最大平均　Zadeh 平均　$M(x, y, 1, k)=\mathbf{M_3}=\max(x, y)=\mathbf{S_3}$

中极平均　概率平均　$M(x, y, 0.75, k)=\mathbf{M\Phi_{2k}}=(1-((1-x^{n})(1-y^{n}))^{1/2})^{1/n}$

中心平均　有界平均　$M(x, y, 0.5, 0.5)=\mathbf{M_1}=(x+y)/2$

最大平均　突变平均　$M(x, y, 0, k)=\mathbf{M_0}=\min(x, y)=\mathbf{T_3}$

2) 多元模型

$$M(x_1, x_2, \cdots, x_l, h, k)=(1-(((1-x_1^{n})^{m}+(1-x_2^{n})^{m}+\cdots+(1-x_l^{n})^{m})/l))^{1/m})^{1/n}$$

它的四个特殊算子是：

最大平均　Zadeh 平均算子　$M(x_1, x_2, \cdots, x_l, 1, k)=\mathbf{M_3}=\max(x_1, x_2, \cdots, x_l)$

中极平均　概率平均算子　$M(x_1, x_2, \cdots, x_l, 0.75, k)=\mathbf{M\Phi_{2k}}=(1-((1-x_1^{n})(1-x_2^{n})\cdots(1-x_l^{n}))^{1/l})^{1/n}$

中心平均　有界平均算子　$M(x_1, x_2, \cdots, x_l, 0.5, k)=\mathbf{M_1}=(x_1+x_2+\cdots+x_l)/l$

最小平均　突变平均算子　$M(x_1, x_2, \cdots, x_l, 0, k)=\mathbf{M_0}=\min(x_1, x_2, \cdots, x_l)$

其中，$k=2^{-1/n}$，$n\in\mathbf{R}_+$ 或 $n=-1/\log_2 k$，$k\in[0, 1]$；$m=(3-4h)/(4h(1-h))$，$h\in[0, 1]$ 或 $h=((1+m)-((1+m)^2-3m)^{1/2})/(2m)$，$m\in\mathbf{R}$。

7. 泛组合命题连接词 $©^e_{h,k}$ 的运算模型

$$C^e(x, y, h, k)=\text{ite}\{\Gamma^e[(x^{nm}+y^{nm}-e^{nm})^{1/nm}]|x+y<2e; (1-(\Gamma^{e'}[((1-x^n)^m+$$
$$(1-y^n)^m)-(1-e^n)^m])^{1/m})^{1/n} \mid x+y>2e; e\}, \quad e'=N(e, k)$$

它的四个特殊算子是：

上限组合　Zadeh 组合　$C^e(x,y,1, k)=\mathbf{C^e_3}=\text{ite}\{\min(x, y)|x+y<2e; \max(x, y)|x+y>2e; e\}$

中极组合　概率组合　$C^e(x, y, 0.75, k)=\mathbf{C\Phi^e_{2k}}$
$$=\text{ite}\{xy/e|x+y<2e;$$
$$(1-(1-x)^n(1-y)^n/(1-e)^n)^{1/n}|x+y>2e; e\}$$

中心组合　有界组合　$C^e(x, y, 0.5, k)=\mathbf{C^e_1}=\Gamma[x+y-e]$

下限组合　突变组合　$C^e(x, y, 0, k)=\mathbf{C^e_0}=\text{ite}\{0|x, y<e; 1|x, y>e; e\}$

其中，$k=2^{-1/n}$，$n\in\mathbf{R}_+$ 或 $n=-1/\log_2 k$，$k\in[0, 1]$；$m=(3-4h)/(4h(1-h))$，$h\in[0, 1]$或$h=[(1+m)-((1+m)^2-3m)^{1/2})/(2m)$，$m\in\mathbf{R}$。

10.4　命题泛逻辑学的常用公式

根据第 5～9 章对各命题连接词和阈元量词性质的证明，我们可以整理出命题泛逻辑学中常用的逻辑公式(即推理定理)如下。从中可以看出，二值逻辑中的逻辑公式拓广到泛逻辑学中后，有三种类型：

1) 完全成立。如化简式：$p\wedge_{h,k}q\Rightarrow p$；析取三段论：$\sim_k p, p\vee_{h,k}q\Rightarrow q$。

2) 有条件成立。如分配律：$p\wedge_1(q\vee_1 r)\Leftrightarrow(p\wedge_1 q)\vee_1(p\wedge_1 r)$；补余律：当$h\leqslant 0.5$时 $p\wedge_{h,k}\sim_k p\Leftrightarrow 0$。

3) 仅在二值基逻辑中成立。如 iff $p, q\in\{0, 1\}$时，$p\leftrightarrow q\Leftrightarrow(p\wedge q)\vee(\sim p\wedge\sim q)$成立；iff $p, q\in\{0, 1\}$时，$\sim(p\leftrightarrow q)\Leftrightarrow\sim p\leftrightarrow q$ 成立。

与二值逻辑不同，泛逻辑学的非命题连接词性质十分丰富，有必要专门集中讨论。新增加的泛平均和泛组合公式也单独列出。

10.4.1　泛非命题连接词的公式

1. 等 k 泛非公式

如果整个推理处在同一误差水平 k 上，则仅需要下面三个性质：

1) 对合律　$\sim_k\sim_k p\Leftrightarrow p$

2) 泛非性　$k\rightarrow_{h,k} p\Rightarrow \sim_k p\rightarrow_{h,k} k$; $p\rightarrow_{h,k} k\Rightarrow k\rightarrow_{h,k}\sim_k p$

3) 对偶律　$\sim\sim_k\sim p\Leftrightarrow\sim_{1-k} p$

2. 阈元量词$\male^k$的运算模型和性质

如果推理处在不同误差水平上，则需要借用阈元量词$\male^k$来标志命题真值的误差水平 k，为此增加了许多性质：

阈元量词的运算模型为

$$\male^k x=\varPhi^{-1}(x,k)=x^{1/n},\quad \male^{0.5}x=x$$

阈元量词$\male^k$的逆用$\male^{\ominus k}$表示，$\male^{\ominus k}$的运算模型为

$$\male^{\ominus k}x=\varPhi(x,k)=x^n$$

利用阈元量词$\male^k$可将泛非非命题连接词表示为

$$\sim_k p\Leftrightarrow\male^k\sim\male^{\ominus k}p$$

(1) 阈元量词$\male^k$的基本性质

1) 第一移位规则　$\male^k\sim p\Leftrightarrow\sim_k\male^k p$

2) 第二移位规则　如果$\male^k p\Leftrightarrow q$，则$p\Leftrightarrow\male^{\ominus k}q$

3) 第三移位规则　$\male^{k1}\male^{k2}p\Leftrightarrow\male^{k2}\male^{k1}p$

4) 第四移位规则　$\sim_k p\Leftrightarrow\male^k\sim\male^{\ominus k}p$ 或$\sim p\Leftrightarrow\male^{\ominus k}\sim_k\male^k p$

5) 第五移位规则　$\sim_{k2}\male^{k1}p\Leftrightarrow\male^{k2}\sim\male^{k1\ominus k2}p$

6) 第六移位规则　$\male^{k2}\sim\male^{\ominus k2}\male^{k1}\sim\male^{\ominus k1}p\Leftrightarrow\sim\male^{\ominus k2}\male^{k1}\sim\male^{\ominus k1}\male^{k2}p$

(2) 阈元量词$\male^k$的运算规则

1) 逆运算规则　$\ominus k=(2^a|a=1/\log_2 k)$。阈元逆满足还原律　$\ominus\ominus k=k$。

2) 和运算规则　$k_1\oplus k_2=(2^a|a=-\log_2 k_1\log_2 k_2)$。阈元和满足对偶律　$k_1\oplus k_2=\ominus(\ominus k_1\oplus\ominus k_2)$。

3) 差运算规则　$k_1\ominus k_2=(2^a|a=-\log_2 k_1/\log_2 k_2)$。差运算满足吸收律　$k\ominus k=0.5$，即$\male^k\male^{\ominus k}x=x$。

3. 不等k泛非公式

1) 合成律　$\sim_{k2}\sim_{k1}p\Leftrightarrow\sim\sim_{k3}p$, $k_3=k_1\ominus k_2=k_1(1-k_2)/(k_1+k_2-2k_1k_2)$

2) 吸收律　$\sim_k\sim_0 p\Leftrightarrow\sim\sim_0 p$; $\sim_k\sim_1 p\Leftrightarrow\sim\sim_1 p$; $\sim_0\sim_k p\Leftrightarrow\sim_0\sim p$; $\sim_1\sim_k p\Leftrightarrow\sim_1\sim p$

3) 互补律　$\sim_{\ominus k}\sim_k p\Leftrightarrow\sim\sim_k p$, 其中 $k'=k^2/(1-2k+2k^2)$

4) 交换律　$\sim_{k2}\sim_{k1}p\Leftrightarrow\sim_{\ominus k1}\sim_{\ominus k2}p$

5) 对偶律　$\sim_{k1}\sim_k\sim_{k1}p\Leftrightarrow\sim_{k2}p$, $k_2=N(k,k_1)$, $\sim\sim_k\sim p\Leftrightarrow\sim_{1-k}p$

10.4.2 永真蕴含公式 (除 $h=0$ 和 $k=1$ 外)

1. 化简式

Im1 $p\wedge_{h,k}q\Rightarrow p$

Im2 $p\wedge_{h,k}q\Rightarrow q$

Im3 $\sim_k(p\rightarrow_{0.5,k}q)\Rightarrow p$

Im4 $\sim_k(p\rightarrow_{0.5,k}q)\Rightarrow\sim_kq$

2. 附加式

Im5 $p\Rightarrow p\vee_{h,k}q$

Im6 $q\Rightarrow p\vee_{h,k}q$

Im7   如果 $p\Rightarrow q$ 或 $h=0.5$, 则 $\sim_kp\Rightarrow p\rightarrow_{h,k}q$

Im8 $q\Rightarrow p\rightarrow_{h,k}q$

Im9 $p,q\Rightarrow p\wedge_{h,\ k}q$

Im10 $p\rightarrow_{h,k}q\Rightarrow(r\wedge_{h,k}p)\rightarrow_{h,k}(r\wedge_{h,k}q)$

Im11 $p\rightarrow_{h,k}q\Rightarrow(r\vee_{h,k}p)\rightarrow_{h,k}(r\vee_{h,k}q)$

3. 推论式

Im12 $\sim_kp,p\vee_{h,k}q\Rightarrow q$ 析取三段论

Im13 $p,p\rightarrow_{h,k}q\Rightarrow q$ 假言推论

Im14   如果 $p\Rightarrow q$ 或 $h=0.5$, 则 $\sim_kq,p\rightarrow_{h,k}q\Rightarrow\sim_kp$ 拒取式

Im15 $p\rightarrow_{h,k}q,q\rightarrow_{h,k}r\Rightarrow p\rightarrow_{h,k}r$ 假言三段论

Im16 $p\vee_{h,k}q,p\rightarrow_{h,k}r,q\rightarrow_{h,k}r\Rightarrow r$ 二难推论

4. 其他

Im17 $(p\rightarrow_{h,k}r)\wedge_{h,k}(q\rightarrow_{h,k}r)\Rightarrow(p\wedge_{h,k}q)\rightarrow_{h,k}r$ 合并律

Im18 $r\rightarrow_{h,k}(p\wedge_{h,k}q)\Rightarrow(r\rightarrow_{h,k}p)\wedge_{h,k}(r\rightarrow_{h,k}q)$ 泛与性

Im19 $\sim_kp\wedge_{h,k}p\Rightarrow k$ 广义补余律

Im18 $(p\vee_{h,k}q)\rightarrow_{h,k}r\Rightarrow(p\rightarrow_{h,k}r)\wedge_{h,k}(q\rightarrow_{h,k}r)$ 泛或性

Im19 $k\Rightarrow\sim_kp\vee_{h,k}p$ 广义补余律

Im20 $p\Rightarrow(p\wedge_{h,k}q)\vee_{h,k}p$

Im21 $(p\vee_{h,k}q)\wedge_{h,k}p\Rightarrow p$

Im22 $(r\rightarrow_{h,k}p)\wedge_{h,k}(r\rightarrow_{h,k}q)\Rightarrow r\rightarrow_{h,k}(p\vee_{h,k}q)$ 合并律

Im23 $p\wedge_{h,k}q\Rightarrow p\vee_{h,k}q$ 与或律

Im24 $p\Rightarrow p\rightarrow_{h,k}(p\wedge_{h,k}q)$ 附加律

Im25 $p \rightarrow_{h,k} q \Rightarrow (r \rightarrow_{h,k} p) \rightarrow_{h,k} (r \rightarrow_{h,k} q)$ 附加律

Im26 $p \Rightarrow p \leftrightarrow_{h,k} q$ 附加律

Im27 $q \Rightarrow p \leftrightarrow_{h,k} q$ 附加律

Im28 $(p \leftrightarrow_{h,k} q) \wedge_{h,k} (q \leftrightarrow_{h,k} r) \Rightarrow p \leftrightarrow_{h,k} r$ 传递性

Im29 $p \wedge_{h,k} q \Rightarrow p \leftrightarrow_{h,k} q$ 与等律

10.4.3 永真等价公式(除 $h=0$ 和 $k=1$ 外)

1. 交换律

Eq1 $p \wedge_{h,k} q \Leftrightarrow q \wedge_{h,k} p$

Eq2 $p \vee_{h,k} q \Leftrightarrow q \vee_{h,k} p$

Eq3 $p \leftrightarrow_{h,k} q \Leftrightarrow q \leftrightarrow_{h,k} p$

2. 结合律

Eq4 $p \wedge_{h,k} (q \wedge_{h,k} r) \Leftrightarrow (p \wedge_{h,k} q) \wedge_{h,k} r$

Eq5 $p \vee_{h,k} (q \vee_{h,k} r) \Leftrightarrow (p \vee_{h,k} q) \vee_{h,k} r$

Eq6 $p \leftrightarrow_1 (q \leftrightarrow_1 r) \Leftrightarrow (p \leftrightarrow_1 q) \leftrightarrow_1 r$

3. 分配律

Eq7 $p \wedge_1 (q \vee_1 r) \Leftrightarrow (p \wedge_1 q) \vee_1 (p \wedge_1 r)$

Eq8 $p \vee_1 (q \wedge_1 r) \Leftrightarrow (p \vee_1 q) \wedge_1 (p \vee_1 r)$

Eq9 $p \rightarrow_1 (q \rightarrow_1 r) \Leftrightarrow (p \rightarrow_1 q) \rightarrow_1 (p \rightarrow_1 r)$

4. 否定深入律

Eq10 $\sim_k \sim_k p \Leftrightarrow p$ 对合律

Eq11 $\sim_k (p \wedge_{h,k} q) \Leftrightarrow \sim_k p \vee_{h,k} \sim_k q$ 对偶律

Eq12 $\sim_k (p \vee_{h,k} q) \Leftrightarrow \sim_k p \wedge_{h,k} \sim_k q$ 对偶律

Eq13 $\sim_k (p \rightarrow_{0.5,k} q) \Leftrightarrow p \wedge_{0.5,k} \sim_k q$

Eq14 如果 $p \Rightarrow q$ 或 $h=0.5$, 则 $\sim_k p \rightarrow_{h,k} \sim_k q \Leftrightarrow q \rightarrow_{h,k} p$ 反非律

Eq15 iff $p, q \in \{0, 1\}$ 时, $\sim(p \leftrightarrow q) \Leftrightarrow \sim p \leftrightarrow q$

Eq16 iff $p, q \in \{0, 1\}$ 时, $\sim(p \leftrightarrow q) \Leftrightarrow p \leftrightarrow \sim q$

Eq17 $\sim_k p \leftrightarrow_{0.5,k} \sim_k q \Leftrightarrow p \leftrightarrow_{0.5,k} q$ 非等律

5. 吸收律

Eq18 $p \wedge_1 p \Leftrightarrow p$

Eq19 $p\vee_1 p\Leftrightarrow p$

Eq20 $(p\wedge_1 q)\vee_1 p\Leftrightarrow p$

Eq21 $(p\vee_1 q)\wedge_1 p\Leftrightarrow p$

Eq22 iff $p,q\in\{0,1\}$时，$p\rightarrow\sim p\Leftrightarrow\sim p$

Eq23 iff $p,q\in\{0,1\}$时，$\sim p\rightarrow p\Leftrightarrow p$

Eq24 如果 $p\Rightarrow q$ 或 $p,q\in\{0,1\}$，则$(p\rightarrow_{h,k}q)\rightarrow_{h,k}p\Leftrightarrow p$

Eq25 如果 $p\Rightarrow q$ 或 $p,q\in\{0,1\}$，则$p\rightarrow_{h,k}(p\rightarrow_{h,k}q)\Leftrightarrow p\rightarrow_{h,k}q$

Eq26 iff $p,q\in\{0,1\}$时，$(p\leftrightarrow q)\leftrightarrow p\Leftrightarrow q$

6. 极值律

Eq27 $p\wedge_{h,k}1\Leftrightarrow p$ 同一律

Eq28 $p\vee_{h,k}0\Leftrightarrow p$ 同一律

Eq29 $p\wedge_{h,k}0\Leftrightarrow 0$ 两极律

Eq30 $p\vee_{h,k}1\Leftrightarrow 1$ 两极律

Eq31 当 $h\leqslant 0.5$ 时，$p\wedge_{h,k}\sim_k p\Leftrightarrow 0$ 补余律

Eq32 当 $h\leqslant 0.5$ 时，$p\vee_{h,k}\sim_k p\Leftrightarrow 1$ 补余律

Eq33 $1\rightarrow_{h,k}p\Leftrightarrow p$ 同一律

Eq34 $p\rightarrow_{0.5,k}0\Leftrightarrow\sim_k p$

Eq35 $0\rightarrow_{h,k}p\Leftrightarrow 1$ 恒真律

Eq36 $p\rightarrow_{h,k}1\Leftrightarrow 1$ 恒真律

Eq37 $p\rightarrow_{h,k}p\Leftrightarrow 1$ 恒真律

Eq38 $q\rightarrow_{h,k}(p\rightarrow_{h,k}q)\Leftrightarrow 1$ 恒真律

Eq39 $1\leftrightarrow_{h,k}p\Leftrightarrow p$ 同一律

Eq40 $p\leftrightarrow_{h,k}p\Leftrightarrow 1$ 恒真律

Eq41 $\sim_k p\Leftrightarrow 0\leftrightarrow_{0.5,k}p$

Eq42 iff $p,q\in\{0,1\}$时，$\sim p\leftrightarrow p\Leftrightarrow 0$ 恒假律

7. 连接词关系律

Eq34 $\sim_k p\Leftrightarrow p\rightarrow_{0.5,k}0$

Eq41 $\sim_k p\Leftrightarrow p\leftrightarrow_{0.5,k}0$

Eq43 $p\wedge_{h,k}q\Leftrightarrow\sim_k(\sim_k p\vee_{h,k}\sim_k q)$ 德摩根律

Eq44 $p\vee_{h,k}q\Leftrightarrow\sim_k(\sim_k p\wedge_{h,k}\sim_k q)$ 德摩根律

Eq45 $p\rightarrow_{0.5,k}q\Leftrightarrow\sim_k p\vee_{0.5,k}q$

Eq46 $p\leftrightarrow_{h,k}q\Leftrightarrow(p\rightarrow_{h,k}q)\wedge_{h,k}(q\rightarrow_{h,k}p)$

Eq47 当 $p,q\in\{0,1\}$时，$p\leftrightarrow q\Leftrightarrow(p\wedge q)\vee(\sim p\wedge\sim q)$

8. 其他

Eq48 $(p\wedge_{h,k}q)\to_{h,k}r\Leftrightarrow p\to_{h,k}(q\to_{h,k}r)$
Eq49 如果 $p\Rightarrow q$, 则 $p\to_{h,k}q\Leftrightarrow(r\wedge_{h,k}p)\to_{h,k}(r\wedge_{h,k}q)$
Eq50 如果 $p\Rightarrow q$, 则 $p\to_{h,k}q\Leftrightarrow(r\vee_{h,k}p)\to_{h,k}(r\vee_{h,k}q)$

10.4.4 新增逻辑公式(除 $h=0$ 和 $k=1$ 外)

1. 永真蕴含公式

Im30 $p\wedge_{h,k}q\Rightarrow p\text{Ⓟ}_{h,k}q$ 与平律
Im31 $p\text{Ⓟ}_{h,k}q\Rightarrow p\vee_{h,k}q$ 平或律
Im32 $p\wedge_{h,k}q\Rightarrow p\text{Ⓒ}^e_{h,k}q$ 与组律
Im33 $p\text{Ⓒ}^e_{h,k}q\Rightarrow p\vee_{h,k}q$ 组或律

2. 永真等价公式

Eq51 $p\text{Ⓟ}_{h,k}q\Leftrightarrow q\text{Ⓟ}_{h,k}p$ 交换律
Eq51 $p\text{Ⓟ}_{h,k}p\Leftrightarrow p$ 幂等性
Eq52 $p\text{Ⓟ}_{h,k}(q\text{Ⓟ}_{h,k}r)\Leftrightarrow(p\text{Ⓟ}_{h,k}q)\text{Ⓟ}_{h,k}(p\text{Ⓟ}_{h,k}r)$ 自分配律
Eq53 $p\text{Ⓒ}^e_{h,k}q\Leftrightarrow q\text{Ⓒ}^e_{h,k}p$ 交换律
Eq54 $p\text{Ⓒ}^e_{h,k}e\Leftrightarrow p$ 幺元律
Eq55 $e\text{Ⓒ}^e_{h,k}e\Leftrightarrow e$ 弃权律

10.5 命题泛逻辑学的演绎推理规则

1. 合式字母表规则

$p,q,r,\cdots;0,1;\sim_k,\wedge_{h,k},\vee_{h,k},\to_{h,k},\leftrightarrow_{h,k},\text{Ⓟ}_{h,k},\text{Ⓒ}^e_{h,k},\male^k;(,)$ 是合式字母表。

2. 合式公式生成规则

1) 0, 1 和原子命题 $p,q,r,\cdots$ 是合式公式;
2) 如果 p,q 是合式公式, 则 $\sim_k p$, $(p\wedge_{h,k}q)$, $(p\vee_{h,k}q)$, $(p\to_{h,k}q)$, $(p\leftrightarrow_{h,k}q)$, $(p\text{Ⓟ}_{h,k}q)$, $(p\text{Ⓒ}^e_{h,k}q)$, $\male^k p$ 是合式公式;
3) 当且仅当有限次使用 1)、2)所得到的符号串才是合式公式。

由于同一个命题 p 不仅真值相等, 而且最大相关, $h=1$, $T(x,x,1)=x$。又由于串行推理是与运算, 所以在推演的任何步骤上, 都可以任意次地引用同一个前提或结论, 而不影响推理的最后结果。

3. 前提引入规则

在推演的任何步骤上，都可以引入前提。

4. 结论引用规则

在推演的任何步骤上，都可以引用前面演绎出的结论，作为后继推演的前提。

5. 取代规则

若 F 是任意合式公式，A 是 F 中的任意子公式，且 $A \Leftrightarrow A'$，在 F 中用 A' 取代 A 后是 F'，则有 $F \Leftrightarrow F'$(除 $h=0$ 和 $k=1$ 外)。

6. 代换规则

若 $F(p_1, p_2, \cdots, p_i, \cdots, p_n)$ 是任意永真合式公式，p_i 是命题变元，A 是任意合式公式，则 $F(p_1, p_2, \cdots, A, \cdots, p_n)$ 是永真合式公式，即

$$F(p_1, p_2, \cdots, p_i, \cdots, p_n) \Rightarrow F(p_1, p_2, \cdots, A, \cdots, p_n)(除 h=0 和 k=1 外)$$

7. 合取规则

由前提 p、q 可以推出结论 $(p \wedge_{h,k} q)$。

8. 分离规则

由前提 $p, (p \rightarrow_{h,k} q)$ 可以推出结论 q。

9. 拒取规则

如果 $p \Rightarrow q$ 或 $h=0.5$，则由前提 $\sim_k q$, $(p \rightarrow_{h,k} q)$ 可以推出结论 $\sim_k p$。

10. 析取三段论

由前提 $(p \vee_{h,k} q)$, $\sim_k q$ 可以推出结论 p。

11. 假言三段论

由前提 $(p \rightarrow_{h,k} q), (q \rightarrow_{h,k} r)$ 可以推出结论 $(p \rightarrow_{h,k} r)$。

12. CP 规则

由前提 p、q 可以推出结论 r，等价于从 q 可以推出结论 $(p \rightarrow_{h,k} r)$。

13. 附加规则

由前提 p 可以推出结论 $(p \vee_{h,k} q)$。

14. 化简规则

由前提$(p \wedge_{h,k} q)$可以推出结论 p。

15. 反证法

在二值基逻辑中有：若 F、G 是任意合式公式，则 $F \Rightarrow G$, iff $(F \wedge \sim G) \Leftrightarrow 0$。

在泛逻辑学中，$T(x, N(y, k), h, k) = (\max(0^{nm}, x^{nm}+(1-y^n)^m-1))^{1/nm}=0$, iff $x^{nm}+(1-y^n)^m \leqslant 1$, $x^{nm} \leqslant 1-(1-y^n)^m$, 当 $m=1$ 时，可得 $x^n \leqslant y^n$, $x \leqslant y$, 所以反证法只能在 $h=0.5$ 时使用。

这就是命题泛逻辑学中标准演绎推理系统的主要内容。

10.6　小　　结

这是标准命题泛逻辑(也就是可交换的命题泛逻辑)的理论体系，其中 x、y 的位置是平等的，可以相互交换，结果不变。如果因为交换位置而引起结果改变，就是不可交换的命题泛逻辑，这是第 11 章要讨论的内容。

一级标准命题泛逻辑 $L(x, y, h, k)$ 可向内收缩，也可以向外扩张。

1. 从向内收缩看，有四个层次

1) 当 $k=0.5$ 时，一级标准命题泛逻辑退化为零级标准命题泛逻辑 $L(x, y, h)$，由完整超簇退化为完整簇；

2) 当 $h=0.5$ 时，零级标准命题泛逻辑退化为各种连续值逻辑 $L(x, y)$，如模糊逻辑、概率逻辑、有界逻辑或者和突变逻辑等；

3) 当 $x, y \in \{0, u, 1\}$时，各种连续值逻辑 $L(x, y)$ 都退化为各种三值逻辑，如 Kleene 强三值逻辑、Luckasiewicz 三值逻辑、计算三值逻辑等；

4) 当 $x, y \in \{0, 1\}$时，各种三值逻辑都退化为标准二值逻辑 $L(x, y)$，这就是刚性逻辑。

2. 从向外扩张看，有三个途径

一级标准命题泛逻辑 $L(x, y, h, k)$ 有两个约束条件：一是命题的真度 $x, y \in [0, 1]$；二是命题 x 的测度误差和 $N(x)$ 的测度误差都服从同一种误差分布函数，因而能够满足 $N(x, k)=\Phi^{-1}(1-\Phi(x, k), k)$。要向外可扩张，可以有三个途径。

1) 让命题的真度 $x, y \in [0, 1]^n$, $n=2, 3, 4, \cdots$。这样，一级标准命题泛逻辑 $L(x, y, h, k)$ 就可以扩张为二维的区间逻辑、灰度逻辑、未确知逻辑等。当 n 是大于 1 的实数时，就是可以描述混沌过程的分维逻辑。

2) 当命题 x 的测度误差和 $N(x)$ 的测度误差不服从同一种误差分布函数时，无法满足 $N(x, k)=\Phi^{-1}(1-\Phi(x, k), k)$ 的约束，需要分两个(下限、上限)参数，或者三个(下限、标准值、上限)参数来描述命题的真度。如此就可以形成各种特殊的研究复杂误差环境中的逻辑规律。

3) 现实世界常常是多维和复杂误差环境的结合，途径 1)和途径 2)常常需要混合使用。

辩证逻辑是丰富多彩的，也是始终开放的，发展没有止境！

科学是永无止境的，它是一个永恒之谜。

——爱因斯坦

惠崇春江晚景

〔宋〕 苏轼

竹外桃花三两枝，春江水暖鸭先知。蒌蒿满地芦芽短，正是河豚欲上时。

第11章 不可交换的柔性命题逻辑系统

绝对平均和相对公平是一对辩证矛盾。

11.1 引　言

到目前为止讨论的都是可交换的命题泛逻辑，它具有许多良好的逻辑性质，最核心的性质就是参与逻辑运算的命题都是等权的，它们的相对位置和出场先后没有关系。可是，在现实问题中，常常会出现另外一种应用需求：给重要的或者可信的命题更高的权重，让它对结果产生更大的影响。最常见的有加权平均运算和加权组合运算，它们都有许多成功的案例，但是都停留在数学运算层面，没有人从逻辑层面(特别是柔性逻辑的运算完整簇的层面)系统全面地研究各种逻辑运算的加权问题，进而建立不可交换的命题泛逻辑学。我们研究团队是第一支进入这个无人区、探索建立不可交换的命题泛逻辑并获得成功的队伍。当然，有了可交换命题泛逻辑学的雄厚基础，只需要在二元运算完整簇中解决好全局有效的加权机制即可(其中包括对 6 种二元运算都有效)。我们的研究策略是从使用最多的加权平均运算入手，研究各种可能的逻辑加权方式，评价它们对 6 种不同的二元运算完整簇是否全局有效，从而确定一种最合理的可以统一使用的逻辑加权方式。

下面介绍我们的探索过程和最后结果，欢迎读者批评指正。

11.2　在泛平均运算完整簇上探寻最佳的加权方式

从第 8 章的讨论已知，泛平均运算完整簇有强大的包容能力，它可以把算术平均、几何平均(指数平均)和调和平均等各种常用的平均算子全部包容其中，不过这些算子都是等权的，没有权重差别。需要寻找一种合理的逻辑加权方式，能让泛平均运算完整簇强大的包容能力保持不变,全部变成有权重差别的平均算子。给某一个具体的平均算子加权，并没有特别的困难，但是要给柔性逻辑中的具有无穷多个算子的泛平均运算完整簇进行加权，照顾到它对每一个算子的影响，就没有人尝试过了，我们也只是在文献[14]的 5.5.2 节逻辑真值附加特性的运算中，讨论过一个加权泛平均运算的实例。但是要为 6 个不同的二元泛逻辑运算完整簇寻找合理的、统一的加权方式，建立完整的不可交换的命题泛逻辑理论体系，谁也没有经验。

11.2.1 泛平均运算的命题算术加权方式

定义 11.2.1 设 $\beta\in[0,1]$ 为零级二元泛平均运算完整簇

$$M(x,y,h)=1-((1-x)^m+(1-y)^m)/2)^{1/m}, \quad m=(3-4h)/(4h(1-h)), \quad h\in[0,1], \quad m\in\mathbf{R}$$

中命题 x 的算术加权系数，命题 y 的算术加权系数规定是 $1-\beta\in[0,1]$，即始终保持 x 和 y 的加权系数之和为 1。

推广到多元泛平均运算时，算术加权系数为 $\beta_1, \beta_2, \beta_3, \cdots, \beta_i, \beta_i\in[0,1]$ 且 $\sum_{i=1}^{l}\beta_i=1$。

定义 11.2.2 零级二元泛平均命题算术加权运算模型完整簇为

$$M(x,y,h,\beta)=1-((1-\beta x)^m+(1-(1-\beta)y)^m)/2)^{1/m}$$

图 11.1 是当 $\beta=0.6$ 时，分别取 $h=1, h=0.75, h=0.5, h=0.25$ 和 $h=0$，得到的 $[0,1]$ 区间上二元零级泛平均命题算术加权运算模型的三维变化图。

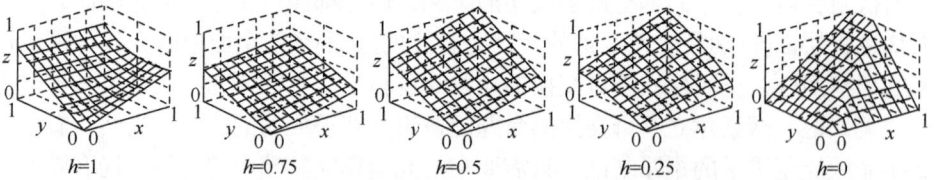

图 11.1　零级泛平均命题算术加权运算模型完整簇的三维图

从图可知，这种加权方式是对命题真值的加权，其中心平均算子为 $(\beta x+(1-\beta)y)/2$，偏离了应该有的算术加权平均算子 $\beta x+(1-\beta)y$，而且，对其他的几何平均(指数平均)和调和平均等各种常用的平均算子也不能有效地加权。所以，这种加权方式从泛平均逻辑运算完整簇的层面看没有全局推广意义。

11.2.2 泛平均运算的命题指数加权方式

定义 11.2.3 设 $\beta>0$ 为零级二元泛平均运算完整簇

$$M(x,y,h)=1-((1-x)^m+(1-y)^m)/2)^{1/m}$$

中命题 x 的指数加权系数，命题 y 的指数加权系数是 $1/\beta$，即始终保持命题 x 和 y 的指数加权系数之积为 1。

推广到多元泛平均运算时，指数加权系数为 $\beta_1, \beta_2, \beta_3, \cdots, \beta_i, \beta_i\in[0,1]$ 且 $\prod_{i=1}^{l}\beta_i=1$。

定义 11.2.4 零级二元泛平均命题指数加权运算模型完整簇为

$$M(x,y,h,\beta)=1-((1-x^\beta)^m+(1-y^{1/\beta})^m)/2)^{1/m}$$

图 11.2 是当β=0.3 时，分别取 h=1, h=0.75, h=0.5, h=0.25 和 h=0 得到的[0, 1]区间上二元零级泛平均命题指数加权运算模型完整簇的三维变化图。从图可知，指数加权方式获得的泛平均运算完整簇的逻辑性质很差，簇中原有的一些平均算子未能有效地保存，且不适于向[0,1]区间之外和多元泛平均运算中推广。

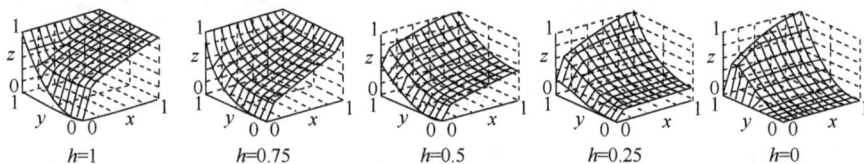

图 11.2　零级泛平均命题指数加权运算模型完整簇的三维图

11.2.3　泛平均运算的生成元加权方式

文献[14]中曾经提出了一种泛平均逻辑运算的加权模型，它将权值加在 T 性生成元完整簇 $F(x, h)$ 前，我们称其为泛平均模型的生成元加权方式。

定义 11.2.5　设$\beta\in[0, 1]$为零级二元泛平均运算完整簇

$$M(x, y, h)=1-F^{-1}((F(1-x, h)+F(1-y, h))/2), h)$$

中 x 的生成元加权系数是$\beta\in[0, 1]$，y 的生成元加权系数是 $1-\beta$，即始终保持 x 和 y 的加权系数之和为 1。

请注意：一般只有在$\beta\in(0,1)$内安全使用，才能让二元泛平均运算保持二元运算本色。如选择β=1，意味着你绝对信任 x，结果会退化为一元运算 x；如选择β=0，意味着你绝对信任 y，结果会退化为一元运算 y。

推广到多元泛平均运算时，生成元加权系数为β_1, β_2, β_3,$\cdots$, β_i, $\beta_i\in[0, 1]$且$\sum_{i=1}^{l}\beta_i=1$。

定义 11.2.6　零级二元泛平均生成元加权运算模型完整簇为

$$M(x, y, h, \beta)=1-F^{-1}(2\beta (F(1-x, h)+2(1-\beta)F(1-y, h))/2),h)$$
$$=1-(2\beta(1-x)^m+2(1-\beta)(1-y)^m)/2)^{1/m}$$

在$\beta\in(0, 1)$时，它保存了四个特殊的平均算子：

Zadeh 平均算子　$M(x, y, 1, \beta)$=max(x, y)

概率平均算子　$M(x, y, 0.75, \beta)$=1$-(1-x)^{\beta}(1-y)^{1-\beta}$　（指数平均）

有界平均算子　$M(x, y, 0.5, \beta)$=$\beta x+(1-\beta) y$　　　（算术平均）

突变平均算子　$M(x, y, 0, \beta)$=min(x, y)

当β=1 时，退化为一元运算 x；当β=0 时，退化为一元运算 y。

图 11.3 是β=0.6 时，h=1, h=0.75, h=0.5, h=0.25 和 h=0 的零级泛平均生成元加权运算模型完整簇的三维图。从图可知，生成元加权方法可以在整个完整簇上获得良好的逻辑性质，可以包含常用的加权指数平均、加权算术平均、加权调和平

均等。至此我们初步找到了给泛平均运算完整簇的加权方式，下面首先推广到泛平均运算模型完整簇中看效果。

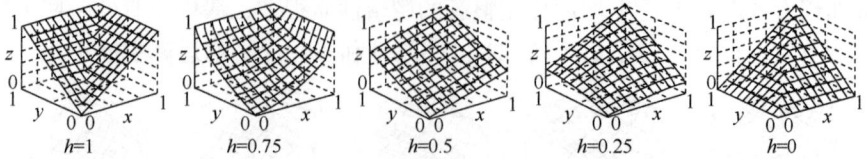

图 11.3　二元零级泛平均生成元加权运算模型完整簇的三维图

从表 11.1、表 11.2 和表 11.3 知，生成元加权生成的完整簇很好，值得全面推广。

表 11.1　零级泛与运算的加权完整簇($k=0.5$)

$\beta=1$, $h=1$	$\beta=0.75$, $h=1$	$\beta=0.5$, $h=1$	$\beta=0.25$, $h=1$	$\beta=0$, $h=1$
$\beta=1$, $h=0.75$	$\beta=0.75$, $h=0.75$	$\beta=0.5$, $h=0.75$	$\beta=0.25$, $h=0.75$	$\beta=0$, $h=0.75$
$\beta=1$, $h=0.5$	$\beta=0.75$, $h=0.5$	$\beta=0.5$, $h=0.5$	$\beta=0.25$, $h=0.5$	$\beta=0$, $h=0.5$
$\beta=1$, $h=0.25$	$\beta=0.75$, $h=0.25$	$\beta=0.5$, $h=0.25$	$\beta=0.25$, $h=0.25$	$\beta=0$, $h=0.25$
$\beta=1$, $h=0$	$\beta=0.75$, $h=0$	$\beta=0.5$, $h=0$	$\beta=0.25$, $h=0$	$\beta=0$, $h=0$

定义 11.2.7 一级二元泛平均生成元加权运算模型完整簇为

$$M(x, y, h, k, \beta) = \Phi^{-1}(1 - F^{-1}((2\beta(F(\Phi(1-x, k)), h) + 2(1-\beta)F(\Phi(1-y, k)), h))/2), h), k)$$
$$= (1 - (2\beta(1-x^n)^m + 2(1-\beta)(1-y^n)^m)/2)^{1/m})^{1/n}$$

k、h、β 三个参数排列组合出来的状态很多，无法在这里全部展示出来，我们选择了 $k=0.25$ 和 $k=0.75$ 两种情况下的 25 种状态以代表全貌。

表 11.2　一级泛平均运算的加权完整簇–1($k=0.25$)

$\beta=1$, $h=1$	$\beta=0.75$, $h=1$	$\beta=0.5$, $h=1$	$\beta=0.25$, $h=1$	$\beta=0$, $h=1$
$\beta=1$, $h=0.75$	$\beta=0.75$, $h=0.75$	$\beta=0.5$, $h=0.75$	$\beta=0.25$, $h=0.75$	$\beta=0$, $h=0.75$
$\beta=1$, $h=0.5$	$\beta=0.75$, $h=0.5$	$\beta=0.5$, $h=0.5$	$\beta=0.25$, $h=0.5$	$\beta=0$, $h=0.5$
$\beta=1$, $h=0.25$	$\beta=0.75$, $h=0.25$	$\beta=0.5$, $h=0.25$	$\beta=0.25$, $h=0.25$	$\beta=0$, $h=0.25$
$\beta=1$, $h=0$	$\beta=0.75$, $h=0$	$\beta=0.5$, $h=0$	$\beta=0.25$, $h=0$	$\beta=0$, $h=0$

表 11.3　一级泛与运算的加权完整簇–2($k=0.75$)

$\beta=1$, $h=1$	$\beta=0.75$, $h=1$	$\beta=0.5$, $h=1$	$\beta=0.25$, $h=1$	$\beta=0$, $h=1$

$\beta=1,\ h=0.75$	$\beta=0.75,\ h=0.75$	$\beta=0.5,\ h=0.75$	$\beta=0.25,\ h=0.75$	$\beta=0,\ h=0.75$
$\beta=1,\ h=0.5$	$\beta=0.75,\ h=0.5$	$\beta=0.5,\ h=0.5$	$\beta=0.25,\ h=0.5$	$\beta=0,\ h=0.5$
$\beta=1,\ h=0.25$	$\beta=0.75,\ h=0.25$	$\beta=0.5,\ h=0.25$	$\beta=0.25,\ h=0.25$	$\beta=0,\ h=0.25$
$\beta=1,\ h=0$	$\beta=0.75,\ h=0$	$\beta=0.5,\ h=0$	$\beta=0.25,\ h=0$	$\beta=0,\ h=0$

11.2.4 生成元加权方式的推广应用

在可交换的泛逻辑中已经获得了生成泛逻辑运算完整簇的有关规则如下。

1. 生成元规则

统一使用指数型 N 性生成元完整簇 $\Phi(x,\ k)$、T 性生成元完整簇 $F(x,h)$。

1）N 性生成元完整簇：

$$\Phi(x,k)=x^{n}$$

其中，$n=-1/\log_2 k$，$k\in[0,1]$；$k=2^{-1/n}$，$n\in\mathbf{R}_+$。

2）零级 T 性生成元完整簇：

$$F(x,h)=x^{m}$$

其中，$m=(3-4h)/[4h(1-h)]$，$h\in[0,1]$；$h=((1+m)-((1+m)^2-3m)^{1/2})/(2m)$，$m\in\mathbf{R}$。

3）一级 T 性生成元完整簇：

$$F(x,h,k)=F(\Phi(x,k),h)=x^{nm}$$

4）一级 T 性生成元加权完整簇：

$$F(x,h,k,\beta)=2\beta F(\Phi(x,k),h)=2\beta x^{nm},\qquad F(y,h,k,\beta)=2(1-\beta)F(\Phi(y,k),h)=2(1-\beta)y^{nm}$$

2. 生成基规则

统一使用非与型基模型 NT。

1) 泛非运算基模型　$N(x, 0.5)=1-x=\Phi^{-1}(1-\Phi(x, 0.5), 0.5)$

2) 泛与运算基模型　$T(x, y, 0.5, 0.5)=\max(0, x+y-1)$

$$=\Phi^{-1}(F^{-1}(\max(F(\Phi(0, 0.5), 0.5),$$
$$F(\Phi(x, 0.5), 0.5)$$
$$+F(\Phi(y, 0.5), 0.5)-1), 0.5), 0.5)$$

3) 泛或运算基模型　$S(x, y, 0.5, 0.5)=1-\max(0, (1-x)+(1-y)-1)$

$$=\Phi^{-1}(1-F^{-1}(\max(F(\Phi(0, 0.5), 0.5),$$
$$F(\Phi(1-x, 0.5), 0.5)$$
$$+F(\Phi(1-y, 0.5), 0.5)-1), 0.5), 0.5)$$

4) 泛蕴含运算基模型　$I(x, y, 0.5, 0.5)=\min(1, 1-x+y)$

$$=\Phi^{-1}(F^{-1}(\min(1+F(\Phi(0, 0.5), 0.5), 1$$
$$-F(\Phi(x, 0.5), 0.5)$$
$$+F(\Phi(y, 0.5), 0.5)), 0.5), 0.5)$$

5) 泛等价运算基模型　$Q(x, y, 0.5, 0.5)=1-|x-y|$

$$=\Phi^{-1}(F^{-1}(1\pm|F(\Phi(x, 0.5), 0.5)$$
$$-F(\Phi(y, 0.5), 0.5)|, 0.5), 0.5)$$

使用基模型时，$h>0.75$ 取+号，否则取−号。

6) 泛平均运算基模型　$M(x, y, 0.5, 0.5)=1-((1-x)+(1-y))/2$

$$=\Phi^{-1}(1-(F^{-1}(F(\Phi(1-x, 0.5)), 0.5)/2$$
$$+F(\Phi(1-y, 0.5), 0.5)/2), 0.5), 0.5)$$

7) 泛组合运算基模型　$C^e(x, y)=C^e(x, y, 0.5, 0.5)=\Gamma[x+y-e]$

$$=\text{ite}\{\Gamma^e[F^{-1}(F(\Phi(x, 0.5), 0.5)+F(\Phi(y, 0.5), 0.5)$$
$$-F(\Phi(e, 0.5), 0.5)]|x+y<2e;$$
$$\Phi^{-1}(1-\Gamma^e[F^{-1}(F(\Phi(1-x, 0.5), 0.5)+F(\Phi(1-y, 0.5) ,0.5)$$
$$-F(\Phi(1-e, 0.5), 0.5)], 0.5)|x+y>2e; e\}$$

其中，$e\in[0, 1]$是表示弃权的幺元；$e'=N(e, k)$；$\Gamma[*]$是[0, 1]区间的限幅函数，即

$$\Gamma[x+y-e]=\min(1, \max(0, x+y-e))$$

3. 不确定性参数对基模型的调整规则

1) 误差系数 $k\in[0, 1]$的调整函数$\Phi(x, k)$对一元运算基模型 $N(x)$的作用方式为

$$N(x, k)=\Phi^{-1}(N(\Phi(x, k)), k)$$

它对二元运算基模型 $L(x, y)$的作用方式为

$$L(x, y, k)=\Phi^{-1}(L(\Phi(x, k), \Phi(y, k)), k)$$

2) 广义相关系数 $h\in[0, 1]$ 的调整函数 $F(x, h)$ 对各种二元运算基模型 $L(x, y)$ 的作用方式为

$$L(x, y, h)=F^{-1}(L(F(x, h),F(y, h)), h)$$

3) k、h 二者对二元运算模型 $L(x, y)$ 共同的作用方式为

$$L(x, y, h, k)=\Phi^{-1}(F^{-1}(L(F(\Phi(x, k), h), F(\Phi(y, k), h), h), k))$$

4) 相对权重系数 $\beta\in[0, 1]$ 对各种二元运算基模型 $L(x, y)$ 的作用方式为

$$L(x, y, \beta)=L(2\beta x, 2(1-\beta)y)$$

注意：一般只有在 $\beta\in(0, 1)$ 内安全使用，才能让二元泛平均运算保持二元运算本色。如选择 $\beta=1$，意味着你绝对信任 x，结果会退化为一元运算 x；如选择 $\beta=0$，意味着你绝对信任 y，结果会退化为一元运算 y。

5) k、h、β 三者对二元运算模型 $L(x, y)$ 共同的影响方式应该为

$$L(x, y, h, k, \beta)=\Phi^{-1}(F^{-1}(L(2\beta F(\Phi(x, k), h),2(1-\beta)F(\Phi(y, k), h), h), k))$$

下面在各种逻辑运算完整簇上应用上述原则，直接检验其有效性，结果全部有效。

11.3　泛与加权运算模型完整簇

11.3.1　零级泛与加权运算模型完整簇

定义 11.3.1　零级泛与加权运算模型的完整簇为

$$T(x, y, h, \beta)=(\max(0, 2\beta x^m+2(1-\beta)y^m-1))^{1/m}$$

其随 h、β 变化的略图如表 11.4 所示。

表 11.4　零级泛与运算的加权完整簇($k=0.5$)

| $\beta=1$, $h=1$ | $\beta=0.75$, $h=1$ | $\beta=0.5$, $h=1$ | $\beta=0.25$, $h=1$ | $\beta=0$, $h=1$ |
| $\beta=1$, $h=0.75$ | $\beta=0.75$, $h=0.75$ | $\beta=0.5$, $h=0.75$ | $\beta=0.25$, $h=0.75$ | $\beta=0$, $h=0.75$ |

续表

$\beta=1,\ h=0.5$	$\beta=0.75,\ h=0.5$	$\beta=0.5,\ h=0.5$	$\beta=0.25,\ h=0.5$	$\beta=0,\ h=0.5$
$\beta=1,\ h=0.25$	$\beta=0.75,\ h=0.25$	$\beta=0.5,\ h=0.25$	$\beta=0.25,\ h=0.25$	$\beta=0,\ h=0.25$
$\beta=1,\ h=0$	$\beta=0.75,\ h=0$	$\beta=0.5,\ h=0$	$\beta=0.25,\ h=0$	$\beta=0,\ h=0$

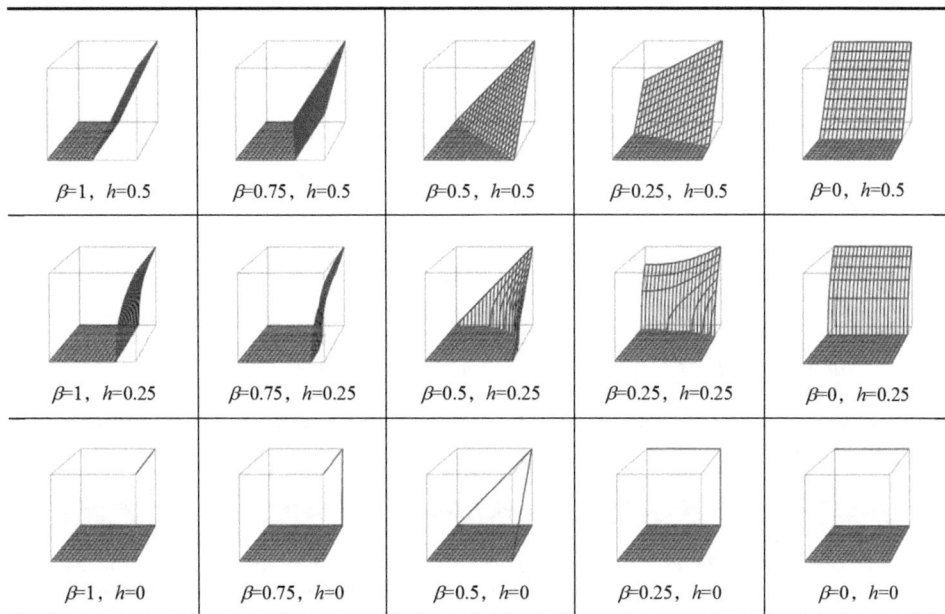

11.3.2 一级泛与加权运算模型完整簇

定义 11.3.2 一级泛与加权运算模型的完整簇为

$$T(x,y,h,k,\beta)=(\max(0,\ 2\beta x^{nm}+2(1-\beta)y^{nm}-1))^{1/mn}$$

其随 k、h、β 变化的略图如表 11.5 和表 11.6 所示，这里只给出了 $k=0.25$ 和 $k=0.75$ 的情况。

表 11.5 一级泛与运算的加权完整簇-1($k=0.25$)

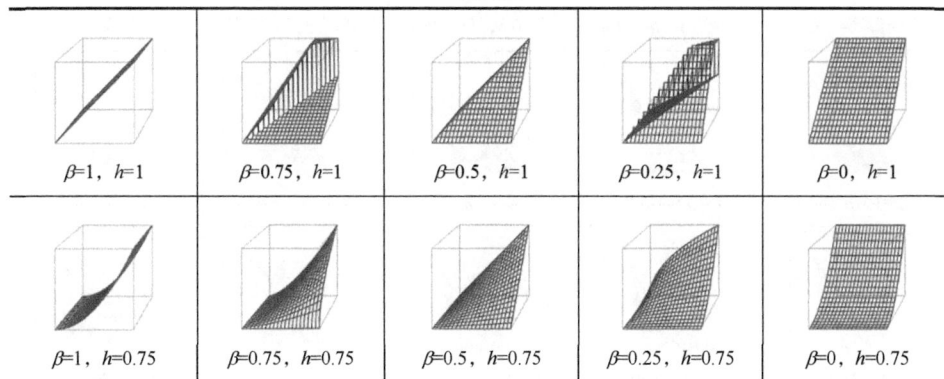

$\beta=1,\ h=1$	$\beta=0.75,\ h=1$	$\beta=0.5,\ h=1$	$\beta=0.25,\ h=1$	$\beta=0,\ h=1$
$\beta=1,\ h=0.75$	$\beta=0.75,\ h=0.75$	$\beta=0.5,\ h=0.75$	$\beta=0.25,\ h=0.75$	$\beta=0,\ h=0.75$

$\beta=1$, $h=0.5$	$\beta=0.75$, $h=0.5$	$\beta=0.5$, $h=0.5$	$\beta=0.25$, $h=0.5$	$\beta=0$, $h=0.5$
$\beta=1$, $h=0.25$	$\beta=0.75$, $h=0.25$	$\beta=0.5$, $h=0.25$	$\beta=0.25$, $h=0.25$	$\beta=0$, $h=0.25$
$\beta=1$, $h=0$	$\beta=0.75$, $h=0$	$\beta=0.5$, $h=0$	$\beta=0.25$, $h=0$	$\beta=0$, $h=0$

表 11.6　一级泛与运算的加权完整簇-2($k=0.75$)

$\beta=1$, $h=1$	$\beta=0.75$, $h=1$	$\beta=0.5$, $h=1$	$\beta=0.25$, $h=1$	$\beta=0$, $h=1$
$\beta=1$, $h=0.75$	$\beta=0.75$, $h=0.75$	$\beta=0.5$, $h=0.75$	$\beta=0.25$, $h=0.75$	$\beta=0$, $h=0.75$
$\beta=1$, $h=0.5$	$\beta=0.75$, $h=0.5$	$\beta=0.5$, $h=0.5$	$\beta=0.25$, $h=0.5$	$\beta=0$, $h=0.5$
$\beta=1$, $h=0.25$	$\beta=0.75$, $h=0.25$	$\beta=0.5$, $h=0.25$	$\beta=0.25$, $h=0.25$	$\beta=0$, $h=0.25$

续表

$\beta=1,\ h=0$	$\beta=0.75,\ h=0$	$\beta=0.5,\ h=0$	$\beta=0.25,\ h=0$	$\beta=0,\ h=0$

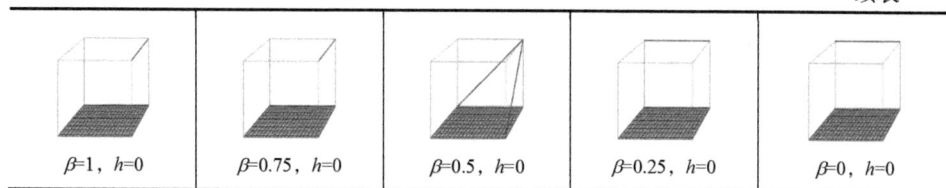

11.4　泛或加权运算模型完整簇

11.4.1　零级泛或加权运算模型完整簇

定义 11.4.1　零级泛或加权运算模型的完整簇为

$$S(x,y,h,\beta)=1-(\max(0,2\beta(1-x)^m+2(1-\beta)(1-y)^m-1))^{1/m}$$

其随 h、β 变化的略图如表 11.7 所示。

表 11.7　零级泛或运算的加权完整簇(k=0.5)

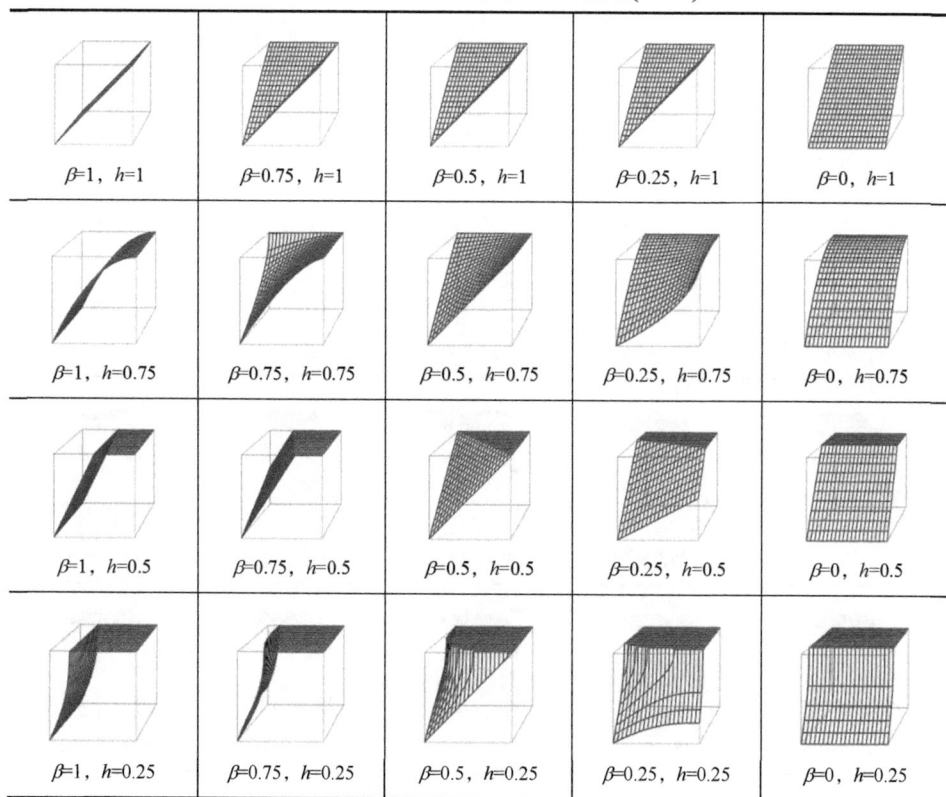

$\beta=1,\ h=1$	$\beta=0.75,\ h=1$	$\beta=0.5,\ h=1$	$\beta=0.25,\ h=1$	$\beta=0,\ h=1$
$\beta=1,\ h=0.75$	$\beta=0.75,\ h=0.75$	$\beta=0.5,\ h=0.75$	$\beta=0.25,\ h=0.75$	$\beta=0,\ h=0.75$
$\beta=1,\ h=0.5$	$\beta=0.75,\ h=0.5$	$\beta=0.5,\ h=0.5$	$\beta=0.25,\ h=0.5$	$\beta=0,\ h=0.5$
$\beta=1,\ h=0.25$	$\beta=0.75,\ h=0.25$	$\beta=0.5,\ h=0.25$	$\beta=0.25,\ h=0.25$	$\beta=0,\ h=0.25$

$\beta=1$, $h=0$	$\beta=0.75$, $h=0$	$\beta=0.5$, $h=0$	$\beta=0.25$, $h=0$	$\beta=0$, $h=0$

11.4.2　一级泛或加权运算模型完整簇

定义 11.4.2　一级泛或加权运算模型的完整簇为

$$S(x, y, h, k, \beta)=(1-(\max(0, 2\beta(1-x^n)^m+2(1-\beta)(1-y^n)^m-1))^{1/m})^{1/n}$$

其随 k、h、β 变化的略图如表 11.8 和表 11.9 所示，这里只给出了 $k=0.25$ 和 $k=0.75$ 的情况。

表 11.8　一级泛或运算的加权完整簇-1($k=0.25$)

$\beta=1$, $h=1$	$\beta=0.75$, $h=1$	$\beta=0.5$, $h=1$	$\beta=0.25$, $h=1$	$\beta=0$, $h=1$
$\beta=1$, $h=0.75$	$\beta=0.75$, $h=0.75$	$\beta=0.5$, $h=0.75$	$\beta=0.25$, $h=0.75$	$\beta=0$, $h=0.75$
$\beta=1$, $h=0.5$	$\beta=0.75$, $h=0.5$	$\beta=0.5$, $h=0.5$	$\beta=0.25$, $h=0.5$	$\beta=0$, $h=0.5$
$\beta=1$, $h=0.25$	$\beta=0.75$, $h=0.25$	$\beta=0.5$, $h=0.25$	$\beta=0.25$, $h=0.25$	$\beta=0$, $h=0.25$

$\beta=1,\ h=0$	$\beta=0.75,\ h=0$	$\beta=0.5,\ h=0$	$\beta=0.25,\ h=0$	$\beta=0,\ h=0$

表 11.9　一级泛或运算的加权完整簇–2(k=0.75)

$\beta=1,\ h=1$	$\beta=0.75,\ h=1$	$\beta=0.5,\ h=1$	$\beta=0.25,\ h=1$	$\beta=0,\ h=1$
$\beta=1,\ h=0.75$	$\beta=0.75,\ h=0.75$	$\beta=0.5,\ h=0.75$	$\beta=0.25,\ h=0.75$	$\beta=0,\ h=0.75$
$\beta=1,\ h=0.5$	$\beta=0.75,\ h=0.5$	$\beta=0.5,\ h=0.5$	$\beta=0.25,\ h=0.5$	$\beta=0,\ h=0.5$
$\beta=1,\ h=0.25$	$\beta=0.75,\ h=0.25$	$\beta=0.5,\ h=0.25$	$\beta=0.25,\ h=0.25$	$\beta=0,\ h=0.25$
$\beta=1,\ h=0$	$\beta=0.75,\ h=0$	$\beta=0.5,\ h=0$	$\beta=0.25,\ h=0$	$\beta=0,\ h=0$

11.5　泛蕴含加权运算模型完整簇

11.5.1　零级泛蕴含加权运算模型完整簇

定义 11.5.1　零级泛蕴含与加权运算模型的完整簇为

$$I(x, y, h, \beta)=(\min(1,\ 1-2\beta x^m+2(1-\beta)y^m))^{1/m}$$

其随 h、β 变化的略图如表 11.10 所示。

表 11.10   零级泛蕴含运算的加权完整簇($k=0.5$)

$\beta=1,\ h=1$	$\beta=0.75,\ h=1$	$\beta=0.5,\ h=1$	$\beta=0.25,\ h=1$	$\beta=0,\ h=1$
$\beta=1,\ h=0.75$	$\beta=0.75,\ h=0.75$	$\beta=0.5,\ h=0.75$	$\beta=0.25,\ h=0.75$	$\beta=0,\ h=0.75$
$\beta=1,\ h=0.5$	$\beta=0.75,\ h=0.5$	$\beta=0.5,\ h=0.5$	$\beta=0.25,\ h=0.5$	$\beta=0,\ h=0.5$
$\beta=1,\ h=0.25$	$\beta=0.75,\ h=0.25$	$\beta=0.5,\ h=0.25$	$\beta=0.25,\ h=0.25$	$\beta=0,\ h=0.25$
$\beta=1,\ h=0$	$\beta=0.75,\ h=0$	$\beta=0.5,\ h=0$	$\beta=0.25,\ h=0$	$\beta=0,\ h=0$

从表 11.10 可清楚看出，零级泛蕴含的加权运算已显示出一些不良变化，因为蕴含的逻辑功能是由前件 x 推出后件 y，其中严格要求保持 $x \leqslant y$ 的大小关系，而加权操作会直接破坏 $x \leqslant y$ 的大小关系，所以在偏离 $\beta=0.5$ 时，就开始出现异常情况，偏离越大，异常越剧烈，甚至完全失去了蕴含功能。这不是改变加权方式可以解决的问题，而是保持 $x \leqslant y$ 的泛蕴含逻辑功能的问题，所以我们的结论是在泛蕴含运算

中一般应该禁止使用加权运算，实在有个别应用场景需要使用加权泛蕴含作为轻微的调整，只能在 β=0.5 附近选择使用。下面仍然把有关图形显示出来供大家参考。

11.5.2　一级泛蕴含加权运算模型完整簇

定义 11.5.2　一级泛蕴含加权运算模型的完整簇为

$$I(x, y, h, k,\beta)=(\min(1, 1-2\beta x^{nm}+2(1-\beta)y^{nm}))^{1/mn}$$

其随 k、h、β 变化的略图如表 11.11 和表 11.12 所示，只给出了 k=0.25 和 k=0.75 的情况。

表 11.11　一级泛蕴含运算的加权完整簇–1(k=0.25)

β=1, h=1	β=0.75, h=1	β=0.5, h=1	β=0.25, h=1	β=0, h=1
β=1, h=0.75	β=0.75, h=0.75	β=0.5, h=0.75	β=0.25, h=0.75	β=0, h=0.75
β=1, h=0.5	β=0.75, h=0.5	β=0.5, h=0.5	β=0.25, h=0.5	β=0, h=0.5
β=1, h=0.25	β=0.75, h=0.25	β=0.5, h=0.25	β=0.25, h=0.25	β=0, h=0.25
β=1, h=0	β=0.75, h=0	β=0.5, h=0	β=0.25, h=0	β=0, h=0

表 11.12　一级泛蕴含运算的加权完整簇–2(k=0.75)

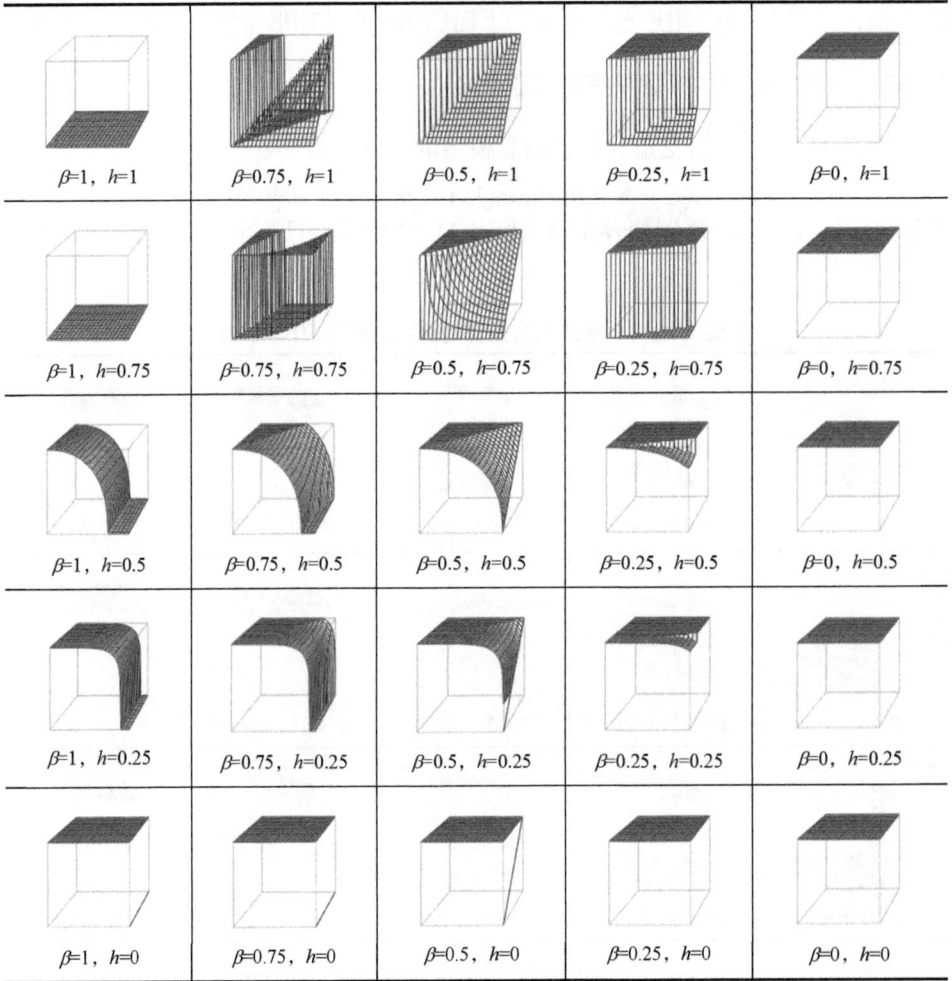

β=1, h=1	β=0.75, h=1	β=0.5, h=1	β=0.25, h=1	β=0, h=1
β=1, h=0.75	β=0.75, h=0.75	β=0.5, h=0.75	β=0.25, h=0.75	β=0, h=0.75
β=1, h=0.5	β=0.75, h=0.5	β=0.5, h=0.5	β=0.25, h=0.5	β=0, h=0.5
β=1, h=0.25	β=0.75, h=0.25	β=0.5, h=0.25	β=0.25, h=0.25	β=0, h=0.25
β=1, h=0	β=0.75, h=0	β=0.5, h=0	β=0.25, h=0	β=0, h=0

11.6　泛等价加权运算模型完整簇

11.6.1　零级泛等价运算的生成元加权方式

定义 11.6.1　零级泛等价与加权运算模型的完整簇为

$$Q(x, y, h, \beta)=\text{ite}\{(1+|2\beta x^m-2(1-\beta)y^m|)^{1/m}|m\leqslant 0; (1-|2\beta x^m-2(1-\beta)y^m|)^{1/m}\}$$

其随 h、β 变化的略图如表 11.13 所示。从表中的图形变化可清楚看出，零级泛等价的加权运算已显示出一些不良性质，因为等价的逻辑功能是判断 x 和 y 是否相等，其中考察的就是 x 和 y 的数值大小，而加权操作会直接破坏两者原来的数值关系，所以在偏离 $\beta=0.5$ 时，就开始出现异常情况，偏离越大，异常越剧烈，甚至完全失去了等价功能。这不是改变加权方式可以解决的问题，而是保持泛等价逻辑功能问题，所以我们的结论是在泛等价运算中一般应该禁止使用加权运算，实在有个别应用场景需要使用加权泛蕴含，只能在 $\beta=0.5$ 附近选择使用。下面仍然把有关图形显示出来供大家参考。

表 11.13　零级泛等价运算的加权完整簇($k=0.5$)

$\beta=1,\ h=1$	$\beta=0.75,\ h=1$	$\beta=0.5,\ h=1$	$\beta=0.25,\ h=1$	$\beta=0,\ h=1$
$\beta=1,\ h=0.75$	$\beta=0.75,\ h=0.75$	$\beta=0.5,\ h=0.75$	$\beta=0.25,\ h=0.75$	$\beta=0,\ h=0.75$
$\beta=1,\ h=0.5$	$\beta=0.75,\ h=0.5$	$\beta=0.5,\ h=0.5$	$\beta=0.25,\ h=0.5$	$\beta=0,\ h=0.5$
$\beta=1,\ h=0.25$	$\beta=0.75,\ h=0.25$	$\beta=0.5,\ h=0.25$	$\beta=0.25,\ h=0.25$	$\beta=0,\ h=0.25$
$\beta=1,\ h=0$	$\beta=0.75,\ h=0$	$\beta=0.5,\ h=0$	$\beta=0.25,\ h=0$	$\beta=0,\ h=0$

11.6.2　一级泛等价加权运算模型的完整簇

定义 11.6.2　一级泛等价加权运算模型的完整簇为

$$Q(x,y,h,k,\beta)=\mathrm{ite}\{(1+|2\beta x^{nm}-2(1-\beta)y^{nm}|)^{1/mn}|m\leqslant0;\ (1-|2\beta x^{nm}-2(1-\beta)y^{nm}|)^{1/mn}\}$$

其随 k、h、β 变化的略图如表 11.14 和表 11.15 所示，只给出了 $k=0.25$ 和 $k=0.75$ 的情况。

表 11.14　一级泛等价运算的加权完整簇-1($k=0.25$)

$\beta=1$, $h=1$	$\beta=0.75$, $h=1$	$\beta=0.5$, $h=1$	$\beta=0.25$, $h=1$	$\beta=0$, $h=1$
$\beta=1$, $h=0.75$	$\beta=0.75$, $h=0.75$	$\beta=0.5$, $h=0.75$	$\beta=0.25$, $h=0.75$	$\beta=0$, $h=0.75$
$\beta=1$, $h=0.5$	$\beta=0.75$, $h=0.5$	$\beta=0.5$, $h=0.5$	$\beta=0.25$, $h=0.5$	$\beta=0$, $h=0.5$
$\beta=1$, $h=0.25$	$\beta=0.75$, $h=0.25$	$\beta=0.5$, $h=0.25$	$\beta=0.25$, $h=0.25$	$\beta=0$, $h=0.25$
$\beta=1$, $h=0$	$\beta=0.75$, $h=0$	$\beta=0.5$, $h=0$	$\beta=0.25$, $h=0$	$\beta=0$, $h=0$

表 11.15　一级泛等价运算的加权完整簇-2($k=0.75$)

$\beta=1$, $h=1$	$\beta=0.75$, $h=1$	$\beta=0.5$, $h=1$	$\beta=0.25$, $h=1$	$\beta=0$, $h=1$

续表

$\beta=1, h=0.75$	$\beta=0.75, h=0.75$	$\beta=0.5, h=0.75$	$\beta=0.25, h=0.75$	$\beta=0, h=0.75$
$\beta=1, h=0.5$	$\beta=0.75, h=0.5$	$\beta=0.5, h=0.5$	$\beta=0.25, h=0.5$	$\beta=0, h=0.5$
$\beta=1, h=0.25$	$\beta=0.75, h=0.25$	$\beta=0.5, h=0.25$	$\beta=0.25, h=0.25$	$\beta=0, h=0.25$
$\beta=1, h=0$	$\beta=0.75, h=0$	$\beta=0.5, h=0$	$\beta=0.25, h=0$	$\beta=0, h=0$

11.7　泛组合的加权运算模型完整簇

11.7.1　零级泛组合运算的生成元加权方式

定义 11.7.1　零级泛组合加权运算模型的完整簇为

$$C^e(x, y, h, \beta)=\text{ite}\{\min(e, (\max(0, 2\beta x^m+2(1-\beta)y^m-e^m))^{1/m}|2\beta x+2(1-\beta)y<2e;$$
$$(1-(\min(1-e, (\max(0, 2\beta(1-x)^m+2(1-\beta)(1-y)^m-(1-e)^m))^{1/m})))|2\beta x+2(1-\beta)y>2e; e\}$$

其随 h、β 变化的略图如表 11.16 所示。

表 11.16　零级泛组合运算的加权完整簇($k=0.5$, $e=0.5$)

$\beta=1, h=1$	$\beta=0.75, h=1$	$\beta=0.5, h=1$	$\beta=0.25, h=1$	$\beta=0, h=1$

$\beta=1,\ h=0.75$	$\beta=0.75,\ h=0.75$	$\beta=0.5,\ h=0.75$	$\beta=0.25,\ h=0.75$	$\beta=0,\ h=0.75$
$\beta=1,\ h=0.5$	$\beta=0.75,\ h=0.5$	$\beta=0.5,\ h=0.5$	$\beta=0.25,\ h=0.5$	$\beta=0,\ h=0.5$
$\beta=1,\ h=0.25$	$\beta=0.75,\ h=0.25$	$\beta=0.5,\ h=0.25$	$\beta=0.25,\ h=0.25$	$\beta=0,\ h=0.25$
$\beta=1,\ h=0$	$\beta=0.75,\ h=0$	$\beta=0.5,\ h=0$	$\beta=0.25,\ h=0$	$\beta=0,\ h=0$

11.7.2 一级泛组合加权运算模型的完整簇

定义 11.7.2 一级泛组合加权运算模型的完整簇为

$$C^e(x,y,h,k,\beta)=\text{ite}\{\min(e,(\max(0,2\beta x^{nm}+2(1-\beta)y^{nm}-e^{nm}))^{1/mn}|2\beta x+2(1-\beta)y<2e;(1-(\min(1-e,(\max(0,2\beta(1-x^n)^m+2(1-\beta)(1-y^n)^m-(1-e^n)^m))^{1/m}))^{1/n})|2\beta x+2(1-\beta)y>2e;e\}$$

其随 k、h、β 变化的略图如表 11.17、表 11.18、表 11.19 和表 11.20 所示，只给出了 $k=0.25$ 和 $e=0.25$、$k=0.25$ 和 $e=0.75$、$k=0.75$ 和 $e=0.25$、$k=0.75$ 和 $e=0.75$ 的 4 种情况为代表。

表 11.17　一级泛组合运算的加权完整簇–1($k=0.25$, $e=0.25$)

| $\beta=1,\ h=1$ | $\beta=0.75,\ h=1$ | $\beta=0.5,\ h=1$ | $\beta=0.25,\ h=1$ | $\beta=0,\ h=1$ |

$\beta=1$, $h=0.75$	$\beta=0.75$, $h=0.75$	$\beta=0.5$, $h=0.75$	$\beta=0.25$, $h=0.75$	$\beta=0$, $h=0.75$
$\beta=1$, $h=0.5$	$\beta=0.75$, $h=0.5$	$\beta=0.5$, $h=0.5$	$\beta=0.25$, $h=0.5$	$\beta=0$, $h=0.5$
$\beta=1$, $h=0.25$	$\beta=0.75$, $h=0.25$	$\beta=0.5$, $h=0.25$	$\beta=0.25$, $h=0.25$	$\beta=0$, $h=0.25$
$\beta=1$, $h=0$	$\beta=0.75$, $h=0$	$\beta=0.5$, $h=0$	$\beta=0.25$, $h=0$	$\beta=0$, $h=0$

表 11.18　一级泛组合运算的加权完整簇-1($k=0.25$, $e=0.75$)

$\beta=1$, $h=1$	$\beta=0.75$, $h=1$	$\beta=0.5$, $h=1$	$\beta=0.25$, $h=1$	$\beta=0$, $h=1$
$\beta=1$, $h=0.75$	$\beta=0.75$, $h=0.75$	$\beta=0.5$, $h=0.75$	$\beta=0.25$, $h=0.75$	$\beta=0$, $h=0.75$
$\beta=1$, $h=0.5$	$\beta=0.75$, $h=0.5$	$\beta=0.5$, $h=0.5$	$\beta=0.25$, $h=0.5$	$\beta=0$, $h=0.5$

$\beta=1, h=0.25$	$\beta=0.75, h=0.25$	$\beta=0.5, h=0.25$	$\beta=0.25, h=0.25$	$\beta=0, h=0.25$
$\beta=1, h=0$	$\beta=0.75, h=0$	$\beta=0.5, h=0$	$\beta=0.25, h=0$	$\beta=0, h=0$

表 11.19　一级泛组合运算的加权完整簇-1($k=0.75, e=0.25$)

$\beta=1, h=1$	$\beta=0.75, h=1$	$\beta=0.5, h=1$	$\beta=0.25, h=1$	$\beta=0, h=1$
$\beta=1, h=0.75$	$\beta=0.75, h=0.75$	$\beta=0.5, h=0.75$	$\beta=0.25, h=0.75$	$\beta=0, h=0.75$
$\beta=1, h=0.5$	$\beta=0.75, h=0.5$	$\beta=0.5, h=0.5$	$\beta=0.25, h=0.5$	$\beta=0, h=0.5$
$\beta=1, h=0.25$	$\beta=0.75, h=0.25$	$\beta=0.5, h=0.25$	$\beta=0.25, h=0.25$	$\beta=0, h=0.25$
$\beta=1, h=0$	$\beta=0.75, h=0$	$\beta=0.5, h=0$	$\beta=0.25, h=0$	$\beta=0, h=0$

表 11.20　一级泛组合运算的加权完整簇–2(k=0.75, e=0.75)

β=1, h=1	β=0.75, h=1	β=0.5, h=1	β=0.25, h=1	β=0, h=1
β=1, h=0.75	β=0.75, h=0.75	β=0.5, h=0.75	β=0.25, h=0.75	β=0, h=0.75
β=1, h=0.5	β=0.75, h=0.5	β=0.5, h=0.5	β=0.25, h=0.5	β=0, h=0.5
β=1, h=0.25	β=0.75, h=0.25	β=0.5, h=0.25	β=0.25, h=0.25	β=0, h=0.25
β=1, h=0	β=0.75, h=0	β=0.5, h=0	β=0.25, h=0	β=0, h=0

11.8　不可交换的命题泛逻辑理论体系

11.8.1　零级不可交换的命题泛逻辑理论体系

1) 泛非运算

$$N(x, k)=1-x$$

2) 泛与运算完整簇

$$T(x, y, h, \beta)=(\max(0, 2\beta x^{nm}+2(1-\beta)y^{nm}-1))^{1/mn}$$

3) 泛或运算完整簇

$$S(x, y, h, \beta)=1-(\max(0, 2\beta(1-x)^{m}+2(1-\beta)(1-y)^{m}-1))^{1/m}$$

4) 泛平均运算完整簇

$$M(x, y, h, \beta)=1-(2\beta(1-x)^m+2(1-\beta)(1-y)^m)/2^{1/m}$$

5) 泛组合运算完整簇

$$C^e(x, y, h, \beta)=\text{ite}\{\min(e, (\max(0, 2\beta x^m+2(1-\beta)y^m-e^m))^{1/m}|2\beta x+2(1-\beta)y<2e;$$
$$(1-\min(1-e, (\max(0, 2\beta(1-x)^m+2(1-\beta)(1-y)^m-(1-e)^m))^{1/m}))|2\beta x+2(1-\beta)y>2e; e\}$$

上述 5 个运算是可以加权的，没有应用限制，下面两个运算一般按 β=0.5 使用，特殊情况可以偏离 0.5 附近少许。

6) 泛蕴含运算完整簇

$$I(x, y, h, \beta)=\min(1, 1-2\beta x^m+2(1-\beta)y^m)^{1/m}$$

7) 泛等价运算完整簇

$$Q(x, y, h, \beta)=\text{ite}\{(1+|2\beta x^m-2(1-\beta)y^m|)^{1/m}|m\leqslant0; (1-|2\beta x^m-2(1-\beta)y^m|)^{1/m}\}$$

11.8.2　一级不可交换的命题泛逻辑理论体系

1) 泛非运算完整簇

$$N(x, k)=(1-x^n)^{1/n}$$

2) 泛与运算完整簇

$$T(x, y, h, k, \beta)=(\max(0, 2\beta x^{nm}+2(1-\beta)y^{nm}-1))^{1/mn}$$

3) 泛或运算完整簇

$$S(x, y, h, k, \beta)=(1-(\max(0, 2\beta(1-x^n)^m+2(1-\beta)(1-y^n)^m-1))^{1/m})^{1/n}$$

4) 泛平均运算完整簇

$$M(x, y, h, k, \beta)=(1-(2\beta(1-x^n)^m+2(1-\beta)(1-y^n)^m)/2)^{1/m})^{1/n}$$

5) 泛组合运算完整簇

$$C^e(x, y, h, k, \beta)=\text{ite}\{\min(e, (\max(0, 2\beta x^{nm}+2(1-\beta)y^{nm}-e^{nm}))^{1/mn}|2\beta x+2(1-\beta)y<2e;$$
$$(1-(\min(1-e, (\max(0, 2\beta(1-x^n)^m+2(1-\beta)(1-y^n)^m-(1-e^n)^m))^{1/m}))^{1/n}|2\beta x+2(1-\beta)y>2e; e\}$$

上述 5 个运算是可以加权的，没有应用限制。下面两个运算一般按 β=0.5 使用，特殊情况可以偏离 0.5 附近少许。为什么如此规定？因为在二元柔性信息处理的 20 种模式中有 6 种模式：(13 号模式) $y{\rightarrow}x$ (即 $y{\leqslant}x$)；(11 号模式) $x{\rightarrow}y$ (即 $x{\leqslant}y$)；(9 号模式) $x{=}{\leftrightarrow}y$ (即 $x{=}y$)；(6 号模式) $\neg(x{\leftrightarrow}y)$ (即 $x{\neq}y$)；(4 号模式) $\neg(x{\rightarrow}y)$ (即 $x{>}y$) 和 (2 号模式) $\neg(y{\rightarrow}x)$ (即 $y{>}x$) 等，都是在逻辑上度量命题 x 和 y 的真度之间存在的大小关系，如同天平一样，绝对要求精准和灵敏。它们都涉及泛蕴含运算和泛等价运算，所以只能保持两边等权(β=0.5)，才能完成它们的逻辑功能。如果有特殊应用场景需要通过轻微加权进行大概的比较研究，例如 x 边是新收购的小麦，y 边是库存的小麦，两者含水量相差 2ε，可以选择 β=0.5$-\varepsilon$ 使用，但是不能随便到处乱用。

6) 泛蕴含运算完整簇

$$I(x, y, h, k, \beta)=(\min(1, 1-2\beta x^{nm}+2(1-\beta)y^{nm}))^{1/mn}$$

7) 泛等价运算完整簇

$$Q(x, y, h, k, \beta)=\mathrm{ite}\{(1+|2\beta x^{nm}-2(1-\beta)y^{nm}|)^{1/mn}|m\leqslant 0; (1-|2\beta x^{nm}-2(1-\beta)y^{nm}|)^{1/mn}\}$$

11.9　小　　结

在日常生活中，事务纷繁，必须分个轻重缓急，在各种关系中，总有厚此薄彼之分，这是人之常情，但是，这种人之常情有一个度的限制，不可过度，特别是执法机关和度量机构等"天平单位"，绝对不能允许短斤少两和厚此薄彼的现象发生。泛逻辑是最接地气的逻辑，它应该反映这些客观规律。我们创立的不可交换的命题泛逻辑基本上达到了这个目的。

古语有"天公平而无私，故美恶莫不覆；地公平而无私，故小大莫不载"之说。从平等和公平的本义中可以看出二者的本质区别之所在。其中，平等强调的是无差别，而公平则强调公道、公正，不偏袒。或者说，是否承认存在差别，构成了公平与平等最主要的区别。其中，平等否认存在差别，而公平则不然，它承认存在差别，并在此基础上得以实现公平。跳开公平，直接追求平等，是本末倒置的思维。

第三篇　知　行　篇
泛逻辑理论的应用及展望

冬夜读书示子聿
〔宋〕　陆游
古人学问无遗力，少壮工夫老始成。
纸上得来终觉浅，绝知此事要躬行。

古人曰："操千曲而后晓声，观千剑而后识器"。实践是检验真理的唯一标准。人的认识，主要来源于实践活动。人在实践过程中其实是在做两件事情，一件事是认识世界，另一件事是改造世界。认识世界不是目的，而只是一个必不可少的环节，改造世界才是最终的目的。认识世界是"知"，改造世界是"行"，认识从实践开始，经过实践得到了理论的认识，还要再回到实践中去，也就是"从实践中来，到实践中去"，如此，方能达到"知行合一"。

1. 宏大目标

2017 年 7 月 8 日，国务院发布了《新一代人工智能发展规划》(以下简称《规划》)，要求到 2030 年，我国人工智能的理论、技术和应用总体达到国际领先水平，为此《规划》提出了三步走的战略：到 2020 年人工智能总体技术和应用与世界先进水平同步；到 2025 年人工智能基础理论实现重大突破；到 2030 年人工智能理论、技术与应用总体达到世界领先水平。

紧紧抓住人工智能的创新研究，特别是把人工智能基础理论的重大突破放在整个战略的核心地位，这是我国人工智能发展战略的英明决断和突出亮点。因为，继续跟踪别人永远无法超越，如果没有基础理论的重大突破，就不可能实现全面的整体领先。在百年未有之大变局的今天，科学范式的变革迫在眉睫，原始基本理论创新成为核心和制高点，认知智能和辩证思维模拟成为破关夺路的急先锋。机中隐危，危中现机，现在是有识之士大有可为的难得机遇。

2. 新的阶段

每一个新学科的建立和完善都要经历前后相继的两个基本阶段，首先，是自下而上摸索适合于本学科的原理和方法的经验积累阶段；其次，是自上而下有序构建本学科基础理论的阶段。显然,两个阶段不仅不可或缺,而且顺序不可颠倒。这是学科发展的客观规律,当然,学科的基础理论建立之后,必须回到客观实践中去接受应用检验。

3. 本篇任务

本篇的任务是专门介绍命题泛逻辑原理应用中的各种问题,其中包括:

1) 应用命题泛逻辑的健全性标准,以便确保辨证论治对症下药、一把钥匙开一把锁的使用效果;

2) 如何应用命题泛逻辑原理构建柔性神经元,改造现行的人工神经网络;

3) 如何通过输入数据提取神经元(逻辑算子)的$<a, b, e>$参数和$<k, h, \beta>$参数,实现小样本学习、适应环境变化和在线优化;

4) 如何应用命题泛逻辑原理描述系统故障诊断系统的量子纠缠过程;

5) 展望"洛神计划"、超长位进位直达计算协处理器、泛逻辑运算协处理器和数理辩证逻辑的未来发展。

第 12 章 命题泛逻辑的应用须知

> 我们不但善于破坏一个旧世界，我们还将善于建设一个新世界。
>
> ——毛泽东

12.1 引　　言

所谓人工智能就是人造机器智能，它通过在计算机(或其他机器)上模拟人(或生物)的某些智能功能和行为来制造智能工具(即聪明的机器)，代替或者协助人去完成某些特定的任务。

这是一个前所未有的巨大挑战，以往人们使用的工具都是没有智能的，如何随机应变地使用它们是使用者的职责，工具只需要完成设定好的功能即可。现在工具本身有了智能，能根据使用者的意图，随机应变地去现场完成任务，且能在完成任务中学会更好地工作。如何实现这个全新的工具智能化设计，谁也没有真实的经验，人们只能在黑暗中摸索前进。所以，人工智能学科诞生 70 多年来，其发展过程经历了两次大起大落。最近 20 多年来，在大数据处理、云计算和深度神经网络的推动下，人工智能从低谷走向了第三次高潮，以 AlphaGo 为代表的研究成果创造了许多奇迹。特别是这种智能模拟方式不同于以往的知识工程和计算智能方式，它具有了为整个产业赋能升级的巨大实力，可把一个传统产业升级改造为智能产业，其社会影响力非同凡响。

作为智能人来说，这本来是一件十分让人骄傲和自豪的事情。但是，不得不说，目前这样的智能层次其实是最低级的：从思维层次上看，它属于最底层的思维，与动物都有的条件反射类似，还有待于提高到人类独有的知性思维和辩证思维层次；从认识的演化过程看，它属于最开始的感知认识阶段，还有待于发展到认知阶段和决策阶段；从认识的深度上看，它属于表面认识，还有待于深入到本质的认识和整体的认识。所以，这种人工智能的局限性是知其然不知其所以然，它分不清输入的是正常数据还是钓鱼的诱饵数据。如果对输入数据是来者不拒、照单全收，对输出结果是盲目相信、照章办事，那么，这样的智能主体一旦落入到对手布下的陷阱，必然是面临灭顶之灾。在人类社会里，这样的人必然是人下之人，难以有所作为。可是变换到计算机世界后，由于云雾缭绕，看不清庐山真面目，于是形成了许多幻觉，看不到危机将至。其实，现在的人工智能成就仅限于"大数据小任务"的全透明场景，应用面十分狭窄。人工智能需要面对的主要是"大任务小数据"的半透明场景。所以，面对眼前的人工智能成就，我们不能高兴得忘乎所以，要清醒地认识到，万里长征刚刚走完了第一步，更加艰巨复杂的道路等待人类去开拓。要让人工智能脱离粗糙随意的经验探索阶段，进入按需精准设计的理论指导阶段，首先必须完成科学范式变革，从适用于封闭的简单机械系统的决定论科学范式，变化到适用于开放的复杂性巨系统的演化论科学范式。相应地完成逻辑范式变革，从适用于理想世界的刚性逻辑范式，变化到适用于现实世界的柔性逻辑范式。

机制主义人工智能研究团队，为达到此革命目标，已经在智能生成机制、命题泛逻辑、因素空间理论等方面完成了基础理论的创建。本章将开始讨论应用命题泛逻辑时的各种问题。

12.2 命题泛逻辑的健全性标准

600 多年前数理逻辑形成时，许多大数学家和著名逻辑学家都相信它就是思维的准绳，是判断是非的标准，是科学思维的典范，是放之四海而皆准的普适性真理，整个数学都不过是应用逻辑而已，其在整个科学中的地位至高无上。70 多年来人工智能研究的亲身检验证明他们所说的"普适性"只是在象牙塔内有效的普适性，他们心目中的"至高无上"地位只存在于象牙塔中。一旦来到现实世界，它就处处格格不入。于是面向现实世界的各种柔性逻辑应运而生。刚性逻辑有可靠性和完备性保驾护航，柔性逻辑用什么保驾护航？下面就开始讨论什么是安全使用柔性逻辑算子的健全性标准。

12.2.1 刚性逻辑的可靠性和完备性

数理逻辑是把自然语言描述和自然推理规则组成的传统形式逻辑，全面实现数学化和数值化的结果。凭什么保证这种转换是安全有效的？即只有 0、1 形式外壳而没有命题内容的数理逻辑演绎，结果能与基于自然语言的传统形式逻辑的演绎结果一致吗？数理逻辑用可靠性定理和完备性定理从正反两方面做了回答。下面先介绍预备知识。

1. 预备知识

(1) 数理逻辑的语法

语法是一些规则的集合。规则是人为确定的一些原则，它来源于现实世界，抽象出来后已独立于现实世界。如在现实世界中有自然推导规则(natural deduction rule) "我喜欢计算机科学，且我喜欢数学"可推出 "我喜欢计算机科学"的规则，就可抽象出一条语法规则"$A \wedge B \vdash A$"；从"我喜欢计算机科学"可推出"我喜欢计算机科学，或我喜欢数学"的规则，就可抽象出一条语法规则"$A \vdash A \vee B$"，它们一旦被抽象出来，就与命题的内容毫无关系了，可在抽象的符号空间中作为变换规则自由使用。

(2) 数理逻辑的语义

语义就是语言表达的含义。在数理逻辑中，命题 ϕ, φ, $\psi \in \{F, T\}$，非语句: $\Psi = \neg \phi$、与语句: $\Psi = \phi \wedge \varphi$、或语句: $\Psi = \phi \vee \varphi$、蕴含语句: $\Psi = \phi \rightarrow \varphi$的含义转换成$\{0, 1\} \times \{0, 1\} \rightarrow \{0, 1\}$的一个映射。整个语句集合的语义就包含在下面的真值表中，其中的真值符号 F、T 全部数值化为数字 0、1 了，便于把逻辑运算变成数值计算(表 12.1)。

表 12.1　命题逻辑的真值表

ϕ	φ	$\Psi = \neg \phi$	$\Psi = \phi \wedge \varphi$	$\Psi = \phi \vee \varphi$	$\Psi = \phi \rightarrow \varphi$	规定
F/0	F/0	T/1	F/0	F/0	T/1	符号 ⊥ 是 F/0
F/0	T/1	F/0	F/0	T/1	T/1	符号 ⊤ 是 T/1
T/1	F/0		F/0	T/1	F/0	符号 F 是 0
T/1	T/1		T/1	T/1	T/1	符号 T 是 1

表中，0 代表 F，1 代表 T，⊥是 F 即 0，⊤是 T 即 1。语义一旦被抽象出来，T、F、1、0、⊤、⊥等的具体内容全部都消失了，成为信息变换中的一些合法的符号。

一旦定义了语法和语义，整个逻辑系统也就构建好了。整个数理逻辑的形式演绎过程就是：从起始符号 s 开始，利用合法的规则 r，把一些合法的符号 $p, q, \cdots$变换成另一些合法的符号 $x, y, \cdots$，直到终止符号 e 出现为止。

(3) 推理(sequent)

推理是这样一种形式：$\varphi_1, \varphi_2, \cdots, \varphi_n \vdash \psi$，其中 φ_i 叫前提(premise)，ψ 叫结论(conclusion)。

(4) 推理的有效性

推理的有效性是指：使用自然推导规则及前提(φ_i)，可得出结论(ψ)。这需要根据自然推导规则，将前提转化为结论。转化的过程叫证明(proof)。推理的有效性与可靠性和完备性直接相关。

(5) 语义蕴含(semantic entailment)及其有效性

语义蕴含的形式是：$\varphi_1, \varphi_2, \cdots, \varphi_n \vDash \psi$，意思是如果 $\varphi_1, \varphi_2, \cdots, \varphi_n$ 的取值都为 1，那么 ψ 的取值一定为 1。蕴含的有效性是说 $\varphi_1, \varphi_2, \cdots, \varphi_n \vDash \psi$ 是有效的。

至此，预备知识就介绍完毕。

2. 数理逻辑的可靠性与完备性(soundness and completeness)

(1) 可靠性定理

令 $\varphi_1, \varphi_2, \cdots, \varphi_n$ 和 ψ 为命题逻辑中的公式，如 $\varphi_1, \varphi_2, \cdots, \varphi_n \vdash \psi$ 在传统形式逻辑中是有效的，则 $\varphi_1, \varphi_2, \cdots, \varphi_n \vDash \psi$ 在数理逻辑中是有效的。

意思是如在语法上可用推导规则将 $\varphi_1, \varphi_2, \cdots, \varphi_n$ 转化为 ψ，则在语义上，如 φ_1, $\varphi_2, \cdots, \varphi_n$ 都为真，则 ψ 一定为真。反之，如 ψ 为假，则在语义上 $\varphi_1, \varphi_2, \cdots, \varphi_n$ 至少有一个是假，也就是说，在语法上不可能用推导规则将 $\varphi_1, \varphi_2, \cdots, \varphi_n$ 转化为 ψ。

可见，利用可靠性可确定有些证明是不存在的。例如，给定前提 $\varphi_1, \varphi_2, \cdots, \varphi_n$，能否证明 ψ? 这是在问：$\varphi_1, \varphi_2, \cdots, \varphi_n \vdash \psi$ 是否有效？如果这个前提和结论非常复杂，你证明不出来。但证明不出来不等于证明本身不存在。这时候可靠性定理就可以发挥作用。可将问题转化为：$\varphi_1, \varphi_2, \cdots, \varphi_n \vDash \psi$ 是否有效。这样就完全可以根据真值表用数学方法来确定。假如用真值表确定 $\varphi_1, \varphi_2, \cdots, \varphi_n \vDash \psi$ 是无效的，就完全可以断言：$\varphi_1, \varphi_2, \cdots, \varphi_n \vdash \psi$ 是无效的，即这个证明根本不存在。

(2) 完备性定理

令 $\varphi_1, \varphi_2, \cdots, \varphi_n$ 和 ψ 为命题逻辑中的公式，如在数理逻辑中 $\varphi_1, \varphi_2, \cdots$, $\varphi_n \vDash \psi$ 是有效的，那么 $\varphi_1, \varphi_2, \cdots, \varphi_n \vdash \psi$ 在传统形式逻辑中是有效的。

可见，完备性定理和可靠性定理正好相反。它的意思是说：在一个逻辑系统中，如从语义上看 $\varphi_1, \varphi_2, \cdots, \varphi_n \vDash \psi$ 是有效的，则一定可为 $\varphi_1, \varphi_2, \cdots, \varphi_n \vdash \psi$ 找到一个证明。

完备性的作用是：如 $\varphi_1, \varphi_2, \cdots, \varphi_n \vDash \psi$ 是有效的，则这样的证明一定存在。如逻辑系统不满足完备性，那么即使 $\varphi_1, \varphi_2, \cdots, \varphi_n \vDash \psi$ 是有效的，它的证明也可能不存在。

可靠性和完备性的相互配合，确保了数理逻辑的安全使用，没有出现过异常。

3. 数理逻辑对传统形式逻辑的巨大贡献

与自然语言形态的传统形式逻辑比较，数理逻辑的提出确实是逻辑学研究的根本性变化，它完全排除了自然语言的多义性(特别是歧义性)对逻辑推理的干扰，杜绝了诡辩论混进演绎过程的各种可能性。因为各个命题只保留了真(1)假(0)两种状态，其内容已完全被隐蔽起来，退出了推理过程，命题之间的组合关系和推理规则完全由没有具体内容的真值表来严格规定，十分方便机械性操作。

比如一条生产线，其中包括各种生产岗位 $\varphi_1, \varphi_2, \cdots, \varphi_n$，由生产管理经验已知，如 $\varphi_1, \varphi_2, \cdots, \varphi_n$ 岗位都能完成自己的任务，则整个生产线的任务 ψ 一定可以完成。通常这样的日常管理模式十分复杂，容易出现漏洞。现在，数理逻辑告诉我们一种更方便快捷而又严谨的逻辑管理模式：分别为各个生产岗位评分，达标的得 1 分(真)，不达标的得 0 分(假)，整个生产线也如此评分，达标得 1 分(真)，不达标得 0 分(假)。这样一来，生产管理就变成了一个 $\varphi_1, \varphi_2, \cdots, \varphi_n \vdash \psi$ 的逻辑推理问题。可靠性告诉我们，如 $\varphi_1, \varphi_2, \cdots, \varphi_n \vdash \psi$ 在日常管理中是有效的，则 $\varphi_1, \varphi_2, \cdots, \varphi_n \vDash \psi$ 在逻辑管理中也是有效的。完备性告诉我们，如在逻辑管理中 $\varphi_1, \varphi_2, \cdots, \varphi_n \vDash \psi$ 是有效的，那么 $\varphi_1, \varphi_2, \cdots, \varphi_n \vdash \psi$ 在日常管理中也是有效的。所以，有了可靠性和完备性的共同保证，大家可以放心大胆地使用这种逻辑管理模式。

数理逻辑的这种优势是相对于人来说的，因为人是万物之灵，可以随机应变、机动灵活地办事，包括在严格的形式逻辑推理中引入诡辩术，干扰正常结论的出现。主要是人使用的自然语言处处充满多义性，一不小心就会使推理过程偏离正确轨道而难以检查发现。所以，在传统的形式逻辑演绎中，常常会出现差错而难以解决，数理逻辑把这两个问题全部解决了，而且让逻辑演绎过程变得轻松快捷，方便机械化操作。

12.2.2　刚性逻辑在人工智能中频现组合爆炸

数理逻辑的上述贡献是通过把逻辑各要素的信息内容全部空心化，仅保留其形式外壳，以便排除信息内容对演绎过程的干扰，这种策略对人工智能研究同样有效吗？

1. 计算机科学的理论危机

人工智能学科创始者早在 1956 年达特茅斯会议上指出，人工智能学科是为克服传统计算机应用的理论危机而诞生的，他们希望通过对人脑智能活动规律的研究和计算机模拟，来克服这个算法危机，使计算机更加聪明和高效。

这就是说，人工智能学科已经很不满意传统计算机应用中的"数学+程序"信息处理模式，他希望探索如何用计算机来模拟人脑的智能功能，以便克服这个信息处理模式带来的算法危机，让计算机更加聪明。

2. 信息空心化不利于人工智能

数理逻辑的信息空心化策略对人工智能研究是否有效，从人工智能初期不到 10 年的实践已有了否定性回答。这时期的人工智能几乎全部都是在数理逻辑基础上进行的，由于计算机根本没有理解能力，完全是按照程序的规定照章办事，没有半点在现场见机行事机动灵活的可能性。所以，数理逻辑规定的一切都特别容易用程序实现。但是，一旦让程序自动运行起来，就根本不是人们想象的那样了。例如，让一个十分完美的自动定理证明程序，去证明一个初学数学的人看一眼就会的简单定理，却遇上了组合爆炸的拦路虎，不得不宣布失败。为什么人按照数理逻辑能够轻易办到的简单事情，移植到计算机上就完全不行了呢？计算机的操作速度可比人快几十个数量级呀!

　　原来,根本不是推理的速度问题,而是基于理解的推理技巧问题,这是我们在计算机中发现的数理逻辑信息空心化策略带来的第一个副作用问题。因为信息空心化之后,按照推理规则,$0 \to y$ 和 $x \to 1$ 等都是有效推理,不管 y 和 x 的内容是什么,是"饭吃我""太阳从西边出来""我去天上摘星星"等都可以。由于人有理解能力,在使用数理逻辑时不仅不会生成这些毫无意义的中间结果,而且会根据经验主动生成可快速通向证明结论的中间结果。可是计算机没有这种理解目标内容和选择有利的中间步骤的能力,它只能按照规则盲目地演绎下去,它虽然绝对不会犯规,但绝对会犯傻! 结果是一大堆毫无用处的、甚至是在现实世界绝对错误的中间结果被大量生成出来,这些有害无利的中间结果会按照几何级数方式大量繁殖,迅速形成组合爆炸,把本来近在咫尺的证明目标,淹没在这些毫无意义的"中间结果"之中,计算机有多少时空资源,都会被程序消耗殆尽而毫无知觉。当然,我们不能用命题的内容空心化去苛求数理逻辑,这是计算机天生的秉性使然。数理逻辑针对人的秉性,用内容空心化排除了逻辑语言多义性的干扰,功不可没。上述问题纯粹属于人的使用不当,应该由人自己去解决。

　　3. 人工智能离不开逻辑和知识

　　人工智能前 10 年的实践让人明白了人比计算机聪明的主要原因不是因为推理速度,而是推理技巧加速了推理过程。技巧何在? 人有启发式探索能力,能够根据问题的特殊性,猜测可能有用的中间结果,为证明过程寻找有效途径,人工智能需要模拟这种技巧。如果计算机的速度能够加上人的巧度,那就是如虎添翼了。后来的 20 年,人工智能由对启发式搜索的模拟扩展至对专家经验性知识的模拟和知识工程,让人工智能研究有了很大的进展,计算机确实聪明了许多。但是好景不长,人工智能本身也出现了类似于计算机科学的理论危机:首先,确认了数理逻辑的应用局限性,它无法解决知识工程中的经验性知识推理问题;其次,虽然有些非标准逻辑能够解决部分经验性知识推理,但有时会出现违反常识的异常结果,这说明这些非标准逻辑在理论上并不成熟。于是,人工智能研究处于既没有成熟的逻辑可用,也难以使用专家经验知识(不仅难以获取,更难以正常使用)的尴尬局面! 其本质仍然是计算机没有人脑的理解能力和创造能力,它就是一个严格按照程序规定办事的机器。不管逻辑如何规定,程序如何导向,它都机械地执行,遇到了拦路虎它就只好停滞不前。

　　这就引出了数理逻辑的信息空心化策略对人工智能研究是否有效的第二个问题,回答仍然是否定的。因为经验性知识推理包含了丰富的辩证矛盾、不确定性甚至非真非假性,它完全背离了数理逻辑的立论基础。数理逻辑只能有效处理全部逻辑要素都满足"非此即彼性"约束的理想问题,人工智能研究不能指望数理逻辑的全面支撑，而是要建立自己的逻辑基础理论——下里巴逻辑范式。

4. 柔性逻辑可以统一网络结构、逻辑和知识

戏剧性的一幕在 20 世纪 80 年代后期开始了，在下里巴逻辑范式缺位的情况下，人工智能研究走上了一条无需逻辑和知识参与的计算智能(主角是神经网络)之路，后来越走越远，直到取得深度神经网络的巨大成功，震惊了整个世界。这是一条把机器的本质特征(没有理解和创造能力，完全照章办事)发挥到极致的羊肠小道。它虽然是对智能模拟方法的不可或缺的一种补充，在某些特殊情况下可以出其不意地到达目的地，但明白人都知道它并不是智能模拟的康庄大道(主流方法)，不能以偏概全。智能模拟的主流方法应该是基于下里巴逻辑范式的方法，因为不懂得知识和逻辑的智能工具是很难和人密切配合的，怎么能当好人类的智能助手？人工智能研究发展到这一步，正反两方面的经验都指向一点：人工智能离不开知识和逻辑，知识和逻辑离不开数理辩证逻辑。而且，现在已经证明清楚，泛逻辑可以实现结构、知识和逻辑的辩证统一，它们是三位一体的一个整体。

12.3　建立健全的命题泛逻辑体系

12.3.1　柔性命题逻辑的健全性标准

1. 如何安全地使用命题泛逻辑

既然命题泛逻辑已经包容了现实世界中命题逻辑推理和柔性神经元信息变换所需要的全部算子，可根据辩证施策的原则按照需要生成对应的算子使用，达到一把钥匙开一把锁的精准效果，就意味着既不能像数理逻辑那样，用一把钥匙去开所有的锁，也不能像模糊逻辑那样，准备一大批钥匙让使用者去选择试用。而是要无差别地应用到人工智能的所有场景，让使用者根据每一个应用场景的特殊需要，运用泛逻辑自动生成相应的逻辑算子去解决问题。那么，确保安全使用命题泛逻辑的标准是什么？由于柔性逻辑里引入了 0、1 区间的中间过渡值的逻辑运算，它显然不能再依靠可靠性和完备性来确保使用安全。因为数理逻辑的可靠性和完备性只考虑了 0、1 两个端点的情况，根本保证不了中间过渡值的安全(图 12.1)。从图中可以看出，刚性逻辑只有 1 和 0 两种状态，可靠性和完备性可保证无论怎么使用，1 都不会畸变成 0，0 都不会畸变成 1，所以是安全的。可是，柔性逻辑有无穷多的中间过渡状态存在，只有保证了这些中间过渡值也不会发生畸变，使用才是安全的。我们把无论怎么使用，都能够从 0 到 1(包括全部中间过渡值)不会发生畸变的安全性标准称为健全性(security)标准。

在模糊逻辑等许多非标准逻辑中，人们受到数理逻辑可靠性定理和完备性定

理的启发，也要制定自己的使用安全性标准。他们采取的证明方法是函数变换法。其本质是首先隐蔽命题真度的中间过渡值，让其退化为二值逻辑，然后再套用数理逻辑的方法进行证明。其中使用的变换函数有两个：①冒险的变换函数$\Delta_0(x)=$ite$\{0|x=0; 1\}$；②保险的变换函数$\Delta_1(x)=$ite$\{1|x=1; 0\}$。函数变换法证明的结果是可靠性和完备性都有了，但在使用中却频现违反常识的异常结果，致使这个逻辑失去了可信性(credibility)。根源何在，图12.1给出了清晰的回答。

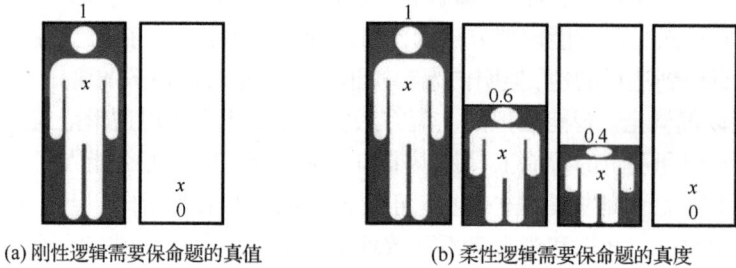

(a) 刚性逻辑需要保命题的真值　　　　　(b) 柔性逻辑需要保命题的真度

图 12.1　刚性逻辑和柔性逻辑的安全使用标准不同

2. 逻辑漏洞发现后的尴尬局面

事实已判定函数变换法存在逻辑漏洞，理论上必须查明原因，弥补漏洞。作者认为模糊逻辑与数理逻辑的最大差别是模糊逻辑引入了中间过渡值，两者使用安全性标准的差别应该是增加确保中间过渡值的使用安全性标准。而函数变换法不仅没有正面研究中间过渡值的使用安全性标准，反而把它故意隐蔽起来，以便套用数理逻辑的安全标准。这才是函数变换法必然失败的根本原因。

前车之鉴已经有了，但一时也提不出安全使用泛逻辑的标准，致使作者的几个早年博士生只能带着这已知的逻辑漏洞毕业。如果有一天有人整理泛逻辑的发展史，一定会发现这个问题：为什么让带有已知逻辑漏洞的研究成果获取博士学位？这不是学生的责任，是导师的责任，是我们这一代逻辑学工作者的责任。当时整个逻辑学界就这个认识水平，都在使用函数变换法证明连续值逻辑的可靠性和完备性。作者虽然已经发现了其中的逻辑漏洞，但是一时无法找到堵漏的有效方法，解决这个问题需要精力和时间的大量投入。不过，作者团队内部是有明确约定的：函数变换法是存在逻辑漏洞的，泛逻辑的使用安全性并没有真正解决，今后一定要继续努力去解决它。

3. 发现健全性的必要条件

2008年，作者终于从模糊逻辑等非标准逻辑的对比分析中悟出来它们在使用中频频出现违反常识的异常结果的原因，提出了安全使用泛逻辑的健全性概念和标准[180]。

在刚性逻辑中本来就有 6 条基本性质，它们反映了逻辑学描述的信息结构和信息运动的基本规律。

L1 幂等律　$P \wedge P = P$，意思是说：命题(信息)是信宿接收到的消息，它不会因为被无限多次地重复而改变。

L2 幂等律　$P \vee P = P$，意思是说：命题(信息)是信源存在的状态，它不会因为被信宿的无限多分享而发生改变。

L3 矛盾律　$P \wedge \sim P = 0$，意思是说：在同一个信息处理过程中，一个命题(信息)和它的非命题(信息)不能同时为真，必然有一个为假。

L4 排中律　$P \vee \sim P = 1$，意思是说：在同一个信息处理过程中，一个命题(信息)和它的非命题(信息)不能同时为假，必然有一个为真。

L5 对合律　$P = \sim\sim P$，意思是说：对命题(信息)的两次(偶数次)求非将回到原命题(信息)。

L6 MP 规则　$P, P \rightarrow Q \vdash Q$，意思是说：如果一个蕴含式的前件为真，它的后件必然为真。

这些都是逻辑推理必须遵守的基本规则，也是信息结构和信息运动必须遵守的基本规律。它们是不是所有健全的逻辑系统都必须满足的基本性质呢？

1) 用这 6 条标准考察刚性逻辑，发现它全部满足，而且由于刚性逻辑只有 0、1 两个状态，这 6 个性质是有冗余的，可以进一步化简，可见它们是安全使用刚性逻辑的充分条件，而不是必要条件。

2) 用这 6 条标准考察连续值逻辑中的模糊逻辑，发现它是非健全的逻辑系统，只能满足 L1、L2、L5 和 L6，不能满足 L3 和 L4；概率逻辑是非健全的逻辑系统，只能满足 L5 和 L6，不能满足 L1、L2、L3 和 L4；有界逻辑是非健全的逻辑系统，只能满足 L3、L4、L5 和 L6，不能满足 L1 和 L2；突变逻辑是非健全的逻辑系统，只能满足 L3、L4 和 L5，不能满足 L1、L2 和 L6。看来这些缺少的性质是造成它们在使用中出现异常结果的原因，它们关系到逻辑的使用安全性。

3) 根据上述线索进一步考察了包容上述 4 种逻辑的零级泛逻辑 $L(x, y, h)$，它是一个受广义相关系数 h 调控的逻辑谱，如果把这个包含有无穷多个逻辑算子组的完整簇(谱)看成是一个逻辑，它确实能同时满足：

L1 幂等律　$T(x, x, 1) = x$，意思是说：同一柔性命题一定是最大相吸的，所以必须使用 $h=1$ 的计算公式，不同命题之间才使用 $T(x, x, h) \leqslant x$ 的计算公式。

L2 幂等律　$S(x, x, 1) = x$，意思是说：同一柔性命题一定是最大相吸的，所以必须使用 $h=1$ 的计算公式，不同命题之间才使用 $S(x, x, h) \geqslant x$ 的计算公式。

L3 矛盾律　$T(x, N(x), 0.5) = 0$，意思是说：柔性命题和它的非命题一定是最大相斥的，所以必须使用 $h=0.5$ 的计算公式，不同命题之间才使用 $T(x, N(y), h) \geqslant 0$ 的计算公式。

L4 排中律 $S(x, N(x), 0.5)=1$，意思是说：柔性命题和它的非命题一定是最大相斥的，所以必须使用 $h=0.5$ 的计算公式，不同命题之间才使用 $S(x, N(y), h) \leqslant 1$ 的计算公式。

L5 对合律 $N(N(x))=x$，意思是说：柔性命题的两次非运算结果不变。

L6 MP 规则 $T(x, I(x, y, h), h) \leqslant y$，意思是说：只有在相同的柔性命题 x 和 h 时才能使用 MP 规则。

对比 3)和 2)的差别，我们不难发现，命题真值从 $\{0, 1\}$ 扩张到 $[0, 1]$ 后，逻辑的形态已从单一的逻辑运算算子组，变成了连续分布的逻辑运算算子完整簇组，其中任一组算子并不是可独立使用的逻辑，而需要按照应用场景在簇中选择相应的算子。所以模糊逻辑、概率逻辑、有界逻辑和突变逻辑都不是健全的逻辑系统，只有包容上述 4 种逻辑的零级泛逻辑 $L(x, y, h)$ 完整簇才是一个可独立使用的逻辑。这是对传统逻辑思维定式的一个深层次的突破，另一个深层次突破是任何一个逻辑算子必须用对地方，张冠李戴，必受其害。有了这两个传统逻辑思维定式的突破，后面的路就宽敞了，北京邮电大学的陈佳林全力投入到命题泛逻辑的健全性及其应用的系统研究[181-185]，罗敏霞教授参与了论文指导，取得了满意的结果。

4) 我们进一步考察 k、h 型柔性逻辑系统 $L(x, y, h, k)$，它作为一个整体能同时满足：

L1 幂等律 $T(x, x, 1, k)=x$，意思是说：k 没有影响。

L2 幂等律 $S(x, x, 1, k)=x$，意思是说：k 没有影响。

L3 矛盾律 $T(x, N(x, k), 0.5, k)=0$，意思是说：k 必须相同。

L4 排中律 $S(x, N(x, k), 0.5, k)=1$，意思是说：k 必须相同。

L5 对合律 $N(N(x, k), k)=x$，意思是说：k 必须相同。如不同，服从否定之否定律为

$$N(N(x, k_1), k_2)=1-N(x, k_{12}), \quad k_{12}=k_1(1-k_2)/(k_1+k_2-2k_1k_2)$$

L6 MP 规则 $T(x, I(x, y, h, k), h, k) \leqslant y$，意思是说：$k$ 也要相同。

5) 类似地继续考察了 h、β 型柔性逻辑系统 $L(x, y, h, \beta)$，它是一个健全的逻辑系统，能够全部满足健全性的 6 个基本性质。h、k、β 型柔性逻辑系统 $L(x, y, h, k, \beta)$，它是一个健全的逻辑系统，能够全部满足健全性的 6 个基本性质。而 k、β 型柔性逻辑系统 $L(x, y, k, \beta)$ 比较特殊，它是一个非健全的逻辑系统，不能满足 L1、L2，原因是它无法生成 $h=1$ 时才有的模糊算子。由此看来，h 的参与是构造健全性逻辑系统的必要条件。所以，要安全地使用 k、β 型柔性逻辑系统 $L(x, y, k, \beta)$，必须另外补充两个特殊算子 $T(x, x, k, 1)=x$ 和 $S(x, x, k, 1)=x$。

这些研究成果让人大开眼界，原来一把钥匙开一把锁有如此严格的讲究，这是在象牙塔里面根本想象不出来的，大家都习惯于一把钥匙开所有的锁。

4. 正式定义泛逻辑的健全性概念和标准

定义 12.3.1 泛逻辑的健全性是保证安全使用泛逻辑的必要条件，它类似于数理逻辑的可靠性和完备性，但增加了对 0、1 之间中间过渡值的安全性保证。

定义 12.3.2 任何一个健全的泛逻辑系统 $L(x,y)$ 都必须同时满足以下 6 个基本性质：

L1 幂等律 $T(x, x)=x$，同一命题的与运算结果不变。

L2 幂等律 $S(x, x)=x$，同一命题的或运算结果不变。

L3 矛盾律 $T(x, N(x))=0$，命题和它非命题与运算的结果是 0。

L4 排中律 $S(x, N(x))=1$，命题和它非命题或运算的结果是 1。

L5 对合律 $N(N(x))=x$，命题的两次非运算结果不变。

L6 MP 规则 $T(x, I(x, y)){\leqslant}y$，真蕴含的前件不大于后件。

在命题泛逻辑中，这 6 条标准是没有冗余的必要条件，如果缺失，就一定没有健全性。

总之，使用泛逻辑不能像刚性逻辑那样根据信息处理模式 $<a, b, e>$ 的不同选择不同的逻辑算子即可，因为泛逻辑已经把刚性逻辑的一个算子扩张成一个算子完整簇，其中的每一个算子都有自己的特殊用处，用不确定性参数 $<h, k, \beta>$ 标注，你把它用在了具有相同的不确定性 $<h, k, \beta>$ 的地方，就是安全的，偏离了这个状态就会产生误差，偏离过大就会产生违反常识的异常结果(如正误差的算子用在负误差的场景，相生的算子用在相克的场景)。而整个完整簇本身是健全的，可以放心地使用。一句话，在泛逻辑中，需要一把钥匙开一把锁，对应关系由编号 $<a, b, e>$ 和 $<h, k, \beta>$ 决定，其中 $<a, b, e>$ 决定算子的逻辑运算类型(非、与、或等，共有 20 种不同类型)；$<h, k, \beta>$ 决定本类型中的不确定性状态，有无穷多个状态，而且是完整簇，没有遗漏在簇外的状态。这就是说，命题泛逻辑里每一个算子，都对应现实世界中的某个场景；现实世界中的每一个场景，都对应命题泛逻辑里的某个算子。真正可以实现一把钥匙开一把锁，具有严格的一一对应关系。

由此可见，不根据不确定性参数 $<a, b, e>$ 和 $<h, k, \beta>$ 的需要盲目使用柔性逻辑算子是应用非标准逻辑时出现违反常识的异常结果的根源，这是对传统逻辑观念的颠覆。

至于在更复杂的泛逻辑系统中，还需要增加什么必要条件，我们持开放态度。

12.3.2　健全性标准的应用实例

1. 常用连续值逻辑的健全性改造

(1) 健全的模糊逻辑

1) 原始形态的模糊逻辑

$$N(x)=1-x$$

$$T(x, y)=\min(x, y)$$

$$S(x, y)=\max(x, y)$$

$$I(x, y)=\mathrm{ite}\{1|x{\leqslant}y; y\}$$

2) 模糊逻辑的基本性质

根据泛逻辑研究，它是只满足最大相吸准则的连续值逻辑 $L(x, y, 1)$。所以，它的基本性质是：

L1 幂等律　$T(x, x, 1)=x$，意思是说：同一柔性命题一定是最大相吸的，所以必须使用 $h=1$ 的计算公式，不同命题之间只能使用 $T(x, x, h){\leqslant}x$ 的计算公式。

L2 幂等律　$S(x, x, 1)=x$，意思是说：同一柔性命题一定是最大相吸的，所以必须使用 $h=1$ 的计算公式，不同命题之间只能使用 $S(x, x, h){\geqslant}x$ 的计算公式。

L5 对合律　$N(N(x))=x$，意思是说：柔性命题的两次零级非运算结果不变。

L6 MP 规则　$T(x, I(x, y, h), h){\leqslant}y$，意思是说：只要是相同的 x 和 h，就可以使用 MP 规则。

3) 健全的模糊逻辑形态，增加了两个基本性质

L3 矛盾律　$T(x, N(x), 0.5)=0$，意思是说：柔性命题和它的非命题一定是最大相斥的，所以必须使用 $h=0.5$ 的计算公式。不同命题之间只能使用 $T(x, N(y=x), h){\geqslant}0$ 的计算公式。

L4 排中律　$S(x, N(x), 0.5)=1$，意思是说：柔性命题和它的非命题一定是最大相斥的，所以必须使用 $h=0.5$ 的计算公式。不同命题之间只能使用 $S(x, N(y=x), h){\leqslant}1$ 的计算公式。

限制这些规律在任意的 $h{\in}[0, 1]$ 场景中随意使用。

可见，原来的模糊逻辑是不健全的。

(2) 健全的概率逻辑

1) 原始形态的概率逻辑

$$N(x)=1-x$$

$$T(x, y)=xy$$

$$S(x, y)=x+y-xy$$

$$I(x, y)=\min(1, x/y)$$

2) 概率逻辑的基本性质

根据泛逻辑研究，它是只满足独立相关准则的连续值逻辑 $L(x, y, 0.75)$。所以，它的基本性质是：

L5 对合律　$N(N(x))=x$

L6 MP 规则　$T(x, I(x, y, h), h)\leqslant y$

3) 健全的概率逻辑形态，增加了四个必要条件

L1 幂等律　$T(x, x, 1)=x$

L2 幂等律　$S(x, x, 1)=x$

L3 矛盾律　$T(x, N(x), 0.5)=0$

L4 排中律　$S(x, N(x), 0.5)=1$

可见，原来的概率逻辑是不健全的。

(3) 健全的有界逻辑

1) 原始形态的有界逻辑

$$N(x)=1-x$$

$$T(x, y)=\Gamma[x+y-1]$$

$$S(x, y)=\Gamma[x+y]$$

$$I(x, y)=\Gamma[1-x+y]$$

2) 有界逻辑的基本性质

根据泛逻辑研究，它是只满足最大相斥准则的连续值逻辑 $L(x, y, 0.5)$。所以，它的基本性质是：

L3 矛盾律　$T(x, N(x), 0.5)=0$

L4 排中律　$S(x, N(x), 0.5)=1$

L5 对合律　$N(N(x))=x$

L6 MP 规则　$T(x, I(x, y, h), h)\leqslant y$

3) 健全的有界逻辑形态，增加了两个必要条件

L1 幂等律　$T(x, x, 1)=x$

L2 幂等律　$S(x, x, 1)=x$

限制这些规律在任意的 $h\in[0, 1]$ 场景中随意使用。

可见，原来的有界逻辑是不健全的。

(4) 健全的突变逻辑

1) 原始形态突变逻辑

$$N(x)=1-x$$

$$T(x, y)=\text{ite}\{\min(x, y)|\max(x, y)=1; 0\}$$

$$S(x, y)=\text{ite}\{\max(x, y)|\min(x, y)=0; 1\}$$

$$I(x, y)=\text{ite}\{y|x=1; 1\}$$

2) 突变逻辑的基本性质

根据泛逻辑研究，它是只满足最大相克准则的连续值逻辑 $L(x, y, 0)$。所以，它的基本性质是：

L3 矛盾律　$T(x, N(x), 0.5)=0$

L4 排中律　$S(x, N(x), 0.5)=1$

L5 对合律　$N(N(x))=x$

3) 健全的突变有界逻辑形态，增加了三个基本性质

L1 幂等律　$T(x, x, 1)=x$

L2 幂等律　$S(x, x, 1)=x$

L6 MP 规则　$T(x, I(x, y, h), h) \leqslant y$

限制这些规律在任意的 $h \in [0, 1]$ 场景中随意使用。

可见，原来的突变逻辑是不健全的。

2. 关于三值逻辑的健全性

健全性问题不仅在连续值逻辑中存在，在各种多值基逻辑中同样存在，下面以最简单的三值逻辑为例进行说明。根据命题泛逻辑的研究，它可直接生成 6 个不同的三值逻辑，它们的使用安全性如何保证？根据表 12.2 的三值逻辑谱可知，要保证三值逻辑的健全性，必须让与、或算子($\wedge_1$，$\wedge_2$，$\vee_1$，$\vee_2$)在一起并存，根据 h 的不同情况选择使用，如果像数理逻辑一样随意使用，是没有安全性保证的。

表 12.2　三值逻辑谱

三值逻辑谱		系统的逻辑算子组						基本逻辑性质					
子型的算子组成		¬	∧	∨	→	↔	℗	©	L1	L2	L3	L4	L5	L6
3 型三值逻辑(新)		1	2	2	3	3	×	1	Y	Y	N	N	Y	Y
1型三值逻辑	Luckasiewicz 三值逻辑	1	2	2	1	1	2	1	Y	Y	N	N	Y	Y
	计算三值逻辑	1	2	2	2	1	2	1	Y	Y	N	N	Y	Y
	Kleene 强三值逻辑	1	2	2	2	2	2	1	Y	Y	N	N	Y	Y
	新 1 型三值逻辑	1	1	1	1	1	2	1	N	N	Y	Y	Y	Y
0 型三值逻辑(新)		1	1	1	4	4	×	2	N	N	Y	Y	Y	Y

可见，命题泛逻辑健全性的核心思想就是辩证施策，确保一把钥匙开一把锁。

12.4　命题泛逻辑运算模型的参数确定

12.4.1　二值(刚性)信息处理模式的确定

1. 二元二值信息处理模式

假设我们需要处理的数据都是"非真即假"的原子信息，且正好是二元二值信息处理的情况，其中 x、$y \in \{0, 1\}$ 是输入信息，$z \in \{0, 1\}$ 是输出信息(表 12.3)。

表 12.3　二元二值信息处理的 16 种模式

编号	输入输出关系 $z=<x, y>$	a, b, e	信息变换公式	逻辑含义	
0	$0=<0,0>$, $0=<0,1>$, $0=<1,0>$, $0=<1,1>$	$0, 0, 0$	$\Gamma[0x+0y-0]$	$z=0$	恒假
1	$1=<0,0>$, $0=<0,1>$, $0=<1,0>$, $0=<1,1>$	$-1, -1, -1$	$\Gamma[-x-y+1]$	$z=\neg(x\vee y)$	非或
2	$0=<0,0>$, $1=<0,1>$, $0=<1,0>$, $0=<1,1>$	$-1, 1, 0$	$\Gamma[-x+y-0]$	$z=\neg(y\rightarrow x)$	非蕴含 2
3	$1=<0,0>$, $1=<0,1>$, $0=<1,0>$, $0=<1,1>$	$-1, 0, -1$	$\Gamma[-x-0y+1]$	$z=\neg x$	非 x
4	$0=<0,0>$, $0=<0,1>$, $1=<1,0>$, $0=<1,1>$	$1, -1, 0$	$\Gamma[x-y-0]$	$z=\neg(x\rightarrow y)$	非蕴含 1
5	$1=<0,0>$, $0=<0,1>$, $1=<1,0>$, $0=<1,1>$	$0, -1, -1$	$\Gamma[0x-y+1]$	$z=\neg y$	非 y
6	$0=<0,0>$, $1=<0,1>$, $1=<1,0>$, $0=<1,1>$	组合实现	$z=\|x-y\|$	$z=\neg(x\leftrightarrow y)$	非等价
7	$1=<0,0>$, $1=<0,1>$, $1=<1,0>$, $0=<1,1>$	$-1, -1, -2$	$\Gamma[-x-y+2]$	$z=\neg(x\wedge y)$	非与
8	$0=<0,0>$, $0=<0,1>$, $0=<1,0>$, $1=<1,1>$	$1, 1, 1$	$\Gamma[x+y-1]$	$z=x\wedge y$	与
9	$1=<0,0>$, $0=<0,1>$, $0=<1,0>$, $1=<1,1>$	组合实现	$z=1-\|x-y\|$	$z=x\leftrightarrow y$	等价
10	$0=<0,0>$, $1=<0,1>$, $0=<1,0>$, $1=<1,1>$	$0, 1, 0$	$\Gamma[0x+y-0]$	$z=y$	指 y
11	$1=<0,0>$, $1=<0,1>$, $0=<1,0>$, $1=<1,1>$	$-1, 1, -1$	$\Gamma[-x+y+1]$	$z=x\rightarrow y$	蕴含 1
12	$0=<0,0>$, $0=<0,1>$, $1=<1,0>$, $1=<1,1>$	$1, 0, 0$	$\Gamma[x+0y-0]$	$z=x$	指 x
13	$1=<0,0>$, $0=<0,1>$, $1=<1,0>$, $1=<1,1>$	$1, -1, -1$	$\Gamma[x-y+1]$	$z=y\rightarrow x$	蕴含 2
14	$0=<0,0>$, $1=<0,1>$, $1=<1,0>$, $1=<1,1>$	$1, 1, 0$	$\Gamma[x+y-0]$	$z=x\vee y$	或
15	$1=<0,0>$, $1=<0,1>$, $1=<1,0>$, $1=<1,1>$	$1, 1, -1$	$\Gamma[x+y+1]$	$z=1$	恒真

根据表 12.3 的完全统计，它只能有 16 种不同的信息处理模式，通过统计识别具体的函数关系 $z=f_i(x, y)$，$i \in \{0, 1, 2, \cdots, 15\}$ 可把它们准确无误地用模式状态参数 $<a, b, e>$ 区分开来，利用 $z=\Gamma[ax+by-e]$ 公式计算出输出和输入的关系。也就是说，可直接获得每种信息处理模式的神经元参数和逻辑算子表达式。这是一个

根据原子信息数据的简单分析可以完成的工作。如在数据中发现有输入输出关系 $0=<0, 0>$, $0=<0, 1>$, $0=<1, 0>$, $1=<1, 1>$ 存在，就可根据表 12.3 得知，这个信息处理模式的状态参数 $<a, b, e>=<1, 1, 1>$，信息变换的公式是 $z=\Gamma[x+y-1]$，逻辑意义是与算子 $z=x \wedge y$ 等。

2. 多元二值信息处理模式的形成

如果出现多元二值信息处理的情况，可以参照以下两种方式进行扩张。

1) 三元二值信息处理的扩张方法：

$$z=f(x_1, x_2, x_3)=f_j(f_i(x_1, x_2), x_3), \quad i, j \in \{0, 1, 2, \cdots, 15\}$$

当 $i=j$ 时，$z=f_i(f_i(x_1, x_2), x_3)=f_i(x_1, x_2, x_3), i \in \{0, 1, 2, \cdots, 15\}$。

2) 四元二值信息处理的扩张方法：

$$z=f(x_1, x_2, x_3, x_4)=f_k(f_i(x_1, x_2), f_j(x_3, x_4)), \quad i, j, k \in \{0, 1, 2, \cdots, 15\}$$

当 $i=j=k$ 时，$z=f_i(f_i(x_1, x_2), f_i(x_3, x_4))=f_i(x_1, x_2, x_3, x_4), i \in \{0, 1, 2, \cdots, 15\}$。更多元的二值信息处理以此类推。

3. 二值信息处理的使用场景

面对复杂的现实问题，原始数据库 K_0 中需要处理的数据量非常巨大，如果全部都停留在原子级粒度上进行处理，其复杂度会快速上升到需要消耗计算机的巨大时空资源的程度，得不偿失，更会对信息处理过程和结果的可解释性提出严峻挑战。

12.4.2　柔性命题真度的确定

如前所知，随着问题复杂度的增加，为了降低问题的处理难度，必须增加知识的粒度，通过分类聚类操作，一批原子命题抽象为分子命题，建立分子级的逻辑关系。

下面介绍分子命题(即柔性命题)的真度如何确定(图 12.2)。

作为类比，图 12.2(a)介绍的是刚性命题真值的确定方法，它就是大家十分熟悉的单因素达标考核。用对象空间 U 中的 A 表示全体达标元素组成的刚性集合，如果一个元素 u(刚性命题)落在 A 集合内，这个命题的真值 $\mu(u)=1$，否则 $\mu(u)=0$。

设智能系统已适时通过聚类、归纳和抽象，把属于一类的原子信息抽象成一个分子结点，把几个类之间的因果关系抽象为几个分子结点之间的柔性因果关系，重新建立粒度较大的抽象知识库 K_1，在 K_1 中就可以应用柔性逻辑来描述和求解这类柔性的因果关系。

其中，确定柔性命题真度 $\mu(u)$ 的一般方法如图 12.2(b)所示，设已经通过某种数据处理手段获得了一个完整的类 E，它是决定对象空间 U 中每个元素(柔性命

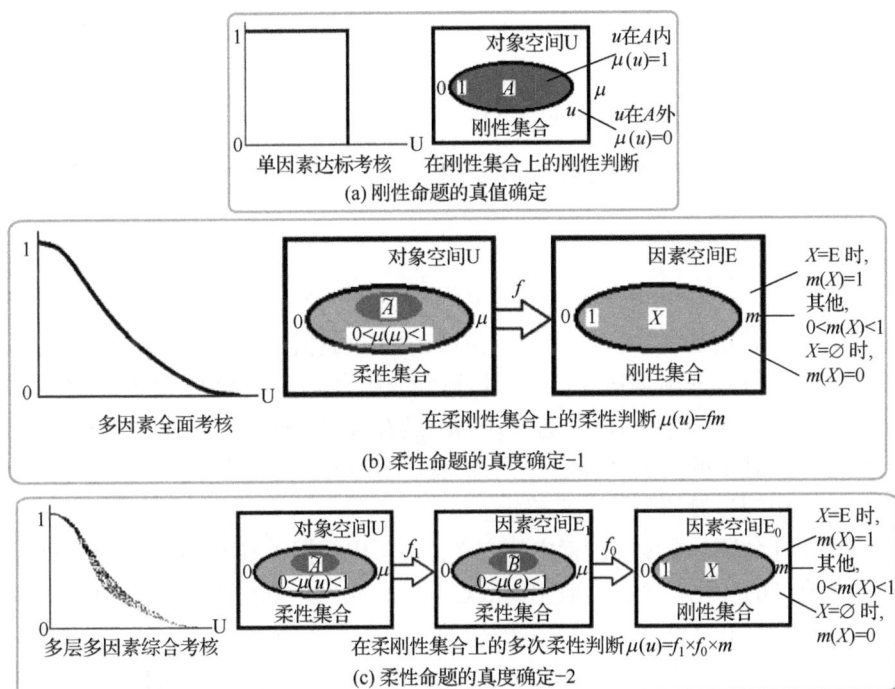

图 12.2 三种不同确定柔性命题真度的方法

题)u 真度的因素空间(类似于前面介绍的理想试卷)。令对象空间 U 中的柔性集合 $\tilde{A}$ 是全体被考察元素(柔性命题)组成的整体,其中每一个柔性命题 u 的真度$\mu(u)$ 都是这样确定的:首先通过映射函数 $f(u)$(准考证编号)寻找到相应的刚性集合 X(即 考生 u 的答卷),$X\subseteq E$;其次是进行评分,评分的规则 $m(X)$是:如果 $X=E$,则 $m(X)=1$; 如果 $X=\Phi$,则 $m(X)=0$;否则 $m(X)=$mzd$(\forall xP(x))$, $x\in E$, 其中 mzd$(*)$是谓词公式$*$ 的满足度,整个确定过程是$\mu(u)=f(u)\times m(X)$。

图 12.2(b)所示的是单层多因素全面考核的情况,现实世界中常常会进行多层 多因素全面考核,其过程如图 12.2(c)所示,整个确定过程是$\mu(u)=f_1(u_1)\times f_2(u_2)\times m(X)$,请读者自己品味。这种多层嵌套可以不断进行下去,没有上限。下面按照 这个思想正式定义。

定义 12.4.1 柔性命题的真度$\mu(u)$是对象域 U 中事件 u 属于柔性集 $\tilde{A}$ 的隶属 度,其确定公式为

$$\mu(u)=\text{mzd}(\forall xP(x)), \quad x\in E$$

这个定义的物理意义是:在因素空间 E 中统计有多少因素包含在 X 中。类似 于统计你在考试卷子中答对了多少个知识点。这是在归纳抽象过程中实现知识粒 度增长和关系网络简化的通用的逻辑方法,既可完成从确定性知识到不确定性知 识的可靠提升,也可以完成从不确定性知识到更高层不确定性知识的可靠提升,

即其中的集合 X 也可以提升为不分明集合，因素也可以是柔性因素，统计的不是整数之和，而是实数之和等。

上述抽象提升过程可不断递归进行，没有最高层限制。

12.4.3　柔性(连续值)信息处理模式的确定

1. 柔性信息处理的模式

表 12.4 给出了二元柔性信息处理中的全部 20 种信息处理模式，它比二元二值信息处理模式增加了 4 种模式,都是因为中间过渡值的参与运算而形成的模式,它们是平均运算和非平均运算、组合运算和非组合运算。所以，柔性信息处理的模式参数确定并不复杂，16 个老模式仍然是看 4 个顶点<0,0>,<0,1>,<1,0>,<1,1>的 z 值是 0 或是 1 的情况来确定；4 个新模式则需要知道 2 个顶点<0,1>,<1,0>的 z 值是[0,1]的中间过渡值的情况来确定。

有了柔性命题 x 真度的因素空间定义，就可以根据 X 在 E 中的实际变化情况，计算出 x 真度的变化轨迹，一般用离散点刻画，如 $x=0, 0.1, 0.2, 0.3, \cdots, 0.9, 1$ 的 11 点方案，或者 $x=0, 0.05, 0.1, 0.15, \cdots, 0.9, 0.95, 1$ 的 21 点方案等。当有因果关系的各个柔性命题的真度都在 K_1 中刻画好后，就可以像二值信息处理一样，首先按照端点值 $x, y, z \in \{0, 1\}$ 之间的关系，确定柔性因果关系的信息处理模式是否属于 16 种共有的模式之一，如果它不在 16 种模式之中，再根据中间过渡值的变化情况来确定，是 4 种柔性信息处理专有的模式的哪一个,具体的确定方法是：当 0=(0, 0), 1>(0, 1)>0, 1>(1, 0)>0, 1=(1, 1)时是平均模式或组合模式中的一个；当 1=(0, 0), 1>(0, 1)>0, 1>(1, 0)>0, 0=(1, 1)时是非平均模式或非组合模式中的一个；进一步区分是平均模式还是组合模式的基本特征是：组合模式有一定程度的上下平台 0=(0+Δ, 0+Δ), 1=(1-Δ, 1-Δ)出现，而平均模式根本没有上下平台 0<(0+Δ, 0+Δ), 1>(1-Δ, 1-Δ)存在。完成上述柔性信息处理模式的识别非常重要, 它可以把柔性信息处理的基本模式严格确定下来，准确获得它的模式状态参数<a, b, e>和基模型计算公式为

$$z = \Gamma[ax+by-e], \quad x, y, z, e \in [0, 1]$$

表 12.4　二元柔性信息处理的 20 种模式

编号	输入输出关系 $z=<x, y>$	a, b, e	信息变换公式	逻辑含义	
0	**0**=<0, 0>, **0**=<0, 1>, **0**=<1, 0>, **0**=<1, 1>	0, 0, 0	$\Gamma[0x+0y-0]$	$z=0$	恒假
1	**1**=<0, 0>, **0**=<0, 1>, **0**=<1, 0>, **0**=<1, 1>	−1, −1, −1	$\Gamma[-x-y+1]$	$z=\neg(x\vee y)$	非或
+1	**1**=<0, 0>, **1/2**=<0, 1>=<1, 0>, **0**=<1, 1>	−1/2, −1/2, −1	$\Gamma[-1/2x-1/2y+1]$	$z=\neg(x \circledR y)$	非平均
2	**0**=<0, 0>, **1**=<0, 1>, **0**=<1, 0>, **0**=<1, 1>	−1, 1, 0	$\Gamma[-x+y-0]$	$z=\neg(y\rightarrow x)$	非蕴含 2

编号	输入输出关系 $z=<x, y>$	a, b, e	信息变换公式	逻辑含义	
3	**1**=<0, 0>, **1**=<0, 1>, **0**=<1, 0>, **0**=<1, 1>	−1, 0, −1	$\Gamma[-x-0y+1]$	$z=\neg x$	非 x
4	**0**=<0, 0>, **0**=<0, 1>, **1**=<1, 0>, **0**=<1, 1>	1, −1, 0	$\Gamma[x-y-0]$	$z=\neg(x\rightarrow y)$	非蕴含 1
5	**1**=<0, 0>, **0**=<0, 1>, **1**=<1, 0>, **0**=<1, 1>	0, −1, −1	$\Gamma[0x-y+1]$	$z=\neg y$	非 y
6	**0**=<0, 0>, **1**=<0, 1>, **1**=<1, 0>, **0**=<1, 1>	组合实现	$z=\|x-y\|$	$z=\neg(x\leftrightarrow y)$	非等价
+7	**1**=<0, 0>, e=<0, 1>, e=<1, 0>, **0**=<1, 1>	−1, −1, 1+e	$\Gamma[-x-y-1-e]$	$z=\neg(x\copyright^e y)$	非组合
7	**1**=<0, 0>, **1**=<0, 1>, **1**=<1, 0>, **0**=<1, 1>	−1, −1, −2	$\Gamma[-x-y+2]$	$z=\neg(x\wedge y)$	非与
8	**0**=<0, 0>, **0**=<0, 1>, **0**=<1, 0>, **1**=<1, 1>	1, 1, 1	$\Gamma[x+y-1]$	$z=x\wedge y$	与
+8	**0**=<0, 0>, **1**-e=<0, 1>=<1, 0>, **1**=<1, 1>	1, 1, e	$\Gamma[x+y-e], e\in[0,1]$	$z=x\copyright^e y$	组合
9	**1**=<0, 0>, **0**=<0, 1>, **0**=<1, 0>, **1**=<1, 1>	组合实现	$z=1-\|x-y\|$	$z=x\leftrightarrow y$	等价
10	**0**=<0, 0>, **1**=<0, 1>, **0**=<1, 0>, **1**=<1, 1>	0, 1, 0	$\Gamma[0x+y-0]$	$z=y$	指 y
11	**1**=<0, 0>, **1**=<0, 1>, **0**=<1, 0>, **1**=<1, 1>	−1, 1, −1	$\Gamma[-x+y+1]$	$z=x\rightarrow y$	蕴含 1
12	**0**=<0, 0>, **0**=<0, 1>, **1**=<1, 0>, **1**=<1, 1>	1, 0, 0	$\Gamma[x+0y-0]$	$z=x$	指 x
13	**1**=<0, 0>, **0**=<0, 1>, **1**=<1, 0>, **1**=<1, 1>	1, −1, −1	$\Gamma[x-y+1]$	$z=y\rightarrow x$	蕴含 2
+14	**0**=<0, 0>, **1/2**=<0, 1>, **1/2**=<1, 0>, **1**=<1, 1>	1/2, 1/2, 0	$\Gamma[1/2x+1/2y-0]$	$z=x\circledR y$	平均
14	**0**=<0, 0>, **1**=<0, 1>, **1**=<1, 0>, **1**=<1, 1>	1, 1, 0	$\Gamma[x+y-0]$	$z=x\vee y$	或
15	**1**=<0, 0>, **1**=<0, 1>, **1**=<1, 0>, **1**=<1, 1>	1, 1, −1	$\Gamma[x+y+1]$	$z\equiv1$	恒真

2. 柔性信息处理不确定性参数的确定

有了柔性信息处理模式参数的确定，就决定了信息处理基本性质的确定，如此与运算还是或运算就确定了。但是，因为柔性逻辑是一个逻辑运算完整簇，其中包含无穷多个具体的算子，只有具体知道了它们的不确定性参数才能精准地使用，所以这个任务还没有完。接下来的任务是在模式$<a, b, e>$之内，根据 K_1 中的数据确定可能存在的不确定性调整参数$<k, h, \beta>$。

(1) 误差系数 k 的确定

在柔性非运算 $N(x,k)$ 中，k 是不动点 $N(k,k)=k$，所以，在 K_1 中非模式的因果关系数据中，如果发现有输入和输出相等的情况 $x=z=k$，这个 k 就是误差系数，$k=0.5$ 表示没有误差。如果没有发现完全相等的输入输出数据，可以寻找尽可能接近的数据对$<x: z>$，这时的 $k\approx(x+z)/2$。

(2) 广义相关系数 h 的确定

根据 K_1 中柔性与运算 $T(x, y, h)$ 的因果关系数据，确定广义相关系数 h 的方法主要有两种。

一是与算子体积法 $h=3\iint T(x, y, h)\mathrm{d}x\mathrm{d}y\approx 3\sum_i\sum_j T(x_i, y_j, h)/mn$, $i=1, 2, 3,\cdots, m$, $j=1, 2, 3,\cdots, n$(一般 $m=n=11$ 或者 21)。

只要统计计算出与算子的体积来，乘上 3，就是 h。

二是 $x=y$ 主平面上的标准尺测量法(图 12.3)，在 $x=y$ 平面上绘制 $z=T(x, x, h)$ 曲线，这个曲线与 $x=0.5$ 的垂直线或者 $z=0$ 的水平线的交点位置(相对于图 32 中垂直分布的 h 标准尺来说)，就是这个与算子的广义相关系数 h。

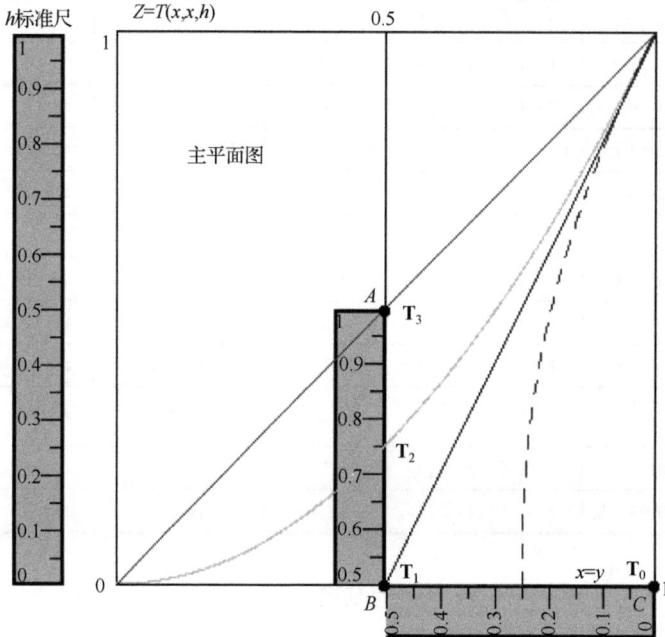

图 12.3　h 的标准尺测量法

(3) 相对权重系数 β 的确定

根据 K_1 中柔性平均运算 $M(x,y,h,\beta)$ 的因果关系数据，确定相对权重系数 β 的方法在 $M(x, y, 0.5, \beta)$ 时比较方便，因为这时的 $M(1, 0, 0.5, \beta)=\beta$(图 12.4)，而在 K_1 中寻找这样的特殊数据是不困难的。

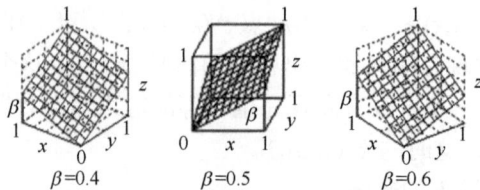

$h=0.5$时，$M(x,y,h,\beta)=M(1,0,0.5,\beta)=\beta$

图 12.4　相对权重系数 β 的确定

(4) 组合运算中决策阈值系数 e 的确定

根据 K_1 中柔性组合运算 $C^e(x, y, h)$ 的因果关系数据，确定决策阈值系数 e 的方法在 $C^e(x, y, 0.5)$ 中比较方便，因为这时组合运算的下平台区最大边界线 L 正好是满足 $x+y=e$ 的一条直线(图 12.5)，这样的数据在 K_1 中很容易找到。

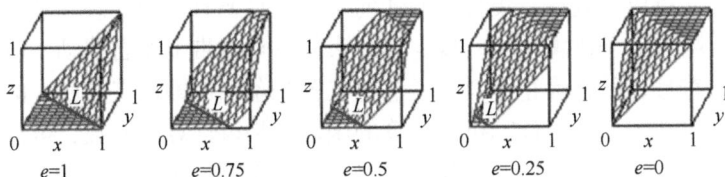

$h=0.5$时，下平台区的最大边界线L满足 $x+y=e$

图 12.5　组合运算中决策阈值系数 e 的确定

12.4.4　泛逻辑运算模型参数的在线优化

最后应该指出，上述不确定性参数确定的方法都是在孤立的理想情况下给出的，它们之所以基本可用，是因为在通常情况下各个不确定性参数都偏离 0.5 不远，而且同时出现的概率不大。但是，严格地说，不确定性参数接近上下极限的可能性还是存在的，特别是广义相关系数 h，它除了在基模型中是 $h=0.5$ 外，还经常出现在上极限 $h=1$ 和中极限 $h=0.75$ 处。而且其他的不确定性参数 k、β、e 等一旦同时出现，会对上述不确定性参数确定的结果带来误差。所以，在实际系统中，上述确定的不确定性参数只是一个近似值，需要利用某种误差消除算法来不断地逼近客观数据，获得精确结果。

12.5　用高阶图灵机近似模拟人类的智能

搞人工智能研究不是一个单纯的技术工作。过去制造钟表、电动机等工具，不会涉及太多思想认识层面的问题，是纯粹的技术性工作。而人工智能研究正好相反，它涉及许许多多的需要深入思考的理论问题甚至哲学问题。如大家都知道，图灵是人工智能之父，相信在现实世界中的图灵机——电子数字计算机上可以模拟人类智能。事实果真如此吗？下面就来深入讨论这个问题。

12.5.1　图灵机只会照章办事

1. 图灵机是计算机的理想模型

1936 年图灵提出了一个理想计算机模型，后人称为图灵机模型。后来他又提出计算机有智能，并设计了图灵测试标准，所以被后人尊为人工智能之父。

　　图灵对人类完成各种计算和逻辑操作过程进行了抽象研究，提出了一个理想的计算模型，其中不考虑计算的具体内容，也不考虑计算过程的时空开销和能源损耗，专注于计算过程能否一步步持续下去，能否获得正确的结果。于是他发现：只要有一个由有限非 0 个符号组成符号集合；只要有一个无穷长的磁带，上面有无穷多个单元可以存放符号集合中的任何符号；只要有一个控制器和读写头，其中存放有有限非 0 条逻辑规则，规定读写头何时在磁带上左右移动，读什么符号后写回什么符号，是否停止等。有了这些装置和条件，即可完成所有的计算或推理过程。据此他定义理想计算机可计算的函数就是可计算的函数，可计算函数就是理想计算机可计算的函数，两者是元-子二相的关系。人们把这种意义下的可算函数称为递归函数，它是所有可计算函数的总称[图 12.6(a),其中的符号集是{0, 1}]。

　　这是一个了不起的重大贡献，他说清楚了什么是可以计算的，什么是不可计算的。他通过这样的组合搭配，把没有任何自我变化能力的有限状态自动机(由控制器中的有限非 0 条逻辑规则组成)演变成了有一定自我变化能力的时序自动机：逻辑自动机没有内部状态的改变，对同样的外部刺激只能产生同样的反应，是最呆板的自动机；时序自动机有内部状态变化，每收到一个外部刺激，内部的状态就会发生改变，再重复这个刺激时，反应就有所不同了，显示出了一些灵活性。

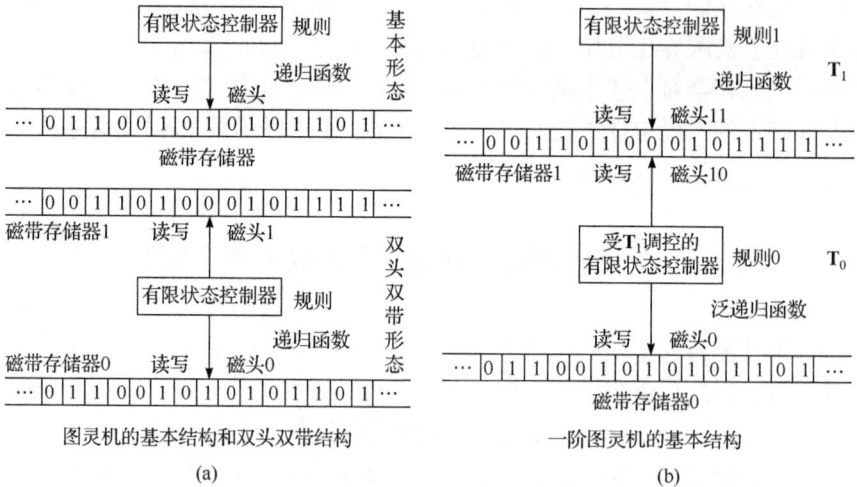

图 12.6　图灵机和一阶图灵机

2. 图灵机的能力与智能模拟的需要

　　时序机的这些灵活性能够满足智能模拟的需要吗？要回答这个问题就涉及对递归函数的描述能力问题。所谓递归函数就是函数本身调用自己。如定义函数 $f(n)=nf(n-1)$，而 $f(n-1)$ 又是这个定义的函数，这就是递归。如 $n!=n(n-1)!$ 是一个递归函数，如何实现递归？简单说来就是从未知的下推到已知的，再从已知的上传到未知的。

如求 4!=? 首先是下推，4!=4×3!，3!=3×2!，2!=2×1!，到了 1!=1 就已知了；然后再从已知上传给上一层，直到你所要求的结果为止。即从已知的 1!=1 开始，上传 2!=2×1!=2×1=2，3!=3×2!=3×2=6，到 4!=4×3!=4×6=24 递归过程结束。可见递归函数能够把一个复杂得难以用简单语言定义清楚的概念，通过从简单的已知的情况开始，一层层递升，即可把它完全说清楚。再如，自然数无穷无尽，怎么能够几句话说清楚？用递归定义即可：①0 是自然数；②如 n 是自然数，则 n+1 是自然数；③当且仅当有限次使用②生成的都是自然数。只用三句话全部说清楚了。

现在已知递归函数确实能够把各种可计算的问题全部描述清楚,让计算机一步步地计算出来。但是，相对于人工智能的研究目标来说，其应用局限性就立马暴露出来了。因为递归函数虽然可计算，但是必须严格按照程序的规定来执行，不可能见机行事、机动灵活地处理现场问题，更不能通过学习演化来增强自己处理问题的能力。递归函数虽然多种多样，可以任意选择使用，但是，程序内存型的计算机一旦选择了合适的递归函数，并且把它变成了程序，运行起来的递归函数就是时序自动机了，其内部状态虽然可以无限变化，但总归还是一个呆板的照章办事的机械工具，根本没有智能可言。

12.5.2 高阶图灵机的随机应变能力

1. 一阶图灵机的基本结构

要克服图灵机的上述理论局限性，模拟好人类的智能功能，必须对图灵机进行根本性改造，对递归函数进行功能性扩张。这涉及作者提出的高阶图灵机模型和泛递归函数概念。首先通过一个双头双带图灵机来过渡[图 12.6(b)]。根据图灵机原理，双头双带图灵机与单头单带图灵机的计算能力是等价的，不会带来质的变化。这就为构造一阶图灵机模型提供了方便。一阶图灵机由两个单头单带图灵机上下叠加而成，下层的图灵机是直接面对处理对象的操作机，其控制器中有有限非 0 条操作规则，负责控制操作过程的执行；上层图灵机是学习机，其控制器中有有限非 0 条操作规则，负责考察操作机的执行效果，归纳总结新的操作规则，在必要时启动对下层控制器中操作规则的修改完善。所以，它的磁带有两个用途，一是平时考察操作机的工作效果，二是必要时启动对下层控制器中操作规则的修改完善。对于操作机来说，它的第二个磁带是两个图灵机上下公用的沟通媒体，它平时向上汇报工作情况，必要时向下传递修改操作规则的指示。这样一来，控制图灵机运行的递归函数再也不是一成不变的固定函数了，它变成了必要时可以随时修改的泛递归函数。

2. 人类智能需要用无限高阶图灵机刻画

作者 1982 年发表了《智能论——关于人脑及其他各种系统中信息处理规律的科学》，正式提出了用人脑智能进化的无限高阶图灵机模型来描述智能进化的能力，它是一阶图灵机反复叠加的结果(图 12.7)。每一阶负责一种智能功能的进化，如学习能力、发明能力、发现能力等。

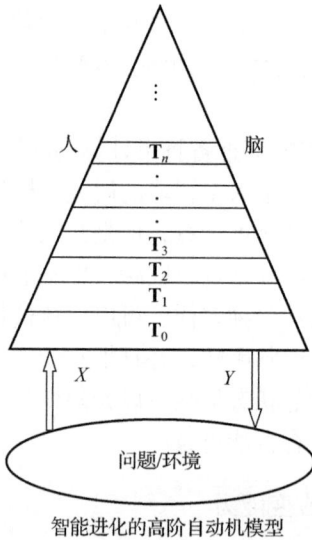

智能进化的高阶自动机模型

图 12.7　智能的无限高阶图灵机模型

3. 人工智能追求合理的人-机分工

人工智能的终极目标并不是把自己的智能全部交给机器，自己无所事事，那样人类就彻底毁灭了自己。人工智能的终极目标只是把自己的一部分智能(烦琐的、繁重的、危险的、需快速响应的、需在无人区长期值守的、宇宙航行时漫长的自动驾驶等)交给机器去完成，寻求一个合理的人-机分工，人永远处在主导地位，机器只是一个辅助的配合地位。利用无限高阶图灵机模型，就可以实现人工智能研究的终极目标，通过不断地调整人-机分工，达到建立越来越适应人类进步的良好的人-机关系的目标(图 12.8)。

首先，人制造的能自我学习演化的智能机器只能是一种供人使用的工具，它需要协助人做一部分人希望它做的工作，人始终处在主宰和最终控制的地位。任何用智能机器来完全代替人类、统治人类、更换人种的想法都是彻底错误的，也是做不到的。

其次，不同时期的人-机分工是不同的，这取决于当时的社会需要和科技发展水平。但是，不管分配给智能工具多少智能功能，那都是低层次的一部分功能，高层次的完整功能仍然在人这里，所以人的主宰地位不会改变。不管人工智能技术如何发达，人工智能的能力如何提升，人的主导地位不能改变，机器永远是人的助手。

不管什么时期，人-机关系和人-机分工的总原则都是：把一部分低层的信息处理规律已清楚、机器具有优势的功能(如计算速度、大范围搜索比较、有害环境作业等)交给机器去完成，人则保留高层的主宰地位：如最后决策、发现新的规律、发明新的产品、开展各种复杂的创新活动等。

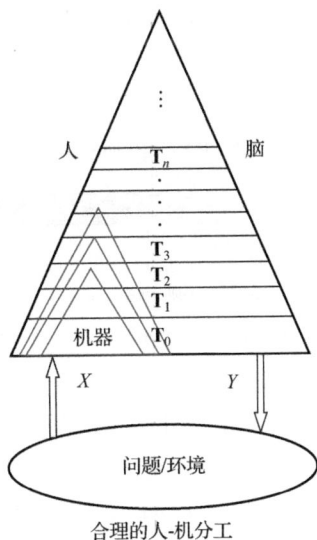

图 12.8　智能模拟需要合理的人-机分工

12.5.3　用智能度来评价智能工具的水平

如何定义智能工具的智能水平的高低，是一个智能科学必须解决的课题，有了无限高阶图灵机模型和图灵机模型，这个课题就有了参照物，比较容易解决。作者曾经提出过一个设想(图 12.9)。

(1) 定义无限高阶图灵机模型的智能度为 100

这代表最高的智能水平。因为无限高阶图灵机模型是全智能体，它由无限多层图灵机组成，有通过在线学习无限进化的潜能，能够解决面临的所有问题，包括不断涌现的未知问题，所以能够代表人类无限认知过程的总和。

(2) 定义单层图灵机的智能度为 0

因为它只有照章办事的能力，没有机动灵活办事的可能性，更没有学习演化的能力。

对比逻辑推理范式的差异，这个设想是有现实意义和深刻内涵的。

刚性推理范式：具有逻辑上的严密性和推理路径的完备性，推理过程可机械式地、义无反顾地一直进行下去，对有解的理想问题(不管结果是真是假)，一定可以获得结果。尽管计算机在无启发式知识指导下使用会出现组合爆炸，但人类专家可高效使用它。

柔性推理范式：可精确描述现实中的各种不确定性，有针对性地进行推理获得准确结果，不必因理想化而丢掉许多有用信息。在智能中许多问题的存在价值就在于它包含的某些不确定性，如全部理想化问题就不存在了。反之，柔性推理包含刚性推理，提供合理扩张可以获得，不必推倒重来。

(3) 在 0、100 之间定义有限高阶图灵机模型的智能度

具体如何实施，还有许多细节要研究，目前智能机器的形态还不够丰富，难以制定标准。

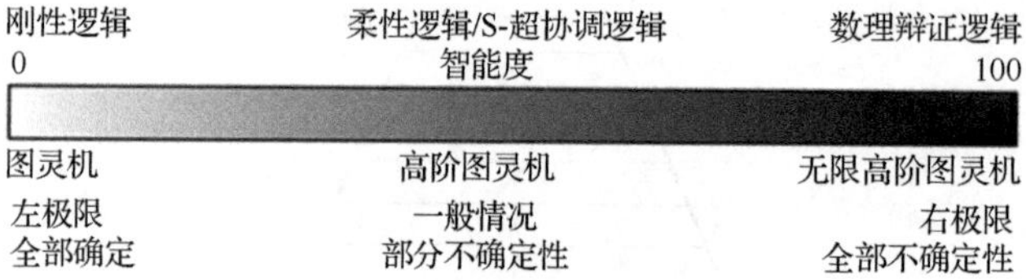

刚性逻辑	柔性逻辑/S-超协调逻辑	数理辩证逻辑
0	智能度	100
图灵机	高阶图灵机	无限高阶图灵机
左极限	一般情况	右极限
全部确定	部分不确定性	全部不确定性

图 12.9　制定智能度标准的一个设想

12.6　小　　结

人们对事物的认识过程可分为两个阶段。第一个阶段是低级阶段，其特征是"知其然，而不知其所以然"。第二个阶段则是高级阶段，其特征是"知其然，亦知其所以然"。感觉到了的事物，我们不能立刻理解它，只有理解了的事物才能更深刻地感觉它。

所谓"从实践中来，再回到实践中去"的意思是从实践中总结出道理，再用更多的实践去验证它。如果都行得通，就把它当作真理应用到更多的实践中去。这反映的是辩证唯物论的实践性的特点。

本章是在完成了命题泛逻辑已经从实践中来后，再回到实践中去之前的预备知识，它可以帮助读者把命题泛逻辑理论更好地运用解决实际问题，从而更深刻地理解泛逻辑理论。纸上得来终觉浅，绝知此事要躬行。

第13章　命题泛逻辑在柔性神经元中的应用

二人同心，其利断金；同心之言，其臭如兰。

——《周易·系辞上》

13.1　引　　言

　　本章将重点介绍一个对新一代人工智能研究特别重要的知识：神经元和逻辑算子的元-子二相关系。它本来一开始就存在，但 80 多年来被研究人工神经网络的人破坏得几乎无影无踪，这才造成了当前深度神经网络研究的可解释性瓶颈。恢复神经元元-子二相的本质属性，是彻底解决当前人工智能研究困局的一剂灵丹妙药。要是人工神经网络的先驱者们当年没有无视 M-P 模型元-子二相的本质属性，今天的人工智能可能已经是一个和谐美满的大家庭，根本不会出现家中三个儿子(结构、逻辑、行为)的彻底分家，成为同行冤家，一度达到你死我活的状态。现代人工智能研究就卡在可解释性关口！

　　人工智能模拟的人脑本身，神经网络结构支撑着人类智能的生成机制，智能生成机制产生智能功能和智能行为，这是现代人皆知的客观事实。知识、逻辑和行为的生成及演化过程，知识的形成、存储记忆、现场运用、修改完善等，全部都是在大脑神经网络的结构之中完成，功能、行为、结构在人脑中高度和谐统一。这是自然界留给人类的最好启示，我们搞智能模拟的人为什么要视而不见？三大学派之间为什么要相互排斥？以至于 80 多年来人工智能三大学派渐行渐远，越来越难以融为一体。

　　人工智能的三足鼎立关系来源于分而治之的方法论，分而治之的方法论来源于决定论的科学观，不重视复杂性系统的内部联系，说切就切，说分就分，为所欲为。最后自家人不认识自家人，内部乱成一锅粥。连接主义学派本来是家中老大，最早想到研究人脑结构的模拟；功能主义学派本来是家中老二，专门研究人脑功能的模拟；行为主义学派则是家里的小弟弟，想研究人类智能行为的模拟。一家人互不认可，开始是聪明伶俐的老二掌权，排挤憨厚老实的老大；后来因为老二的逻辑功底陈旧，无法适应变幻莫测的现实世界，老大凭借数学功底好，掌握家中大权，反过来排挤老二；小弟弟出生最晚，家中的大小事从来不管，自顾自玩条件反射模拟，还真玩出许多让人称奇的花样来。由于家庭中的矛盾不小，所以是各干各的，很少联手合作。兄弟齐心，其利断金。人工智能学科要担当历史重任，内部的齐心合力特别重要，分而治之，各说各话是不行的。兄弟两人心意相同，行动一致的力量犹如利刃可以截断金属；在语言上谈的来，说出话来就会像兰草那样芬芳、高雅，娓娓动听。

有了本章的研究成果支撑，在新一代人工智能研究中，类似于人脑中的和谐统一局面一定能够实现。让我们共同努力，维护神经元和逻辑算子的元-子二相关系，实现人工智能的和谐统一。

13.2　M-P 人工神经元模型具有元-子二相性

13.2.1　二值神经元的基本结构

1943 年，心理学家麦卡洛克和数理逻辑学家皮茨在分析、总结神经元基本特性的基础上，首先提出神经元的数学模型 M-P(又称感知机、阈元)。此模型沿用至今，并且直接影响着这一领域的研究进展。他二人被誉为人工神经网络研究的先驱。

图 13.1 给出的是 M-P 模型的二元结构图，其中 $x, y, z \in \{0,1\}$，a、b 是输入的权系数，e 是阈值，$v=ax+by-e$ 是整合计算，经 0、1 限幅 $\Gamma[v]$ 后输出，$z=\Gamma[ax+by-e]$，从输入到输出有 Δt 的固定延迟。它有一个特殊的属性——元-子二相性，从神经元角度看它是一个二值信息变换函数，从逻辑角度看，它是一个逻辑算子(为什么只讨论二元结构？因为把二元搞清楚了，很容易扩张到三元及更多的元)。1945 年冯·诺依曼领导的设计小组试制成功存储程序式电子数字计算机，标志着电子计算机时代的开始。1948 年，他在研究工作中比较了人脑结构与存储程序式计算机的根本区别，提出了以简单神经元构成的再生自动机网络结构，肯定了神经元与逻辑算子的等价关系，两者的处理能力相同。所以，冯·诺依曼既是电子数字计算机的创始人之一，也是人工神经网络研究的先驱之一。

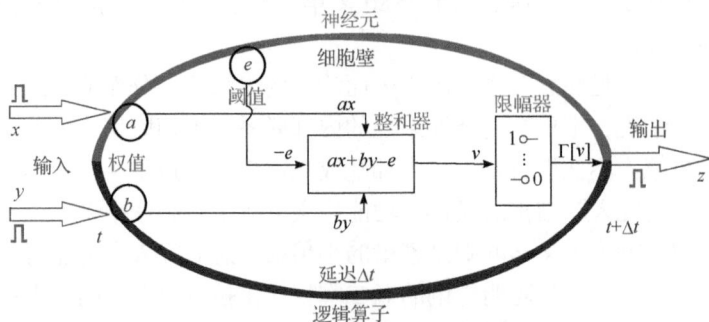

图 13.1　二元二值神经元模型 M-P

13.2.2　M-P 模型的元-子二相性

作者 1958 年开始学习计算机，1969 年开始主持设计航空机载计算机，对逻辑算子(门电路)已非常熟悉。1979 年开始研究人工智能，在学习 M-P 模型时，曾系统考察过神经元的元-子二相性，发现了如表 13.1 所示的一一对应关系：神经元的每一个信息变换模式，都有其逻辑含义，反之亦然。它证明了两者的信息处理能力相同，谁也不比谁强。

表 13.1　二元二值信息处理的全部 16 种模式

模式编号		0 号	1 号	2 号	3 号	4 号	5 号	6 号	7 号
模式内容		$\equiv 0$	$\neg(x\vee y)$	$\neg(y\to x)$	$\neg x$	$\neg(x\to y)$	$\neg y$	$x\neq y$	$\neg(x\wedge y)$
模式参数	a	0	−1	−1	−1	1	0	组合实现	−1
	b	0	−1	1	0	−1	−1		−1
	e	0	−1	0	−1	0	−1		2
模式编号		15 号	14 号	13 号	12 号	11 号	10 号	9 号	8 号
模式内容		$\equiv 1$	$x\vee y$	$y\to x$	x	$x\to y$	y	$x=y$	$x\wedge y$
模式参数	a	1	1	1	1	−1	0	组合实现	1
	b	1	1	−1	0	1	1		1
	e	−1	0	−1	0	−1	0		1

图 13.2 给出了 M-P 模型元-子二相性的具体表现，其中 6 号模式($x\neq y$)和 9 号模式($x=y$)都是组合型模式：

$$z=\neg((x\to y)\wedge(y\to x))=1-\Gamma[\Gamma[-x+y+1]+\Gamma[x-y+1]-1]=|x-y|$$

$$z=(x\to y)\wedge(y\to x)=\Gamma[\Gamma[-x+y+1]+\Gamma[x-y+1]-1]=1-|x-y|$$

1969 年明斯基出版的专著 *Perceptron* 指出神经网络的功能局限，其中就包括这两个模式不能用 M-P 模型实现。这是个认识误会，其实它们都可用三个神经元组合起来完成其信息变换功能。

13.2.3　现行的 ANN 没有元-子二相性

过去搞计算机的人喜欢用真值表思考问题，搞神经网络的人喜欢用阈值函数 $z=\Gamma[ax+by-e]$ 思考问题。不看表 13.1，确实想不到神经元的元-子二相性，后来在泛逻辑的一步步扩张过程中，始终坚持在基模型(即 $z=\Gamma[ax+by-e]$)不变的前提下完成，就是当年表 13.1 在作者脑中的留下的烙印。所以，柔性神经元的元-子二相性一直存在。

只要不离开泛逻辑和柔性神经元，不管抽象到多大的知识粒度层次，它的元-子二相性一直存在。这对神经网络的可解释性至关重要，也是人类理解周围世界、把握因果关系、积累知识和应用逻辑推理的重要前提。否则，人就只能像动物一

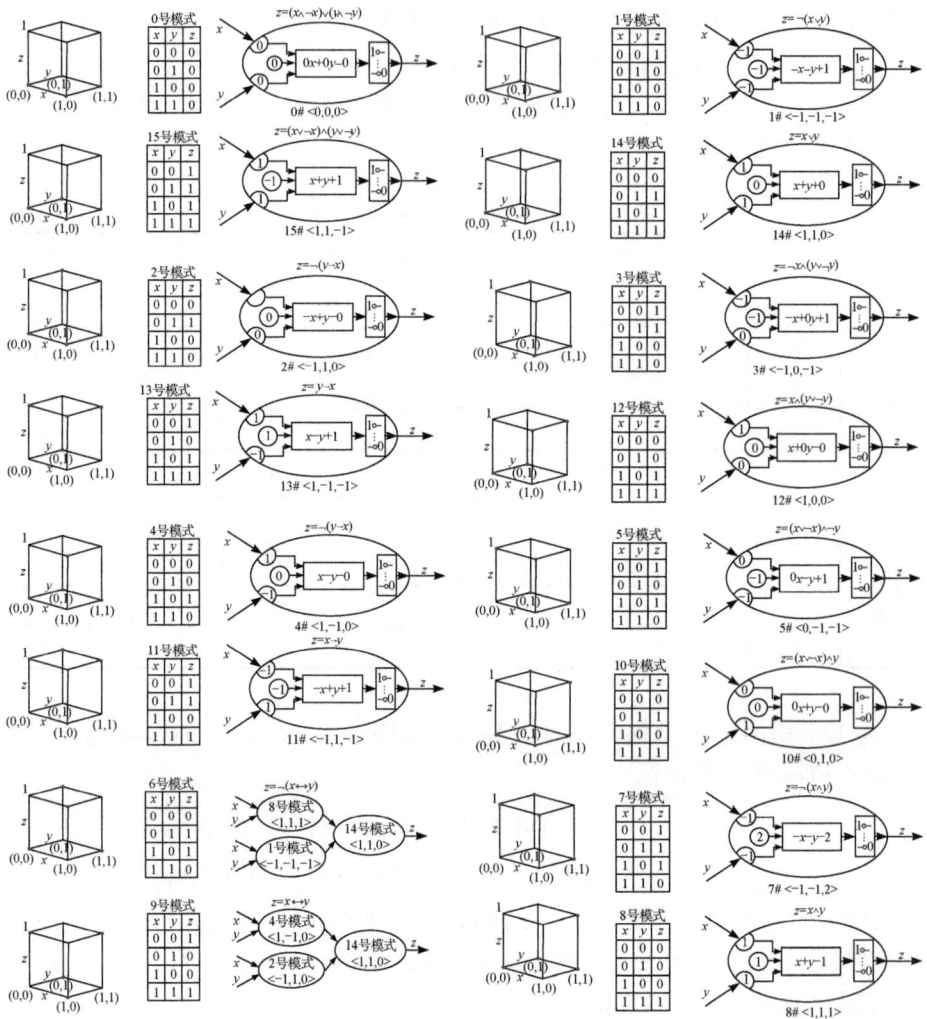

图 13.2　M-P 模型的元-子二相性

样，听见铃声就分泌唾液，无法分辨是食物还是诱饵。条件反射和思维定式一样，都是自发行为，孙子兵法中的三十六计中就有许多利用对手条件反射和思维定式来克敌制胜的锦囊妙计，智能的一个重要因素是会**算计**，而不仅仅是会计算，感知和认知根本不是一个层次的智慧。

可是，现行的人工神经网络(ANN)特别是深度神经网络从一开始就无视 M-P 神经元的元-子二相性，随意修改神经元的<*a, b, e*>参数，用各种 S 型变换函数替换神经元的信息变换函数 $z=\Gamma\,[ax+by-e]$，满足于用简单的数据统计和关联关系拟合，整个过程没有归纳抽象，完全使用原子信息变换，通过大数据和云计算，用几百上千层二值神经网络一竿子插到底，把知识和逻辑变成了海量的神经元权系数矩阵, 其可解释性早已荡然无存。这是一个历史悲剧, 是分而治之方法论长期主导人工智能研究造成的恶果。

13.3　连续值神经元的元-子二相性

13.3.1　连续值神经元的基本结构

20 世纪 60 年代初, 威德罗(Widrow)提出了自适应线性元件网络, 它是一种连续值线性加权求和阈值网络。后来, 在此基础上发展了非线性多层自适应网络。当时这些工作虽未使用神经网络的名称, 但实际上就是人工神经网络模型。20 世纪 90 年代初, 开始有人将模糊逻辑与人工神经网络联系起来智能模拟问题, 形成了模糊神经网络[186]。

泛逻辑的扩张过程中迈出的第一步也是把二值信息处理扩张为连续值信息处理, 不过我们不是随便使用什么信息变换函数或者逻辑算子, 而是严格保留基模型即 $z=\Gamma[ax+by-e]$ 不变, 所以连续值神经元的元-子二相性仍然存在(图 13.3)。

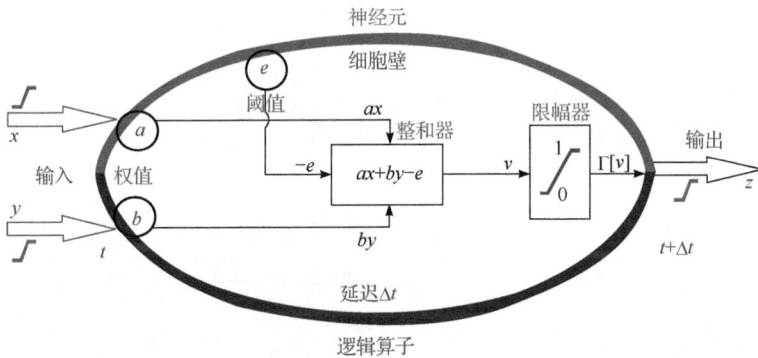

图 13.3　连续值神经元的元-子二相性保持不变

13.3.2　连续值神经元的元-子二相性

在我们的连续值信息处理中, 原来的 16 种信息处理模式仍然存在, 由于中间过渡值可参与运算, 还另外增加了 4 种新的信息处理模式, 它们是:

+1 号模式(非平均): $z=1-((x+y)/2)$

+14 号模式(平均): $z=(x+y)/2$

+7 号模式(非组合): $z=\Gamma[x+y-e]$

+8 号模式(组合): $z=1-\Gamma[x+y-e]$

这样就有了 20 种信息处理模式。

详细情况见表 13.2 和图 13.4。

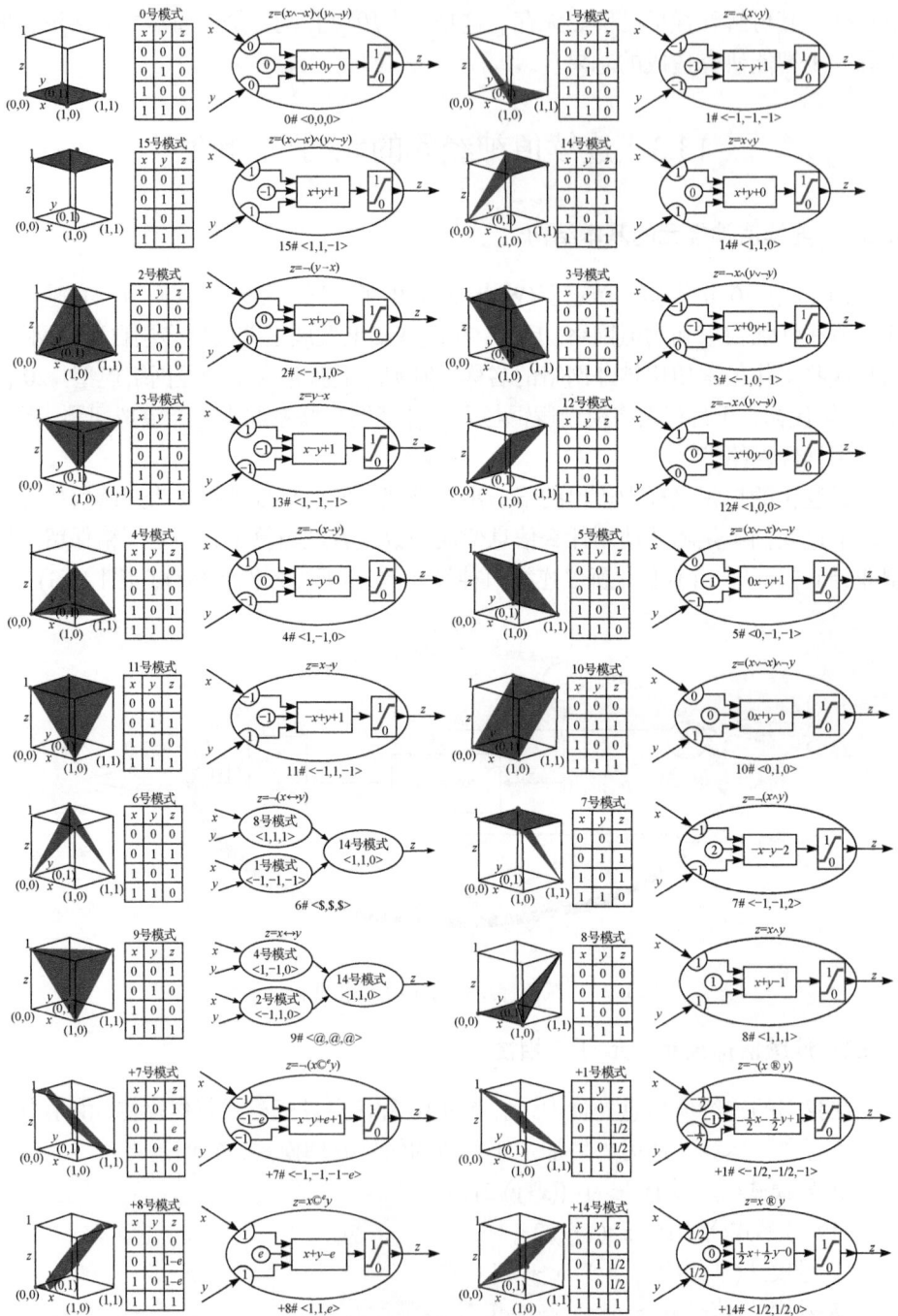

图 13.4　连续值信息处理的基模型具有元-子二相性

表 13.2 二元连续值信息处理的全部 20 种模式

模式编号		0 号	1 号	+1 号	2 号	3 号	4 号	5 号	6 号	7 号	+7 号
模式内容		$\equiv 0$	$\neg(x\vee y)$	$\neg(x\circledR y)$	$\neg(y\to x)$	$\neg x$	$\neg(x\to y)$	$\neg y$	$x\neq y$	$\neg(x\wedge y)$	$\neg(x©^e y)$
模式参数	a	0	-1	$-1/2$	-1	-1	1	0	组合实现	-1	-1
	b	0	-1	$-1/2$	-1	1	0	-1		-1	-1
	e	0	-1	-1	0	-1	0	-1		2	$1+e$
模式编号		15 号	14 号	+14 号	13 号	12 号	11 号	10 号	9 号	8 号	+8 号
模式内容		$\equiv 1$	$x\vee y$	$x\circledR y$	$y\to x$	x	$x\to y$	y	$x\equiv y$	$x\wedge y$	$x©^e y$
模式参数	a	1	1	$1/2$	1	1	-1	0	组合实现	1	1
	b	1	1	$1/2$	0	1	0	1		1	1
	e	-1	0	0	-1	0	-1	0		1	e

由图 13.4 可以看出，连续值神经元呈现出各种曲面，连续值逻辑算子也呈现出各种曲面，两者异曲同工。现行的人工神经网络是利用数据统计和关联关系网络进行曲面拟合，两者有内在联系吗？下面进行详细介绍。

13.4　柔性神经元的元-子二相性

13.4.1　柔性神经元的基本结构

我们的扩张过程没有停步，为了处理各种涌现出来的具有辩证矛盾、不确定性的非真非假新事物，在这 20 种基模型信息处理模式基础上，逐步引入了误差系数 $k\in[0,1]$、广义相关系数 $h\in[0,1]$ 和权系数 $\beta\in[0,1]$ 的影响，并利用三角范数理论和有关公理，确定了这些不确定性参数对基模型的调整方式(图 13.5)。

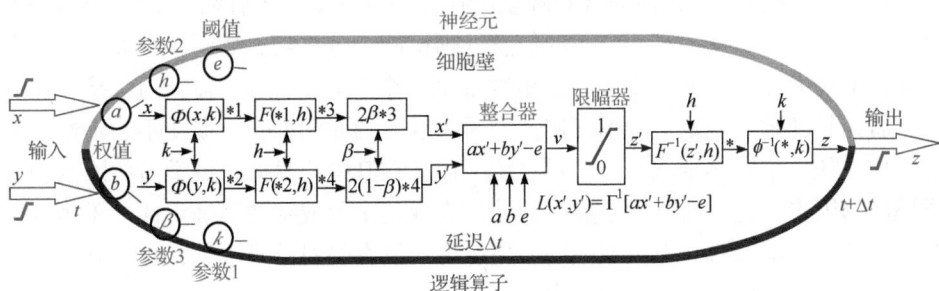

图 13.5　柔性神经元的元-子二相性

1) 命题真度的误差系数 $k \in [0, 1]$，其中 $k=1$ 表示最大正误差，$k=0.5$ 表示无误差，$k=0$ 表示最大负误差。k 对基模型的影响反映在 N 性生成元完整簇 $\Phi(x, k)=x^n$，$n \in (0, \infty)$ 上，其中 $n=-1/\log_2 k$。当 $n \to 0$ 时 $\Phi(x, 0)=\text{ite}\{0|x=0; 1\}$；当 $n=1$ 时 $\Phi(x, 0.5)=x$；当 $n \to \infty$ 时 $\Phi(x, 1)=\text{ite}\{1|x=1; 0\}$。$\Phi(x, k)$ 对一元运算基模型 $N(x)$ 的作用方式是 $N(x, k)=\Phi^{-1}(N(\Phi(x, k)), k)$，对二元运算基模型 $L(x, y)$ 的作用方式是 $L(x, y, k)=\Phi^{-1}(L(\Phi(x, k), \Phi(y, k)), k)$。

2) 广义相关系数 $h \in [0, 1]$，其中 $h=1$ 是最大的相吸关系或者最大的相容关系，$h=0.75$ 是独立相关关系，$h=0.5$ 是最大的相斥关系或者最小的相容关系，也就是最弱的敌我关系或者最小相克关系，$h=0.25$ 是敌我僵持关系，$h=0$ 是最强的敌我关系或者最大的相克关系。广义相关系数 h 对基模型的影响反映在 T 性生成元完整簇 $F(x, h)=x^m$，$m \in (-\infty, \infty)$ 上，其中 $m=(3-4h)/(4h(1-h))$。当 $m \to -\infty$ 时 $F(x, 1)=\text{ite}\{1|x=1; \pm\infty\}$；当 $m \to 0^-$ 时 $F(x, 0.75^-)=1+\log x$；当 $m \to 0^+$ 时 $F(x, 0.75^+)=\text{ite}\{0|x=0; 1\}$；当 $m=1$ 时 $F(x, 0.5)=x$；当 $m \to \infty$ 时 $F(x, 0)=\text{ite}\{1|x=1; 0\}$。$F(x, h)$ 对 6 种二元运算基模型 $L(x, y)$ 的影响为

$$L(x, y, h)=F^{-1}(L(F(x, h), F(y, h)), h)$$

3) 权系数 $\beta \in [0, 1]$，其中 $\beta=1$ 表示最大偏 x，$\beta=0.5$ 表示等权，$\beta=0$ 表示最小偏 x。权系数 β 对基模型的影响反映在二元运算模型上，其对基模型 $L(x, y)$ 的作用方式为

$$L(x, y, \beta)=L(2\beta x, 2(1-\beta)y)$$

k、h、β 三者对二元运算模型 $L(x, y)$ 共同的影响方式为

$$L(x, y, h, k, \beta)=\Phi^{-1}(F^{-1}(L(2\beta F(\Phi(x, k), h), 2(1-\beta) F(\Phi(y, k), h)), h), k)$$

如此就获得了 20 种柔性信息处理算子的完整簇，它包含了柔性信息处理所需要的全部算子，可根据应用需要(即模式参数 $<a, b, e>$ 和模式内的调整参数 $<k, h, \beta>$)有针对性地选用。其作用是在最简单的神经元模型 M-P 内部，适当地引入更多的信息处理机制，以便应对客观环境中存在的各种辩证矛盾和不确定性(神经生物学研究证实，生物神经元内部的信息处理机制十分复杂，如同一个大型化工企业群)。这样做的哲学信念是：客观事物都是一个对立统一体，在其内部是一对辩证矛盾，其外部表现是一种不确定性，矛盾双方的此消彼长，促使不确定性的大小变化。如一个小学生就是一个对立统一体，在其内心具有积极学习的因素和贪玩懒惰的因素，是一对辩证矛盾，其外部表现是学习成绩的不确定性，矛盾双方的此消彼长，就表现为考试成绩的忽高忽低。没有绝对的好学生，也没有绝对的差学生，事物都处在发展变化之中。

下面按偶对关系介绍柔性信息处理模式的具体运算公式及其元-子二相性。

13.4.2　15 号和 0 号信息处理模式的元-子二相性

图 13.6 是恒 0 模式和恒 1 模式，它们具有元-子二相性。

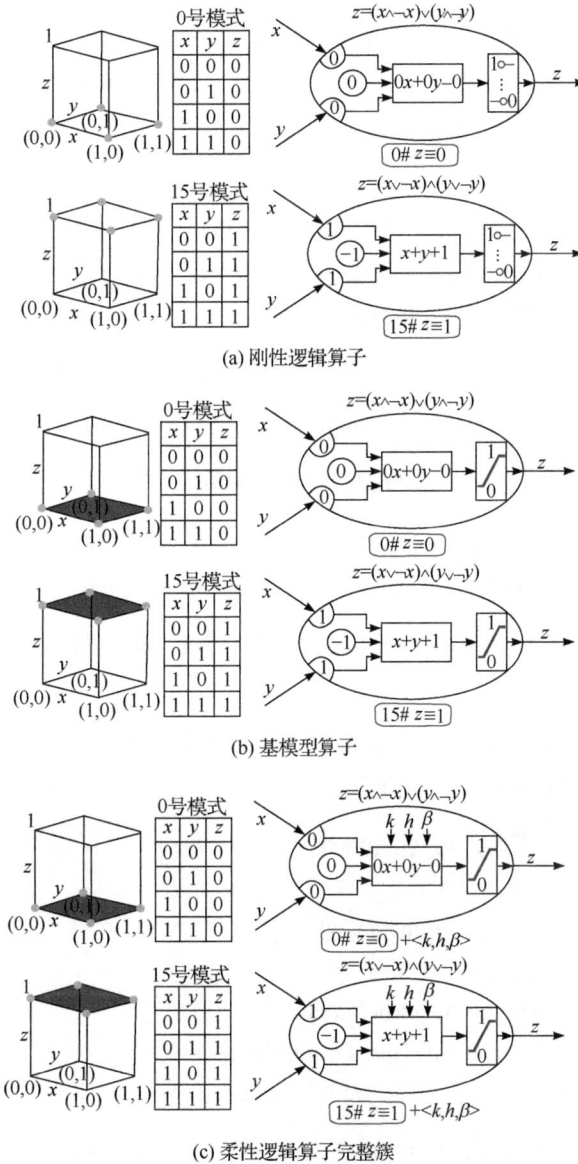

(a) 刚性逻辑算子

(b) 基模型算子

(c) 柔性逻辑算子完整簇

图 13.6　恒 0 模式和恒 1 模式

这两种模式的共同特点是不管输入如何变化，输出都是恒定不变的，也就是平常理解的"输出的结果与输入的变化没有关系"。

所以，可以简单地用 $z \equiv 0$ 和 $z \equiv 1$ 来表示，没错。但是，如果作为 20 种信息处理模式中的一种模式，在整体结构中存在和相互转化，则必须详细描述为

$$z \equiv 0 = T(T(x, y, h, k, \beta), T(N(x, k), N(y, k), h, k, \beta), h, k, \beta)$$

$$z \equiv 1 = S(S(x, y, h, k, \beta), S(N(x, k), N(y, k), h, k, \beta), h, k, \beta)$$

其中，$N(x, k) = (1-x^n)^{1/n}$；$T(x, y, h, k, \beta) = (\max(0, 2\beta x^{nm} + 2(1-\beta)y^{nm} - 1))^{1/mn}$；$S(x, y, h, k, \beta) = (1 - (\max(0, 2\beta(1-x^n)^m + 2(1-\beta)(1-y^n)^m - 1))^{1/m})^{1/n}$。

当 $\beta = 0.5$ 时权系数的影响消失：

$$T(x, y, h, k) = (\max(0, x^{nm} + y^{nm} - 1))^{1/mn}$$

$$S(x, y, h, k) = (1 - (\max(0, (1-x^n)^m + (1-y^n)^m - 1))^{1/m})^{1/n}$$

当 $k = 0.5$ 时误差系数的影响消失：

$$N(x) = 1-x, \quad T(x, y, h) = (\max(0, x^m + y^m - 1))^{1/m}$$

$$S(x, y, h) = (1 - (\max(0, (1-x)^m + (1-y)^m - 1))^{1/m}$$

13.4.3　14 号和 1 号信息处理模式的元-子二相性

图 13.7 是 1 号模式和 14 号模式，它们具有元-子二相性。

14 号模式或运算可受 k、h、β 的联合影响，是一个运算模型完整簇，即

$$S(x, y, h, k, \beta) = (1 - (\max(0, 2\beta(1-x^n)^m + 2(1-\beta)(1-y^n)^m - 1))^{1/m})^{1/n}$$

当 $\beta = 0.5$ 时权系数的影响消失：

$$S(x, y, h, k) = (1 - (\max(0, (1-x^n)^m + (1-y^n)^m - 1))^{1/m})^{1/n}$$

当 $k = 0.5$ 时误差系数的影响消失：

$$S(x, y, h) = (1 - (\max(0, (1-x)^m + (1-y)^m - 1))^{1/m}$$

$S(x, y, h)$ 有四个特殊算子：

Zadeh 或算子　$S(x, y, 1) = \max(x, y)$

概率或算子　$S(x, y, 0.75) = x+y-xy$

有界或算子　$S(x, y, 0.5) = \min(1, x+y)$

突变或算子　$S(x, y, 0) = \mathrm{ite}\{\max(x, y) | \min(x, y) = 0; 1\}$

1 号模式非或运算可受 k、h、β 的联合影响，是一个运算模型完整簇，即

$$N(S(x, y, h, k, \beta), k) = ((\max(0, 2\beta(1-x^n)^m + 2(1-\beta)(1-y^n)^m - 1))^{1/m})^{1/n}$$

当 $\beta = 0.5$ 时权系数的影响消失：

$$N(S(x, y, h, k), k) = ((\max(0, (1-x^n)^m + (1-y^n)^m - 1))^{1/m})^{1/n}$$

当 $k = 0.5$ 时误差系数的影响消失：

$$1-S(x, y, h)=(\max(0, (1-x)^m+(1-y)^m-1))^{1/m}$$

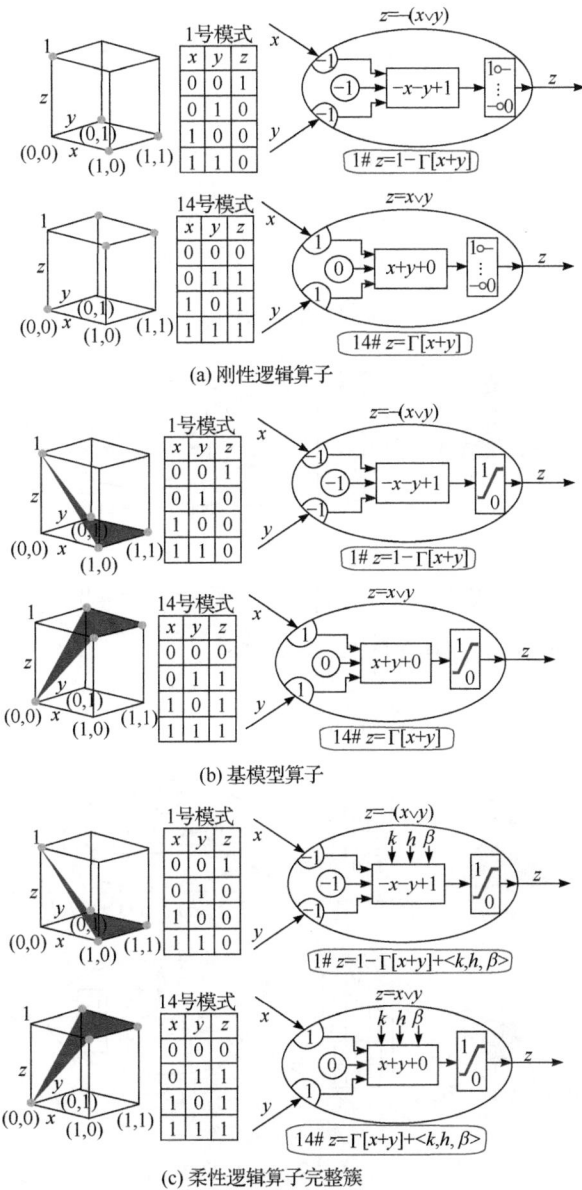

(a) 刚性逻辑算子

(b) 基模型算子

(c) 柔性逻辑算子完整簇

图 13.7　非或模式和或模式

13.4.4　13 号和 2 号信息处理模式的元-子二相性

图 13.8 是 2 号模式和 13 号模式, 它们具有元-子二相性。

(a) 刚性逻辑算子

(b) 基模型算子

(c) 柔性逻辑算子完整簇

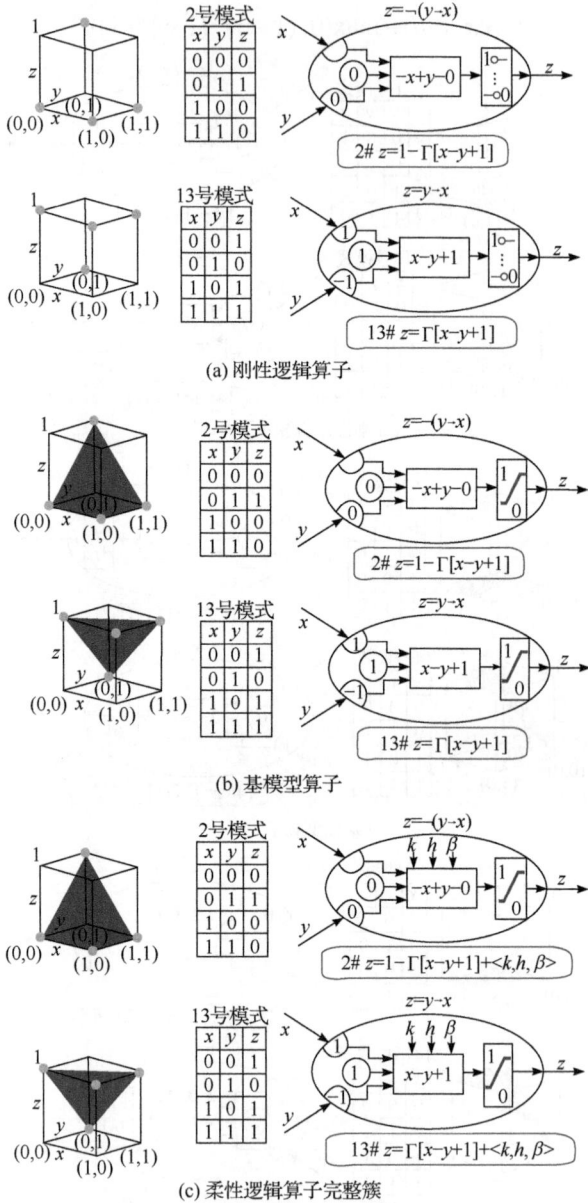

图 13.8 非蕴含 2 模式和蕴含 2 模式

13 号模式蕴含 2 运算可受 k、h、β 的联合影响, 是一个运算模型完整簇(一般 β=0.5), 即

$$I(y, x, h, k, \beta)=(\min(1, \ 1-2\beta y^{nm}+2(1-\beta)x^{nm}))^{1/mn}$$

当 β=0.5 时权系数的影响消失:

$$I(y, x, h, k)=(\min(1, 1-y^{nm}+x^{nm}))^{1/mn}$$

当 $k=0.5$ 时误差系数的影响消失：

$$I(y, x, h)=(\min(1, 1-y^m+x^m))^{1/m}$$

$I(y, x, h)$ 有四个特殊算子：

Zadeh 蕴含　$I(y, x, 1)=\text{ite}\{1|y\leqslant x; x\}$

概率蕴含　$I(y, x, 0.75)=\min(1, x/y)$

有界蕴含　$I(y, x, 0.5)=\min(1, 1-y+x)$

突变蕴含　$I(y, x, 0)=\text{ite}\{x|xy=1; 1\}$

2 号模式非蕴含 2 运算可受 k、h、β 的联合影响，是一个运算模型完整簇(一般 $\beta=0.5$)，即

$$N(I(y, x, h, k, \beta),k)=(1-(\min(1, 1-2\beta y^{nm}+2(1-\beta)x^{nm}))^{1/m})^{1/n}$$

当 $\beta=0.5$ 时权系数的影响消失：

$$N(I(y, x, h, k), k)=(1-(\min(1, 1-y^{nm}+x^{nm}))^{1/m})^{1/n}$$

当 $k=0.5$ 时误差系数的影响消失：

$$N(I(y, x, h), 0.5)=1-(\min(1, 1-y^m+x^m))^{1/m}$$

13.4.5　12 号和 3 号信息处理模式的元-子二相性

图 13.9 是 3 号模式和 12 号模式，它们具有元-子二相性。

3 号模式非 x 运算受误差系数 k 的影响，是一个 N 范数完整簇，即

$$N(x, k)=(1-x^n)^{1/n}$$

其中，$N(x, 1)=\text{ite}\{0|x=1; 1\}$ 是最大非算子；$N(x, 0.5)=1-x$ 是中心非算子；$N(x, 0)=\text{ite}\{1|x=0; 0\}$ 是最小非算子。

如果需要保持完整的二元信息处理形式，应该写成

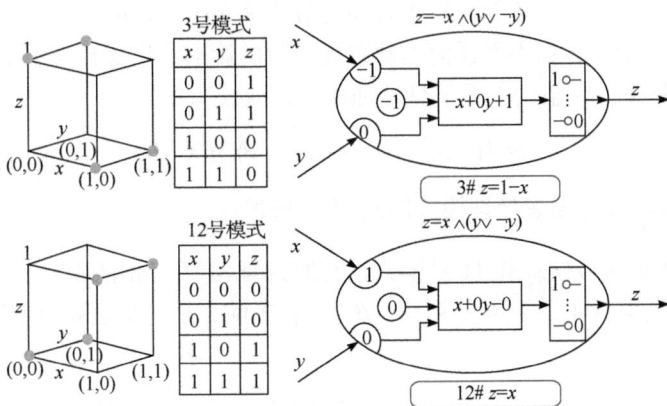

(a) 刚性逻辑算子

(b) 基模型算子

(c) 柔性逻辑算子完整簇

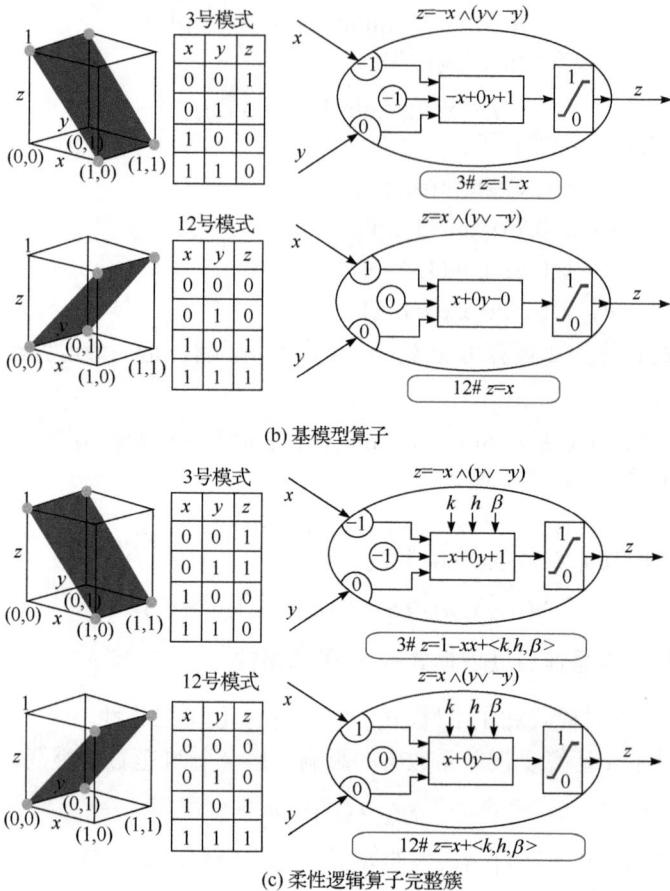

图 13.9　非 x 模式和指 x 模式

$$z=T(N(x, k), S(y, N(y, k), h, k, \beta), h, k, \beta)$$

12 号模式指 x 运算不受任何不确定性系数的影响，即保持 x 不变。

如果需要保持完整的二元信息处理形式，应该写成

$$z=T(x, S(y, N(y, k), h, k, \beta), h, k, \beta)$$

13.4.6　11 号和 4 号信息处理模式的元-子二相性

图 13.10 是 4 号模式和 11 号模式，它们具有元-子二相性。

11 号模式蕴含 1 运算可受 k、h、β 的联合影响，是一个运算模型完整簇(一般 $\beta=0.5$)

$$I(x, y, h, k, \beta)=(\min(1, 1-2\beta x^{nm}+2(1-\beta)y^{nm}))^{1/mn}$$

当 $\beta=0.5$ 时权系数的影响消失：

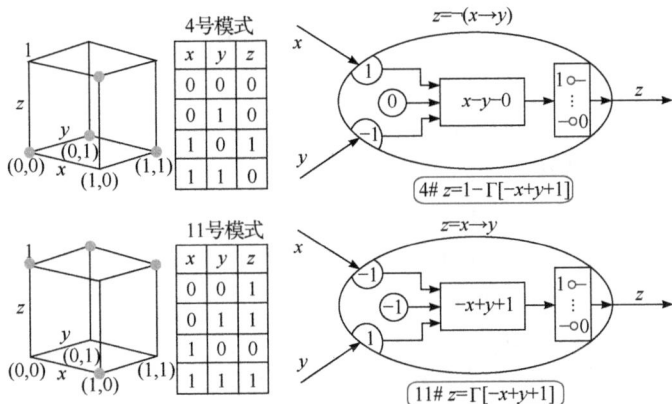

(a) 刚性逻辑算子

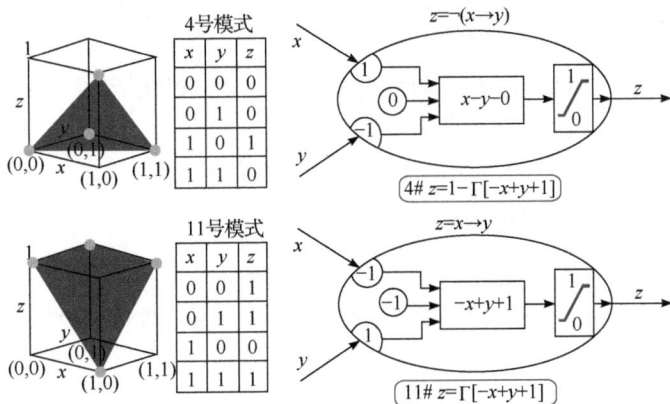

(b) 基模型算子

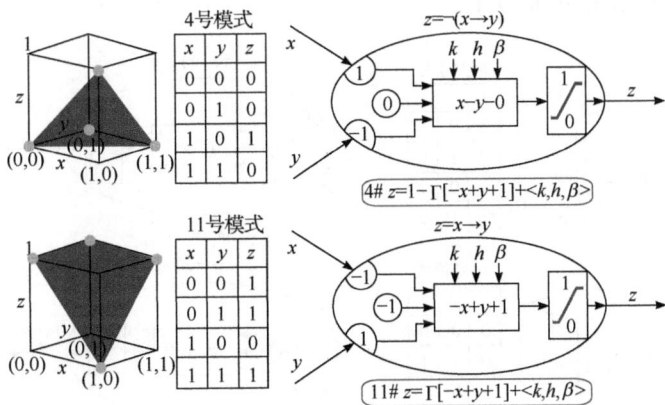

(c) 柔性逻辑算子完整簇

图 13.10　非蕴含 1 模式和蕴含 1 模式

$$I(x, y, h, k)=(\min(1, 1-x^{nm}+y^{nm}))^{1/mn}$$

当 $k=0.5$ 时误差系数的影响消失：

$$I(x, y, h)=(\min(1, 1-x^m+y^m))^{1/m}$$

$I(x, y, h)$ 有四个特殊算子：

Zadeh 蕴含　　$I(x, y, 1)=\text{ite}\{1|x\leqslant y; y\}$

概率蕴含　　$I(x, y, 0.75)=\min(1, y/x)$

有界蕴含　　$I(x, y, 0.5)=\min(1, 1-x+y)$

突变蕴含　　$I(x, y, 0)=\text{ite}\{y|x=1; 1\}$

4 号模式非蕴含 1 运算可受 k、h、β 的联合影响，是一个运算模型完整簇(一般 $\beta=0.5$)，即

$$N(I(x, y, h, k, \beta),k)= (1-(\min(1, 1-2\beta x^{nm}+2(1-\beta)y^{nm}))^{1/m})^{1/n}$$

当 $\beta=0.5$ 时权系数的影响消失：

$$N(I(x, y, h, k), k)= (1-(\min(1, 1-x^{nm}+y^{nm}))^{1/m})^{1/n}$$

当 $k=0.5$ 时误差系数的影响消失：

$$N(I(x, y, h),0.5)= 1- (\min(1, 1-x^m+y^m))^{1/m}$$

13.4.7　10 号和 5 号信息处理模式的元-子二相性

图 13.11 是 5 号模式和 10 号模式，它们具有元-子二相性。

5 号模式非 y 运算受误差系数 k 的影响，是一个 N 范数完整簇，即

$$N(y, k)=(1-y^n)^{1/n}$$

其中，$N(y, 1)=\text{ite}\{0|y=1; 1\}$ 是最大非算子；$N(y, 0.5)=1- y$ 是中心非算子；$N(y, 0)=\text{ite}\{1|y=0; 0\}$ 是最小非算子。

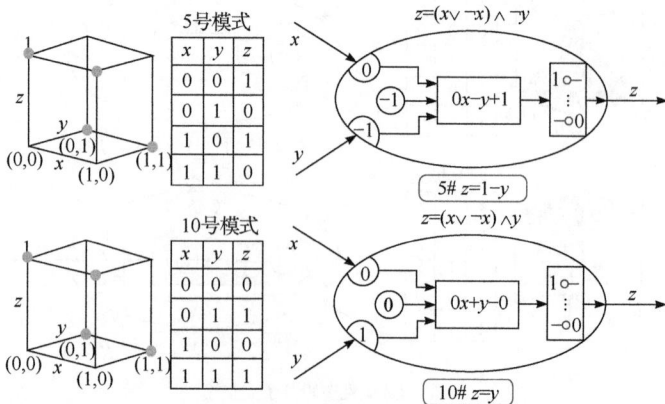

(a) 刚性逻辑算子

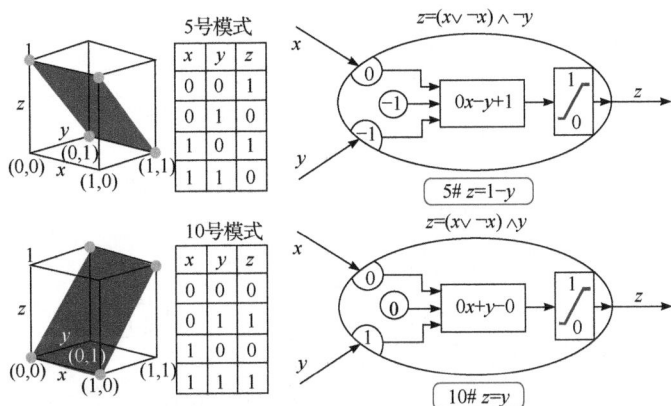

(b) 基模型算子

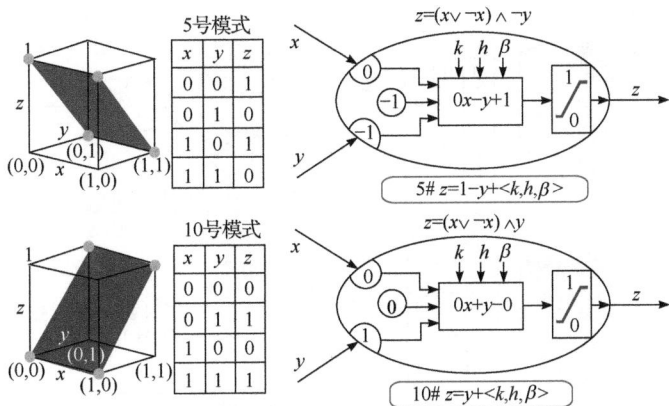

(c) 柔性逻辑算子完整簇

图 13.11　非 y 模式和指 y 模式

如果需要保持完整的二元信息处理形式，应该写成

$$z=T(S(x, N(x, k), h, k, \beta), N(y, k), h, k, \beta)$$

10 号模式指 y 运算不受任何不确定性系数的影响，即保持 y 不变。

如果需要保持完整的二元信息处理形式，应该写成

$$z=T(S(x, N(x, k), h, k, \beta), y, h, k, \beta)$$

13.4.8　9 号和 6 号信息处理模式的元-子二相性

图 13.12 是 6 号模式和 9 号模式，它们具有元-子二相性。

9 号模式等价运算可受 k、h、β 的联合影响，是一个运算模型完整簇(一般 $\beta=0.5$)，即

(a) 刚性逻辑算子

(b) 基模型算子

(c) 柔性逻辑算子完整簇

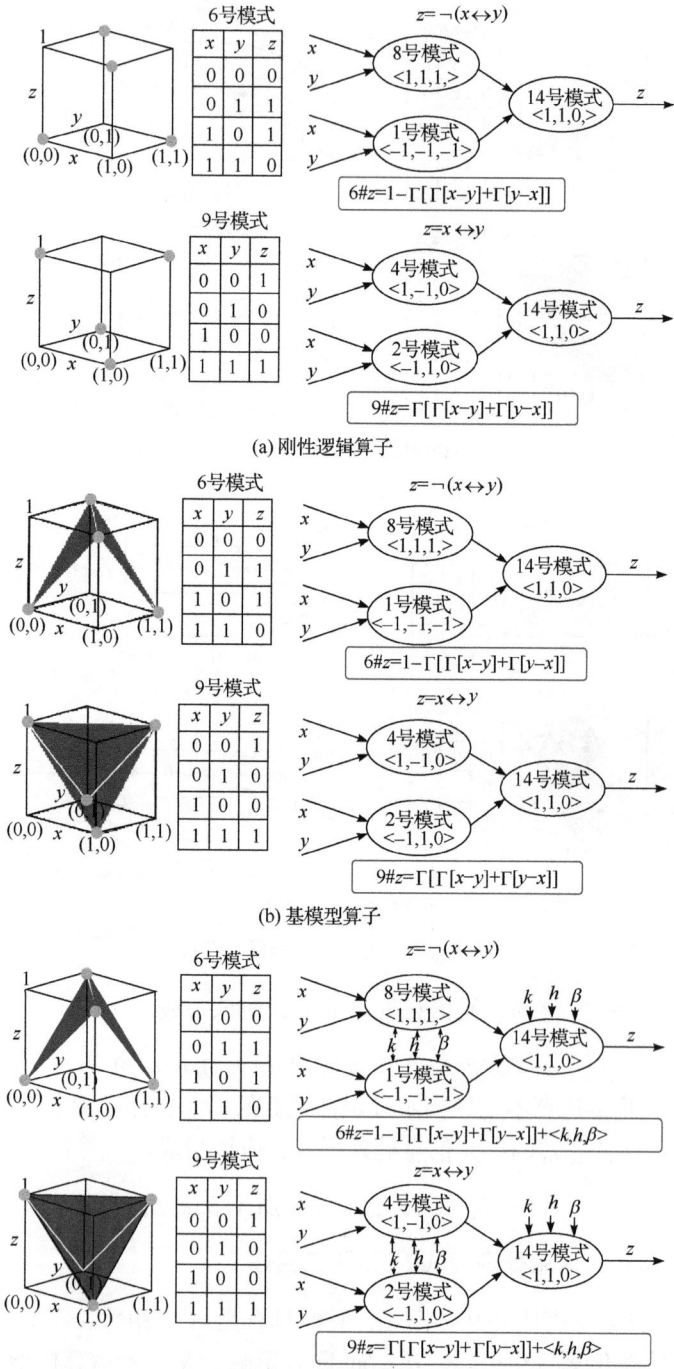

图 13.12 非等价模式和等价模式

$Q(x, y, h, k, \beta)=$ite$\{(1+|2\beta x^{nm}-2(1-\beta)y^{nm}|)^{1/mn}|m\leqslant0; (1-|2\beta x^{nm}-2(1-\beta)y^{nm}|)^{1/mn}\}$

当 $\beta=0.5$ 时权系数的影响消失：

$$Q(x, y, h, k)=\text{ite}\{(1+|x^{nm}-y^{nm}|)^{1/mn}|m\leqslant0; (1-|x^{nm}-y^{nm}|)^{1/mn}\}$$

当 $k=0.5$ 时误差系数的影响消失：

$$Q(x, y, h)=\text{ite}\{(1+|x^{m}-y^{m}|)^{1/m}|m\leqslant0; (1-|x^{m}-y^{m}|)^{1/m}\}$$

$Q(x, y, h)$ 有四个特殊算子：

Zadeh 等价　　$Q(x,y, 1)=$ite$\{1|x=y; \min(x,y)\}$

概率等价　　$Q(x, y, 0.75)=\min(x/y, y/x)$

有界等价　　$Q(x, y, 0.5)=1-|x-y|$

突变等价　　$Q(x, y, 0)=$ite$\{x|y=1; y|x=1; 1\}$

6 号模式非等价运算可受 k、h、β的联合影响，是一个运算模型完整簇(一般 $\beta=0.5$)，即

$$N(Q(x, y, h, k, \beta), k)=\text{ite}\{(1-(1+|2\beta x^{nm}-2(1-\beta)y^{nm}|)^{1/m})^{1/n}|m\leqslant0;$$
$$(1-(1-|2\beta x^{nm}-2(1-\beta)y^{nm}|)^{1/m})^{1/n}\}$$

当 $\beta=0.5$ 时权系数的影响消失：

$$N(Q(x, y, h, k), k)=\text{ite}\{(1-(1+|x^{nm}-y^{nm}|)^{1/m})^{1/n}|m\leqslant0; (1-(1-|x^{nm}-y^{nm}|)^{1/m})^{1/n}\}$$

当 $k=0.5$ 时误差系数的影响消失：

$$N(Q(x, y, h), 0.5)=\text{ite}\{1-(1+|x^{m}-y^{m}|)^{1/m}|m\leqslant0; 1-(1-|x^{m}-y^{m}|)^{1/m}\}$$

$N(Q(x, y, h), 0.5)$ 有四个特殊算子：

Zadeh 非等价　　$N(Q(x, y, 1),0.5)=$ite$\{0|x=y; \max(x,y)\}$

概率非等价　　$N(Q(x, y, 0.75), 0.5)=\max(x/y, y/x)$

有界非等价　　$N(Q(x, y, 0.5), 0.5)=|x-y|$

突变非等价　　$N(Q(x, y, 0), 0.5)=$ite$\{1-x|y=1; 1-y|x=1; 0\}$

13.4.9　8 号和 7 号信息处理模式的元-子二相性

图 13.13 是 7 号模式和 8 号模式，它们具有元-子二相性。

8 号模式与运算可受 k、h、β的联合影响，是一个运算模型完整簇，即

$$T(x, y, h, k, \beta)=(\max(0, 2\beta x^{nm}+2(1-\beta)y^{nm}-1))^{1/mn}$$

当 $\beta=0.5$ 时权系数的影响消失：

$$T(x, y, h, k)=(\max(0, x^{nm}+y^{nm}-1))^{1/mn}$$

当 $k=0.5$ 时误差系数的影响消失：

$$T(x, y, h)=(\max(0, x^{m}+y^{m}-1))^{1/m}$$

$T(x,y,h)$ 有四个特殊算子：

Zadeh 与算子　　$T(x, y, 1)=\min(x, y)$

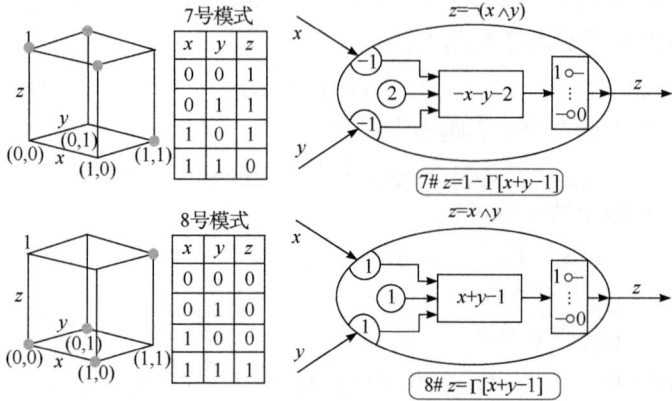

(a) 刚性逻辑算子

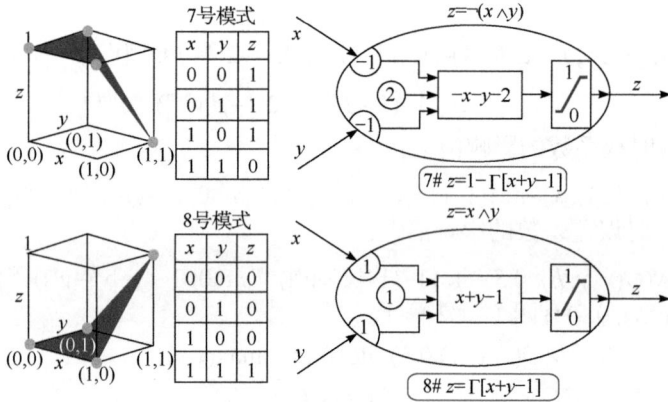

(b) 基模型算子

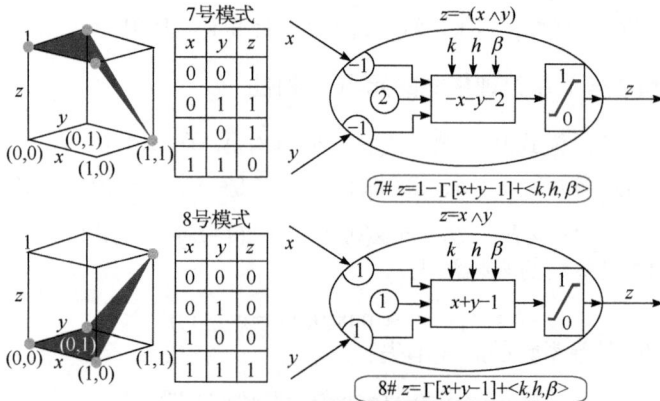

(c) 柔性逻辑算子完整簇

图 13.13　非与模式和与模式

概率与算子　$T(x, y, 0.75)=xy$

有界与算子　$T(x, y, 0.5)=\max(0, x+y-1)$

突变与算子　$T(x, y, 0)=\text{ite}\{\min(x, y)|\max(x, y)=1; 0\}$

7 号模式非与运算可受 k、h、β 的联合影响，是一个运算模型完整簇，即

$$N(T(x, y, h, k, \beta), k)= (1-(\max(0, 2\beta x^{nm}+2(1-\beta)y^{nm}-1))^{1/m})^{1/n}$$

当 $\beta=0.5$ 时权系数的影响消失：

$$N(T(x, y, h, k), k)= (1-(\max(0, x^{nm}+y^{nm}-1))^{1/m})^{1/n}$$

当 $k=0.5$ 时误差系数的影响消失：

$$N(T(x, y, h),0.5)= 1-(\max(0, x^{m}+y^{m}-1))^{1/m}$$

下面讨论四个新增加的信息处理模式，它们都是因为中间过渡值的引入而引入的，一旦退回到二值信息处理，它们立即退回到与、或、非与和非或。但是在柔性信息处理中，它们特别有用，是信息融合的重要手段。

13.4.10　+14 号和+1 号信息处理模式的元-子二相性

图 13.14 是+1 号模式和+14 号模式，它们具有元-子二相性。

+14 号模式平均运算可受 k、h、β 的联合影响，是一个运算模型完整簇，即

$$M(x, y, h, k, \beta)=(1-(\beta(1-x^n)^m+(1-\beta)(1-y^n)^m)^{1/m})^{1/n}$$

当 $\beta=0.5$ 时权系数的影响消失：

$$M(x, y, h, k)=(1-((1-x^n)^m+(1-y^n)^m)^{1/m})^{1/n}$$

当 $k=0.5$ 时误差系数的影响消失：

$$M(x, y, h)=1-((1-x)^m+(1-y)^m)^{1/m}$$

$M(x, y, h)$ 有四个特殊算子：

Zadeh 平均　$M(x, y, 1)=\max(x, y)$

概率平均　$M(x, y, 0.75)=1-((1-x)(1-y))^{1/2}$

有界平均　$M(x, y, 0.5)=(x+y)/2$

突变平均　$M(x, y, 0)=\min(x, y)$

常见的平均算子还有：

几何平均　$1-M(1-x, 1-y, 0.75)=(xy)^{1/2}$

调和平均　$1-M(1-x, 1-y, 0.866)=2xy/(x+y)$

可见柔性信息处理的平均运算完整簇能够包容各种平均算子。

+1 号模式非平均运算可受 k、h、β 的联合影响，是一个运算模型完整簇，即

$$N(M(x, y, h, k, \beta), k)=(\beta(1-x^n)^m+(1-\beta)(1-y^n)^m)^{1/mn}$$

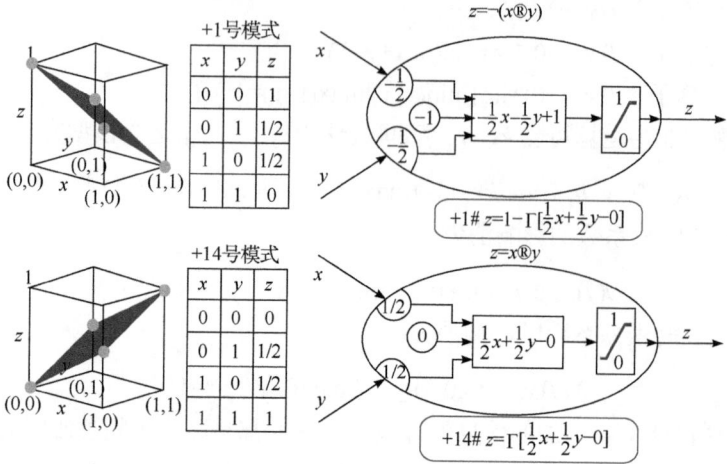

(a) 基模型算子

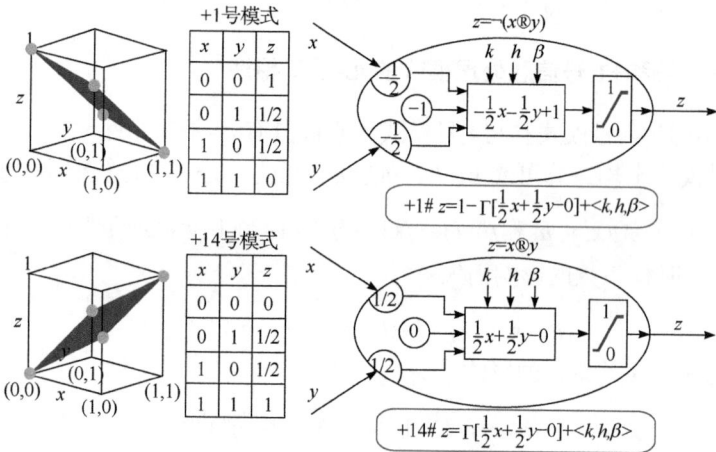

(b) 柔性逻辑算子完整簇

图 13.14　非平均模式和平均模式

当 $\beta=0.5$ 时权系数的影响消失：

$$N(M(x, y, h, k), k)=((1-x^n)^m+(1-y^n)^m)^{1/mn}$$

当 $k=0.5$ 时误差系数的影响消失：

$$N(M(x, y, h), 0.5)=((1-x)^m+(1-y)^m)^{1/m}$$

13.4.11　+8 号和+7 号信息处理模式的元-子二相性

图 13.15 是+7 号模式和+8 号模式，它们具有元-子二相性。

+8 号组合运算可受 k、h、β 的联合影响，是一个运算模型完整簇，即

$$C^e(x, y, h, k, \beta)=\text{ite}\{\min(e, (\max(0, 2\beta x^{nm}+2(1-\beta)y^{nm}-e^{nm}))^{1/mn}|2\beta x+2(1-\beta)y<2e;$$

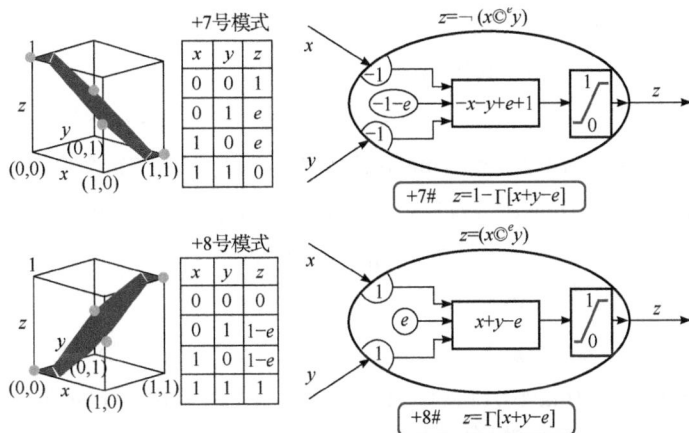

(a) 基模型算子

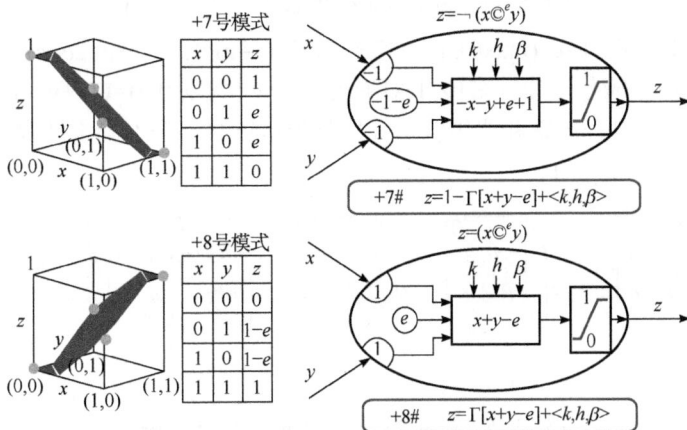

(b) 柔性逻辑算子完整簇

图 13.15 非组合模式和组合模式

$(1-(\min(1-e^n,(\max(0,2\beta(1-x^n)^m+2(1-\beta)(1-y^n)^m-(1-e^n)^m))^{1/m}))^{1/n})|2\beta x+2(1-\beta)y>2e; e\}$

当 $\beta=0.5$ 时权系数的影响消失：

$$C^e(x, y, h, k)=\text{ite}\{\min(e, (\max(0, x^{nm}+y^{nm}-e^{nm}))^{1/mn}|x+y<2e;$$

$$(1-(\min(1-e^n,(\max(0, (1-x^n)^m+(1-y^n)^m-(1-e^n)^m))^{1/m}))^{1/n})| x+y>2e; e\}$$

当 $k=0.5$ 时误差系数的影响消失：

$$C^e(x, y, h)=\text{ite}\{\min(e, (\max(0, x^m+y^m-e^m))^{1/m}|x+y<2e;$$

$$(1-(\min(1-e, (\max(0, (1-x)^m+(1-y)^m-(1-e)^m))^{1/m})|x+y>2e; e\}2$$

$C^e(x,y,h)$ 有四个特殊算子：

Zadeh 组合 $\quad C^e(x, y, 1)=\text{ite}\{\min(x, y)|x+y<2e; \max(x,y)|x+y>2e; e\}$

概率组合 $\quad C^e(x, y, 0.75)=\text{ite}\{xy/e|x+y<2e; (x+y-xy-e)/(1-e)|x+y>2e; e\}$

有界组合　　$C^e(x, y, 0.5)=\Gamma\,[x+y-e]$

突变组合　　$C^e(x, y, 0)=\text{ite}\{0|x,y<e;\,1|x,y>e;\,e\}$

+7 号非组合运算可受 k、h、β 的联合影响，是一个运算模型完整簇，即

$$N(C^e(x,y,hk,\beta),k)=(1-(\text{ite}\{\min(e,(\max(0,2\beta x^{nm}+2(1-\beta)y^{nm}-e^{nm}))^{1/mn}|2\beta x+2(1-\beta)y<2e;$$
$$(1-(\min(1-e^n,(\max(0,2\beta(1-x^n)^m+2(1-\beta)(1-y^n)^m-(1-e^n)^m))^{1/m}))^{1/n})|2\beta x+$$
$$2(1-\beta)y>2e;\,e\})^n)^{1/n}$$

当 $\beta=0.5$ 时权系数的影响消失：

$$N(C^e(x, y, h, k), k)=(1-(\text{ite}\{\min(e, (\max(0, x^{nm}+y^{nm}-e^{nm}))^{1/mn}|x+y<2e;$$
$$(1-(\min(1-e^n, (\max(0, (1-x^n)^m+(1-y^n)^m-(1-e^n)^m))^{1/m}))^{1/n})|\,x+y>2e;\,e\})^n)^{1/n}$$

当 $k=0.5$ 时误差系数的影响消失：

$$N(C^e(x, y, h), 0.5)=1-(\text{ite}\{\min(e, (\max(0, x^m+y^m-e^m))^{1/m}|x+y<2e;$$
$$(1-(\min(1-e, (\max(0, (1-x)^m+(1-y)^m-(1-e)^m))^{1/m})|x+y>2e;\,e\})$$

图 13.16 是阈值参数 $e\in[0, 1]$ 对有界组合 $C^e(x, y, 0.5)=\Gamma[x+y-e]$ 的影响图。从中可以看出，组合运算和非组合运算比其他运算多一个不确定性参数——组合运算的通过阈值 $e\in[0, 1]$。

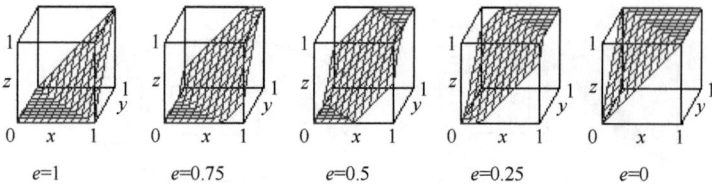

图 13.16　在组合运算中决策阈值 e 的影响

由于上述扩张过程都是在逻辑算子和神经元共同的 0、1 限幅函数 $\Gamma\,[ax+by-e]$ 基础上完成的，所以它不仅是对刚性逻辑算子的柔性扩张，而且是对二值神经元的柔性扩张，两者仍然保持元-子二相关系。

13.5　柔性神经元与现行 ANN 的关系

13.5.1　现行 ANN 为什么失去可解释性

细心而又熟悉现行神经网络研究的读者读到这里，可能已发现深度神经网络为什么会失去可解释性。他们为改善 M-P 神经元模型的曲面拟合能力，纯粹从数学角度出发，在离散型 BP 网络神经元的输出变换函数（即原来的 $z=\Gamma\,[ax+by-e]$）上有了很大的改变：

A. 把限幅的范围从{0,1}扩张到[0,1]，再扩张到[−1,1]；

B. 允许 a、b、e 偏离整数，变成任意实数；

C. 引入各种形式的 S-形函数来提高神经元的适应能力(图 13.17)。

由于效果很明显，所以一直沿用至今。下面分析这些改变的得失。

关于改变 A：

早期的 M-P 神经元的限幅范围是{0, 1}，输出变换函数是饱和线性函数，即

$$z=\text{satlin}(x)=\text{ite}\{1|x\geqslant1;\ 0|x\leqslant0;\ x\}$$

扩张到[0, 1]后公式未变，再扩张到[−1, 1]输出变换函数变成对称饱和线性函数，即

$$z=\text{satlins}(x)=\text{ite}\{1|x\geqslant1;\ -1|x\leqslant-1;\ x\}$$

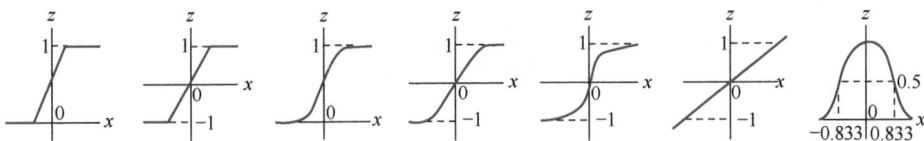

线性饱和函数　对称线性饱和函数　S-形函数　　对称S-形函数　双曲正切S-形函数　线性函数　高斯或径向基函数

图 13.17　离散型 BP 网络神经元的输出变换函数

　　由于饱和线性函数的性质没有改变，变域增大可通过坐标变换——对应，所以神经元的元-子二相性仍然存在。这说明改变 A 是保神经元元-子二相性的扩张，可以接受。可是改变 B 和改变 C 就不是保神经元元-子二相性的变化了。

　　关于改变 B：

　　改变 B 允许 a、b、e 偏离原来的整数，变成完全不一样的任意实数，这样一来信息处理模式的唯一标志参数<a、b、e>就没有了，即使你知道了新的<a'、b'、e'>，它到底是什么逻辑含义，谁也不清楚，当然失去了原来具有的可解释性。

　　关于改变 C：

　　改变 C 允许替换原来的饱和线性函数，选择任意的 S-形输出变换函数。常用的有对称 S-形函数或 S-形函数 $z=\text{logsig}(x)=1/(1-\text{e}^{-\alpha x})$, $\alpha=1$；双曲正切 S-形函数 $z=\text{tansig}(x)=(\text{e}^{\alpha x}-\text{e}^{-\alpha x})/(\text{e}^{\alpha x}+\text{e}^{-\alpha x})$, $\alpha=1$；线性函数 $z=\text{purelin}(x)=x$；高斯或径向基函数 $z=\text{radbas}(x)=\text{e}^{-(x/\sigma)^2}$ 等。从表面上看，自适应效果确实是大大提高了，其内在原因是现实世界的柔性信息处理，确实需要把 M-P 神经元的信息变换函数改造成柔性信息变换函数。但是，这种替换需要针对现实世界的明确需要，对症施策、恰到好处。可是，现行的人工神经网络纯粹从数学角度进行改变，而不是从逻辑和知识角度出发去千方百计地爱护 M-P 神经元的元-子二相性，它能够找到的最简单易行的方法只有各种各样的 S-形输出变换函数。从图 13.18 的对比可以看出，S-形输出变换函数虽然可以将离散的输入信息直接按照各种柔性的 S-形输出变换函数进行处理，达到处理各种不确定性信息的近似效果，但它不能像柔性神经元

那样，在每一个处理环节都有清晰的逻辑含义，能够达到对症施策、恰到好处的效果。所以，现行的人工神经网络必然失去可解释性，因为它根本没有意识到要千方百计呵护好 M-P 神经元的元-子二相性，让输出变换函数($z=\Gamma\,[ax+by-e]$)始终保持不变。由此可见，从整体利益考虑，采用 S-形输出变换函数的捷径，虽然在数学上占了点小便宜，但是在逻辑上却遭受到大损失，实在是得不偿失。

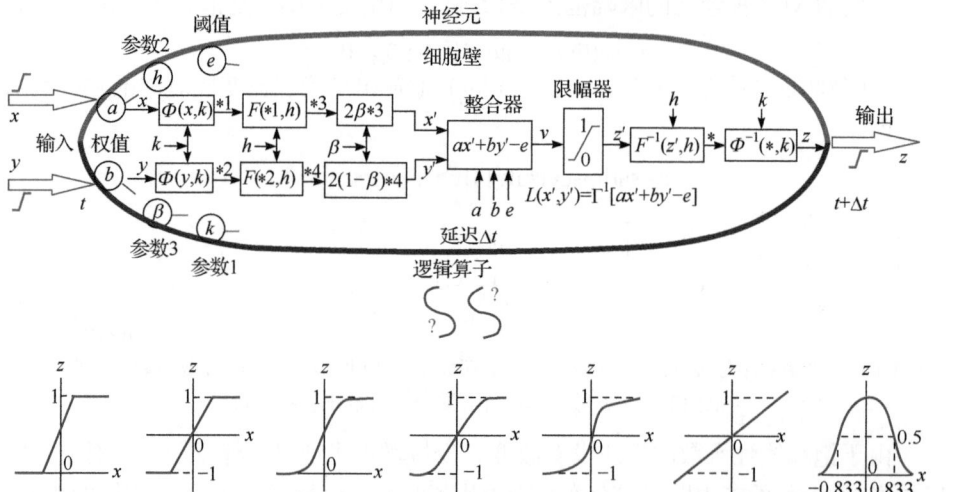

图 13.18　S-形输出变换函数代替不了柔性信息处理

13.5.2　柔性神经元与现行 ANN 的对比研究

通过图 13.18 的对比分析，柔性神经元的研究路线是在 M-P 神经元基础上，一步一步地进行保持元-子二相性的保守扩张(即让输出变换函数 $z=\Gamma\,[ax+by-e]$ 始终保持不变)，使其逐步具有柔性信息处理的能力，最后得到柔性信息处理的结果，使其可解释性始终存在。而现行的人工神经网络的研究路线是仅仅利用数学手段直接用各种 S-形输出变换函数把 M-P 神经元中的输出变换函数 $z=\Gamma\,[ax+by-e]$ 替换掉，得到类似于柔性信息处理的表面结果，但是谁也没有能力从各种 S-形输出变换函数中知道神经元的逻辑含义，结果是可解释性荡然无存。

当前的人工智能研究缺乏可解释性的病根就在这里，有药可医吗？许多仁人志士正在寻求克服可解释性等发展瓶颈的方案，这里能给出的方案如下。

(1) 治本的办法

彻底采用柔性神经元(包括 M-P 神经元)重新构造人工神经网络。

现行的深度神经网络是基于 M-P 神经元的，它仍可在感知阶段使用，解决各种原子级信息处理问题，如视觉信息、听觉信息、触觉信息、味觉信息等的初加工，形成各种感觉。

但是在认知阶段和决策阶段，因问题复杂度的增加，各种开销会呈几何级数急剧增加，成为难解问题，所以它需要适时地从下向上逐步抽象，提升信息处理的粒度，把原子粒度的知识变成分子粒度的知识，把小分子粒度的知识变成大分子粒度的知识，并同时实行知识(信息)的分层、分区、分块存放，用类似于大脑中海马区功能的索引装置把它们连接起来。更重要的是要在每一级信息处理过程中实现两点改变：

1) 不能单纯依靠空心化的形式信息，要像本草纲目那样把形式、效用和语义信息三者统一起来的全信息表示；

2) 不能单纯依靠数理统计和关联关系解决问题，要有明确的目标，在目标牵引下用因素分析法把关联关系提炼成因果关系。

由此可见，几十年全球人工神经网络工作者辛辛苦苦积累的研究成果不会付之东流，许多原理、算法、数据库、程序代码和其他成果在新一代人工神经网络中都有利用价值，可以尽可能地移植过来使用。需要重新研发的是知识粒度的抽象提升和与分子粒度信息处理有关的核心技术。

(2) 治标的办法

它是针对这样一种特殊情况给出的：有许多现行人工神经网络的研究结果是耗费巨大的代价获得的，其应用价值也很大。只因其中间过程是黑箱，因果关系不清楚，不敢贸然采信和使用，否则一旦出现异常情况，后果不堪设想。

所谓黑箱其实是一大堆连接系数矩阵组成的海量数据，就是这些海量数据形成的曲面拟合了客观事物的关系曲面。这个曲面复杂得如同地球上的地形地貌(复杂问题)或者大沙漠中的许多沙丘(简单问题)，如果从微观层面去考察其关系，确实是无从下手。但是从宏观层面来考察，关系却是一目了然。命题泛逻辑运算完整簇和柔性神经元的原理和方法，为我们提供了宏观考察的条件。

因为，柔性信息处理的每一个模式都是一个特殊的曲面簇，如同一个特殊的地形地貌簇，你在哪里发现了这一类地形地貌的特征，它的信息处理模式就确定了，其逻辑含义自然就清楚了，这个区域的可解释性当然有了。每一个地形地貌的模式清楚了，整个黑箱内部的因果关系就一目了然。

陈虹[187]专门研究了泛逻辑运算的电路实现问题，重点研究了模拟电路和多β晶体管实现泛逻辑运算的方案，证明完全可实现。她还研究了用神经网络芯片实现泛逻辑运算的可能性，证明也完全可行。这个结果可印证治标方法的可行性。她用现行人工神经网络中的 BP 网络逼近泛与运算模式，先将泛逻辑运算模型采用神经网络进行逼近。利用了 MATLAB 中神经网络工具箱，采用三层 BP 网络，采用 L-M 算法作为训练算法。实现零级泛与运算的神经网络的结构如图 13.19 所示。

训练样本数 256 个，采用 20 个隐层单元，目标误差为 0.01。输入为(x, y, h)，输出为 d。经过 288 步后收敛到目标值。收敛过程如图 13.20 所示。

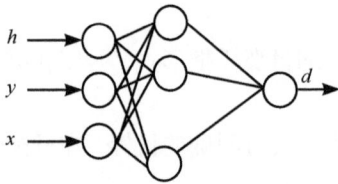

图 13.19　实现零级泛逻辑运算的神经
　　　　　网络模型

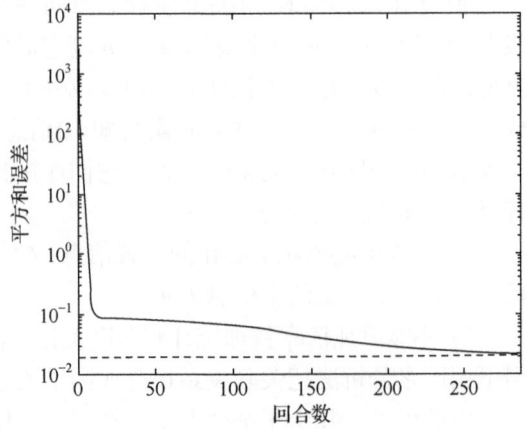

图 13.20　样本训练过程

经过训练后得到的权值 w 及阈值 b 如下：

$$
w_1 = \begin{bmatrix}
0.4738 & -2.6305 & 2.6390 \\
-0.5611 & -1.3840 & -3.8696 \\
-1.6995 & 3.5157 & 3.1188 \\
-0.1349 & -5.2359 & -5.2685 \\
0.7066 & -1.9698 & 2.0687 \\
0.3107 & -3.5375 & 0.0028 \\
0.4585 & -2.8768 & 2.8841 \\
-0.1693 & 0.1589 & -0.3277 \\
0.1510 & -4.5892 & -4.5994 \\
0.0695 & -4.5118 & -4.5249 \\
-0.0428 & -4.8778 & -4.9021 \\
0.6822 & 1.2605 & 1.2888 \\
0.3705 & -1.2101 & -1.4846 \\
0.3053 & 2.9199 & 2.8621 \\
-0.4981 & -1.8115 & -1.8048 \\
-0.6912 & -1.8636 & 1.7013 \\
1.0497 & 5.3525 & -5.3950 \\
1.2846 & 0.9690 & 0.9377 \\
0.1567 & -9.5439 & 9.5127 \\
1.3335 & 2.2982 & -1.9701
\end{bmatrix}
$$

w_2= [1.7907　−0.0028　−0.0158　1.4965　0.1502　0.0056　−1.5196　2.6709
−1.3583　3.5520　−3.6090　0.3560　−0.4319　−0.1672　−0.5341　0.3076
0.0354　0.1455　−0.0297　0.0279]

b_1'=[−0.7168　3.2247　−3.9874　5.6791　1.1936　1.9831　−0.8385　0.7124
4.3515　4.5106　5.1514　−2.2366　2.8580　−1.8114　1.3880　2.0732　−0.3538
−3.1326　−0.8853　1.5857]

b_2=−0.9011

训练后神经网络的性能如表 13.3 所示。

表 13.3　8 号模式 $<a,b,e>=<1,1,1>$ 与运算在 $<k,h,\beta>=<0.5,h,0.5>$ 状态下的训练模拟

对比项目	原始曲面	训练结果
h=1		
h=0.75		
h=0.5		
h=0		

这个实验结果反过来可证明一个事实：如果你发现了 BP 网络逼近的整个曲面中有一个子结构 A 同 8 号模式$<a, b, e>=<1,1,1>$中的$<k, h, \beta>=<0.5,0.75,0.5>$十分相似(匹配出来的误差很小)，就可以断定这个子结构 A 的逻辑含义是与运算，其不确定性参数在$<k, h, \beta>=<0.5,0.75,0.5>$附近。如果在你的问题中只有几百个小沙丘，它们的信息处理模式大部分都让你匹配出来了，黑箱就基本上透明了，其中的因果关系不难整理清楚。

13.5.3　柔性信息处理提供的 20 种标准模式

根据前面的讨论，二元柔性信息处理总共只有 20 个模式，由模式参数$<a, b, e>$唯一确定。在每一个模式内部，又有无穷多个曲面组成的簇，由不确定性调整参数$<k, h, \beta>$唯一确定。其中 h 是起主导作用的参数，它可在[0, 1]区间内任意变化，而 k 和 β 都是起辅助作用的参数，一般都在 0.5 附近漂移。所以模式匹配的主要任务是确定信息处理模式的类型$<a, b, e>$，关注类型中的 h 亚型。到了因果关系的精细化阶段，才需要仔细考察 k 和 β 的影响。所以，表 13.4 仅给出了二元柔性信息处理全部 20 种基本模式的带 h 亚型变化的典型曲面图，让读者理解其中的区别。

表 13.4　二元柔性信息处理全部 20 种基本模式带 h 亚型变化的典型曲面

参数	$h=1$	$h=0.75$	$h=0.5$	$h=0.25$	$h=0$
15 号模式 $<1, 1, -1>$					
14 号模式 $<-1, -1,-1>$					
+14 号模式 $<1, 1,-1>$					

13 号模式$<1, -1, -1>$ $y \to x$，类似于 11 号模式 $x \to y$

12 号模式$<1, 0, 0>$ 指 x，类似于 10 号模式指 y

| 11 号模式 $<-1, 1,-1>$ | | | | | |

参数	h=1	h=0.75	h=0.5	h=0.25	h=0
10 号 模式 <0, 1, 0>					
9 号 模式 组合 实现					
8 号 模式 <1, 1, 1>					
+8 号 模式 <1, 1, e>					

+7 号模式<-1, -1, 1+e> 是+8 号模式<1, 1, e>的否定(倒置)

7 号模式<-1, -1, 2>是 8 号模式<1, 1, 1>的否定(倒置)

6 号模式<组合实现>是 9 号模式<组合实现>的否定(倒置)

5 号模式<0, -1, -1>是 10 号模式<0, 1, 0>的否定(倒置)

4 号模式<1, -1, 0>是 11 号模式<-1, 1, -1>的否定(倒置)

3 号模式<-1, 0, -1>是 12 号模式<1, 0, 0>的否定(倒置)

2 号模式<-1, 1, 0>是 13 号模式<1, -1, -1>的否定(倒置)

+1 号模式<-1/2, -1/2, -1>是+14 号模式<1/2, 1/2, 0>的否定(倒置)

1 号模式<-1, -1, -1>是 14 号模式<1, 1, 0>的否定(倒置)

0 号 模式 <1, 1, -1>					

注：表中斜的坐标轴是 x,水平坐标轴是 y，垂直坐标轴是 z。

13.6　小　　结

人工智能学科短短 70 多年的发展历史已经是三起三落。

一是起于实验室研究从 0 到 1 的突破，计算机能够完成一些过去只有人才能干的智能任务，如定理证明、图形识别、自然语言理解、问答系统、下棋等。落于机器使用标准逻辑会出现组合爆炸，且不能支持经验知识的不确定性推理。

二是起于专家系统和知识工程把人工智能推到了实际应用水平，在社会生活中开启了智能化的进程。落于知识获取瓶颈和非标准逻辑在理论上不成熟，难以大面积推广。

三是起于深度神经网络发展到可为许多产业赋能改造，实现行业的智能化升级。落于深度神经网络遇到了可解释性瓶颈，是大数据小任务的人工智能，而应用中更需要大任务小数据的人工智能。

人工智能发展史蕴含了两个客观规律。

1) 智能化是时代发展的大趋势，工具的进化已由人力工具阶段、动力工具阶段进入到智力工具阶段，这是人类文明进化的大趋势，任何困难都无法阻挡这个时代发展的需求，它必然克服重重障碍扶摇直上九万里。所以困难是暂时的，办法总比困难多，智能化进程不会停滞不前。

2) 人工智能研究每一次的突破，都有一大批开拓者和贡献者的功劳，他们发现了重要的智能因素，利用这些因素创造了许多智能化的奇迹。为什么又会频频出现瓶颈和低潮呢？首先，是因为智能问题十分复杂，包含的因素众多，不是你抓住了其中几个因素就可以解决所有的智能模拟问题。所以，在这个领域内有效的智能模拟方法，移植到另外的领域就会出现水土不服；其次，人工智能还处在猜想试错、积累经验的探索阶段，能够全面指导人工智能研究的智能理论、逻辑理论和数学理论尚未形成；最后，是人性中的三大缺点，如果集中在一部分权威人士身上，就会造成全局性影响：

(a) 绕开硬核，贪食果肉。这种人遇到硬骨头就绕着走，什么容易出成果就干什么。如在第一次低谷出现时，人工智能界已明确知道了两点：知识和逻辑是智能的重要因素；但是支撑知识推理的逻辑还很不完善。理性的反应是积极加强人工智能的逻辑基础研究，可是人们不仅没这样做，反而走上了忽略知识和逻辑的计算智能方向。当然，这不是反对探索发现更多的智能因素，丰富智能模拟的工具库。但是不能像猴子掰玉米一样，掰一个丢一个，把已经发现的因素弃之不顾，造成人工智能研究的左右摇摆。

(b) 只顾眼前，不图长远。促使人工智能这样走过来的因素，除了上述内因外，主要的外因是投资方，他们见到功能主义人工智能研究遇到理论障碍，立即停止资助，而不是反过来加强人工智能的基层理论研究投资。好像他们仅仅是下山摘桃子的人，植树施肥培育新品种等基础性工作与他们无关。没有基础理论的突破，哪来人工智能的硕果累累。

(c) 任意泛化，以偏概全。如果新的智能因素开花结果，有人就肆意夸大这些因素的作用，以偏概全地去预言人工智能将如何如何，结果事实并非如此。这种教训在人工智能研究中多次出现，开拓者最后变成了封闭者，其权威性会干扰人工智能的正常发展，我们应该引以为戒。

第 14 章　命题泛逻辑在逻辑学研究中的应用

14.1　引　　言

泛逻辑是各种逻辑的**生成器**，可以按照各种应用需求自动生成各种相应的逻辑。目前已经建立完成的命题泛逻辑部分，就是各种命题逻辑的生成器。当然，反过来使用，它就是现有各种命题逻辑的**身份鉴别器**，可判定某个已知逻辑是否是一个合适的逻辑，它能够在什么场景下有效使用。根据人工智能的研究实践，知道某一个逻辑是否具有健全性(除刚性逻辑，健全性中一定包括可靠性和完备性，但可靠性和完备性中不一定包含健全性)，如果具有健全性，它在什么场景下可有效使用，在什么场景下不能使用，知道这些十分重要，专家系统和知识工程的发展就是因为逻辑学的不完善而被卡在原地不动 30 多年。下面请看实例介绍。

14.2　生成二值基命题逻辑

14.2.1　直接生成二值命题逻辑

刚性命题逻辑是二值逻辑，它是二值基命题逻辑的最简单形式，即线序型二值命题逻辑，它的真值域是$\{0, 1\}$。从前面的讨论中已经清楚看出，利用命题泛逻辑学的研究成果，可以直接生成已有的二值命题逻辑，此处不再重复讨论。

需要特别说明的是泛逻辑中的泛平均运算和泛组合运算，由于在二值基命题逻辑中 $x, y, h, e \in \{0, 1\}$，它们全部退化为与运算或或运算。详细情况如下。

当 $h=0$ 时，$M(x, y)=T(x, y)=\min(x, y)$；当 $h=1$ 时，$M(x, y)=S(x, y)=\max(x, y)$。

当 $e=0$ 时，$C(x, y)=S(x, y)=\max(x, y)$；当 $e=1$ 时，$C(x, y)=T(x, y)=\min(x, y)$。

另外，$k, h, \beta \in [0, 1]$的影响也会在二值逻辑中自动消失。

但是，在二值基逻辑以上的逻辑中(注意：不是指二值基的多维逻辑，如四值逻辑、八值逻辑等)，这种退化或者消失行为不会发生，仅仅是在二值基逻辑中才会发生。

14.2.2　直接生成四值命题逻辑和八值命题逻辑

四值逻辑和八值逻辑被俗称为多值逻辑，这是不严谨的，没有表明逻辑的本质，容易引起一些误解。正确的称呼是偏序型二值基二维命题逻辑和偏序型二值基三维命题逻辑，真值域分别是$[0, 1]^2$ 和$[0, 1]^3$，其中还有正偏序型和伪偏序型两种，通常使用的是伪偏序型。详细情况如下。

1. 正偏序型二值基二维命题逻辑

命题真值：$\boldsymbol{x}=<x_1, x_2>, \boldsymbol{y}=<y_1, y_2>, x_1, x_2, y_1, y_2 \in \{0, 1\}$

非运算：$N(\boldsymbol{x})=<N(x_1), N(x_2)>$（正偏序特征）

与运算：$T(\boldsymbol{x}, \boldsymbol{y})=<T(x_1, y_1), T(x_2, y_2)>$

或运算：$S(\boldsymbol{x}, \boldsymbol{y})=<S(x_1, y_1), S(x_2, y_2)>$

蕴含运算：$I(\boldsymbol{x}, \boldsymbol{y})=<I(x_1, y_1), I(x_2, y_2)>$

等价运算：$Q(\boldsymbol{x}, \boldsymbol{y})=<Q(x_1, y_1), Q(x_2, y_2)>$

其中，$N(\boldsymbol{x})$、$T(\boldsymbol{x}, \boldsymbol{y})$、$S(\boldsymbol{x}, \boldsymbol{y})$、$I(\boldsymbol{x}, \boldsymbol{y})$、$Q(\boldsymbol{x}, \boldsymbol{y})$ 是二值逻辑中的运算模型。

所有二值逻辑中的逻辑公式和推理规则都可以推广到其中使用。

2. 伪偏序型二值基二维命题逻辑

命题真值：$\boldsymbol{x}=<x_1, x_2>, \boldsymbol{y}=<y_1, y_2>, x_1, x_2, y_1, y_2 \in \{0, 1\}$

非运算：$N(\boldsymbol{x})=<N(x_2), N(x_1)>$（伪偏序特征）

与运算：$T(\boldsymbol{x}, \boldsymbol{y})=<T(x_1, y_1), T(x_2, y_2)>$

或运算：$S(\boldsymbol{x}, \boldsymbol{y})=<S(x_1, y_1), S(x_2, y_2)>$

蕴含运算：$I(\boldsymbol{x}, \boldsymbol{y})=<I(x_1, y_1), I(x_2, y_2)>$

等价运算：$Q(\boldsymbol{x}, \boldsymbol{y})=<Q(x_1, y_1), Q(x_2, y_2)>$

其中 $N(\boldsymbol{x})$、$T(\boldsymbol{x}, \boldsymbol{y})$、$S(\boldsymbol{x}, \boldsymbol{y})$、$I(\boldsymbol{x}, \boldsymbol{y})$、$Q(\boldsymbol{x}, \boldsymbol{y})$ 是二值逻辑中的运算模型。

所有二值逻辑中的逻辑公式和推理规则都可以推广到其中，但由于 $N(\boldsymbol{x})=<N(x_2), N(x_1)>$，所以表达形式要做相应改变。例如

$$I(\boldsymbol{x}, \boldsymbol{y})=<I(x_1, y_1), I(x_2, y_2)>=<S(N(x_1), y_1), S(N(x_2), y_2)>=S(N(\boldsymbol{x}'), \boldsymbol{y}), \quad \boldsymbol{x}'=<x_2, x_1>$$

3. 正偏序型二值基三维命题逻辑

命题真值：$\boldsymbol{x}=<x_1, x_2, x_3>, \boldsymbol{y}=<y_1, y_2, y_3>, x_1, x_2, x_3, y_1, y_2, y_3 \in \{0, 1\}$

非运算：$N(\boldsymbol{x})=<N(x_1), N(x_2), N(x_3)>$（正偏序特征）

与运算：$T(\boldsymbol{x}, \boldsymbol{y})=<T(x_1, y_1), T(x_2, y_2), T(x_3, y_3)>$

或运算：$S(\boldsymbol{x}, \boldsymbol{y})=<S(x_1, y_1), S(x_2, y_2), S(x_3, y_3)>$

蕴含运算：$I(\boldsymbol{x}, \boldsymbol{y})=<I(x_1, y_1), I(x_2, y_2), I(x_3, y_3)>$

等价运算：$Q(\boldsymbol{x}, \boldsymbol{y})=<Q(x_1, y_1), Q(x_2, y_2), Q(x_3, y_3)>$

其中，$N(\boldsymbol{x})$、$T(\boldsymbol{x}, \boldsymbol{y})$、$S(\boldsymbol{x}, \boldsymbol{y})$、$I(\boldsymbol{x}, \boldsymbol{y})$、$Q(\boldsymbol{x}, \boldsymbol{y})$ 是二值逻辑中的运算模型。

所有二值逻辑中的逻辑公式和推理规则都可以推广到其中使用。

4. 伪偏序型二值基三维命题逻辑

命题真值：$x=<x_1, x_2, x_3>$, $y=<y_1, y_2, y_3>$, $x_1, x_2, x_3, y_1, y_2, y_3 \in \{0, 1\}$

非运算：$N(x)=<N(x_3), N(x_2), N(x_1)>$（伪偏序特征）

与运算：$T(x, y)=<T(x_1, y_1), T(x_2, y_2), T(x_3, y_3)>$

或运算：$S(x, y)=<S(x_1, y_1), S(x_2, y_2), S(x_3, y_3)>$

蕴含运算：$I(x, y)=<I(x_1, y_1), I(x_2, y_2), I(x_3, y_3)>$

等价运算：$Q(x, y)=<Q(x_1, y_1), Q(x_2, y_2), Q(x_3, y_3)>$

其中，$N(x)$、$T(x, y)$、$S(x, y)$、$I(x, y)$、$Q(x, y)$是二值逻辑中的运算模型。

所有二值逻辑中的逻辑公式和推理规则都可以推广到其中，但由于$N(x)=<N(x_3), N(x_2), N(x_1)>$，所以表达形式要作相应改变。例如

$$I(x, y)=<I(x_1, y_1), I(x_2, y_2), I(x_3, y_3)>=<S(N(x_1)), y_1), S(N(x_2)), y_2),$$

$$S(N(x_3)), y_3)>=S(N(x')), y), x'=<x_3, x_2, x_1>$$

14.2.3　生成并分析 Bochvar 三值命题逻辑

长期以来，人们称 Bochvar 提出的、建立在$\{0, 1, \perp\}$上的逻辑为三值逻辑，这是不科学的。因为$\perp$是无定义的代号，与 0, 1 无法比较大小，不能把 0, 1, $\perp$放在同一个有序空间中。$\perp$实际上是在$\{0, 1\}$线序空间之外存在的一个孤立点，所以这个逻辑仍然是二值基逻辑，正确的称呼是$\perp$超序型二值基一维逻辑。

生成 Bochvar $\perp$超序型二值基逻辑的方法是在二值逻辑的基础上运用平凡拓序规则：所有$\perp$参加的逻辑运算结果都是$\perp$，即

命题真值：$x, y \in \{0, 1\} \cup \{\perp\}$

非运算：$N(\perp)=\perp$

与运算：$T(\perp, y)=\perp$

或运算：$S(\perp, y)=\perp$

蕴含运算：$I(\perp, y)=\perp$, $I(x, \perp)=\perp$

等价运算：$Q(\perp, y)=\perp$

其中，$N(x)$、$T(x, y)$、$S(x, y)$、$I(x, y)$、$Q(x, y)$都是二值逻辑中的运算模型。

把它们转化为真值表表示，结果是：

p	0	1	$\perp$
$\sim^1 p$	1	0	$\perp$

$\wedge^3$	$\perp$	0	1
$\perp$	$\perp$	$\perp$	$\perp$
0	$\perp$	0	0
1	$\perp$	0	1

$\vee^3$	$\perp$	0	1
$\perp$	$\perp$	$\perp$	$\perp$
0	$\perp$	0	1
1	$\perp$	1	1

$\to^3$	$\perp$	0	1
$\perp$	$\perp$	$\perp$	$\perp$
0	$\perp$	1	1
1	$\perp$	0	1

$\leftrightarrow^2$	$\perp$	0	1
$\perp$	$\perp$	$\perp$	$\perp$
0	$\perp$	1	0
1	$\perp$	0	1

根据这个分析,所有二值逻辑中的逻辑公式和推理规则都可以推广到其中使用。

利用关于⊥的非平凡拓序规则,还可以提出一种新的⊥超序型二值基逻辑如下:

命题真值:$x, y \in \{0, 1\} \cup \{\perp\}$

非运算:$N(\perp)=\perp$

与运算:$T(\perp, y)=\{\perp|y=\perp; 0\}$

或运算:$S(\perp, y)=\{\perp|y=\perp; 1\}$

蕴含运算:$I(\perp, y)=\{1|y=\perp; \perp\}$, $I(x, \perp)=\{1|x=\perp; \perp\}$

等价运算:$Q(\perp, y)=\{1|y=\perp; \perp\}$

其中,$N(x)$、$T(x, y)$、$S(x, y)$、$I(x, y)$、$Q(x, y)$是二值逻辑中的运算模型。

把它们转化为真值表表示,结果是:

p	0	1	$\perp$
$\sim^1 p$	1	0	$\perp$

$\wedge^4$	$\perp$	0	1
$\perp$	$\perp$	0	0
0	0	0	0
1	0	0	1

$\vee^4$	$\perp$	0	1
$\perp$	$\perp$	1	1
0	1	0	1
1	1	1	1

$\to^4$	$\perp$	0	1
$\perp$	1	$\perp$	$\perp$
0	$\perp$	1	1
1	$\perp$	0	1

$\leftrightarrow^4$	$\perp$	0	1
$\perp$	1	$\perp$	$\perp$
0	$\perp$	1	0
1	$\perp$	0	1

从上述结果看,这个非平凡的拓序规则更加合理,如⊥可以和自己等价、⊥不改变蕴含后件的原有真值。所有二值逻辑中的逻辑公式和推理规则都可以推广到其中使用。

目前尚未见到有人提出这个逻辑,这是我们的新贡献。

14.3　研究三值基命题逻辑

下面生成真正的三值逻辑。在三值逻辑中,u 有三种不同的语义:$u=0.5$;$u=$ 不知道;$u=$过渡态。但不管哪种语义,都满足 $0 \leqslant u \leqslant 1$ 的约束,不同于 Bochvar 提出的三值基逻辑中的 $x, y \in \{0, 1\} \cup \{\bot\}$。

根据命题泛逻辑，在三值逻辑中，只有三种不同的可能组合，即

$$h=1, k=e=0.5; \qquad h=k=e=0.5; \qquad h=0, k=e=0.5$$

所以，生成的三值逻辑可有三种不同的形态：分别称为 3 型三值逻辑、1 型三值逻辑和 0 型三值逻辑。目前经常使用的是 1 型三值逻辑，按照 u 的语义不同，又有几种不同的亚型。下面详细介绍。

14.3.1　3 型三值命题逻辑

当 $h=1, k=e=0.5$ 时，命题真值 $x, y \in \{0, u, 1\}$。

非运算：$N(x)=1-x$

与运算：$T(x, y)=\min(x, y)$

或运算：$S(x, y)=\max(x, y)$

蕴含运算：$I(x, y)=\text{ite}\{1|x \leqslant y; y\}$

等价运算：$Q(x, y)=\text{ite}\{1|x=y; \min(x, y)\}$

平均运算：$M(x, y)=\max(x, y)$ 退化为或运算

组合运算：$C(x, y)=\text{ite}\{\min(x, y)|x+y<1; \max(x, y)|x+y>1; 0.5\}$

把它们转化为真值表表示，结果是：

p	0	u	1
$\sim^1 p$	1	u	0

$\wedge^2$	0	u	1
0	0	0	0
u	0	u	u
1	0	u	1

$\vee^2$	0	u	1
0	0	u	1
u	u	u	1
1	1	1	1

$\to^5$	0	u	1
0	1	1	1
u	0	1	1
1	0	u	1

$\leftrightarrow^5$	0	u	1
0	1	0	0
u	0	1	u
1	0	u	1

$©^1$	0	u	1
0	0	0	u
u	0	u	0
1	u	1	1

3 型三值逻辑目前还未见有人提出，是我们的新贡献。所有 $h=1$ 的泛逻辑公式和推理规则都可以特化到其中使用。

14.3.2　1 型三值命题逻辑

当 $h=k=e=0.5$ 时，命题真值 $x, y \in \{0, u, 1\}$。

非运算：$N(x)=1-x$

与运算：$T(x, y)=\max(0, x+y-1)$

或运算：$S(x, y)=\min(1, x+y)$

蕴含运算：$I(x, y)=\min(1, 1-x+y)$

等价运算：$Q(x, y)=1-|x-y|$

平均运算：$M(x, y)=(x+y)/2$

组合运算：$C(x, y)=\Gamma(x+y-0.5)$

把它们转化为真值表表示，结果是：

p	0	u	1
$\sim^1 p$	1	u	0

$\wedge^1$	0	u	1
0	0	0	0
u	0	0	u
1	0	u	1

(u=0.5)

$\vee^1$	0	u	1
0	0	u	1
u	u	1	1
1	1	1	1

(u=0.5)

$\rightarrow^1$	0	u	1
0	1	1	1
u	0	1	1
1	0	u	1

(u=0.5 或过渡态)

$\leftrightarrow^1$	0	u	1
0	1	u	0
u	u	1	u
1	0	u	1

(u=0.5 或过渡态)

$\wedge^2$	0	u	1
0	0	0	0
u	0	u	u
1	0	u	1

(u=不知道或过渡态)

$\vee^2$	0	u	1
0	0	u	1
u	u	u	1
1	1	1	1

(u=不知道或过渡态)

$\rightarrow^2$	0	u	1
0	1	1	1
u	u	u	1
1	0	u	1

(u=不知道)

$\leftrightarrow^2$	0	u	1
0	1	u	0
u	u	u	u
1	0	u	1

(u=不知道)

℗^{1}	0	u	1
0	0	0	u
u	0	u	u
1	u	u	1

(u=0.5)

℗^{2}	0	u	1
0	0	u	u
u	u	u	u
1	u	u	1

(u=不知道或过渡态)

©^{1}	0	u	1
0	0	0	u
u	0	u	1
1	u	1	1

(u=0.5)

　　由这个分析可知，在 $h=k=e=0.5$ 的情况下，1 型三值逻辑有以下几种可能的形态。

　　1) 由～¹、∧²、∨²、→²、↔²组成的 Kleene 强三值逻辑，用于 u 表示不知道的情况。按照泛逻辑学原理，在 Kleene 强三值逻辑中还可以引入平均运算℗²和组合运算©¹。

2) 由 $\sim^1$、$\wedge^2$、$\vee^2$、$\rightarrow^1$、$\leftrightarrow^1$ 组成的 Luckasiewicz 三值逻辑，适用于 u 表示不真不假的过渡态的情况，按照泛逻辑学原理，在 Luckasiewicz 三值逻辑中还可以引入平均运算 $\mathbb{P}^2$ 和组合运算 $\mathbb{C}^1$。

3) 由 $\sim^1$、$\wedge^2$、$\vee^2$、$\rightarrow^2$、$\leftrightarrow^1$ 组成的计算三值逻辑，没有严格区分不知道和过渡态。按照泛逻辑学原理，在计算三值逻辑中还可以引入平均运算 $\mathbb{P}^2$ 和组合运算 $\mathbb{C}^1$。

4) 由 $\sim^1$、$\wedge^1$、$\vee^1$、$\rightarrow^1$、$\leftrightarrow^1$、$\mathbb{P}^2$、$\mathbb{C}^1$ 组成的三值逻辑，目前还未见有人提出，它适用于 $u=0.5$ 的情况，是我们的新贡献。

所有对 $h=0.5$ 成立的泛逻辑公式和推理规则都可以推广到这 4 个 1 型三值逻辑中使用，但仅对二值逻辑成立的逻辑公式和推理规则不能推广到其中使用。

14.3.3　0 型三值命题逻辑

当 $h=0,k=e=0.5$ 时，命题真值 $x, y \in \{0, u, 1\}$

非运算：$N(x)=1-x$

与运算：$T(x, y)=\text{ite}\{\min(x, y)|\max(x, y)=1; 0\}$

或运算：$S(x, y)=\text{ite}\{\max(x, y)|\min(x, y)=0; 1\}$

蕴涵运算：$I(x, y)=\text{ite}\{y|x=1; 1\}$

等价运算：$Q(x, y)=\text{ite}\{y|x=1; x|y=1; 1\}$

平均运算：$M(x, y)=\min(x, y)$ 退化为与运算

组合运算：$C(x, y)=\text{ite}\{0|x, y<0.5; 1|x, y>0.5; 0.5\}$

把它们转化为真值表表示，结果是：

p	0	u	1
$\sim^1 p$	1	u	0

$\wedge^1$	0	u	1
0	0	0	0
u	0	0	u
1	0	u	1

$\vee^1$	0	u	1
0	0	u	1
u	u	1	1
1	1	1	1

$\rightarrow^6$	0	u	1
0	1	1	1
u	1	1	1
1	0	u	1

$\leftrightarrow^6$	0	u	1
0	1	1	1
u	1	1	u
1	1	0	u	1

$\mathbb{C}^2$	0	u	1
0	0	0	u
u	u	u	u
1	u	u	1

0 型三值逻辑还未见有人提出，是我们的新贡献。所有 $h=0$ 的泛逻辑公式和推理规则都可以特化到其中使用，由于 $h=0$ 是最大相克的状态，许多泛逻辑推理的性质在这里都不成立，所以 0 型三值逻辑的使用将会十分特殊。

要这么多的三值逻辑有什么用？看它们的真值表(或称信息变换表)，彼此之

间的差别并不大,有的只相差一两个状态。金翊领导的三值光计算机研究团队证实,在三值光计算机设计中,二元三值信息变换表中可能有 $3^{3\times3}=19683$ 个信息变换函数都有用[188]。而且,通过改变函数中输入输出变量的每一个取值与三值光计算机中不同物理量的配对方式,信息变换函数至少会增加 6 倍,成为 118098 个不同的信息变换器。

定理 14.3.1 二元 n 值信息变换表中有 $n^{n\times n}$ 个不同的变换函数。

证明 1)$n=2$ 时, $x, y, z \in \{0, 1\}$,输入状态数 $s_2=|\{00, 01, 10, 11\}|=2\times2=4$;输出状态数 $c_2=|\{0, 1\}|=2$;变换函数 $z=f_i(x, y)$ 的个数 w_2 是 4 位二进制编码数 $2^4=2^{2\times2}=16$ 。

这些变换函数由编码状态 {0000, 0001, 0010, 0011, 0100, 0101, 0101, 0111, 1000, 1001, 1010, 1011, 1100, 1101, 1101, 1111}与输入状态{00, 01, 10, 11}分别对应组成。如

$$z=f_0(0, 0)=0, \quad z=f_0(0, 1)=0, \quad z=f_0(1, 0)=0, \quad z=f_0(1, 1)=0$$
$$z=f_1(0, 0)=0, \quad z=f_1(0, 1)=0, \quad z=f_1(1, 0)=0, \quad z=f_1(1,1)=1$$
$$\vdots$$
$$z=f_{15}(0, 0)=1, \quad z=f_{15}(0, 1)=1, \quad z=f_{15}(1, 0)=1, \quad z=f_{15}(1, 1)=1$$

2) $n=3$ 时, $x, y, z \in \{0, 1, 2\}$,输入状态数 $s_3=|\{00, 01, 02, 10, 11, 12, 20, 21, 22\}|=3\times3=9$;输出状态数 $c_3=|\{0, 1, 2\}|=3$;变换函数 $z=f_i(x, y)$ 的个数 w_3 是 9 位 3 进制编码数 $3^9=3^{3\times3}=19683$ 。

这些变换函数由编码状态{000000000, 000000001, 000000002, 000000010, 000000011, 000000012, $\cdots$, 222222210, 222222211, 222222212, 222222220, 222222221, 222222222}与输入状态{00, 01, 02, 10, 11, 12, 20, 21, 22}分别对应组成。

3) 根据 $n=m$ 时 $w_m=m^{m\times m}$ 成立,证明 $n=m+1$ 时 $w_{m+1}=(m+1)^{(m+1)\times(m+1)}$ 成立的过程如下:

$n=m+1$ 时,输入状态数是 $s_{m+1}=(m+1)\times(m+1)=(m+1)^2$;输出状态数是 $c_{m+1}=m+1$;变换函数 $z=f_i(x, y)$ 的个数是 $(m+1)^2$ 位 $(m+1)$ 进制编码数,即 $w_{m+1}=(m+1)^{(m+1)\times(m+1)}$ 成立。

4) 根据数学归纳法,本定理成立。

14.4 分析程度逻辑

廉师友在他的专著《程度论——一种基于程度的信息处理技术》中提出了一种具有多种表现形态的程度逻辑,他是在数理逻辑中的谓词逻辑基础上,给每一个二值命题附加一个程度 $d \in [0, 1]$ 来表示命题为真或为假的程度,现在分析如下。

14.4.1　程度逻辑的基本形态

命题的真值用二元组 $x=<x, d_x>$，$y=<y, d_y>$ 表示，其中 $x, y \in \{0, 1\}$ 表示命题的真假，$d_x, d_y \in [0, 1]$ 表示 x, y 为真或为假的程度。

非运算：$N(<0, d>)=<1, d>$，　$N(<1, d>)=<0, d>$

与运算：$T(<0, d_x>, <0, d_y>)=<0, \max(d_x, d_y)>$

$\qquad\qquad T(<0, d_x>, <1, d_y>)=<0, \max(d_x, 1-d_y)>$

$\qquad\qquad T(<1, d_x>, <0, d_y>)=<0, \max(1-d\ , d_y)>$

$\qquad\qquad T(<1, d_x>, <1, d_y>)=<1, \min(d_x, d_y)>$

或运算：$S(<0, d_x>, <0, d_y>)=<0, \min(d_x, d_y)>$

$\qquad\qquad S(<0, d_x>, <1, d_y>)=<1, \max(1-d_x, d_y)>$

$\qquad\qquad S(<1, d_x>, <0, d_y>)=<1, \max(d_x, 1-d_y)>$

$\qquad\qquad S(<1, d_x>, <1, d_y>)=<1, \max(d_x, d_y)>$

按泛逻辑学的分类方法，程度逻辑是 α 超序型二值基一维逻辑，$x, y \in \{0, 1\}$ 是命题的真值，$d_x, d_y \in [0, 1]$ 是附加特性，所以不能当作模糊逻辑那样的连续值逻辑对待。泛逻辑学有关 α 超序型二值基一维逻辑的研究成果都可以应用到程度逻辑中。

14.4.2　程度逻辑的守 1 形态

作者还进一步引入了程度守 1 原理 $<0, d>=<1, 1-d>$，从而将程度逻辑简化为守 1 形态：命题的真值用二元组 $x=<1, d_x>$，$y=<1, d_y>$ 表示，其中 $d_x, d_y \in [0, 1]$ 表示命题 x, y 为真的程度。

非运算：$N(<1, d_x>)=<1, 1-d_x>$

与运算：$T(<1, d_x>, <1, d_y>)=<1, \min(d_x, d_y)>$

或运算：$S(<1, d_x>, <1, d_y>)=<1, \max(d_x, d_y)>$

显然，其中的 1 是冗余的，可以默认不写，于是可进一步简化为命题的真值用 $d_x, d_y \in [0, 1]$ 表示，它是命题 x, y 为真的程度。

非运算：$N(d_x)=1-d_x$

与运算：$T(d_x, d_y)=\min(d_x, d_y)$

或运算：$S(d_x, d_y)=\max(d_x, d_y)$

这样一来，它就一下子变成了 Zadeh 的模糊逻辑，因为隶属度本来就是命题为真的程度。结果是程度逻辑直接引用了模糊逻辑的研究成果，也继承了模糊逻辑的理论缺陷，有得有失。

14.4.3　程度逻辑的非守 1 形态

程度逻辑还有不完善之处，因为按照泛逻辑学原理，程度守 1 原理在测度有误差的情况下是不成立的，如果具有一级不确定性，两者只能联动，不能守 1，

如 $N(x, k)=(1-x^n)^{1/n}$。如果命题为 0 的程度 d_0 和命题为 1 的程度 d_1 独立变化，就是二级或者更高级的不确定性，如灰逻辑、区间逻辑、未确知逻辑等。

14.5　研究连续值基命题逻辑

14.5.1　帮助完善模糊命题逻辑

最著名的连续值命题逻辑是模糊逻辑，它目前尚不完善，我们正是在研究如何完善模糊逻辑的过程中发现了逻辑学的一般规律，建立了命题泛逻辑学。从这个意义上讲，泛逻辑学研究目前最大的成果就是把 Zadeh 的模糊命题逻辑改造完善成了我们的命题泛逻辑。Zadeh 的模糊集合和模糊逻辑在全球影响巨大，有一支庞大的研究和应用队伍追随，他们有自己的观念、主张和追求，如何看待我们的研究纲要和已有成果，不能强求，所以我们一般不把两者这样联系起来讨论。在泛逻辑学研究中获得的、对于模糊逻辑和其他现代逻辑有参考价值的有以下几点说明。

1) 必须突破传统逻辑思想的禁锢，这一点特别重要。如在二值逻辑中形成了一个传统思想，认为命题连接词的运算模型是唯一确定的算子。这妨碍了非二值基逻辑的发展，特别是在连续值基逻辑中，可用的算子很多，甚至有无穷多个，无法用定义有限的逻辑亚型来解决，目前模糊逻辑遇到的就是这个麻烦，在泛逻辑中已经圆满解决。

2) 强调关系柔性对命题连接词运算模型的影响，指出关系柔性已将原来的唯一一个算子，展开成为连续变化的运算模型完整簇，必须搞清楚这些逻辑运算模型完整簇的物理意义。只有这样才能知道使用这些运算模型完整簇中每一个算子的精准条件。最近几十年来人们为弥补模糊逻辑缺陷而发现的各种模糊算子，如果都有了明确的物理意义，它们的使用条件自然清楚了，没有必要让使用者去盲目试用。

3) 必须总结出生成各种命题连接词运算模型的规则，证明它们的逻辑性质和推理规则集，才能建立一个完整的连续值命题逻辑理论体系。

4) 泛逻辑学通过现实世界真值柔性和关系柔性的启发，进一步认识了程度柔性、范围柔性、过渡柔性、假设柔性、……，从而得到了一个通用的泛逻辑学理论框架。

下面分析一些常用模糊逻辑算子的物理意义和使用条件，说明如何精准地使用手中的算子对，避免盲目乱用带来的不良后果。

(1) Hamacher 算子对的精准使用条件(图 14.1)

按照命题泛逻辑的有关原理和规则，可以计算确定：

$$T(x, y)=xy/(x+y-xy)=T(x, y, h, 0.5)=T(x, y, h)$$

$$f(x)=1/x=F(x, h, 0.5)=F(x, h)$$

$$S(x, y)=(x+y-2xy)/(1-xy)=S(x, y, h, 0.5)=S(x, y, h)$$

$$g(x)=1-1/(1-x)=G(x, h, 0.5)=G(x, h), \quad h=3^{1/2}/2=0.866$$

这就是说，本算子对的物理意义和精准使用条件是：$h=0.866, k=0.5$。

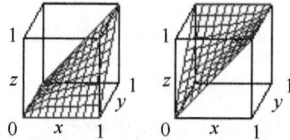

图 14.1　Hamacher 算子对

(2) Einstein 算子对的精准使用条件(图 14.2)

按照命题泛逻辑的有关原理和规则，可以计算确定：

$$T(x, y)=xy/(1+(1-x)(1-y))$$

$$f(x)=1-\log((2-x)/x)=1+\log(x/(2-x))=F(\phi(x, k), 0.75)=\boldsymbol{F\Phi_2}$$

$$\phi(x, k)=x/(2-x), \quad \phi^{-1}(x, k)=2x/(1+x), \quad k=\phi^{-1}(0.5,k)=2/3$$

$$S(x, y)=(x+y)/(1+xy)$$

$$g(x)=\log((1+x)/(1-x))=-\log((1-x)/(1+x))$$

$$=-\log(1-2x/(1+x))=G(\phi(x, k), 0.75)=\boldsymbol{G\Phi_2}$$

$$\phi(x, k)=2x/(1+x), \quad \phi^{-1}(x, k)=x/(2-x), \quad k=\phi^{-1}(0.5, k)=1/3$$

这就是说，本算子对的物理意义和精准使用条件是：$h=0.75, k=2/3(T); 1/3(S)$。

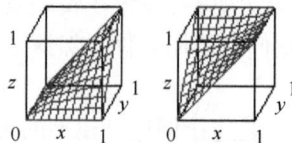

图 14.2　Einstein 算子对

(3) Yager 算子对的精准使用条件(图 14.3)

按照命题泛逻辑的有关原理和规则，可以计算确定：

$$T(x, y)=1-\min(1,((1-x)^n+(1-y)^n)^{1/n}), \quad f(x)=1-(1-x)^n$$

$$S(x,y)=\min(1,(x^n+y^n)^{1/n}), \quad g(x)=x^n, \quad n>0$$

由于 $g(x)=x^n, n>0$ 代入与运算基模型可得零级与运算

$$T(x, y, h), \quad h\leqslant 0.75, \quad f(x)=1-(1-x)^n, \quad n>0$$

代入或运算基模型可得零级或运算

$$S(x, y, h), \quad h \leqslant 0.75, \quad n=(3-4h)/(4h(1-h))$$

由定理 5.4.13 知

$$T(x, y)=N(S(N(x, k), N(y, k), h), k)=T(x, y, h, k)$$

$$N(x, k)=1-(1-(1-x)^n)^{1/n}, \quad n=-1/\log_2(1-k)=(3-4h)/4h(1-h)$$

$$S(x, y)=N(T(N(x, k), N(y, k), h), k)$$

$$N(x, k)=(1-x^n)^{1/n}, \quad n=-1/\log_2 k=(3-4h)/(4h(1-h))$$

所以，Yager 算子簇是一个特殊的一级 T/S 范数簇。与一般的一级 T/S 范数完整簇不同，一般的 n 和 m 独立变化，Yager 算子簇的 $n=m$，不能独立变化。

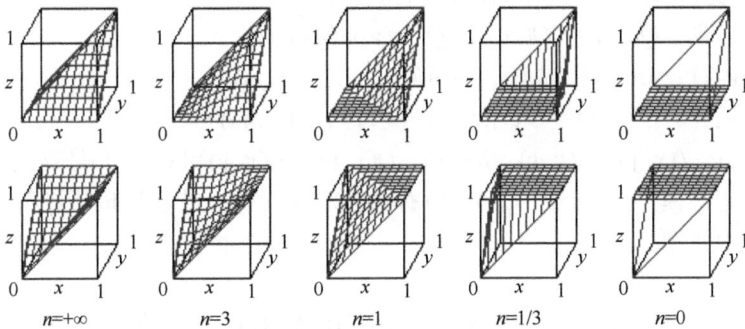

图 14.3 Yager 算子对

14.5.2 研究灰命题逻辑

1985 年邓聚龙提出灰数概念、灰数学和灰色控制系统，还有人提出区间逻辑，这是对伪偏序连续值基二维逻辑需求的例证，命题泛逻辑学可以为他们的研究提供参考。

命题真值用灰数表示：$\boldsymbol{x}=\langle x_1, x_2\rangle, \boldsymbol{y}=\langle y_1, y_2\rangle, \boldsymbol{x}, \boldsymbol{y}\in[0, 1]^2$

非运算：$N(\boldsymbol{x})=\langle N(x_2), N(x_1)\rangle$

与运算：$T(\boldsymbol{x}, \boldsymbol{y})=\langle T(x_1, y_1), T(x_2, y_2)\rangle$

或运算：$S(\boldsymbol{x}, \boldsymbol{y})=\langle S(x_1, y_1), S(x_2, y_2)\rangle$

蕴含运算：$I(\boldsymbol{x}, \boldsymbol{y})=\langle I(x_1, y_1), I(x_2, y_2)\rangle$

等价运算：$Q(\boldsymbol{x}, \boldsymbol{y})=\langle Q(x_1, y_1), Q(x_2, y_2)\rangle$

平均运算：$M(\boldsymbol{x}, \boldsymbol{y})=\langle M(x_1, y_1), M(x_2, y_2)\rangle$

组合运算：$C^e(\boldsymbol{x}, \boldsymbol{y})=\langle C^e(x_1, y_1), C^e(x_2, y_2)\rangle$

其中，$N(\boldsymbol{x})$、$T(\boldsymbol{x}, \boldsymbol{y})$、$S(\boldsymbol{x}, \boldsymbol{y})$、$I(\boldsymbol{x}, \boldsymbol{y})$、$Q(\boldsymbol{x}, \boldsymbol{y})$、$M(\boldsymbol{x}, \boldsymbol{y})$ 和 $C^e(\boldsymbol{x}, \boldsymbol{y})$ 是一维命题泛逻辑中的运算模型(零级或一级)。所有命题泛逻辑的公式和推理规则都可以在灰逻

辑中使用。

14.5.3　研究未确知命题逻辑

1990 年王光远提出未确知数学概念，1997 年刘开第等出版专著《未确知数学》[45]，这为伪偏序连续值基三维逻辑的提出准备了条件，命题泛逻辑学可以为他们的研究提供参考。

命题真值用灰数表示：$x=<x_1, x_2, x_3>$，$y=<y_1, y_2, y_3>$，$x, y\in[0, 1]^3$

非运算：$N(x)=<N(x_3), N(x_2), N(x_1)>$

与运算：$T(x, y)=<T(x_1, y_1), T(x_2, y_2), T(x_3, y_3)>$

或运算：$S(x, y)=<S(x_1, y_1), S(x_2, y_2), S(x_3, y_3)>$

蕴含运算：$I(x, y)=<I(x_1, y_1), I(x_2, y_2), I(x_3, y_3)>$

等价运算：$Q(x, y)=<Q(x_1, y_1), Q(x_2, y_2), Q(x_3, y_3)>$

平均运算：$M(x, y)=<M(x_1, y_1), M(x_2, y_2), M(x_3, y_3)>$

组合运算：$C^e(x, y)=<C^e(x_1, y_1), C^e(x_2, y_2), C^e(x_3, y_3)>$

其中，$N(x)$、$T(x, y)$、$S(x, y)$、$I(x, y)$、$Q(x, y)$、$M(x, y)$和$C^e(x, y)$是连续值基一维逻辑中的运算模型(零级或一级)。所有命题泛逻辑的公式和推理规则都可以在未确知逻辑中使用。

14.6　泛逻辑运算的软硬件实现

人们一接触泛逻辑学，第一个印象就是其逻辑运算模型太复杂，不像 $1-x$、$\max(x, y)$、$\min(x, y)$那样简单，为此我们进行了广泛的研究，结果是客观规律就是如此，理论上没有办法简化，只能在应用中想办法降低复杂性。降低泛逻辑运算使用复杂性的方法有两大类。

1. 由后台软件提供泛逻辑运算服务的方法

这是用专门的计算机程序实现各种命题泛逻辑运算模型完整簇的复杂计算过程，放在计算机应用程序的后台，作为公共服务程序使用。用户只要把需要计算的逻辑运算的命题真度 x, y 和参数$<a, b, e>+<k, h, \beta>$准备好，提交给后台软件，就可以直接获得计算的结果，用户不必关心逻辑运算模型完整簇内部的复杂计算过程。

在这方面我们一直在进行各种准备，泛逻辑一旦大规模应用开来，就可以在计算机的服务软件之中，预先插入逻辑运算模型完整簇的后台服务软件。1998 年前后，王华就研发了一个泛逻辑运算仿真系统，对早期的泛逻辑研究帮助很大。随后她又完成了泛逻辑运算仿真系统第一版，供团队内部研究使用。2005 年前后，艾丽蓉等完成了泛逻辑运算仿真系统的第二版，供团队内部研究使用。2018 年周延泉等 5 人完成了泛逻辑运算仿真系统第三版，这是对公众开放免费使用的软件。

2. 增加硬件协处理器提供泛逻辑运算服务的方法

这是用专门的协处理器插入现行的通用计算机中,专门执行泛逻辑运算过程。用户只要把需要计算的逻辑运算的命题真度 x, y 和参数 $<a, b, e>+<k, h, \beta>$ 准备好,提交给协处理器,就可以直接获得计算的结果,用户不必关心逻辑运算完整簇内部的复杂计算过程。

协处理器的实现方式有两种,最方便的是利用现有的数字器件,做一个专用的计算机系统(类似于汉卡),专门完成泛逻辑运算仿真系统中的计算过程,主要是一些极限算子的特殊处理过程,其计算时间会比后台软件提高几个数量级。另一种是利用模拟电路(类似于模糊逻辑电路)来执行泛逻辑运算过程,它能直接接收外部世界的模拟信息,经过泛逻辑运算后,输出模拟信息。可生产通用泛逻辑门,输入一组状态参数 $<a, b, e>$ 后,通用泛逻辑门即可完成相应的逻辑运算。下一次输入另外的 $<a', b', e'>$,通用泛逻辑门即可完成另外的逻辑运算。将来的泛逻辑计算机则是一个由成千上万的通用泛逻辑门组成的复杂网络,通过改变网络的连接关系和各通用泛逻辑门的状态参数 $<a, b, e>$,以及不确定性参数 $<k, h, \beta>$ 的调整,就可解决不同的柔性推理问题。这也许是克服目前的计算机鸿沟和算法危机的一种出路。信息革命的数字化阶段也许会因此而进入数模混合阶段。

这一切的关键是用物理器件实现泛逻辑运算模型完整簇,我们早已开始可能性探索,2001 年陈虹分别用晶体管电路、集成电路和神经网络进行了实验,都取得了肯定的结果[187],还有人用偏振光做过一些探索。

如果有了硬件实现的泛逻辑运算协处理器,在软件系统设计时,就可以将各种泛逻辑运算模型变成专门的宏指令和标准模块,达到简化应用程序的目的。

14.7 小　结

人的想象力是极其丰富的,而且是越来越接近事实真相。例如,在有了电子模拟计算机和电子数字计算机之后,有人就想象人脑也是一部数字模拟混合计算机,它可以同时处理模拟信息和数字信息。现在的人工智能正在模拟人脑的数字信息处理过程,将来会不会出现人工智能模拟人脑的模拟信息处理过程,两者是如何分工协作,共同完成人脑智能活动全过程的,请拭目以待。

第15章 命题泛逻辑在系统故障演化分析中的应用

15.1 引　　言

1. 泛逻辑与量子纠缠

本章介绍的内容将围绕泛逻辑与量子纠缠现象的关系展开。由于理论准备和技术条件的限制，人们对微观世界中的量子态和量子纠缠研究很不深入，充满假设和猜想，蒙有一层神秘面纱。而系统故障演化过程和诊断技术是在宏观世界中进行的，特别是人工系统，不管它有多复杂，都是人设计制造出来的，也是人在使用它。所以，其中的量子态和量子纠缠现象可被深入地观察和研究，还可通过类比思维明白量子物理学中某些假设和猜想的真伪，揭开它的神秘面纱。而泛逻辑中的柔性命题 $x \in [0, 1]$，正好对应于单个量子的量子态(当 $x=0$ 或 $x=1$ 时，退化为确定态)。而柔性逻辑中的一元运算 $z=L(x, k), x, z, k \in [0, 1]$ 和二元运算 $z=L(x, y, h, k), x, y, z, h, k \in [0, 1]$ 正好对应于单个量子形成的全部量子态叠加和两个量子形成的部分量子态叠加。所以，泛逻辑应该成为研究量子态叠加的有力武器。而要把泛逻辑引入量子物理学的研究，最好的突破口是应用于系统故障演化的研究，从这里检验效果，发现问题，完善理论。于是作者特邀请系统故障演化理论的创始人崔铁军教授撰写了本章内容。

2. 系统故障普遍存在

系统故障演化过程(system fault evolution process，SFEP)普遍存在于生产生活的各行各业，小到日常生活，大到航空国防都蕴含着系统故障演化过程。更一般地讲，任何客观存在的事物都是系统，不同层级的事物是不同层级的系统。系统之间的关系或者并列，或者包含，或者被包含。任何一个系统的变化都会影响到包含这个系统的更大系统。反之，一个系统可分解为若干子系统组成的结构，如果其子系统的功能或系统结构发生了变化，该系统必然发生改变。对于人工系统来说，设计一个系统的目标就是要它完成某些功能，系统一般都是一个复杂的有机整体，为完成系统的设计目标，各个子系统都需要具有一定功能，并按照一定结构组织起来。因此，系统是否能完成设计目标，可作为系统是否有变化、是否合格的衡量标准：能够完成设计目标的状态称为正常状态，偏离设计目标的状态称为非正常状态，无法完成设计目标的状态称为故障状态。

3. 系统故障演化的过程

系统故障的发生不是一蹴而就的，而是一种演化过程。这里的演化并不单指时间过程中的状态变化，也包含系统中各部门、各因素之间相互影响的空间耦合状态变化。所以，系统故障演化过程在宏观上可描述为多个事件按照一定逻辑顺序相继发生的过程；在微观上可描述为事件之间两两因果关系的相互作用过程。由于系统故障演化的上述特点，现有系统分析方法难以满足研究系统故障演化的需要。

4. 影响系统故障演化的因素

研究系统故障演化过程需要将系统故障诊断抽象为经历事件、影响因素、逻辑关系和演化条件等诸多因素的复杂映射关系。本章作者崔铁军等从 2012 年对安全科学理论进行研究，到 2021 年基本形成多角度系统故障演化过程的分析理论，提出空间故障树理论框架，包括空间故障树理论基础，智能化空间故障树，空间故障网络，系统运动空间与系统映射论四部分，在国内外具有原创性。在此基础上引入量子力学、博弈论、柔性逻辑、因素空间、信息生态论、模糊数学等学科进行交叉研究。该系统故障演化理论主要在系统层面解决问题，已成功应用于电气系统、机械系统、生产系统等的安全及可靠性分析中。

15.2 空间故障树理论体系及系统故障演化过程

15.2.1 空间故障树理论体系

1. 提出空间故障树理论基础

考虑到实际系统运行特点，认为系统工作于环境之中，由于组成系统元件的材料物理性质可能随环境因素的改变而改变，因此环境因素的改变将直接导致系统实现功能的能力改变，需要能表征多因素对系统故障影响程度和特征的方法和技术。为解决该问题，提出了空间故障树理论基础，是空间故障树理论框架的第一部分。空间故障树理论基础可在多因素影响下分析系统可靠性和故障状态变化，实现多因素耦合下系统故障状态、因素重要度、连续和离散故障数据的表示、分析和处理。研究内容包括确定故障发生概率空间分布、概率重要度空间分布、关键重要度空间分布、故障发生概率空间分布趋势、元件更换周期、系统更换周期、因素重要度和因素联合重要度分布等的方法；确定元件和系统在不同因素影响下的故障概率变化趋势、系统最优更换周期方案及成本方案、系统故障概率的可接受因素域、因素对系统可靠性影响的重要度、系统故障定位、系统维修率确定及优化、系统可靠性评估、系统和元件的因素重要度等的方法；确定故障概率分布及故障概率变化趋势的方法；提出了系统结构反分析方法；实现了对定性安全评价和监测记录的化简、区分及因果关系的确定，工作环境变化情况下的系统适应性改造成本的确定、环境因素影响下系统中元件重要性的确定、系统可靠性决策规则发掘等方法[189-194]。

2. 建立智能化空间故障树理论

在空间故障树基础上，研究更为一般的故障数据分析方法，考虑故障数据具有模糊性、随机性和离散性，已有方法难以进行表示和分析，因此引入智能理论和推理方法处理该问题，提出智能化空间故障树理论，作为空间故障树理论框架的第三部分。智能化空间故障树可分析故障过程因果关系，从因素变化与故障变化关系出发，整理故障数据、分析故障因果关系、抽取故障概念。研究内容包括建立云化特征函数，确定系统故障概率分布、云化概率和关键重要度分布、云化故障概率分布变化趋势、云化因素重要度和云化因素联合重要度、云化元件区域重要度、云化径集域和割集域、可靠性数据的不确定性分析方法等。建立故障数据因果关系分析方法，故障及影响因素的背景关系分析法。提出基于因素分析法的系统功能结构分析方法、系统功能结构极小化方法、信息不完备和完备情况的系统功能结构分析方法、系统可靠性结构变化和稳定性描述方法。实现了基于包络线的云相似度研究、属性圆与多属性决策云模型、变因素下系统可靠性模糊评价、系统可靠性评估方法、同类元件系统中元件维修率分布确定、异类元件系统的元件维修率分布确定方法等[195-198]。

3. 建立空间故障网络理论

无论是自然灾害还是人工系统故障都不是一蹴而就的，而是一种演化过程。这种演化过程宏观上表现为众多事件遵从一定发生顺序的组合，微观上则是事件之间的相互作用，一般呈现为众多事件的网络连接形式。灾害或故障过程在系统层面上可抽象为系统状态的变化过程，即系统故障演化过程。各类故障的因素、演化结构及过程数据的不同导致系统故障演化过程分析困难。基于此提出了空间故障网络理论，作为空间故障树理论框架的第三部分。空间故障网络将故障演化过程分解为事件、影响因素、逻辑关系和演化条件，并用网络拓扑结构表示。空间故障网络继承了空间故障树对多因素分析、故障大数据处理及因素间因果逻辑关系的分析能力，研究包括系统故障演化过程描述方法、系统故障演化过程的结构化表示方法、空间故障网络的事件重要性分析方法、空间故障网络的故障模式分析方法等[199-204]。

4. 建立系统安全科学

系统运动空间与系统映射论研究中，系统运动空间描述系统运动的度量，系统映射论描述系统运动过程中的因素流和数据流的对应关系。给出了系统运动空间中的运动系统、系统运动空间、系统球、平面、投影等定义。系统运动空间可以表示一个系统与多个方面的关系和多个系统之间的关系。给出了系统映射论的思想：认为自然系统是因素全集到数据全集的映射。给出了相关数据信息和不相关数据信息，及可测相关信息和不可测相关信息；相关因素和不相关因素，及可调节因素和不可调节因素等概念。而人工系统是可测相关数据到可调节因素的映射。讨论了自然系统和人工系统的差别：人工系统得到的实验数据永远与自然系统相同状态下得到的数据存在误差，人工系统的功能只是想要模仿的自然系统功能的一部分，人工系统只能无限趋近于自然系统而无法达到。主要研究包括从故障信息到安全决策——建立安全科学中的故障信息转换定律，系统运动的动力、表现与度量——以安全科学的系统可靠性为平台，系统运动空间与系统映射论的初步探讨，系统运动空间中的系统结构识别[205-208]。

15.2.2 空间故障网络理论的研究现状

1. 空间故障网络理论

该理论是现阶段的研究重点，现已开展的研究包括如下。

1) 基于量子博弈的系统故障状态表示和故障过程分析。基于不平衡报价和空间故障网络的系统故障预防成本模型研究、单一事件故障状态的量子博弈模型研究、事件故障状态的量子纠缠态博弈研究、事件故障状态量子博弈过程的参与者收益研究。

2) 基于集对分析和空间故障网络的系统故障模式识别与故障特征分析。基于特征函数和联系数的系统故障模式识别研究、多因素集对分析的系统故障模式识别方法研究、考虑多因素和联系度的动态故障模式识别方法研究、基于联系数和属性多边形的系统故障模式识别、基于集对分析的特征函数重构及性质研究、系统功能状态的确定性与不确定性表示方法。

3) 量子方法与系统安全分析。系统功能状态叠加及其量子博弈策略、双链量子遗传算法的系统故障概率分布确定、有界量子进化算法及量子行为粒子群优化算法的多因素影响下系统故障概率变化范围研究。

4) 柔性逻辑与系统故障演化过程。空间故障网络结构化表示的事件间柔性逻辑处理模式研究、空间故障网络的柔性逻辑描述、不确定性系统故障演化过程的三值逻辑系统与三值状态划分、量子态叠加的事件发生柔性逻辑统一表达式研究、系统多功能状态表达式构建及其置信度研究。

2. 系统运动空间与系统映射论

该理论是系统存在认知的高级理论。

1) 系统运动空间描述系统运动的度量,系统映射论描述系统运动过程中的因素流和数据流的对应关系。给出了系统运动空间中的运动系统、系统运动空间、系统球、平面、投影等定义。系统运动空间可表示一个系统与多个参考方面的关系和多个系统之间的关系。

2) 系统映射论认为自然系统是因素全集到数据全集的映射。给出了相关数据信息和不相关数据信息,及可测相关信息和不可测相关信息;相关因素和不相关因素,及可调节因素和不可调节因素等概念。而人工系统是可测相关数据到可调节因素的映射。讨论了自然系统和人工系统的差别:人工系统得到的实验数据永远与自然系统相同状态下得到的数据存在误差;人工系统的功能只是想要模仿的自然系统功能的一部分;人工系统只能无限趋近于自然系统而无法达到。

3) 主要研究包括从故障信息到安全决策——建立安全科学中的故障信息转换定律;系统运动的动力、表现与度量——以安全科学的系统可靠性为平台;系统运动空间与系统映射论的初步探讨;系统运动空间中的系统结构识别。

15.3　空间故障树理论基础

15.3.1　研究背景

安全系统工程源于系统工程理论,是安全科学的重要理论基础。在当今生产生活中起着重要作用,特别是在工矿、交通、医疗、军事等复杂且又关系到生命财产和具有战略意义的领域中更为重要。

但目前对安全系统工程,特别是系统可靠性的研究也存在着一些问题。研究中过分关注系统内部结构和元件自身可靠性,竭力从提高元件自身可靠性和优化系统结构方面来保证可靠性,但缺乏针对系统形成后工作环境对其可靠性的影响研究。实际上,各种元件终究是由物理材料组成的,在不同环境下其物理学、力学、电学等相关性质并非是一成不变的。执行某项功能的系统元件功能性在元件制成之后主要取决于工作环境。原因在于不同工作环境下,元件材料的基础属性可能发生改变,而在设计元件时这些参数基本是固定的。这样就导致了元件在变化环境中工作时,随着基础属性的改变,其执行特定功能的能力也发生变化,致使元件可靠性发生变化。进一步地,即使是一个简单的、执行单一功能的系统也要由若干元件组成。如果考虑每个元件随工作环境变化的可靠性变化,那么该系统随工作环境变化的可靠性变化就相当复杂了。这种现象普遍存在且不应被忽略。

所以如何能在充分考虑使用环境因素影响下研究系统可靠性,研究不同环境因素对系统中子系统或元件功能的影响程度，进而研究整个系统在环境因素变化中的功能适应性，就成为亟待解决的科学和工程问题。同时在日常系统使用和维护过程中，会形成大量的监测数据。这些数据往往反映了系统在实际情况下的功能运行特征，不但能反映工作环境因素对系统可靠性的影响，而且其数据量庞大，有助于全面分析系统的可靠性。所以，应通过一些方法从这些数据中提取系统可靠性与运行环境因素之间的关系，达到从系统外部了解系统可靠性的目的。上述实际使用角度的研究与设计角度从系统内部研究整个系统可靠性的方法相结合，形成双向分析系统可靠性的有效途径。

综上所述，作者提出了空间故障树(space fault tree，SFT)理论，包括连续型空间故障树(continuous space fault tree，CSFT)和离散型空间故障树(discrete space fault tree，DSFT)。前者对应于从系统内部研究整个系统可靠性的方法，后者是从系统外部了解系统可靠性的方法。同时提出了一些对安全监测数据化简、分类、及故障挖掘的方法，从而为空间故障树提供适合的基础数据。

15.3.2　研究意义

最初研究空间故障树的目的是从另一个角度(系统工作环境因素)改造并发展经典故障树理论。随着研究的深入，更为广泛和具有一般性的定义、理论和方法在空间故障树框架下建立，并能很好地解决一些理论和实际问题，从而凸显出空间故障树的意义。

(1) 从系统工作环境因素角度分析系统可靠性，分析环境因素变化对系统可靠性的影响

空间故障树理论认为系统工作于环境之中，由于组成系统的基本事件或物理元件的性质决定了其在不同条件下工作的故障发生概率不同，即系统完成功能的可靠性不同，基于空间故障树基本思想，对系统可靠性的分析不再纠结于系统中元件或子系统的基本事件发生概率，以及他们通过何种方式组成系统，而是着重于研究元件或子系统基本事件发生概率与系统工作环境因素变化之间的关系，再根据系统构造进行有机叠加，确定系统可靠性与系统工作环境因素之间的关系。

(2) 形成分析系统可靠性的双向方法

连续型空间故障树是从系统内部开始研究，再研究系统对外部响应的方法。相反地，离散型空间故障树不需要了解系统内部构造和元件性质，其研究基础是系统对外界环境变化的响应特征；数据来源是实际监测数据，是从系统外部向系统内部研究。所以连续型空间故障树和离散型空间故障树组成了双向可靠性分析框架。

(3) 对安全监测数据提供了数据挖掘方法

由于空间故障树,特别是离散型空间故障树需要实际监测数据作为分析依据,所以需要对监测数据进行去冗余、分类、比较和推理等处理，得到充分而有效的基础数据。为此提出了一些基于空间故障树和因素空间的数据处理方法，并结合

相应例子进行应用,以满足空间故障树所需数据的挖掘。

15.3.3　研究内容

1) 给出空间故障树理论框架中连续型空间故障树的理论、定义、公式和方法,及应用这些方法的实例。定义了连续型空间故障树、基本事件影响因素、基本事件发生概率特征函数、基本事件发生概率空间分布、顶上事件发生概率空间分布、概率重要度空间分布、关键重要度空间分布、顶上事件发生概率空间分布趋势、事件更换周期、系统更换周期、基本事件及系统的径集域、割集域和域边界、因素重要度和因素联合重要度分布等概念。

2) 研究元件和系统在不同因素影响下的故障概率变化趋势,系统最优更换周期方案及成本方案,系统故障概率的可接受因素域,因素对系统可靠性影响重要度,系统故障定位方法,系统维修率确定及优化,系统可靠性评估方法,系统和元件因素重要度等。

3) 给出空间故障树理论框架中离散型空间故障树的理论、定义、公式和方法,及应用这些方法的实例。提出离散型空间故障树概念,并与连续型空间故障树进行了对比分析。给出在离散型空间故障树下求故障概率分布的方法,即因素投影拟合法,并分析了该方法不精确的原因。进而提出了另一种更为精确的使用 ANN 确定故障概率分布的方法,同时也使用 ANN 求导得到了故障概率变化趋势。比较了使用连续型空间故障树、离散型空间故障树的因素投影拟合法和离散型空间故障树的 ANN 方法确定的故障概率分布的差异和特点。

4) 研究系统结构反分析方法,提出了 01 型空间故障树来表示系统的物理结构和因素结构,及表示方法(表法和图法)。提出了可用于系统元件及因素结构反分析的逐条分析法和分类推理法,并描述了分析过程和数学定义。

5) 研究从实际监测数据记录中挖掘出适合于空间故障树处理的基础数据的方法。因素空间是对事物存在形态的一种区分。空间故障树理论发展的目标也是通过区分因素了解系统本质的结构和特性。两者研究方向不同但基本立足点是相同的——因素,加之因素空间理论对于定性模糊数据的强有力分析能力,所以使用因素空间理论作为空间故障树的辅助。

6) 研究定性安全评价和监测记录的化简、区分及因果关系,工作环境变化情况下的系统适应性改造成本,环境因素影响下系统中元件重要性,系统可靠性决策规则发掘方法及其改进方法,不同对象分类和相似性及其改进方法。

主要研究方法是在经典故障树基础上,从另一角度实现故障分析功能。基于安全系统工程的基本理论和数学推导得到了空间故障树框架下的两个分支,即连续型空间故障树和离散型空间故障树,形成分析系统可靠性的由内及外的和由外及内的双向分析方法。同时为得到满足空间故障树特征的基础数据,引入因素空间理论来处理定性模糊数据。研究了系统结构反向分析法,并提供了一些数据处理方法。空间故障树理论技术的逻辑框架和结构框架分别如图 15.1 和图 15.2 所示。

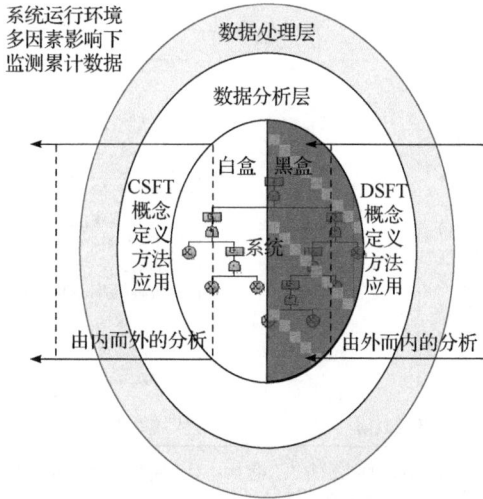

图 15.1　空间故障树理论的逻辑框架

图 15.1 显示了两种理论与系统分析和系统外部数据之间的逻辑关系。连续型空间故障树形成的概念和方法可研究系统自身特性。从系统内部构造开始,研究系统对外部工作环境因素变化的响应特征,从而确定随工作环境因素变化的系统可靠性变化。离散型空间故障树从系统外部实际监测数据入手,从数据中挖掘出环境变化对系统可靠性的影响。最终构造出可模仿实际系统响应行为的等效系统或伪系统。连续型空间故障树和离散型空间故障树组成了数据分析层。在该过程中,两者需要有适合的基础数据,也需要有适合的验证数据。对于这些数据的分析是通过因素空间理论实现的,即数据处理层。系统结构反向分析在元件结构和因素结构两个层面将系统从黑盒状态转化为白盒状态。

图 15.2 显示了空间故障树理论基础的相关方法、应用因素空间理论形成的数据处理方法、系统运行环境数据和系统自身数据之间的关系。图中箭头表示数据流向,表明了空间故障树理论基础的两大目标:指导系统可靠性分析和反演系统可靠性结构。

15.4　智能化空间故障树理论

随着科学技术的发展,系统可靠性分析面临着一些新的发展机遇。包括多因素影响下的系统可靠性分析,大数据量级的故障数据分析,故障数据的离散性、随机性和模糊性处理,系统可靠性结构分析、系统可靠性的稳定性分析和故障维修率确定等。这些问题需要安全系统工程理论与大数据和信息科学协同研究和解决。

图 15.2 内容如下：

空间故障树理论基础

提供基础数据 → 得到等效系统结构 → 最终目的

连续型空间故障树CSFT的构建及应用包括：单个元件和系统在不同因素影响下的故障概率变化趋势，系统最优更换周期方案及成本方案，系统故障概率的可接受因素域，因素对系统可靠性影响的重要度，系统故障定位方法，系统维修率确定及优化，系统可靠性评估方法等

+

离散型空间故障树DSFT的构建及应用包括：在DSFT下求故障概率分布的方法，即因素投影法拟合法，并分析了该法的不精确原因；基于ANN确定故障概率分布的方法；基于ANN求导的故障概率变化趋势方法

= 空间故障树SFT

提供基础数据 提供基础数据

空间故障树所需基础数据的挖掘方法。包括：对于定性安全评价和监测记录的化简、区分及其因果关系的确定，工作环境变化情况下的系统适应性改造成本确定，环境因素影响下系统中元件重要性的确定，系统可靠性决策规则发掘方法及其改进，不同对象的分类和相似性研究及其改进

得到系统可靠性特征指导生产 ← 最终目的 提供实际数据

系统运行环境中得到的数据：安全检查记录，设备维护记录，事故调查

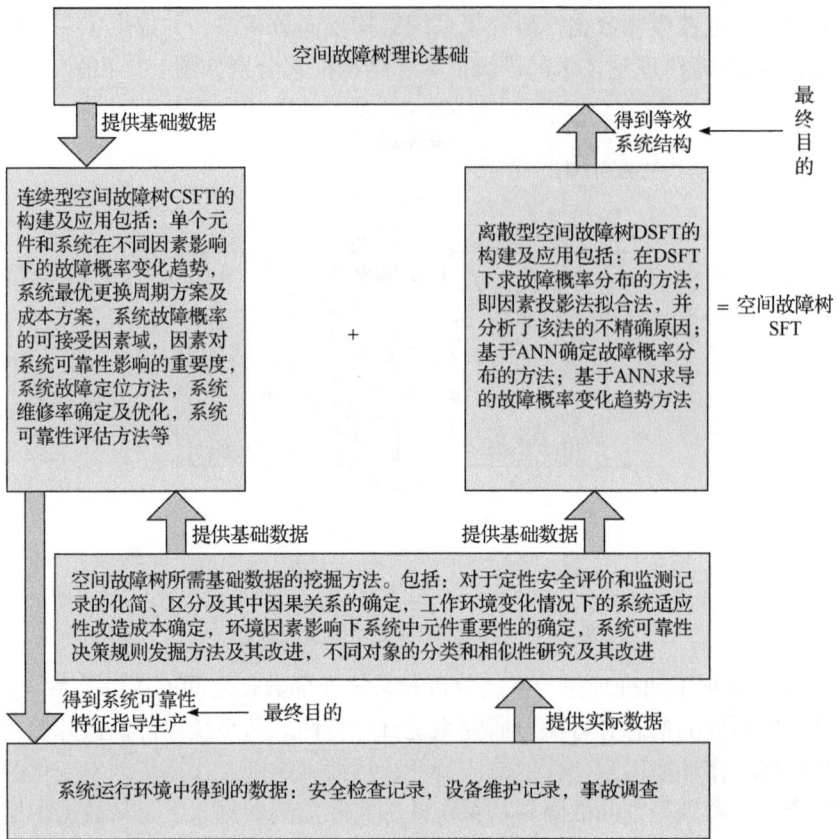

图 15.2　空间故障树理论的结构框架

15.4.1　研究背景

可靠性研究是安全系统工程的重要组成部分，其源于系统工程理论，是安全科学的重要理论基础。在当今生产生活中起着重要作用，特别是在工矿、交通、医疗、军事等复杂且又关系到生命财产和具有战略意义的领域中更为重要。但目前对系统可靠性研究存在一些不足。

1) 研究中过分关注于系统内部结构和元件自身可靠性，竭力从提高元件自身可靠性和优化系统结构来保证系统可靠性。但并未考虑到一个事实，各种元件终究是由物理材料组成，在不同环境下其物理学、力学、电学等相关性质并非是一成不变的。即执行某项功能的系统元件功能性，在元件制成之后主要取决于其工作环境。原因在于不同工作环境下，元件材料的基础属性可能是不同的，而在设计元件时相关参数基本固定。这样导致了元件在变化的环境中工作时随着基础属性的改变，其执行特定功能的能力也发生变化，致使元件可靠性发生变化。进一步地，即使是一个简单的、执行单一功能的系统也要由若干元件组成，如果考虑

每个元件随工作环境变化的可靠性变化，那么该系统的随工作环境变化的可靠性变化就相当复杂了。上述事实是存在的，而且不应该被忽略。

据法国宇航防务网站报道披露，F-35 最致命的缺陷是如果燃油超过一定温度，战机将无法运转。该报道称，最早是美国空军网站公布的照片显示一辆外表重新喷涂过的燃料车，其说明了 F-35 战机存在燃料温度阈值，如果燃料温度太高将无法工作。据称将燃料车涂为白色或绿色以反射阳光照射的热量，是美国空军应对 F-35 燃料温度问题的临时解决办法之一。另一种措施是重新规划停车场，保证机场的燃料车能停放在阴凉的地方。上例中在飞机的设计阶段似乎没有考虑飞机在使用过程中的环境因素(比如温度、湿度、气压、使用时间等)对其可靠性的影响，便导致飞机在实际使用过程中故障频出，严重影响了原设计试图实现的功能。所以，如何能在充分考虑使用环境因素的条件下研究系统的可靠性，研究不同环境因素对系统中子系统或元件功能可靠性的影响程度，进而研究整个系统在环境因素变化中的功能适应性就成了亟待解决的问题。

2) 可靠性研究的主要议题是系统如何失效，如何发生故障，什么引起了故障。目前研究成果较多反映故障概率与影响因素之间的关系，且这些关系多数以定量形式的函数表示。另一些则较多反映故障原因与故障本身的因果关系。但主要问题在于故障发生受多因素影响，显性和隐性因素并存，且难以区分因素间的关联性。另外从实际而来的现场故障数据一般数据量较大，且存在数据的冗余和缺失。现有安全系统工程方法难以解决，特别是针对大数据的计算机推理因果分析在安全系统工程领域尚未出现，更无法分析可靠性与影响因素之间的因果关系。

3) 在日常系统使用和维护过程中会形成大量的监测数据，属于大数据量级，如安全检查记录、故障或事故的记录、例行维护记录等。这些数据往往反映了系统在实际情况下的功能运行特征。这些特征一般可表示为在某工作环境下，系统运行参数是多少；或在什么情况下出现了故障或事故。可见这些监测数据不但能反映工作环境因素对系统运行可靠性的影响，而且其数据量较大，可全面分析系统可靠性。所以应研究适应大数据的方法从而将这些故障数据特征融入系统可靠性分析过程和结果中。

4) 基于系统设计阶段的设计行为并不能全面考虑到使用阶段可能遇到的不同环境，所以设计后系统在使用期间会遇到一些问题。特别是航天、深海和地下等方面所使用的系统会遇到极端工作环境。所以单纯在设计角度从系统内部研究整个系统的可靠性是不稳妥的。该问题可概括为系统可靠性结构反向分析问题。即知道系统组成的基本单元可靠性特征和系统所表现出的可靠性特征，如何反推系统内部可靠性结构。当然该内部结构是一个等效结构，可能不是真正的物理结构。

5) 系统中由于物理材料对不同环境的响应不同，环境变化导致材料性质变化，进而导致元件功能可靠性改变。系统由这些元件组成，在受到不同环境影响时系统可靠性也是改变的，这是普遍现象。但从另一角度，环境因素变化是原因，系统或元件可靠性或故障率变化是结果，即故障率随着环境变化而变化。将环境影响作为系统受到的作用，而故障率变化作为系统的一种响应，组成一种关于可靠性的运动系统，进而讨论故障率变化程度和可靠性的稳定性。稳定的可靠性或故障率是系统投入实际使用的重要条件，如果可靠性或故障率变化较大则系统功能无法控制。研究使用运动系统稳定性理论对可靠性系统进行描述和稳定性分析是一个关键问题。

上述问题是当代安全科学的重要研究领域，也是安全科学与信息科学、计算机科学及数学的重要交叉研究方向。本节尝试在空间故障树理论框架内对这些问题进行初步解决。

15.4.2　选题意义

系统可靠性是安全科学与系统科学交叉研究的产物，从日常工矿生产到航空国防领域都要确保系统运行的可靠性，传统可靠性分析方法不能适应大数据和多因素影响分析，难以满足当今智能信息处理和大数据环境要求。当今和未来的系统可靠性分析，应具备智能和大数据处理能力，可分析故障与因素间因果关系，蕴含大数据中的不确定性，分析针对故障的系统可靠性功能结构，并可确定系统可靠性是否稳定。研究可为大数据环境下的系统可靠性分析提供方法，此方法将蕴含逻辑推理、功能结构分析和可靠性稳定性分析。研究对空间故障树、因素空间和云模型的结合及系统可靠性研究有重要的理论意义；在空间故障树框架内应用于实际系统的可靠性研究具有实际意义。

15.4.3　研究内容

本节主要介绍空间故障树理论的发展，围绕着空间故障树的云模型改造、可靠性与影响因素分析、系统可靠性结构分析、可靠性变化特征研究、云模型在系统安全分析中的应用、元件故障维修率确定等几方面展开。涉及理论主要为空间故障树、云模型、因素空间理论、微分方程稳定性、网络拓扑等。主要研究如下。

1) 引入云模型改造空间故障树。以故障概率衡量可靠性，云化空间故障树继承了空间故障树分析多因素影响可靠性的能力，也继承了云模型表示数据不确定性的能力。从而使云化空间故障树适合于实际故障数据的分析处理。提出的云化概念包括：云化特征函数，云化元件和系统故障概率分布，云化元件和系统故障概率分布变化趋势，云化概率和关键重要度分布，云化因素和因素联合重要度分布，云化区域重要度，云化径集集域和割集域，可靠性数据的不确定性分析等。

2) 给出了基于随机变量分解式的可靠性数据表示方法。提出了可分析影响因素和目标因素之间因果逻辑关系的状态吸收法和状态复现法。构建了针对空间故障树中故障数据的因果概念分析方法。根据故障数据特点制定了故障及影响因素的背景关系分析法。根据因素空间中的信息增益法，制定了空间故障树的影响因素降维方法。提出了基于内点定理的故障数据压缩方法,其适合空间故障树的故障概率分布表示,特别是对离散故障数据处理。提出了可控因素和不可控因素的概念,用以调节系统可靠性。

3) 提出基于因素分析法的系统功能结构分析方法,指出因素空间能描述智能科学中的定性认知过程。基于因素建立了系统功能结构分析公理体系,给出定义、逻辑命题和证明过程。提出系统功能结构的极小化法。简述了空间故障树理论中系统结构反向分析法,论述了其中分类推理法与因素空间的功能结构分析的关系。使用系统功能结构分析方法分别对信息完备和不完备情况的系统功能结构进行了研究。

4) 提出作用路径和作用历史的概念。前者描述系统或元件在不同工作状态变化过程中所经历状态的集合,是因素的函数。后者描述经历作用路径过程中可积累状态量,是累积的结果。尝试用运动系统稳定性理论描述可靠性系统的稳定性,将系统划分为功能子系统、容错子系统、阻碍子系统,论述了子系统在可靠性中的作用。根据微分方程解的八种稳定性,解释了其中五种对应的系统可靠性含义。

5) 提出基于包络线的云模型相似度计算方法。适用于安全评价中表示不确定性数据特点的评价信息,对信息进行分析、合并,进而达到化简的目的。为使云模型能方便有效地进行多属性决策,对已有属性圆进行改造,使其适应上述数据特点,并能计算云模型特征参数。提出可考虑不同因素值变化对系统可靠性影响的模糊综合评价方法。利用云模型对专家评价数据的不确定性处理能力,将云模型嵌入层次分析中,对层次分析过程进行云模型改造。对原有 T-S 模糊故障树和贝叶斯网络的可靠性评估方法进行工作环境因素影响下的适应性改造。构建合作博弈-云化层次分析算法,根据专家对施工方式选择的自然思维过程的两个层面,在算法中使用了两次云化层次分析模型。提出了云化网络分析模型及其步骤。

6) 提出空间故障树中元件维修率确定方法,分析系统工作环境因素对元件维修率分布的影响。用 Markov 状态转移链和空间故障树特征函数,推导串联系统和并联系统的元件维修率分布。针对不同类型元件组成的并联、串联和混联系统,实现了元件维修率分布计算并增加了限制条件。用 Markov 状态转移矩阵计算状态转移概率,取极限得到最小值;用维修率公式计算状态转移概率的最大值。通过限定不同元件故障率与维修率比值,将比值归结为同一参数,用转移状态概率求解相关参数方程,得到维修率表达式。

15.4.4　研究方法

在现有空间故障树研究基础上与因素空间理论和云模型相结合,以使空间故障树具有分析故障大数据和智能处理能力。主要包括空间故障树的云模型改造、可靠性与影响因素关系分析、系统可靠性结构分析、可靠性变化特征研究、云模型在系统安全分析中的应用、元件维修率分布确定、空间故障网络。

技术路线如图 15.3 所示。已有研究内容的关系如图 15.4 所示。

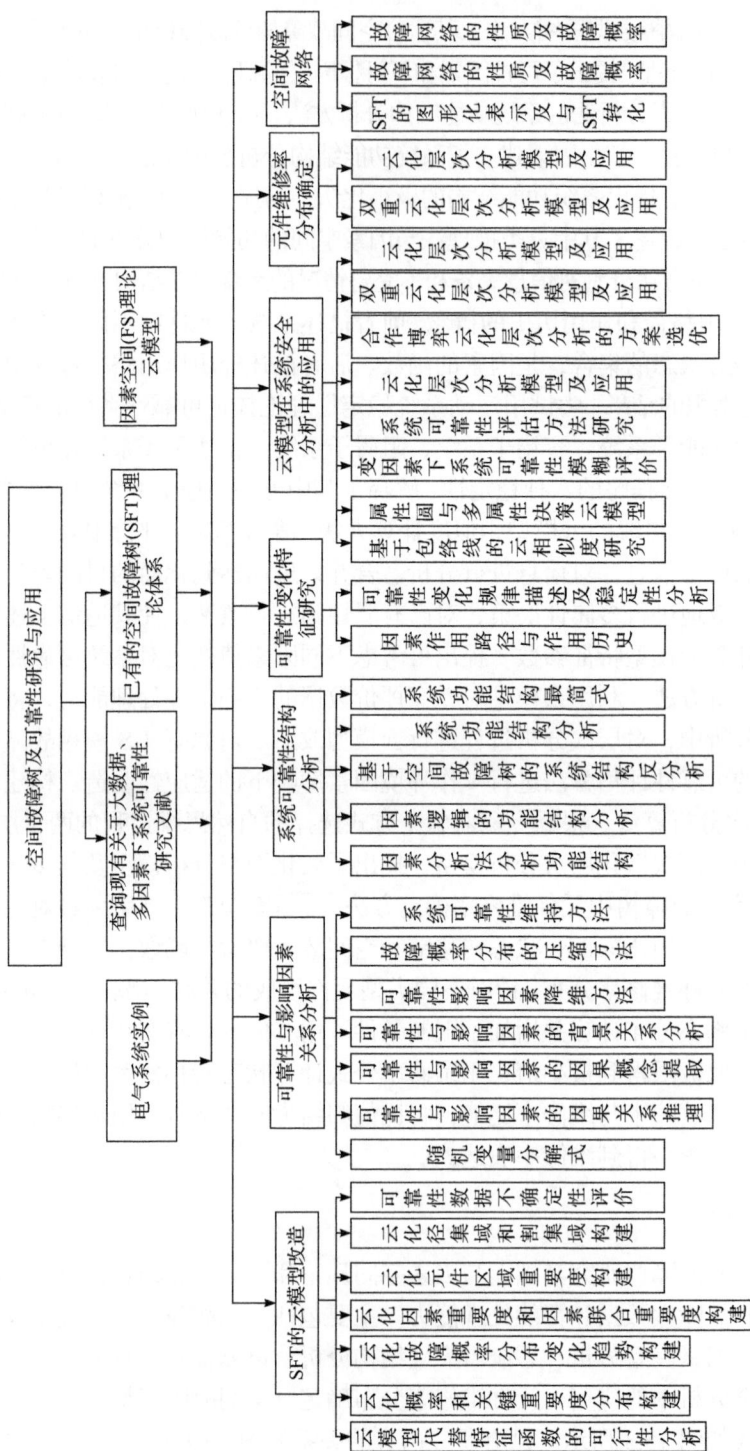

图15.3 技术路线图

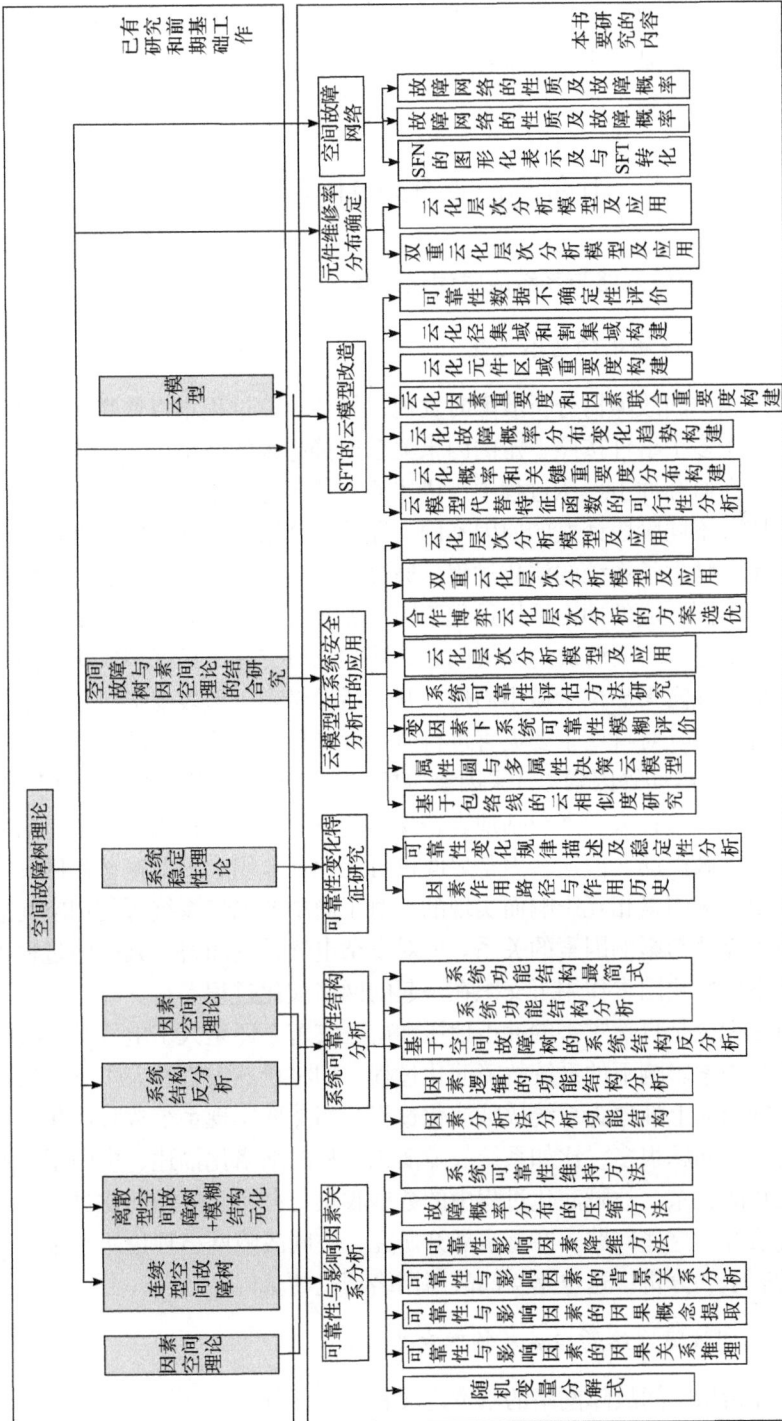

空间故障树理论

已有研究和前期基础工作

本书要研究的内容

因素空间理论

连续型空间故障树

系统结构反演

离散型空间故障树+模糊结构元化

因素空间理论

系统稳定性理论

空间故障树与因素空间理论的结合研究

云模型

空间故障网络
- 故障网络的性质及故障概率
- 故障网络的性质及故障概率
- SFN 的图形化表示及与 SFT 转化

元件维修率分布确定
- 云化层次分析模型及应用
- 双重云化层次分析模型及应用

SFT 的云模型改造
- 可靠性数据不确定性评价
- 云化径集域和割集域构建
- 云化元件区域重要度构建
- 云化因素重要度和因素联合重要度构建
- 云化故障概率分布和变化趋势构建
- 云化概率和相关关键重要度分布构建
- 云模型代替特征函数的可行性分析

云模型在系统安全分析中的应用
- 云化层次分析模型及应用
- 双重云化层次分析模型及应用
- 合作博弈云化层次分析的方案选优
- 云化层次分析模型及应用
- 系统可靠性评估方法研究
- 变因素下系统可靠性模糊评价
- 属性圆与多属性决策云模型
- 基于包络线的云相似度研究

可靠性变化特征研究
- 可靠性变化规律描述及稳定性分析
- 因素作用路径与作用历史分析

系统可靠性结构分析
- 系统功能结构最简式
- 系统功能结构分析
- 基于空间故障树的系统结构反演
- 因素逻辑的功能结构分析
- 因素分析法分析功能结构

可靠性与影响因素关系分析
- 系统可靠性维持方法
- 故障概率分布压缩方法
- 可靠性影响因素降维方法
- 可靠性与影响因素的背景关系分析
- 可靠性与影响因素的因果概念提取
- 可靠性与影响因素的因果关系推理
- 随机变量分解式

图 15.4　已有研究内容的相互关系

综上，本节研究方法是基于空间故障树理论基础，将因素空间和云模型嵌入空间故障树理论基础中，完成相关理论的构建。使用仿真软件实现程序和算法。并对一些实例进行分析，以验证算法的有效性。

15.5　用命题泛逻辑描述系统故障演化过程

15.5.1　空间故障网络与系统故障演化过程

1. 空间故障网络的基本思想

在使用空间故障树分析故障时发现，复杂故障过程难以使用树形结构表示，而更趋近于多个事件按照一定的因果关系连接起来的网络。

例如在研究冲击地压过程中，描述冲击地压过程本身很困难。其过程应分为多个阶段，不同阶段诱发的原因不同，导致的结果也不同。因此冲击地压全过程实际上是一种力学系统的演化过程。通过进一步研究发现深度、岩体结构形式、水环境等不同造成的冲击地压过程不同。那么考虑这些影响因素如何对冲击地压过程进行描述是需要解决的关键问题。同样在研究露天矿区域灾害风险时也遇到类似问题。该露天矿位于城市周边，开采活动带来了地表变形、地下水污染、空气污染等灾害。对这些主要灾害进行研究发现导致这些灾害的因素不同，包括开采、水、火、震动等因素。开采因素包括井工开采和露天开采；水因素包括降水、地表水和地下水；火因素包括地表残煤和地下煤层起火；震动因素包括矿震、机械震动和爆破震动。但这些因素之间也可能相互作用，因此这些矿区灾害的发生过程是由众多因素相互影响而实现的。对于简单的电气系统可使用空间故障树理论分析可靠性与影响因素的关系。但对复杂电气系统而言，其故障过程仍是多个事件在不同影响因素作用下交织在一起的网络演化过程。

可见无论是自然灾害的冲击地压和矿区灾害，还是人工电气系统故障，都可理解为多因素影响下的系统故障演化过程，即将自然灾害和人工系统故障发生过程在系统层面上抽象为系统故障演化过程。当然要实现系统故障演化过程的研究需要解决的问题很多，比如系统故障演化过程的网络化描述、多因素影响与系统故障演化的关系、故障演化过程中的数据收集与分析、故障演化过程网络表示和处理方法等。这些问题正在逐步展开研究。空间故障网络理论用于系统故障演化过程的表示和分析，这也是空间故障网络理论的基础。

2. 空间故障网络的组成及物理意义

首先给出空间故障网络的基本定义和组成部分。

定义 15.5.1(空间故障网络)　由系统故障事件及其逻辑关系组成的网络结构。

用 $W=(X, L, R, H, B)$ 表示，其中 X 为网络中的节点集合(事件)；L 为网络中的连接集合；R 为网络跨度集合；H 为网络宽度集合；B 是布尔代数系统。

定义 15.5.2(节点)　空间故障网络的节点代表故障过程中的事件。节点用 v_i 表示，节点集合 $V=\{v_1, v_2, \cdots, v_I\}$，共有 I 个节点。节点分为三类，一是边缘事件，导致故障的基本事件；二是过程事件，由边缘事件或其他过程事件导致的事件，同时也导致其他过程事件或最终事件；三是最终事件，边缘事件或过程事件导致的事件，但不导致任何其他事件发生。

边缘事件和过程事件可作为原因事件，导致其他事件发生；过程事件和最终事件可作为结果事件。

定义 15.5.3(事件发生概率)　事件发生概率与空间故障树中的定义相同，用特征函数 p_i 表示。

定义 15.5.4(连接)　故障发生过程中事件之间的影响传递。用 l_j 表示，连接集合 $L=\{l_1, l_2, \cdots, l_J\}$，共有 J 个连接。

定义 15.5.5(路径)　从一个事件到另一个事件过程中的多个连接的组合，这些连接具有统一方向，用 e_f 表示，路径集合 $E=\{e_1, e_2, \cdots, e_F\}$，共有 F 个路径。

定义 15.5.6(传递概率)　原因事件可导致结果事件的概率，用 p_j 或 $p_{c\rightarrow r}$ 表示。

定义 15.5.7(跨度)　两个事件之间经过的连接数量，用 r_o 表示，跨度集合 $R=\{r_1, r_2, \cdots, r_O\}$，共有 O 个跨度。

定义 15.5.8(宽度)　一个事件所涉及的所有边缘事件的所有节点的总数，用 b_m 表示，宽度集合 $H=\{b_1, b_2, \cdots, b_M\}$，共有 M 个跨度。

定义 15.5.9(事件逻辑关系)　过程事件和最终事件都包含了引起它们发生的原因事件的逻辑关系。这些逻辑关系包括与、或、非，与故障树的逻辑关系相同，用 $\vee$、$\wedge$、$\neg$ 表示。

从上述定义可知空间故障网络由节点和连接组成。与节点相关的概念包括事件、事件发生概率、宽度。与连接相关的概念包括路径、传递概率、跨度，下面给出它们的物理意义。首先给出车床绞长发伤害事故的经典故障树案例，如图 15.5 所示。

关于事件的物理意义，从图 15.5 可知所有包含文字的图形都表示事件。这些事件的描述有统一规则，都是由一个对象和一种状态组成的。比如车床旋转=车床对象+旋转状态，未戴防护帽=防护帽对象+未戴状态等等。所以故障树本质是描述多个对象在多个状态下的故障发展过程，简单的过程可用树形结构进行表示。

事件发生概率的物理意义表示事件中对象的基本故障特征，该故障特征不依赖于任何外界作用，是对象本身的属性。用空间故障树的元件故障概率分布解释，就是元件由于物理材料性质在不同因素影响下完成功能的能力不同。例如，元件

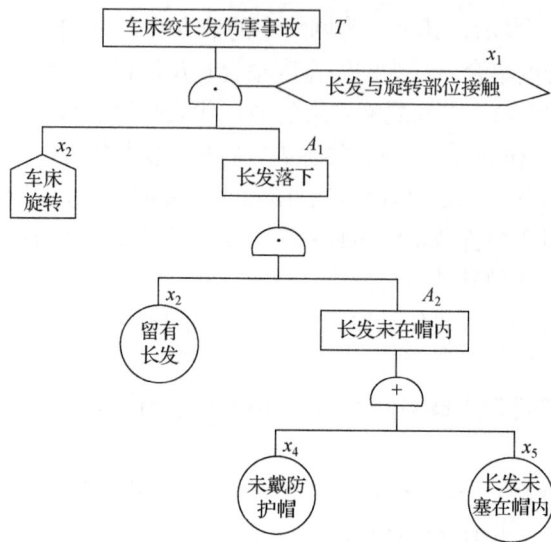

图 15.5　故障树案例

受温度影响，可靠性在适合的温度下较高，在不适合温度下较低；并且元件在使用时间较短时可靠性较高，使用时间较长时可靠性较低。这些是事件中对象自身的性质，而在实际工作过程中总能根据温度和使用时间确定元件故障概率。

宽度的物理意义是描述故障发生过程中涉及的所有边缘事件，表示故障演化过程中原因的复杂性。

路径的物理意义表示在复杂故障网络中，每一种可能造成最终事件发生的单一故障演化过程。这些单一的故障演化过程交织在一起形成系统演化的网络结构。

传递概率的物理意义表示原因事件的存在性及原因事件发生导致结果事件发生的概率。传递概率是一个综合值，是对原因事件存在性和导致结果事件发生可能性的综合度量。传递概率可能是一种多概率的综合值，其确定方法有待进一步研究。但确定的是如果原因事件不存在，传递概率为 0；当存在且必然导致时传递概率为 100%。传递概率与事件发生概率是不相关的，事件发生概率是事件对象本身的故障特性；传递概率表示事件间的因果关系，受到多因素影响作用。

跨度的物理意义表示两个事件之间的联系程度，衡量两个事件之间的可达性。

所以空间故障网络实际上描述了对象、状态及传递概率之间的关系。对象是实体，是故障的承受者；状态是对象的存在形式，是故障的表现；传递概率是对象之间的联系，是故障的因果关系。

3. 空间故障网络转化

考虑对象、状态及传递概率，将空间故障网络转化为空间故障树。目的在于通过一定规则将空间故障网络转化为空间故障树，从而利用空间故障树已有概念和方法研究空间故障网络。当然也可借助图论研究专门的空间故障网络分析方法。这里假设已得到空间故障网络，如图 15.6 所示。研究转化为空间故障树后的最终事件，即空间故障树顶事件发生概率的计算方法。

在得到空间故障网络后转化为空间故障树如图 15.7 所示，其步骤如下。

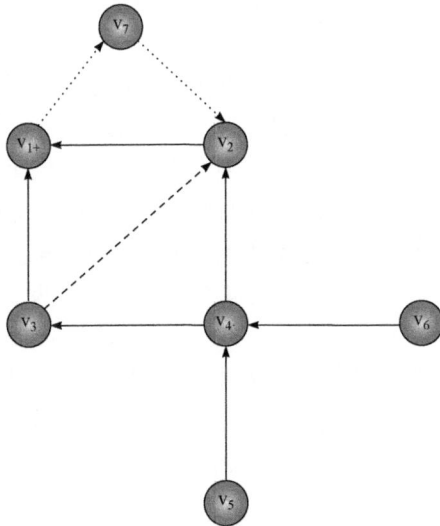

图 15.6　空间故障网络

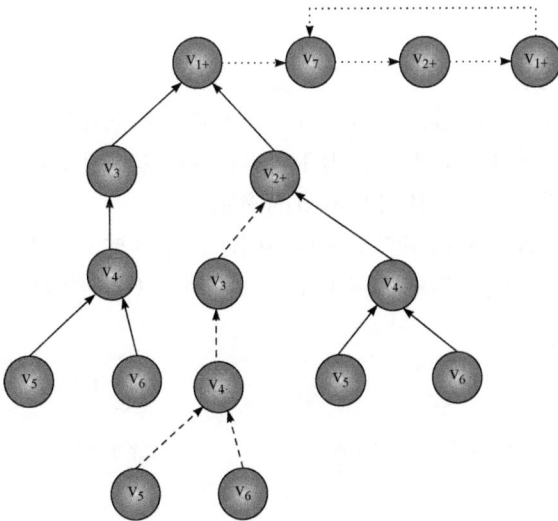

图 15.7　转化后的空间故障树

1) 在空间故障网络中确定需要研究的最终事件，如图 15.6 中 v_1。
2) 从该最终事件开始，沿着连接的反方向，即传递概率的逆方向找到与该事件相关的原因事件。

3) 将找到的原因事件作为最终事件继续按照步骤 2)寻找原因事件。

4) 如果寻找到的原因事件是边缘事件，则停止寻找；否则继续执行步骤 3)。

定义 15.5.10(系统故障演化过程的阶数) 系统故障演化过程的阶数等于相同边缘事件发生概率的最高次数。如一阶故障演化过程的 p_6p_5，二阶故障演化过程的 $p_6^2p_5^2$。

阶数表示了故障演化过程边缘事件的重复发生次数，阶数越高表明需要的相同边缘事件越多，发生的整体概率越小。一阶故障演化过程 $p_6p_5(p_5 \to_4 p_6 \to_4 p_4 \to_3 p_3 \to_1 + p_5 \to_4 p_6 \to_4 p_4 \to_2 p_2 \to_1)$ 的物理意义为故障演化过程由边缘事件 p_6p_5 开始，经过 $p_5 \to_4 p_6 \to_4 p_4 \to_3 p_3 \to_1$ 和 $p_5 \to_4 p_6 \to_4 p_4 \to_2 p_2 \to_1$ 两种演化过程可导致最终事件 v_1 发生。可从这两个演化过程得到 v_1 的跨度和宽度，这里不再详述。二阶故障演化过程 $p_6^2p_5^2(p_5 \to_4^2 p_6 \to_4^2 p_4 \to_3 p_3 \to_1 p_4 \to_2 p_2 \to_1)$ 需要 4 个边缘事件，两个 p_6 和两个 p_5 事件。演化过程为 $p_5 \to_4^2 p_6 \to_4^2 p_4 \to_3 p_3 \to_1 p_4 \to_2 p_2 \to_1$，即 $p_5 \to_4 p_5 \to_4 p_6 \to_4 p_6 \to_4 p_4 \to_3 p_3 \to_1 p_4 \to_2 p_2 \to_1$。可见二阶故障演化过程起始更为困难且发生过程更为复杂。相比之下，对于总系统故障演化过程，一阶故障演化过程起着主导作用，使 v_1 发生概率增加；二阶故障演化过程起次要作用，使 v_1 发生概率减小。

4. 空间故障网络中单向环结构的表示和处理

除了上述两种结构外，在空间故障网络中还有一类特殊结构，即单向环结构。其中所有事件的连接方向一致，组成一种贯穿全部事件的循环路径。在故障演化过程中单向环结构表示互为因果关系、受外界影响较小、一旦发生难以停止的故障演化过程。因此对实际故障发生过程，单向环表示循环上升的故障或灾害发生过程。这种故障和灾害一旦发生，由于各事件和因素相互支持，其规模和严重程度将迅速扩大，难以通过演化过程本身的限制停止。

单向环结构空间故障网络与空间故障树的转化也与上述两种不同。实际上这种结构难以表示为空间故障树。图 15.8 给出四种类型的单向环结构。

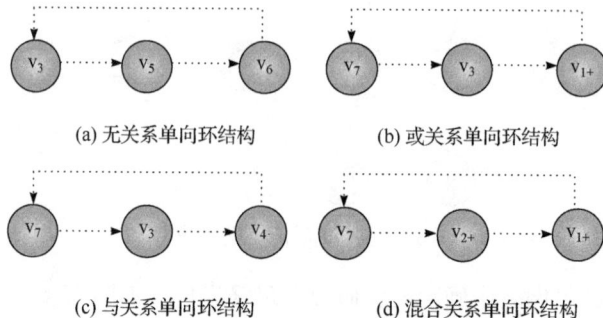

(a) 无关系单向环结构   (b) 或关系单向环结构

(c) 与关系单向环结构   (d) 混合关系单向环结构

图 15.8 单向环结构图

　　无关系单向环结构如图 15.8(a)所示，是最简单的单向环结构。特点是各结果事件有且只有一个原因事件，各原因事件只导致一个结果事件发生。而且事件都是按照同一顺序进行连接的，过程中不需要任何其他事件参与。因此对应的实际故障发生过程一旦发生不会停止。除非其中任意事件的对象消失或对象状态改变或传递概率为 0，这将导致事件或连接消失从而阻断单向环发展。

　　或关系单向环结构如图 15.8(b)所示，环中至少有一个结果事件可由两个或两个以上原因事件独立导致。如图 15.8(b)中 v_{1+}，表示 v_1 事件由 v_3 事件和其他事件通过或关系导致。和无关系单向环结构相比，或关系单向环结构一旦发生控制更为困难。因为该结构可分解为多个无关系单向环的叠加，如图 15.9 所示。

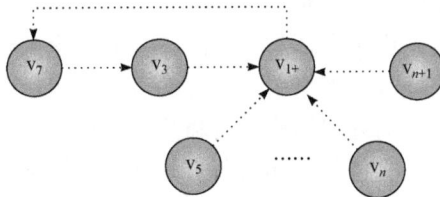

图 15.9　或关系单向环的分解

　　图 15.9 可知由于事件 v_{1+} 有多个原因事件，那么即使消除事件 v_3 或 v_7 与 v_3 的连接或 v_3 与 v_1 的连接，由于 v_5，$\cdots$，v_n，v_{n+1} 的存在，该循环结构仍可继续发生，故障演化过程难以停止。阻止该循环过程发生，可将所有与 v_1 相关的原因事件及它们的连接消除，即消除对象或对象状态改变或传递概率为 0。更简洁的办法是消除包括 v_1、v_7 及它们之间的事件对象或改变对象状态或传递概率为 0，可阻止过程发展。

　　与关系单向环结构如图 15.8(c)所示，环中至少有一个结果事件由两个或两个以上原因事件共同导致。如图 15.8(c)中 v_4，表示 v_4 事件由 v_3 事件和其他事件通过与关系导致。和无关系单向环结构相比，阻止循环较为简单。因为导致 v_4 发生的原因事件较多且必须共同存在。那么只需消除 v_4 的原因事件或在环中其余事件的对象或改变对象状态或传递概率为 0，即可阻止过程发展。

　　混合关系单向环结构如图 15.8(d)所示，环中事件由多个原因事件导致，且它们通过与关系和或关系导致不同的结果事件发生。这是一种兼有与或关系的单向环结构，具备了两种结构的特点，更为复杂。阻止这种结构故障演化过程可混合使用上述两种阻止措施。

5. 相关理论研究

(1) 系统故障演化过程描述
在已有研究基础上继续对空间故障网络进行研究。进一步细化了空间故障网络的组成。将空间故障网络基本要素确定为四项：对象、状态、连接和因素。解释了它们的物理意义，并补充了定义。指出在研究系统故障演化过程时必须先确定这四要素。给出了在空间故障网络内描述系统故障演化过程的两种方法，枚举法和实例法，及其优缺点。对三级往复式压缩机的第一级故障过程进行了描述，并建立了空间故障网络。分析了过程中事件的对象及对象的状态，并根据故障叙述因果关系将事件进行了连接。论述了故障演化过程的机理，在已有研究基础上进一步对故障演化过程进行分类。分为总故障演化过程、目标故障演化过程、同阶故障演化过程、单元故障演化过程。单元故障演化过程又可分为增量故障演化过程和减量故障演化过程。给出了意义并结合这些类别的演化过程论述了演化机理。

(2) 空间故障网络中的单向环

研究了空间故障网络中单向环与空间故障树的转化机制，及最终事件发生概率计算方法。给出了空间故障网络中单向环的意义，相对已有研究给出了更为科学的单向环表示方法。认为环状结构是故障演化过程的叠加，每次循环都产生一定的最终事件发生概率，且每次循环的所有前期循环都是它的条件事件。这与各原因事件导致结果事件发生的与、或关系不同，是一种有序发生并叠加的过程。定义了环状结构及有序关系概念并论述了物理意义。给出了三种基本环状结构的网络表示形式及符号意义。重构了单向环与空间故障树转化方法，为满足转化需要给出了另一种空间故障树形式。虽然该类空间故障树与原本的空间故障树在符号、逻辑关系等方面存在不同，但也可借鉴原有空间故障树的概念和方法。给出了无关系结构、或关系结构、与关系结构转化为空间故障树的形式。为保证转化后事件的逻辑关系，定义了同位符号，包括同位事件和同位连接，说明了性质及作用。给出了事件发生概率计算方法，根据转化后的空间故障树中事件的逻辑关系计算得到了三种形式环状结构中最终事件发生概率计算式。

(3) 全事件诱发的故障演化

研究了全事件诱发的故障演化过程最终事件发生概率计算过程，论述了全事件诱发的故障演化过程含义。全事件指在故障演化过程中，除了最终事件外，边缘事件和过程事件都作为边缘事件，成为故障的发起者。全事件诱发的故障演化过程与一般故障演化过程，是针对故障发起对象而言的两种极限状态。前者故障发起者是边缘事件和过程事件的对象，后者只有边缘事件的对象。前者各参与事件导致最终事件发生是平行关系，后者是递进关系。使用一般故障演化过程和全事件诱发故障演化过程两种方法计算了最终事件发生概率，得到了发生概率的两种极端情况。最小值是一般情况计算得到的，最大值是全事件诱发计算得到的，因此任何可能的最终事件发生概率都在两者之间。给出了单一过程的最终事件发生概率计算式。对网络结构最终事件发生概率进行研究，给出了计算步骤及过程，认为全事件诱发的故障演化过程的最终事件发生概率是边缘事件和过程事件作为边缘事件计算得到的最终事件发生概率的和，并给出了计算式和条件。由于边缘事件及数量、连接数量及各连接传递概率的不同，可对计算进行化简，主要考虑低阶且连接少的单元故障演化过程进行故障概率的求和计算。

(4) 事件重复性及时间特征

研究了事件的重复性，给出了边缘事件重复性的定义。重复性包括两类：一是同一边缘事件在两条路径中，其中之一发生则都发生且性质相同；二是同类事件非同次发生或多个同类事件发生，虽然性质相同但视为不同事件。这两类重复事件对最终事件发生概率的影响不同，因此计算方法也不同。研究了事件的时间性，即故障演化过程的时间特征。演化经历的时间特征用事件和传递的发生时刻和持续时间表示。研究各事件和传递连接的发生时刻及持续时间的重叠情况，进而得到不同与、或关系及两类重复事件情况下的最终事件发生概率计算方法。根据事件的重复性和时间性给出了防止最终事件发生的几类措施。

(5) 空间故障网络的结构化表示

研究演化过程中原因事件、结果事件、因果关系和影响因素的关系。但已有研究都是将空间故障网络根据转化规则转化为空间故障树，再使用空间故障树已有方法进行分析。但空间故障树方法对空间故障网络的网络结构缺乏较好的针对性。为此又提出了空间故障网络的结构化表示方法(Ⅰ和Ⅱ)，借助矩阵表示空间故障网络，有利于计算机智能处理。在结构化表示方法中需要解决多原因事件以不同逻辑关系导致结果事件的情况。因为演化过程中事件的逻辑关系较为复杂，不只存在与、或关系，更存在其他逻辑关系。因此借助作者提出的柔性逻辑处理模式，转化得到事件发生逻辑关系，最终得到演化过程分析式和演化过程计算式，为空间故障网络的结构化表示和计算机智能处理奠定基础。主要进行的工作如下。

1) 提出了一种基于因果结构矩阵的空间故障网络结构化表示分析方法。该方法不同于以往空间故障网络研究方法。空间故障网络不用转化为空间故障树，而是借助矩阵形式表示空间故障网络。因果结构矩阵表示空间故障网络中所有原因事件和所有结果事件的关系。如果两个事件不存在因果关系，则矩阵对应位置为0，如果存在因果关系则为传递概率。基于建立的因果结构矩阵，以一个边缘事件为起点，寻找该边缘事件可能导致的结果事件和最终事件。给出了以不同网络结构(一般网络、多向环网络、单向环网络)和诱发方式(边缘事件、全事件)得到的不同最终事件结构表达式。

2) 结构化表示方法Ⅱ。论述了空间故障网络结构化表示方法Ⅰ的缺点。空间故障网络的结构化表示方法Ⅰ中，没有考虑多个原因事件以不同逻辑关系导致结果事件的情况。因此只能表示单纯的事件发生传递过程。但一般系统故障演化过程都是多原因引起的。所以需要进行事件间逻辑关系表示。在方法Ⅰ基础上提出了结构化表示方法Ⅱ并建立了结构化表示矩阵Ⅱ。主要是在结构化表示矩阵Ⅰ中添加了关系事件。关系事件并不是真正的事件，而是根据原因事件导致结果事件的逻辑关系将原因事件分类。关系事件的存在使得结构化表示矩阵Ⅰ形成了结构化表示矩阵Ⅱ。增加了原因事件及结果事件与关系事件的对应关系，从而能描述多事件以不同逻辑关系导致结果事件的情况。给出了结构化表示矩阵Ⅱ的计算模型及最终事件演化过程分析式，包括一般网络、多向环网络和单向环网络，边缘事件和全事件诱发，及最终事件是否在循环中的多种情况。通过分析得到了最终事件在循环中时的边缘事件诱发最终事件的过程分析式，由于最终事件在循环中，得到的分析式为递归式。

3) 由于空间故障网络需要进行结构化表示和分析。而结构化分析中需要处理原因事件以不同逻辑形式导致结果事件的情况。重点需要解决原因事件与结果事件的全部逻辑关系，及使用事件故障概率分布表示这些逻辑关系的等效方法。主要工作是将柔性逻辑处理模式与事件发生逻辑关系进行等效转化。考虑故障树经典与、或逻辑关系，设柔性逻辑处理模式中与、或关系与系统故障演化过程中与、或关系对应，从而推导了20种逻辑在系统故障演化过程中的表达方式，说明了逻辑关系的使用和计算方法，为得到边缘事件与最终事件的演化过程分析式和演化过程计算式奠定逻辑基础，也为故障演化过程逻辑描述和空间故障网络结构化方法的计算机智能处理奠定基础。

(6) 空间故障网络的事件重要性分析

主要研究内容如下。

1) 边缘事件结构重要度。根据经典故障树基本事件结构重要度含义，建立了空间故障网络中边缘事件的结构重要度概念和方法。根据边缘事件状态，分为二态结构重要度和概率结构重要度。根据网络系统和各最终事件的研究对象不同，可进一步划分为边缘事件网络结构重要度和边缘事件最终事件结构重要度。二态结构重要度认为边缘事件状态只有两个，即0、1，且出现的概率相同为1/2。进而通过一个边缘事件在空间故障网络转化为空间故障树的层次图中分析结构重要度，并给出计算方法。概率结构重要度认为边缘事件概率的变化由多种因素影响，且状态转换概率也是变化的。因此引入事件故障概率分布计算边缘事件结构重要度，得到结果也是由多因素构成的在多维度上的分布。论述了目前几种主要的网络结构分析方法、它们的优缺点及其不适合表示和分析系统故障演化过程的原因。

2) 基于场论的事件重要性。论述了场论中各参数与空间故障网络参数的等效关系。两质点间距离可等效为传递概率的倒数，传递概率越大说明距离越短。衡量质点规模，根据事件角色不同可用事件的入度和出度来衡量。提出了基于角色的事件重要度相关概念和方法。为从事件角色研究事件重要性给出了一系列定义和方法，包括事件的入度、出度、入出度、传递概率、入度势、出度势、入出度势、综合入度势、综合出度势、综合入出度势及其对应的集合。综合入度势、综合出度势和综合入出度势是最终结果，并考虑了连接的不同逻辑关系。对简单的系统故障演化过程得到的空间故障网络进行分析，得到了所有事件分别作为原因事件、结果事件和两者兼备时的事件重要度排序。这些排序差别较大，可用来确定不同角色下各事件重要性，为系统故障演化过程的原因预防和结果预测提供基本方法。

(7) 空间故障网络的故障模式分析

主要研究内容如下。

1) 基于空间故障网络的结构化表示方法和随机网络思想，研究了系统故障演化过程中各种故障模式的发生次数和可能性，给出了故障模式的含义和分析意义。基于空间故障网络结构化表示方法和随机网络思想提出了确定故障模式发生可能性的方法及其分析步骤和解释。研究表明在将空间故障网络表示为结构化表示矩阵 II，并确定传递概率的情况下，可得到系统故障演化过程中各故障模式发生的可能性，是一种相对简便易行的方法。

2) 根据系统科学对网络中节点重要性分析思想，配合空间故障网络及其结构表示方法，提出了系统故障演化过程中事件重要性分析方法。该方法可用四个指标衡量事件的重要性，包括致障率、复杂率、重要性和综合重要性。它们分别从故障模式数量变化、故障模式复杂性变化、故障模式数量占比和综合角度研究了抑制某事件对系统故障演化过程和故障模式的影响程度。研究表明各事件致障率和复杂率排序变化较大。重要性与致障率排序相同但意义和数值不同。综合重要性由于复杂率变化较小与重要性排序相同。这些衡量指标可从不同侧面衡量系统故障演化过程中各事件对演化过程的影响。

3) 提出了一种基于空间故障网络研究系统故障演化过程中故障发生潜在可能性的分析方法。方法数据基础为系统运行过程中发生的事件及其逻辑关系，建立背景信息库。在此基础上使用空间故障网络相关方法，分析在某种工况中已发生一些事件情况下，获得系统目标故障事件的潜在发生可能性。建立了分析方法说明了步骤和概念。研究表明在收集了一定的事件发生实例后，可确定一些事件发生后系统发生各类故障的故障模式和这些模式发生的潜在可能性。方法使用关系数据库形式存储故障数据，适合计算机智能分析处理，可为故障数据的智能分析提供有效方法。

4) 研究了最终事件故障概率分布。研究对象分为单元故障演化过程和全事件诱发+最终事件过程两种。单元故障演化过程是从边缘事件出发到最终事件的过程，是最终事件故障概率分布的最小值。全事件诱发+最终事件过程将边缘事件、过程事件和最终事件自身都作为最终事件发生的原因，因此得到的最终事件故障概率分布是最大值。分析方法分为比较形式方法和继承形式方法。比较形式方法同时考虑原因事件和传递概率，与结果事件概率的比较关系，确定最终事件故障概率分布。继承形式方法以原因事件和传递概率作为条件，确定结果事件概率进而确定最终事件故障概率分布。故障概率分布处理方式分为最大值法和平均值法。最大值法适合于故障模式中多个事件同时存在的情况；平均值法适合于多个事件之一存在的情况。总结了单元故障演化过程、全事件诱发和最终事件过程、比较法和继承法、最大值法和平均值法的使用特征，得到各种最终事件故障概率分布特征显著程度。

15.5.2　量子博弈的故障状态表示和过程分析

（1）系统故障演化过程是描述系统发生故障过程中一系列事件、逻辑关系和影响因素的方法

系统故障演化过程具有网络拓扑结构，当结构固定后系统故障状态的变化就取决于各事件的故障状态变化。系统故障演化过程中所有事件的故障状态变化都源于最基本的边缘事件，没有任何事件导致它们发生。因此如何描述这些边缘事件与系统故障的关系成为关键问题。面对的另一个问题是当不知道边缘事件故障状态或发生概率情况下如何分析系统的故障状态和发生概率，这对系统故障演化过程的分析极其重要。很明显，已有研究针对特定领域的效果很好，但缺乏系统层面的行之有效的分析方法。而且这些方法在不知道基本故障情况下难以分析系统故障情况和概率，更不能在考虑系统使用和操作者双方行为交织的条件下研究上述问题。

（2）作者认为上述问题可以在空间故障网络基础上，通过量子博弈理论研究解决

量子理论可在未知基本故障情况下分析系统故障情况和概率；博弈则可研究使用和操作者双方行为对系统的作用；而空间故障网络则可构建系统故障演化过程中事件之间的逻辑关系网络。最终研究可得到最终事件状态形式及发生概率的量子博弈表示形式。相关理论研究如下。

1）系统故障预防成本模型研究。主要基于不平衡报价模型和空间故障网络提出了系统故障预防成本模型。论述了不平衡报价模型和空间故障网络结合的可行性。将不平衡报价模型用于系统故障预防措施成本分析，了解系统故障演化过程中存在的各种故障发展过程、起因及逻辑关系。空间故障网络可分析系统故障演化过程中各事件之间的逻辑关系，因此可在系统故障演化过程的空间故障网络基础上应用不平衡报价模型建立系统故障预防成本模型。构建了系统故障预防成本模型，给出了迭代形式表示空间故障网络不同层次中各事件的预防成本合成逻辑关系和系统故障预防成本的优化形式。实施步骤包括确定系统故障演化过程；建立空间故障网络；得到系统整体故障预防成本表达式；确定系统故障预防措施成

本模型参数；参数代入并化简；确定各项取值范围并逐层迭代；得到系统故障预防成本的优化形式并确定最值。

2) 单一事件故障状态量子博弈模型。研究了系统故障演化过程中一个事件故障状态的量子博弈模型。设定了影响单一事件故障状态的参与者(管理者和操作者)及他们采取的行为(安全行为和不安全行为)。认为一般情况下，对于事件故障状态而言，参与者收益为非对称博弈。将参与者行为对事件故障状态的影响转化为量子博弈过程。使用因子分解法确定了初始状态，得到在博弈过程中的管理者和操作者的混合策略期望收益。管理者采取安全行为同时操作者采取不安全行为时对双方收益的影响最大；操作者选择安全行为的概率越大，对管理者越有利；管理者选择安全行为的概率越大，对操作者越有利。确定了管理者和操作者的策略概率。对得到的管理者和操作者期望收益求偏导，求解得到双方采取安全和不安全行为的概率，最终得到双方采取混合策略时他们的期望收益。该混合策略是纳什均衡非博弈演化稳定，但这不影响单一事件故障状态量子博弈模型应用于基于空间故障网络的系统故障状态量子博弈分析。

3) 事件故障状态的量子纠缠态博弈研究。研究了在系统故障演化过程中单一事件的量子纠缠态博弈表示方法，并最终得到了参与者收益均衡时，实施安全及不安全行为的概率。研究了单一事件故障状态与量子纠缠态的关系。认为管理者和操作者没有信息联系时自主采取策略对事件施加安全措施或不安全措施行为，是量子非纠缠态博弈。管理者和操作者在有信息联系时对应采取策略对事件施加安全措施或不安全措施行为，是量子纠缠态博弈。使用量子博弈的密度矩阵表示事件故障状态。考虑到参与者、行为和实施概率，初始状态密度矩阵有 8 种，其中 6 种为非纠缠态，2 种为纠缠态。并针对后 2 种情况建立了一次博弈后的事件故障状态量子博弈密度矩阵。研究了参与者的量子收益，并确定了参与者实施行为的概率。收益与个体状态收益、采取安全措施行为的概率及纠缠状态参数有关；行为概率受到行为后收益的限制，及管理者和操作者行为选择时的纠缠态限制。管理者和操作者都会通过一些渠道了解对方的行为策略，当达到两者收益均衡时，即可确定两者采取各种行为的概率。

4) 事件故障状态量子博弈过程。研究了事件故障状态量子博弈的参与者收益问题，及事件故障状态与量子博弈的关系。影响关系的因素包括管理者和操作者采取安全和不安全行为对量子博弈的影响，以及安全产出系数、安全收益分配系数、安全措施成本系数对收益函数的影响。讨论了参与者双方采取不同行为收益的变化情况。研究了纠缠与非纠缠态的参与者收益，纠缠表示管理者和操作者之间存在信息联系。研究了初始状态为安全状态下的博弈过程。确定了管理者和操作者在纠缠与非纠缠态的收益函数，研究了参与者收益受到各因素影响的特征。使用空间故障树理论基础的方法进行研究，提出了针对收益的因素重要度、因素联合重要度、收益风险区和安全区、因素区域重要度。理论上空间故障树的思想和方法都可用于量子博弈参与者收益问题的分析，也进一步论述了使用因素空间理论解决问题的可能性。

15.5.3　结合集对分析的故障模式识别与特征分析

系统故障的感知、分析、识别和预防是安全科学领域的重要工作。已得到的系统故障模式可作为制定预防和治理措施的基础。这类似于应急预案和事故处理程序的编制。在已知系统故障的前提下制定有针对性的措施。但由于认知和技术限制，只能对已发现的主要问题制定预防和治理措施。将有限的系统故障作为故障标准模式，将新出现的故障样本模式与其对比，进而识别故障样本模式。以此方式才能在有限措施情况下应对众多系统故障情况。那么如何对系统故障进行模式识别成为关键问题。

关于系统故障识别的研究较多，这些研究在各自领域都有良好的效果，但在另一些领域则缺乏通用性。研究系统故障识别需要面对一些问题，包括系统故障标准模式的建立、故障样本模式的采集、标准模式与样本模式的关系表达、模式识别的确定性和不确定性、多因素影响故障模式的表示等都成为故障模式识别必须解决的问题。因此作者将集对分析的联系数与空间故障树的特征函数相结合对系统故障模式进行识别。前者表示识别的确定性与不确定性，后者表示多因素影响和故障数据统计。最终完成系统故障样本模式识别。

1. 联系数与特征函数

联系数是集对分析理论的核心，集对分析是由我国数学家赵克勤教授在1989年提出的，是通过联系数学解决事物间确定性和不确定性问题的理论方法。联系数可表示为 $\mu=a+bi$ 的二元联系数形式。a 和 b 分别表示联系的确定性和不确定性，即确定性分量和不确定性分量，i 为不确定性取值系数。三元联系数可表示为 $\mu=a+bi+cj$，这时 a、b 和 c 分别表示同异反分量，因此三元联系数表示同异反关系。进一步地，多元联系数的同分量和反分量不变，而对异分量进行更高阶的拆分。例如系统安全评价时，安全与不安全代表同和反，而他们之间的较安全、一般安全、较不安全等分类就是对异分量的拆分，这可形成一个五元联系数。

可通过联系数表示故障标准模式与故障样本模式之间的联系度。如果使用三元联系数表示，则需要确定 a、b、c、i 和 j 的具体值。比较两种模式在不同因素影响情况下的相同性、相异性和相反性，最直接的方法是将两种模式转化成函数，以对应变量的函数值差的形式表征两者关系：值差较小时为同，值差较大时为反，中间过渡为异。

因此需要确定不同因素变化时导致系统故障发生的变化关系。作者提出的空间故障树的特征函数可表示这种变化，原特征函数用于表示影响系统故障的因素变化与系统故障概率变化的关系。其基本思想是拟合函数和构造方法，例如拟合法、因素投影拟合法、模糊结构元、云模型等方法。同样将系统故障概率改为单位时间内系统故障次数，建立关于因素变化与故障次数变化关系的特征函数，得到代表故障标准模式的特征函数和故障样本模式的特征函数。对这两个函数进行同异反关系分析，即可得到联系数中各参数的具体数值，计算后得到联系度。对不同因素进行上述分析，得到各因素影响下的识别度。最终识别故障样本模式与故障标准模式的隶属程度完成故障样本识别。

可见使用集对分析联系数可表示识别的确定性和不确定性，使用空间故障树的特征函数可计算多因素影响下联系度的各参数，各因素影响下的联系度可最终确定识别度。因此两种理论的结合是可行且合理的。

2. 相关理论研究

(1) 多因素集对分析的系统故障模式识别方法

使用集对分析联系数并结合空间故障树的故障分布来识别故障样本模式与故障标准模式关系。建立了多因素影响下的系统故障识别方法，首先根据背景材料建立故障模式识别系统；分析故障样本模式与故障标准模式的关系；确定关系联系度的各系数值，通过故障分布统计确定计算联系度及识别度；最终确定故障样本模式与故障标准模式的归属关系，完成故障样本识别。研究一个电气系统，主要故障原因为漏电和短路，相关因素为温度、湿度和气压。已具有两个故障标准模式，并获得三个故障样本模式。经过分析得到故障样本模式的联系度和识别度，结果表明故障样本模式属于故障标准模式时识别是成功的。该方法的优点包括将因素分为直接因素和背景因素；通过联系度确定关系，联系度系数通过故障在故障空间中的分布确定；联系数可表示系统故障发生的确定性和不确定性。

(2) 多因素和联系度的动态故障模式识别方法

从系统故障标准模式和故障样本模式的变化角度来识别它们的相关性，进而完成故障模式识别。研究了动态故障模式识别方法的可行性，认为基于故障模式在不同因素影响下故障数量变化的识别方法更有可能得到有效的识别结果。可避免由于时间积累等原因造成的故障数量累计差别过大导致的识别错误。给出了两种情况下的动态故障模式识别方法。在多种因素影响下，以单一因素对故障数量的影响为基础借助特征函数研究样本模式识别；以多因素联合作用下对故障数量的影响为基础借助故障分布研究样本模式识别。通过两种方法计算关联度和识别度，最终根据故障标准模式识别故障样本模式。

(3) 联系数和属性多边形的系统故障模式识别

利用集对分析的联系数和空间故障树的特征函数及属性多边形对系统故障样

本模式进行识别。论述了集对分析联系数与空间故障网络相结合的可能性，同时重点论述了属性多边形的构造方法和基本性质。构建了多因素影响下的故障模式识别方法，根据系统故障背景建立故障模式识别系统，构造特征函数；统计各因素单独影响下两模式的同异反状态数量；计算单因素的故障模式联系度；确定因素权重；确定属性多边形结构；计算同异反分量面积；计算多因素的故障模式联系度；识别系统故障样本模式。分析过程可总结为两次联系度的计算，第一次为确定单因素下的故障模式联系度，利用特征函数表示故障数据进而计算联系数系数；第二次确定多因素联合影响的故障模式联系度，利用属性多边形的同异反分量面积计算联系数系数。最终确定适合的联系度进行识别。以简单的电气系统为例对方法流程进行说明，实施了两阶段的联系数计算。通过详细的计算过程得到了系统故障样本模式与故障标准模式的关联程度，最终根据最大原则对故障样本模式进行了识别。

(4) 集对分析的空间故障树特征函数重构及性质

利用集对分析的联系数重构了空间故障树特征函数，为使用集对分析思想研究系统功能状态及建立适应的空间故障树理论奠定基础。研究了集对分析思想与系统功能状态的关系，认为两者是同构的，集对分析可用于系统功能状态的研究。二元联系数表示系统的确定和不确定功能状态关系；三元联系数表示系统可靠、不确定和失效的功能状态关系。建立了基于联系数的特征函数。使用三元联系数重构了空间故障树特征函数，并得到了元件故障概率分布的联系数表示及系统故障概率分布的联系数表示。研究了特征函数的性质与基本运算，包括联系数特征函数、元件故障概率分布和系统故障概率分布的一些性质。联系数特征函数的各种运算可参照集对分析中三元联系数的运算方法和法则。

(5) 系统功能状态的确定性与不确定性表示方法

系统功能状态至少可分为确定和不确定状态，它们组成了整个状态空间，对立但能相互转化。考虑到论域中有些对象状态难以确定，也可将系统功能状态分为可靠状态、不确定状态和失效状态。利用集对分析中的联系数可描述系统功能状态的上述两种叠加形式。确定和不确定状态对应二元联系数；可靠、不确定和失效状态对应三元联系数，并得到系统功能状态表达式。利用量子状态表示了多功能设定的系统功能状态表达式。以两功能设定且都存在确定和不确定状态为例，对应于两量子状态叠加形式。利用两量子状态叠加的经典表达式，使用二元联系数确定各状态概率，进而确定两功能设定的系统功能状态表达式。

15.5.4　量子方法与系统安全分析

任何存在的事物都是系统，大体上可分为自然系统和人工系统。前者不受人存在的影响，是天然的存在；而后者则是以人的意识和目的为中心建立起来的完成预定功能的有机整体。就人工系统而言，其建立必将消耗人力、财力和物力等资源。因此人工系统是否存在取决于资源消耗与系统功能的平衡性。系统必须在规定的时间内、规定的条件下完成预定功能，称为系统的可靠性，保持可靠性的状态称为可靠状态。与可靠性对应则是系统的失效性及失效状态。任何一次对系统功能状态的测量都可确定地得到系统状态，或可靠状态或失效状态。系统状态是在这两种状态间的转化，且只有这两种状态。系统功能状态是评价系统存在意义的核心，必须采取措施使系统保持可靠状态，远离失效状态。采取措施的前提是获得系统当前功能状态。另外一种更为特别的情况，如果系统功能通过一定加密通信控制，且存在于敌方控制下，那么必将受到敌方对系统功能的各种干扰。这时系统必须分辨敌我双方信号，保障我方对系统功能的要求。因此对系统功能状态控制进而保持系统可靠状态成为研究系统安全的重点内容。

系统可靠性、失效性及系统状态控制相结合的研究在相关领域取得了重要进展，但系统的可靠状态和失效状态独具特点。首先系统功能状态是二态的；是对立且能相互转化的；组成了系统功能状态空间的全集。控制系统功能状态需要我方了解系统当前状态，在任何状态下都能保持系统可靠状态；同时禁止敌方了解系统初始状态、当前状态和我方控制行为。针对这些问题，为保障系统可靠状态避免失效状态，提出了系统功能状态的量子博弈策略。研究涉及安全系统工程、系统可靠性、量子叠加、量子通信和博弈等相关基础知识，请读者自行了解。

1. 利用量子叠加及纠缠描述系统功能状态

系统功能状态具有二态性，即可靠状态和失效状态，它们可相互转化，对立互不相容，同时组成了系统功能状态空间的全集。更为重要的是，在未知初始系统功能状态或未测量时该状态是可靠状态和失效状态的叠加，这在系统科学中是常见的，也是安全科学基础理论内容，这里不再详述。本节主要论述使用量子叠加和纠缠描述系统功能状态的可行性。

量子叠加，即为量子态的叠加，源于微观粒子的波粒二象性的波动相干性。光粒子既存在粒子性又存在波动性，是将多个量子状态同时体现在一个量子上的现象。目前一般通过光子的两种线偏振态或椭圆偏振态，磁场中原子核相反自旋，二能级原子、分子或离子来表示。两种量子态都表现在同一个量子上，这说明量子具有二态性，它们对立、相互转化构成了量子态空间；在未测量状态下量子态是二态叠加，该二态是正交的量子基态，在量子态空间中可表示无穷种量子叠加态。该性质与系统功能状态的性质完全相同，为使用量子态描述系统功能状态提供了性质上的保障。

量子纠缠状态指两个或多个量子系统之间的非定域、非经典的关联，是量子系统内各子系统或各自由度之间的关联性质，例如多个微观粒子因微观观察特性交织在一起的现象。量子纠缠体现了多个量子发生关系时表现出的多个量子态相互干扰的情况。对应于系统，其表示了系统与子系统、子系统与子系统、基本元件与基本元件的作用关系。就系统功能状态而言，则是系统可靠状态和失效状态的关系。这为使用量子态描述系统功能状态提供了行为关系上的保障。

所提方法是可靠性理论与量子力学的少有结合。主要研究单一系统功能变化的特征，因此使用量子叠加特性描述系统功能状态。而量子纠缠解决的问题更为高级，是系统之间及系统内部子系统之间的功能状态作用。因此首先研究量子叠加描述系统功能状态，当然系统本身可靠状态和失效状态是纠缠的。

2. 相关理论研究

(1) 双链量子遗传算法的系统故障概率分布确定

主要提出了基于双链量子遗传算法确定系统故障概率分布的步骤和过程。讨论了使用双链量子遗传算法确定系统故障概率分布的可行性，给出了步骤和过程，包括确定系统结构及元件、各元件故障概率变化与各因素的关系、元件故障概率空间分布、系统结构、划分系统故障概率分布、各区域故障概率的最大值和最小值、不同区域的系统故障概率变化。研究结果表明，与已有精确分布相比，所得分布展示了大部分故障概率变化特征，同时减少了计算的难度和复杂度，可以列表形式提供不同因素条件下系统的故障概率变化范围，适合现场对精度要求不高的故障概率分析。

(2) 基于有界量子演化算法的系统故障概率变化范围研究

主要研究了多因素影响下系统故障概率变化范围的表示和确定方法。论述了有界量子演化算法的基本原理，确定了系统故障在多因素作用下的概率分布表达式。使用有界量子演化算法将系统故障变化范围的确定转化为概率分布表达式最大值和最小值的优化问题。给出了用于该问题分析的染色体编码、解空间变换、染色体更新和变异方式。基于空间故障树，有界量子演化算法得到的多因素变化范围内的系统故障概率变化范围，与通过解析方式得到的结果相近。同时有界量子演化算法所得结果更适合多因素时的系统故障概率变化范围展示，在保证与解析结果近似的同时降低了计算复杂度。

(3) 基于量子粒子群的系统故障概率变化范围研究

根据需要修改了量子粒子群优化算法，并论述了多因素影响的系统故障概率表达方法，即系统故障概率分布。基于量子粒子群和空间故障树理论，提出了多因素影响下的系统故障概率变化程度确定方法。可确定单因素和多因素影响下的系统故障概率变化程度范围，给出了变化程度表达式和程度范围计算模型。由于量子粒子群和特征函数间断点的限制，只能将各因素变化总域按照间断点进行划分，在连续空间中使用该方法。研究表明虽然降低了精确性，但各域所得概率变化程度与解析结果近似，算法的复杂度降低且分析速度提高，适合系统故障的应急分析、预测和判断。

15.5.5　柔性逻辑及量子力学与系统故障演化过程

系统发生故障不是一蹴而就的，而是一种演化过程。宏观上该演化是按照一定方向发展的，而微观上则是按照事件间因果关系进行的。系统故障演化过程是非常复杂的动态过程，受到系统内外因素影响，这些导致了演化过程中事件、演化进程、事件间逻辑关系等发生变化。因此对系统故障演化过程的研究必须聚焦于演化经历的事件、影响的因素和事件间的逻辑关系。但对实际系统而言，不进行实际使用、测量和统计评价，难以得到系统故障演化的最终结果，即发生何种故障、发生故障的概率都难以确定。更通常的是，在系统设计或是运行期间都可能需要分析系统故障状态、模式和可能性，而在未进行实际测量前这些状态、模式和可能性都是并存的，它们的共同作用形成了系统某时刻的功能状态。而测量系统运行情况后才能得到系统可靠或失效的功能状态，这时系统功能状态不再是众多状态的叠加，而是塌缩成稳定且确定的状态。上述过程类似于量子态、量子态叠加和塌缩过程。另外，单一量子态由两种极化态表示，而一般的量子态则是这两种极化态的线性组合；在系统故障演化过程中，原因事件导致结果事件的逻辑关系可能是多种逻辑关系的叠加，而一种逻辑关系也具备两种极化态，即完全符合该逻辑关系和完全不符合该逻辑关系，而实际情况可能是在这两个极化态之间的逻辑状态。进一步地，原因事件导致结果事件发生的逻辑关系可能有很多种，不同逻辑关系表现出的程度不同，需要多种逻辑关系的各自两极化态间状态的叠加。那么上述问题可总结为在系统故障演化过程中，原因事件以多种逻辑关系导致结果事件发生，如何表达和研究这些逻辑关系共同作用的叠加态，即通过单一表达式表达这些状态的叠加，从而确定结果事件发生概率及蕴含的逻辑关系是关键问题。

1. 量子叠加特征和量子叠加态

经典信息存储单元为比特(bit)，其基本特征是只能表示 0 和 1 两种状态且互斥。1 个比特位可同时表示 2 种状态中的 1 个；2 个比特位可同时表示 4 种状态中的 1 个；3 个比特位可同时表示 8 种状态中的 1 个；以此类推，n 个比特位可表示 2^n 种状态中的 1 个。因此不论比特位有多少个，只能同时表示一种状态且是确定的。

与经典比特不同，1 个量子比特状态是 1 个二维复数向量。利用布洛赫球表示法，量子态的 2 个极化态分别为 $|0\rangle$ 和 $|1\rangle$，分别对应于经典比特的 0 和 1 状态。一般地，量子比特存在于二维复数空间中对应于经典比特 0 和 1 之间的状态，量子比特可用量子叠加态表示，即 $|0\rangle$ 和 $|1\rangle$ 极化态的线性组合方式表示，其是连续的、随机的、任意的，更为重要的是可同时表示 $|0\rangle$ 和 $|1\rangle$ 构成量子态的全部状态。

这时 1 量子比特位可同时表示 2 种状态；2 量子比特位同时表示 4 种状态；3 量子比特位同时表示 8 种状态；以此类推，n 量子比特位可同时表示 2^n 种状态。如表示 0 到 15 的所有 16 个整数需要 4×16 个比特位，而量子比特位只需要 4 位。因此表示相同信息时，量子比特位与传统比特位数量比为 $n : (n \times 2^n) = 1 : 2^n$，可见量子比特位较传统比特位对多状态信息表示的优势。一般情况下量子态是在 $|0\rangle$ 和 $|1\rangle$ 状态的线性组合基础上表示的，如式(15-1)所示：

$$|\mu\rangle = \alpha_0 |0\rangle + \alpha_1 |1\rangle \tag{15-1}$$

其中，α_0 和 α_1 是任意复数，分别代表两种状态的概率幅，且 $\alpha_0^2 + \alpha_1^2 = 1$(塌缩概率)。

式(15-1)给出了单量子态的表示方法，更为详尽的说明参见布洛赫球表示法，这里不做详述。式(15-1)由三个要素组成，$|\mu\rangle$ 代表量子态或量子叠加态；α_0 和 α_1 分别代表 $|0\rangle$ 和 $|1\rangle$ 出现的概率幅；$|0\rangle$ 和 $|1\rangle$ 代表量子的极化态。那么多量子态叠加后的系统量子态表达也可从这三个方面确定。首先 2 量子态 $|\mu_1\rangle$ 和 $|\mu_2\rangle$ 表示为叠加态 $|\mu_1\mu_2\rangle$，则 $|\mu_1\mu_2\rangle = \alpha_{00} |00\rangle + \alpha_{01} |01\rangle + \alpha_{10} |10\rangle + \alpha_{11} |11\rangle$；$|00\rangle$ 表示 2 量子态均极化为 0 的状态，$|01\rangle$ 表示 $|\mu_1\rangle$ 极化为 0 且 $|\mu_2\rangle$ 极化为 1 的状态，$|10\rangle$ 表示 $|\mu_1\rangle$ 极化为 1 且 $|\mu_2\rangle$ 极化为 2 的状态，$|11\rangle$ 表示两量子态均极化为 1 的状态；α_{00}、α_{01}、α_{10} 和 α_{11} 分别为上述 4 个状态的概率幅，4 种状态的出现概率分别为 α_{00}^2、α_{01}^2、α_{10}^2 和 α_{11}^2，且满足 $\alpha_{00}^2 + \alpha_{01}^2 + \alpha_{10}^2 + \alpha_{11}^2 = 1$。

3 量子态 $|\mu_1\rangle$、$|\mu_2\rangle$ 和 $|\mu_3\rangle$ 的叠加表示为 $|\mu_1\mu_2\mu_3\rangle$，则 $|\mu_1\mu_2\mu_3\rangle = \alpha_{000} |000\rangle + \alpha_{010} |010\rangle + \alpha_{100} |100\rangle + \alpha_{110} |110\rangle + \alpha_{001} |001\rangle + \alpha_{011} |011\rangle + \alpha_{101} |101\rangle + \alpha_{111} |111\rangle$；同理 $|000\rangle$ 表示 3 量子态均极化为 0 的状态，$|010\rangle$ 表示 $|\mu_1\rangle$ 极化为 0 且 $|\mu_2\rangle$ 极化为 1 且 $|\mu_3\rangle$ 极化为 0 的状态；以此类推，α_{000}、α_{010}、α_{100}、α_{110}、α_{001}、α_{011}、α_{101} 和 α_{111} 分别为上述 8 个状态的概率幅，8 种状态的出现概率分别为 α_{000}^2、α_{010}^2、α_{100}^2、α_{110}^2、α_{001}^2、α_{011}^2、α_{101}^2 和 α_{111}^2，且满足

$$\alpha_{000}^2 + \alpha_{010}^2 + \alpha_{100}^2 + \alpha_{110}^2 + \alpha_{001}^2 + \alpha_{011}^2 + \alpha_{101}^2 + \alpha_{111}^2 = 1$$

同理 4 状态 $|\mu_1\rangle$、$|\mu_2\rangle$、$|\mu_3\rangle$ 和 $|\mu_4\rangle$ 的叠加表示为 $|\mu_1\mu_2\mu_3\mu_4\rangle$，则

$$
\begin{aligned}
|\mu_1\mu_2\mu_3\mu_4\rangle = {} & \alpha_{0000} |0000\rangle + \alpha_{0100} |0100\rangle + \alpha_{1000} |1000\rangle + \alpha_{1100} |1100\rangle \\
& + \alpha_{0010} |0010\rangle + \alpha_{0110} |0110\rangle + \alpha_{1010} |1010\rangle + \alpha_{1110} |1110\rangle \\
& + \alpha_{0001} |0001\rangle + \alpha_{0101} |0101\rangle + \alpha_{1001} |1001\rangle + \alpha_{1101} |1101\rangle \\
& + \alpha_{0011} |0011\rangle + \alpha_{0111} |0111\rangle + \alpha_{1011} |1011\rangle + \alpha_{1111} |1111\rangle
\end{aligned}
$$

$|0000\rangle$ 表示 4 量子态均极化为 0 的状态；$|0100\rangle$ 表示 $|\mu_1\rangle$ 极化为 0 且 $|\mu_2\rangle$ 极化为 1 且 $|\mu_3\rangle$ 极化为 0 且 $|\mu_4\rangle$ 极化为 0 的状态；依次类推，$\alpha_{0000} \sim \alpha_{1111}$ 分别为上述

16 个状态的概率幅，16 种状态出现的概率分别为 $\alpha_{0000}^2 \sim \alpha_{1111}^2$，且满足 $\alpha_{0000}^2 + \cdots + \alpha_{1111}^2 = 1$。

对于更多量子态的叠加可依据上述过程扩展，由于研究的柔性逻辑统一表达式所需基本柔性逻辑只有 16 种，因此这里只给出 4 个量子位叠加的量子叠加态表达形式。

2. 柔性逻辑和事件发生逻辑

作者提出的泛逻辑是综合考虑非标准逻辑的逻辑描述体系，综合地描述了模糊逻辑、概率逻辑和有界逻辑之间的联系，是通过相容性相关关系确定的。其提出的命题泛逻辑理论框架结构是一个四维空间$[0,1]^4$，空间中心点 O 代表有界逻辑，当命题真度由连续值退化为二值时即为确定性推理的标准逻辑(刚性逻辑)，在刚性逻辑之外为柔性逻辑。从 O 点延伸的 4 个坐标轴代表 4 种不确定性：命题真度估计误差的不确定性、命题之间广义相关性的不确定性、命题之间相对权重的不确定性、在组合运算中决策阈值的不确定性。从上述 4 个维度出发，这些模式都可用布尔逻辑算子组来描述，也可用 M-P 模型来描述。作者提出了 20 种柔性逻辑关系,结合空间故障网络理论中的事件间逻辑关系给出了对应的 20 种事件发生逻辑关系形式。进一步分析各逻辑关系的作用，其中 $Z=\neg(x\leftrightarrow y)$ 非等价$(P(q_x,q_y)=1-q_x\text{or}q_y)$和 $Z=x\leftrightarrow y$ 等价$(P(q_x,q_y)=q_x\text{or}q_y)$两种情况导致事件作用对称或相等，在分析中难以进一步区分；$Z=\neg(x©^e y)$非组合和$Z=x©^e Y$组合两种情况需要引进条件变量。因此上述 4 种事件发生逻辑关系证实不在统一表达式中考虑，其余16 种事件发生逻辑关系式如表 15.1 所示。

表 15.1　16 种事件发生逻辑关系式

编号	关系模式分类	逻辑描述	事件发生逻辑关系式	叠加态	编号	关系模式分类	逻辑描述	事件发生逻辑关系式	叠加态
1	0=(0,0);0=(0,1); 0=(1,0);0=(1,1)	Z=0 恒假	$L_1(q_x,q_y)\equiv0$	$\lvert0001\rangle$	5	1=(0,0);1=(0,1); 0=(1,0);0=(1,1)	$Z=\neg x$ 非 x	$L_5(q_x,q_y)=1-q_x$	$\lvert1101\rangle$
2	1=(0,0);0=(0,1); 0=(1,0);0=(1,1)	$Z=\neg(x\vee y)$ 非或	$L_2(q_x,q_y)=1-q_x-q_y+q_xq_y$	$\lvert0101\rangle$	6	0=(0,0);0=(0,1); 1=(1,0);0=(1,1)	$Z=\neg(x\rightarrow y)$非蕴含 1	$L_6(q_x,q_y)=q_x-q_xq_y$	$\lvert1011\rangle$
3	1=(0,0);1/2=(0,1); 1/2=(1,0);0=(1,1)	$Z=\neg(x⑧y)$ 非平均	$L_3(q_x,q_y)=1-(q_x/2+q_y/2)$	$\lvert0011\rangle$	7	1=(0,0);0=(0,1); 1=(1,0);0=(1,1)	$Z=\neg y$ 非 y	$L_7(q_x,q_y)=1-q_y$	$\lvert1111\rangle$
4	0=(0,0);1=(0,1); 0=(1,0);0=(1,1)	$Z=\neg(y\rightarrow x)$ 非蕴含 2	$L_4(q_x,q_y)=q_y-q_xq_y$	$\lvert1001\rangle$	8	1=(0,0);1=(0,1); 1=(1,0);0=(1,1)	$Z=\neg(x\wedge y)$ 非与	$L_8(q_x,q_y)=1-q_xq_y$	$\lvert0111\rangle$

续表

编号	关系模式分类	逻辑描述	事件发生逻辑关系式	叠加态	编号	关系模式分类	逻辑描述	事件发生逻辑关系式	叠加态
9	1=(0,0);1=(0,1);1=(1,0);1=(1,1)	$Z=1$ 恒真	$L_9(q_x,q_y)\equiv1$	$\|0000\rangle$	13	0=(0,0);0=(0,1);1=(1,0);1=(1,1)	$Z=x$ 指 x	$L_{13}(q_x,q_y)=q_x$	$\|1100\rangle$
10	0=(0,0);1=(0,1);1=(1,0);1=(1,1)	$Z=x\lor y$ 或	$L_{10}(q_x,q_y)=q_x+q_y-q_xq_y$	$\|0100\rangle$	14	0=(0,0);1=(0,1);0=(1,0);1=(1,1)	$Z=x\to y$ 蕴含 1	$L_{14}(q_x,q_y)=1-q_x+q_xq_y$	$\|1010\rangle$
11	0=(0,0);1/2=(0,1);1/2=(1,0);1=(1,1)	$Z=x\circledR y$ 平均	$L_{12}(q_x,q_y)=q_x/2+q_y/2$	$\|0010\rangle$	15	0=(0,0);1=(0,1);0=(1,0);1=(1,1)	$Z=y$ 指 y	$L_{15}(q_x,q_y)=q_y$	$\|1110\rangle$
12	1=(0,0);0=(0,1);1=(1,0);1=(1,1)	$Z=y\to x$ 蕴含 2	$L_{12}(q_x,q_y)=1-q_y+q_xq_y$	$\|1000\rangle$	16	0=(0,0);0=(0,1);0=(1,0);1=(1,1)	$Z=x\land y$ 与	$L_{16}(q_x,q_y)=q_xq_y$	$\|0110\rangle$

表 15.1 中给出了 16 种事件发生逻辑关系式，这些关系式代表了事件之间在系统故障演化过程中的发生逻辑关系，即原因事件以何种关系导致结果事件，是作者根据各逻辑描述转化得到的。由于任何多元逻辑关系都可表示为二元逻辑关系的叠加，因此表中只给出了两原因事件(x 和 y)导致结果事件的概率表达形式 L，例如两原因事件的发生概率分别为 $q_x=0.1$，$q_y=0.2$，那么根据第 16 种关系，由这两个原因事件导致结果事件的发生概率为 $L_{16}(q_x,q_y)=q_xq_y=0.1\times0.2=0.02$。

进一步分析上述 16 种关系之间存在的联系，表 15.1 中左侧都是逆向关系，对应的右侧都是正向关系，这样对关系进行第一次划分，这两部分的逻辑关系是直接线性相关的。分析右侧 8 种逻辑关系，也可分为两部分，{9,10,12,13}为一组，对应的{11,16,14,15}为另一组，这两组之间存在一定的逻辑对应关系但非线性，进一步划分则逻辑关系不清。根据上述分析将事件发生逻辑表示为多量子态叠加态，设 $\|00\rangle$ 表示 L_9，$\|01\rangle$ 表示 L_{10}，$\|10\rangle$ 表示 L_{12}，$\|11\rangle$ 表示 L_{13}；那么 $\|000\rangle$ 表示 L_9，$\|010\rangle$ 表示 L_{10}，$\|100\rangle$ 表示 L_{12}，$\|110\rangle$ 表示 L_{13}，对应的 $\|001\rangle$ 表示 L_{11}，$\|011\rangle$ 表示 L_{16}，$\|101\rangle$ 表示 L_{14}，$\|111\rangle$ 表示 L_{15}；那么 $\|0000\rangle$ 表示 L_9，$\|0100\rangle$ 表示 L_{10}，$\|1000\rangle$ 表示 L_{12}，$\|1100\rangle$ 表示 L_{13}，$\|0010\rangle$ 表示 L_{11}，$\|0110\rangle$ 表示 L_{16}，$\|1010\rangle$ 表示 L_{14}，$\|1110\rangle$ 表示 L_{15}，对应的 $\|0001\rangle$ 表示 L_1，$\|0101\rangle$ 表示 L_2，$\|1001\rangle$ 表示 L_4，$\|1101\rangle$ 表示 L_5，$\|0011\rangle$ 表示 L_3，$\|0111\rangle$ 表示 L_8，$\|1011\rangle$ 表示 L_6，$\|1111\rangle$ 表示 L_7，表 15.1 列出了所有事件发生逻辑与量子叠加态的对应关系。

3. 事件发生柔性逻辑统一表达式构建

单量子态的 $\|0\rangle$ 和 $\|1\rangle$ 表示两种极化态，即为两种极端形式，对应于事件发生

逻辑的两种极限状态为完全符合逻辑和完全不符合逻辑。如果设 $|\mu\rangle$ 是 L_{16}，那么完全符合 L_{16} 逻辑时 $\alpha_0^2=1$，$\alpha_1^2=0$，$|\mu\rangle=1\times|0\rangle+0\times|1\rangle$；完全不符合 L_{16} 逻辑时 $\alpha_0^2=0$，$\alpha_1^2=1$，$|\mu\rangle=0\times|0\rangle+1\times|1\rangle$。

　　对应于图中 16 种逻辑关系，可统一通过概率幅进行表示，$\alpha_{0000}\sim\alpha_{1111}$ 分别为上述 16 种关系的概率幅，16 种关系的出现概率分别为 $\alpha_{0000}^2\sim\alpha_{1111}^2$，且满足 $\alpha_{0000}^2+\cdots+\alpha_{1111}^2=1$，当 $\alpha_{0000}^2\sim\alpha_{1111}^2$ 大于 0 且值越大时代表对应逻辑关系越明显，当 $\alpha_{0000}^2\sim\alpha_{1111}^2$ 为 0 时表示没有对应逻辑关系，那么 4 量子态叠加的柔性逻辑统一表达式对于两事件而言如下所示：

$$P(q_x,q_y)=\alpha_{0000}^2L_9(q_x,q_y)+\alpha_{0100}^2L_{10}(q_x,q_y)+\alpha_{1000}^2L_{12}(q_x,q_y)+\alpha_{1100}^2L_{13}(q_x,q_y)$$
$$+\alpha_{0010}^2L_{11}(q_x,q_y)+\alpha_{0110}^2L_{16}(q_x,q_y)+\alpha_{1010}^2L_{14}(q_x,q_y)+\alpha_{1110}^2L_{15}(q_x,q_y)$$
$$+\alpha_{0001}^2L_1(q_x,q_y)+\alpha_{0101}^2L_2(q_x,q_y)+\alpha_{1001}^2L_4(q_x,q_y)+\alpha_{1101}^2L_5(q_x,q_y)$$
$$+\alpha_{0011}^2L_3(q_x,q_y)+\alpha_{0111}^2L_8(q_x,q_y)+\alpha_{1011}^2L_6(q_x,q_y)+\alpha_{1111}^2L_7(q_x,q_y) \quad (15\text{-}2)$$

　　由于式(15-2)表达了两原因事件导致结果事件的发生概率，因此 $P(q_x,q_y)$ 必须在[0, 1]范围内。由于 $L_{1\sim16}$ 表示某一逻辑关系的结果，而 q_x 和 q_y 代表了两原因事件的发生概率，因此 $L_{1\sim16}$ 通过 q_x 和 q_y 的逻辑运算后其值必定在[0, 1]区间；又由于 $\alpha_{0000}^2+\cdots+\alpha_{1111}^2=1$，那么由式(15-2)得到的 $P(q_x,q_y)$ 的值必然在[0, 1]区间，因此符合对事件发生概率的定义。进一步，由于表 15.1 中左右两列的逻辑关系相反，左侧事件发生逻辑关系式可用右侧表示，因此事件发生柔性逻辑统一表达式中可去掉概率幅下角标最后一位是 1 的所有项。这不会影响表达式的结果，同时能减少 1 个量子位，因此式(15-2)可改写为

$$P(q_x,q_y)=\alpha_{000}^2L_9(q_x,q_y)+\alpha_{010}^2L_{10}(q_x,q_y)+\alpha_{100}^2L_{12}(q_x,q_y)+\alpha_{110}^2L_{13}(q_x,q_y)$$
$$+\alpha_{001}^2L_{11}(q_x,q_y)+\alpha_{011}^2L_{16}(q_x,q_y)+\alpha_{101}^2L_{14}(q_x,q_y)+\alpha_{111}^2L_{15}(q_x,q_y) \quad (15\text{-}3)$$

　　式(15-3)给出了更为简洁且必要的事件发生柔性逻辑统一表达式,使用 3 量子态叠加的形式即可进行表达。将表 15.1 中对应的事件发生逻辑关系式代入式(15-3)得到最终形式为

$$P(q_x,q_y)=\alpha_{000}^2+\alpha_{010}^2(q_x+q_y-q_xq_y)+\alpha_{100}^2(1-q_y+q_xq_y)+\alpha_{110}^2q_x+\alpha_{001}^2(q_x/2+q_y/2)$$
$$+\alpha_{011}^2q_xq_y+\alpha_{101}^2(1-q_x+q_xq_y)+\alpha_{111}^2q_y \quad (15\text{-}4)$$

　　这时 $\alpha_{000}^2+\alpha_{010}^2+\alpha_{100}^2+\alpha_{110}^2+\alpha_{001}^2+\alpha_{011}^2+\alpha_{101}^2+\alpha_{111}^2=1$。从上述分析可知,对于给定的多种柔性逻辑关系,当考虑两原因事件导致结果事件的逻辑关系,即通过两个原因事件发生概率确定结果事件发生概率时,可使用式(15-4)确定结果事件发生概率。可只考虑其中 8 种关系性较弱的独立逻辑关系进行组合形成事件发生柔性逻辑统一表达式,是 8 种逻辑关系叠加的共存状态。实际上在系统故障演化过

程中，很难完全确定两事件间逻辑关系属于哪一种，多数情况下更偏重于主要属于哪一种或属于哪几种逻辑关系。式(15-4)具有同时表示这 8 种逻辑关系的能力，当然该式只针对两事件作为原因事件导致结果事件的情况；当多原因事件导致结果事件时，可根据任意逻辑关系拆分成两两逻辑关系的性质进行叠加，例如三事件 a、b、c 可表示为 $P_{abc}(q_a, P_{bc}(q_b, q_c))$ 的形式进行计算。另两个要面对的问题：一是原因事件基本发生概率的确定，其获得方法在安全系统工程领域有很多，这里不再赘述；二是各事件发生逻辑关系的出现概率 $\alpha_{000}^2 \sim \alpha_{111}^2$ 的具体值，其确定更为困难，作者在这方面提出了结合因素空间和空间故障树理论的因素分析法和系统功能结构分析法等，可在一定程度上予以解决，但也有待深入研究。

4. 相关理论研究内容

(1) 空间故障网络结构化表示的事件间柔性逻辑处理模式研究

由于空间故障网络需要进行结构化表示和分析，而结构化分析中需要处理原因事件以不同逻辑形式导致结果事件的情况。重点需要解决原因事件与结果事件的全部逻辑关系，及使用事件故障概率分布表示这些逻辑关系的等效方法。将柔性逻辑处理模式与事件发生逻辑关系进行等效转化，考虑故障树经典与、或逻辑关系，设柔性逻辑处理模式中与、或关系与故障演化过程中与、或关系对应的事件故障概率分布计算方式等价，从而推导了 20 种柔性逻辑在系统故障演化过程中的表达方式，为得到边缘事件与最终事件的演化过程分析式和演化过程计算式奠定逻辑基础，也为故障演化过程逻辑描述和空间故障网络结构化方法的计算机智能处理奠定基础。

(2) 空间故障网络的柔性逻辑描述

研究了空间故障网络的柔性逻辑表示方法，建立系统故障演化过程的智能分析理论基础。论述了使用空间故障网络描述和研究系统故障演化过程存在的问题。由于系统故障演化过程所具有的特点，对其进行描述和研究存在的问题主要包括因素的不确定性、数据的不确定性和系统故障演化过程本身的逻辑关系等。论述了柔性逻辑情况，给出了泛逻辑学的基本目的和基本形式。论述了使用柔性逻辑描述和研究系统故障演化过程的优势，从而对空间故障网络进行柔性逻辑表示。根据系统故障演化过程和空间故障网络特征，给出了柔性逻辑描述方法，包括空间故障网络最基本单元描述、事件发生关系及结构描述。研究了空间故障网络中与、或和传递关系转化为柔性逻辑关系的方式。将原因事件和传递概率设置为空间故障网络的柔性逻辑基本单元，其结果作为本次结果事件状态和下次原因事件状态。再结合空间故障网络柔性逻辑关系组，即可得到空间故障网络最终事件状态。柔性逻辑的 20 种形式都可进行类似转化，在丰富空间故障网络事件发生逻辑关系的同时，也使空间故障网络具备了使用泛逻辑方法论的基础。这种表达式可表达系统故障演化过程中各事件、各因素和演化过程之间的柔性逻辑关系,并表示它们的不确定性。

(3) 不确定性系统故障演化过程的三值逻辑系统与三值状态划分

提出了用于系统故障演化过程的三值逻辑系统,给出了真值表。论述了系统故障演化过程和空间故障网络在面对不确定性问题时的困境,说明在空间故障网络分析过程中,三值逻辑系统存在的必要性。也论述了目前三值逻辑系统、算子及真值表的情况,以及三值逻辑与系统故障演化过程中事件状态的对应关系。给出了适用于系统故障演化过程和空间故障网络的三值逻辑系统。给出了系统故障演化过程的四种逻辑,包括非、与、或和传递。这四种逻辑运算共同组成了系统故障演化过程的三值逻辑系统。并着重展示了未知状态时的逻辑状态变化和真值表,表示系统故障演化过程中事件状态的不确定性。给出了传递状态为 1 和传递状态为三值的两种系统故障演化过程三值逻辑关系组。通过实例展示并验证了所给三值逻辑系统对空间故障网络的演化推理过程,形成了三值逻辑关系组,进一步得到了最终事件的三值逻辑状态表达式。5 个边缘事件状态形成的向量在三值逻辑下有 243 个,经过分析得到对应的最终事件三值状态分别是 135 发生、14 不发生、94 个未知。首次将多值逻辑引入系统故障演化过程研究,也是智能科学与安全科学理论的重要交叉研究,是用多值逻辑处理系统故障演化过程研究的开始。

系统多功能状态表达式构建及其置信度研究。论述了系统多功能状态评价结果的置信度问题,对系统可靠性或失效性的确定实际是对系统某种功能状态的确定性分析。这种确定性中必然包含由于数据及系统结构造成的误差,导致了系统功能状态评价结果的不确定性。那么当需要分析系统的多个功能时,这种不确定性更为复杂,因此如何确定该情况下系统多功能状态评价结果是否与实际情况相符即为系统多功能状态的置信度问题。给出了系统单功能状态表示及其置信度确定方法。表示方法有两种,一是联系数的系统功能状态表示,各功能都有自己的表达式,使用三元联系数表达式确定同异反分量,使用二元联系数表达式得到确定和不确定分量;二是量子态叠加的系统功能状态表示,将功能状态叠加为一个表达式,通过确定和不确定分量得到该功能状态置信度。研究了系统多功能状态表达式及置信度确定方法。基于系统单功能状态量子表达式,研究了两、三功能的量子表达式特点,进而总结了系统多功能状态表达式,并以状态概率幅的平方作为对应状态的置信度。最终通过实例计算了系统功能状态评价结果的置信度。

15.6　小　　结

空间故障树理论框架是作者崔铁军提出的原始创新方法,到目前为止形成了空间故障树理论基础、智能化空间故障树、空间故障网络、系统运动空间和系统映射论四部分。空间故障树理论基础涉及的方法可在多因素影响下分析系统可靠性和故障状态变化，实现多因素耦合作用下系统故障状态变化程度、因素重要度，以及连续和离散故障数据的表示、分析和处理。智能化空间故障树理论涉及的方法可分析故障演化过程因果关系，从因素变化与系统故障变化的对应关系出发，整理故障数据、分析故障因果关系、抽取故障概念。空间故障网络理论涉及的方法可描述系统故障演化过程，将演化过程分解为经历事件、影响因素、逻辑关系和演化条件，用网络拓扑结构表示系统故障演化过程。

本章除了介绍崔铁军在研究过程中的工作，还有李莎莎博士的参与。空间故障树理论框架是研究的主线，过程中也借助了汪培庄先生的因素空间理论、何华灿教授的泛逻辑理论、钟义信教授的信息生态方法论、郭嗣琮教授的模糊元理论、李德毅院士的云模型理论，以及一些卓越的系统、数据和智能方法。

理论的发展就像演化过程一样不是一蹴而就的，而是缓慢发展的。不同阶段对相同问题的认知可能是不同的，同样空间故障树理论框架也在不断发展，随着研究的深入必将对原理论进行重新认知，实现更科学和全面的系统故障研究。本章内容是对现有空间故障树理论框架的介绍，希望能开拓读者对于系统可靠性和故障等概念的认知并提供有效研究方法，也期待有兴趣的学者一同研究系统存在的本质和意义。

第 16 章　总结与展望

泰山不让土壤，故能成其大；河海不择细流，故能就其深。

——《谏逐客书》

16.1　引　　言

本章首先将介绍新一代人工智能面临的重大机遇和挑战。在百年未有之大变局的今天，为了适应智能化时代的根本需求，科学范式的变革迫在眉睫，原始基本理论创新成为核心和制高点,认知智能和辩证思维模拟成为破关夺路的急先锋。机中隐危，危中现机，现在是有识之士抓住时机，大有可为的难得机遇。

其次，介绍作者人工智能机制主义研究团队共同提出的"洛神计划"设想，这是一个从根本上改变人工智能设计、开发和应用模式的新方案，可以全民参与、全社会共享(安全保密定位独立组网)、分布式生成、存储和使用的人工智能系统，是智能化社会的重要标志。

最后，是总结命题泛逻辑团队的研究工作，展望未来的发展，包括为现行通用电子数字计算机增添两翼的展望：用三值计算机实现超长位进位直达计算协处理器；泛逻辑运算算子自动生成协处理器，这是将现行计算能力数量级提升的杀手锏技术；还包含对逐步建立数理辩证逻辑的展望。

16.2　新一代人工智能急需研究范式的变革

16.2.1　当前人工智能发展状况的整体分析

1. 人工智能的研究目标和发展过程

所谓人工智能就是人造机器智能，它通过在计算机(或其他机器)上模拟人(或生物)的某些智能行为来制造智能工具(即聪明的机器)，协助人去完成某些特定的脑力劳动任务。

这是一个前所未有的巨大挑战，以往人们使用的工具都没有智能，如何随机应变地利用它们是使用者的事，工具只需要完成好设定的功能即可。现在工具本身有了智能，能根据使用者的意图，随机应变地去现场完成任务，且能在完成任务中学会更好地工作。如何实现这个全新的智能工具的设计，谁也没有经验，人们只能在黑暗中探索前行。所以，人工智能学科诞生以来，其发展过程经历了两次大起大落。最近二十多年来，在大数据处理、云计算和深度神经网络的推动下，人工智能从低谷走向了第三次高潮，以 AlphaGo 和自然语言大模型 GPT 为代表的研究成果创造了许多的奇迹。特别是这种智能模拟方式不同于以往的知识工程和计算智能方式，它具有为整个产业赋能升级的奇效，可把一个传统产业升级改造为智能产业，其社会影响力非同凡响。

2. 当前人工智能发展的全球态势

所以，与以往的两次高潮不同，这次的成功引起了世界各主要大国的高度重视，各国纷纷出台国家发展战略，把人工智能列为未来的国家重器，试图在新一轮大国竞争中夺得先机。与此形成鲜明对照的是，不少著名的人工智能学者纷纷冷静地指出，当今的人工智能研究已陷入概率关联的泥潭，所谓深度学习的一切成就都不过是曲线拟合而已，它是在用机器擅长的关联推理代替人类擅长的因果推理，这种"大数据小任务"的智能模式并不能体现人类智能的真正含义，具有普适性的智能模式应该是"小数据大任务"。他们认为基于深度神经网络的人工智能是因为不能解释而无法理解的人工智能，如果人类过度依赖，并无条件地相信它，那将是十分危险的，特别是在司法、法律、医疗、金融、交通、国防等领域，更是要慎之又慎，千万不能放任自流，让其渗透到这些领域而后患无穷。可见，可解释性瓶颈等不是一般问题，它涉及人工智能发展的大方向。

3. 以往人工智能研究使用的是物质科学范式

分析人工智能发展史上三起三落变化的根本原因，不是某些原理、方法和技术级别的问题，更不是某个程序设计好坏级别的问题，而是最高层的科学观和方法论(统称为科学范式)出现了"张冠李戴"的问题。长期以来人们习惯于按照物质科学的科学观和方法论(称为物质科学范式)来认识和处理问题，也就是现行的决定论科学观和还原论方法论。它对人工智能发展带来的禁锢表现在如下几个方面[22, 29]。

1) 现在的人工智能是局部有精彩，整体很无奈。目前人工智能有三种不同的学派和研究路径：模拟人脑神经网络结构的结构主义学派；模拟人类逻辑思维功能的功能主义学派；模拟智能行为的行为主义学派。这三大学派都取得了一些精彩的成果，如：结构主义的模式识别(人脸、语音、图像等)系统、深层神经网络学习系统 Deep Learning 等；功能主义的深蓝国际象棋系统、Watson 问答系统、AlphaGo 围棋系统等；行为主义的人机对话机器人 Sophia、奔跑跳跃机器人系列 BigDog、各种服务机器人等。

2) 然而从全局看，人工智能研究正面临严峻的挑战，隐藏深刻的危机。具体表现在：①三大学派各自为战互不相容，它们所有的成果都是个案，属于局部性、碎片化的应用，没有通用性，这对人工智能的普遍应用和可持续发展十分不利；②由于使用纯形式化方法，丢掉了内容和价值因素，使得人工智能系统的智能水平低下，没有可解释性，更无法体现智能的主观能动性；③长期以来形成的三大学派各自为战的格局，无法形成合力，使人工智能的整体理论研究始终没有进展，而且至今束手无策。

3) "局部有精彩，整体很无奈"的局面，是我们在新一代人工智能中必须排除的一个障碍。人们不禁要问：人工智能基础理论的重大突破路在何方？这不是具体原理、方法、技术和程序层面的事情，它涉及以往人工智能研究的最高指导思想的深刻反省。为此我们深入考察了学科发展的普遍规律，以便从中找到问题的症结。

16.2.2　新一代人工智能研究需要全新的科学范式

1. 科学范式的形成和对学科建设的决定性作用

造成目前人工智能研究这种"整体很无奈"局面的原因到底是什么？怎样才能彻底改变这种现状，开辟人工智能发展的全新格局和前景？为了追根寻源，钟义信教授深入考察了传统科学范式的形成过程和它对各种现代学科建立和完善的决定性作用，用表 16.1 清晰地描述了学科发展进程的普遍规律。

表 16.1　学科发展进程及建构规律

事项	模块名称	模块要素	要素解释
探索阶段	积累知识(探路)	试探摸索总结提炼	通过长期自下而上成功和失败的试探摸索，总结提炼学科研究的科学范式(科学观和方法论)
建构阶段	形成范式(定义)	科学观	明确学科的宏观本质，定义学科是什么
		方法论	明确学科的宏观研究方法，定义应该怎么做
	构筑框架(定位)	学科模型	基于科学范式，拟定学科模型的全局蓝图
		研究路线	基于学科模型的全局蓝图，拟定整体研究路线
	确立规格(定格)	学科结构	基于学科定位，定格学科的内涵结构
		数理基础	基于学科定位，定格学科的数理基础
	建立理论(定论)	基本概念	基于学科基础，拟定学科的基本知识点
		基本原理	基于学科基础，拟定学科的基本原理

表 16.1 说明，每一个新学科的建立和完善都要经历前后相继的两个基本阶段，

首先，是自下而上摸索适合于本学科道路的初级阶段，其次，是自上而下有序建构本学科的高级阶段。初级阶段的任务是要通过各方面的探索积累，形成(后来者可能是选择)科学范式。高级阶段的任务是要自上而下地完成本学科的有序建构，包括学科的全局模型和研究路径、学科内涵和数理基础的定格，最后是拟定学科的基本概念和基本原理。显然，两个阶段不仅不可或缺，而且顺序不可颠倒，因为科学范式具有统领和制约学科建立和完善的作用。科学范式错位，学科难以向前发展。

为什么几百年来许多新学科的建立和完善没有感觉到科学范式的统领和制约作用？那是因为这些学科属于传统科学范式管辖的领域之内，学者们只要按传统照章办事即可。正因为如此，早期的人工智能也就按传统照章办事地进入到传统科学范式的统领和制约之中。很遗憾，智能模拟不是传统科学范式能够统领和制约的域外问题，这才造成了人工智能理论"整体很无奈"的困局。出现问题的根本原因终于被我们找到了，原来是影响学科发展全局的学科范式发生了错位，属于张冠李戴。既然当前人工智能研究的病根是科学范式错位，最好的治病方案就是完成科学范式变革，即为"李郎定制李冠"，这是标志李郎成年的"正冠"之举。

2. 人工智能学科需要怎样的科学范式

钟义信教授提出，信息科学是以信息为研究对象、以信息的性质及其生态规律为研究内容、以信息生态方法论为研究方法、以扩展人类智力功能(全部信息功能的有机整体)为研究目标的一门学科。按照科学范式的定义，各个不同的学科大类，应拥有自己的科学观和方法论，遵循自己的科学研究范式。人工智能是信息科学的高级篇章，人工智能学科的研究应当遵循信息科学范式(表16.2)。

表 16.2　学科范式的比较与分析

事项	科学观	方法论
经典物质科学	机械唯物的物质科学观 对象是物质客体，排除主观因素 关注对象的物质结构与功能 对象遵守确定的规律变化，可分可合	机械还原的方法论 形式化的描述方法 形式比对的分析判断方法 分而治之的全局处理方法
现行人工智能	类机械唯物的物质科学观 研究原型是人脑结构，排除主观因素 关注人脑的结构与功能 承认结构与功能的可分性	完全的机械还原方法论 纯形式化的描述方法 纯形式比对判断方法 分而治之的全局处理方法
现代信息科学	唯物辩证的信息科学观 研究对象是主、客互动的信息过程 关注达成主体目标的主观能动性 不确定性贯穿信息过程始终	信息生态方法论 形式、内容、价值的整体化描述方法 整体理解式的分析判断方法 生态演化的全局处理方法

　　表 16.2 清楚说明，现行人工智能实际遵循的科学观基本属于物质科学观，它所遵循的方法论是完全的机械还原方法论。我们新创立的是信息科学的科学范式，它与描述开放的复杂性巨系统的演化论科学观和辩证论方法论相融，与中华文明的优秀传统的整体观和辩证论高度契合。

　　表 16.3 给出了两种科学范式指导下的人工智能研究比较，从中可以看出，在物质学科范式指导下的人工智能研究是一种孤立的、形式的、个案的、就事论事的、没有主观能动性的智能模拟研究；在信息学科范式下的人工智能研究是具有智能主体的生成目标和主观能动性的、基于智能生成机制的、不断学习演化成熟的、具有普适性的智能模拟研究。为什么？因为机械唯物的物质科学观和机械还原的方法论只适用于封闭的简单机械系统，对于设计人力工具和动力工具特别有效，就是初级的信息工具如通信设备、计算机、互联网等都有效；但是，智力工具与人脑思维一样，属于开放的复杂性巨系统，它需要唯物辩证的信息科学观和信息生态方法论的指导，否则就会被任意地分而治之和空心化处理(忽略内容，只存形式)，使智能这个本来活生生的树木，完全失去了生存的土壤，被枝解、剥皮、干枯为一段段的木头棍子。用一堆木头棍子能够还原一个活生生的树木吗？显然不行！

表 16.3　两种范式指导下的人工智能研究比较

对比项目	物质学科范式下的人工智能	信息学科范式下的人工智能
科学观	准物质观：非主观、结构、确定	信息观：主客互动、目的、不确定
方法论	机械还原论：纯形式化、分而治之	信息生态学：整体化、生态演化
全局模型	脑模型	主体驾驭的主客互动信息过程模型
研究路径	结构、功能、行为模拟分道扬镳	普适性智能生长机理的统一路径
学术结构	计算机-自动化	原型-本体-基础-技术学科交汇
数理基础	概率论、形式逻辑	因素空间理论、泛逻辑理论
基本概念	形式数据、形式知识、形式智能	全信息、全知识、全智能
基本原理	神经网络、知识工程	信息转换与智能创生定律
综合结果	神经网络、专家系统、智能机器人	通用人工智能理论

　　展望未来十年我国新一代人工智能的发展，让人无比兴奋和激动。我国的综合国力已经得到很大提升。我国人工智能的跟踪阶段已基本结束，正在加速向引领世界潮流的阶段过渡，这是人工智能工作者大显身手的最佳时期。

16.3　"洛神计划"是新时期的"两弹一星"计划

2017年7月20日国务院印发《新一代人工智能发展规划》,提出了我国发展人工智能的战略目标,吹响了大力发展人工智能的集结号。规划提出:到2020年,人工智能总体技术和应用与世界先进水平同步;到2025年,人工智能基础理论实现重大突破;到2030年,人工智能理论、技术与应用总体达到世界领先水平。

在这个背景下,《智能系统学报》于2018年第1期发表了钟义信、何华灿和汪培庄的三篇特约文章,编辑部在编者按中指出[28]:

受到机械还原方法论分而治之的影响,现行人工智能理论在研究广度上存在"碎片化"、在研究深度上呈现"浅层化"、在研究体系上存在"封闭化"的显著缺陷。作为人工智能基础理论研究的工作者,必须沉下心来,遵循"科学观→方法论→研究模型→研究途径→基础概念→基本原理"这样顶天立地的研究纲领,不在诱惑面前迷茫,不在困难面前退却,坚持长期不懈地努力,从智能形成的机制、智能的逻辑基础和数学基础三方面同时下功夫,才有可能彻底改变现状,取得颠覆性的突破和里程碑式的创新。

正是遵循了这样的战略,他们三人长期互相鼓励,互相支持,默契合作,终于产生了这组崭新的"机制主义人工智能理论""泛逻辑学理论""因素空间理论"。其中,"机制主义人工智能理论"是通用的人工智能理论,"泛逻辑学理论"是通用人工智能理论的逻辑基础,"因素空间理论"是通用人工智能理论的数学基础。

他们共同认为,机制主义人工智能基础理论、泛逻辑学理论和因素空间理论三者有机地融合在一起,将会构成一个完整而普适的人工智能理论体系。因此,在本刊发表上述3篇论文的基础上,作者们将进一步展开合作,致力于"智能-逻辑-数学"三者之间的深度融合。

16.3.1　"洛神计划"主体思想的形成

1. "洛神计划"是一个全民工程

通俗讲,"洛神计划"是一个全民都可参与的智能工程,首先建立一个全国性的"洛神计划开发中心平台",供全国各地、各行各业、团体个人开发自己的人工智能应用系统。平台的设计原理就是机制主义人工智能通用理论,其中没有学派差异,全部按照智能的生成机理来设计和工作。如同天下所有的父母生育子女一样,不是预定生一个数学家还是臭皮匠,而是生一个具有智能生成机制的健全婴儿,让他在后天发育中去学习成长,特化为一个专门人才(显然,凡是健全的青年男女,都有能力完成这个任务)。另外,所有的知识和信息都是"语法、语义和语用"三位一体的结构,如同"本草纲目"一样的知识表示,如同"百科全书"一样的知识结构体系,与中国人的思维方式和描述习惯高度契合,对建立和使用知识库都非常方便。平台中使用的逻辑体系是"泛逻辑学理论",它可无差别地统一支撑各种经验性知识推理和人工神经网络的信息变换过程,不必因为到底使用什么逻辑为好而伤透脑筋(显然,人在思考问题时不会特别关注自己在使用什么逻辑)。智能形成的核心动力是认知主体的主观能动性,智能主体为达成自身的目的,才会去机动灵活办事,迂回地接近目标,通过学习演化把事情解决得更加简单快捷。所以"洛神计划"需要"因素空间理论"来实现目标牵引,用目标因素去发现关联关系中的原因因素,从而把十分复杂的关联关系网络简化成相对简单的因果关系树,把仍然复杂的因果关系藤分割成若干个相对简单的因果关系树等(这是人类习以为常的思维习惯,传统的数学理论排斥一切主观因素,反倒是让人不知所措)。总之,"洛神计划"是特别亲民(亲中华民族的思维传统,特别是亲中医药的理论和方法)的人工智能的计划(包括研究、开发和推广使用),每一个中国人都可以按照自己的专业特长、思维习惯和兴趣爱好,无障碍地参加到"洛神计划"中来。

2. 洛神工程是人工智能系统孵化平台

由于通用人工智能理论的核心是普适性智能生成机制,即信息转换与智能创生定律,因此,按照这个理论设计的洛神工程实际上就是功能强大的"人工智能系统通用孵化平台"。只要给这个孵化平台输入合理的问题、目标、知识,平台就会按照普适性智能生成机制(信息转换与智能创生定律)生成能够利用给定的知识、解决给定的问题、达到给定的目标的人工智能系统。如果输入的问题、目标、知识改变了,那么,只要新的问题、目标、知识是合理的,它就会按照同样的方式生成新的人工智能系统。问题、目标、知识可以随应用场景改变,而孵化平台的孵化机制却不需要改变,改变的仅仅是它生成的人工智能系统。

总之,通用人工智能系统孵化平台的工作奥秘就在于:它的"普适性智能生成机制"保证了孵化平台工作机制的通用性和稳定性;它的"综合认知记忆库(之所以不再称为知识库,是因为这个记忆库里既存储有知识,也存储有信息,还存储有智能策略)"则保障了孵化平台工作对象的个体性和适应性。

所以,洛神工程可以为各行各业各种场景生成它们所需要的各种人工智能应用系统,并通过联网形成覆盖全社会的智能化基础设施 —— 通用人工智能应用系统的和谐网络体系。通过这样无处不在的通用人工智能网络体系,可以有效地实现社会生产力的全面智能化,推动人类社会快速走向智能化社会。洛神网将会像电信网、互联网一样普及,造福全人类。

下面介绍一些有关"洛神计划"的技术细节。

16.3.2　"洛神计划"的技术要领

1. 关于智能的生成机制

钟义信教授的机制主义人工智能通用理论包括一个全信息理论和四个信息转换原理,可以实现客体信息→感知信息→知识→智能策略→智能行为的信息转换全过程,这是人类认知循环中的一次完整的历程。其中的感知信息可以用语义信息代表。具体情况如下。

1) 全信息理论。智能主体关于某事物的认识论信息,是智能主体从该事物的本论信息中抽象出来的关于该事物状态及其变化方式的外在形态 X(语法信息)、效用价值 Z(语用信息)、内在含义 Y(语义信息),三者是一个有机整体,称为"全信息"。三者的关系是 $Y=\lambda(X, Z)$ (可见语义信息在许多情况下可代表全信息)。智能来源于知识,而知识来源于全信息(因为没有全信息,就没法知道知识的含义,否则只有知识的形式架构)。因此,全信息是智能的源头,是智能科学的重要理论基础。

2) 第一类信息转换原理。智能主体并不是对环境输入的客体信息照单全收,而是根据智能主体自身的生存目标和当前要执行的任务,根据本能、情感和已有知识,选择那些与自身利益有关的信息(有利的和有害的),忽视那些与自身利益无关的信息,形成感知信息。在这个过程中,需要完成智能生成机制中的第一次信息变换,即把环境输入的客体信息转换成智能主体的感知信息(其中包括客体的语法信息、语用信息和语义信息)。在这里需要关注机制、语用信息评价机制、语义信息形成机制、记忆机制等的配合。第一信息转换原理的作用是把客观存在的客体信息转换为智能主体对客体的主观认识,为主体的一系列信息处理活动奠定了基础。

3) 第二类信息转换原理。知识是一类特殊的信息,它是信息处理加工出的反映事物本质及其运动规律的抽象产物,是智能主体关于事物状态及其变化规律的表述。信息是现象,知识是本质。所以,认知是获得知识的活动,是人工智能研究的核心问题之一。认知的方法主要有两种:①在一系列感知信息的基础上抽象出理性知识,称为归纳法,它是发现新知识的唯一途径;②由已知的知识推导出未知的知识,称为演绎法,它是通过逻辑演绎的手段发掘隐藏在已知知识的背后、人类尚不知道的潜在知识的方法,但是逻辑演绎不能发现新的知识。第二类信息转换原理的任务是把感知(语义)信息转换成知识信息,而且,第二类信息转换可以多次进行,以便抽象出的知识粒度越来越大,能够达到满足智能策略的需要为止。其中涉及机器学习、知识挖掘、机器发现、知识库等。

4) 第三类信息转换原理。策略是在把握相关规律的基础上所形成的关于如何处理问题才能达到目标的对策与方略。策略是一种特殊的信息，称为策略信息；策略也是一种特殊的知识，一种用来求解问题的知识，称为策略知识。策略是智能的集中体现，是智能活动的核心环节。第三类信息转换的任务是实现知识到智能策略的转换，其中涉及各类知识(包括本能、情感、常识等)的参与和优化。

5) 第四类信息转换原理。第四类信息转换原理是一套智能策略的执行机制，其任务是完成从智能策略到智能行为的正确转换。其中涉及四类(本能、情感、理性、综合)执行机制，还涉及执行效果的评价和经验积累的机制。

通用人工智能理论的普适性智能生成机制，就是由全信息理论、第一、第二、第三和第四类信息转换原理构成的有机而和谐的体系，统称为"信息转换与智能创生定律"，它就是"通用人工智能"的主体理论。

说清楚了钟义信教授的学说，汪培庄教授和何华灿教授的工作及其作用就比较好说明了，现在简单介绍如下。

2. 关于因素空间理论

1) 汪培庄教授的因素空间理论之所以称为人工智能通用理论的数学基础理论，是因为其不同于传统的数学理论，传统的数学理论必须遵守一个统一的数学原则：排除一切主观因素(包括几何直观和物理直观)，仅依靠逻辑演绎研究客观世界的本质属性。我们把这一类数学称为纯客观数学。而人工智能需要的数学基础理论是主-客互动的数学，它承认智能主体具有目的性，并有在目的性牵引下的主观能动性。智能数学需要描述这样的智能主体的各种行为和演化规律，这是纯客观数学根本做不到事情。这是到目前为止参与到人工智能研究中的数学家为数不多的几个搞概率论和数理统计的根本原因。现在其中的领军人物之一已经觉悟到当前的人工智能已经陷入"关联关系的泥潭"。

2) 因素空间理论能够全面支撑机制主义人工智能中的所有信息转换过程的实现，是因为它能够根据目标因素确定原因因素，从而把繁杂的关联关系转化为因果关系，并且实现全信息的生成和存储(记忆)，这是智能主体认识世界的关键一步。利用因素空间理论，可全面实现四类信息转换过程，无一遗漏地支撑机制主义人工智能的数学实现。

3. 关于泛逻辑理论

1) 何华灿教授的泛逻辑理论之所以称为人工智能通用理论的逻辑基础理论，是因为其是连续分布的逻辑谱理论体系，每一个逻辑的位置编号就是它对应的应用场景，有了它就可以全面无死角地支撑人工智能研究(包括结构模拟、功能模拟和行为模拟)。而传统的逻辑理论(包括标准逻辑和各种非标准逻辑)都遵守一个不成文的习惯：一个逻辑用一套确定的算子组来定义，它只能对应一类应用场景。各种逻辑都是孤立存在的一些个离散点，所以，我们把传统的逻辑体系称为离散分布的逻辑体系。如果人工智能使用离散分布的逻辑体系，而且要适应各种不同的应用场景，就需要预存整个离散分布的逻辑体系，并且标明不同逻辑的不同应用场景，这实际上是无法实现的，开销太大。所以，人工智能必须使用连续分布的逻辑谱理论体系，它不仅开销很小，而且能够根据应用场景的需要，自动生成指定的逻辑算子使用，真正达到一把钥匙开一把锁的效果。

2) 泛逻辑理论对机制主义人工智能通用理论和因素空间理论的支撑是它们两者生成的各种命题逻辑表达式 $L(x, y)$ 都可用命题泛逻辑公式 $L(x, y, h, k, \beta)$ 来统一描述，每一个逻辑算子都有自己的位置参数 $<a, b, e>+<h, k, \beta>$，其中参数 $<a, b, e>$ 规定命题逻辑算子 $L(*)$ 的逻辑属性，如与运算、或运算等；参数 $<h, k, \beta>$ 规定了算子 $L(*)$ 中包含的不确定性的种类和程度。不同应用场景的差别，从逻辑观点看，无非是应该使用什么逻辑运算，其中包含了哪些不确定性。而且，命题泛逻辑和柔性神经元是两位一体的关系，所以，命题泛逻辑能够全面无死角地支撑人工智能研究(包括结构模拟、功能模拟和行为模拟)。

4. 关于洛神天库的设想

(1) 汪培庄教授在因素空间理论中提出了关于洛神天库的设想

定义 16.3.1　以 $T \rightarrow Q$ 为图基元的数学定义的知识图谱叫洛神天库。其中，T 是项目，Q 是因素空间藤；对于 Q 中的每一个蓓蕾都可以打开一个以该节点命名的子库，每个子库提供因素空间所需的数据处理表格、实时数据和图、文、音响等资料，子库在选用中被发展。

只要一个项目的因素谱系包含两个以上的蓓蕾，就符合洛神天库的定义。符合定义的洛神天库不是一个库而是众多的库。由于世界还不是一个命运共同体，所以，不可能把天下所有的数据库都统一在一起。但是，如果利益相通，天库之间想联合就可以联合，只要它们的联络图(因素谱系)都有因素编码(哪怕这些编码是为了保密而隐藏起来的)就行了。

有两种联合形式：一是小库嵌入到大库中去。由于因素谱系具有可嵌入性，如果小库的库名等同于大库因素谱系中的一个概念节点名，则可嵌入大库，大库一按该节点的按键，就能打开小库。这种扩大方法叫做嵌入法。如果两个天库的库名之间不存在蕴含关系，则两个天库的概念名称按因素谱系总可以上溯到一个上确界概念，以它为起始点，就可以并成一个大的洛神天库。

(2) 洛神天库与智能孵化是两位一体的关系

离开了智能孵化，洛神天库就因失去理论而无法构建；离开了洛神天库，智能孵化就失去了武器与归宿。

(3) 洛神天库必须是有全信息的语义，以因素为牵引，以泛逻辑为基础的实时应用和成长的生态系统；它和统一智能理论相对应，一虚一实，辩证结合，威力无穷。

它具有以下特点。

1) 洛神天库是主动生智的作战库。人脑不是被动的知识存储与查询库，而是主动生智的作战库。关系数据库是知识存储与查询库，数据挖掘算法使它具有一定的智能，但是还没有到达主动生智的层次，知识图谱的进展也离此目标还很远。洛神天库是关系数据库和知识图谱的升级版，洛神天库是一个战役-战术的联动体，因素空间是战术作战部，因素谱系是战役联络图。可以利用因素空间藤的嵌入式跨层次结构，在瞬间点开蓓蕾，精准打击，腾挪变幻，灵动无比。

2) 洛神天库的构建是一项全民工程。构建洛神天库是洛神工程的目标与归宿。要把数据库从垄断局面改为万家灯火。原始数据都藏在知识领域的最前线，靠全民来精耕细作。

3) 洛神天库是信息科学范式革命的产物。为什么叫"洛神"？因为洛神是中华文化的一种符号。中华文化重视整体观和辩证法。智能生成机制不是西方还原论的承袭品，而是中华文明的哲理的产物。为什么叫作"天库"？因为这种库很可以从小变大，没有上限。因大而可上云端，要在云上合理存储、高效配置、降低电耗、防止污染。

4) 洛神天库是数据有生有灭论者。现在已经出现了对数据囤积居奇、重复制造、高价倒卖的危险倾向。数据只生不灭，泛滥成灾。有生有灭是万物演化的天理，塑料只生不灭危害地球，数据只生不灭将毁掉人类文明。洛神天库是数据有生有灭论者，数据是手段不是目的，当数据所携带的知识和规律已经掌握以后，数据就完成了它的历史使命，除了保留信息压缩后的必要数据之外，其他数据就可以消除。按照因素空间背景基的理论，所有内点数据一律清除(在必要的时候还可以复原)，面对大数据的浪潮，天库都用背景基作过滤器，始终在网上沉着吞吐一个不大的数据集。

5) 洛神天库是数据的节约论者。比特币"挖矿"的年耗电量以太瓦计，超过一个大城市的全年用电量。造成严重的能耗和污染。对于超高速超大规模的计算，必须拟定财耗物耗控制指标，按性价比来行事。洛神天库承袭人脑按因素组织知识的方法，用最少的重复，最小的云盘，最少的计算时间和最少的电能耗费，办理最多最好的事情。

16.3.3　以不变的智能生成机制应对千变万化的应用场景

钟义信教授指出，通用人工智能理论模型能够生成应用于各种场景的人工智能系统，只要它们所接受的问题、目标、知识是合理的。这表明，通用人工智能系统就是一种孵化平台，凭着它的普适性智能生成机制，可面对各种不同的任务和应用场景，孵化出适用的人工智能应用系统，以不变应万变。

　　而现行的所有人工智能系统，都是个案性系统，如果给定了一个新的应用场景，就需要从头到尾重新设计。相比之下，通用人工智能系统的通用孵化平台就具有特别重要的意义：利用通用人工智能理论的原理，建立功能强大的通用孵化平台，全社会无数的用户，只要把他们所需要的合理的问题、目标、知识描述提供给通用孵化平台，后者就能按照普适性智能生成机制孵化出他们所需要的各种人工智能系统，如图 16.1 所示。

（问题、目标、知识）　　　　　　　　　　　　　（人工智能应用系统）
通用孵化平台

图 16.1　人工智能系统的通用孵化平台

　　由图 16.1 可知，通用孵化平台本质上就是普适性智能生成机制的生成平台。它对任何具体应用场景都是通用的。所不同的是，不同应用场景(不同的问题)具有不同的问题信息，需要不同的知识、目标和策略。因此，通用孵化平台建设的重要内容是它的综合认知记忆库。而记忆库的知识通常掌握在用户手中，需要由用户提供。所以，通用孵化平台与用户的合作方式是：用户提供问题、目标、知识的描述，通用孵化平台把它们表达成为普适性智能生成机制所需要的规格，启动智能生成机制，就可以生成所需要的智能策略和智能行为去解决问题。当然，在具体的操作上，也可以按照通用人工智能理论的原理，设计出各个行业所需的行业性通用孵化平台，行业内的各个用户都可以利用行业性通用孵化平台来孵化本行业各种具体的人工智能应用系统。由于各种不同行业的通用孵化平台都是基于同样的普适性智能生成机制，因此，由它们孵化出来的所有行业的巨量的人工智能应用系统，很容易互联成为超巨量的人工智能系统网络，高效地支持全社会的生产、消费、交换、服务、民生、生态、安全、国防等各方面活动，实现社会的智能化。

16.3.4　百年的不谋而合和互相印证

　　如果把机制主义通用人工智能理论的系统模型进一步抽象成为图 16.2，那么就可以看到：人工智能系统从主体接受待解的问题、预设的目标、相关知识之后，就按照普适性智能生成机制生成解决问题达到目标的智能行为，具体完成问题的智能求解。换言之，主体只需要对人工智能系统下达需要解决的任务(体现为要解决的问题、要达到的目标、所需要的知识)和检验人工智能系统求解问题的质量(人工智能系统的智能行为实施的结果与预设目标之间存在的误差信息)，求解问题的一切工作都由人工智能系统承担和完成。

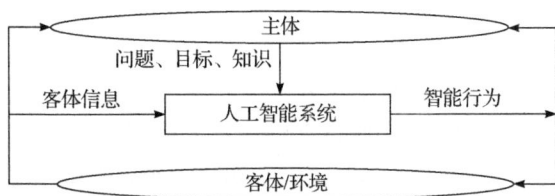

图 16.2 机制主义通用人工智能理论的抽象模型

极为发人深省的是，机制主义通用人工智能系统的工作情形竟然与远在 150 多年前马克思所描述的景象不谋而合。马克思认为，随着大工业的充分发展，劳动者将不再是生产流程中的一个环节，而是站在生产流程的旁边对生产流程进行管理和监督。在这里，马克思所说的劳动者就是人类自己；他所说的充分发展的大工业，就是机制主义通用人工智能系统形成的孵化平台；他所说的管理，就是给问题、目标、知识；他所说的监督，就是对机制主义人工智能系统求解结果的检验。马克思 150 多年前从政治经济学的角度分析所得出的预见，竟然与今天从人工智能基础理论研究所得出的结论惊人地相符。这是跨越百年历史的不谋而合，从而也互相印证了 "资本论的预见" 与 "机制主义的创立" 两者的科学性。

16.4 命题泛逻辑的研究总结

关于命题泛逻辑的研究总结，自然要涉及国内外同行的对比分析。遗憾的是时至今日，我们团队仍然是处在孤军奋战的状态，唯有自强不息向前探索。

1. 在国际

如前所述已经出现了三种泛逻辑(universal logic)研究途径。

1) 由作者创立的逻辑要素的柔性化法。

2) 由瑞士的 Jean-Yves Béziau 创立的逻辑的通用结构法。

(两者都认为泛逻辑是逻辑的一般理论，是统一逻辑多样性的途径和方法，是能用于所有逻辑的一般概念和工具箱，可根据给定的使用条件生成特殊的逻辑。这两个理论体系中 1)是自底向上研究，2)是自顶向下研究，所以是相互补充而不可相互取代的关系。)

3) 由澳大利亚的 Ross Brady 创立的弱量化相关逻辑的途径，目标是解决集合悖论和语义悖论。所以和前两者关系不大。

这些年来，作者与 Jean-Yves Béziau 时有交流，主要是相互印证，而没有相互融合，所以彼此影响不深。对于 Ross Brady 的工作，作者与其没有机会交流，彼此没有影响。

2. 在国内

作者是一个半路出家的逻辑工作者，为了融入中国的逻辑学界，向他们拜师学艺，从 2007 年开始参与中国逻辑学会的学术活动，与从事辩证逻辑、科学逻辑、归纳逻辑的专家交朋友，学习他们的逻辑学知识和研究范式。也邀请他们参加"信息、智能与逻辑高级论坛"(共举办了五届)，先后结识了黄顺基、赵总宽、杜国平、苗东升、马佩、李廉、罗翊重、王雨田、苏越、张建军、刘晓力、桂起权、万小龙、杨武金、陈波、陈慕泽、周北海、黄华新、鞠实儿、毕富生、何向东、翟锦程、蔡曙山、熊明辉、潘天群、瞿麦生、付连奎、柳昌清等逻辑学家。从他们那里学习了许多新的知识，也感悟到他们的研究范式仍然是基于自然语言的，与基于数学语言的泛逻辑研究有比较大的距离。所以，把泛逻辑融入数理辩证逻辑的努力至今进展甚微，赵总宽、马佩、李廉、罗翊重等的数理辩证逻辑和泛逻辑仍然难以合到一起，融合之事只能寄希望于后来人了。

所以，这个命题泛逻辑的研究总结只能在团队内部进行。

16.4.1　关于命题泛逻辑的理论研究

1. 柔性逻辑研究目标的确立

1) 通过研究发现，用计算机模拟人的智能功能虽然可行，但它是刚性的，没有在现场随机应变的能力。1980 年深秋，应北京师范大学汪培庄教授和华北电力学院北京研究生院袁萌老师的邀请，作者为研究生讲授人工智能课程，借此机会一起在北京发起召开了为期近两个月的"模糊数学与人工智能中级研讨班"，期望能从这两门新兴学科的结合处找到实现"柔性仿智机"的突破口。其间，作者与汪培庄教授等讨论过如下话题：模糊逻辑的隶属度是柔性的，能反映思维中的柔性概念和柔性知识，但其逻辑算子仍然是刚性的，它以最大值为或、最小值为与、补值为非，这显然是片面的，无法精确刻画思维中的柔性推理过程，实现随机应变的过程。但是，什么是思维的柔性，如何刻画思维的柔性，如何才能更精确刻画思维过程中各种柔性逻辑推理呢？作者一直不得其门而入，于是从眼前的众多逻辑想到了逻辑学的一般规律，这是泛逻辑情结的开始。在以后的十多年中，一直忙于人工智能的教学和应用研究，先后出版了《人工智能导论》[19]教材，主持完成了两个国家自然科学基金项目和两个航空基础科学基金项目，主持设计了八个实用专家系统，编写了《专家系统》讲义。这一系列实际工作，使人更加深切地体会到对于人工智能来说，柔性逻辑学是多么重要，它事实上已经成为当前许多学科向前发展的"拦路虎"。如 20 世纪 80 年代中后期国际上爆发了人工智能基础理论问题的大辩论，焦点就是逻辑和知识在人工智能中的地位和作用，核心问题就是标准逻辑的应用局限性和经验性知识推理的可靠性。因为现有标准逻辑和各种非标准逻辑都存在以下两个先天不足。

① 标准逻辑虽然具有所谓的应用普适性,但这种普适性是建立在应用场景理想化的基础之上，不能在现实场景中普遍使用；非标准逻辑一般都是根据某个现实应用场景提出的，没有考虑它们之间的统一表示和相互转化问题。而现实应用场景往往是同时具有多种不同的属性，且可以在一定的条件下相互转化。从一个具体的人工智能系统看，它也不可能建立在众多互不相容的逻辑之上，那样开销太大，使用很不方便。

② 经验性知识推理往往是信息不完全情况下的不精确性推理，目前关于不精确性推理的理论研究还停留在个别场景的经验认识阶段，没有可靠的理论基础，不能满足不精确性推理的需要，更不能满足信息不完全情况下的不精确性推理的需要。所以，众多的非标准逻辑迫切需要有一个统一可靠的、关于不精确性推理的逻辑学，作为进一步研究信息不完全情况下推理的基础理论。

这就是说，现实世界中经验性知识要求一种能包容一切逻辑形态和推理模式的、灵活的、开放的、自适应的柔性逻辑学。大量研究表明，现有的各种逻辑都无法满足这种要求。基于这样的认识，进一步提出，当前人工智能研究要走出困境，必须从基础上加强对逻辑学一般规律的研究，建立柔性逻辑学，以满足人工智能深入发展的需要，而不应该相反，让人工智能脱离逻辑学的轨道和知识的支撑。作者当时预言，人们无法想象，没有逻辑和知识的智能是什么样子，现在的深度神经网络让它的样子开始显现出来，那是一个"关联关系的泥潭"！

2) 时代在急切地呼唤柔性逻辑学，但柔性逻辑学的大门何在呢？1995 年一次偶然的机会，当作者把概率论中常用的三个相关准则和模糊命题连接词运算模型的柔性联系起来思考时，这个大门才初现端倪。相关性的连续可变性告诉我们，模糊命题连接词运算模型的固有属性应该是连续可变的，只是在二值逻辑中它们才退化为一个固定不变的算子。这就是说，逻辑算子固定不变的传统观念到了需要改变的时候了。突破口终于找到，以后又陆续根据突变算子发现了广义相关性，根据非算子簇发现了广义自相关性，从而领悟到了隐藏在模糊命题连接词运算模型连续可变性后面的关系柔性。再后来又进一步领悟到了组成逻辑学体系的四大要素，及隐藏在四大要素后面的各种逻辑柔性。泛逻辑学的大致轮廓在我的思想上已逐渐显现出来，一扇隐藏在深山密林之中的厚重石门终于被推动了，新学科的气息从门缝中渗透出来，它是那样与众不同，叫人一时难以置信。但越是深入进行理论分析和计算机仿真研究，越叫人坚信它就是客观存在于现实世界中的柔性逻辑规律，也就是中国传统的辩证发展规律(对立统一律、量变质变律、否定之否定律)，对智能化时代的发展必然会有深远的影响。

3) 可幸的是，《中国科学》,《计算机学报》和 IEEE 国际会议及时发表了我们的这些新的发现，给我们以极大的鼓舞。不幸的是，当我试图把泛逻辑学作为一个对智能化时代有深远影响的新兴学科来强化研究时，才发现它仍处在潜科学阶段，且与当前逻辑学的主流学派格格不入。所以，虽然经过多方面多次的努力，仍很难获得基金资助，甚至论文发表也存在困难。

2. 泛逻辑理论的突破

1) 在我们泛逻辑研究团队内，对泛逻辑理论有突破性贡献的是刘永怀，他在博士学位论文《基于广义范数的不确定性推理理论研究》(1997)中系统研究了当时能够收集到的100多篇关于三角范数理论的文献，进行了仔细的研究评价，不仅继承了三角范数理论的已有成果，为整个泛逻辑学研究工作找到了强有力的数学工具，而且还证明其中的Schweizer算子完整簇和Sugeno算子完整簇是能够支撑整个命题泛逻辑研究的数学原型，为后来的深入发展开辟了道路。

2) 在我们团队内，对泛逻辑理论有重大贡献的是王华，她的学士学位论文、硕士学位论文都是围绕泛逻辑运算模型仿真系统进行的，她在学士学位论文中实现了泛逻辑运算模型的计算机可视化仿真系统，经过三年多不间断的改进完善，该仿真系统已能完成对泛逻辑运算各种模型的仿真，依靠它不仅揭示和证实了泛逻辑学的许多性质和规律，还独立发现了泛组合运算模型。后来她在硕士学位论文《命题泛逻辑学的包容性研究》(2004)中一步步由小到大，由简单到复杂，由表面演示到内涵分析，为泛逻辑的深入研究，做出了不可磨灭的贡献。因为泛逻辑运算的有些性质和规律难以通过数学手段发现和证明，但是在仿真系统面前，它们却是一目了然。有些性质和规律则正好相反。所以，在研究过程中，需要两种方法相互启发，相互印证。我们的研究实践证明，三角范数理论和计算机可视化仿真系统是泛逻辑学研究不可或缺的双翼，我们的泛逻辑研究就是在"发现实际的柔性逻辑现象—用仿真系统进行再现—领悟到其中的逻辑规律—用三角范数理论证明其合理性—回到现实世界中进行检验—发现新的柔性逻辑现象"的不断循环中步步深入的。后来形成的各种泛逻辑运算模型仿真系统的高级版本，都是在她的工作基础上发展的。开拓者最伟大，后人需要饮水思源。

在早期的博士生中，王拥军博士及时系统地收集整理了国内外有关的不确定性研究动态，使我们的泛逻辑研究工作始终保持在国际水准之上。详细见他的博士学位论文《需求工程中的不确定性研究》(2001)和发表的有关论文。杜永文博士参与了一些重要定理的证明，他们还仔细阅读了本书的历次手稿，提出了很多宝贵的修改意见。后来因为参与我国自主研发的操作系统任务，离开了泛逻辑研究团队，具体的工作可参见他的博士学位论文《基于灵活内核的和欣操作系统研究》(2004)和发表的有关论文。谷晓巍的博士学位论文研究了《泛类比推理原理研究》(2000)。

3) 后来深入开展泛逻辑理论研究的人如下。

陈志成的博士学位论文研究了《复杂系统中分形混沌与逻辑的相关性推理研究》(2004)，其中建立了一个分形逻辑雏形，推出了将泛逻辑的逻辑运算模型完整簇从[0,1]区间扩张到任意区间[a,b](包括[$-\infty, \infty$]区间)的运算模型完整簇。毛明毅的博士学位论文《面向对象的广义空间逻辑运算模型与推理研究》(2006)和范艳峰的博士学位论文《[$0, \infty$]值柔性逻辑运算模型及分类问题研究》(2009)进一步延伸了陈志成的工作。

罗敏霞的博士学位论文研究了《泛逻辑学语构理论研究》(2005)。张小红的博士学位论文研究了《基于 T-模与伪 T-模的逻辑系统及其代数分析》(2005)。尊重他本人的意愿，他是第二个没有直接涉及泛逻辑的博士论文，当然，T-模与伪 T-模是数学家已经承认的研究方向，逻辑学界从来没有非议，模糊逻辑虽然存在非议，但已经获得广泛应用，从这个角度展示自己的研究成果是风险最小的，我完全理解，君子和而不同。不过，我明确告诉过他，应该清醒地认识到，用变换函数 $\Delta_0(x)$ 和 $\Delta_1(x)$ 来证明柔性逻辑的可靠性和完备性是存在逻辑漏洞的，今后必须想办法解决这个问题。所以，张小红仍然属于泛逻辑研究团队，他的研究对泛逻辑理论的完善有一定贡献。马盈仓的博士学位论文研究了《命题泛逻辑的演算理论及推理研究》(2006)。他们三人都是数学专业出身的博士生，对泛逻辑的理论建设有重大贡献，功不可没。

贾澎涛的博士学位论文研究了《基于柔性逻辑的时间序列数据挖掘研究》(2008)，其中证明了生成元加权方式是不可交换的泛逻辑唯一可用的加权机制，为建立不可交换的泛逻辑奠定了基础。

陈佳林的博士学位论文研究了《柔性逻辑的健全性研究与应用》(2011)，证明了安全使用柔性逻辑的健全性标准，弥补了利用冒险变换函数 $\Delta_0(x)$=ite{0|x=0; 1}和保险变换函数 $\Delta_1(x)$=ite{1|x=1; 0}来证明柔性逻辑具有可靠性和完备性的逻辑漏洞，给出了各种非标准逻辑的健全性改造的准则，这是泛逻辑理论研究中的一件大事，使泛逻辑理论得以完善，对已经发表的几个博士学位论文的逻辑漏洞是一个弥补。罗敏霞教授还回到团队参与了对陈佳林博士学位论文的指导。

4) 泛逻辑研究团队出版的著作如下。

① 何华灿, 王华, 刘永怀等. 泛逻辑学原理. 北京: 科学出版社, 2001.

② Huacan He, Hua Wang, Yonghuai Liu,et al. Principle of Universal Logics. Beijing：Science Press & Xi'an: NWPU Press, 2006.

③ 何华灿, 马盈仓. 信息, 智能与逻辑(第一卷). 西安: 西北工业大学出版社, 2008.

④ 张小红. 模糊数学及其代数分析. 北京: 科学出版社, 2008.

⑤ 毛明毅, 陈志成, 何华灿.面向对象空间逻辑. 西安: 西北工业大学出版

社, 2009.

⑥ 罗敏霞, 何华灿. 泛逻辑学语构理论. 北京: 科学出版社, 2010.

⑦ 何华灿, 马盈仓. 信息, 智能与逻辑(第二卷,分三册). 西安: 西北工业大学出版社, 2010.

⑧ 何华灿, 欧阳康. 信息, 智能与逻辑(第三卷). 西安: 西北工业大学出版社, 2010.

⑨ 何华灿, 张金成, 周延源. 命题级泛逻辑与柔性神经元. 北京: 北京邮电大学出版社, 2021.

16.4.2　关于泛逻辑的应用研究

1. 基本情况

如果说理论研究可以依靠杯水车薪勉强活下去, 那么应用研究就需要有足够的资金、设备和人力的投入了, 否则只能在计算机上小打小闹地验证一下。我们的团队很穷, 除了个人计算机外, 最值钱的设备就是教学用的三级倒立摆设备和初级光学平台。所以, 我们的应用研究虽然丰富多彩, 但是都是小打小闹的实验室演示系统, 没有什么社会轰动效应。但是, 泛逻辑理论的可行性是获得了充分验证。只要有了大量的资金注入, 足够的设备和开发人员到位, 泛逻辑应用的轰动效应必然一鸣惊人。因为它是可以一把钥匙开一把锁的完整的钥匙库, 天下所有的锁, 它的钥匙都在这个钥匙库中。如果你身边带着这个钥匙库, 走遍天下都没有打不开的锁。这样的人工智能系统谁不喜欢, 它怎么不会一鸣惊人!

2. 具体工作

下面介绍我们团队在泛逻辑应用方面所做的各种验证工作。

1) 金翊的博士学位论文《三值光计算机原理和结构》(2003)尝试了把泛逻辑中的三值逻辑谱应用于三值光计算机设计, 这是一个非常成功的应用研究, 从毕业前在人工智能实验室初级光学平台上的小打小闹, 到毕业后在上海大学超级计算机研究室的三值光计算机研制, 成为一鸣惊人的原始创新, 在国内外产生重大影响。根据专家评议, 它现在是最接近实际应用的非电子数字计算机, 有许多电子数字计算机没有的优异属性。有的属性还可以移植到电子数字计算机上, 成为有特殊用途的三值电子数字计算机。李梅的博士学位论文《基于三值光计算机的光学向量矩阵乘法研究》(2010)进一步研究了三值光计算机应用中的向量矩阵乘法问题。

2) 付利华的博士学位论文《复杂系统的柔性逻辑控制理论及应用研究》(2005)第一次尝试了泛逻辑在倒立摆控制中的应用, 取得了比模糊逻辑控制更简单柔和的效果。刘丽的博士学位论文《基于柔性逻辑的智能控制研究》(2007)进一步研究了泛逻辑在倒立摆控制中的应用，取得了更好的效果。陈丹的硕士学位论文《泛逻辑控制模型的设计与仿真》(2000)是最早探索泛逻辑在自动控制中应用的研究，不过她的验证手段只能是计算机仿真，当时的人工智能实验室还没有购置三级倒立摆设备。

3) 关于把泛逻辑应用于人工智能各个方面的应用如下。

艾丽蓉的博士学位论文《设计模式基于规则的表示及施用过程研究》(2000)尝试了泛逻辑在软件设计模式中的应用，我在形成泛逻辑思想期间，常和她交流，关于连续分布的逻辑谱结构设想，收获了不少好建议。

周延泉的博士学位论文《关联知识挖掘算法研究及应用》(2000)尝试了泛逻辑在知识挖掘中的应用。张保稳的博士学位论文《时间序列数据挖掘研究》(2002)继续从不同侧面尝试了泛逻辑在现实挖掘中的应用。张静的博士学位论文《基于粗糙集理论的数据挖掘算法研究》(2005)。

李新的博士学位论文《面向神经计算的视觉信息处理研究》(2002)尝试了泛逻辑在神经网络中的应用。

陈丹的博士学位论文《基于精细分层编码的视频通信技术研究》(2002)尝试了泛逻辑在视频通信技术中应用的可能性。

白振兴的博士学位论文《泛符号机制及知识表示的超拓扑结构研究》(1999)尝试了泛逻辑在知识表示和结构描述方面的应用。鲁斌的博士学位论文《广义智能系统柔性超拓扑空间模型研究与应用》(2003)进一步尝试了泛逻辑在知识表示和结构描述方面的应用。

张剑的博士学位论文《多粒度免疫网络研究及应用》(2005)尝试了泛逻辑在免疫计算方面的应用。赵敏的博士学位论文《基于 IP 网络视频质量自适应控制的研究》(2006)尝试了泛逻辑在网络视频质量自适应控制方面的应用。何汉明的博士学位论文《基于角色的多智能体社会模型研究与应用》(2006)尝试了泛逻辑在多智能体社会模型方面的应用。刘扬的博士学位论文《面向协同共享的网格资源管理技术研究》(2006)尝试了泛逻辑在网格资源管理方面的应用。王澜的博士学位论文《基于关系系数的 Agent 交互作用研究》(2006)尝试了泛逻辑在基于关系系数的 Agent 交互方面的应用。胡麒的博士学位论文《智能辅导系统关键技术研究》(2006)尝试了泛逻辑在智能辅导系统方面的应用。林卫的博士学位论文《fMRI 脑图分析——特征提取，回归与机器学习》(2008)尝试了泛逻辑在机器学习方面的应用。张宏的博士学位论文《生态化 MAS 的认知与自动协商模型研究》(2009)尝试了泛逻辑在多 Agent 系统认知与协商模型方面的应用。吉张媛的硕士学位论文《通用模糊 PROLOG 方法及其应用》(2006)尝试了泛逻辑在模糊 PROLOG 语言方面的应用。

4) 关于泛逻辑在逻辑学内部的应用研究如下。

薛占熬的博士学位论文《柔性区间逻辑及推理研究》(2006)尝试了泛逻辑在柔性区间逻辑方面的应用。王万森的博士学位论文《基于泛逻辑学的柔性概率逻辑研究》(2009)尝试了泛逻辑在柔性概率逻辑方面的应用。

5) 关于泛逻辑的物理实现的研究如下。

戚海英的硕士学位论文《泛逻辑运算电路的设计与初步实现》(1999)第一次研究了泛逻辑运算模型电路实现的可能性问题。陈虹的硕士学位论文《泛逻辑运算的电路实现研究》(2001)进一步深化了泛逻辑运算的电路实现研究，并给出了一些计算机仿真结果。

16.5　对泛逻辑未来发展的展望

16.5.1　关于数理辩证逻辑的理论体系

要讨论辩证逻辑特别是数理辩证逻辑是否存在，分歧特别巨大，在逻辑学界的争论持续了上千年。它涉及逻辑概念的历史演化，逻辑学各个要素的形式与内容的关系、逻辑学与认识论的关系、辩证逻辑能不能实现符号化和数学化、逻辑学到底有没有等级高低的差别等。众说纷纭，莫衷一是。现在，必须理清楚这些关系，才能说清楚为什么数理辩证逻辑不仅存在，而且它是能够包容数理形式逻辑的高等逻辑，如同高等数学能够完全包容初等数学一样的不容置疑，一切需要用事实说话，不能做意气之争。

1. 逻辑的概念及逻辑学研究对象的演变

(1) 形式演绎与归纳类比共存共荣的时期

在我国古代，一直都存在认识客观世界的两种不同途径和方法，东方先哲喜欢使用由归纳推理、类比推理等方法组成的辩证逻辑，以《道德经》为形成标志，以中医药理论的形成和有效应用为验证；西方的古希腊人喜欢用由演绎推理组成的形式逻辑，以《工具论》为形成标志，以《几何原本》的创立和有效应用为验证。两者共存共荣，并行不悖，各自取得许多辉煌的成就。但是，有一个截然不同的逻辑特征在这个时期已经显现出来。

1) 公理化形式演绎系统的应用领域封闭性。一个公理系统的确立，意味着它的有效应用领域已经完全确定，公理化形式演绎系统推理的有效范围就在这个有效应用领域之间，一切以这个公理系统为出发点演绎出来的所有逻辑结论，都只能是这个应用领域之内的真命题，不可能判断应用领域之外客观存在的真命题的真伪，这是公理化形式演绎系统与生俱来的应用领域局限性，无法改变。

2) 辩证逻辑具有应用领域的开放性特征，它是发现新知识的唯一有效的方法。因为形式演绎获得的所有知识都是逻辑隐含在公理系统之中的知识，可以通过形式演绎把它们全部挖掘出来，而真正的未知知识并不在这个封闭的应用领域之中，而是在这个领域之外。通过形式逻辑演绎根本无法获得这些未知知识，唯有辩证逻辑没有应用领域的局限性，它归纳类比出来的知识都是新的知识。当然，这是涉及认识论的一个更高层次的问题，它们并不是搞逻辑和数学的人能够关注到的大局，这些人的注意力仅仅停留在推理的有效性方面，下层的小局掩盖了上层的大局。

(2) 真正具有大局观的人确实存在

事实上，一直以来既是哲学家又是逻辑学家的亚里士多德、培根、黑格尔等人，都是一些有着大格局情怀的学者，他们的目的并不满足于创立一个可行的判断方式，而是希望能为人类发现更多的逻辑规律。亚里士多德把他的形式逻辑叫作《工具论》，显然这个工具指的是一种思维的工具，但他并不想涵盖整个形式逻辑；培根相应地将他的归纳逻辑叫作《新工具》，也是期望着这个思维的工具能解决更多的问题，也并不想涵盖整个逻辑；而黑格尔将他的辩证法著作叫作《逻辑学》，是因为他看到前面两种逻辑都有偏颇，并不完善，他期望通过辩证法能将形式和内容结合起来，解决单独使用形式逻辑和归纳逻辑解决不了的问题。他们想到的是取长补短，是相互包容，而不是相互排斥。这就非常有意思了，原本叫作逻辑的不被人承认是逻辑，原本不叫逻辑的反倒是公认的逻辑。问题出在什么地方，这与逻辑概念的演化密切相关，也涉及研究者的格局大小。

(3) 逻辑概念的演变

宋文坚在《逻辑学》[209]中介绍了逻辑概念的演化过程：所谓逻辑即规律，这是逻辑一词的最初含义，也是最基本的含义。逻辑一词由英文 logic 音译而来，logic 又源于希腊文 λόγοσ，它有多种含义，其中一个就是事物的普遍规律。所谓"规律"就是事物之间的必然联系或事物发展的必然趋势。这种必然性的联系或趋势就是逻辑一词所表达的最底层的意思。在这个意义上，逻辑就是规律。在后来的演变中，逻辑被更多地用于表示思维和理论中的必然联系以及论辩中的说服力。因此，逻辑也被更多地用于表示人类思维中的规律，即思维中的某种必然联系。这种必然联系主要是指命题或判断之间的推理、推导过程中的必然性。从这个分析中可以看到，逻辑的概念是有一个发展和嬗变的过程。最早逻辑就是规律，后来更多地表示思维的规律，再后来被专指推理的必然性。正是这种专指命题或判断之间的推理、推导过程中的必然性的概念，让一般从事逻辑学研究的人，产生了辩证逻辑是不是逻辑的质疑，这个问题猛一看，就像是一个"白马非马"的问题。其实，只有研究辩证逻辑的人相信是一个"白马非马"问题[210]，而在一般逻辑人的意识中就是一个"海马非马"的问题。这是逻辑概念狭义化的结果，也是辩证逻辑发展尚不完善的必然。对于研究辩证逻辑的人来说，唯有坚持广义逻辑观，努力完善自己的系统才有出路。

(4) 逻辑与认识论的结合

在过去的逻辑研究中，都遵守亚里士多德的规定，把逻辑看成是人脑思维活动的客观规律，它当然反映了客观世界信息变换过程的逻辑规律，但从来没有人把它上升到人类的认识论层面来研究逻辑，因为人们相信，认识论必然涉及人的主观认识的参与，不再是客观的逻辑规律。1662 年，心理学家利昂出版了一本很流行的书《逻辑思考的艺术》[211]，它把逻辑定义为一种正确地控制人们理性对事物认识的技巧，既为了教导自己，也为了教导别人。这个定义给逻辑带来了很大的影响，大概从这本书开始，逻辑是关于思维的科学的认识出现并流行起来。有人认为这是混淆逻辑和认识论的根源，其实这可能是大好事。因为既然逻辑是研究认识规律的，那么，逻辑仅限于必然性地得出显然是不够的。回想一下，当培根提出他的《新工具》时，当他批评亚里士多德逻辑不够用时，他谈论的也是科学发现活动和人类理解力的问题。我们就会明白，自培根以后，把归纳法纳入逻辑的内容是顺理成章的；当黑格尔提出他的辩证逻辑时，当他批评形式逻辑只研究思维的形式而不研究思维的内容时，我们就会明白，辩证逻辑的产生是势在必行的。这是人类对逻辑概念的一次巨大升华。

(5) 逻辑学研究对象的演变

从老子的《道德经》(朴素的辩证逻辑)、亚里士多德的《工具论》(形式逻辑)、培根的《新工具》(归纳逻辑)到黑格尔的《逻辑学》(现代辩证逻辑)，逻辑学的研究对象发生了多次演变：从纯粹的命题内容抽象出朴素的辩证逻辑规律来→从纯粹的命题形式抽象出形式逻辑规律来→从纯粹的命题内容归纳出归纳逻辑规律来→用命题形式和命题内容相结合的方式抽象出现代辩证逻辑的规律来。这是一个对逻辑学认识不断深化、不断完善提高的过程，是逻辑学从初级阶段上升到高级阶段的演变过程。逻辑不仅要研究客观世界存在的逻辑规律，还要研究主观认识世界的逻辑规律。独尊形式逻辑是狭义的逻辑观，广义逻辑观必须承认各种逻辑都有存在价值，数理辩证逻辑是包容一切逻辑的一个开放的逻辑谱[17,33]。

2. 形式逻辑一家独大的局面

(1) 形式逻辑一家独大

形式逻辑经过了两千多年的研究和发展，特别是数理形式逻辑建立后，已获得了很多堪称完美的成果，确定了一系列形式化的方法以及规则，得到了几个兼具可靠性和完备性的形式逻辑系统。因为形式化的无歧义性，以及它能精确地揭示各种逻辑规律，制定相应的逻辑规则，并使各种理论体系更加严密等一系列的优点，于是形成了一家独大的局面，辩证逻辑一度被挤到了逻辑学的边缘，甚至让人质疑辩证逻辑不是逻辑。这究竟是什么原因，王路在《逻辑的观念》[212]中解释说：逻辑是研究必然性推理的科学。所谓必然性是指：一个推理的正确性是由这个推理的形式的有效性决定的。所以逻辑素有"形式"逻辑之称。也就是说，逻辑只与形式有关，而与内容没有关系。

(2) 希尔伯特计划

希尔伯特希望为整个数学寻求一个坚实的基础，目标是将整个数学体系严格公理化，然后运用元数学(证明数学的数学)来证明整个数学体系是建立在牢不可破的坚实的基础之上的。开始，他将所有数学形式化，让每一个数学陈述都能用符号表达出来，让每一个数学家都能用定义好的规则来处理这些已经变成符号的陈述。这样就可以使数学家们在思考任何数学问题的时候都能够彻底摆脱自然语言的模糊性，取而代之的是毫无含糊之处的符号语言。然后，证明数学是完整的，也就是说所有为真的陈述都能够被证明，这被称为数学的完备性；再来证明数学是一致的，也就是说不会推出自相矛盾的陈述，这被称为数学的一致性。完备性保证了我们能够证明所有的真理，只要是真的命题就可以被证明；一致性确保我们在不违背逻辑的前提下获得的结果是有意义的，不会出现某一个陈述，它既是真的又是假的。最后，期望可以找到一个算法，用此算法可以机械化地判定数学陈述的对错，这被称为数学的可判定性。一致性保证了自相矛盾的情况不会出现。换句话说，在数学中，通过逻辑，我们必定能够知道我们想要知道的东西，这只不过是个时间问题。

希尔伯特提出，先计划在基础的数学系统中进行这样的形式化，然后再将其推广到更广阔的数学系统中，最后实现整个计划。于是，整个计划便归结为在算术系统中进行这样的形式化，并且在算术系统的内部证明它的完备性、一致性和可判定性。算术系统可以说是非常基础的系统，我们做算术，对自然数做加法、乘法和数学归纳法，就都用到了这个系统。

(3) 哥德尔不完备性定理

在希尔伯特提出这个雄心勃勃的计划后，许多数学家都投入了对于这个问题的研究中，其中就包括哥德尔。在完成自己的博士论文以后，哥德尔着手研究更为一般的数学系统。1931 年，他对算术系统的探索宣告完成，然而他的这个胜利也就意味着希尔伯特计划的失败。哥德尔的结论后来被称为哥德尔不完备性定理，它包括两个部分。

第一定理：对于任意的数学系统，如果其中包含了算术系统的话，那么这个系统不可能同时满足完备性和一致性。也就是说，要是我们能在一个数学系统中做算术的话，那么要么这个系统是自相矛盾的，要么有那么一些结论，它们是真的，但是我们却无法证明。

第二定理：对于任意的数学系统，如果其中包含了算术系统的话，那么我们不能在这个系统的内部来证明它的一致性。

哥德尔不完备性定理的证明过程十分复杂，但其核心思想是运用了逻辑学里的"自指代"概念，即这个陈述，陈述了它自己。自指代是逻辑学里面很多悖论的根源，比如理发师悖论、罗素悖论等。

自从哥德尔不完备性定理被证明以来，越来越多的数学问题被证明是不可判定的，这些不可判定的问题也越来越初等。乍看起来并非不可捉摸，但到头来却是不可判定的。尽管这样，哥德尔不完备性定理仍然带给我们很多收益，至少我们知道了，有些东西我们是不可能通过形式演绎知道的。哥德尔的不完备性定理，首先是针对形式系统的。只有在存在形式系统的条件下，才会产生形式与内容之间的不相容性的问题，这是形式逻辑的根本局限性。

(4) 辩证逻辑的绝地反击

在哥德尔的工作之前，形式逻辑的纯形式推理早就遭到一些逻辑学大家的批判，他们从哲学高度直接指出，只研究形式不研究内容，这是形式逻辑的根本局限性。他们试图发展一种能够既研究形式也研究内容的逻辑，并把这种逻辑称为思辨逻辑或辩证逻辑。持这种观点的人不少，其中最主要的代表人物就是黑格尔。黑格尔写的两卷本的《逻辑学》，被研究辩证逻辑的人称为"第一个辩证逻辑体系"。但是大多数逻辑学家认识不到这个大局的危机，只看到了具体推理层面是否能够完成必然推出的小局，把暂时的不完善问题与逻辑概念的大格局混为一谈，结果就形成了现在的扭曲局面：除了少数研究辩证逻辑的人以外，没有什么人会认为黑格尔的《逻辑学》是一部逻辑著作。相反，人们一般认为它是哲学著作，而且是思辨哲学的经典之作。如果我们静下心来仔细阅读黑格尔的《逻辑学》，就会发现这个书名并不是随便乱起的，黑格尔确实是把它当作一部逻辑著作来写的，而且他是在亚里士多德、康德所说的逻辑意义上讨论逻辑，他是在试图改造传统逻辑，创立新的逻辑。整个逻辑学界，特别研究辩证逻辑的人，要特别感谢希尔伯特把数学绝对形式逻辑化的极限试探，感谢哥德尔在极限试探中发现了形式逻辑的理论局限性，彻底动摇了数理形式逻辑的一家独大地位，让理论上更加合理的辩证逻辑有了回归正统的希望。是哥德尔揭示的形式逻辑的局限性，为辩证逻辑回归逻辑学中心地位提供了绝地反击的好机会。

3. 辩证逻辑非逻辑的世纪大争论

1) 辩证逻辑到底是不是逻辑？这个问题在整个逻辑学界辩论了几个世纪。对研究辩证逻辑的人来说它是个"白马非马"问题。而在众多逻辑学家看来，它就是个"海马非马"问题。所以王路才在《逻辑的观念》中说：除了研究辩证逻辑的人以外，研究逻辑的人一般都不认为辩证逻辑是逻辑。即使在辩证法应用十分广泛的中国，情况也是如此。在研究逻辑的王路看来，辩证逻辑虽然也是研究思维，但是辩证逻辑和归纳逻辑都不是"必然性地推出结论"，因此它们都不能算是逻辑。这实质上是以"小逻辑"的观点把"大逻辑"排除在逻辑之外。

2) 由于种种历史原因，苏联学界在 20 世纪 20 年代末至 30 年代初形成了一股强劲的"反形式逻辑"思潮，形式逻辑与辩证法相互拒斥的思想成为当时的主流思潮。其影响一直延续至今，这是我们不得不面对的一个历史背景[213]。20 世纪 50 年代初期，由于受到苏联逻辑问题讨论的影响，中国逻辑界也开始关注辩证逻辑，并随之开展了一场关于形式逻辑与辩证逻辑关系的持久论战，一直持续到 60 年代初。这些论战的思想影响，一直存在于今天的辩证逻辑之中[214]。

3) 不过，辩证逻辑目前的研究状态并不尽如人意，主要是自然语言描述，符号化程度很低，更不用说数学化了。为了坚持广义逻辑观，努力完善辩证逻辑系统，赵总宽在它的《数理辩证逻辑导论》[215]中也特别表示：运用数学方法是辩证逻辑发展到成熟阶段的必由之路，形式化是辩证逻辑发展的正确方向。赵总宽和桂起权[216]等都对辩证逻辑的形式化——努力实现"必然性地推出结论"做了许多研究，为此桂起权被誉为我国辩证逻辑形式化弱纲领的主要代表人物之一。

4. 数理辩证逻辑存在的必要条件

1) 数理形式逻辑是符号化和数学化的典范，它在纯形式的基础上实现了推理的必然性、可靠性和完备性。目前，虽然辩证逻辑也在向这个方向靠拢，但是，在研究逻辑的人看来，只是达到了形式化的初步目的，距离推理的必然性、可靠性和完备性还有很大的距离。因此，王路在批评数理辩证命题演算公理系统 DPA 的时候就讲到：无须具体地去考察这个公理系统有没有其他问题，比如是不是可靠、是不是完全等，仅从它的句法部分我们就可以看出，它有很大问题。我们知道，构造形式语言的目的是使一个符号和它的含义可以一一对应，从而使语言没有歧义，而且构造形式语言的主要目的是为建立形式演算系统服务的。如果在形式语言部分就出了问题，那么形式系统的可靠性就更无从谈起。

2) 那么，严格的逻辑标准是什么呢？归纳起来就三条：
① 系统具有推理的必然性；
② 系统的符号化和数学化；
③ 系统具有可靠性和完备性。

假设和逻辑推理可以构建坚固的数学系统。那么，假设和逻辑推理是否也可以构建关于辩证法的系统呢？这是辩证逻辑特别是数理辩证逻辑发展中必须妥善解决的根本问题。有了成功的标准，就有了努力的方向。

5. 数理辩证逻辑是高等逻辑学

恩格斯曾经把辩证逻辑与形式逻辑的关系比作"高等数学"与"初等数学"

的关系，认为它们的关系是"主从"关系。但逻辑学界对这个观点很是不以为然。如果说辩证逻辑是逻辑，它到底比形式逻辑要高级在哪里？

马克思认为一种科学只有在成功地运用数学时，才算达到了真正完善的地步[217]。

那么，辩证法的逻辑规律能够用数学方法描述吗？辩证逻辑能够全面数学化成为数理辩证逻辑吗？现在有了命题泛逻辑的研究成果，我们可以负责任地回答这个问题。逻辑学应该服从马克思的这个规律，而且能够服从这个规律。因为在命题泛逻辑中，所有的辩证法规律都得到了数学公式的精确描述，其中的柔性命题度 $x \in [0,1]$ 就是在描述对立统一律，对立双方的此消彼长和相互转化就发生在其中。不确定性参数 $h, k, \beta \in [0,1]$ 就是在描述量变质变律和否定之否定律，而且通过柔性逻辑运算模型完整簇，可以完成各种辩证逻辑规律的数学实现，能够全部满足严格的逻辑标准的三个条件：系统具有推理的必然性；系统完全实现了符号化和数学化；系统具有健全性，其中包括二值逻辑的可靠性和完备性，也包括连续值逻辑的使用健全性。更重要的是，命题泛逻辑学能够包含标准命题逻辑和各种已经知道的非标准命题逻辑，还能够生成有可能存在的各种非标准逻辑。这个研究成果用实例已经证明，辩证逻辑确实是逻辑，可以完全达到严格的逻辑标准的三个条件，数理辩证逻辑是可以实现的。同时，通过命题泛逻辑的这个实例，已经证明数理辩证逻辑是高等逻辑，数理形式逻辑是初等逻辑。因为数理形式逻辑已经作为特例包含在数理辩证逻辑之中，如同初等数学作为特例包含在高等数学中一样。大家都热爱自己的专业方向，但是不能没有大局观念，以偏概全是做学问的大忌。

6. 数理辩证逻辑的创立是一个不断扩张的过程

有了上述的讨论，作者可以毫无保留地说，泛逻辑研究的最终目标就是逐步建立完善数理辩证逻辑的理论体系。目前已经建立起来的命题泛逻辑研究成果在整个数理辩证逻辑的理论框架中处于什么位置？它处在类似于数理形式逻辑位置中，用布尔代数建立命题逻辑的位置，我们使用的是柔性逻辑代数[218]，建立的是柔性命题逻辑。在这里，辩证法的三大规律(对立统一律、量变质变律、否定之否定律)都有了精确的数学刻画，有了这样的基础，数理辩证逻辑中的各种逻辑规律都可以刻画清楚。到底如何一步步向外扩张，逐步建立各种应用场景的数理辩证逻辑，可以有以下方式。

(1) 逐层向上建立各种柔性推理模式

通过逐步放宽对信息环境的限制，可以建立不同的数理辩证逻辑理论(表 16.4)。

表 16.4　按照信息环境的不同建立不同的数理辩证逻辑理论

特征	推理机制	推理模式
变化信息	具有内外参数的动态交互与平衡机制	演化推理
非完全信息 开放环境	具有对错误的包容和修正机制	次协调推理、非单调推理、容错推理
	根据某些假设前提进行的推理	类比推理、假设推理、案例推理
	从特殊前提到一般假设结论	非完全归纳推理、发现推理
完全信息 封闭环境	从特殊前提到一般结论	完全归纳推理
	从一般前提到特殊结论	演绎推理
理论基础	命题连接词，量词	谓词演算
	命题连接词	命题演算

(2) 在谓词泛逻辑中可逐层引入各种柔性逻辑量词，形成不同的数理辩证逻辑定义在 $W=\{\bot\}\cup[0,1]^n<\alpha>$ $(n>0)$，上的柔性量词有：

1) 标志命题真值误差的阈元量词 $♂^k$；
2) 标志假设命题可信任程度的假设量词 $\$^k$；
3) 约束个体变元范围的范围量词 $ß^k$；
4) 指示个体变元相对位置的位置量词 $♀^k$；
5) 改变真值分布过渡特性的过渡量词 $∫^k$。

其中，$k\in[0,1]$ 是约束条件，称为程度柔性，用于描述约束的不确定性。

(3) 这个不断扩张的过程没有上限

建立数理辩证逻辑体系是一个渐进的增长过程，将随应用需要逐步展开，形成一个逻辑群落。其中数理形式逻辑(刚性逻辑)的研究对象是具有内在同一性和外在确定性的信息处理问题，其各种逻辑学要素固定不变，所以只有一个等价的逻辑系统。数理辩证逻辑体系需要处理各种辩证矛盾(不确定性)，其各种逻辑学要素中都可能引入不同的柔性参数和调整机制，从而可演变出许多个不等价的逻辑系统，是一个逻辑群落。所以建立数理辩证逻辑理论体系的过程将是个长期的渐进式发展过程。未来特别要注意与信息转换理论、机制主义通用人工智能理论、因素空间理论、机器学习理论等的深入融合，在应用实践中不断发展和完善。目前数理辩证逻辑的理论体系图如图 16.3 所示。

下面介绍超长位进位直达计算协处理器和泛逻辑运算协处理器的情况，它们都是将现行计算能力数量级提升的撒手锏技术，等于为现代计算机增添的两翼。

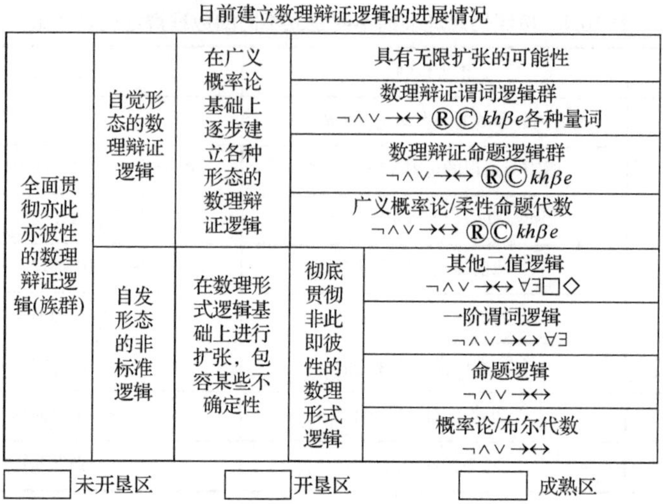

目前建立数理辩证逻辑的进展情况

全面贯彻亦此亦彼性的数理辩证逻辑(族群)	自觉形态的数理辩证逻辑	在广义概率论基础上逐步建立各种形态的数理辩证逻辑	具有无限扩张的可能性
			数理辩证谓词逻辑群 $\neg \wedge \vee \rightarrow \leftrightarrow$ ⓇⒸ $kh\beta e$各种量词
			数理辩证命题逻辑群 $\neg \wedge \vee \rightarrow \leftrightarrow$ ⓇⒸ $kh\beta e$
			广义概率论/柔性命题代数 $\neg \wedge \vee \rightarrow \leftrightarrow$ ⓇⒸ $kh\beta e$
	自发形态的非标准逻辑	在数理形式逻辑基础上进行扩张,包容某些不确定性	彻底贯彻非此即彼性的数理形式逻辑	其他二值逻辑 $\neg \wedge \vee \rightarrow \leftrightarrow \forall \exists \Box \Diamond$
				一阶谓词逻辑 $\neg \wedge \vee \rightarrow \leftrightarrow \forall \exists$
				命题逻辑 $\neg \wedge \vee \rightarrow \leftrightarrow$
				概率论/布尔代数 $\neg \wedge \vee \rightarrow$

☐　未开垦区　　　☐　开垦区　　　☐　成熟区

图 16.3　数理辩证逻辑的理论体系图

16.5.2　关于超长位数的进位直达计算协处理器

金翊的三值光计算机研究团队发现,利用三值信息处理器来完成二值加(减)法运算时,可以在三个周期内出结果,没有二进制加(减)法运算时的进位延迟困扰,这就是三步式 MSD(modified signed-digit)加法器。反过来试验,不用光三值信息处理器,而用现在的电子数字芯片组成三值信息处理器,仍然可以实现三步式 MSD 加法器。这意味着,现在的计算机不必困在 64 位运算器内止步不前,因为许多特殊的计算场景迫切需要百位甚至几百位的计算,如加密解密运算、高精度数字运算等。有了三步式 MSD 加法器,就可以不必改变现行计算机的整体设计,只需要增加一个协处理器——超长位进位直达计算协处理器即可。

现在他们又将这个技术用于基于可重构、多值逻辑运算器的一次一密技术之中,它可以生成全地球人使用几千年都用不完的秘密对,一次一密,使用方便破解难,只要你把生成秘密对的 U 盘保存好,没有人能够破译你的密码。真正实现了一把钥匙开一把锁,这是保密技术的重大突破。

16.5.3　关于命题泛逻辑运算模型的协处理器

命题泛逻辑的最大优点是它包含了命题级柔性信息处理所需要的全部算子,不管你是逻辑推理使用,还是神经元使用,它都能按照需要生成出来,所以可以无差别地应用到各种应用场合,这对新一代人工智能研究来说是非常宝贵的性质,以往的人工智能系统几乎全部为逻辑所困:已知的逻辑不可靠,可靠的逻辑没处找! 可是,命题泛逻辑的最大缺点是它的计算过程十分复杂,比传统逻辑的比较大小、加减乘除取限幅要复杂几个数量级, 是开方、乘方取极限层面的复杂计算过程, 这是一般逻辑工作者无法接受的数学难题。所以, 我们一开始就注意开发专门的泛逻辑运算仿真软件, 一方面为研究提供支持, 同时也为使用提供方便。我们也想到了, 如果有一天泛逻辑在人工智能系统中普遍推广使用了, 这个缺点不解决, 将是一个绕不过去的障碍。所以, 我们在 2001 年就开始了用模拟电路实现泛逻辑运算的探索, 获得了正面的结果[187, 218]。

现在, 可以研究用数字或者模拟电路芯片来实现泛逻辑运算模型完整簇的计算过程, 目标是在现有的计算机硬件结构基础上, 增加一个专门完成泛逻辑运算的协处理器, 即在数字计算机中专门插入完成泛逻辑运算的协处理器, 负责快速完成泛逻辑的各种运算过程, 用户只需要用专门的宏指令启动计算, 获取结果即可。

目前的电子数字计算机, 几乎接近其性能极限, 有人主张新一代人工智能要建立在新一代计算机上。能搞出新一代计算机当然很好, 但升级换代谈何容易, 至少是十年之后。立足于最近十年, 现有的电子数字计算机无需大的修改, 只要增加了超长位进位直达计算协处理器和泛逻辑运算协处理器, 就会如虎添翼, 有效地支撑新一代人工智能的历史性跨越, 支撑全民"洛神计划"的早日实现。

16.6　小　　结

历史往往会出现几乎完全相似的场景, 给人们以明晰的提示: 有前车之鉴, 可行稳致远, 不要在此犹豫徘徊, 请大胆地往前走!

当前的人工智能研究正处在类似于动力工具时期的伽利略-瓦特阶段(经验积累阶段), 它正在等待进入智力工具时期的牛顿-莱布尼茨阶段(创立通用理论阶段)。当年应动力工具设计的急需, 牛顿-莱布尼茨在常量数学和无穷概念的基础上创立微积分, 全面解决了复杂运动物体变化规律的精准数学描述问题, 建立了动力工具时期迫切需要的物质运动、受力分析、能量传递和能量转换等诸多问题的通用理论, 实现了动力工具的精准设计, 推动了动力工具的广泛应用。今天的探索者需要应智力工具设计的急需, 在刚性逻辑和无穷概念的基础上创立柔性逻辑和因素空间理论, 全面解决复杂事物演化发展各个阶段和各个方面的精准逻辑描述问题。两者的差别仅仅是: 动力工具仅涉及物质运动和能量传输及转换, 是一个纯客观的物质运动过程, 确定性是其基本特色; 而智力工具不仅涉及物质和能量, 还涉及信息和智能, 是一个以认识主体为中心的主-客互动的运动过程, 主体的目标和主观能动性在其中起决定性作用, 演化是其基本特色。所以, 智力工具时代通用理论的建立是一个更加复杂艰巨的任务, 需要更多的人力和智慧的投入, 需要耗费更多的时间, 经历更多的反复。

　　命题级泛逻辑和柔性神经元[17]的建立，让人们开始确信：刚性逻辑范式是狭义的逻辑观(如同常量数学观)，它片面地认为只有完全确定不变的理想事物才有逻辑规律可循，而在现实的不确定性事物中，根本没有逻辑规律存在，于是世界被他们人为分割成确定的逻辑世界和不确定的非逻辑世界。所谓的科学理性只存在于逻辑世界中，在非逻辑世界中根本没有科学理性存在，因此不可能有科学。广义逻辑观突破了这一思想禁锢，相信世间的万事万物都有逻辑规律可循：确定性有确定性的逻辑规律、不确定性有不确定性的逻辑规律、生长发育有生长发育的逻辑规律、相生相克有相生相克的逻辑规律、否定之否定有否定之否定的逻辑规律、螺旋式上升有螺旋式上升的逻辑规律、波浪式前进有波浪式前进的逻辑规律、情感活动有情感活动的逻辑规律、感悟有感悟的逻辑规律、发现有发现的逻辑规律等。特别是逻辑规律本身还会不断地演化发展，其中也有演化的逻辑规律可循。这些逻辑规律都是客观存在的东西，不以人的意志为转移。所以，科学不仅存在于理想世界，科学更遍布于现实世界。智能科学工作者和现代逻辑学工作者应该解放思想去不断地发掘，千万不能故步自封，停滞不前。现在是数理辩证逻辑大行其道的智能化时代，我们每一个科学工作者都应该积极主动地拥抱辩证逻辑范式和演化论科学范式！

　　利用命题泛逻辑原理构造柔性逻辑计算机，运用专门的物理器件实现各种复杂的泛逻辑运算过程，是一个十分诱人的发展前景。这样的智能计算机能够直接接收外部世界的各种信息，经过泛逻辑运算处理后，输出外部世界能够直接接收的各种信息，把智能计算机完全融入现实环境之中。而且其中的逻辑门器件可以的通用的泛逻辑门，只要你临时输入一组状态参数$<a, b, e>$，通用泛逻辑门就变成完成一种具体的逻辑运算门被在线确认，下一次临时改变了状态参数，它又变成了另一种具体的逻辑运算门被在线确认。这样，泛逻辑计算机就变成了一个由通用泛逻辑门组成的复杂网络，通过改变阵列的连接关系和各通用泛逻辑门的状态参数$<a, b, e>$的临时确认和不确定性参数$<h, k, \beta>$的临时确认，就可解决不同的柔性推理问题。这也许是克服目前的计算机鸿沟和算法危机的一种可行的出路。这种信息的巨并行处理途径，可以自然高效地实现，具有如同人脑神经网络一样的巨大学习演化潜能。

　　让我们热烈拥抱一个全新的智能化时代的到来！

参 考 文 献

[1] Michio K. 平行宇宙[M]. 伍文生, 包新周, 译. 重庆: 重庆出版社, 2008.

[2] 尼尔德格拉斯·泰森, 唐纳德戈·德史密斯. 万物起源: 宇宙 140 亿年的演化史[M]. 黄群, 译. 南京: 江苏科学技术出版社, 2008.

[3] 尼尔·舒宾. 解码 40 亿年生命史[M]. 吴倩, 译. 北京: 中信出版社, 2022.

[4] 何叶紫. 硬核原始人[M]. 杭州: 浙江文艺出版社, 2020.

[5] 伊利亚·普里高金. 确定性的终结——时间、混沌与新自然法则[M]. 湛敏, 译. 上海: 上海科技教育出版社, 1998.

[6] 何华灿, 艾丽蓉, 王华. 辩证逻辑的数学化趋势[J]. 河池学院学报, 2007, (1): 6-11.

[7] 彭漪涟, 马钦荣. 逻辑学大辞典[M]. 上海: 上海辞书出版社, 2010.

[8] 余秋雨. 老子通释[M]. 北京: 北京联合出版公司, 2021.

[9] 欧几里得. 几何原本[M]. 兰纪正, 朱恩宽, 译. 西安: 陕西科学技术出版社, 2020.

[10] 黑格尔. 小逻辑[M]. 贺麟, 译. 北京: 商务印书馆, 1980.

[11] 恩格斯. 自然辩证法[M]. 中央编译局, 译. 北京: 人民出版社, 2018.

[12] 安格斯·麦迪森. 世界经济千年史[M]. 任晓鹰等, 译. 北京: 北京大学出版社.

[13] 李约瑟. 中国科学技术史[M]. 黄兴宗, 译. 北京: 科学出版社, 上海: 上海古籍出版社, 2008.

[14] 何华灿, 王华, 刘永怀, 等. 泛逻辑学原理[M]. 北京: 科学出版社, 2001.

[15] 何华灿. 泛逻辑学理论——机制主义人工智能理论的逻辑基础[J]. 智能系统学报, 2018, 13 (1): 19-36.

[16] 何华灿. 重新找回人工智能的可解释性[J]. 智能系统学报, 2019, 14(3): 393-412.

[17] 何华灿, 张金成, 周延泉. 命题级泛逻辑与柔性神经元[M]. 北京: 北京邮电大学出版社, 2021.

[18] 汪培庄, 刘海涛. 因素空间与人工智能[M]. 北京: 北京邮电大学出版社, 2021.

[19] 何华灿. 人工智能导论[M]. 西安: 西北工业大学出版社, 1988.

[20] 石纯一, 黄昌宁, 王家廞. 人工智能原理[M]. 北京: 清华大学出版社, 1993.

[21] 钟义信. 高等人工智能原理——观念·方法·模型·理论[M]. 北京: 科学出版社, 2014.

[22] 钟义信. 机制主义人工智能理论——一种通用的人工智能理论[J]. 智能系统学报, 2018, 13(1): 2-18.

[23] 汪培庄. 因素空间理论——机制主义人工智能理论的数学基础[J]. 智能系统学报, 2018, 13(1): 37-54.

[24] 网易智能. 从先锋到批判者: 图灵奖得主 Judea Pearl 的世界[EB/OL]. http://tech.163.com/ 18/0525/10/DIL628MQ00098IEO. html.[2018-5-25].

[25] Pearl J. 为什么: 关于因果关系的新科学[M]. 江生等, 译. 北京: 中信出版集团出版, 2019.

[26] 谭铁牛. 人工智能:天使还是魔鬼? [EB/OL]. http://www.sohu.com/a/235446077_453160.

[2018-6-13].

[27] 谭铁牛. 人工智能的历史、现状和未来[J]. 求是, 2019, 4: 39-46.

[28] 中国人工智能学会, 哈尔滨工程大学. 编者按[J]. 智能系统学报, 2018, 13(1):19.

[29] 钟义信. 范式变革引领与信息转换担纲: 机制主义通用人工智能的理论精髓[J]. 智能系统学报, 2020, 15(3): 1-8.

[30] 钟义信. 机制主义人工智能理论[M]. 北京: 北京邮电大学出版社, 2021.

[31] Gabbay D M, Guenthner F. Handbook of Philosophical Logic[M]. Belin:Springer, 2001.

[32] 莫绍揆. 数理逻辑概貌 [M]. 上海: 科学技术文献出版社, 1989.

[33] 何华灿, 何智涛, 王华. 论第二次数理逻辑革命[J]. 智能系统学报, 2006, 1(1): 29-37.

[34] 陈波. 从人工智能看当代逻辑学的发展[J]. 中山大学学报论丛, 2000, (1): 10.

[35] 刘东波. 模糊逻辑程序设计基础[J]. 计算机科学, 1993, 20(2): 33-38.

[36] 窦振中. 模糊逻辑控制技术及其应用[M]. 北京: 北京航空航天大学出版社, 1995.

[37] 何祚庥, 张焘. 复杂性研究[M]. 北京: 科学出版社, 1993.

[38] 苗东升. 模糊学导引[M]. 北京: 中国人民大学出版社, 1987.

[39] Zadeh L A. Fuzzy sets [J]. Information and Control, 1965, 8: 338-357.

[40] 王元元. 计算机科学中的逻辑[M]. 北京: 科学出版社, 1989.

[41] Keynes J M. A Treatise on Probability [M].London: McMillan, 1921.

[42] Reichenbach H. The Theory of Probability [M].Berkeley: The University of California Press, 1949.

[43] 王清印. 灰色数学基础[M]. 武汉: 华中理工大学出版社, 1996.

[44] 蔡经球, 郭红. IBARM:一种基于区间表示的不精确推理模型[J]. 计算机科学, 1989, (4): 21-24.

[45] 刘开第, 吴和琴, 王念鹏, 等. 未确知数学[M]. 武汉: 华中理工大学出版社, 1997.

[46] 李德毅. 隶属云和隶属云发生器[J]. 计算机研究与发展, 1995, 32(6): 15-20.

[47] Raymond T. 人工智能中的逻辑[M]. 赵沁平, 译. 北京: 北京大学出版社, 1990.

[48] 王克宏, 胡篷, 石纯一. 情景逻辑与时态逻辑在知识处理中的应用[J]. 计算机科学, 1992, 19(2):25-27.

[49] 刘增良, 刘有才. 模糊逻辑与神经网络——理论研究与探索[M]. 北京: 北京航空航天大学出版社, 1996.

[50] 石生利, 刘叙华. 形式化模糊量词及推理[J]. 软件学报, 1993, 4(3): 8-14.

[51] 茹季札. 实用符号逻辑[M]. 西安: 西北大学出版社, 1991.

[52] 伊波, 徐家福, 类比推理综述[J]. 计算机科学, 1991, 18(1): 1-8.

[53] 李英华, 叶天荣, 张虹霞. 计算机非传统推理导论[M]. 北京: 宇航出版社, 1992.

[54] 刘瑞胜, 刘叙华. 非单调推理的研究现状[J]. 计算机科学, 1995, 22(4): 14-17.

[55] 林作铨. 容错推理[J]. 计算机科学, 1993, 20(2): 18-21.

[56] 林作铨, 戴汝为. 纯粹理性批判与人工智能[J]. 计算机科学, 1992, 19(5): 1-7.

[57] 林作铨, 石纯一. 非单调推理十年进展[J]. 计算机科学, 1990, 17(6): 15-31.

[58] 李未. 一个开放的逻辑系统[J]. 中国科学(A 辑), 1992, (10): 5-10.

[59] 李未. 开放逻辑——一个刻画知识增长和更新的逻辑理论[J]. 计算机科学, 1992, 19(4): 1-8.

[60] Poole D. 缺席推理的逻辑框架[J]. 计算机科学, 1991, 18(3): 57-65.

[61] 周生炳, 戴汝为. 基于标记逻辑的非单调推理(1, 2)[J]. 计算机学报, 1995, 18: 641-656.

[62] 金芝, 胡守仁. 限制推理及其应用 [J]. 计算机科学, 1990, 17(6): 42-46.

[63] 贾可荣, 王戟, 陈火旺. 关于不完全、不确定信息推理的基础探讨[J]. 计算机杂志, 1993, 21(3): 1-6.

[64] 蔡希尧. 不确定信息的数值表示和计算方法[J]. 计算机科学, 1991, 18(5): 50-55.

[65] 刘瑞胜, 刘叙华. 非单调推理的研究现状[J]. 计算机科学, 1995, 22(4): 14-17.

[66] 李凡. 模糊信息处理系统 [M]. 北京: 北京大学出版社, 1998.

[67] 何新贵. 模糊知识处理的理论和技术[M]. 2 版. 北京: 国防工业出版社, 1998.

[68] Lewis D. Probabilities of conditionals and conditional probabilities[J]. Philosophy Review, 1976, 85(3):297-315.

[69] Goodman I R, Ncuyen H T, Walker E A. Conditional Inference and Logic for Intelligent Systems:A Theory of Measure_free Conditioning[M].Amsterdam: North-Holland, 1991.

[70] 邓勇, 刘琪, 施文康. 条件事件代数研究综述 [J]. 计算机学报, 2003, 26(6):650-661.

[71] Nilsson N J. Probalistic logic[J]. Artificial Intelligence, 1986, 28(1): 71-81.

[72] Abrusci V M, Ruet P. Non-commutative logic I: The multiplicative frequent[J]. Annals of Pure and Applied Logic, 2000, 101: 29-64.

[73] 付利华, 何华灿. 不等权泛组合运算模型研究[J]. 计算机科学, 2009, 36(6): 12-15.

[74] Ruet P . Non-commutative logic II: Sequent calculus and phase semantics[J]. Mathematical Structures in Computer Science, 2000, 10(2): 277-312.

[75] Maieli R, Ruet P. Non-commutative logic III: Focusing proofs[J]. Information and Computation, 2003, 185: 233-262.

[76] Abrusci V M. Towards a semantics of proofs for non-commutative logic: Multiplicative and additives. Theoretical Computer Science, 2003, 294: 335-351.

[77] 李永明. 非可换线性逻辑及其 Quantale 语义[J]. 陕西师范大学学报(自), 2001, 29 (2): 1-5.

[78] Lambek J. The mathematics of sentence structure[J]. The American Mathematical Monthly, 1958, 65(3): 154-170.

[79] Flondor P, Georgescu G, Iorgulescu A. Pseudo-t-norms and pseudo-BL algebras[J]. Soft Computing, 2001, 5: 355-371.

[80] Hajek P. Observations on non-commutative fuzzy logic[J]. Soft Computing, 2003, 8: 38-43.

[81] Hajek P. Fuzzy logics with non-commutative conjunction[J]. Journal of Logic and Computation, 2003, 13(4): 469-479.

[82] Jenei S, Montagna F. A proof of standard completeness for non-commutative monoidal t-norm logic[J]. Neural Network World, 2003, 5:481-489.

[83] Leustean I. Non-commutative Lukasiewicz propositional logic [J]. Archive for Mathematical Logic, 2006, 45(2):191-213.

[84] Georgescu G, Popescu A. Non-commutative fuzzy structures and pairs of weak negations[J]. Fuzzy Sets and Systems, 2004, 143: 129-155.

[85] Di Nola A, Georgescu G, Iorgulescu A. Pseudo-BL-algebras: Part I[J]. Multiple- Valued Logic, 2002, 8: 673-714.

[86] Di Nola A, Georgescu G, Iorgulescu A. Pseudo-BL-algebras: Part II[J]. Multiple- Valued Logic,

2002, 8: 717-750.

[87] 林作铨. 参态系统: 单调与非单调逻辑的统一基础[J]. 模式识别与人工智能, 1991, 4(1): 20-27.

[88] 林作铨, 李未. 参态逻辑[J]. 北京: 中国科学(A 辑), 1995, 25 (4): 414-425.

[89] Zadeh L A. The concept of a linguistic variable and its application to approximate reasoning (I), (II), (III) [J].Information Sciences, 1975, 8:199-249, 301- 359; 9:43-80.

[90] Mizumoto M , Tanaka K. Some properties of fuzzy sets of type-2 [J]. Information and Control, 1976, 31:312-340.

[91] Mizumoto M , Tanaka K. Fuzzy sets of type-2 under algebraic product and algebraic sum [J]. Fuzzy Sets and Systems, 1981, 5: 277-290.

[92] Atanassov K. Intuitionstic fuzzy sets [J]. Fuzzy Sets and Systems, 1986, 20: 86-96.

[93] Pawlak Z. Rough sets [J]. International Journal of Computer and Information Sciences, 1982, 11: 341-356.

[94] Wong S K M, Wang L S, Yao Y Y. Interval Structures: A framework for representing uncertain information [C]. Proceeding of the Eighth Conference on Uncertainty in Artificial Intelligence, 1992: 336-343.

[95] 吴望名. 区间值模糊集和区间值模糊推理[J]. 模糊系统与数学, 1992, 6(2): 38-49.

[96] 王国俊. 三 I 方法与区间值模糊推理[J]. 中国科学(E 辑), 2000, 30(4): 331-340.

[97] 陈图云, 张宇卓, 廖士中. 区间值模糊命题逻辑的最大子代数及其广义重言式[J]. 模糊系统与数学, 2003, 17(2): 106-108.

[98] 曹谢东. 模糊信息处理及应用[M]. 北京: 科学出版社, 2003.

[99] 刘清, 江娟. 带 Rough 相等关系词的 Rough 逻辑系统及其推理[J]. 计算机学报, 2003, 26(1): 39-44.

[100] 曾黄麟. 粗集理论及其应用——关于数据推理的新方法(修订版)[M]. 重庆: 重庆大学出版社, 1998.

[101] 张文修. 粗糙集理论与方法[M]. 北京:科学出版社, 2001.

[102] Gorzalczany M B. A method of inference in approximate reasoning based on interval-valued fuzzy sets[J]. Fuzzy Sets and Systems, 1987, 21:1-17.

[103] Karnik N N, Mendel J M . Introduction to Type-2 fuzzy logic systems [C]. IEEE International Conference on Fuzzy Systems 1998: 1373-1376.

[104] Atanassov K. Operators over interval valued intuitionstic fuzzy sets[J]. Fuzzy Sets and Systems, 1994, 64: 159-174.

[105] 张文修, 梁怡. 不确定性推理原理[M]. 西安: 西安交通大学出版社, 1996.

[106] Mendel M J. Uncertain Rule-based Fuzzy Logic Systems: Introduction and New Directions [M]. Upper Saddle River:Prentice Hall , 2000.

[107] Cornelis C, Deschrijver G , Kerre E E. Advances and challenges in interval-valued fuzzy logic [J]. Fuzzy Sets and Systems, 2006, 157(5): 622-627.

[108] 石纯一, 吴轶华. 人工智能基础[R]. 北京: 国家智能计算机研究开发中心, 1991.

[109] 林作铨, 李未. 超协调逻辑(1)—传统超协调逻辑研究[J]. 计算机科学, 1994, 21(5):1-8.

[110] 林作铨, 李未. 超协调逻辑(2)—新超协调逻辑研究[J]. 计算机科学, 1994, 21(6): 1-6.

[111] 林作铨, 李未. 超协调逻辑(3)—超协调性的逻辑基础[J]. 计算机科学, 1995, 21(1):1-3.

[112] 林作铨, 李未. 超协调逻辑(4)—非单调超协调逻辑研究[J]. 计算机科学, 1995, 22(1): 4-8.

[113] 林作铨. 超协调限制逻辑[J]. 计算机学报, 1995, 18: 665-670.

[114] 张金成. 容纳矛盾的逻辑系统与悖论[J]. 智能系统学报, 2012, (3): 208-209.

[115] 张金成. 逻辑与数学演算中的不动项与不可判定命题(I)[J]. 智能系统学报, 2014, (4): 499-510.

[116] 张金成. 逻辑与数学演算中的不动项与不可判定命题(II)[J]. 智能系统学报, 2014, (5):618-631.

[117] 张金成. 悖论、逻辑与非 cantor 集合论[M]. 哈尔滨: 哈尔滨工业大学出版社, 2018.

[118] 何新. 泛演化逻辑引论——思维逻辑学的本体论基础[M]. 北京: 时事出版社, 2005.

[119] 何华灿, 刘永怀, 何大庆. 经验性思维中的泛逻辑 [J]. 中国科学(E 辑), 1996, 26:72-78.

[120] He H C, Liu Y H, He D Q. Generalized logic in experience thinking [J]. Science in China 1996, (3): 39.

[121] Béziau J. From paraconsistent logic to universal logic [J]. Sorites, 2001, 12: 5-32.

[122] Béziau J. Logica Universalis: Towards a General Theory of Logic [M]. Basel: Birkhauser Verlag, 2005.

[123]Ross B. Universal Logic[M]. Chicago: The University of Chicago Press, 2005.

[124] Menge K. Statistical metrics [J]. Proceedings of the National Academy of Sciences of the United States of America, 1942, 28: 535-537.

[125] Schweizer B , Sklar A. Statistical metric spaces[J]. Pacific Journal of Mathematics, 1960, 10: 313-334.

[126] Ling C H. Representations of associative functions[J]. Publicationes Mathematicae-Debrecen, 1965, 12: 182-212.

[127] Alsina C, Trillas E , Valverde L. On some logical connectives for fuzzy sets theory [J].Journal of Mathematical Analysis and Applications, 1983, 93: 15-26.

[128] You Z Y. Methods for Constructing Triangular Norms[J]. 模糊数学, 1983,1: 321-331.

[129] Buckley J J, Siler W. A new t-norm [J]. Fuzzy Sets and Systems, 1998, 100: 283-290.

[130] Klement E P. Operations on fuzzy sets and fuzzy numbers related to triangular norms [C]. Proceedings of The 11th International Symposium on Multiple-Valued Logic, 1981: 218-215.

[131] Roychowdhury S. Connective generators for archimedian triangular operators[J]. Fuzzy Sets and Systems, 1998, 91: 367-384.

[132] Yager R R. On the measure of fuzziness and negation, Part II[J]. Lattice, Information and Control, 1980 (44): 236-260.

[133] 何家儒. 关于 Fuzzy 集合上的基本运算[J]. 模糊数学, 1982, 1:34-38.

[134] Yager R R. Some procedures for selecting fuzzy set-theoretic operators [J]. International Journal of General Systems, 1982, 8:115-134.

[135] Valverde L. On the structure of F-indistinguishability operators [J]. Fuzzy Sets and Systems, 1985, 17: 313-328.

[136] Miyakoshi M, Shimbo M. Solutions of composite fuzzy relational equations with triangular norms [J]. Fuzzy Sets and Systems, 1985, 16: 53-63.

[137] Fodor J C. A remark on constructing t-norms [J]. Fuzzy Sets and Systems, 1991(41): 195-199.

[138] Mizumoto M. Pictorial representations of fuzzy connectives, Part I:Cases of t-norms, t-conorms and Averaging Operators;Part II: Cases of compensatory operators and self-dual operators[J]. Fuzzy Sets and Systems, 1989, 31:217-242; 32:45-79.

[139] Mayor G, Torrens J. On a family of t-norms [J]. Fuzzy Sets and Systems, 1991, 41:161-166.

[140] Jenei S, Fodor J C. On continuous triangular norms [J]. Fuzzy Sets and Systems, 1998, 100: 273-282.

[141] Drossos C A. Generalized t-norm structures [J]. Fuzzy Sets and Systems, 1999, 104: 53-59.

[142] Lowen R. On fuzzy compliments [J]. Information Sciences, 1978, 14: 107 -113.

[143] Weber S. A general concept of fuzzy connectives: Negations and implications based on t-norms and T-conorms [J]. Fuzzy Sets and Systems, 1983, 11:115-134.

[144] De Soto A R, Trillos E. On antonym and negate in fuzzy logic[J]. International Journal of Intelligent System, 1999, 14: 295-303.

[145] Dombi J. A general class of fuzzy operators, the DeMorgan class of dombi fuzzy operators and fuzziness measures induced by fuzzy operators [J]. Fuzzy Sets and Systems, 1982, 8:149-163.

[146] Dubois D, Prade H. New Results about Properties and Semantics of Fuzzy Set-theoretic Operators [M]. New York:Plenum Press, 1980.

[147] Schweizer B, Sklar A. Probabilistic Metric Spaces [M]. Amsterdam: North-Holland, 1983.

[148] Iancu I. T-norm with threshold [J]. Fuzzy Sets and System, 1997, 85: 83-92.

[149] Bandler W, Kohout L J. Semantics of implication operators and fuzzy relational products[J]. International Journal of Man-Machine Studies, 1980, 12:89-116.

[150] Domingo X, Trillas E, Valverde L. Pushing Lukasiewicz-Tarski Implication a Little Farther[C]. Proceedings of The 11th International Symposium on Multiple-Valued Logic, 1981: 341-349.

[151] Yager R R. On the implication operator in fuzzy logic[J]. Information Sciences, 1983, 31: 141-164.

[152] Hall L O. The choice of ply operation fuzzy intelligent systems [J]. Fuzzy Sets and Systems, 1990, 34: 135-144.

[153] Fodor J C. On fuzzy implication operators [J]. Fuzzy Sets and Systems, 1991, 42:293-300.

[154] Fodor J C. Strict preference relations based on weak t-norm [J]. Fuzzy Sets and Systems, 1991, 43: 327-336.

[155] Fodor J C. Fuzzy connectives via matrix logic [J]. Fuzzy Sets and Systems, 1993, 56: 67-77.

[156] Fodor J C. A new look at connectives [J]. Fuzzy Sets and Systems, 1993, 57: 141-148.

[157] Fodor J C, Keresztfalvi T. A characterization of the Hamacher family of t-norms [J]. Fuzzy Sets and Systems, 1994, 65: 51-65.

[158] Bouchon B. Fuzzy inference and conditional possibility distribution[J]. Fuzzy Sets and Systems, 1987, 23:33-41.

[159] 王国俊. 模糊推理的全蕴含三 I 算法[J]. 计算机学报, 1999, 22(2):43-53.

[160] Yager R R. On global requirements for implication operators in fuzzy modus ponens [J]. Fuzzy Sets and Systems, 1999, 106:3-10.

[161] Burillo P. Inclusion grade and fuzzy implication operators [J]. Fuzzy Sets and Systems, 2000,

114: 417-429.

[162] Bellman R E, Giertz M. On the analytic formalism of the theory of fuzzy sets [J]. Information Science, 1973, 5:149-156.

[163] Zimmermann H J, Zysno P. Latent connectives in human decision making[J]. Fuzzy Sets and Systems, 1980, 4:37-51.

[164] Dombi J. Basic concepts for a theory of evaluation: The aggregative operator [J]. European Journal of Operational Research , 1982, 10:282-293.

[165] Dubois D, Prade H. A review of fuzzy set aggregation connectives [J]. Information Science, 1985, 36: 85-121.

[166] Piera N, Martin J A, Sanchez M. Mixed connectives between min and max[C]. The 18th International Symposium on Multiple-valued Logic, 1988: 24-26.

[167] Krishapuram R, Lee J. Fuzzy connective based hierarchical aggregation networks for decision making [J]. Fuzzy Sets and Systems, 1992, 46:11-27.

[168] Gehrke M, Walker C, Walker E. Averaging operators on the unit interval[J]. International Journal of Intelligent Systems, 1997, 14:883-898.

[169] Gao L S. The fuzzy arithmetic mean[J]. Fuzzy Sets and Systems, 1999, 107: 335-348.

[170] Hecherman D. Probabilistic interpretations for MYCIN's certain factors[C]. The 1st Conference on Uncertainty in Artificial Intelligence,1985:9-20.

[171] Yager R R, Rybalov A. Uninorm aggregation operators [J]. Fuzzy Sets and Systems, 1996, 80:111-120.

[172] Elkan C. The paradoxical success of fuzzy logic [J]. Special Volume on Expert System, 1994, 8: 3-8.

[173] 何华灿, 刘永怀, 艾丽蓉, 等. 一级泛非运算研究计算机学报, 1998, 21:24-28.

[174] 何华灿, 刘永怀, 等. 泛 "蕴含" 运算和泛 "串行推理" 运算研究[J]. 软件学报, 1998, 9(6): 469-473.

[175] 刘永怀, 何华灿, 魏宝刚. M 范数的定义、性质及生成定理[J]. 西北工业大学学报, 1997, 15:102-107.

[176] 陈晖, 李德毅, 沈程智. 云模型在倒立摆控制中的应用[J]. 计算机研究与发展, 1999, 36(10):1180-1187.

[177] Esteva F, Trillas E, Domingo X. Weak and strong negation functions for fuzzy set theory [C]. Proceedings of The 11th International Symposium on Multiple-Valued Logic, 1981.

[178] Ovchinnikov S V. General negations in fuzzy set theory [J]. Journal of Mathematical Analysis and Applications, 1983, 92:234-239.

[179] Jenei S. New family of triangular norms via contrapositive symmetrization of residuated implications [J]. Fuzzy Sets and Systems , 2000, 110:157-174.

[180] 何华灿. 探索信息世界的基本运动规律[M]. 西安: 西北工业大学出版社, 2008.

[181] Chen J L,He H C,Liu C X. Feature extraction of brain CT image based on target shape [C]. 2009 Chinese Control and Decision Conference, 2009: 3553-3556.

[182] Chen J L,He H C. Operator matching in fuzzy decision tree based on sound logic[C]. 2009 International Conference on Network Infrastructure and Digital Content , 2009: 344-348.

[183] Chen J L,He H C. Feature extraction and classification of brain CT image based on sound logic [C]. 2009 IEEE International Conference on Broadband Network & Multimedia Technology, 2009: 868-872.

[184] 陈佳林. 柔性逻辑的健全性研究与应用[D]. 北京: 北京邮电大学, 2011

[185] 陈佳林, 何华灿, 刘城霞, 等. 柔性逻辑零级运算模型的健全性 [J]. 北京邮电大学学报, 2011, 34(4): 10-13.

[186] 张凯, 钱峰, 刘漫丹. 模糊神经网络技术综述[J]. 信息与控制, 2003, 32(5):431-435.

[187] 陈虹. 泛逻辑运算的电路实现研究[D]. 西安: 西北工业大学, 2001.

[188] Jin Y, Li S. Ternary logical naming convention and application in ternary optical computer[J]. Turkish Journal of Electrical Engineering & Computer Sciences, 2019, 28(2):904-916.

[189] 崔铁军, 马云东. 多维空间故障树构建及应用研究[J]. 中国安全科学学报, 2013, 23(4): 32-37+62.

[190] 崔铁军, 李莎莎, 马云东, 等. 不同元件构成系统中元件维修率分布确定[J]. 系统科学与数学, 2017, 37(5):1309-1318.

[191] 崔铁军, 马云东. DSFT 下模糊结构元特征函数构建及结构元化的意义[J]. 模糊系统与数学, 2016, 30(2):144-151.

[192] 崔铁军, 马云东. DSFT 的建立及故障概率空间分布的确定[J]. 系统工程理论与实践, 2016, 36(4):1081-1088.

[193] 崔铁军, 马云东. DSFT 中因素投影拟合法的不精确原因分析[J]. 系统工程理论与实践, 2016, 36(5):1340-1345.

[194] 崔铁军, 马云东. 离散型空间故障树构建及其性质研究[J]. 系统科学与数学, 2016, 36(10):1753-1761.

[195] 崔铁军, 马云东. 基于因素空间的煤矿安全情况区分方法的研究[J]. 系统工程理论与实践, 2015, 35(11):2891-2897.

[196] 崔铁军, 李莎莎, 王来贵. 完备与不完备背景关系中蕴含的系统功能结构分析[J]. 计算机科学, 2017, 44(3): 268-273+306.

[197] 崔铁军, 汪培庄, 马云东. 01SFT 中的系统因素结构反分析方法研究[J]. 系统工程理论与实践, 2016, 36(8):2152-2160.

[198] 李莎莎, 崔铁军, 马云东. 基于云模型的变因素影响下系统可靠性模糊评价方法[J]. 中国安全科学学报, 2016, 26(2):132-138.

[199] 崔铁军, 李莎莎. 空间故障网络中边缘事件结构重要度研究[J]. 安全与环境学报, 2020, 20(5):1705-1710.

[200] 崔铁军, 李莎莎. 针对不同故障数据特征的 SFN 最终事件发生概率计算方法研究[J]. 系统科学与数学, 2020, 40(11):2151-2160.

[201] 崔铁军, 李莎莎. 系统运动空间与系统映射论的初步探讨[J]. 智能系统学报, 2020, 15(3):445-451.

[202] 崔铁军. 空间故障网络理论与系统故障演化过程研究[J]. 安全与环境学报, 2020, 20(4):1255-1262.

[203] 崔铁军, 李莎莎, 朱宝艳. 含有单向环的多向环网络结构及其故障概率计算[J]. 中国安全科学学报, 2018, 28(7):19-24.

[204] 李莎莎, 崔铁军. 空间故障网络中单向环转化与事件发生概率计算[J]. 安全与环境学报, 2020, 20(2): 457-463.

[205] 崔铁军, 李莎莎. 安全科学中的故障信息转换定律 [J]. 智能系统学报, 2020, 15(2):360-366.

[206] 崔铁军, 李莎莎. SFEP 文本因果关系提取及其与 SFN 转化研究[J]. 智能系统学报, 2020, 15(5):998-1005.

[207] 崔铁军, 李莎莎. 以系统可靠性为目标的系统运动动力、表现与度量研究[J]. 安全与环境学报, 2021, 21(2):529-533.

[208] 崔铁军, 汪培庄. 空间故障树与因素空间融合的智能可靠性分析方法[J]. 智能系统学报, 2019, 14(5):853-864.

[209] 宋文坚. 逻辑学[M]. 北京: 人民出版社, 1998.

[210] 周礼全. 黑格尔的辩证逻辑[M]. 北京: 中国社会科学出版社, 1989.

[211] 利昂. 逻辑思考的艺术[M]. 北京: 中国华侨出版社, 2014.

[212] 王路. 逻辑的观念[M]. 北京: 商务印书馆, 2000.

[213] 张建军. 论当代中国辩证逻辑研究的历史发展[J]. 河南社会科学, 2011, 19(6):44-51.

[214] 金顺福. 60 年来中国辩证逻辑研究情况回顾[C]. 中国逻辑学会成立 30 周年纪念大会, 2009.

[215] 赵总宽. 数理辩证逻辑导论[M]. 北京: 中国人民大学出版社, 1995.

[216] 桂起权, 陈立直, 朱福喜. 次协调逻辑与人工智能[M]. 武汉: 武汉大学出版社, 2002.

[217] 保尔·拉法格, 等. 回忆马克思恩格斯[M]. 马集, 译, 北京: 人民出版社, 1973.

[218] He H , Jia P , Ma Y , et al. The outline on continuous-valued logic algebra[J]. International Journal of Advanced Intelligence, 2012, 4(1): 1-30.

附 录　扩 展 研 究

本附录收录了对理解前面各章内容有重要参考价值的资料，其中大部分是在泛逻辑学研究中取得的一些阶段性成果，为了正文的精练，把它们放在附录中。

附录 A　N 性生成元完整超簇

在第 7 章中我们只讨论了最常用的两个 N 性生成元完整簇，其实误差分布函数是多种多样的，其中可以形成具有逆等性的 N 范数完整簇的误差分布函数形式也有无穷多种，是一个超簇。下面分类选择典型的例子进行讨论，讨论的方法是先从可能存在的 N 范数出发找到生成它的 N 性生成元，再从 N 性生成元求它对应的误差分布函数。

A.1　不同 N 范数的 N 性生成元

研究表明，N 范数完整簇的函数形式有无穷多种，是一个超簇，可分为胖形、瘦形和正常形三大类，图 A.1～图 A.8 给出了其中八种典型的实例。在这些图中仅画出了完整曲线簇中位于 k 点和 $1-k$ 点的两条曲线，在图 A.13 中将最胖形算子胖形算子、上正常形算子、指数算子、Sugeno 算子、下正常形算子、瘦形算子和最瘦形算子画在一起，以便比较它们的相对位置。在这里我们使用的是几何作图分析法，它可以把一条难以用解析方法表示和证明的复杂数学规律，用一条曲线在标准框架内的变化形象地表达出来。

注意：其中的非连续非严格单调函数是由连续的严格单调函数的极限决定的。

1. 最胖形 N 范数完整簇

图 A.1 给出了 N 范数完整超簇的上极限，也就是最胖形 N 范数完整簇 $N(x, k)$ 和它的 N 性生成元完整簇 $\Phi(x, k)$，以及其对偶 $N(x, 1-k)$ 和 $\Phi(x, 1-k)$。其中

$k>0.5$: $N(x, k)=\text{ite}\{1|x<k;\ 0|x=1;\ k\}$, $\Phi(x, k)=\text{ite}\{0|x<k;\ 1|x=1;\ 0.5\}$

$\quad\quad\ 1-\Phi(x, k)=\text{ite}\{1|x<k;\ 0|x=1;\ 0.5\}$

$\quad\quad\ \Phi^{-1}(x, k)=\text{ite}\{1|x>0.5;\ 0|x=0;\ k\}$

$k\leqslant 0.5$: $N(x, k)=\text{ite}\{0|x>k;\ 1|x=0;\ k\}$, $\Phi(x, k)=\text{ite}\{1|x>k;\ 0|x=0;\ 0.5\}$

$\quad\quad\ 1-\Phi(x, k)=\text{ite}\{0|x>k;\ 1|x=0;\ 0.5\}$

$$\Phi^{-1}(x, k)=\text{ite}\{0|x<0.5; 1|x=1; k\}$$

由图可以看出，$\Phi(x, k)$簇中的复合运算仍在$\Phi(x, k)$簇内，且$\Phi^{-1}(x, k)$仍在$\Phi(x, k)$簇中，所以$N(x, k)$是 N 范数完整簇。

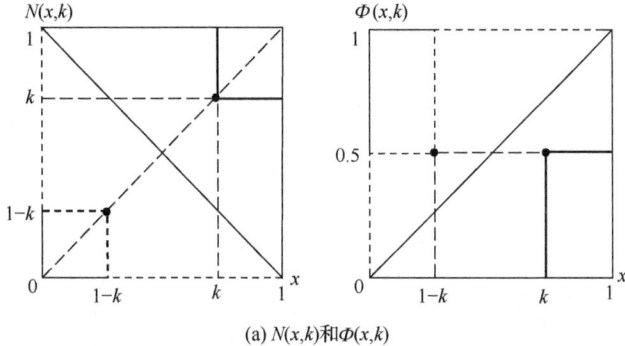

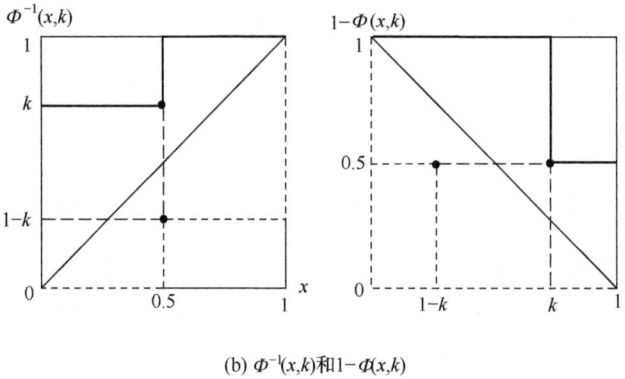

(a) $N(x,k)$和$\Phi(x,k)$

(b) $\Phi^{-1}(x,k)$和$1-\Phi(x,k)$

图 A.1　N 范数完整超簇的上极限

2. 胖形 N 范数完整簇

图 A.2 给出的是一个想象中的胖形 N 范数完整簇 $N(x, k)$和它的 N 性生成元完整簇$\Phi(x, k)$，及其对偶 $N(x, 1-k)$和$\Phi(x, 1-k)$。它只能在最胖形和上正常形之间变化。

3. 上正常形 N 范数完整簇

图 A.3 给出了上正常形 N 范数完整簇 $N(x, k)$和它的 N 性生成元完整簇$\Phi(x, k)$及其对偶 $N(x, 1-k)$和$\Phi(x, 1-k)$。它是正常形 N 范数的上极限和胖形 N 范数的下极限。其中：

$$N(x, k)=\text{ite}\{1|x=0; 0|x=1; \Gamma^1[2k-x]\}$$

研究表明，$N(x, k)$确定后，除了$\Phi(k, k)=0.5$被确定外，$\Phi(x, k)$仍然可能是不确定的，因为$N(x, k)$的曲线形状实际上是由$\Phi(x, k)$中 $x>k$ 和 $x<k$ 两部分曲线相互影

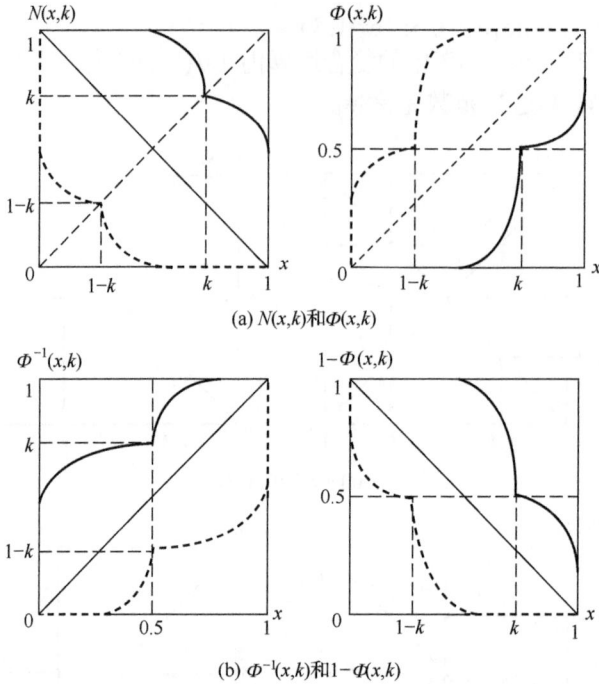

(a) $N(x,k)$和$\Phi(x,k)$

(b) $\Phi^{-1}(x,k)$和$1-\Phi(x,k)$

图 A.2　胖形 N 范数完整簇 $N(x, k)$和它的 N 性生成元完整簇 $\Phi(x, k)$及其对偶

响形成的，如果其中一部分的增大正好抵消了另一部分的减少，则生成的 $N(x, k)$ 仍然不变。所以同一个 $N(x, k)$常有多个赋范生成元，上正常形基本型 N 范数就是一个突出的例子，任何通过 K 点的，位于 $\Phi_1(x, k)$和$\Phi_2(x, k)$之间的直线 $\Phi(x, k)$都是它的赋范生成元。例如：

1) $\Phi_1(x, k)=\text{ite}\{1|x=1; \Gamma[x/(2k)]\}$

$1-\Phi_1(x, k)=\text{ite}\{0|x=1; \Gamma[1-x/(2k)]\}$

$\Phi_1^{-1}(x, k)=\text{ite}\{1|x=1; \Gamma[2kx]\}$

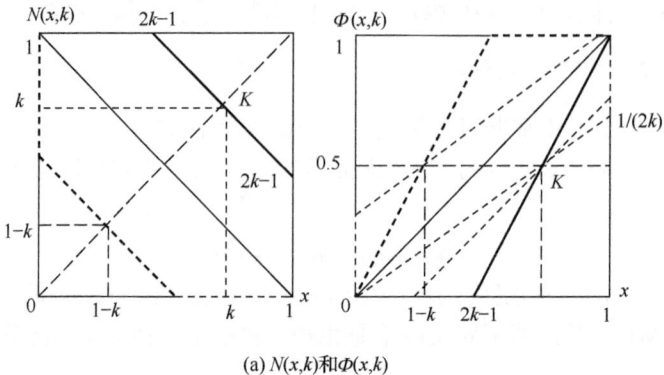

(a) $N(x,k)$和$\Phi(x,k)$

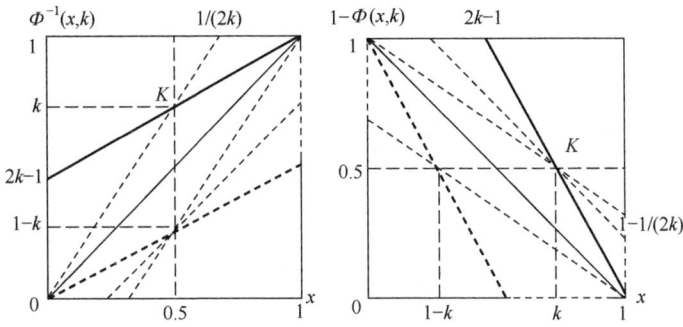

(b) $\Phi^{-1}(x,k)$和$1-\Phi(x,k)$

图 A.3　上正常形 N 范数完整簇 $N(x, k)$ 和它的 N 性生成元完整簇 $\Phi(x, k)$ 及其对偶

2) $\Phi_2(x, k)=\text{ite}\{0|x=0; \Gamma[(x-2k+1)/(2-2k)]\}$

$1-\Phi_2(x, k)=\text{ite}\{1|x=0; \Gamma[(1-x)/(2-2k)]\}$

$\Phi_2^{-1}(x, k)=\text{ite}\{0|x=0; \Gamma[(2-2k)x+2k-1]\}$

3) $\Phi_3(x, k)=\text{ite}\{0|x=0;1|x=1; \Gamma[x-k+0.5]\}$

$1-\Phi_3(x, k)=\text{ite}\{1|x=0; 0|x=1 ;\Gamma[0.5+k-x]\}$

$\Phi_3^{-1}(x, k)=\text{ite}\{0|x=0; 1|x=1; \Gamma[x+k-0.5]\}$

它们都能生成同一个上正常形 N 范数

$$N(x, k)=\text{ite}\{1|x=0; 0|x=1; \Gamma[2k-x]\}$$

由于 $\Phi(x, k)$ 簇中的复合运算和逆运算仍然在 $\Phi(x, k)$ 簇内

$$\Phi_1(\Phi_1(x,k),k_2) = \text{ite}\{1 \mid x = 1;\Gamma\left[x/(2k)/(2k_2)\right]\}$$
$$= \text{ite}\{1 \mid x = 1;\Gamma\left[x/(2k_2)\right]\} = \Phi_1(x,k_2)$$

$$\Phi_1^{-1}(x,k) = \text{ite}\{1 \mid x = 1;\Gamma\left[2kx\right]\} = \Phi_1(x,k)$$

所以 $N(x, k)$ 是 N 范数完整簇。

4. 指数型 N 范数完整簇

图 A.4 给出了指数型 N 范数完整簇 $N(x ,k)$ 和它的 N 性生成元完整簇 $\Phi(x, k)$ 及其对偶 $N(x, 1-k)$ 和 $\Phi(x, 1-k)$。它比上正常形 N 范数要瘦，但比 Sugeno 型 N 范数更胖。其中：

$$N(x, k)=(1-x^n)^{1/n}, \quad n=-1/\log_2 k$$

$$\Phi(x, k)=x^n, \quad 1-\Phi(x, k)=1-x^n, \quad \Phi^{-1}(x, k)=x^{1/n}$$

从前面的讨论我们已经知道，$\Phi(x, k)$ 簇中的复合运算和逆运算仍然在 $\Phi(x, k)$ 簇内，所以 $N(x, k)$ 是 N 范数完整簇。

(a) $N(x,k)$和$\Phi(x,k)$

(b) $\Phi^{-1}(x,k)$和$1-\Phi(x,k)$

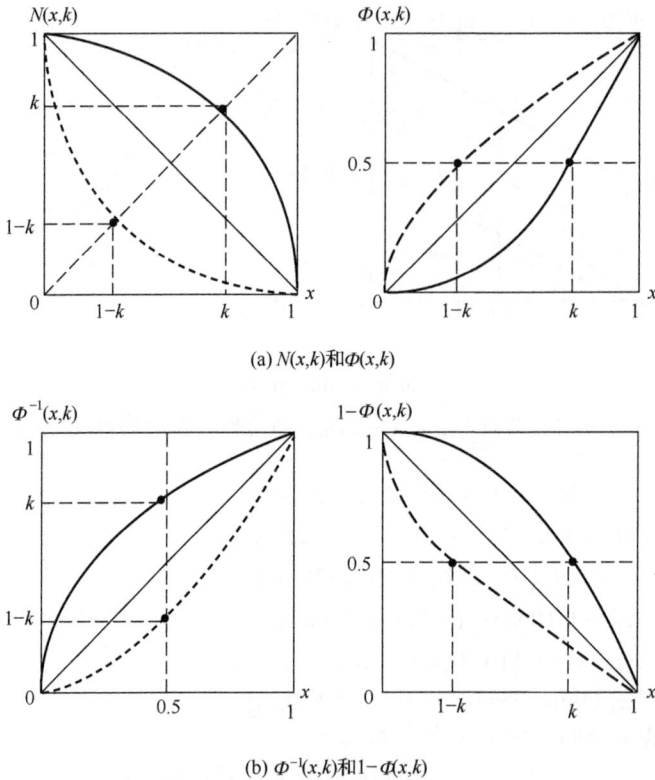

图 A.4　指数型 N 范数完整簇 $N(x, k)$和它的 N 性生成元完整簇 $\Phi(x, k)$及其对偶

5. Sugeno 型 N 范数完整簇

图 A.5 给出了最常用的 Sugeno 型 N 范数完整簇 $N(x, k)$和它的 N 性生成元完整簇 $\Phi(x, k)$及其对偶 $N(x, 1-k)$和 $\Phi(x, 1-k)$。它比下正常形 N 范数要胖，但比指数型 N 范数要瘦。

6. 下正常形 N 范数完整簇

图 A.6 给出了下正常形 N 范数完整簇 $N(x, k)$和它的 N 性生成元完整簇 $\Phi(x, k)$及其对偶 $N(x, 1-k)$和 $\Phi(x, 1-k)$。它是正常形 N 范数的下极限和瘦形 N 范数的上极限。其中：

$$N(x,k) = \text{ite}\{1-(1-k)x\,/\,k\,|\,x<k;\,k(1-x)\,/\,(1-k)\,|\,x>k;$$
$$\text{ite}\{1|k=0;\ 0|k=1;k\}\}$$
$$\Phi(x,k) = \text{ite}\{x\,/\,(2k)\,|\,x<k;\ 1-(1-x)\,/\,(2-2k)\,|\,x>k;\ \text{ite}\{0|k=0;\ 1|k=1;\ 0.5\}\}$$
$$1-\Phi(x,k) = \text{ite}\{1-x\,/\,(2k)\,|\,x<k;\ (1-x)\,/\,(2-2k)\,|\,x>k;\text{ite}\{1|k=0;\ 0|k=1;\ 0.5\}\}$$
$$\Phi^{-1}(x,k) = \text{ite}\{2kx\,|\,x<0.5;\ 1-(2-2k)(1-x)\,|\,x>0.5;k\}$$

由图 A.6 可以看出，$\Phi(x,k)$ 簇中的复合运算仍在 $\Phi(x, k)$ 簇内，且 $\Phi^{-1}(x, k)$ 仍在 $\Phi(x, k)$ 簇中，所以 $N(x, k)$ 是 N 范数完整簇。

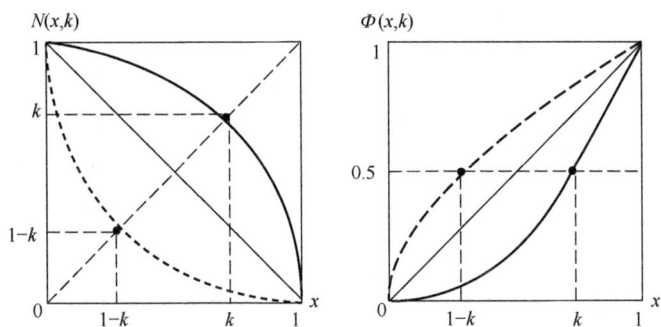

(a) $N(x,k)$ 和 $\Phi(x,k)$

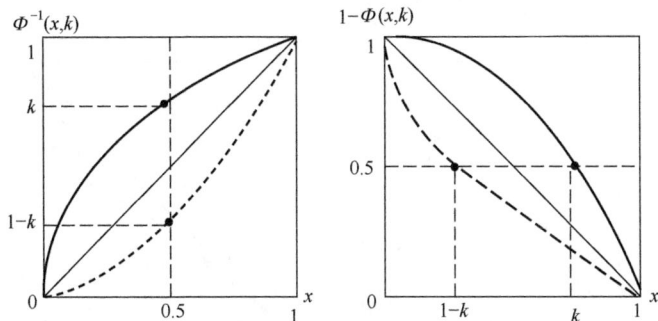

(b) $\Phi^{-1}(x,k)$ 和 $1-\Phi(x,k)$

图 A.5 Sugeno 型 N 范数完整簇 $N(x, k)$ 和它的 N 性生成元完整簇 $\Phi(x, k)$ 及其对偶

7. 瘦形 N 范数完整簇

图 A.7 给出的是一个想象中的瘦形 N 范数完整簇 $N(x, k)$ 和它的 N 性生成元完整簇 $\Phi(x,k)$ 及其对偶 $N(x,1-k)$ 和 $\Phi(x,1-k)$。它只能在最瘦形 N 范数和下正常形 N 范

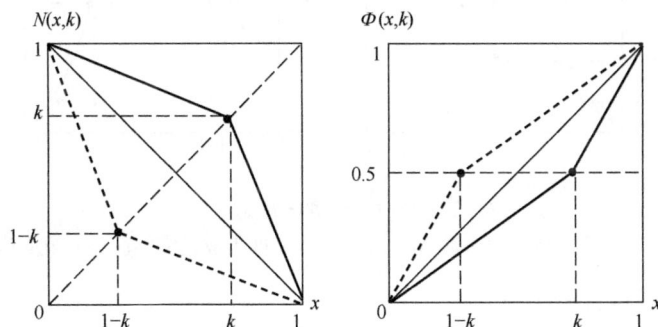

(a) $N(x,k)$ 和 $\Phi(x,k)$

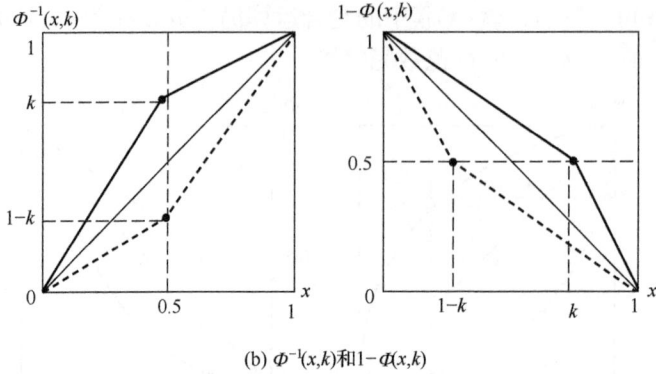

(b) $\Phi^{-1}(x,k)$和$1-\Phi(x,k)$

图 A.6　下正常形 N 范数完整簇 $N(x, k)$和它的 N 性生成元完整簇 $\Phi(x, k)$及其对偶

数所形成的空间内变化。由图可以看出，$\Phi(x,k)$簇中的复合运算和逆运算仍然在 $\Phi(x,k)$簇内，所以 $N(x,k)$是 N 范数完整簇。

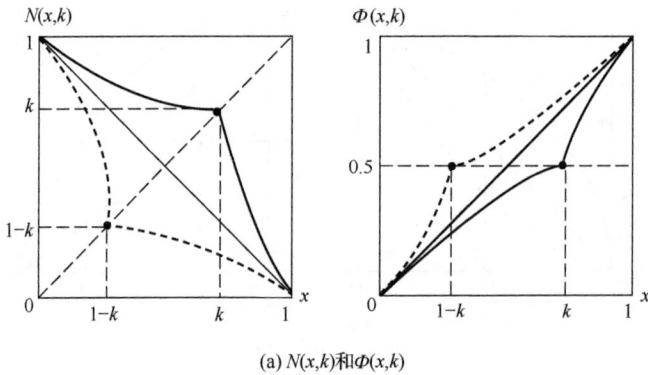

(a) $N(x,k)$和$\Phi(x,k)$

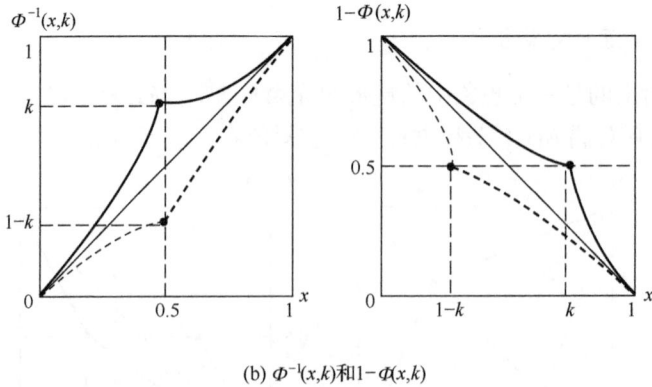

(b) $\Phi^{-1}(x,k)$和$1-\Phi(x,k)$

图 A.7　瘦形 N 范数完整簇 $N(x, k)$和它的 N 性生成元完整簇 $\Phi(x, k)$及其对偶

8. 最瘦形 N 范数完整簇

图 A.8 给出了最瘦形 N 范数完整簇 $N(x, k)$和它的 N 性生成元完整簇 $\Phi(x, k)$

及其对偶 $N(x, 1{-}k)$ 和 $\Phi(x, 1{-}k)$，它是瘦形 N 范数的下极限。其中：

$$N(x, k)=\text{ite}\{k|x\in[k, 1{-}k]; 1{-}x\}, \qquad \Phi(x, k)=\text{ite}\{0.5|x\in[k, 0.5]; x\}$$

$$1{-}\Phi(x, k)=\text{ite}\{0.5|x\in[k, 0.5]; 1{-}x\}, \qquad \Phi^{-1}(x, k)=\text{ite}\{k|x\in[k, 0.5]; x\}$$

由图可以看出，$\Phi(x, k)$ 簇中的复合运算和逆运算仍然在 $\Phi(x, k)$ 簇内，所以 $N(x, k)$ 是 N 范数完整簇。

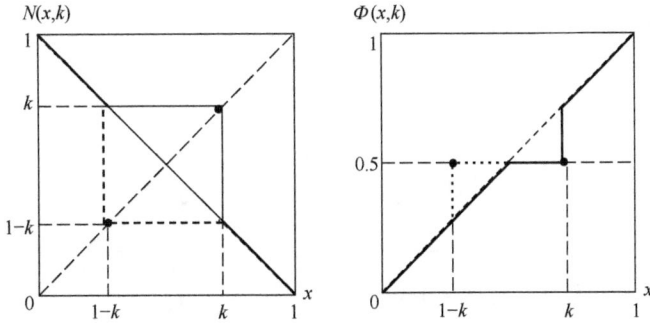

(a) $N(x,k)$ 和 $\Phi(x,k)$

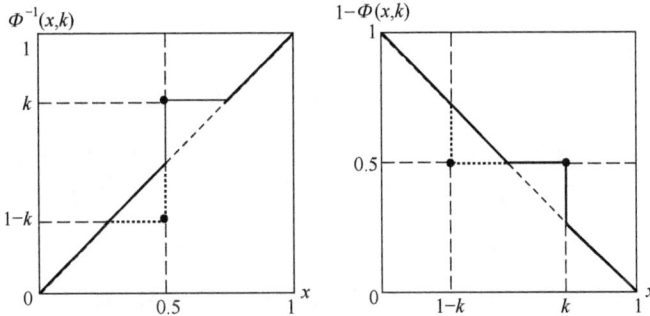

(b) $\Phi^{-1}(x,k)$ 和 $1{-}\Phi(x,k)$

图 A.8 最瘦型 N 范数完整簇 $N(x, k)$ 和它的 N 性生成元完整簇 $\Phi(x, k)$ 及其对偶

A.2 N 性生成元与误差分布函数

设 x^* 是有误差柔性测度，x 是无误差柔性测度，$x^*=x+\delta(x, k)$，$\delta(x, k)$ 是柔性测度的误差分布函数，由于 $\Phi(x^*, k)$ 的任务是修正 x^* 中的误差 $\delta(x, k)$ 使 $x=\Phi(x^*, k)$，$\Phi^{-1}(x, k)$ 的任务是增加 x 中的误差 $\delta(x, k)$，使 $x^*=\Phi^{-1}(x, k)$，所以

$$x^*=\Phi^{-1}(x, k)=x+\delta(x, k), \quad \delta(x, k)=\Phi^{-1}(x, k){-}x$$

由于 $\Phi^{-1}(0.5, k)=k$，它表示因素空间 E 的对半子集的柔性测度 $m(E/2)=k$。所以在 $x=0.5$ 点有固定误差 $\delta(0.5, k)=k{-}0.5$。

利用图 A.1～图 A.8 中的 $\Phi^{-1}(x, k)$ 可得到相应的 $\delta(x, k)$，表示在图 A.9～图 A.12 中，通过它们可以进一步明确各类 N 范数完整簇 $N(x, k)$ 及其 N 性生成元完整簇

$\varPhi(x^*, k)$的物理意义。

图 A.9(a)是最胖形 N 范数的$\delta(x, k)$。

$$k > 0.5 : \delta(x, k) = \mathrm{ite}\{1 - x \,|\, x > 0.5; \ 0 \,|\, x = 0; k - x\}$$

$$k \leqslant 0.5 : \delta(x, k) = \mathrm{ite}\{-x \,|\, x < 0.5; \ 0 \,|\, x = 1; k - x\}$$

图 A.9(b)是想象中的胖形 N 范数的$\delta(x, k)$。它只能在最胖形 N 范数的$\delta(x, k)$和上正常形 N 范数的$\delta(x, k)$所形成的空间内变化。

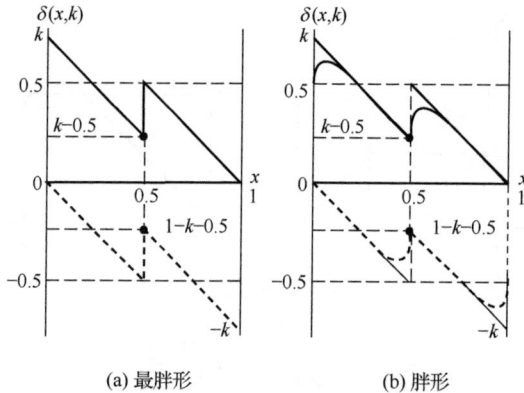

(a) 最胖形　　　　　　　　(b) 胖形

图 A.9　k 点的误差分布函数$\delta(x, k)$(一)

图 A.10(a)是上正常形 N 范数的$\delta(x, k)$，它可以是通过 k 点的任意受限直线方程。限制条件是：$\delta(x, k)$在$\delta_1(x, k)$和$\delta_2(x, k)$之间变化，且$-x \leqslant \delta(x, k) \leqslant 1 - x$，有

$$\delta_1(x, k) = \mathrm{ite}\{1 - x \,|\, x = 1; \Gamma[x / (2k)] - x\}$$

$$\delta_2(x, k) = \mathrm{ite}\{-x \,|\, x = 0; \Gamma[(2 - 2k)x + 2k - 1] - x\}$$

$$\delta_3(x, k) = \mathrm{ite}\{-x \,|\, x = 0; \ 1 - x \,|\, x = 1; \Gamma[x + k - 0.5] - x\}$$

图 A.10(b)是常用的指数型 N 范数的$\delta(x, k)$, $\delta(x, k) = x^{1/n} - x$，其中 $n = -1/\log_2 k$。

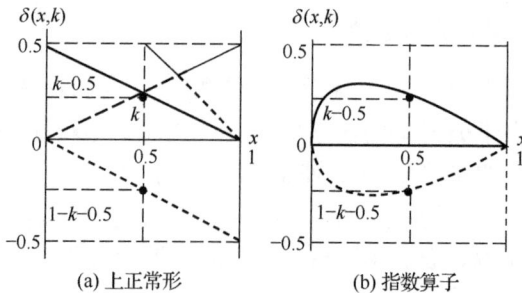

(a) 上正常形　　　　　　　　(b) 指数算子

图 A.10　k 点的误差分布函数$\delta(x, k)$(二)

图 A.11(a)是最常用的 Sugeno 型 N 范数的$\delta(x, k)$，即

$$\delta(x, k)=(1-2k)(x^2-x)/((1-k)-(1-2k)x)$$

图 A.11(b)是下正常形 N 范数的 $\delta(x, k)$，即

$$\delta(x, k)=\text{ite}\{(2k-1)x|x<0.5; k-0.5|x=0.5; (2k-1)(1-x)\}$$

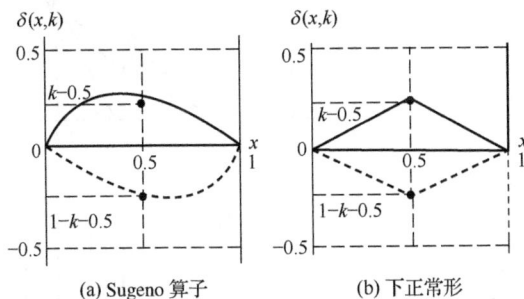

图 A.11 k 点的误差分布函数 $\delta(x, k)$(三)

图 A.12(a)是想象中的瘦形 N 范数的 $\delta(x, k)$，它只能在最瘦形 N 范数的 $\delta(x, k)$ 和下正常形 N 范数的 $\delta(x, k)$ 所形成的空间内变化。

图 A.12(b)是最瘦形 N 范数的 $\delta(x, k)$，即

$$\delta(x, k)=\text{ite}\{k-x|x\in[k, 0.5]; 0\}$$

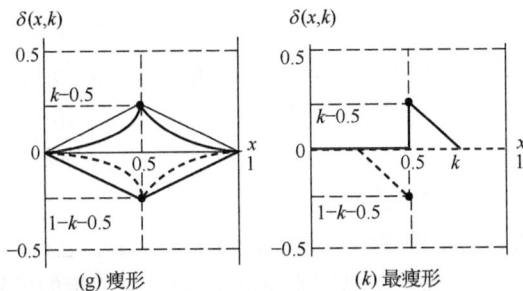

图 A.12 k 点的误差分布函数 $\delta(x, k)$(四)

A.3 关于测度误差与泛非运算超簇的结论

设 x 是有误差的柔性测度，由上述讨论我们可以得出如下结论(图 A.13)。

1) 柔性测度的误差是引起逻辑非运算模型不唯一的根本原因。

2) N 性生成元 $\Phi(x, k)$ 的作用是补偿柔性测度的误差,其函数形式取决于误差分布函数 $\delta(x, k)$. $\delta(x, k)$ 完整簇有无限多种，故 $\Phi(x, k)$ 完整簇也有无限多种，是一个从最胖形 $\Phi(x, k)$ 完整簇连续变化到最瘦形 $\Phi(x, k)$ 完整簇的函数超簇，由它生成的 N 范数也是一个从最胖形 $N(x, k)$ 完整簇连续变化到最瘦形 $N(x, k)$ 完整簇的 N 范数超簇。

3) Sugeno 算子簇处在超簇的中心位置,它的 N 余簇 $N(1-x, k)$ 即 N 元簇 $\Phi(x, k)$。

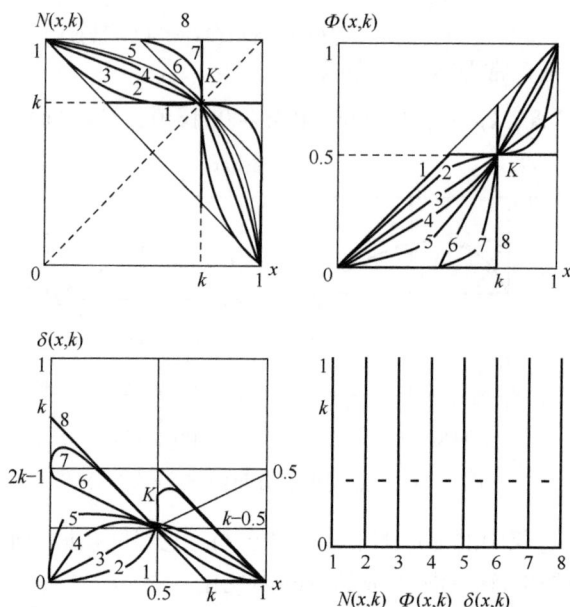

图 A.13　$N(x, k)$、$\Phi(x,k)$ 和 $\delta(x, k)$ 是一个连续变化的完整超簇

1. 最瘦形；2. 瘦形；3. 下正常形；4.Sugeno 算子；5. 指数算子；6. 上正常形；7. 胖形；8. 最胖形

4) 在同一个泛逻辑学推理系统中，一般应该使用同一个 $N(x, k)$ 完整簇，表示系统处在同一类误差分布函数 $\delta(x, k)$ 中。常用的是正常形 $N(x, k)$ 完整簇，例如 Sugeno 型 N 范数完整簇和指数型 N 范数完整簇。在不同的 $N(x, k)$ 完整簇之间进行复合非运算很不方便，只能在系统确实处于多类误差分布函数之中，需要来回相互转换的特殊情况下才能采用。

5) 在同一个 $\Phi(x, k)$ 完整簇中，又有无限多个算子，它们以广义自相关系数 k 为位置标志参数，k 的物理意义是因素空间 E 的对半子集的模糊测度 $m(E/2)=k$，不管误差分布函数的形状如何，都有 $\delta(0.5, k)=k{-}0.5$。

附录 B　算子在完整簇内严格单调分布

本节将用图形详细说明：在第 10 章中我们给出的各种二元运算算子，它们在完整簇内的分布都是连续的，严格单调的。由于 N 性生成元完整簇内算子的分布是连续的，严格单调的，所以我们在这里只需要说明零级算子完整簇内的分布情况。我们用三维图和灰度图两种方式表示，灰度图中的白色分界线是 0.5，即偏真和偏假的分界线。

B.1　零级泛与完整簇内的算子分布情况

见图 B.1 和图 B.2。

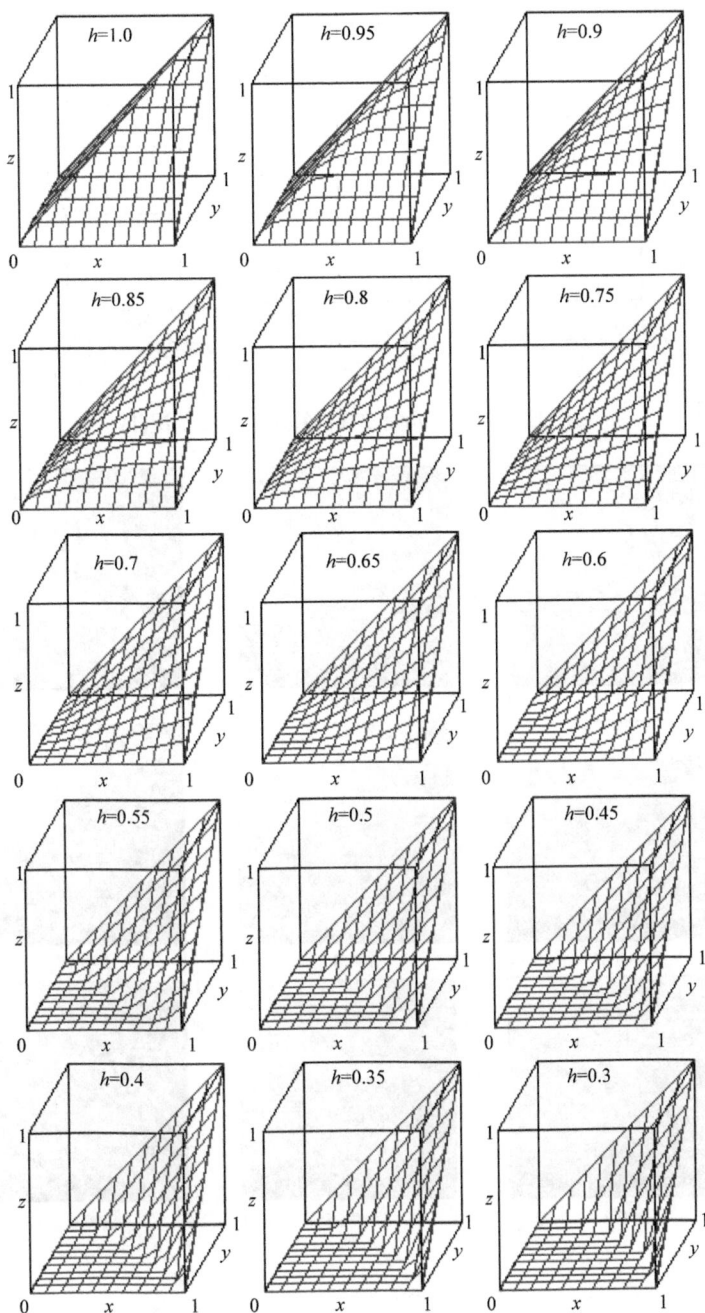

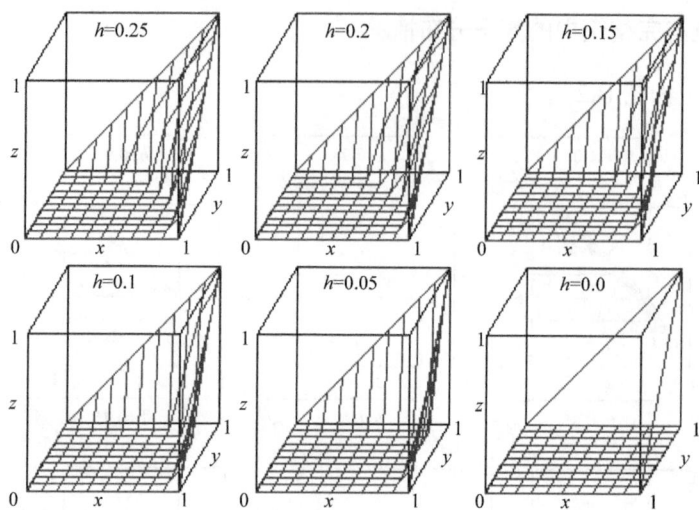

图 B.1　$T(x, y, h)$完整簇内算子的分布情况(1)

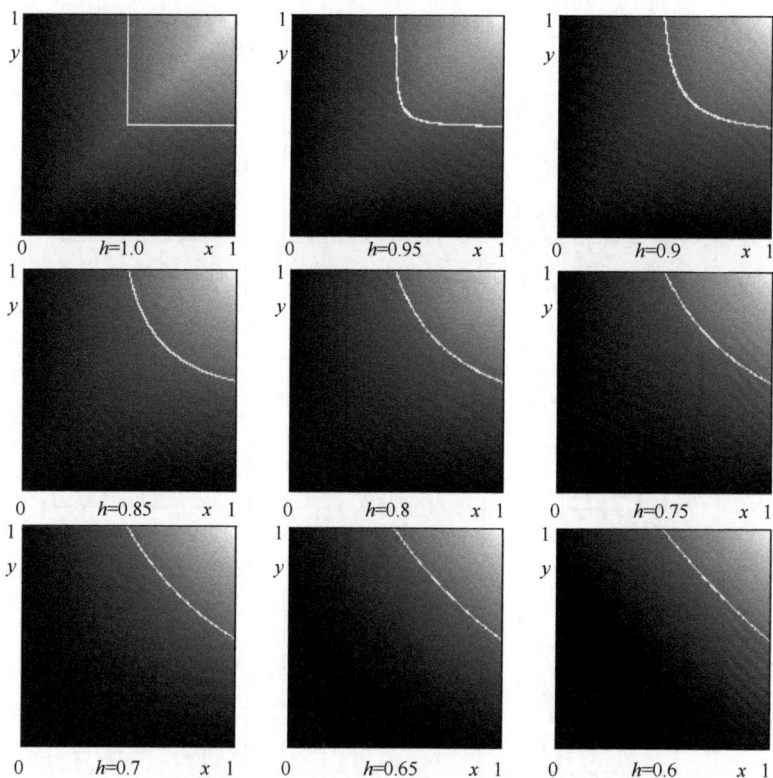

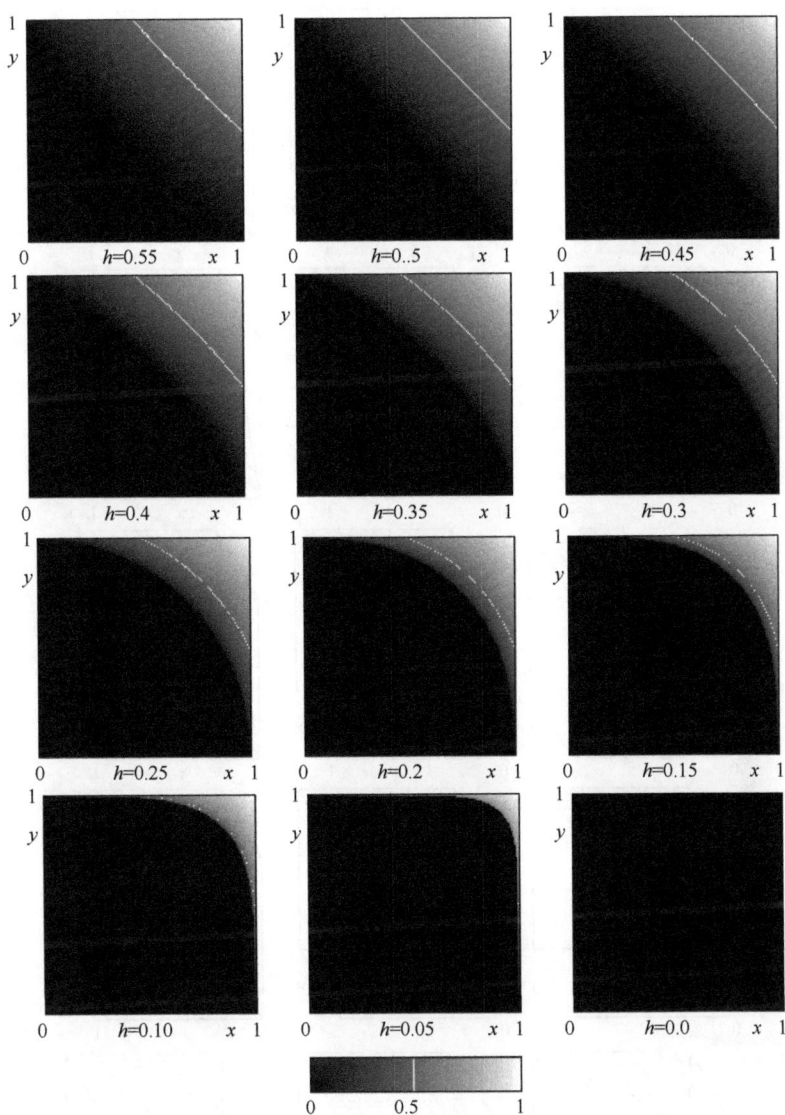

图 B.2　$T(x, y, h)$完整簇内算子的分布情况(2)

B.2　零级泛或完整簇内的算子分布情况

见图 B.3 和图 B.4。

B.3　零级泛蕴含完整簇内的算子分布情况

见图 B.5 和图 B.6。

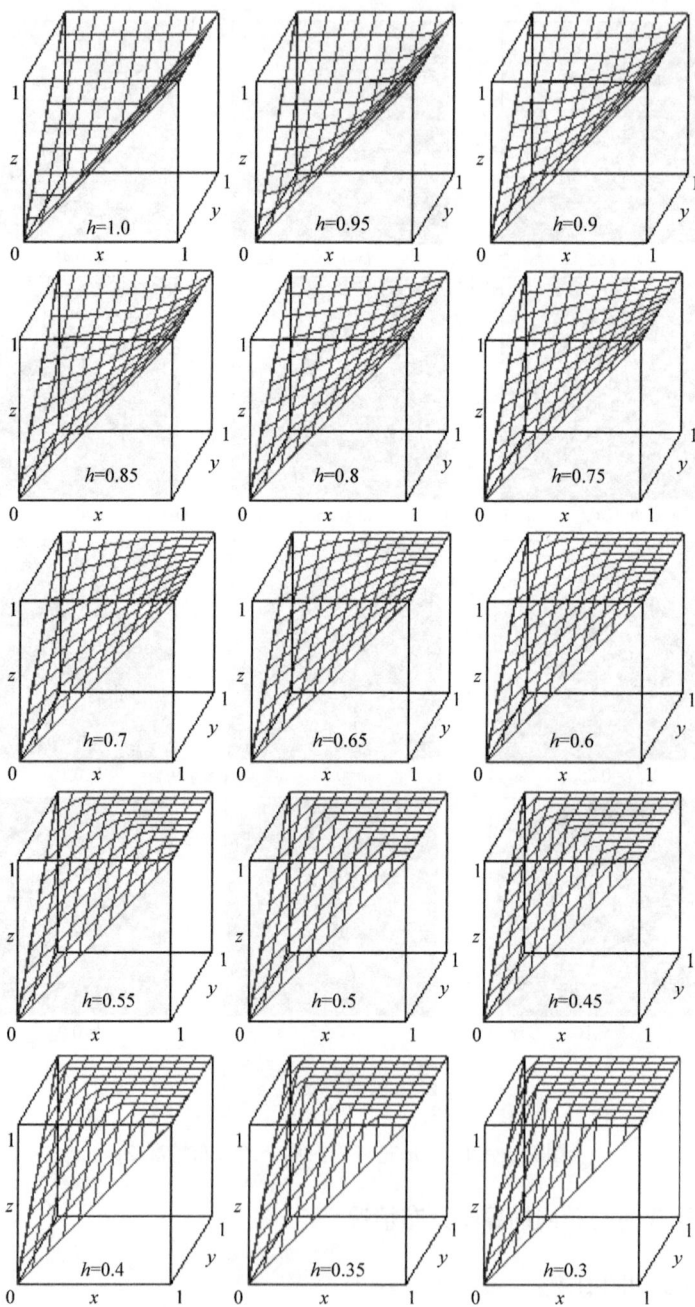

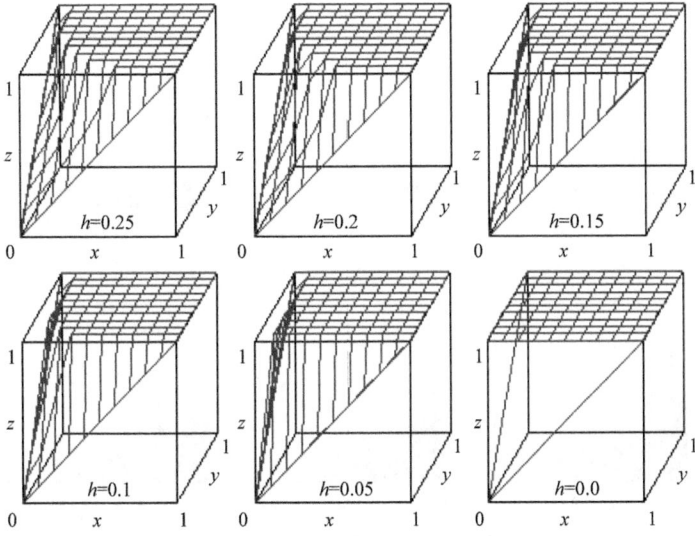

图 B.3 $S(x, y, h)$完整簇内算子的分布情况(1)

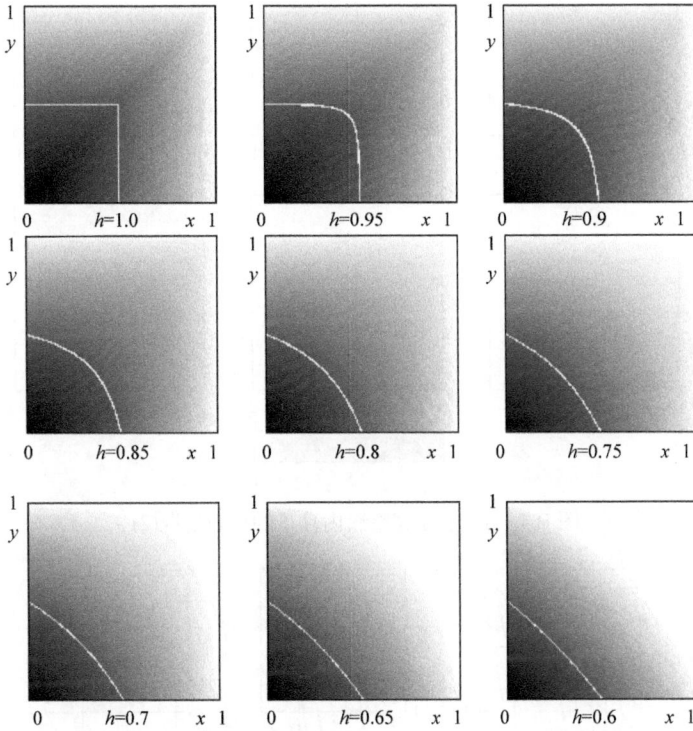

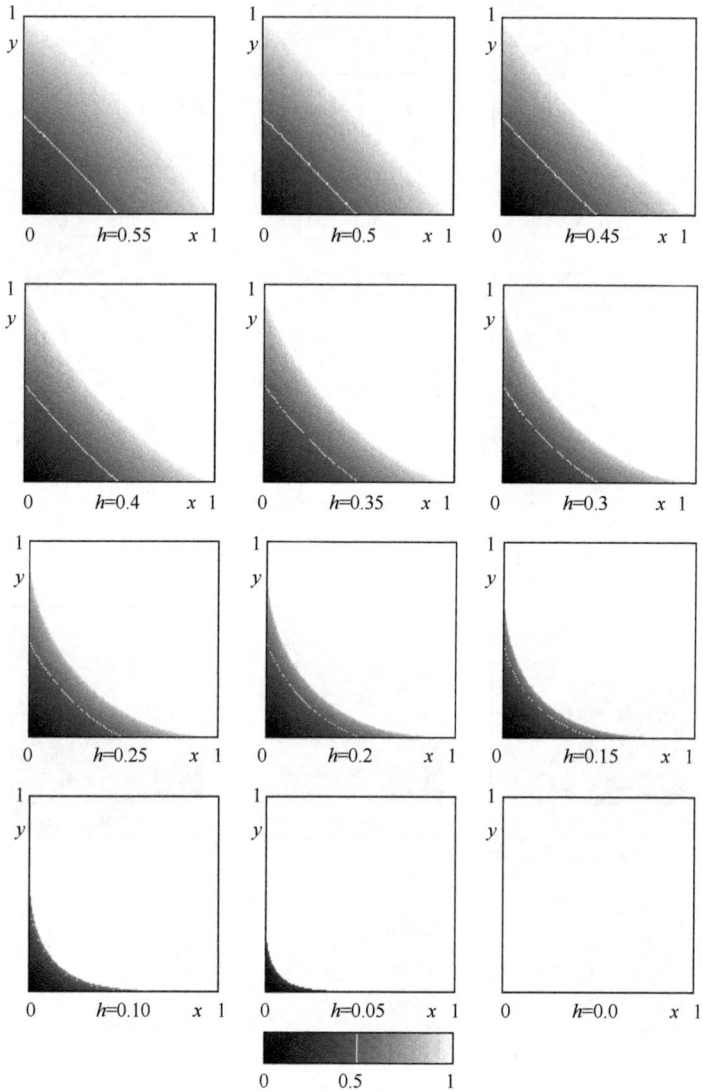

图 B.4　$S(x, y, h)$完整簇内算子的分布情况(2)

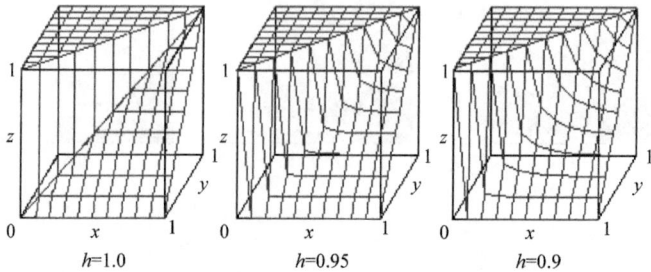

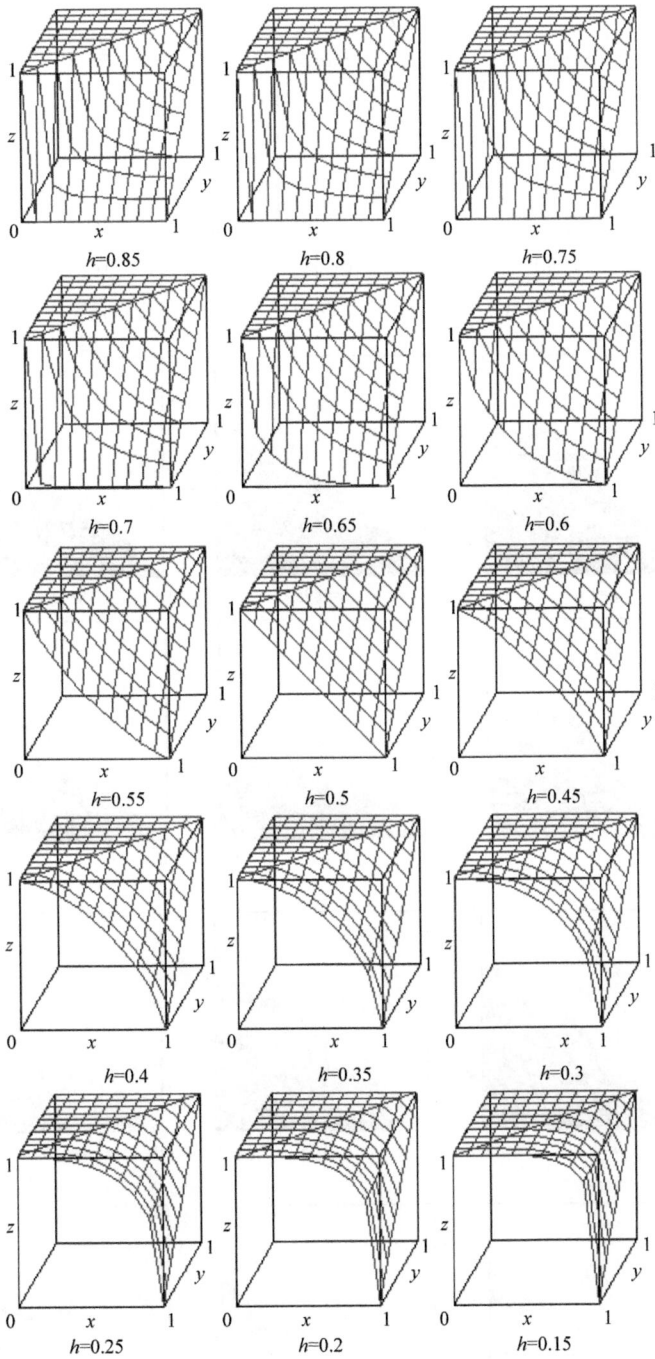

h=0.85　　　　　h=0.8　　　　　h=0.75

h=0.7　　　　　h=0.65　　　　　h=0.6

h=0.55　　　　　h=0.5　　　　　h=0.45

h=0.4　　　　　h=0.35　　　　　h=0.3

h=0.25　　　　　h=0.2　　　　　h=0.15

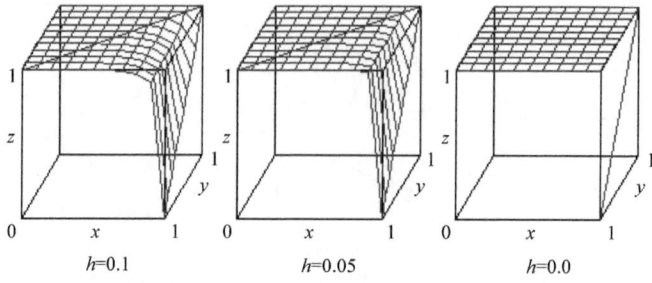

图 B.5 $I(x, y, h)$完整簇内算子的分布情况(1)

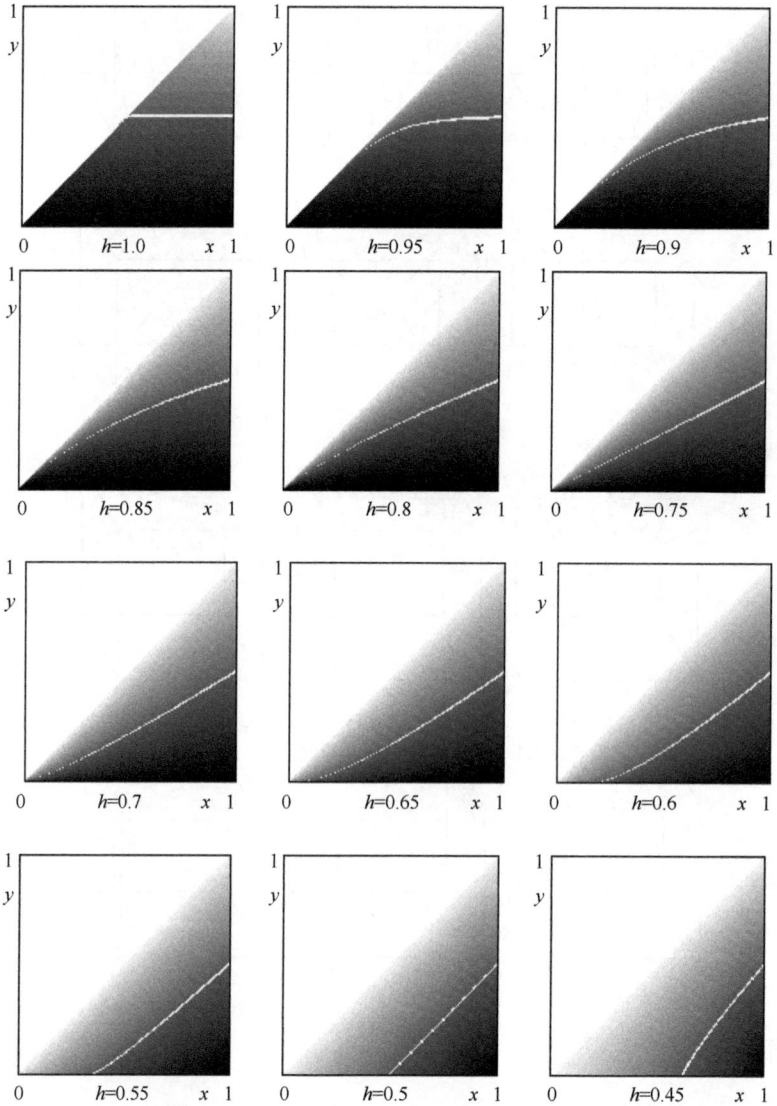

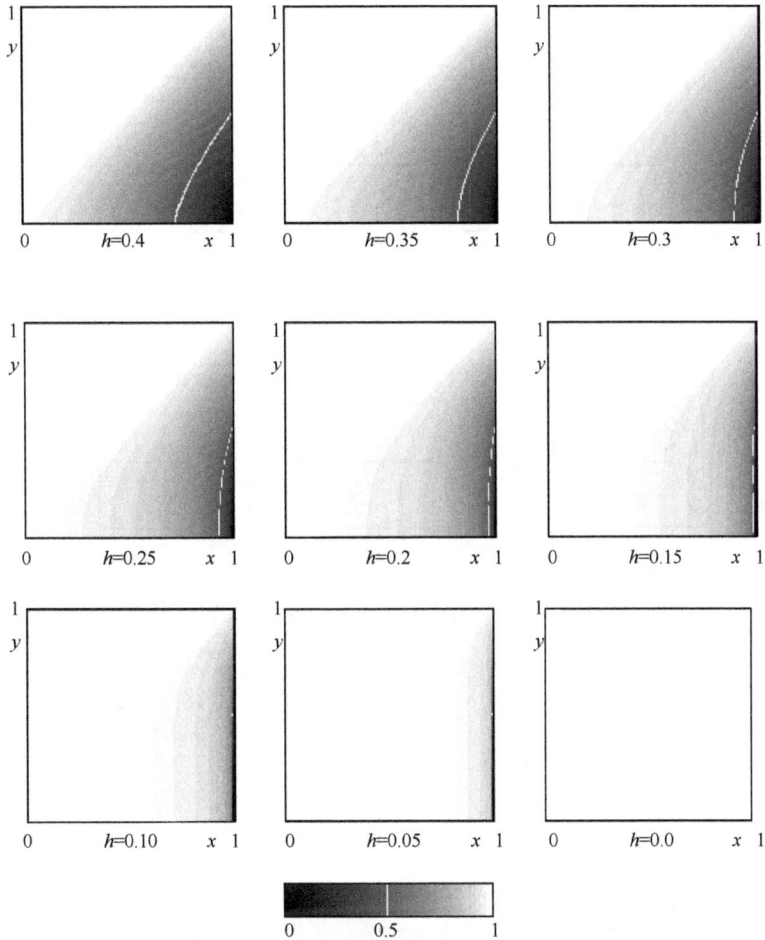

图 B.6 $I(x, y, h)$完整簇内算子的分布情况(2)

B.4 零级泛等价完整簇内的算子分布情况

见图 B.7 和图 B.8。

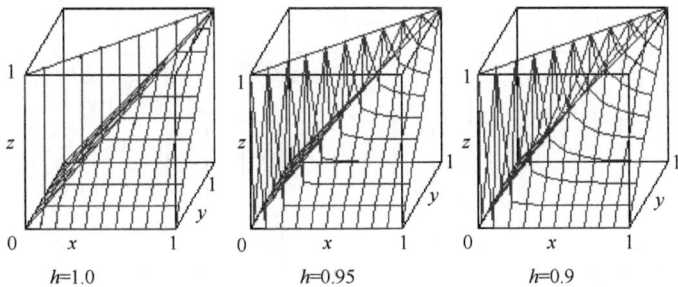

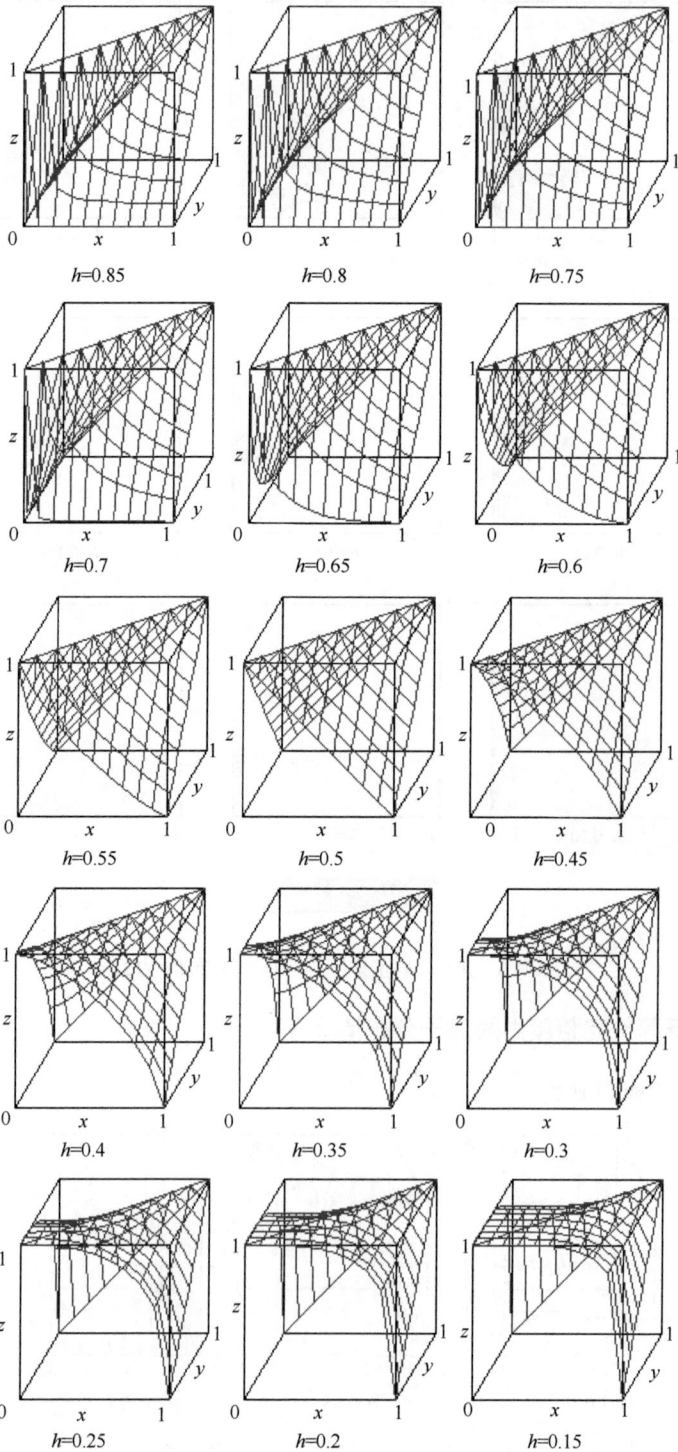

h=0.85　　　　h=0.8　　　　h=0.75

h=0.7　　　　h=0.65　　　　h=0.6

h=0.55　　　　h=0.5　　　　h=0.45

h=0.4　　　　h=0.35　　　　h=0.3

h=0.25　　　　h=0.2　　　　h=0.15

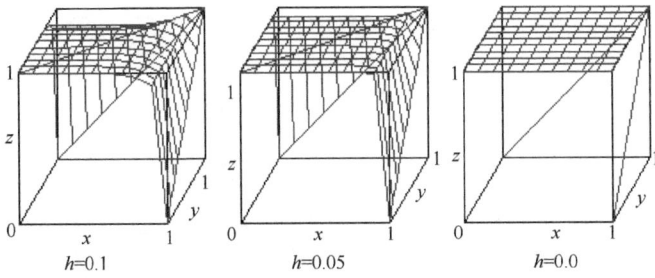

图 B.7 $Q(x, y, h)$完整簇内算子的分布情况(1)

B.5 零级泛平均完整簇内的算子分布情况

见图 B.9 和图 B.10。

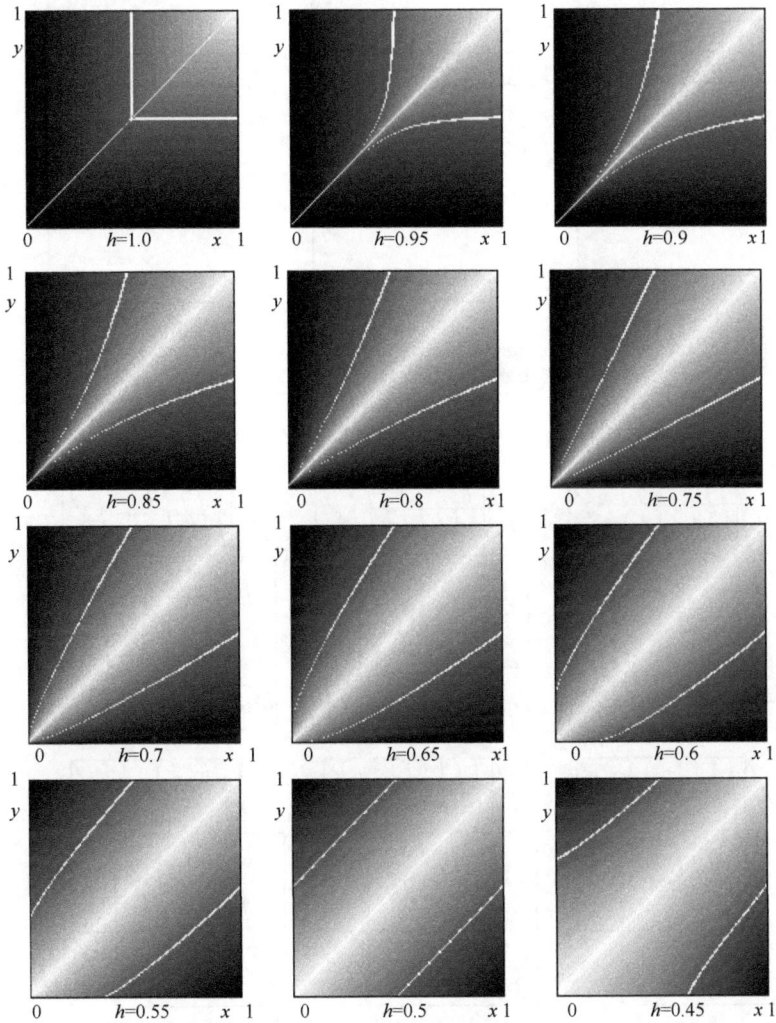

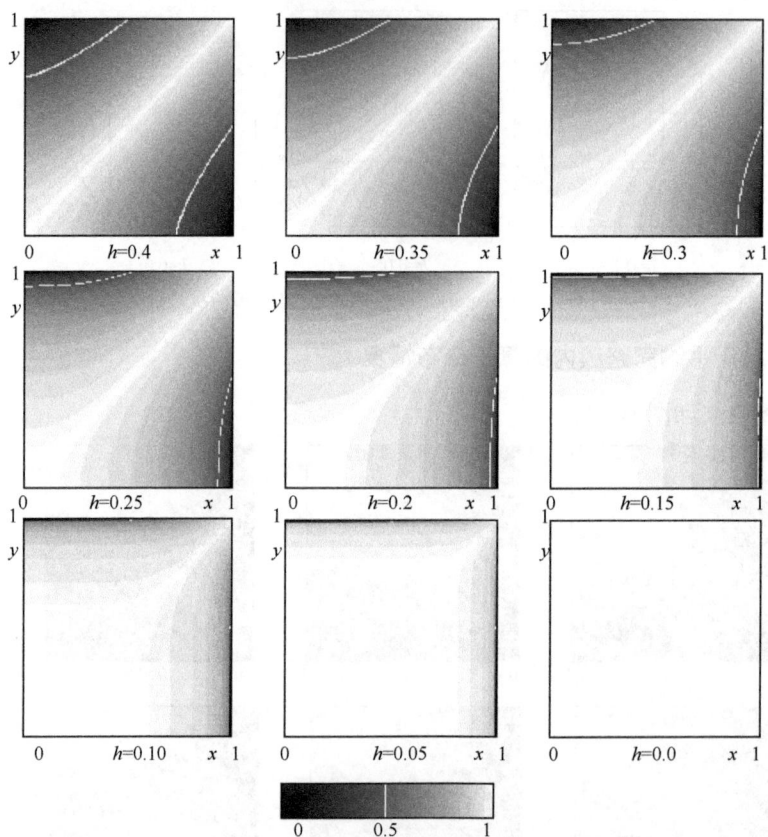

图 B.8　$Q(x, y, h)$完整簇内算子的分布情况(2)

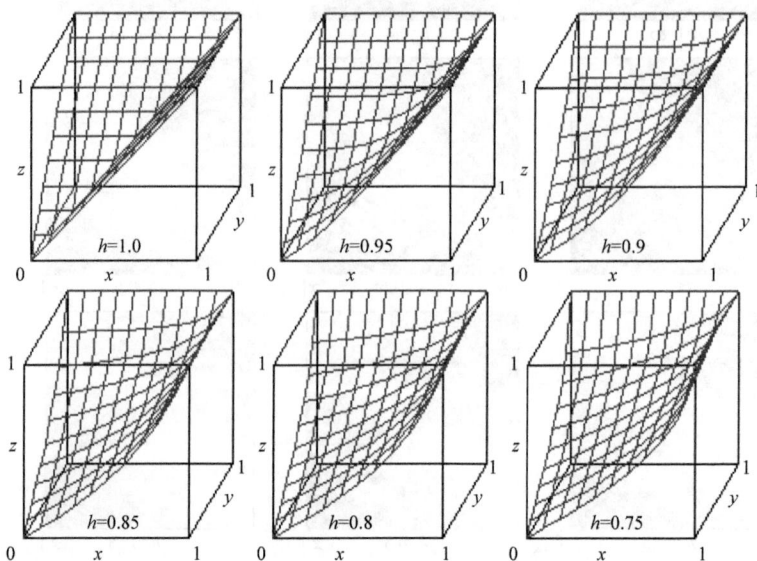

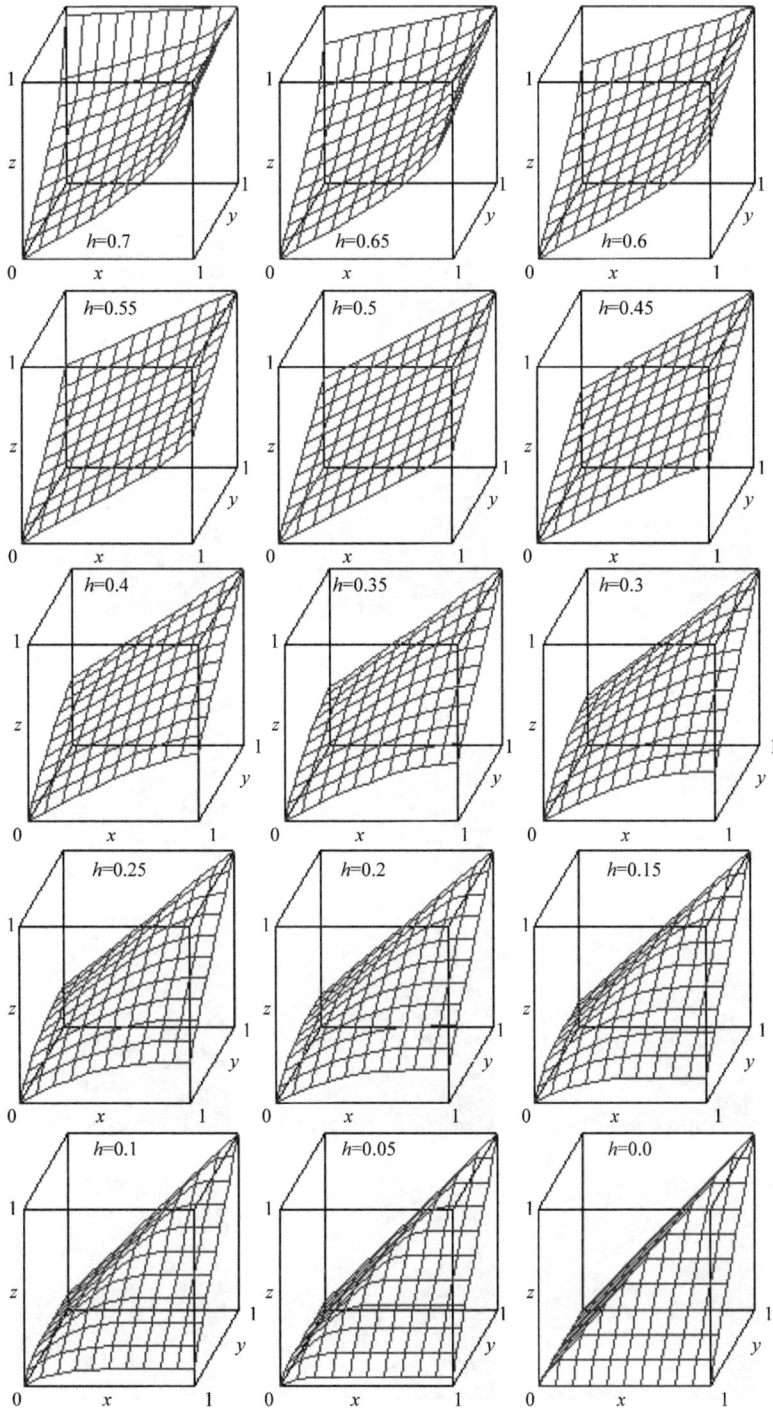

图 B.9 *M*(*x*, *y*, *h*)完整簇内算子的分布情况(1)

B.6　零级泛组合完整簇内的算子分布情况

见图 B.11 和图 B.12。

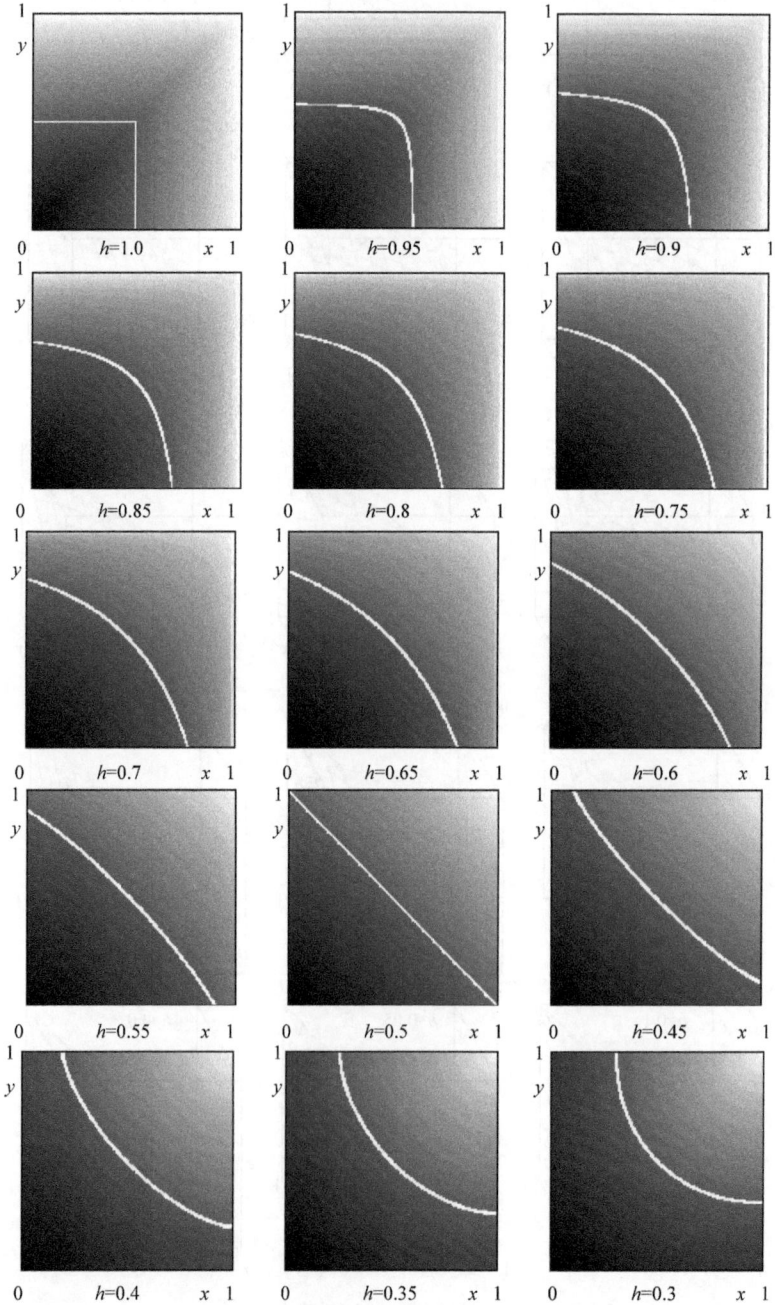

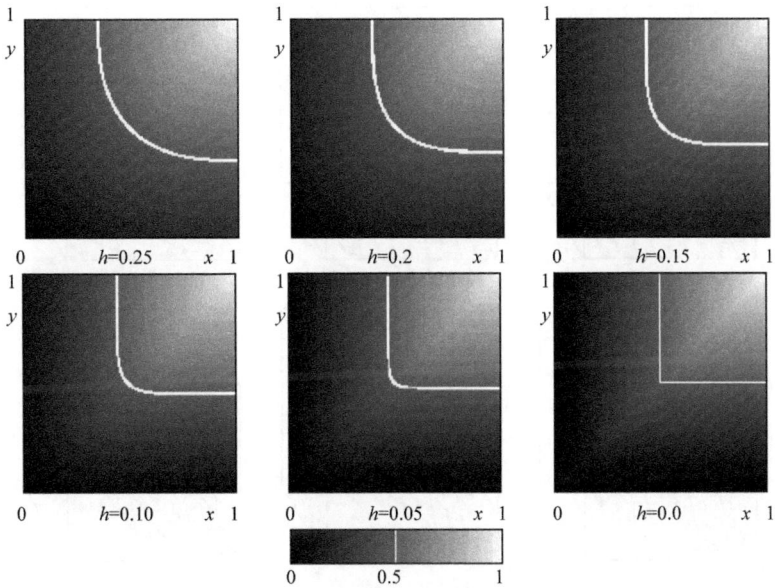

图 B.10 $M(x, y, h)$完整簇内算子的分布情况(2)

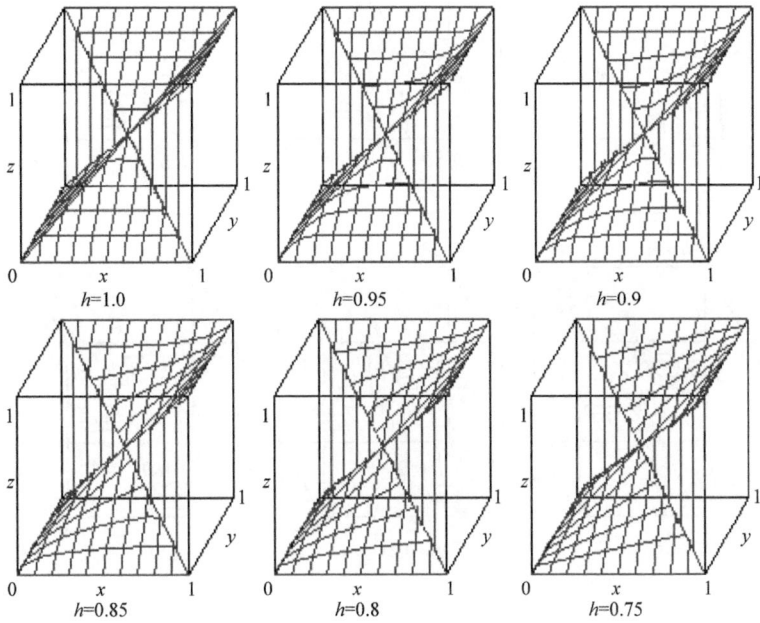

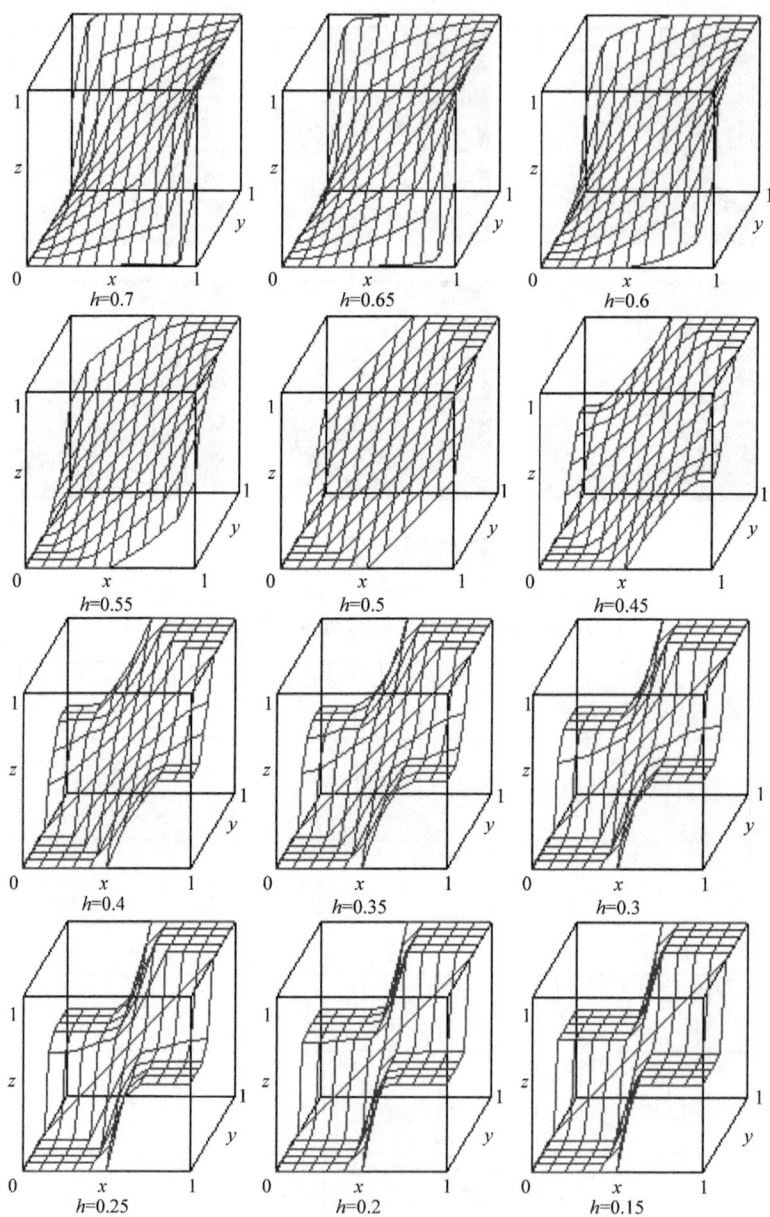

h=0.7 h=0.65 h=0.6

h=0.55 h=0.5 h=0.45

h=0.4 h=0.35 h=0.3

h=0.25 h=0.2 h=0.15

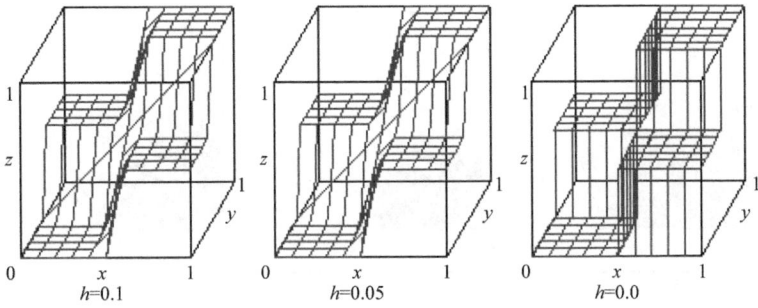

图 B.11 $C^e(x, y, h)$完整簇内算子的分布情况$(e=0.5)(1)$

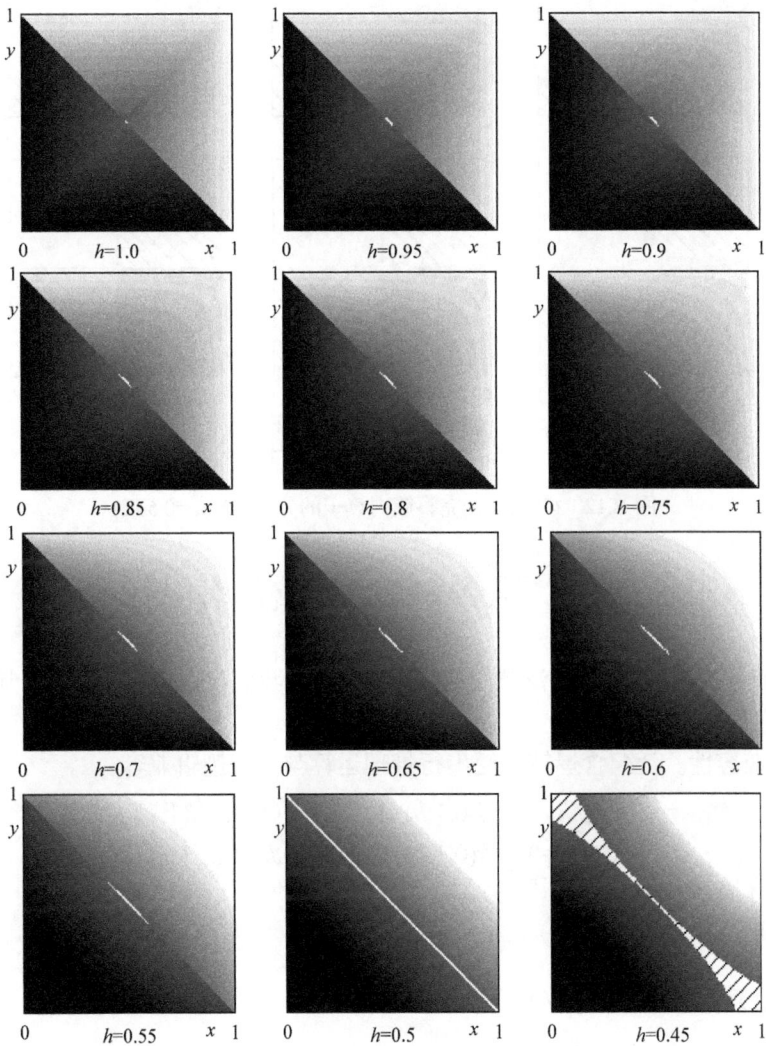

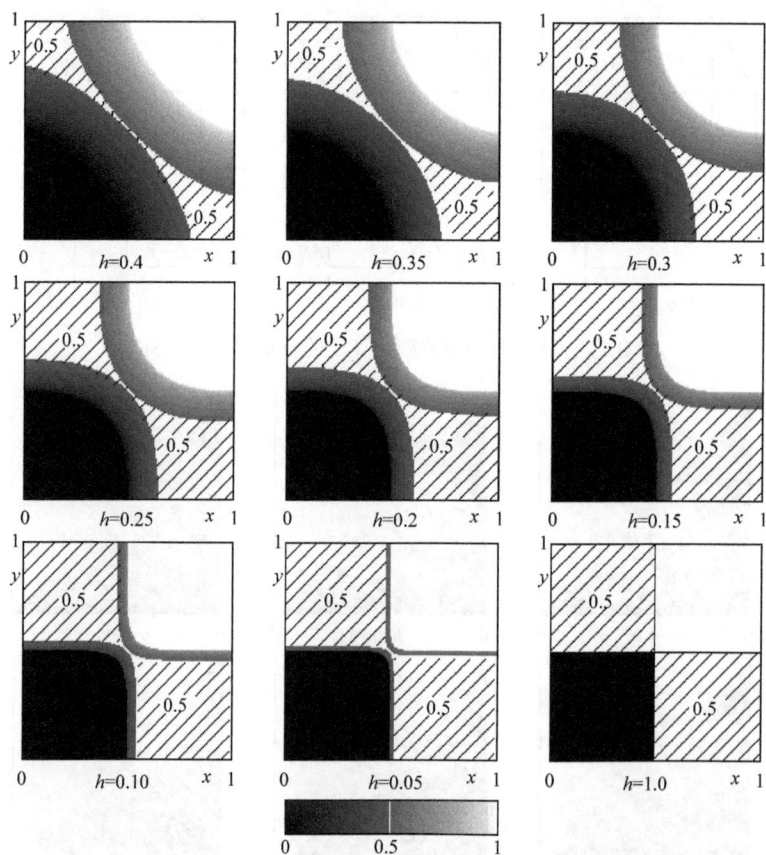

图 B.12　$C^e(x, y, h)$完整簇内算子的分布情况$(e=0.5)(2)$

附录 C　I 泛蕴含和 S 泛蕴含的有限合理性

下面分析 I 泛蕴含和 S 泛蕴含的有限合理性, 我们仅讨论零级模型, 判断的关键必要条件如下。

1) 兼容性。泛蕴含运算和泛串行推理运算与二值逻辑兼容:

$$I(0,0,h)=1, \quad I(0,1,h)=1, \quad I(1,0,h)=0, \quad I(1,1,h)=1$$
$$R(0,0,h)=0, \quad R(0,1,h)=0, \quad R(1,0,h)=0, \quad R(1,1,h)=1$$

2) 保序性。$I(x,y,h)=1$, iff $x \leqslant y$。

3) 推演性。$R(x,I(x,y,h),h) \leqslant y$。

C.1　I 泛蕴含运算 $I_i(x, y, h)$

定义 C.1　零级 I 泛蕴含运算是 x 被 y 包含的程度, 即

$$I_i(x, y, h)=T(x, y, h)/x=(\max(0^m, x^m+y^m-1))^{1/m}/x, m\in\mathbf{R}$$

其中，$m=(3-4h)/4h(1-h)$; $h=((1+m)-((1+m)^2-3m)^{1/2})/(2m)$, $h\in(0, 1)$。

它的四个典型运算模型是：

$$I_i(x, y, 1)=\mathbf{I}_{i3}=\min(1, y/x) \text{ (Goguen 蕴含)}$$

$$I_i(x, y, 0.75)=\mathbf{I}_{i2}=y$$

$$I_i(x, y, 0.5)=\mathbf{I}_{i1}=\max(0, (x+y-1)/x)$$

$$I_i(x, y, 0)=\mathbf{I}_{i0}=\text{ite}\{y|x=1; 1|y=1; 0\}$$

性质 C.1 I 泛蕴含运算具有以下性质。

1) 兼容性。I 泛蕴含运算与二值逻辑兼容：

$$I_i(0,0,h)=1, \quad I_i(0,1,h)=1, \quad I_i(1,0,h)=0, \quad I(1,1,h)=1$$

2) 保序性。仅有 $I_i(x, y, 1)=\min(1, y/x)$ 满足 $I_i(x, y, 1)=1$, iff $x\le y$。

3) 单调性。$I_i(x, y, h)$ 关于 x ($h<0.75$ 时)和 y 单调递增；$I_i(x, y, h)$ 关于 x ($h\ge 0.75$ 时)和 y 单调递减。

4) 连续性。在 $(0, 1)$ 上 $I_i(x, y, h)$ 关于 x、y、h 连续。

5) 封闭性。$I_i(x, y, h)\in[0, 1]$。

I 泛蕴含运算的三维图形如图 C.1 所示。

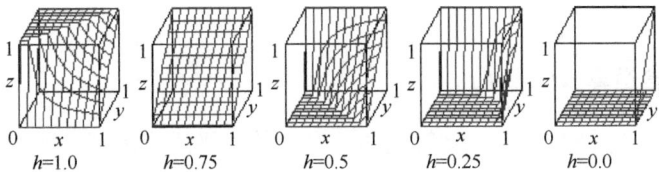

图 C.1　I 泛蕴含运算的三维图形

在 $I_i(x, y, h)$ 簇中，仅 $I_i(x, y, 1)$ 满足保序性。

C.2　I 泛串行推理运算 $R_i(x,y,h)$

定义 C.2　零级 I 泛串行推理运算是零级 I 泛蕴含运算的逆运算，即

$$R_i(x,y,h)=\inf\{z|y\le T(x,z,h)/x\}=(1-x^m+x^m y^m)^{1/m}, \quad m\in\mathbf{R}$$

其中，$m=(3-4h)/4h(1-h)$; $h=((1+m)-((1+m)^2-3m)^{1/2})/(2m)$, $h\in(0,1)$。

它的四个典型运算模型是：

$$R_i(x,y,1)=\mathbf{R}_{i3}=xy=\mathbf{T}_2$$

$$R_i(x,y,0.75)=\mathbf{R}_{i2}=y$$

$$R_i(x,y,0.5)=\mathbf{R}_{i1}=1-x+xy$$

$$R_i(x,y,0)=\mathbf{R}_{i0}=\text{ite}\{y|x=1;1\}$$

性质 C.2　I 泛串行推理运算具有以下性质。

1) 兼容性。在 $R_i(x, y, h)$ 簇中，仅 $R_i(x, y, 1)$ 与二值逻辑兼容，即

$R_i(0, 0, 1)=0$,　$R_i(0, 1, 1)=0$,　$R_i(1, 0, 1)=0$,　$R_i(1, 1, 1)=1$

2) 推演性。$R_i(x, I_i(x, y, h), h) \leqslant y$。

因为 $R_i(x, I_i(x, y, h), h)=(1-x^{m}+x^{m}((\max(0^{m}, x^{m}+y^{m}-1))^{1/m}/x)^{m})^{1/m}=(1-x^{m}+(\max(0^{m}, x^{m}+y^{m}-1)))^{1/m} \leqslant (1-x^{m}+x^{m}+y^{m}-1)^{1/m}=(y^{m})^{1/m}=y$。

3) 单调性。仅有 $R_i(x, y, 1)$ 关于 x、y 单调增。

4) 连续性。在 $(0, 1)$ 上 $R_i(x, y, h)$ 关于 x、y、h 连续。

5) 交换律。仅 $R_i(x, y, 1)=R_i(y, x, 1)$。

6) 封闭性。$R_i(x, y, h) \in [0, 1]$。

I 泛串行推理运算的三维图形如图 C.2 所示。

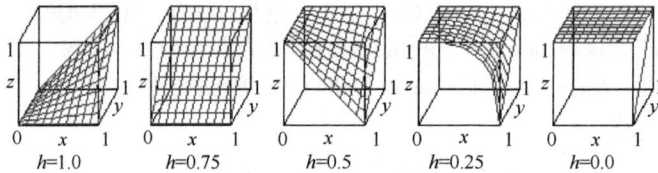

图 C.2　I 泛串行推理运算的三维图形

综合考虑 $I_i(x, y, h)$ 和 $R_i(x, y, h)$，包含度蕴含的观点仅在 $I_i(x, y, 1)$ 和 $R_i(x, y, 1)$ 处有合理性。

C.3　S 泛蕴含运算 $I_s(x, y, h)$

定义 C.3　零级 S 泛蕴含运算是 $1-x$ 和 y 的零级泛或运算，即

$$I_s(x, y, h)=S(1-x, y, h)=1-(\max(0^{m}, x^{m}+(1-y)^{m}-1))^{1/m}, \quad m \in \mathbf{R}$$

其中，$m=(3-4h)/4h(1-h)$; $h=((1+m)-((1+m)^2-3m)^{1/2})/(2m)$, $h \in (0, 1)$。

它的四个典型运算模型是：

$$I_s(x, y, 1) = \mathbf{I}_{s3} = \max(1-x, y)$$

$$I_s(x, y, 0.75) = \mathbf{I}_{s2} = 1-x+xy$$

$$I_s(x, y, 0.5) = \mathbf{I}_{s1} = \min(1, 1-x+y) \text{ (Lukasiewicz蕴含)}$$

$$I_s(x, y, 0) = \mathbf{I}_{s0} = \text{ite}\{y \,|\, x=1; \ 1-x \,|\, y=1; \ 1\}$$

性质 C.3　S 泛蕴含运算具有以下性质：

1) 兼容性。S 泛蕴含运算与二值逻辑兼容：

$$I_s(0,0,h)=1, \quad I_s(0,1,h)=1, \quad I_s(1,0,h)=0, \quad I_s(1,1,h)=1$$

2) 保序性。仅在 $h=0.5$ 时满足 $I_s(x, y, h)=1$, iff $x \leqslant y$。

3) 单调性。$I_s(x, y, h)$ 关于 y 单调递增，关于 x 单调递减。

4) 连续性。在 $(0, 1)$ 上 $I_s(x, y, h)$ 关于 x、y 连续。

5) 交换律。$I_s(x, y, h)=I_s(1-y, 1-x, h)$。

6) 封闭性。$I_s(x, y, h) \in [0, 1]$。

7) 下界性。$I_s(x, y, h) \geqslant \max(1-x, y)$。

8) 恒真性。$h \leqslant 0.5$ 时 $I_s(x, x, h)=1$，一般 $I_s(x, x, h) \geqslant 0.5$。

S 泛蕴含运算的三维图形如图 C.3 所示。

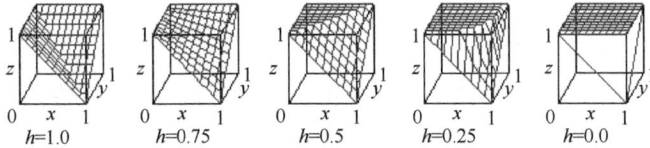

图 C.3　S 泛蕴含运算的三维图形

在 $I_s(x, y, h)$ 簇中，仅 $I_s(x, y, 0.5)$ 有保序性。

C.4　S 泛串行推理运算 $R_s(x, y, h)$

定义 C.4　零级 S 泛串行推理运算是零级 S 泛蕴含运算的逆运算，即

$$R_s(x, y, h) = \inf\{z | y \leqslant I_s(x, z, h)\} = 1-(\min(1+0^m, (1-y)^m - x^m+1))^{1/m}, \quad m \in \mathbf{R}$$

其中，$m=(3-4h)/4h(1-h); h=((1+m)-((1+m)^2-3m)^{1/2})/(2m), h \in (0,1)$。

它的四个典型运算模型是：

$$R_s(x, y, 1) = \mathbf{R}_{s3} = \text{ite}\{y | 1-x < y; \ 0\}$$

$$R_s(x, y, 0.75) = \mathbf{R}_{s2} = \Gamma\left[(x+y-1)/x\right]$$

$$R_s(x, y, 0.5) = \mathbf{R}_{s1} = \max(0, x+y-1) = \mathbf{T}_1$$

$$R_s(x, y, 0) = \mathbf{R}_{s0} = \text{ite}\{y | x=1; \ 0\}$$

性质 C.4　S 泛串行推理运算具有以下性质：

1) 兼容性。S 泛串行推理运算与二值逻辑兼容：

$$R_s(0, 0, h)=0, R_s(0, 1, h)=0, R_s(1, 0, h)=0, R_s(1, 1, h)=1.$$

2) 推演性。$R(x, I(x, y, h), h) \leqslant y$。

因为　$R_s(x, I_s(x, y, h), h)=1-(\min(1+0^m, \max(0^m, x^m+(1-y)^m-1)-x^m+1))^{1/m} \leqslant$
$1-(\min(1+0^m, (1-y)^m))^{1/m}=1-(1-y)=y$。

3) 单调性。$R_s(x, y, h)$ 关于 x、y 单调递增。

4) 连续性。除 $h=1$ 外，在 $(0, 1)$ 上 $R_s(x, y, h)$ 关于 x、y 连续。

5) 交换律。仅有 $R_s(x, y, 0.5)=R_s(y, x, 0.5)$。

6) 封闭性。$R_s(x, y, h) \in [0, 1]$。

7) 上界性。$R_s(x, y, h) \leqslant y$。

8) 幂不等性。$R_s(x, x, h) \leqslant x$。

9) 沉静域。如果 $y < 1-x$，则 $R_s(x, y, h)=0$。

S 泛串行推理运算的三维图形如图 C.4 所示。

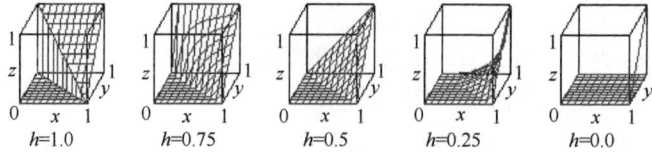

图 C.4　S 泛串行推理运算的三维图形

综合考虑 $I_s(x, y, h)$ 和 $R_s(x, y, h)$，S 蕴含的观点仅在 $I_s(x, y, 0.5)$ 和 $R_s(x, y, 0.5)$ 处有合理性。

附录 D　泛等价命题连接词的同性模型

泛等价命题连接词的另一个可能定义方法是同性模型，它认为等价是同真或同假的程度，即 $Q(x, y, h)=S(T(x, y, h), T(1-x, 1-y, h), h)$。下面分析这种定义方式的合理性，依据的关键必要条件如下。

1) 与二值逻辑的兼容性：$Q(0, 0, h)=1$, $Q(0, 1, h)=0$, $Q(1, 0, h)=0$, $Q(1, 1, h)=1$。

2) 保值性：$Q(x, y, h)=1$, iff $x=y$。

3) 由于 $T(x, y, h)\leqslant\min(x, y)$, $T(1-x, 1-y, h, k)\leqslant\min(1-x, 1-y)$, $S(T(x, y, h), T(1-x, 1-y, h), h)\geqslant\max(T(x, y, h), T(1-x, 1-y, h))$，从图 D.1 中的三维图上可以看出，当 $x=y$ 时，$Q(x, y, h)\leqslant\max(x, 1-x)$，除了 $Q(0, 0, h)=1$, $Q(1, 1, h)=1$ 外，不满足保值性。

4) 结论。除了二值逻辑外，同性泛等价的观点没有合理性。

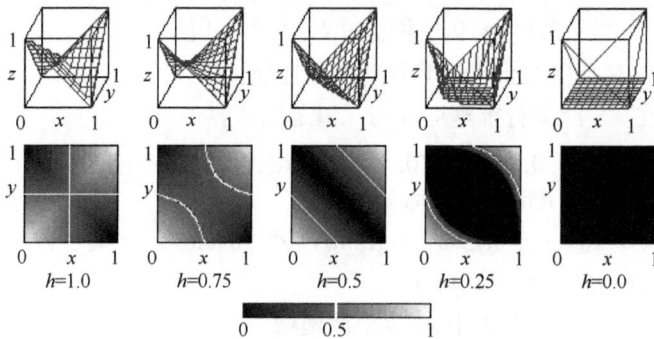

图 D.1　同性泛等价运算的三维图形

附录 E　泛弱组合命题连接词

泛组合运算在 $x+y=2e$ 附近有一个阶跃，这在通常情况下是合理的，因为 e 是决策中的关键量，通过或不通过的分界线，在它的附近应该发生质的突变。但有些情况下的决策希望能在 $x+y=2e$ 附近平缓过渡，避免因为 x、y 的微小变化，引起结果的大跃变。为此我们引入了一个泛弱组合命题连接词，它的基模型仍然是$\Gamma[x+y-e]$，但弱组合运算基模型的非与表达不同于组合运算的基模型：

$C^e(x, y, h, k)=$ite$\{\Gamma^e[F^{-1}(F(x, h, k)+F(y, h, k)-F(e, h, k), h, k)]|x, y<e;$

$N(\Gamma^{e'}[F^{-1}(F(N(x, k), h, k)+F(N(y, k), h, k)-F(N(e, k), h, k), h, k)], k)|x, y>e;$

$\Phi^{-1}(\Phi(x, k)+\Phi(y, k)-\Phi(e, k), k)\}, e'=N(e, k)$

其中，第三项$\Phi^{-1}(\Phi(x, k)+\Phi(y, k)-\Phi(e, k), k)$中没有$h$的影响，这是因为假设在$x$、$y$意见相反时，只能是最大相斥，$h=0.5$。

由零级 T 性生成元完整簇 $F_0(x, h)=x^m$ 代入弱组合运算的基模型生成的零级 C 范数完整簇 $C^e(x, y, h)=$ite$\{\Gamma^e[(x^m+y^m-e^m)^{1/m}]|x, y<e; 1-(\Gamma^{1-e}[((1-x)^m+(1-y)^m)-(1-e)^m]^{1/m})|x,y>e; x+y-e\}$ 实现的泛逻辑运算叫零级泛弱组合运算，用泛弱组合命题连接词©e_h表示。其中：$m=(3-4h)/4h(1-h); h=((1+m)-((1+m)^2-3m)^{1/2})/(2m), h\in[0, 1], m\in\mathbf{R}$。

它的四个特殊算子如下。

上限组合：Zadeh 弱组合

$$C^e(x, y, 1)=\mathbf{C}^e{}_3=\text{ite}\{\min(x,y)|x, y<e; \max(x,y)|x,y>e; x+y-e\}$$

中极组合：概率弱组合

$$C^e(x, y, 0.75)=\mathbf{C}^e{}_2=\text{ite}\{xy/e|x, y<e; (x+y-xy-e)/(1-e)|x, y>e; x+y-e\}$$

中心组合：有界弱组合

$$C^e(x, y, 0.5)=\mathbf{C}^e{}_1=\Gamma[x+y-e]$$

下限组合：突变弱组合

$$C^e(x, y, 0)=\mathbf{C}^e{}_0=\text{ite}\{0|x, y<e; 1|x,y>e; x+y-e\}$$

由一级 T 性生成元完整超簇 $F(x, h, k)=x^{nm}$ 代入弱组合运算的基模型生成的一级 C 范数完整超簇 $C^e(x, y, h, k)=$ite$\{\Gamma^e[(x^{nm}+y^{nm}-e^{nm})^{1/nm}]|x, y<e; (1-(\Gamma^{e'}[((1-x^n)^m+(1-y^n)^m)-(1-e^n)^m]^{1/m})^{1/n}|x, y>e; (x^n+y^n-e^n)^{1/n}\}, e'=(1-e)^n$ 实现的泛逻辑运算叫一级泛弱组合运算，用泛弱组合命题连接词©$e_{h,k}$表示。其中：$n=-1/\log_2 k, k\in[0, 1]; k=2^{-1/n}, n\in\mathbf{R}_+$。

$C^e(x, y, h, k)$的中极限簇是

$C^e(x, y, 0.75, k)=\mathbf{C\Phi}^e{}_{2k}=ite\{xy/e|x, y<e; (1-(1-x)^n(1-y)^n/(1-e)^n)^{1/n}|x,y>e; (x^n+y^n-e^n)^{1/n}\}$

根据上述定义，可证明泛弱组合运算具有如下性质。

1) $C^e(x, y, h, k)$满足组合公理。

2) 封闭性。$C^e(x, y, h, k)\in[0, 1]$。

3) 逆元律。$C^e(x, x', h, k)=e, x'=(2e^n-x^n)^{1/n}$。

4) 弃权律。$C^e(e, e, h, k)=e$。

泛弱组合运算模型和泛组合运算模型的关键差别是x、y的意见相反时，运算模型是否还受到h的影响。

泛弱组合运算模型零级完整簇的变化图如图 E.1 和图 E.2 所示。

根据多元组合基模型 $C^e(x_1, x_2, \cdots, x_l)=\Gamma[x_1+x_2+\cdots+x_l-(1-l)e]$，泛弱组合运算

可推广到多元运算中。

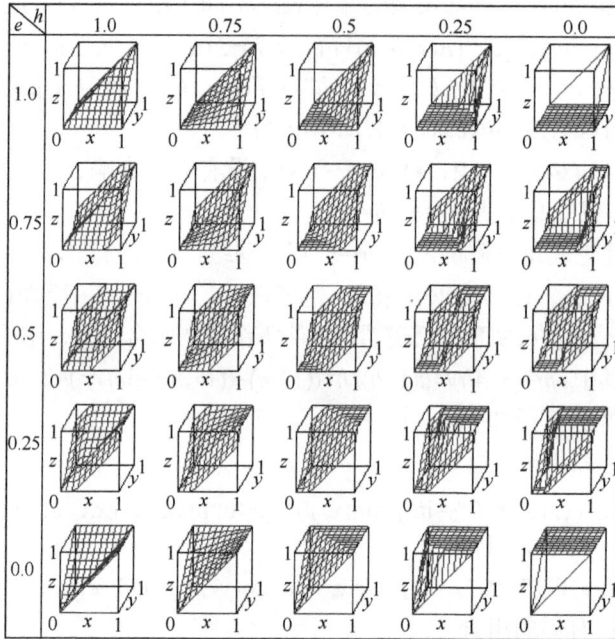

图 E.1 零级泛弱组合运算的三维图

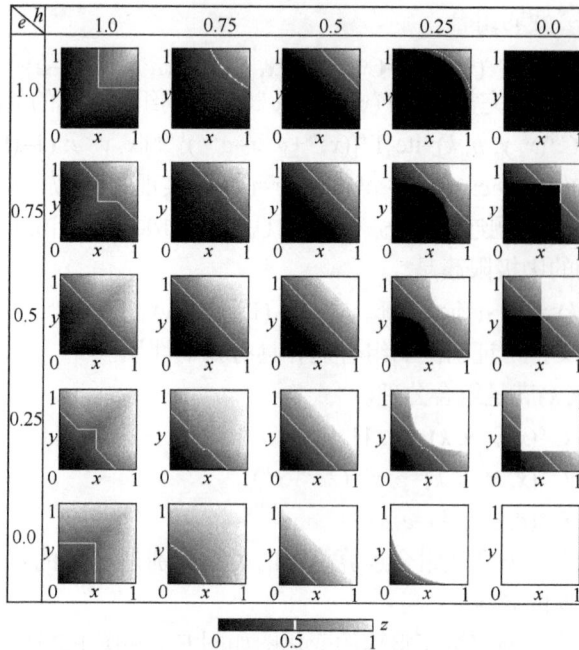

图 E.2 零级泛弱组合运算的灰度图